E-Book inklusive:

Mit folgendem persönlichen Code können Sie die E-Book-Ausgabe dieses Buches downloaden:

2018m-307p5-6r51t-400ie

Registrieren Sie sich unter

www.hanser-fachbuch.de/ebookinside

und nutzen Sie das E-Book auf Ihrem Rechner*, Tablet-PC und E-Book-Reader.

Der Download dieses Buches als E-Book unterliegt gesetzlichen Bestimmungen bzw. steuerrechtlichen Regelungen, die Sie unter **www.hanser-fachbuch.de/ebookinside** nachlesen können.

* Systemvoraussetzungen: Internet-Verbindung und Adobe® Reader®

Schels

Business Intelligence mit Excel

Ignatz Schels

Business Intelligence mit Excel

Datenanalyse und Reporting mit Power Query, Power Pivot und Power BI Desktop

Für Microsoft 365

3., aktualisierte Auflage

HANSER

Der Autor:
Ignatz Schels, Wolnzach

Alle in diesem Werk enthaltenen Informationen, Verfahren und Darstellungen wurden nach bestem Wissen zusammengestellt und mit Sorgfalt getestet. Dennoch sind Fehler nicht ganz auszuschließen. Aus diesem Grund sind die im vorliegenden Werk enthaltenen Informationen mit keiner Verpflichtung oder Garantie irgendeiner Art verbunden. Autoren und Verlag übernehmen infolgedessen keine juristische Verantwortung und werden keine daraus folgende oder sonstige Haftung übernehmen, die auf irgendeine Art aus der Benutzung dieser Informationen – oder Teilen davon – entsteht. Ebenso wenig übernehmen Autoren und Verlag die Gewähr dafür, dass die beschriebenen Verfahren usw. frei von Schutzrechten Dritter sind. Die Wiedergabe von Gebrauchsnamen, Handelsnamen, Warenbezeichnungen usw. in diesem Werk berechtigt also auch ohne besondere Kennzeichnung nicht zu der Annahme, dass solche Namen im Sinne der Warenzeichen- und Markenschutz-Gesetzgebung als frei zu betrachten wären und daher von jedermann benutzt werden dürften.
Die endgültige Entscheidung über die Eignung der Informationen für die vorgesehene Verwendung in einer bestimmten Anwendung liegt in der alleinigen Verantwortung des Nutzers.

Aus Gründen der besseren Lesbarkeit wird auf die gleichzeitige Verwendung der Sprachformen männlich, weiblich und divers (m/w/d) verzichtet. Sämtliche Personenbezeichnungen gelten gleichermaßen für alle Geschlechter.

Bibliografische Information der Deutschen Nationalbibliothek:
Die Deutsche Nationalbibliothek verzeichnet diese Publikation in der Deutschen Nationalbibliografie; detaillierte bibliografische Daten sind im Internet über http://dnb.d-nb.de abrufbar.

Lektorat: Sylvia Hasselbach
Copy editing: Walter Saumweber, Sandra Gottmann
Umschlagdesign: Marc Müller-Bremer, www.rebranding.de, München
Umschlagrealisation: Max Kostopoulos
Satz: Eberl & Koesel Studio, Kempten
Druck und Bindung: Hubert & Co. GmbH & Co. KG BuchPartner, Göttingen
Printed in Germany

Print-ISBN: 978-3-446-47952-4
E-Book-ISBN: 978-3-446-48002-5
E-Pub-ISBN: 978-3-446-48003-2

Inhalt

Vorwort

Liebe Lesende,

herzlich willkommen zur mittlerweile dritten Auflage von „Business Intelligence mit Excel". Wir – Autor und Verlag – haben keinen Aufwand gescheut, um Ihnen die aktuellen Entwicklungen rund um das Thema „Business Intelligence mit Excel" nahezubringen. Und das ist nicht immer einfach. Microsoft macht es uns Informationsbrokern nicht leicht, aktuell zu sein. Jährliche Software-Updates, neue Funktionen und geänderte Oberflächen sind eine Herausforderung für Autoren und Leser gedruckter Publikationen.

Sie haben sich also entschlossen, in „Business Intelligence" einzusteigen. Vielleicht haben Sie ja schon erste Versuche mit BI-Tools gemacht und wollen Ihr Wissen jetzt vertiefen. Oder Sie gehören zu den klassischen Excel-Anwendern und suchen nach Lösungen, um Ihre Arbeit zu optimieren. Es kann auch sein, dass Sie den Auftrag bekommen haben, sich im Markt nach einer geeigneten Lösung für ein BI-basiertes Reporting umzusehen, und jetzt wollen Sie wissen, ob das auch mit Excel machbar ist und wo die Grenzen sind.

In jedem Fall sind Sie richtig beraten, sich mit den BI-Tools von Excel (und mit diesem Buch) zu beschäftigen. Die Tabellenkalkulation ist nach wie vor das wichtigste Werkzeug für Datenverarbeiter am PC und hat mit Business Intelligence massiv an Bedeutung gewonnen. Neue Tools sind an Bord – Power Query, Power Pivot, Power BI –, behalten Sie den Überblick und informieren Sie sich mit diesem Buch über Vor- und Nachteile, Einsatz und Nutzen der einzelnen Werkzeuge.

Für den praktischen Nutzen ist gesorgt. Wir sind seit Jahren zum Thema *Business Intelligence mit Excel* in Seminaren, Inhouse-Schulungen und Workshops unterwegs und haben bereits mehrere Projekte auf Basis der BI-Tools erfolgreich abgeschlossen. Schauen Sie auf unserer Webseite vorbei und schreiben Sie uns. Wir beraten Sie gerne:

Wir – das sind Ignatz Schels und Ignaz Schels junior. Von Ignaz Schels junior stammt das Buch zur neuen Programmiersprache für die BI-Tools,

M – Daten abfragen und verarbeiten mit Excel und Power BI,

das ebenfalls im Hanser-Verlag erschienen ist (ISBN 978-3-446-45588-7).

www.schels.de

Die Beispiele im Buch ...

... sind praxisnah und mit viel Erfahrung ausgearbeitet. Zu den wichtigsten Themen finden Sie immer eine oder mehrere Übungen mit Schritt-für-Schritt-Anleitungen, und um diese nachzuvollziehen, brauchen Sie Beispieldaten. Diese stehen auf der Webseite des Verlags zum Download bereit:

Ihr Plus – digitale Zusatzinhalte!
Auf unserem Download-Portal finden Sie zu diesem Titel kostenloses Zusatzmaterial.
Geben Sie auf **plus.hanser-fachbuch.de** einfach diesen Code ein:

plus-23si4-X9u7m

Zu jeder Übung finden Sie eine von externen Verknüpfungen freie Basisdatei sowie eine Lösungsdatei. Da diese in der Regel Verbindungen zu Datenquellen enthält, beziehen sich alle Verknüpfungen auf ein einheitliches Verzeichnis. Kopieren Sie deshalb alle Beispieldaten in diesen Ordner auf Ihrem Root-Verzeichnis (*C:*), dann funktionieren auch die Lösungen problemlos:

C:\HanserExcelBI

Beispieldateien haben beliebige Bezeichnungen wie *Umsatz2018.csv* oder *Getränkemarkt.xlsx*. Lösungen beginnen immer mit dem Wort *Lösungen*:

Absatzanalyse Sportbekleidung.xlsx
→ *Lösung Absatzanalyse Sportbekleidung.xlsx*

Jetzt wünsche ich Ihnen viel Spaß und viel Erfolg bei Ihrer Aufgabe, „Business Intelligence mit Excel“ kennenzulernen. Mit diesem Buch wird Ihnen das gelingen!

Ihr Autor Ignatz Schels

1 Einleitung

Business Intelligence – was ist das?

Die offizielle Erklärung liefert wie immer Wikipedia, das kluge Weltlexikon:

Geschäftsanalytik, englisch Business Intelligence (Abkürzung BI) ist ein der Wirtschaftsinformatik zuzuordnender Begriff, der Verfahren und Prozesse zur systematischen Analyse des eigenen Unternehmens bezeichnet. Dies umfasst die Sammlung, Auswertung und Darstellung von Daten in elektronischer Form.

Ziel des Business Intelligence ist, Wissen über den gegenwärtigen Status und die zukünftigen Perspektiven des eigenen Unternehmens wie auch des geschäftlichen Umfeldes zu erzeugen. Die Erkenntnisse dienen der Unterstützung von Managemententscheidungen, die Methoden umfassen das Sammeln der Daten (Data Mining), das Aufbereiten und Analysieren der Daten und das Visualisieren über Dashboards.

Der Hype um das Thema ist groß und wird die nächste Zeit noch größer werden. Seit 2016 steigt die Zahl der Unternehmen, die sich die Entwicklung und Bereitstellung eines BI-Systems auf die To-do-Liste geschrieben haben, rasant an. Analysten sagen voraus, dass die Unternehmen ihre IT in den nächsten 10 Jahren vollständig von zentrierter Berichtsplattform in moderne, BI-unterstützte Analyseplattformen umrüsten werden.

Auch den Anbietern von BI-Software werden goldene Zeiten prognostiziert. Firmen wie Tableau, QlickView oder prevero haben sich auf BI spezialisiert, ERP-Anbieter wie SAP und Oracle führen BI-Lösungen im Portfolio. Microsoft rüstet Dynamics und SQL Server mit BI-Fähigkeiten aus und bietet mit Power BI eine vollständige Lösung von der Desktop-Gestaltungssoftware bis zur Cloud-Integration. Microsoft Office und speziell Excel wird im Power BI-Konzept vollständig integriert und spielt in diesem eine wichtige Rolle.

... und Self-Service Business Intelligence?

Das ist das Verfahren, bei dem der Anwender weitgehend eigenständig und unabhängig von der IT-Abteilung Daten importiert, aufbereitet und visualisiert. Die Voraussetzungen müssen natürlich geschaffen sein. Das Data Warehouse sollte verfügbar sein, Zugriffsrechte sollten eingeräumt und die Aktualität der Daten gesichert sein. Ist der Anwender mit den passenden Werkzeugen ausgestattet, entlastet er die IT-Abteilung von Routineaufgaben, bringt seine eigenen Daten mit ein und erhöht so die Aktualität und Qualität seiner Berichte.

Excel ist mehr dem *Self Service Business Intelligence* zuzuordnen. Die Einbindung der Office-App in die Cloud mit Power BI bietet größtmögliche Freiheit und Individualität in der Datenanalyse und im Reporting. Damit sind auch kleinere Lösungen realisierbar, denn nicht jede Aufgabe erfordert gleich ein umfangreiches BI-Konzept.

1.1 Excel im Business Intelligence – eine Chance

Für Excel-Anwender wird es höchste Zeit, aus der Bastelecke herauszukommen, und BI ist die Lösung dafür. Obwohl das allgemeine Know-how mit der Zeit gestiegen ist, sehen viele Kalkulationen immer noch wie „Malen nach Zahlen" aus. Häufig werden Tabellen ohne Einhaltung simpelster Regeln der Datenbankentwicklung als Datenbanken missbraucht, mit dem Effekt, dass Excel-User immer noch einen großen Anteil ihrer Zeit damit verbringen, Daten per Copy-and-paste zwischen Zellen zu verschieben.

Die Tatsache, dass in vielen Tabellenmodellen die Verweisfunktionen (SVERWEIS(), XVERWEIS()) inflationär oft zum Einsatz kommt, deutet darauf hin, dass sehr häufig relationale Verbindungen zwischen Datenmengen benötigt würden, die Anwender aber weder die Ahnung noch die technischen Möglichkeiten haben, diese über eine Datenbank vorzubereiten und die darin professionell aufbereiteten Daten nach dem Client-Server-Prinzip dynamisch in ihre Auswertungen zu holen.

Die Zukunft

Alle Daten, die in Fachbereichen wie Controlling, Finanzbereich, Personalverwaltung, Marketing u.a. benötigt werden, befinden sich an zentralen Stellen, die für jeden Anwender zugängig sind. Das kann ein gemeinsamer Ordner im Netz sein, in dem Exportdateien, Excel-Arbeitsmappen, CSV-Listen, Textdaten und alle anderen Datenbestände abgelegt werden. Idealerweise richtet man eine Plattform unter dem Dokumentensystem SharePoint ein und vergibt Berechtigungen für alle Beteiligten.

Die Daten werden zentral gepflegt und aktualisiert, es gibt keine *Datasets* mehr und keine Altbestände oder Kopien. Alle Datenbestände sind tagesaktuell. Für den Datenabzug aus Datenbanken erhalten die Anwender die Berechtigungen, die Sie brauchen, um ihre Daten abzuholen. SQL Server, Access, Oracle bieten zu jeder Zeit Zugriff auf Abfragen und Sichten. In OLAP-Datenbanken wie *SQL Server Analysis Services (SSAS)* werden passende Cubes eingerichtet, aus denen Anwender zu jeder Zeit Daten extrahieren können. Für ERP-Systeme (SAP, Microsoft Dynamics, Salesforce etc.) richtet der Admin Online-Zugriffe ein oder er exportiert die Daten in regelmäßigem Turnus.

Mitarbeiter der Fachabteilungen dürfen dabei aber nicht gezwungen sein, sich mit IT-spezifischen Strukturen vertraut zu machen, um die auf unterschiedlichste Quellen verteilten Daten nutzen zu können. Es empfiehlt sich, qualifizierte Kräfte zwischen die IT-Abteilung und die Fachabteilungen zu schalten. Diese Mitarbeiter sollten die Sprache der IT-Profis ebenso beherrschen wie die der Fachabteilungen. So würde dann beispielsweise von der IT-Abteilung eine Cube-Analyse mit Dimensionen und Measures und detaillierten Tupeln angefordert und dem Controller ein Soll/Ist-Vergleich mit Year-to-date, Vorjahreswerten, Forecast und Budgets präsentiert.

Risikovermeidung und Sicherheit

Business Intelligence eröffnet dem Excel-Anwender nicht nur neue Möglichkeiten, es zwingt ihn auch in eine Arbeitsweise, in der individuelle Tabellenkonstrukte keinen Platz mehr haben. Wirtschaftsprüfer und Revisoren können ein Lied singen von undurchschaubaren Excel-Patchworks mit Monsterformeln und wilden Bezügen. In Zukunft gibt es nur noch transparente Daten und ebensolche Visualisierungen. Das Risiko von Fehlberechnungen wird vermindert, Datenanalysen werden transparenter und sicherer.

Umdenken: Vom Einzelkämpfer zum Teamplayer

Der berüchtigte Einzelkämpfer hat ausgedient. Excel-Spezialisten, die zwar ein hohes Niveau bezüglich Funktionen, Matrixtechniken und Formelkonstruktion haben, ihr Wissen aber wie die Goldreserven von Fort Knox hüten, sind nicht mehr angesagt. Teamarbeit ist angesagt. Alle Mitarbeiter müssen sich regelmäßig gegenseitig über Datenaktualität und Datenbestände informieren, Aktionen absprechen und Ergebnisse teilen. Dass bei dieser Teamarbeit so mancher Report nicht doppelt gemacht und so manche Power Query-Abfrage oder DAX-Funktion geteilt werden kann, ist ein gewollter Nebeneffekt.

Neue Aufgaben – neue Ausbildung

Power Query, Power Pivot und Power BI sind für die meisten Anwender neu und unerforscht, und die vielen neuen Begriffe, die Aufgabe, neue Skriptsprachen (M) und neue Funktionen (DAX in Englisch!) lernen zu müssen, sind auch nicht gerade akzeptanzfördernd. Die Unternehmen sollten das durch gezielte Weiterbildung fördern, die nicht nur Excel, sondern das gesamte BI-Konzept zum Inhalt hat. Das klassische Excel-Seminar hat ausgedient, der BI-Workshop ist das neue Medium für Wissenstransfer.

1.2 Werkzeuge und Methoden

Die Zeit, die der Excel-Anwender aufwendet, um seine Daten berichtsfähig zu machen, ist verlorene Zeit. Sie muss nämlich für jeden Bericht neu investiert werden. So manches lässt sich zwar schon automatisieren mit Excel-Funktionen (SVERWEIS!) und PivotTables, die nur noch kurz aktualisiert werden müssen. In der Praxis wollen die Berichte aber immer wieder auf die aktuellen Daten angepasst werden. Die eigentliche Aufgabe des Reportings, nämlich dem Berichtsempfänger die Informationen zu liefern, die er für die Entscheidungsfindung braucht, kommt in diesem Fall zu kurz. Neue Besen müssen also her, um die alten, überholten Arbeitstechniken auszukehren:

- Das Importieren der Daten und das Bereinigen, Ausputzen, Reparieren und Verschönern der Daten erledigt Power Query. Das Werkzeug ist bereits in Excel 2010 als Add-in verfügbar, ab Excel 2013 heißt es *Abrufen und Transformieren* (eine passende Beschreibung, aber der Begriff Power Query ist griffiger, weshalb wir in diesem Buch bei diesem bleiben).
- Mit *Power Pivot* werden Daten ähnlich wie in Datenbanken über Schlüssel miteinander verknüpft. Die Formelsprache DAX liefert die Funktionen für zusätzliche Berechnungen.

- *Power BI* ist der neue Star am Reporting-Himmel: Das Produkt gehört zwar weder zu Excel noch zum Microsoft Office- bzw. Microsoft 365-Paket, wird aber in Zukunft eine bedeutende Rolle bei *Business Intelligence mit Excel* spielen. Excel arbeitet eng mit Power BI zusammen. Excel-Daten werden in Dateiform als Datenquellen zur Verfügung gestellt oder dynamisch in Berichte und Dashboards eingebunden. Mit dem Add-in *Power BI Publisher* werden Excel-Daten eng mit *Power BI* verknüpft.

1.2.1 Power Query

Power Query ist das Datenabfrage-Tool, das für den ETL-Prozess generiert wurde und diesen mit genialen Werkzeugen unterstützt. ETL steht für *Extract*, *Transform* und *Load*. Mit Power Query werden die Daten aus unterschiedlichsten Datenquellen importiert (Extract), bereinigt, umgewandelt, modelliert, neu berechnet oder kombiniert (Transfer) und in das Datenmodell für die BI-Analyse geladen (Load). Aus dem Datenmodell entstehen im letzten Schritt Berichte und Dashboards, aber dafür ist wieder ein anderes Tool (Power BI) zuständig.

Power Query-Erzeugnisse generieren dynamische Abfragen auf die Daten. Für eine einmal modellierte Datenmenge genügt ein Knopfdruck, und alle Änderungen aus den Quelldaten werden automatisch aktualisiert.

Power Query kommt mit einer eigenen Programmiersprache namens M. Alle Schritte, die im Rahmen des ETL-Prozesses nötig sind, um die Daten bereitzustellen, werden in einer Art Protokoll aufgezeichnet, und für die Digitalisierung der einzelnen Aktionen verwendet M eine spezifische Sprache mit entsprechend großem Sprachumfang. Wer sich bereits mit VBA, der Makrosprache von Excel, beschäftigt hat, kennt den Makrorecorder. Er zeichnet die Aktionen des Anwenders auf und wandelt sie in VBA-Befehle um. Das Ergebnis ist ein Makro, das alle Aktionen „auf Knopfdruck“ wieder ausführt.

Power Query-Abfragen entstehen ähnlich: Der Anwender importiert Daten, bereinigt diese, filtert und sortiert, passt Datentypen an, entfernt Spalten und berechnet zusätzliche Spalten. Alles wird Schritt für Schritt aufgezeichnet, und zum Schluss hält der Anwender eine Abfrage in den Händen, die nur noch aktualisiert werden muss, um alle diese Schritte wieder neu auszuführen. Die Programmiersprache M bietet darüber hinaus noch zusätzlich Elemente wie Variablen, Parameter, logische Strukturen und eine Art Schleifen an, mit denen die aufgezeichneten Abfragen noch verfeinert und verbessert werden können.

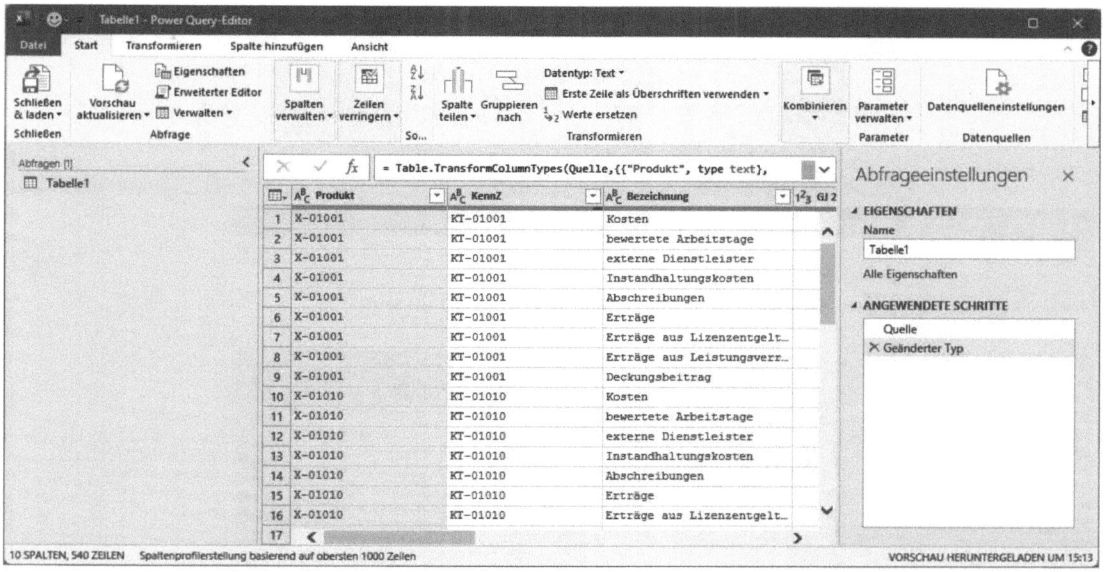

Bild 1.1 Der Power Query-Editor

1.2.2 Power Pivot

Mit Power Pivot bietet Excel ein Tool für die Integration großer Datenmengen aus unterschiedlichsten Quellen (Datenbanken, Excel-Mappen, Text/CSV, Internet u. a.). Power Pivot verwaltet die Daten in Form von Tabellen. Verknüpfungen in importierten Datenbank-Daten werden automatisch erkannt und übernommen, mit Hilfe einer Diagrammansicht können unterschiedlichste Datenquellen aber auch manuell über Schlüsselfelder verknüpft werden. Damit stellt Power Pivot eine besonders nützliche Komponente für Self Service Business Intelligence zur Verfügung.

Power Pivot ist keine Weiterentwicklung der guten alten PivotTable. Technisch gesehen ist Power Pivot die Oberfläche eines SQL-Datenbankservers, und das Datenmodell, auf dem das Tool aufbaut, ist eine OLAP-Datenbank, die unsichtbar im Hintergrund aufgebaut wird. Wer sich entscheidet, in Zukunft mit Power Pivot zu arbeiten, sollte sich deshalb gleich mit den Prinzipien des Datenbankdesigns anfreunden, denn darauf basiert das Tool. Felder, KPIs, Hierarchien, 1 : n-Beziehungen, Schlüsselfelder, linker und rechter Join, Datenbank-Speech – mit diesen Dingen sollten Sie sich vertraut machen. Dazu kommt die neue Formelsprache DAX mit englischsprachigen (!) Funktionen, die oft identisch mit vertrauten Excel-Funktionen (MAX, MIN, SUM) und doch so verschieden (RELATED, SUMX, PREVOIUSPERIOD) sind. Formeln heißen Measures, PivotTables sind die einzige Schnittstelle zu Excel. Das vertraute Tabellenblatt spielt mit Power Pivot keine Rolle mehr, es gibt nur noch das Datenmodell und die PivotTables.

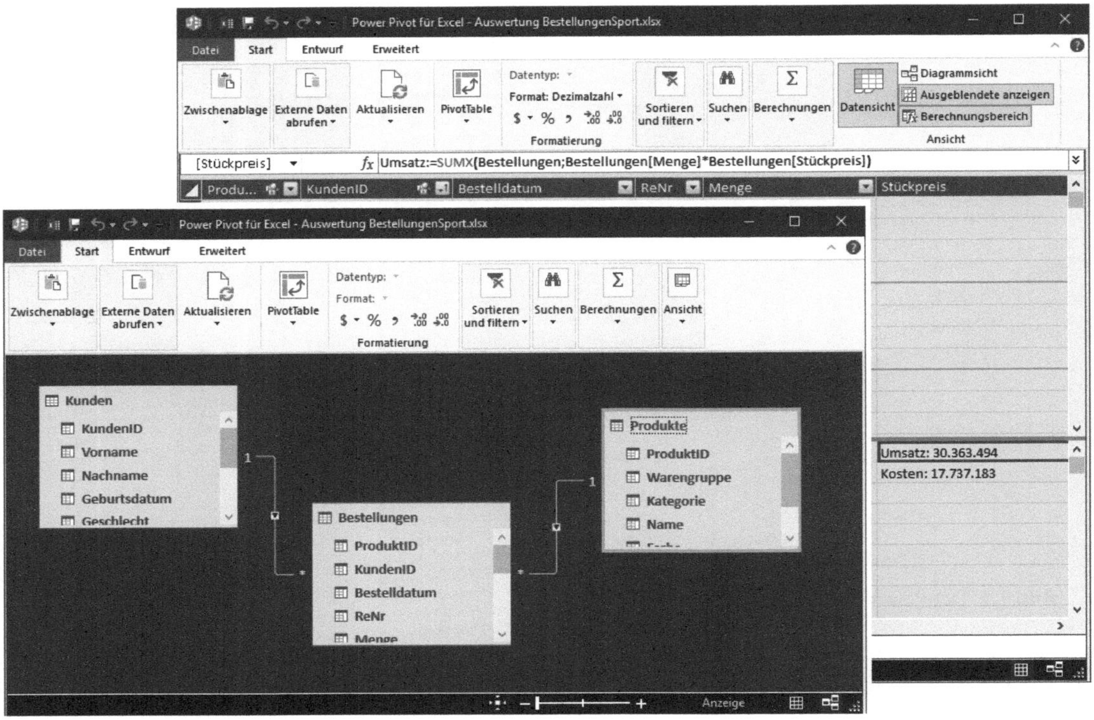

Bild 1.2 Power Pivot mit Daten- und Diagrammansicht

1.2.3 Power BI

Power BI ist im Verbund der BI-Tools für die Visualisierung der Daten zuständig. Aber damit nicht genug – das Programm bietet sogar die Funktionalität der beiden anderen Tools Power Query und Power Pivot. In der Praxis lässt sich mit Power BI also ein komplettes BI-System ganz ohne Excel-Unterstützung aufbauen. Power BI kann Daten aus unterschiedlichsten Quellen importieren, bietet die Möglichkeit, Daten ähnlich wie Power Query zu modellieren und zu transferieren, und genauso wie in Power Pivot können Tabellen auch über Schlüsselfelder relational verknüpft werden. Die Skriptsprache M steht ebenso wie in Power Query zur Verfügung, und das Datenmodell lässt sich über DAX-Funktionen mit zusätzlichen Kalkulationen erweitern.

Für die Visualisierung stehen zahlreiche Diagrammelemente, vom Balkendiagramm bis zur Geo-Map, und unterstützende Werkzeuge (Datenschnitte, Bild- und Zeichenwerkzeuge u. a.) zur Verfügung. Das Angebot an Visualisierungswerkzeugen wächst ständig, Entwickler können diese sogar selbst entwerfen und individuellen Anforderungen anpassen. Berichte können online und mobil abgefragt, bearbeitet, zu Dashboards zusammengefasst und mit Kollegen geteilt werden.

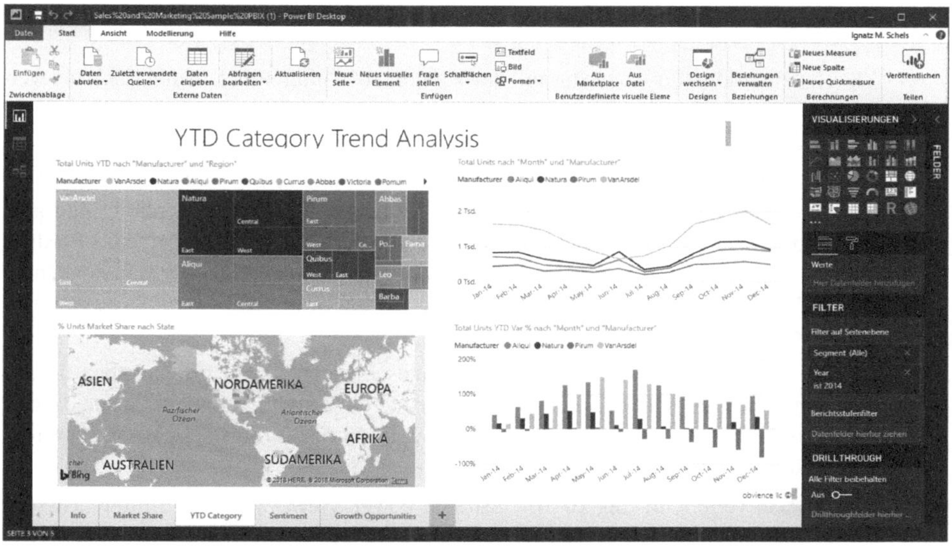

Bild 1.3 Power BI Desktop

Power BI integriert Excel in sein Cloud-Konzept. Mit der Möglichkeit, Excel-Daten in der Cloud zu veröffentlichen, an Berichte und Dashboards anzuhängen und dynamisch mit diesen auszutauschen, schafft Power BI alle Voraussetzungen, um Excel weiterhin als Client zu verwenden. Voraussetzung ist natürlich die Bereitschaft, die Cloud-Dienste von Microsoft zu nutzen (mit dem Report Server lässt sich auch eine Cloud-freie Lösung schaffen). Das Power BI-Konzept bietet sowohl für Einzelkämpfer als auch für Unternehmen jeder Größenordnung bezahlbare Pakete an.

Besonders vorteilhaft ist die Import-Funktion für Excel-Arbeitsmappen, die Power-Query-Abfragen und Power-Pivot-Datenmodelle enthalten. Excel-Anwender können so ihre BI-Anwendung in vertrauter Umgebung gestalten und anschließend an Power BI Desktop oder die Power BI-App in der Cloud übermitteln.

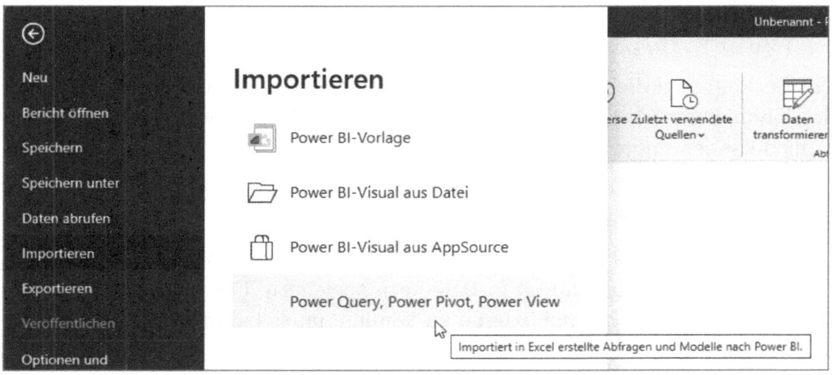

Bild 1.4 Import von BI-Daten aus Excel-Arbeitsmappen

1.2.4 Power View

Power View ist ein Add-in für Excel, das mit der Version 2013 eingeführt, in den Nachfolgeversionen aber nicht weitergepflegt wurde. Mit Power View wurden Daten in interaktiven Dashboards visualisiert. Power BI ist der designierte Nachfolger, und das hat folgende Gründe:

- Power View wurde im Original mit Silverlight erstellt, einem Browser-Plug-in für Web-Applikationen. Silverlight war als Konkurrenzprodukt zu Adobe Flash geplant. Microsoft hat nach zahlreichen Sicherheitslücken und mit der Ausrichtung auf HTML5 das Produkt 2015 eingestellt. Aus diesem Grund wird ActiveX und damit auch Silverlight in Edge, dem Windows 10-Browser, nicht mehr unterstützt. Google hat Silverlight ebenfalls aus seinem Browser Chrome verbannt.
- Power View wurde zwar noch auf HTML5 umgeschrieben, dabei gingen aber bereits einige Visualisierungen verloren. Zeitgleich startete die Entwicklung von Power BI, und auch wenn ein offizielles Statement dazu fehlt, wird Microsoft nur noch Power BI weiterentwickeln und Power View allmählich auslaufen lassen.
- In älteren Excel-Versionen (bis 2016) lässt sich Power View zwar noch in der Liste der COM-Add-ins aktivieren, das Tool funktioniert aber nicht.

1.2.5 Power BI oder Excel?

Warum sollte sich ein Anwender mit Power Query und Power Pivot in Excel anfreunden, wenn Power BI Desktop diese Werkzeuge auch anbietet? Wird Power BI Desktop kurz- oder langfristig Excel ersetzen?

Excel-Anwender werden sich langsam, aber stetig mit den beiden Excel-Tools Power Query und Power Pivot anfreunden, ihre Daten aber auch weiter mit den Standardwerkzeugen (Diagramme, PivotCharts, Sparklines etc.) visualisieren. Die Visualisierungselemente von Power BI Desktop sind optisch wesentlich anspruchsvoller und leistungsfähiger als die Excel-Werkzeuge, und mit der Zeit wird Power BI mit Excel zusammenwachsen und die Rolle der Visualisierung übernehmen. Aber – Power BI wird Excel niemals ersetzen können.

Vorteile von Power BI Desktop gegenüber Excel

- In Power BI Desktop sind die beiden ETL-Werkzeuge Power Query und Power Pivot enthalten, die Handhabung ist weitgehend mit Excel identisch. BI-Anwendungen in Excel-Arbeitsmappen können importiert werden.
- Power BI Desktop hat optisch anspruchsvollere und technisch ausgereiftere Visualisierungswerkzeuge als Excel (Wasserfallcharts, Maps u. a.).
- Power BI Desktop ist die Basis für den Power BI Service. Mit diesem Werkzeug lassen sich schöne Visualisierungen erstellen und in Dateiform speichern. Um Reports im eigenen Unternehmen oder in der Cloud publizieren zu können, muss bei Microsoft ein kostenpflichtiges Konto beantragt werden. Die Möglichkeiten des Power BI Service reichen von automatischen Dashboards über Q&A (Frage und Antwort) bis zu KI (künstlicher Intelligenz).

Nachteile von Power BI gegenüber Excel

- Wichtige Werkzeuge von Excel stehen mit Power BI Desktop nicht zur Verfügung. Power BI Desktop hat keine PivotTables. Reports können nur aus Tabellen erstellt werden, und Aggregationen müssen aufwendig mit DAX konstruiert werden.
- Power BI Desktop bietet nicht den Komfort eines Tabellenkalkulationsprogramms. Es gibt nur Datenquellen und Visualisierungen. Die Oberfläche lässt sich zwar flexibel ähnlich wie eine PowerPoint-Folie mit Tabellen, Diagrammen und grafischen Objekten ausschmücken, aber Excel-Tabellenblätter sind variantenreicher mit Rahmen, Farben, bedingten Formaten, Formularelementen, Bereichsnamen, Gliederungen, grafischen Objekten, SmartArts u. a. Für Layout und Druck gibt es zahlreiche Möglichkeiten, und in jeder Zelle lässt sich eine Berechnung unterbringen. Funktionen müssen sich auch nicht an Tabellenspalten und -zeilen orientieren.
- Dashboarding und Cloud-basierende Berichte sind die Zukunft, aber dieser Komfort will bezahlt werden. Power BI Services in der Cloud kosten Geld, und zwar nicht wenig, wenn ein Unternehmen sich entschließt, die BI-Services für seine Mitarbeiter oder Kunden einzurichten.
- Nicht zu vergessen: VBA. Die Makrosprache bietet nach wie vor unerreichten Komfort für den Dialog mit dem Anwender und die Automatisierung von Prozessen. Power BI hat (noch) nichts Gleichwertiges zu bieten.

1.2.6 Power Pivot oder Datenbank?

Macht es Sinn, Power Pivot an Stelle einer Datenbank einzusetzen? Wo sind die Vorteile dieses Tools, das sowohl in Excel als auch in Power BI Desktop zur Verfügung steht?

An den Datenmengen kann es nicht liegen. Power Pivot kann zwar wesentlich mehr als die 1 048 576 Zeilen von Excel einlesen, aber mehrere Millionen Datensätze sind auch für Access keine Herausforderung, und der große Bruder SQL Server hat damit noch weniger Probleme.

Mit dem DBMS Access lassen sich Daten wesentlich komfortabler aufbereiten als mit Power Pivot. Die Möglichkeit, Abfragen (Queries) zu erstellen und abzuspeichern, die Formulare als Dialogschnittstelle zum Benutzer, die Berichte und nicht zuletzt die gigantische VBA-Makrosprache bieten allen Komfort für die Entwicklung moderner Datenbanken.

Mit Access werden Daten erfasst, editiert und gelöscht (Read and Write). Power Pivot liefert nur eine Sicht auf gespeicherte oder per Verknüpfung zur Verfügung gestellte Daten (Read only). Um Daten abzuändern, muss der Benutzer Rechte und Zugriff auf externe Systeme (ERP, Datenbanken etc.) haben oder die Dateien (XLSX, CSV) öffnen und darin Änderungen vornehmen. Erst dann kann er seine Power Pivot-Auswertungen aktualisieren.

Access-Formulare können mit dem Einsatz von Formularwerkzeugen benutzerfreundlich gestaltet werden. Selbst unerfahrene Einsteiger werden mit Datenbankformularen beste Resultate erzielen. Die Power Pivot-Oberfläche lässt sich nicht gestalten, eine Automatisierung von Prozessen oder eine Oberfläche mit Formularelementen gibt es nicht.

Power Pivot ist also nur eine abgespeckte Version einer Datenbank, aber Beziehungen, Datentypen und berechnete Spalten sind wesentlich einfacher zu erlernen als Datenbankstrukturen, SQL-Abfragen und Formularelemente. Wer mit dem spärlichen Komfort leben kann und schnelle Resultate mit verknüpften Datenquellen braucht, wird Power Pivot auch den Vorzug vor Access & Co. geben. Und nicht zu vergessen seien die vielen Anwender, die von der IT ausgebremst werden, weil sie kein Access haben oder haben dürfen (Datenbanken machen Ärger und Arbeit!). Für sie ist Power Pivot nicht die beste, aber die einzige Lösung.

2 Grundlagen, Verfahren und Konzepte

Business Intelligence mit Excel ist mehr als Excel. Neue Verfahren, neue Werkzeuge und neue Konzepte halten Einzug in die altehrwürdige Tabellenkalkulation. Wer sich noch auf dem Wissensstand von vor 10 Jahren ausruht und seinen Horizont auf Zellen, Tabellenblättern und Arbeitsmappen mit Formatierungen und einigen Funktionen begrenzt, sollte umdenken. Das Wissen um grundlegende Datenbankkonzepte und -formate wird für Business Intelligence ebenso gebraucht wie der sichere Umgang mit den BI-Tools.

2.1 Relationale und multidimensionale Datenbanken

Die relationale Datenbank ist eine Erfindung aus den 70er-Jahren. Dr. Edgar F. Codd, ein Programmierer bei IBM, erfand das Modell der relationalen Datenbank. Er verwendete die Abfragesprache SEQUEL, aus der SQL hervorging, die Sprache, die heute noch Kern und Basis aller Datenbanksysteme ist. Edgar F. Codd entwickelte auch die Normalformen und die 12 Evaluierungsregeln als Anforderung für ein OLAP-System (Online Analytic Processing). Oracle kam als erstes Unternehmen im Jahr 1979 mit einem relationalen Datenbankmanagementsystem auf den Markt.

Mitte der 90er-Jahre nutzte jedes größere Unternehmen relationale Datenbanken. Aber mit der Zeit tauchte ein Problem auf: Die Datenbanken mit relationalen Verknüpfungen waren zwar ideal geeignet, um Daten auch in größeren Mengen zu speichern. Für die Erstellung von Berichten aus Transaktionsdaten erwiesen sich die Datenbanken jedoch als zu schwerfällig. Musste zum Beispiel ein Bericht über monatliche Umsätze erstellt werden, suchte das System in Millionen von Transaktionen, um eine einzelne Summe zu ermitteln. Nicht selten ging dabei die gesamte Serverwelt „in die Knie“, und an schnelle, Just-in-time-Informationen war gar nicht zu denken.

2.2 Das Entity-Relationship-Modell (ERM)

Das Entity-Relationship-Modell (ERM) ist die Grundlage für einen Datenbankentwurf. Die Grundelemente sind Entitäten, Beziehungen und Attribute. Im ERM-Modell werden die grundlegenden Beziehungen einer relationalen Datenbank aufgestellt.

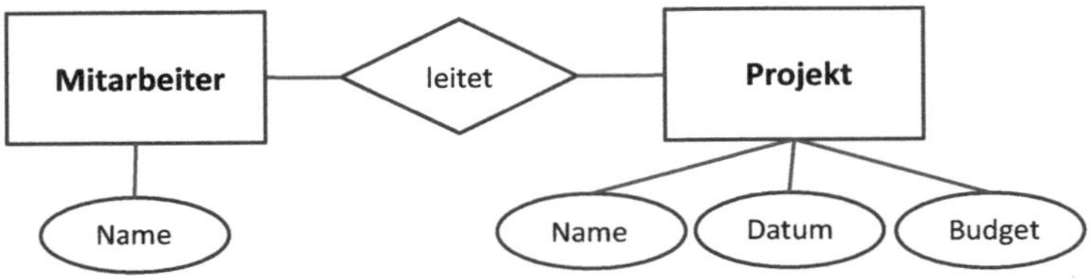

Bild 2.1 Das Entity-Relationship-Modell

2.3 Normalisierung und Faktentabellen

Normalisierung ist die Aufteilung der Attribute (Tabellenspalten) in mehrere Relationen unter Berücksichtigung der Normalisierungsregeln und Normalformen mit dem Ziel, eine Form zu erhalten, die keine vermeidbaren Redundanzen aufweist.

Erste Normalform

In der ersten Normalform sind alle Werte atomar, d. h. nicht mehr teilbar.

Rechnungsnr.	Name	Artikel	Anzahl	Preis
1234	Max Mustermann	Bleistift	10	1,20 €

⇩

Rechnungsnr.	Name	Vorname	Artikel	Anzahl	Preis
1234	Mustermann	Max	Bleistift	10	1,20 €

Zweite Normalform

In der 2. Normalform sind die Daten in Tabellen aufgeteilt, die Beziehungen zwischen den Daten werden über Schlüssel definiert.

Tabelle "Kunden"

Kundennr.	Name	Vorname	
0815	Mustermann	Max	

Tabelle "Artikel"

Artikelnr.	Artikel	Preis	
A-01	Bleistift	1,20 €	

Tabelle "Rechnungen"

Rechnungsnr.	Kundennr.	Artikelnr.	Anzahl
1234	0815	A-01	10

Beziehungsarten

1 : 1

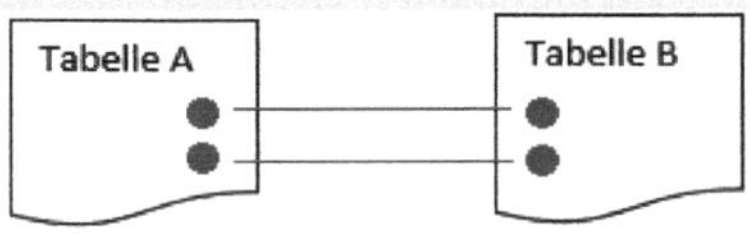

Jeder Datensatz in Tabelle A ist genau mit einem Datensatz in Tabelle B verbunden (nicht zu empfehlen).

1 : n

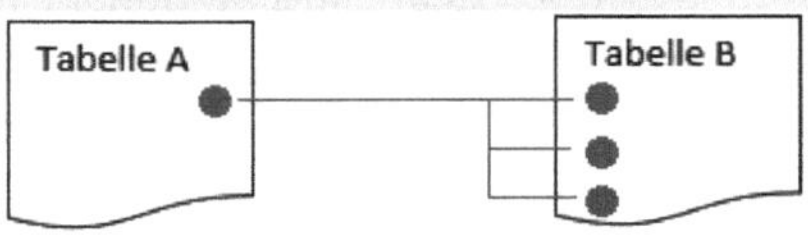

Jeder Datensatz in Tabelle A kann mit beliebig vielen Datensätzen in Tabelle B verbunden sein, einem Datensatz in Tabelle B ist aber nie mehr als ein Datensatz aus Tabelle A zugewiesen (häufigste Beziehungsart).

n : m

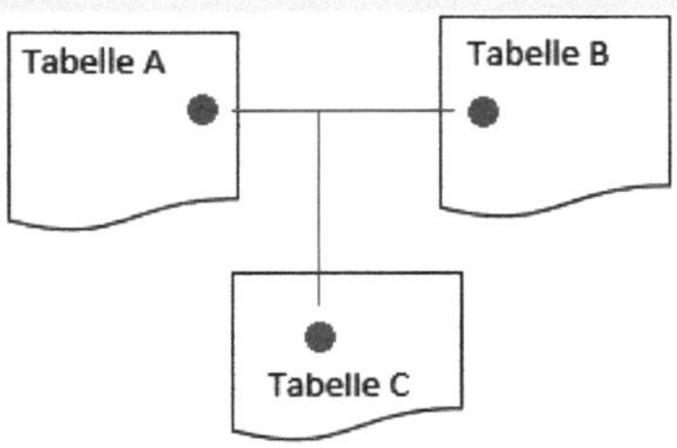

Jeder Datensatz in Tabelle A kann mit mehreren Datensätzen in Tabelle B und umgekehrt verbunden sein. Dazu wird eine dritte Tabelle benötigt, in der die Schlüssel aus Tabelle A und Tabelle B enthalten sind.

2.4 Sternschema

Zu den wichtigsten Konzepten im Datenbankdesign gehört das Sternschema. Wer längere Erfahrung mit Excel hat, wird es gewohnt sein, die Daten in Listen- oder Tabellenform anzuordnen, um gezielt filtern, sortieren oder per PivotTable analysieren zu können. Relationen, d. h. Beziehungen zwischen zwei Tabellen lassen sich über Verweisfunktionen (SVERWEIS(), HVERWEIS() XVERWEIS()) realisieren, was aber nichts mit Datenbankmodellierung zu tun hat.

Für ein relationales Datenbankmodell, das für BI-Analysen geeignet ist, werden im ersten Schritt alle Tabellen gesammelt. Für jede Tabelle wird die erforderliche Anzahl Felder definiert. Hier gilt das Prinzip der Einfachheit: Daten, die nicht ins Reporting einfließen, haben im Datenmodell nichts verloren.

Bei der Sammlung der Daten sollte von Anfang an das Sternschema berücksichtigt werden. Dazu werden alle Daten in diese Tabellen unterteilt:

- Fakten
- Dimensionen

Fakten enthalten die „bewegten" Daten: Verkäufe mit Mengenangaben, Umsätze mit Preisen, Bestellungen, Aufträge. Fast immer enthalten Faktentabellen Datumsfelder, die in den Auswertungen auf Monate, Jahre etc. aggregiert werden.

Dimensionen enthalten die Details zu den Daten in den Faktentabellen. Die „Stammdaten" sind Produktpreislisten mit Beschreibungen, Kategorien, Herstellerangaben, Mitarbeiterdaten mit Eintrittsdatum, Kundenlisten mit Adressen u. a. Wichtigstes Merkmal ist die Eindeutigkeit: Jeder Datensatz wird durch die Zuweisung einer ID einmalig, es gibt das Produkt ebenso wie den Kunden oder den Mitarbeiter nur einmal.

Im Sternschema wird die Faktentabelle zentriert, und die Dimensionen ordnen sich mit den ID-Verknüpfungen rund um die Fakten an.

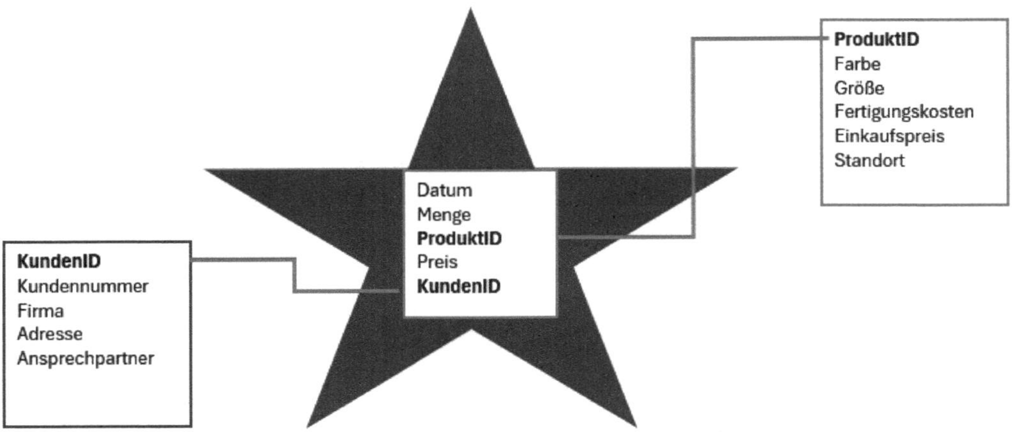

Bild 2.2 Fakten im Zentrum, Dimensionen rundum – das Sternschema

2.5 OLAP – die multidimensionale Datenbank

Die multidimensionale Datenbank ist eine Weiterentwicklung des relationalen Modells. Edgar F. Codd entwickelte sie mit dem Ziel, die Server von Berechnungen zu entlasten, die für aktuelle Berichtserstellungen benötigt wurden. Dazu werden die Aggregationen (Summen) zu Zeiten, in denen die Server nicht beschäftigt sind (nachts) in speziellen Datenbanken gespeichert, sogenannte OLAP-Cubes. Cubes müssen weniger zeitaufwendige Berechnungen durchführen, da ihre Ergebnisse vorberechnet sind.

Ein OLAP-Cube ist ein „Snapshot" auf die Daten zu einem bestimmten Zeitpunkt, zum Beispiel am Ende des Tages, der Woche, des Monats oder des Jahres (Year-to-date).

2.5.1 Von OLAP zu BI

Der Begriff Business Intelligence ist eng mit der OLAP-Technik verbunden. BI-Analysen sind in der Regel nichts anderes als Auswertungen von OLAP-Cubes, aber diese Analysen waren bisher wie die Herstellung und Wartung dieser Cubes nur von IT-Spezialisten und erfahrenen Programmierern durchführbar. Entsprechend zeitraubend und kostspielig gestalteten sich BI-Analysen.

Mit der Excel-PivotTable machte Microsoft den ersten Schritt in Richtung Self-Service-BI: Der einfache Excel-Anwender war in der Lage, Daten in unterschiedlichen Perspektiven darzustellen, zu filtern und mit arithmetischen oder statistischen Methoden (Summe, Anzahl, Mittelwert, Standardabweichung etc.) auszuwerten und diese in ein Datenmodell (OLAP-Cube) zu befördern.

Technisch gesehen entsteht nämlich bei der Anlage einer PivotTable nichts anderes als ein OLAP-Cube.

2.5.2 Wie ein OLAP-Cube funktioniert

Ein Cube besteht aus Measures, Dimensionen und Dimensionsattributen.

- *Measures* sind numerische Datenwerte aus Formeln, die über Dimensionen hinweg Werte zählen, Summen berechnen, Durchschnitte oder Maximal-/Minimalwerte ermitteln.
- *Dimensionen* sind ähnlich wie Tabellen im relationalen Modell die Spalten- und Zeilenachsen des Cubes. Typische Dimensionen sind Produkte, Artikel, Kunden, Mitarbeiter, Vertriebsgebiete etc.
- *Dimensionsattribute* sind benannte Elemente innerhalb einer Dimension, ähnlich den Spalten einer Tabelle. Typische Dimensionsattribute für die Dimension *Vertriebsgebiete* wären zum Beispiel Europa, USA, EMEA (Europe and Middle East).

Im Prinzip besteht ein OLAP-Cube aus vielen einzelnen Boxen. Jede Box enthält eine Aggregation (Summe) aus den Daten einer Datenbank.

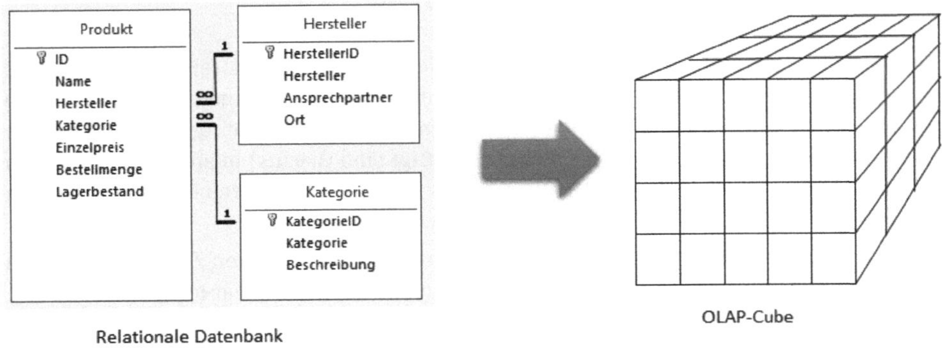

Fügen wir eine *Dimension* für die Daten aus dem Datenbankelement *Kategorie* hinzu.

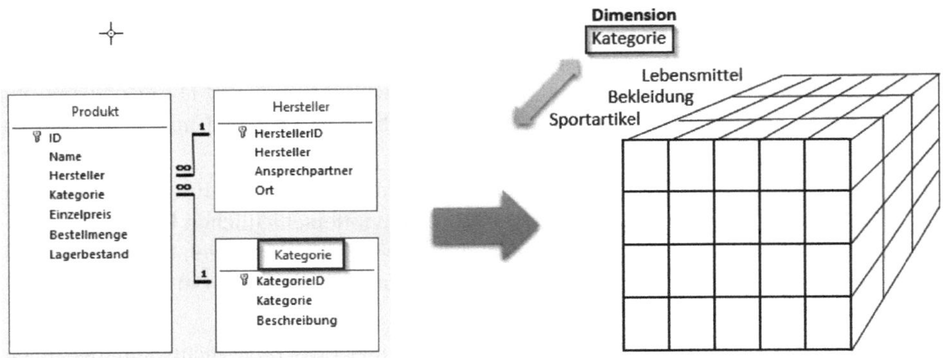

Die Vorderseite des Würfels enthält die Summen der ersten Kategorie.

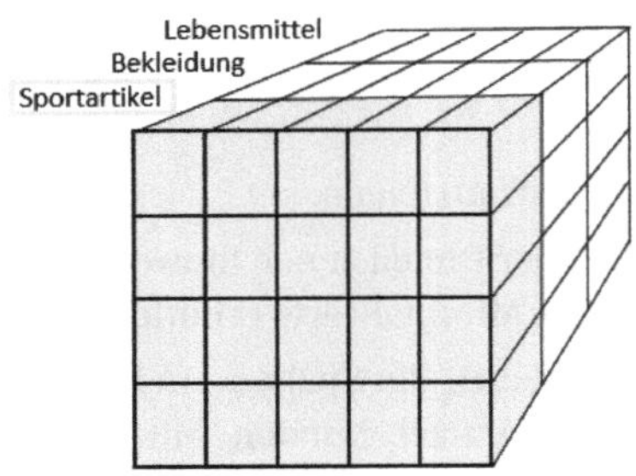

Die mittleren Boxen enthalten die Summen der zweiten Kategorie und die letzte Würfelreihe enthält die Summen der letzten Kategorie.

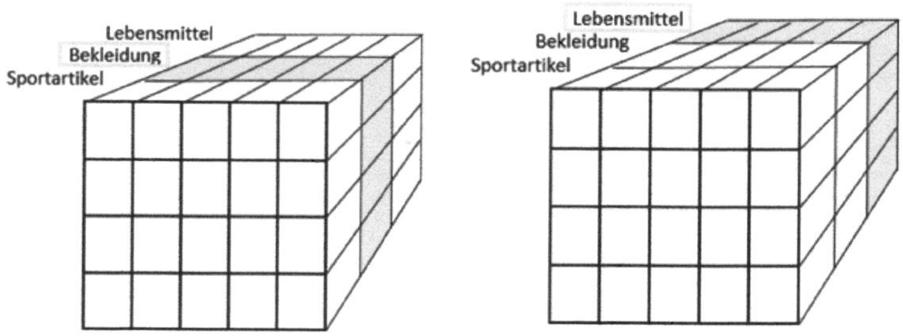

Fügen wir eine weitere Dimension *Zeit* mit den Monaten als Elemente hinzu.

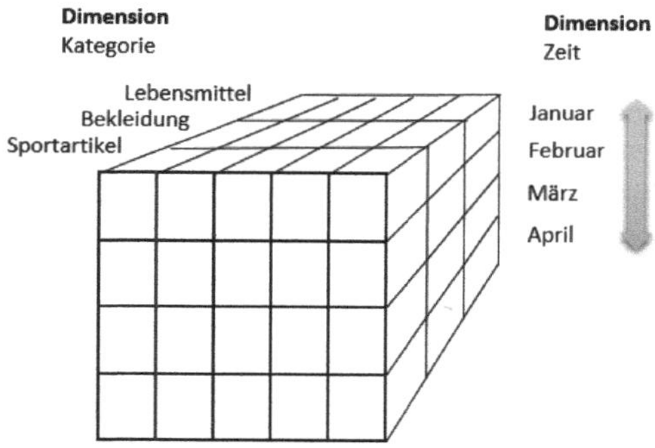

Jetzt enthält die erste horizontale Reihe die Summen des ersten Monats.

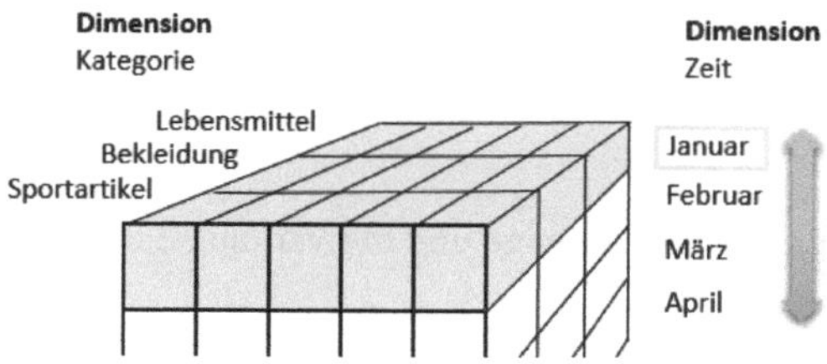

Und die letzte horizontale Reihe speichert die Summen des letzten Monats.

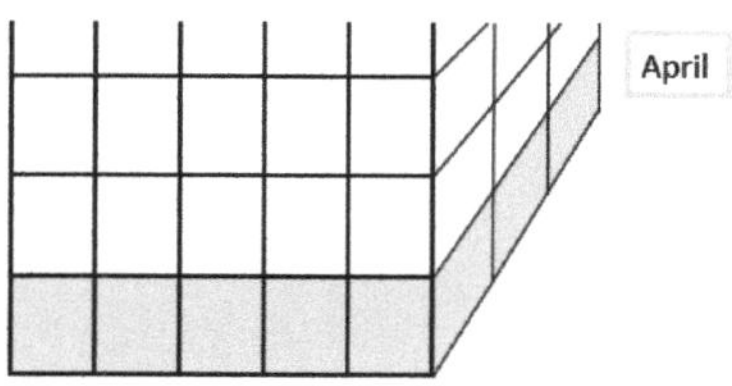

Das nächste Element aus der OLAP-Technik ist das *Measure*. Ein Measure bezeichnet die Aggregatfunktion oder einfacher gesagt, was im Würfel berechnet wird. Fügen wir auf der Unterseite des Würfels ein erstes Measure für den *Lagerbestand* hinzu.

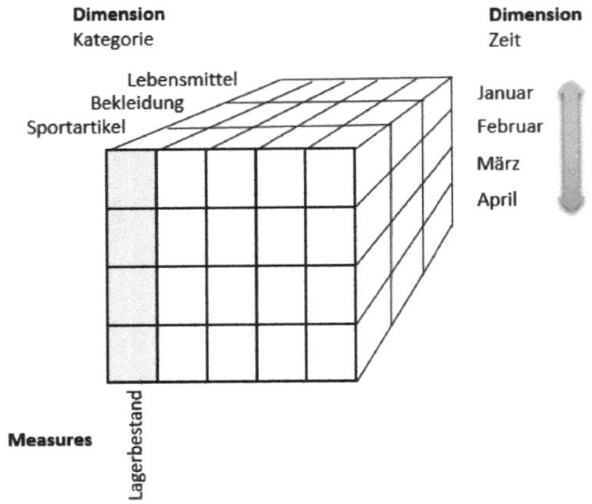

Die nächste Reihe bekommt das Measure *Materialkosten*.

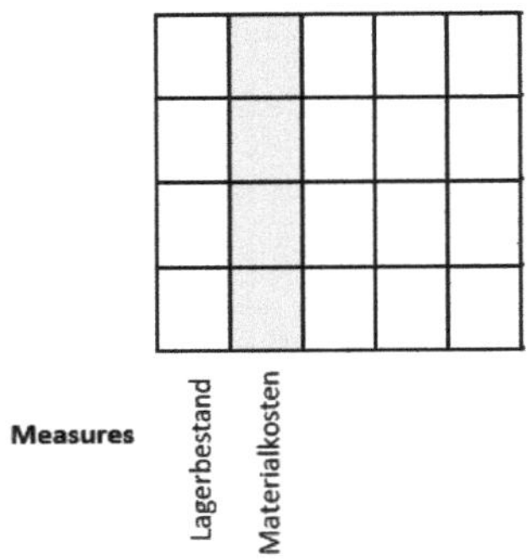

Und schließlich werden noch die Summen für die Bestellmenge und die Verkaufsdaten eingebaut.

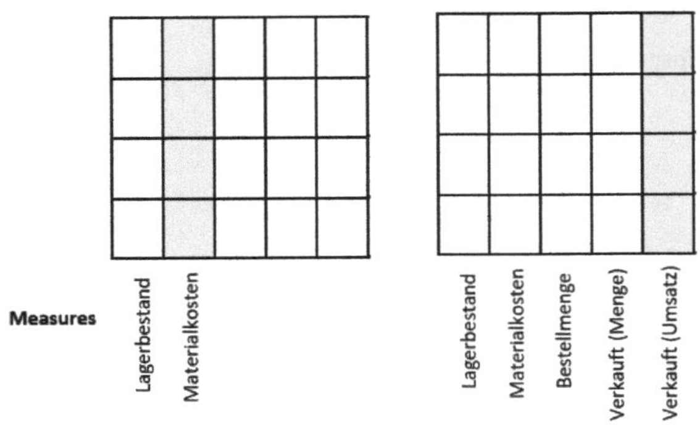

Füllen wir die einzelnen Boxen des Cubes anschließend mit Werten, lassen sich diese über den Schnittpunkt von Measure und Dimension eindeutig bezeichnen.

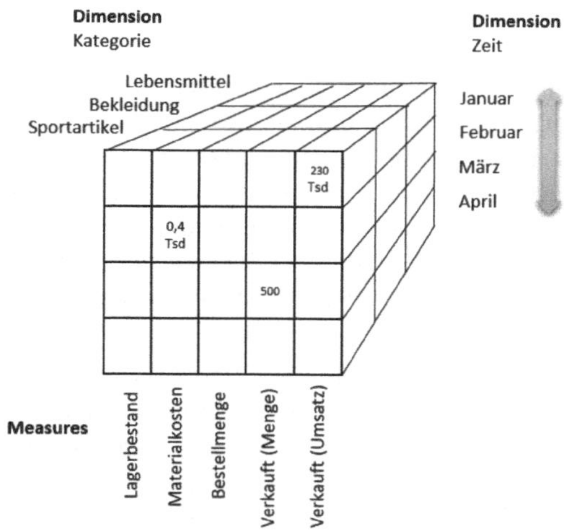

So lässt sich der *Umsatz* (Measure) für die Kategorie *Sportartikel* (Dimension 1) im Monat *Januar* (Dimension 2) eindeutig klassifizieren.

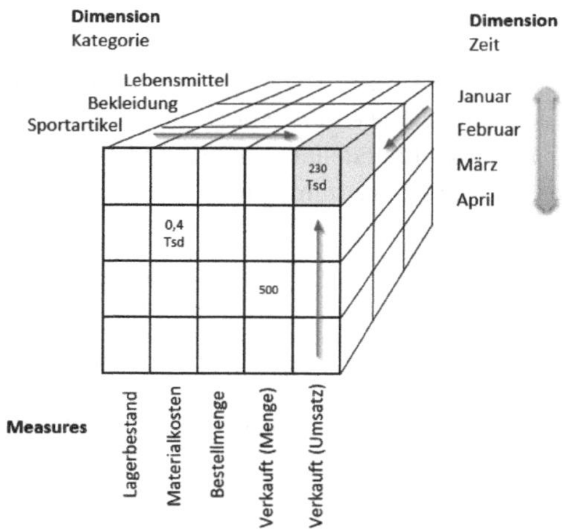

Noch ein Begriff aus der OLAP-Technologie: Eine Hierarchie wird eingeführt, um Dimensionen zu gruppieren und in Eltern/Kinder (parent/child) zu unterteilen. Damit bietet der Cube die Möglichkeit, Daten per Drilldown von einer oberen Ebene in eine tiefere Ebene zu analysieren.

2.6 Datenimport und dynamische Verknüpfungen

Der Umgang mit Daten hat sich in Excel grundlegend gewandelt und wird sich mit Business Intelligence weiter in die eingeschlagene Richtung entwickeln. Daten werden nicht in Tabellenblättern und Arbeitsmappen gespeichert und auch nicht mehr mit Formelkonstruktionen und Funktionstricks kombiniert und ausgewertet. Die Verweisfunktionen SVERWEIS, WVERWEIS und XVERWEIS als klassische Werkzeuge für einfache Beziehungen zwischen Datenbeständen haben weitgehend ausgedient, an ihre Stelle treten dynamische Verknüpfungen auf externe Daten, Datenbanken und Webseiten. Client/Server heißt die Devise, Excel wird zum Auswertungstool für externe Daten.

Dabei ist die dynamische Verknüpfung auf externe Daten ein „alter Hut" für erfahrene Excel-Anwender. Schon in Excel 5.0 (1995) gab es die DDE-Schnittstelle für dynamische Datenverbindungen, in Office 97 war MS Query der Garant für sichere SQL-Abfragen an Datenbanken. Mit Business Intelligence kommen neue Tools ins Spiel, Power Query verbindet den Datenimport mit der Möglichkeit, die Daten gleich zu transformieren und aufzubereiten und Power Pivot stellt Beziehungen wie Datenbankprogramme zur Verfügung.

2.6.1 ODBC

ODBC (Abkürzung für „Open Database Connectivity") ist eine 1992 von Microsoft entwickelte Software-Schnittstelle, die den Zugriff aus einem Anwendungsprogramm auf unterschiedliche Datenbanken gewährleistet. Jeder Datenbankhersteller (Provider), der sich an den ODBC-Standard hält, kann Treiber zur Verfügung stellen, damit Office-Programme wie Excel auf seine Datenbanken zugreifen können.

2.6.2 ODBC-Treiber verwalten

Für die Verwaltung dieser Treiber stellt Windows einen Dienst in der Systemsteuerung zur Verfügung:

- Wählen Sie in der Systemsteuerung *Verwaltung/Datenquellen (ODBC)* oder geben Sie bei Cortana (Windows 10) oder im Suchfeld von Windows 7 einfach „ODBC" ein.
- Der ODBC-Datenquellen-Administrator verwaltet die installierten ODBC-Treiber. Holen Sie mit *Hinzufügen* weitere Treiber in die Liste.
- Benutzerdatenquellen sind spezifisch für das Microsoft Windows-Anmeldekonto, das zum Zeitpunkt des Erstellens der Datenquellen aktiv ist. Sie sind für keine anderen Anmeldekonten sichtbar. Für Anwendungen, die als Dienste auf einem Computer ausgeführt werden, sind sie nicht immer sichtbar.
- Systemdatenquellen sind für alle Anmeldekonten auf einem Client sichtbar. Für Anwendungen, die als Dienste auf einem Computer ausgeführt werden, sind sie immer sichtbar.
- Dateidatenquellen werden nicht in der Systemregistrierung gespeichert; sie werden in einer Datei auf dem Client gespeichert.

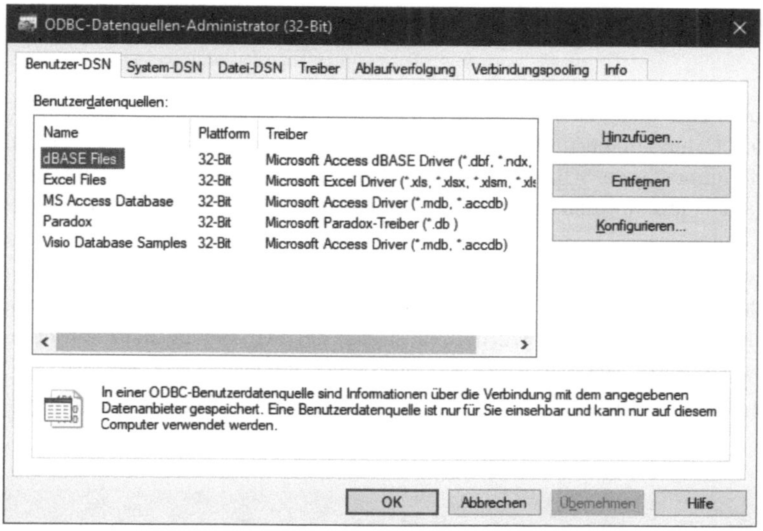

Bild 2.3 ODBC-Datenquellen werden unter Windows verwaltet.

2.7 ODBC und Power Query

ODBC ist eine alte Datenimport-Technik, die von Microsoft nicht mehr weiterentwickelt wird. Power Query bietet als Nachfolger von ODBC wesentlich mehr und deutlich bessere Verknüpfungen zu externen Datenquellen an. Da viele Anwender aber mit ODBC arbeiten, müssen die alten Werkzeuge auch in der neueren Version noch verfügbar sein. Excel hat ODBC in Version 2016 und den ersten Versionen von 2019 noch im Menüband in einer eigenen Gruppe neben der Power Query-Gruppe *Daten abrufen und transformieren* angeboten, diese dann aber mit Microsoft 365 geschlossen. ODBC-Treiber finden Sie noch unter *Daten/Daten abrufen und transformieren/Daten abrufen/Aus anderen Quellen/Aus ODBC*, diese Treiber funktionieren aber nicht mehr. Mit dem Legacy-Assistenten holen Sie ODBC zurück in die Menüstruktur:

- Wählen Sie *Datei/Optionen/Daten*.
- Schalten Sie unter *Legacy-Datenimport-Assistenten anzeigen* die alten ODBC-Treiber für Access, Webabfragen, Textdaten, SQL-Server, OData, XML und den alten Datenverbindungs-Assistenten ein.

Damit lassen sich die ODBC-Verbindungen über *Daten/Daten abrufen und Transformieren/ Daten abrufen/Legacy-Assistenten* wieder starten.

2.8 SQL

SQL (Structured Query Language) ist eine Datenbanksprache zur Definition von Datenstrukturen in relationalen Datenbanken und zur Erstellung und Bearbeitung von Abfragen auf darauf basierende Datenbestände. SQL-Abfragen sind das Kernstück der relationalen Datenbank. Mit der Abfrage (View) werden Daten eingefügt, editiert, gelöscht oder einfach abgefragt.

SQL lässt sich in Excel-Abfragen auf externe Datenquellen einsetzen. Der Abfrage-Assistent bietet die Möglichkeit, SQL-Abfragen zu editieren oder neue Abfragen zu generieren. In Abfragen, die mit Power Query erstellt wurden, lässt sich der SQL-Befehl nicht editieren, SQL kann aber für gezielte Abfragen an externe Datenquellen eingesetzt werden.

Hier eine Liste mit SQL-Anweisungen, die per ODBC an eine Excel-Mappe übermittelt werden können:

Abfrage	Erklärung
SELECT * FROM [Tabelle1$]	Die Daten werden aus einem Tabellenblatt erhoben. $ und [] sind hier Pflicht.
SELECT * FROM [Tabelle1$A1:C10]	Die Daten werden aus einem Zellenbereich eines Tabellenblatts erhoben.
SELECT * FROM Name	Die Daten werden aus einem „definierten Namen" im Gültigkeitsbereich „Arbeitsmappe" erhoben. Der Bereich muss hier auf „Arbeitsmappe" gestellt sein (Default-Wert), da ansonsten der Name nicht über ODBC angesprochen werden kann.
SELECT * FROM BereichA UNION SELECT * FROM BereichB	Die Daten werden per UNION SELECT aus zwei verschiedenen Bereichen eines Tabellenblatts erhoben.
SELECT * FROM Datei1.csv UNION SELECT * FROM Datei2.csv	Die Daten werden per UNION SELECT aus zwei verschiedenen CSV-Dateien erhoben. In der *.ini*-Datei wird der Ordner angegeben, in denen sich die Dateien befinden.
INSERT INTO [Tabelle1$] VALUES (Wert1,Wert2,Wert3,...)	Es werden Daten in ein Tabellenblatt eingefügt. INSERT INTO ist nur über ein Worksheet möglich (nicht über einen Bereich).

2.8.1 SQL-Abfragen mit Excel

Die ODBC-Technik ist zwar mit der Einführung der BI-Tools etwas veraltet, SQL bietet aber die Möglichkeit, gezielte Anforderungen an externe Daten zu richten. Hier ein Beispiel aus der Praxis, wie mit ODBC und SQL-Abfragen Daten gezielt aus einer externen Quelle geholt werden.

Für die Abfrage verwenden Sie Microsoft Query. Das ist ein alter Abfrage-Assistent, der schon für Excel Version 3.0 entwickelt wurde, aber immer noch gute Dienste leistet.

Die Mappe *Umsatz_Golfshop.xlsx* enthält Produktumsätze in 12 Monatstabellen von Januar bis Dezember.

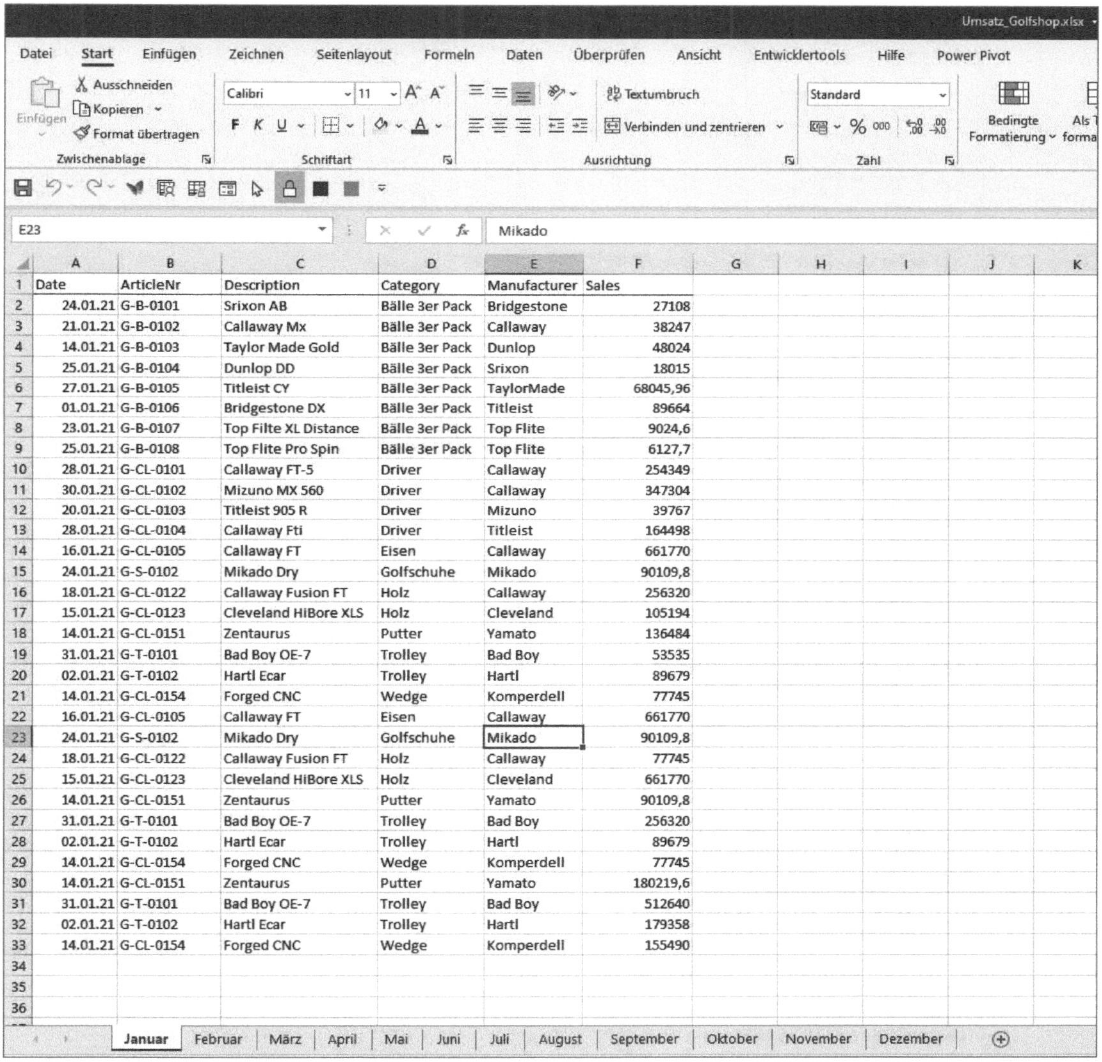

	A	B	C	D	E	F
1	Date	ArticleNr	Description	Category	Manufacturer	Sales
2	24.01.21	G-B-0101	Srixon AB	Bälle 3er Pack	Bridgestone	27108
3	21.01.21	G-B-0102	Callaway Mx	Bälle 3er Pack	Callaway	38247
4	14.01.21	G-B-0103	Taylor Made Gold	Bälle 3er Pack	Dunlop	48024
5	25.01.21	G-B-0104	Dunlop DD	Bälle 3er Pack	Srixon	18015
6	27.01.21	G-B-0105	Titleist CY	Bälle 3er Pack	TaylorMade	68045,96
7	01.01.21	G-B-0106	Bridgestone DX	Bälle 3er Pack	Titleist	89664
8	23.01.21	G-B-0107	Top Filte XL Distance	Bälle 3er Pack	Top Flite	9024,6
9	25.01.21	G-B-0108	Top Flite Pro Spin	Bälle 3er Pack	Top Flite	6127,7
10	28.01.21	G-CL-0101	Callaway FT-5	Driver	Callaway	254349
11	30.01.21	G-CL-0102	Mizuno MX 560	Driver	Callaway	347304
12	20.01.21	G-CL-0103	Titleist 905 R	Driver	Mizuno	39767
13	28.01.21	G-CL-0104	Callaway Fti	Driver	Titleist	164498
14	16.01.21	G-CL-0105	Callaway FT	Eisen	Callaway	661770
15	24.01.21	G-S-0102	Mikado Dry	Golfschuhe	Mikado	90109,8
16	18.01.21	G-CL-0122	Callaway Fusion FT	Holz	Callaway	256320
17	15.01.21	G-CL-0123	Cleveland HiBore XLS	Holz	Cleveland	105194
18	14.01.21	G-CL-0151	Zentaurus	Putter	Yamato	136484
19	31.01.21	G-T-0101	Bad Boy OE-7	Trolley	Bad Boy	53535
20	02.01.21	G-T-0102	Hartl Ecar	Trolley	Hartl	89679
21	14.01.21	G-CL-0154	Forged CNC	Wedge	Komperdell	77745
22	16.01.21	G-CL-0105	Callaway FT	Eisen	Callaway	661770
23	24.01.21	G-S-0102	Mikado Dry	Golfschuhe	Mikado	90109,8
24	18.01.21	G-CL-0122	Callaway Fusion FT	Holz	Callaway	77745
25	15.01.21	G-CL-0123	Cleveland HiBore XLS	Holz	Cleveland	661770
26	14.01.21	G-CL-0151	Zentaurus	Putter	Yamato	90109,8
27	31.01.21	G-T-0101	Bad Boy OE-7	Trolley	Bad Boy	256320
28	02.01.21	G-T-0102	Hartl Ecar	Trolley	Hartl	89679
29	14.01.21	G-CL-0154	Forged CNC	Wedge	Komperdell	77745
30	14.01.21	G-CL-0151	Zentaurus	Putter	Yamato	180219,6
31	31.01.21	G-T-0101	Bad Boy OE-7	Trolley	Bad Boy	512640
32	02.01.21	G-T-0102	Hartl Ecar	Trolley	Hartl	179358
33	14.01.21	G-CL-0154	Forged CNC	Wedge	Komperdell	155490

Bild 2.4 Umsätze, aufgeteilt auf zwölf Monatsblätter

Legen Sie eine neue Arbeitsmappe an und starten Sie eine neue ODBC-Abfrage über MS Query. In Excel bis 2016 finden Sie dafür ein Symbol unter *Daten/Externe Daten abrufen.*

Ab Excel 2016 Pro finden Sie den Befehl in Power Query unter *Daten/Daten abrufen und transformieren/Daten abrufen/Aus anderen Quellen/Aus Microsoft Query.*

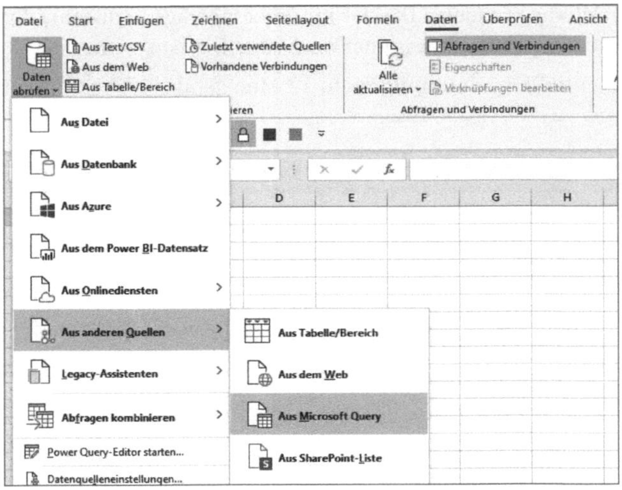

Wählen Sie den ODBC-Treiber für Excel.

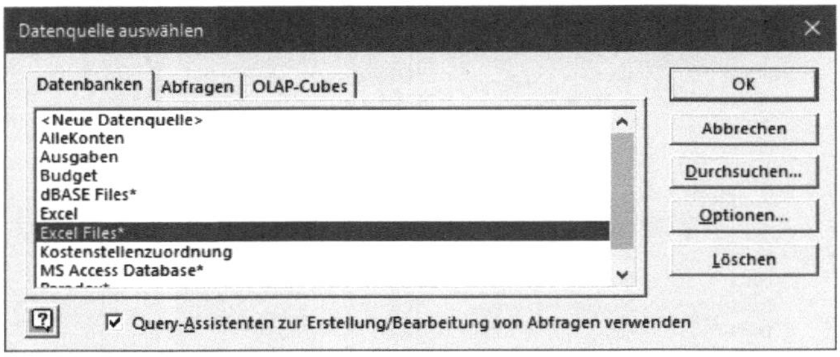

Holen Sie die Datei in die Abfrage.

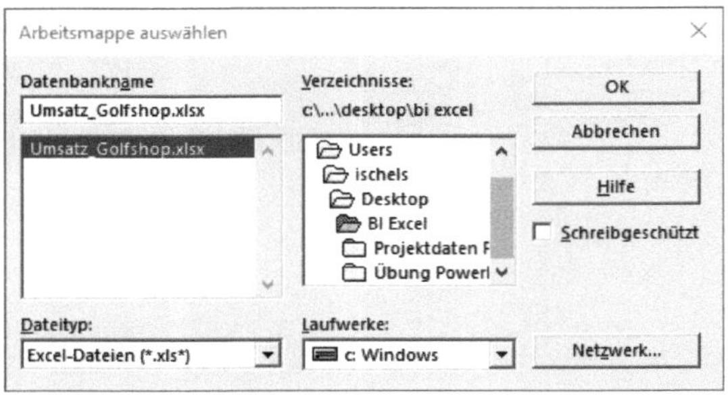

Die Quelldatei enthält weder Tabellen noch benannte Bereiche, sondern nur Listen. Wenn die Fehlermeldung *„Diese Datenquelle enthält keine sichtbare(n) Tabellen"* angezeigt wird, bestätigen Sie mit OK und schalten Sie um auf *Optionen*.

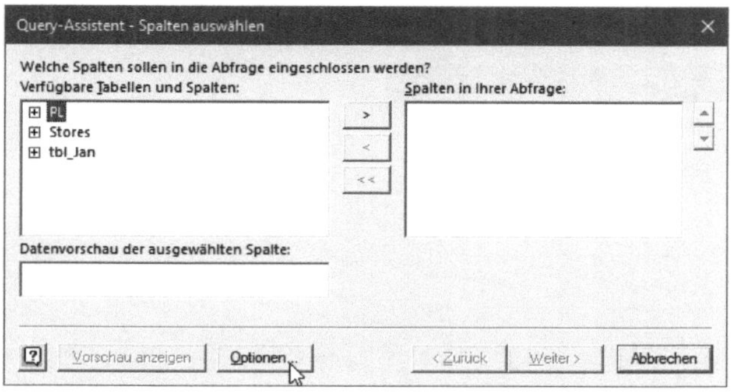

Schalten Sie die Systemtabellen ein.

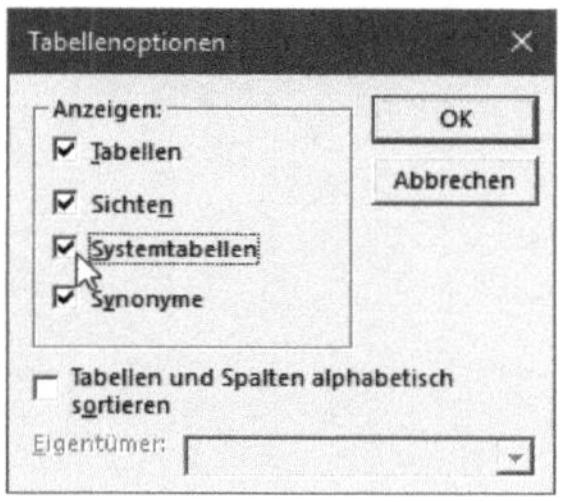

Jetzt werden auch die Tabellenblätter angezeigt, zu erkennen an einem $-Zeichen am Blattnamen. Holen Sie alle Felder aus dem Tabellenblatt „Januar" in die Abfrage.

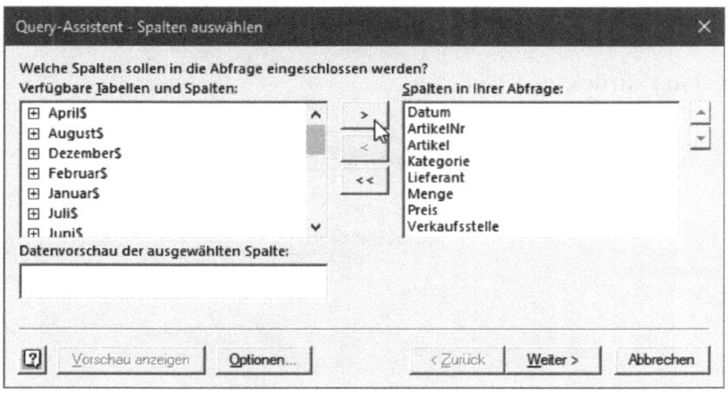

Filtern Sie die Abfrage bei Bedarf nach Datum oder Verkaufsstelle.

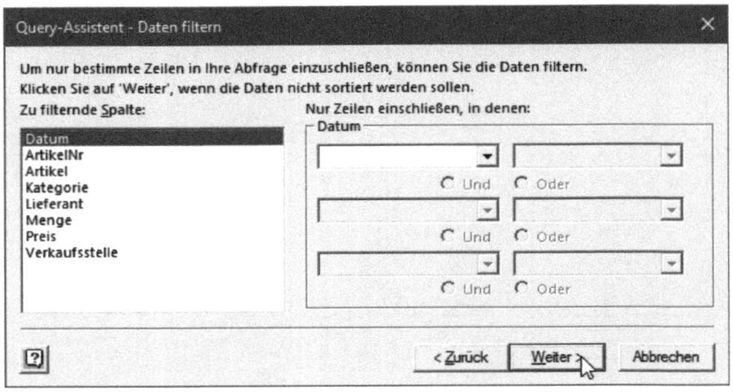

Sortieren Sie die Abfrage nach beliebigen Feldern.

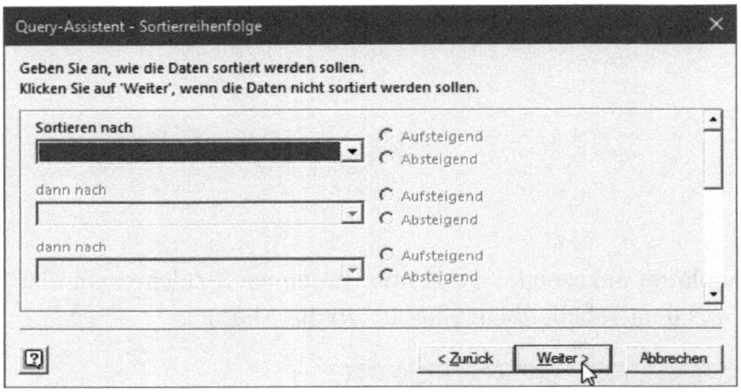

Schicken Sie das Abfrageergebnis zurück zu Excel.

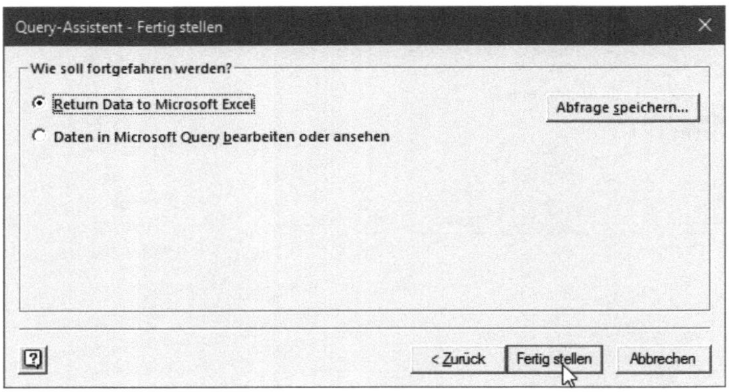

Geben Sie die Zelle A5 als Ziel für die neue Tabelle an.

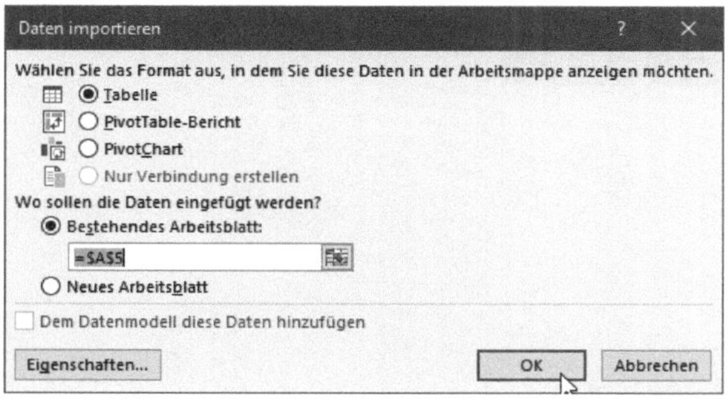

Aktivieren Sie unter *Daten/Abfragen und Verbindungen* die Anzeige der Abfragen rechts am Bildschirmrand (Klick auf *Abfragen und Verbindungen*). Wählen Sie *Eigenschaften* im Kontextmenü der rechten Maustaste.

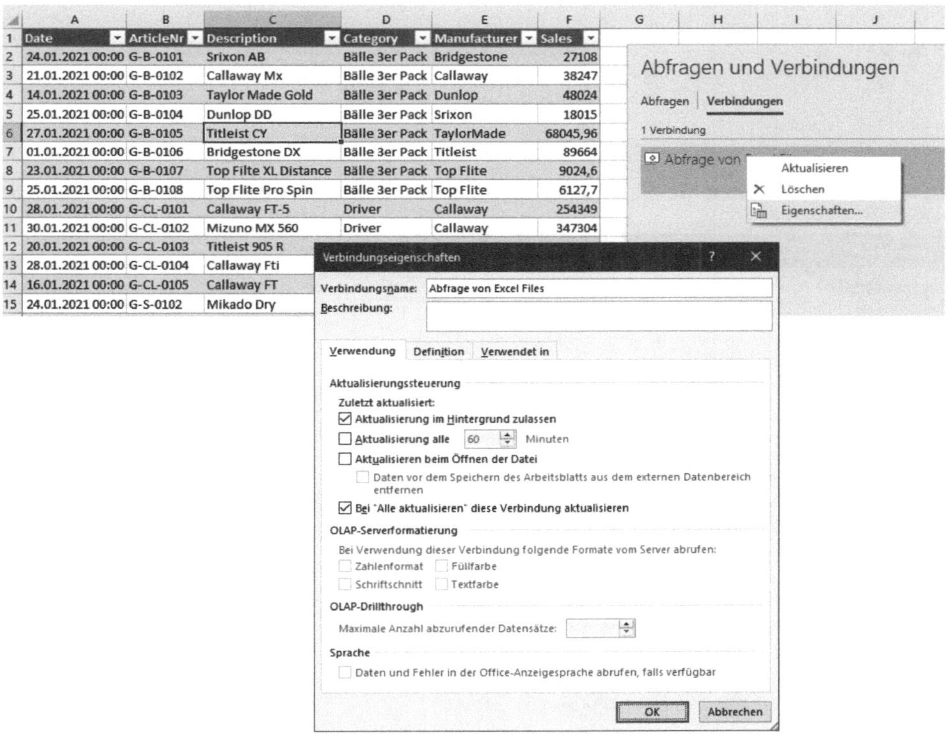

Im ersten Register stellen Sie die Aktualisierungsparameter ein und bestimmen den Verbindungsnamen.

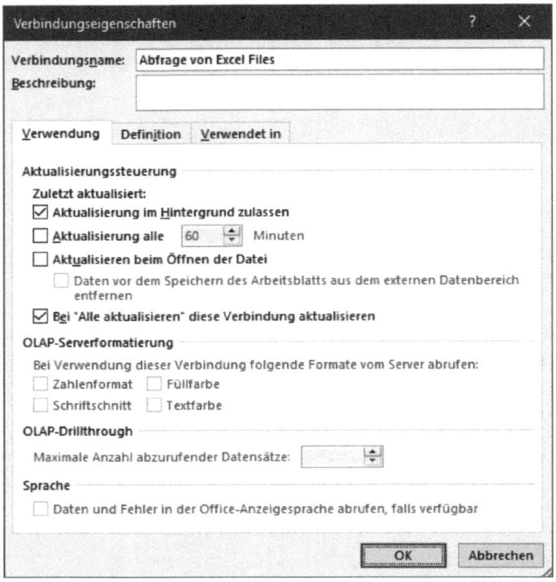

In der Definition sehen Sie die Verbindungsdaten und den SQL-Befehl.

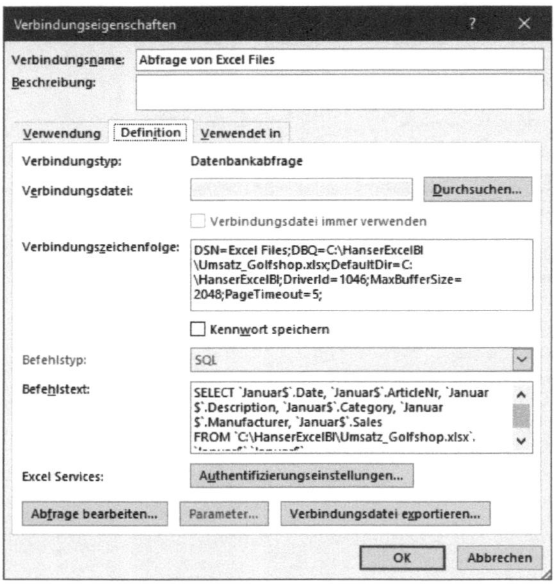

Ändern Sie diesen, verwenden Sie die Kurzform für das Tabellenblatt:

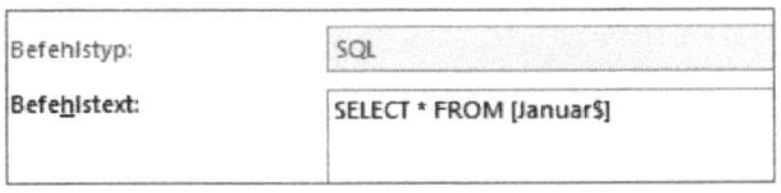


```
[Tabellenblatt$]
SELECT * FROM [Januar$]
```

Legen Sie in einem neuen Tabellenblatt eine Monatsreihe an und geben Sie ihr den Bereichsnamen „Monate“.

Fügen Sie im Tabellenblatt mit der Abfrage vier Zeilen über der Überschrift ein und zeichnen Sie ein Formularsteuerelement (Kombinationsfeld) über die Entwicklertools.

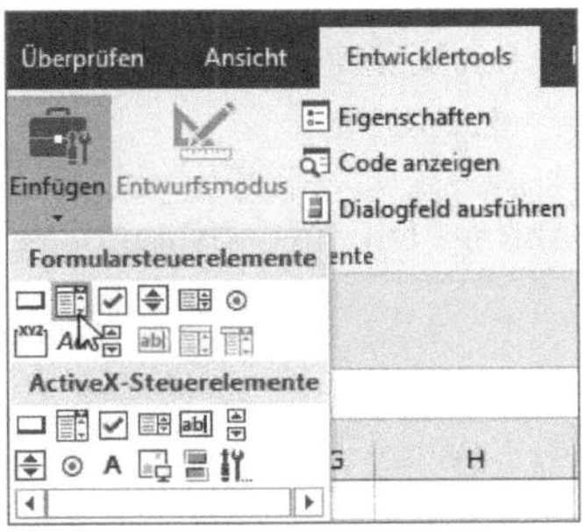

Formatieren Sie das Steuerelement über das Kontextmenü.

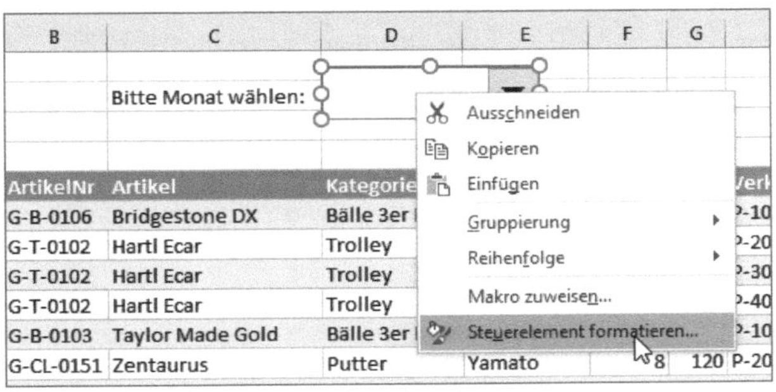

Weisen Sie dem Steuerelement die Monate und als Ausgabeverknüpfung die Zelle K1 zu. *Dropdownzeilen* bestimmt die Größe der Liste nach dem Öffnen.

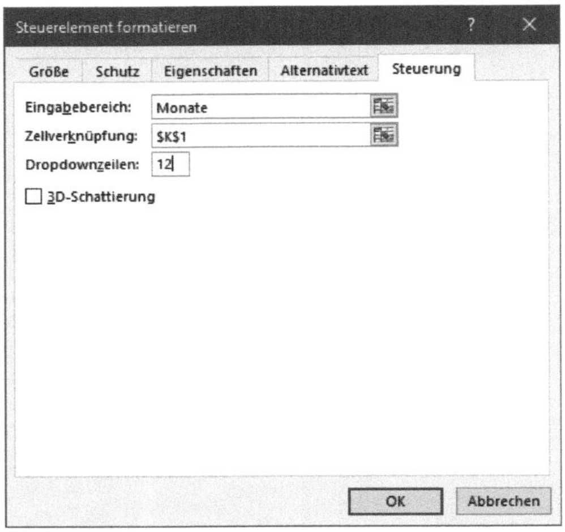

Schreiben Sie über eine Textformel den SQL-Befehl, der den gewählten Monat beinhaltet:

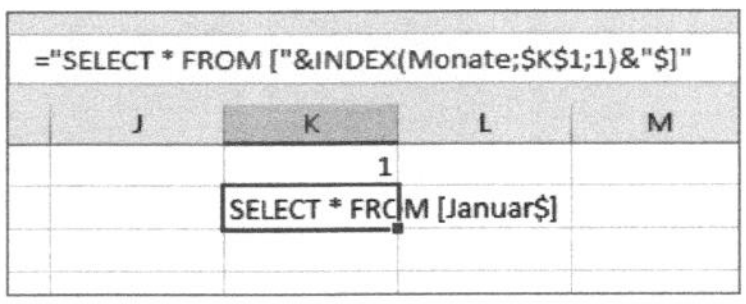


```
="SELECT * FROM ["
 &INDEX(Monate;$K$1;1)&"$]"
```

Zeichnen Sie ein Makro auf, das die ODBC-Verbindung der Abfrage auf die Golfshop-Daten ändert.

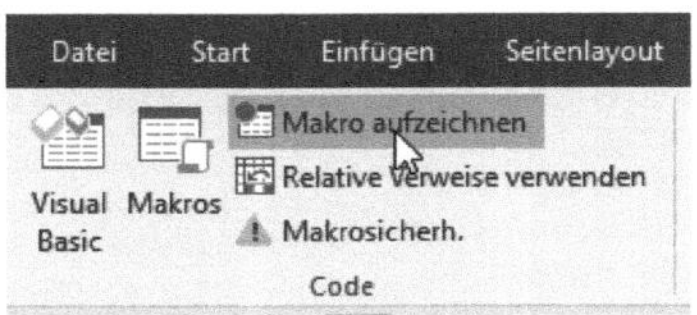

Geben Sie dem Makro den Namen *ChangeMonth* und starten Sie mit *OK*.

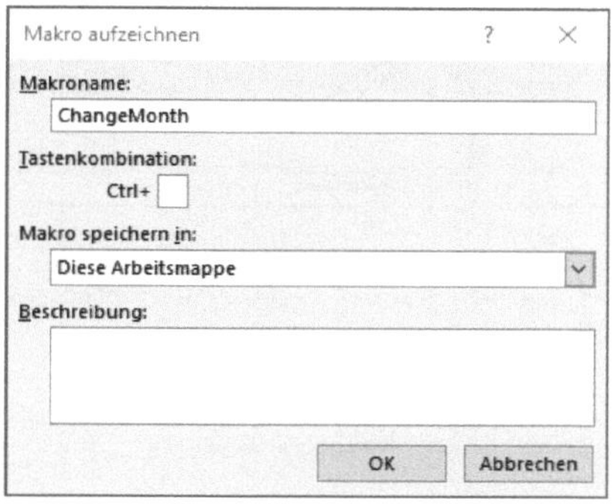

Tragen Sie einen neuen Verbindungstext in die ODBC-Verbindung ein. Löschen Sie den Rest, die Verbindungsinformationen zur Datei und zur Mappe sind in der Verbindungszeichenfolge hinterlegt.

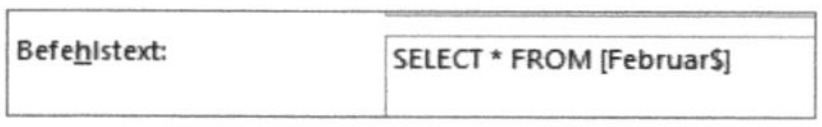


```
SELECT * FROM [Februar$]
```

Stoppen Sie den Makrorecorder, beenden Sie die Makroaufzeichnung.

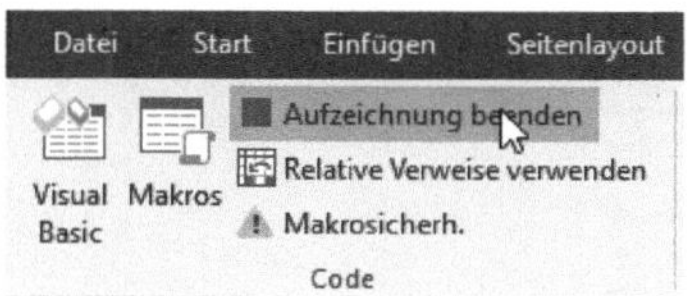

Schalten Sie mit **Alt+F11** in den Visual Basic Editor. Hier sehen Sie das aufgezeichnete Makro.

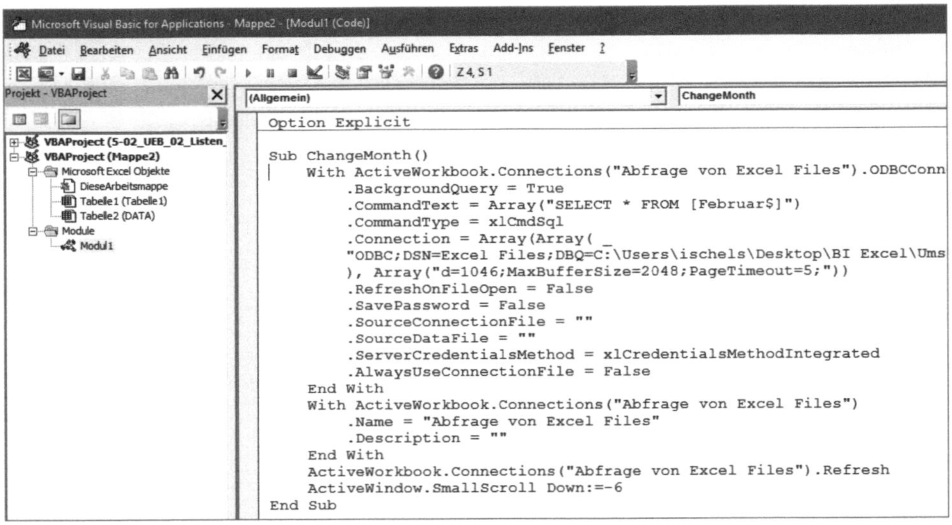

Ändern Sie den CommandText, weisen Sie ihm den Inhalt der Zelle K2 zu. Alle weiteren aufgezeichneten Befehle außer der Refresh-Anweisung können Sie zwischen *With* und *End With* löschen.

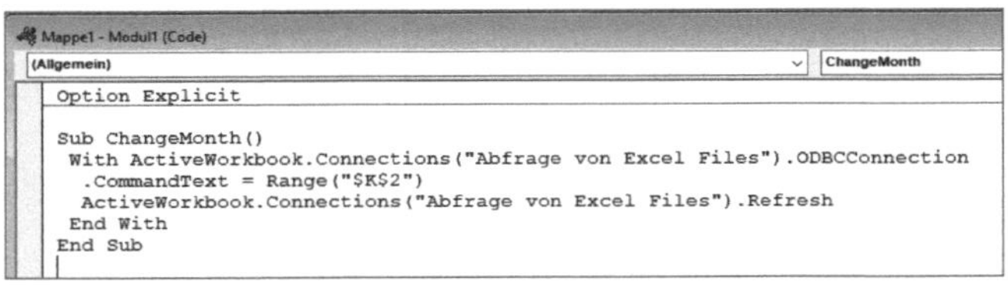

Schalten Sie zurück zu Excel und weisen Sie der Schaltfläche über das Kontextmenü das Makro zu.

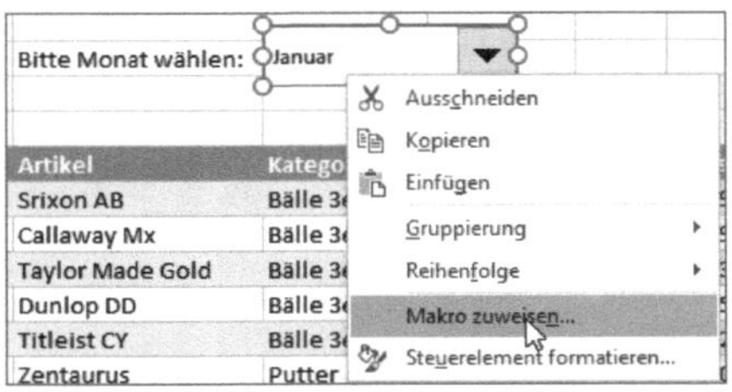

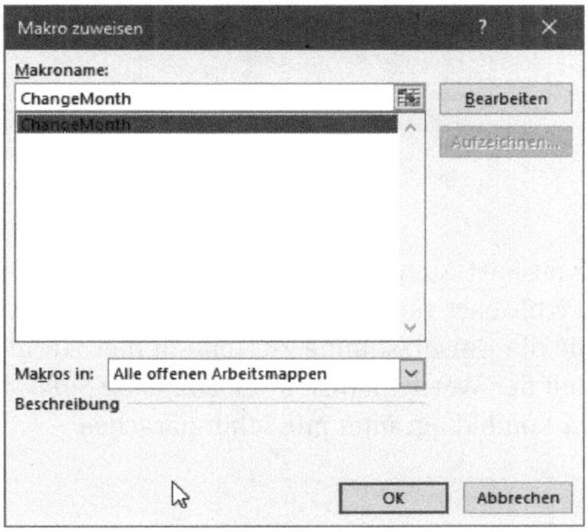

In den Eigenschaften der Abfrage finden Sie die Option *Spaltenbreiten anpassen*, schalten Sie diese aus. Erstellen Sie eine PivotTable und ein PivotChart mit der Abfrage als Datenquelle (Zeile: *Kategorie*, Wert: *Sales*). Für die Überschrift verknüpfen Sie den Titel mit einer Zelle, in der diese Formel steht:

```
="Umsatz "&INDEX(Monate;$K$1;1)
```

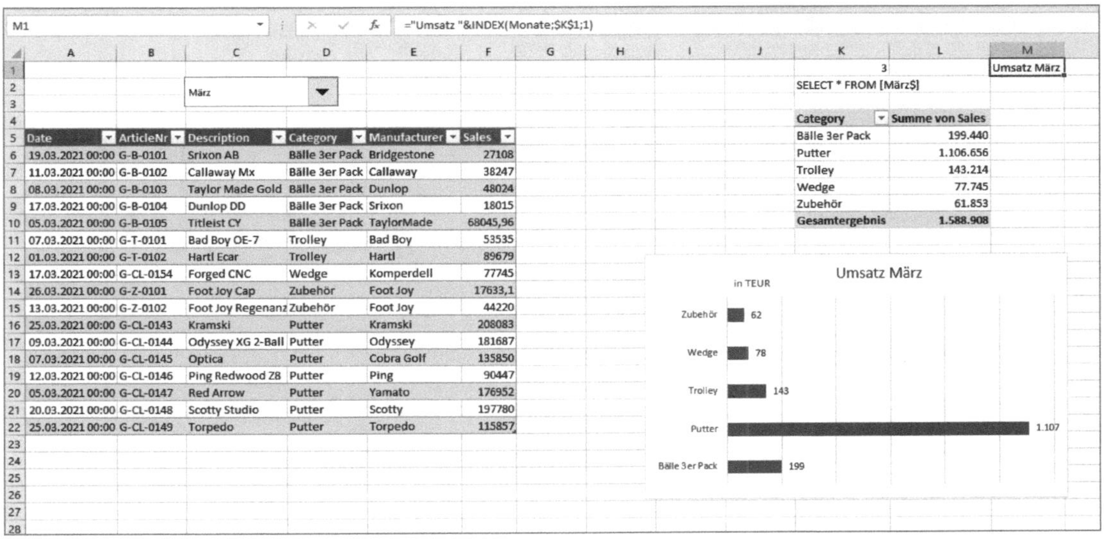

Mit diesem SQL-Befehl holen Sie alle Monatsumsätze in eine weitere Abfrage. Kopieren Sie dazu einfach die erste Abfrage und fügen Sie das Ergebnis in ein neues Blatt ein.

```
SELECT * FROM [Januar$]
UNION ALL SELECT * FROM [Februar$]
UNION ALL SELECT * FROM [März$]
UNION ALL SELECT * FROM [April$]
UNION ALL SELECT * FROM [Mai$]
```

```
UNION ALL SELECT * FROM [Juni$]
UNION ALL SELECT * FROM [Juli$]
UNION ALL SELECT * FROM [August$]
UNION ALL SELECT * FROM [September$]
UNION ALL SELECT * FROM [Oktober$]
UNION ALL SELECT * FROM [November$]
UNION ALL SELECT * FROM [Dezember$]
```

Jetzt können Sie eine PivotTable- und eine PivotChart-Auswertung über einzelne Monate oder über das gesamte Jahr erstellen. Für das PivotChart verwenden Sie das Datum im Zeilenbereich, gruppiert nach Monaten. Stellen Sie die Umsatzsumme zweimal in den Wertebereich und formatieren Sie die zweite Reihe mit der Wertfeldeinstellung *Laufende Summe in/Datum*. Als Diagrammtyp verwenden Sie ein Kombidiagramm mit Sekundärachse.

	A	B	C	D	E	F
1						
2						
3						
4	Date	ArticleNr	Description	Category	Manufacture	Sales
5	24.01.2021 00:00	G-B-0101	Srixon AB	Bälle 3er Pac	Bridgestone	27108
6	21.01.2021 00:00	G-B-0102	Callaway Mx	Bälle 3er Pac	Callaway	38247
7	14.01.2021 00:00	G-B-0103	Taylor Made	Bälle 3er Pac	Dunlop	48024
8	25.01.2021 00:00	G-B-0104	Dunlop DD	Bälle 3er Pac	Srixon	18015
9	27.01.2021 00:00	G-B-0105	Titleist CY	Bälle 3er Pac	TaylorMade	68045,96
10	01.01.2021 00:00	G-B-0106	Bridgestone	Bälle 3er Pac	Titleist	89664
11	23.01.2021 00:00	G-B-0107	Top Filte XL I	Bälle 3er Pac	Top Flite	9024,6
12	25.01.2021 00:00	G-B-0108	Top Flite Pro	Bälle 3er Pac	Top Flite	6127,7
13	28.01.2021 00:00	G-CL-0101	Callaway FT-	Driver	Callaway	254349
14	30.01.2021 00:00	G-CL-0102	Mizuno MX 5	Driver	Callaway	347304
15	20.01.2021 00:00	G-CL-0103	Titleist 905 R	Driver	Mizuno	39767
16	28.01.2021 00:00	G-CL-0104	Callaway Fti	Driver	Titleist	164498
17	16.01.2021 00:00	G-CL-0105	Callaway FT	Eisen	Callaway	661770
18	24.01.2021 00:00	G-S-0102	Mikado Dry	Golfschuhe	Mikado	90109,8
19	18.01.2021 00:00	G-CL-0122	Callaway Fus	Holz	Callaway	256320
20	15.01.2021 00:00	G-CL-0123	Cleveland Hi	Holz	Cleveland	105194
21	14.01.2021 00:00	G-CL-0151	Zentaurus	Putter	Yamato	136484
22	31.01.2021 00:00	G-T-0101	Bad Boy OE-1	Trolley	Bad Boy	53535
23	02.01.2021 00:00	G-T-0102	Hartl Ecar	Trolley	Hartl	89679
24	14.01.2021 00:00	G-CL-0154	Forged CNC	Wedge	Komperdell	77745
25	16.01.2021 00:00	G-CL-0105	Callaway FT	Eisen	Callaway	661770
26	24.01.2021 00:00	G-S-0102	Mikado Dry	Golfschuhe	Mikado	90109,8
27	18.01.2021 00:00	G-CL-0122	Callaway Fus	Holz	Callaway	77745
28	15.01.2021 00:00	G-CL-0123	Cleveland Hi	Holz	Cleveland	661770
29	14.01.2021 00:00	G-CL-0151	Zentaurus	Putter	Yamato	90109,8
30	31.01.2021 00:00	G-T-0101	Bad Boy OE-1	Trolley	Bad Boy	256320

I	J	K
Date	Sales (in TEUR)	YTM
Jan	5.614	5.614
Feb	199	5.813
Mrz	1.589	7.402
Apr	2.372	9.775
Mai	2.617	12.392
Jun	1.146	13.538
Jul	2.182	15.720
Aug	1.768	17.488
Sep	4.909	22.396
Okt	3.650	26.046
Nov	2.116	28.162
Dez	3.606	31.767

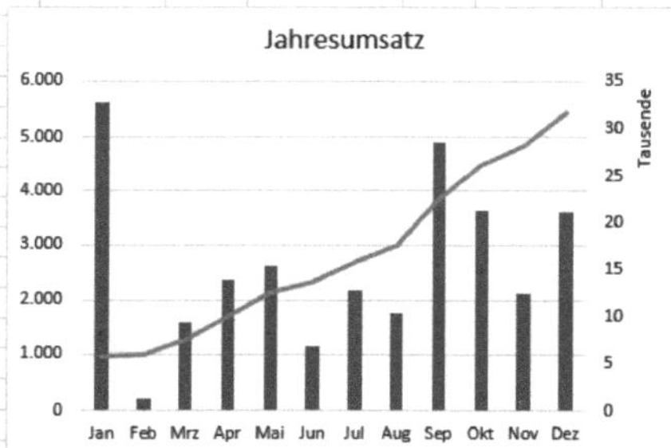

Bild 2.5 PivotTable und PivotChart für die Golfshop-Daten

3 Das Datenmodell

Externe Daten sind in der Praxis selten einzelne Tabellen. Datenbanken zeigen ihre Stärke in den relationalen Beziehungen, OLAP-Systeme sind auf mehrfache Dimensionen und Measures aufgebaut. Excel wäre ein schlechter „Client“, wenn diese Beziehungen beim Import externer Daten nicht akzeptiert oder berücksichtigt würden.

Excel bietet die Möglichkeit, mehrere Tabellen gleichzeitig zu importieren und dabei bestehende Beziehungen zu berücksichtigen. Dazu wird im Arbeitsspeicher ein Datenmodell aufgebaut. Die dafür verwendete *xVelocity-in-memory analytics engine* ist der Nachfolger von Vertipaq, beide Werkzeuge wurden für den SQL Server entwickelt. Das Limit für Tabellen liegt bei 2 Millionen Zeilen und bei einer maximalen Dateigröße von 4 GByte.

3.1 Regeln für Datenmodelle

- Ein Datenmodell kann eine einzelne Tabelle oder mehrere Tabellen enthalten. Die Anzahl der maximal verfügbaren Tabellen ist vom Speicherplatz abhängig.
- Dem Datenmodell können alle Tabellen aus einer Arbeitsmappe hinzugefügt werden.
- Zusätzlich können Daten aus externen Datenquellen, sowohl aus Datenbanken als auch aus Datenfeeds und Textdateien, hinzugefügt werden.
- Die Anzahl Zeilen in einer Tabelle im Datenmodell ist nur vom verfügbaren Speicherplatz begrenzt.
- Zwischen den Tabellen eines Datenmodells können bis zu fünf Beziehungen erstellt werden.
- Felder, die in den Quelltabellen nicht vorhanden sind, lassen sich als berechnete Felder (Measures) einfügen. Measures können in Power Pivot oder in PivotTables angelegt werden.

3.2 Spezifikationen und Einschränkungen

Excel 2013

- Die 32-Bit-Umgebung von Excel 2013 ist auf einen virtuellen Adressraum von 2 GByte beschränkt. Dieses Adressraum teilen sich Excel selbst, die Arbeitsmappe, die Add-ins und das Datenmodell, das ca. 500 bis 700 MByte beanspruchen kann.
- In der 64-Bit-Umgebung von Excel 2013 gibt es keine Einschränkungen.

SharePoint Server

- Auf dem SharePoint Server sind die Standardwerte wesentlich geringer als die erlaubten Maximalwerte. Fragen Sie den SharePoint-Administrator nach den Höchstgrenzen für Excel-Dateien mit Datenmodellen.
- Die maximale Dateigröße einer Excel-Arbeitsmappe für das Hochladen in eine Dokumentenbibliothek:
  - 50 MByte (Standard)
  - 2 GByte (maximal)
- Für Webanwendungen muss die maximale Dateigröße vom SharePoint-Administrator konfiguriert werden.

Microsoft 365

Arbeitsmappen können eine maximale Dateigröße von 250 MByte aufweisen (Werte können sich ändern bzw. in den unterschiedlichen Office 365-Versionen abweichen).

Power BI

Bis maximal 250 MByte in Power BI Pro oder in der kostenlosen Online-Version.

3.2.1 Objekte im Datenmodell

Objekt	Obergrenze
Anzahl Zeichen im Tabellen- oder Spaltennamen	100
Anzahl Tabellen im Datenmodell	2.147.483.647
Anzahl Spalten in einer Tabelle	2.147.483.647
Gleichzeitige Aktualisierungsanforderungen pro Mappe	6
Anzahl Verknüpfungen	5
Anzahl unterschiedlicher Werte pro Spalte	1.999.999.997
Anzahl Zeilen pro Tabelle	1.999.999.997
Länge einer Zeichenfolge	536.870.912 Bytes (512 MB), entspricht 268 435 456 Unicode-Zeichen (256 Megazeichen)

3.3 Datenmodell anlegen

Es gibt mehrere Möglichkeiten, ein Datenmodell anzulegen. Voraussetzung ist immer eine vorliegende Datenquelle, und das kann eine Liste oder (besser) eine Tabelle sein, eine Datenbank oder eine externe Verbindung.

3.3.1 Über die PivotTable

Die Quelle kann eine Liste oder eine Tabelle sein. Sie können den Bereich der Liste, einen zugewiesenen Bereichsnamen oder einen Tabellennamen verwenden.

	A	B	C
1	PersNr	Nachname	Vorname
2	00001202	Apak	Elisabeth
3	00001228	Cernjevic	Werner
4	00001229	Clauß	Wolfgang
5	00001257	Friedl	Fritz

Wählen Sie *Einfügen/Tabellen/PivotTable*.

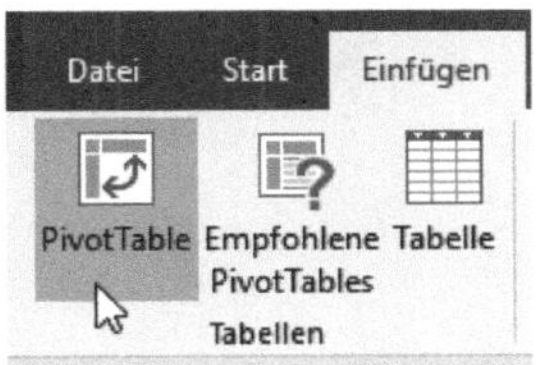

Bestimmen Sie den Bereich, der für die PivotTable als Datenquelle bestimmt ist. Drücken Sie **F3**, wenn Sie einen Bereichsnamen abholen wollen. Tabellennamen werden automatisch angeboten, wenn der Zellzeiger in einer Tabelle steht.

Kreuzen Sie die Option *Dem Datenmodell diese Daten hinzufügen* an.

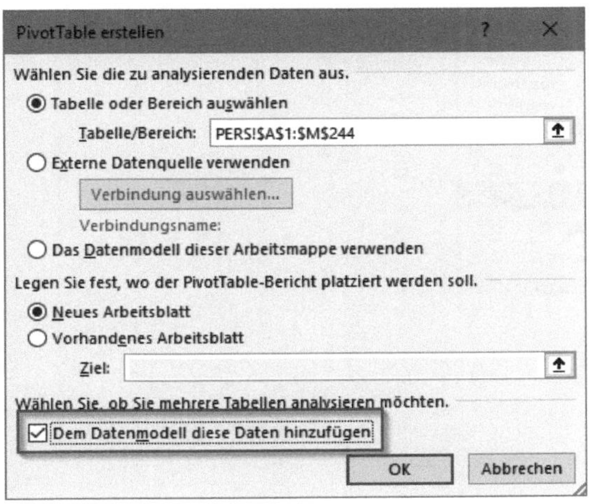

Die PivotTable wird angelegt, die Feldliste bietet Felder aus der Liste oder der Tabelle an.

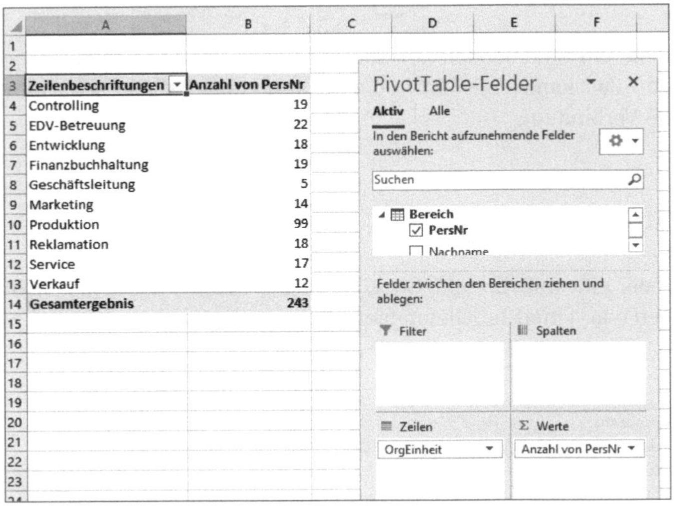

Wenn Sie über *Power Pivot/Datenmodell/Verwalten* auf das Power Pivot-Fenster umschalten, …

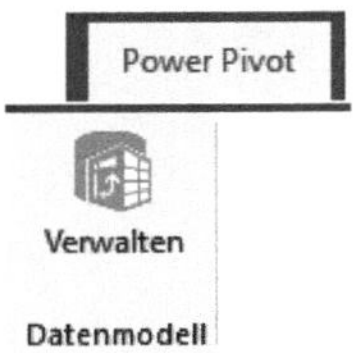

… sehen Sie, dass Excel ein Datenmodell erstellt und die Liste bzw. Tabelle als erstes Element hinzugefügt hat.

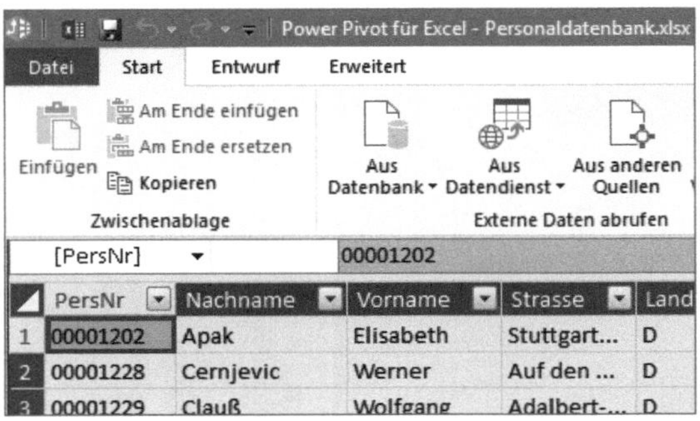

3.3.2 Aus Tabellen über Power Pivot

Setzen Sie den Zellzeiger in eine aktive Liste oder Tabelle, …

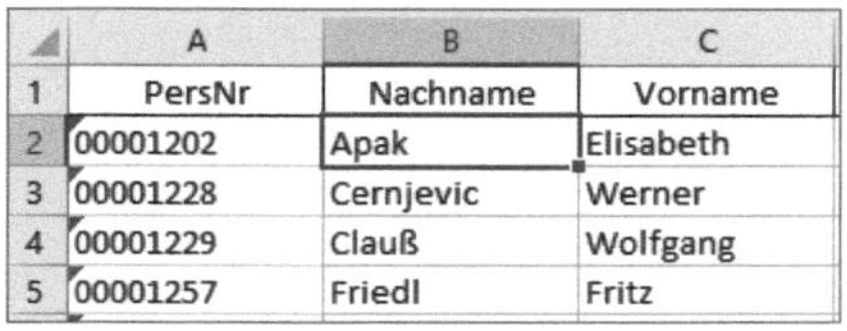

	A	B	C
1	PersNr	Nachname	Vorname
2	00001202	Apak	Elisabeth
3	00001228	Cernjevic	Werner
4	00001229	Clauß	Wolfgang
5	00001257	Friedl	Fritz

… und wählen Sie *Power Pivot/Tabellen/Zu Datenmodell hinzufügen.*

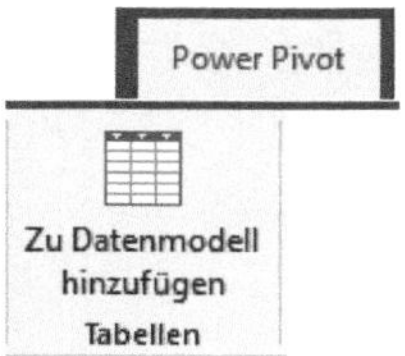

Tabellen werden direkt überführt, Listen müssen vorher in Tabellen umgewandelt werden. Bestätigen Sie den Listenbereich oder wählen Sie ihn neu und kreuzen Sie die Option *Meine Tabelle hat Überschriften* an.

Listen ohne Überschriften machen im Datenmodell keinen Sinn. Stellen Sie sicher, dass alle Spalten beschriftet sind.

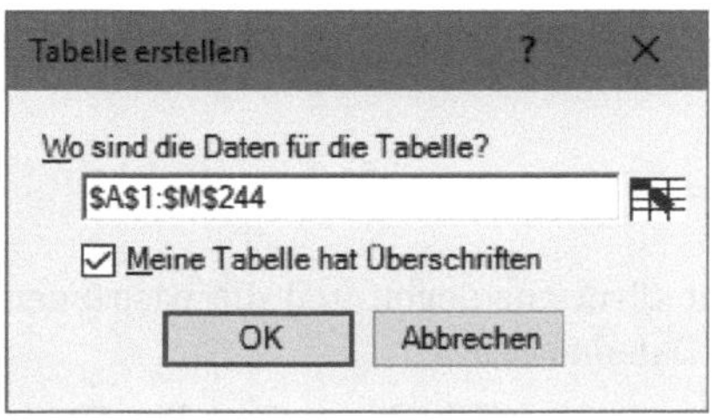

Die Tabelle bzw. die zur Tabelle konvertierte Liste wird in das Datenmodell eingegliedert, der Power Pivot-Dialog zeigt das Datenmodell an.

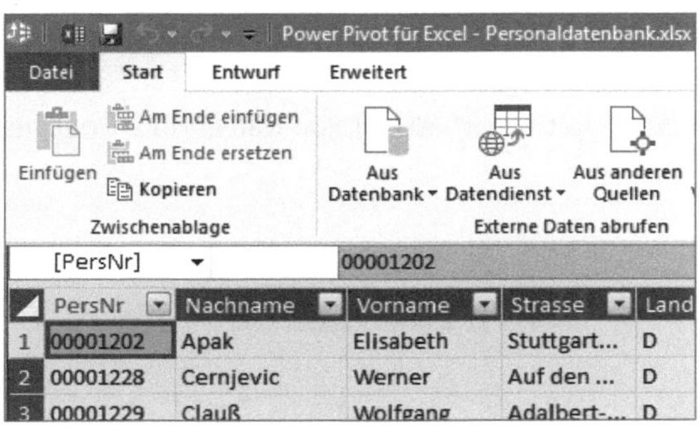

Schalten Sie zurück zu Excel, sehen Sie, dass die Liste in eine Tabelle konvertiert wurde.

	A	B	C
1	PersNr	Nachname	Vorname
2	00001202	Apak	Elisabeth
3	00001228	Cernjevic	Werner
4	00001229	Clauß	Wolfgang
5	00001257	Friedl	Fritz
6	00001271	Gruhlke	Fazli
7	00001279	Hasil	Gesine
8	00001291	Jäger	Thomas

Geben Sie der Tabelle einen eindeutigen Namen.

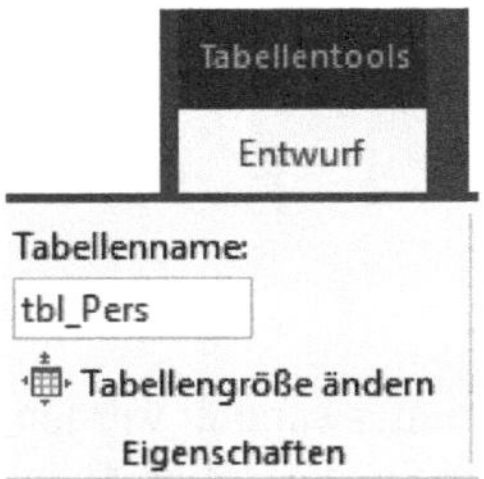

TIPP: Es empfiehlt sich, Tabellen immer mit dem Präfix „tbl“ zu versehen, damit sie bei der Bearbeitung und Analyse besser identifizierbar sind.

3.3.3 Implizites und explizites Datenmodell

Die Standard-Methode, ein Datenmodell über Power Pivot anzulegen und die passenden Verknüpfungen zu ziehen, führt zu einem *expliziten* Datenmodell.

Ein implizites Datenmodell entsteht, wenn Sie mehr als eine Tabelle in einer PivotTable verwenden und die dafür benötigte(n) Beziehung(en) direkt im Pivot-Layout erstellen. Die Tabellen werden automatisch in das Datenmodell überführt und können zusammen mit den Beziehungen in Power Pivot verwaltet werden.

Die Beispieldatei *Lagerbestand und Kategorie.xlsx* enthält zwei Tabellen. Führen Sie diese über eine PivotTable zusammen.

Die Tabelle *tbl_Lagerbestand* enthält Produkte mit Lagerbestand, die Kategorie ist nur als Nummer angegeben.

	A	B	C	D	E
1	Nummer	Marke	Produkt	Kategorie	Lagerbestand
2	B-100	Altenmünster	Altenmünster	1	31
3	B-110	Becks	Beck`s/Gold	1	111
4	B-120	Bischoff	Premium	1	115
5	B-130	Eichbaum	Kellerbier	1	39
6	B-140	Eichbaum	Export	1	95
7	B-150	Eichbaum	Ureich/Leichter Ty	1	115
8	B-160	Falkensteiner	Donnersberger	1	86

In der Tabelle *tbl_Kategorien* finden Sie zu jeder Nummer die passende Kategorie.

H	I
KategorieNr	Kategorie
1	Bier
2	Bier alkoholfrei
3	Biermischgetränk
4	Cola-Getränke
5	Diät Limonaden
6	Energy -Drink
7	Erfrischungsgetränk

Markieren Sie die erste Tabelle *tb_Lagerbestand* und erstellen Sie über *Einfügen/Tabellen* eine PivotTable.

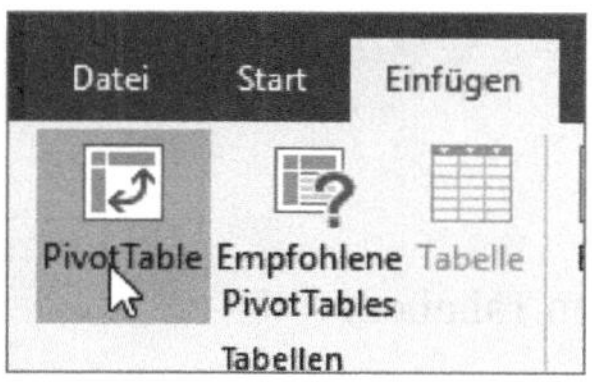

Markieren Sie die Option *Dem Datenmodell diese Daten hinzufügen* und legen Sie die PivotTable in einem freien Bereich an.

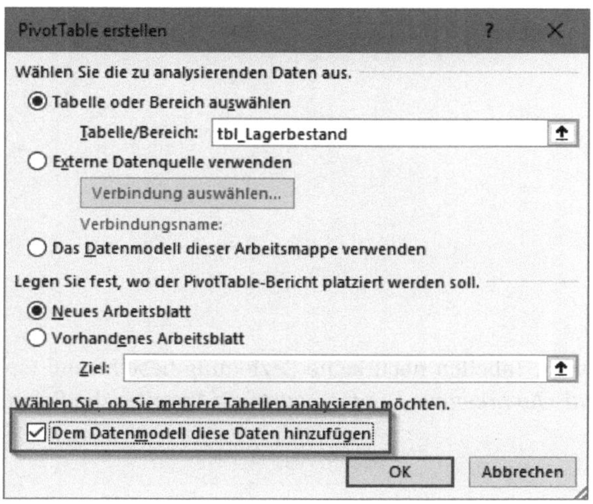

Die Feldliste zeigt die Felder der ersten Tabelle aus dem Datenmodell an, bietet aber auch die Möglichkeit, auf andere in der Mappe enthaltene Tabellen zuzugreifen. Klicken Sie auf *Alle*.

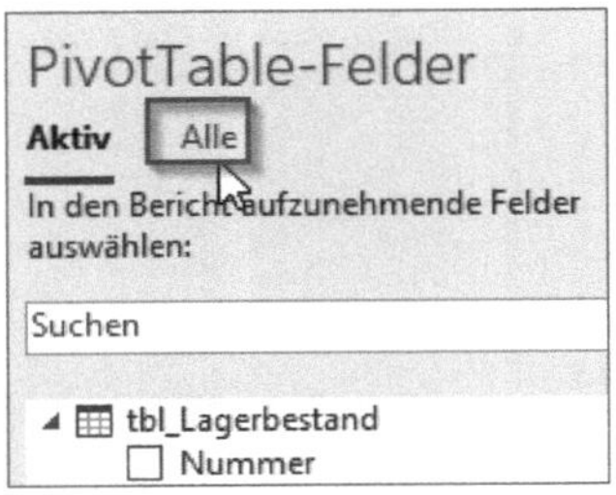

Jetzt werden alle Tabellen in der Mappe angezeigt. Klicken Sie auf das Pfeilsymbol links am Tabellennamen, um die Feldliste der Tabelle zu öffnen.

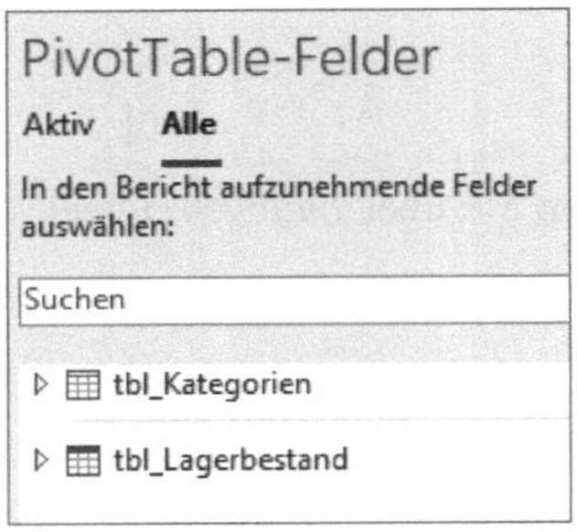

Holen Sie die für das PivotTable-Layout benötigen Felder aus den Tabellen:

Zeilenbereich: Kategorie (tbl_Kategorien)

Werte: Lagerbestand (tbl_Lagerbestand)

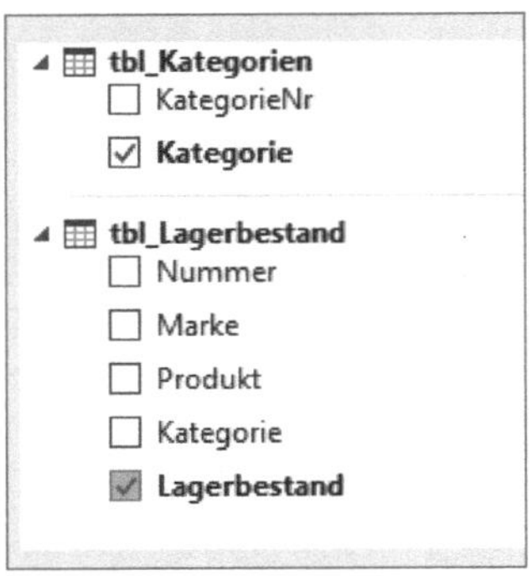

Excel erkennt, dass zwischen den beiden Tabellen noch keine Beziehung besteht und fordert diese an. Sie können die *Automatische Erkennung* nutzen oder mit *Erstellen* die Beziehung manuell erstellen.

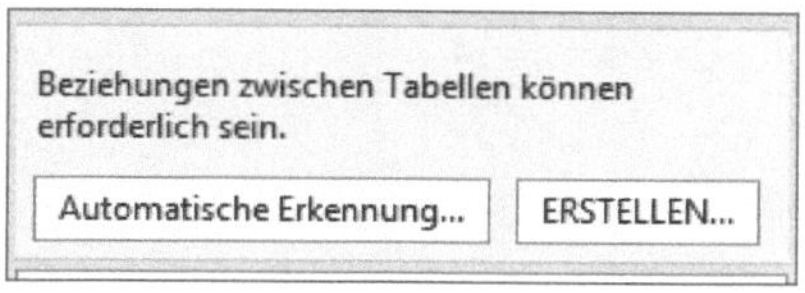

Die Beziehungen werden in den PivotTable-Tools unter *Analysieren/Berechnungen* verwaltet.

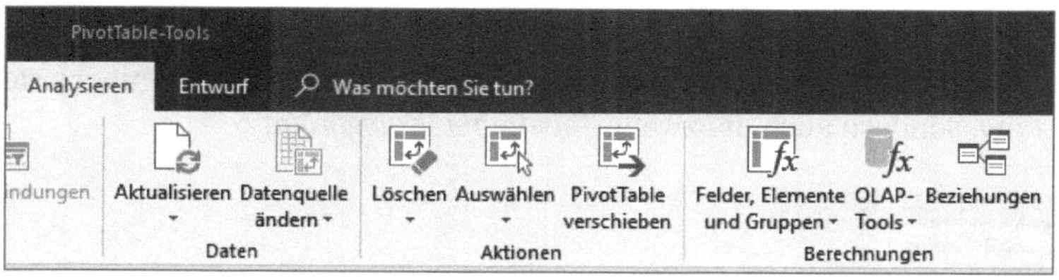

Kontrollieren Sie die Beziehungen und passen Sie diese an, falls die automatische Erkennung nicht funktioniert hat.

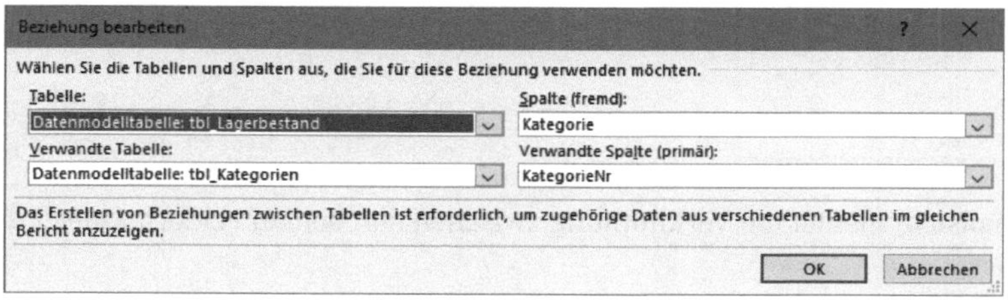

Das Ergebnis: Die PivotTable analysiert die Daten unter Verwendung beider Tabellen, die über die Kategorie-Nummer verbunden sind.

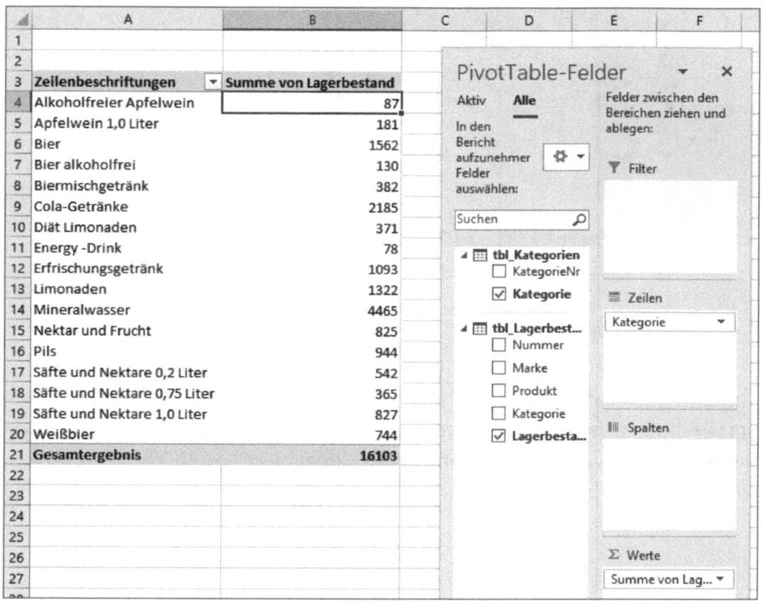

Schalten Sie um auf das Power Pivot-Fenster, …

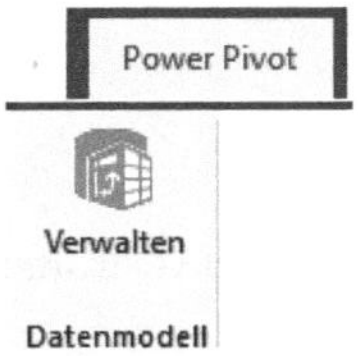

… und überprüfen Sie das Datenmodell. Es enthält jetzt nicht nur die zuerst integrierte Tabelle *tbl_Lagerbestand*, sondern auch die zweite Tabelle *tbl_Kategorien*.

Und die Diagrammansicht meldet die Verknüpfung zwischen den beiden Feldern *Kategorie* und *KategorieNr*.

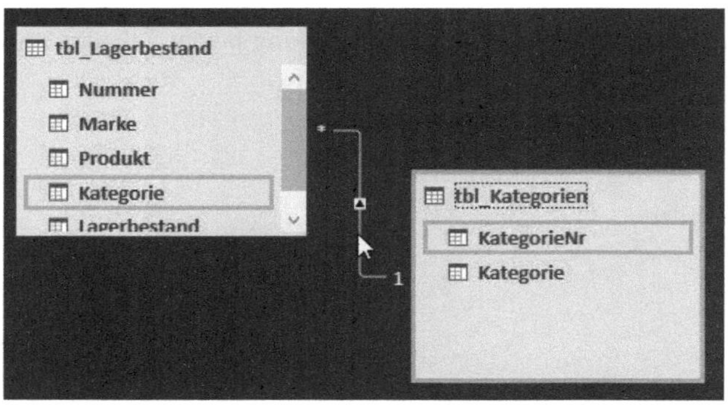

3.3.4 Aus externen Quellen

Datenmodelle stammen in der Praxis selten nur aus Excel-Tabellen. Datenbanksysteme wie Access oder SQL Server liefern bereits fertig verknüpfte Datenmodelle, ebenso ERP-Systeme wie Dynamics oder SAP. Power Pivot erkennt in der Regel bestehende Verknüpfungen, bietet aber die Möglichkeit, beliebige Daten aus unterschiedlichsten Quellen mit einzubeziehen.

Ein gutes und gut funktionierendes Datenmodell ist nach dem Stern- bzw. Schneeflockenschema aufgebaut. In diesem Schema gibt es Faktentabellen und Dimensionstabellen.

- Faktentabellen enthalten die Zähl- oder Bewegungsdaten. Sie stellen in der Praxis die größten Datenmengen (Kunden, Personal, Artikel, statistische Daten, technische Daten u. a.).
- Dimensionstabellen enthalten eindeutige Werte oder Zustände. Jedem Wert ist eine eindeutige Nummer zugewiesen. Diese Nummer kann in den Faktentabellen mehrfach vorkommen. Das nennt man dann eine 1:n-Beziehung. Hier am Beispiel einer Artikelverwaltung:

Das Excel-Modell bestand aus einer großen Liste aus dem Warenwirtschaftssystem, die mit zunehmendem Volumen immer langsamer wurde. Die Auswertungen über PivotTables wurden immer mühsamer, da die PivotTables viel zu rechnen hatten. Für Verknüpfungen zu den Artikeldaten kamen Verweise zum Einsatz, die bei jedem Neuimport aktualisiert werden mussten:

	A	B	C	D	E	F	G	H	I	J	K	L
1	Produkt	Kategorie	Farbe	Größe	Hersteller	Land	Bundesland	Ort	Bestelldatum	Jahr	Monat	Umsatz
2	Tennisschläger	Sportartikel	Schwarz	M	Head	D	Bayern	München	01.01.2021	2021	Januar	234
3	Golfshirt	Bekleidung	Blau	XL	Callaway	D	NRW	Köln	02.01.2021	2021	Januar	534
4	Tennisschläger	Sportartikel	Schwarz	M	Head	D	Bayern	München	05.01.2021	2021	Januar	388
5	Tennisschläger	Sportartikel	Schwarz	M	Head	D	Bayern	München	05.01.2021	2021	Januar	298
6	Golfshirt	Bekleidung	Blau	XL	Callaway	D	NRW	Köln	11.01.2021	2021	Januar	406
7	Tennisschläger	Sportartikel	Schwarz	M	Head	D	Bayern	München	12.01.2021	2021	Januar	395
8	Golfshirt	Bekleidung	Braun	XL	Callaway	D	NRW	Köln	20.01.2021	2021	Januar	513
9	Golfshirt	Bekleidung	Blau	XL	Callaway	D	NRW	Köln	30.01.2021	2021	Januar	139
10	Outdoor-Jacke	Bekleidung	Grau	XL	Freelander	D	Bayern	München	05.02.2021	2021	Februar	335
11	Outdoor-Jacke	Bekleidung	Grau	XL	Freelander	D	Bayern	München	08.02.2021	2021	Februar	526
12	Outdoor-Jacke	Bekleidung	Grau	XL	Freelander	D	Bayern	München	15.02.2021	2021	Februar	306
13	Outdoor-Jacke	Bekleidung	Braun	XL	Freelander	D	Bayern	München	26.02.2021	2021	Februar	156
14	Basketballschuhe	Schuhe	Blau	45	Wilson	D	Sachsen	Erfurt	07.03.2021	2021	März	194
15	Basketballschuhe	Schuhe	Blau	45	Wilson	D	Sachsen	Erfurt	21.03.2021	2021	März	587
16	Basketballschuhe	Schuhe	Blau	45	Wilson	D	Sachsen	Erfurt	23.03.2021	2021	März	583
17	Basketballschuhe	Schuhe	Blau	45	Wilson	D	Sachsen	Erfurt	24.03.2021	2021	März	359
18	Golfschläger	Sportartikel	Weiß	M	Callaway	A	Wien	Wien	09.04.2021	2021	April	396
19	Golfschläger	Sportartikel	Schwarz	M	Callaway	A	Wien	Wien	11.04.2021	2021	April	277
20	Golfschläger	Sportartikel	Schwarz	M	Callaway	A	Wien	Wien	16.04.2021	2021	April	131
21	Golfschläger	Sportartikel	Schwarz	M	Callaway	A	Wien	Wien	23.04.2021	2021	April	262
22	Outdoor-Rucksack	Sportartikel	Schwarz	Mittel	Freelander	D	NRW	Köln	08.05.2021	2021	Mai	226
23	Outdoor-Rucksack	Sportartikel	Grau	Mittel	Freelander	D	NRW	Köln	13.05.2021	2021	Mai	456

Bild 3.1 Excel-Tabelle mit Bestellungen aus dem Warenwirtschaftssystem

Das Datenmodell verwendet die Bestelldaten als Faktentabelle und legt für die übrigen Daten Dimensionstabellen an. Das Ergebnis sieht so aus:

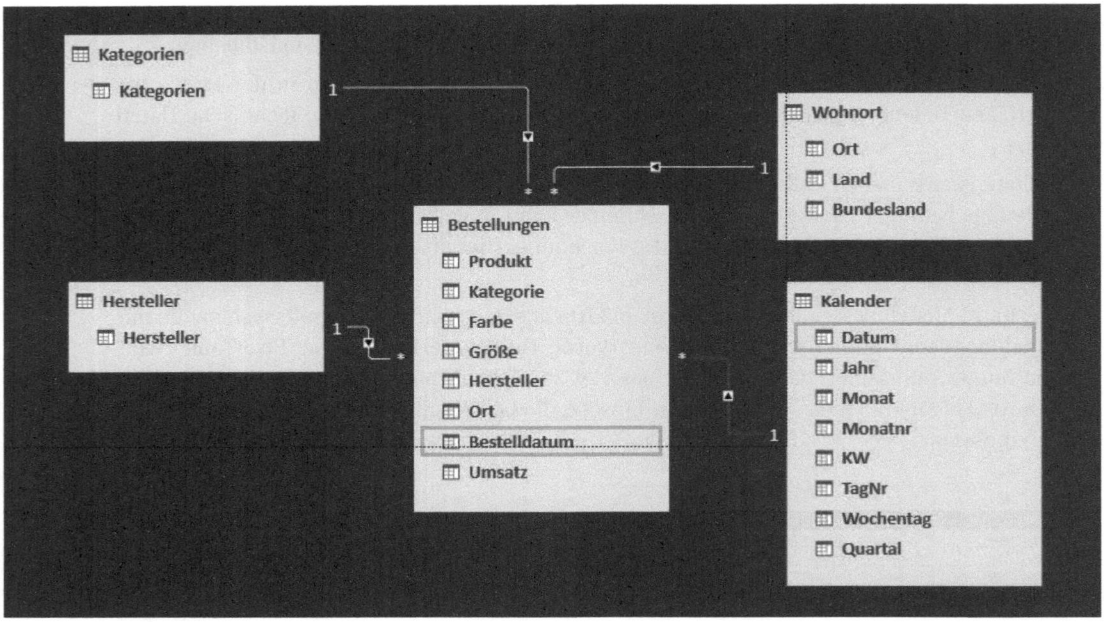

Bild 3.2 Datenmodell mit Faktentabelle und Dimensionen

Stammen die Daten aus Datenbanken oder ERP-Systemen, sind die Dimensionen meist mit einer eindeutigen Nummer (ID) versehen, und die Faktentabellen enthalten nur diese Nummer anstelle der Textdaten. Damit lassen sich auch sehr große Datenmengen performant speichern und verwalten.

3.3.5 Von der Excel-Liste zum Datenmodell

Für den Excel-Anwender stellt sich jetzt aber die Frage, ob er seine Daten in der gewohnten Form weiterverwenden kann oder ob er diese für ein Datenmodell aufbereiten sollte. Die Antwort lässt sich nicht pauschal geben, aber viele Gründe sprechen für eine Neustrukturierung:

- Datenmodelle sind sicherer als verknüpfte Tabellen. In großen Listen tauchen immer Zahlendreher und falsche Zahlenformate auf. Eindeutige Schlüssel, z. B. Kunden- oder Personalnummern, kann Excel nicht überprüfen. Bei den Datenmengen, die es heute zu verarbeiten gilt, lässt sich eine potenzielle Fehlerquelle nicht mehr durch Suchen aufspüren. Das Datenmodell lässt solche Fehler nicht zu, die Verbindungen funktionieren einfach nicht.
- Datenmodelle verarbeiten auch große und sehr große Datenmengen. Excel wird trotz theoretischer Zeilen- und Spaltenmengen von 1 024 00 x 16 384 schon bei Tabellen oder Listen im Bereich von mehreren 100 000 Zeilen an Performancegrenzen stoßen. Ab einem bestimmten Datenvolumen wird das Datenmodell zur Pflicht.

- Verknüpfungsfunktionen gehören der Vergangenheit an. Der allseits beliebte und gern (miss)brauchte SVERWEIS wird im Datenmodell nicht vorkommen. Das tausendfache Kopieren der Formeln entfällt. Die Risiken dieser Funktionen schaltet das Datenmodell mit der eindeutigen Beziehung zwischen Fakten und Dimensionen (1:n) aus.

3.3.6 Datenmodell entfernen

Wie lässt sich feststellen, ob eine Arbeitsmappe bereits ein Datenmodell enthält? Ganz einfach: Aktivieren Sie das Power Pivot-Fenster. Wenn Sie mindestens eine Tabelle in diesem Fenster angezeigt bekommen, enthält ihre Arbeitsmappe ein Datenmodell.

Um das Datenmodell aus einer Mappe zu entfernen, löschen Sie einfach alle beteiligten Tabellen aus dem Power Pivot-Fenster.

Klicken Sie dazu mit der rechten Maustaste in das Register einer Tabelle und wählen Sie *Löschen.* Bestätigen Sie mit *OK* und die Tabelle wird gelöscht. Wenn die letzte Tabelle gelöscht ist, ist auch das Datenmodell entfernt. Hatten Sie ein implizites Datenmodell über eine PivotTable erstellt, wird diese ebenfalls aus der Arbeitsmappe entfernt.

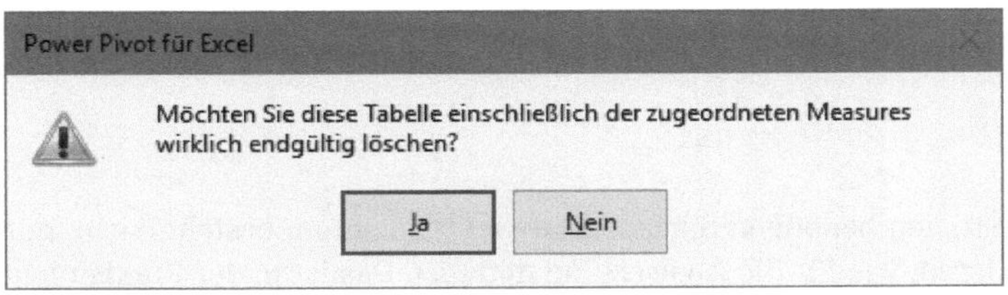

Bild 3.3 Meldung beim Löschen einer Power Pivot-Tabelle

3.3.7 Datenmodelle zusammenführen

Datenmodelle beschränken sich in der Praxis zunächst auf einzelne Arbeitsmappen. Die erforderlichen Daten werden mit Power Query oder Power Pivot importiert, für die Verknüpfungen sorgt Power Pivot, und für Analysen ist die PivotTable und/oder das PivotChart zuständig. Um Daten aus unterschiedlichen Datenmodellen zusammenzuführen, gehen Sie so vor:

1. Öffnen Sie alle Arbeitsmappen mit den Datenmodellen, die Sie zusammenführen wollen.
2. Wählen Sie die Arbeitsmappe, aus der Sie das Datenmodell exportieren wollen und erstellen Sie eine PivotTable.
3. Fügen Sie aus allen Tabellen des Datenmodells Felder hinzu. Excel wird nur die Tabellen verwenden, aus der die PivotTable Felder verwendet.
4. Wählen Sie *Verschieben oder kopieren* im Kontextmenü des Registers und markieren Sie die Arbeitsmappe, in die das aktuelle Datenmodell verschoben werden soll.

3.4 Datenmodelle komprimieren und Speicherplatz sparen

Datenmodelle verwenden das Datenanalyse-Modul im Arbeitsspeicher zum Speichern der Daten. Dieses Modul nutzt starke Komprimierungsmethoden, um den Speicherplatz so gering wie möglich zu halten und das Ergebnis so weit zu verkleinern, dass es nur einen Teil des Speicherplatzes der Originaldaten verbraucht.

Ein Datenmodell ist in der Regel 7 - 10-mal kleiner als die Daten, die aus seinen Datenquellen geholt wurden. Trotzdem benötigen Excel-Arbeitsmappen mit einem Datenmodell noch wesentlich mehr Speicherplatz als herkömmliche Mappen. Es gibt aber gute Methoden, um diese Speichermenge auf das Nötigste zu reduzieren.

Wie stark die Komprimierung des Datenmodells ist, hängt wesentlich von diesen Faktoren ab:

- die Anzahl der beteiligten Tabellen,
- die Größe der Tabellen (Zeilen und Spalten),
- die Anzahl eindeutiger Werte in den einzelnen Tabellen.

3.4.1 Nur importieren, was nötig ist

Die einfachste Möglichkeit, den benötigen Speicherplatz zu reduzieren, besteht darin, nur so viele Daten zu importieren, wie für die Auswertung nötig ist. Das ist in der Praxis nicht so einfach, vor allem bei Datenbanken, die aus zahlreichen (verknüpften) Einzeltabellen bestehen.

Die meisten Datenbanken im Data Warehouse sind nach dem Sternschema aufgebaut, das sich aus einer Faktentabelle und mehreren Dimensionstabellen zusammensetzt. Dimensionstabellen enthalten eindeutige Datensätze. In 1:n-Beziehungen stellen Sie den linken Teil (1), und es gibt wenige Möglichkeiten, diese Datenmengen zu reduzieren. Faktentabellen sind diejenigen Tabellen, die die meisten Daten enthalten (Umsätze, Bestellungen, Verkäufe, Einkäufe usw.).

Beim Import einer Datenbank in das Datenmodell sollten Sie darauf achten, neben den Faktentabellen nur die Dimensionstabellen zu importieren, die auch wirklich benötigt werden. Holen Sie alle Tabellen „an Bord“, enthält das Datenmodell viele überflüssige Daten.

Datenbanken enthalten in der Praxis immer auch Daten unterschiedlicher Ausprägung, zum Beispiel Verkaufsdaten mit Verknüpfungen zum Kundenstamm, aber auch Produktionsdaten für Artikel, die mit den Umsätzen nichts zu tun haben. Wenn Sie diese Daten nicht für die Auswertung brauchen, sollten Sie sie auch nicht importieren.

3.4.2 Weniger eindeutige Werte

Je mehr eindeutige Werte eine Spalte hat, desto mehr Speicherplatz benötigt das Datenmodell. Daraus lässt sich schließen, dass sich mit dem Entfernen eindeutiger Werte Speicherplatz sparen lässt.

Eindeutig ist ein Datensatz in erster Linie durch die Zuweisung einer ID (Schlüsselspalte). Die Datenbank braucht diese ID, um die Daten untereinander zu verknüpfen, und die meisten Tabellen sind entsprechend aufbereitet.

3.4.3 SQL DISTINCT verwenden

Wenn Sie Daten aus externen SQL-Datenbanken abrufen, verwenden Sie die SQL-Syntax SELECT DISTINCT. Sie sorgt dafür, dass die Daten eindeutig (gruppiert) geliefert werden. Hier zum Beispiel der Befehl für eine Liste, in der alle Länder, aus denen bestellt wurde, nur einmal vorkommen:

```
SELECT DISTINCT Land FROM Bestellungen
```

3.4.4 Nur die benötigten Tabellen aus der Datenbank

Wird mit Power Query oder Power Pivot eine Datenbank als Quelle bestimmt, bietet der Import-Prozess alle Elemente dieser Datenbank an. Sie können aber (in Power Pivot) die Anzahl der Tabellen aus der Datenbank begrenzen. Markieren Sie eine Tabelle oder Sicht und klicken Sie auf *Verknüpfte Tabellen auswählen*. Damit werden nur die Tabellen markiert, die mit der zuvor gewählten verknüpft sind.

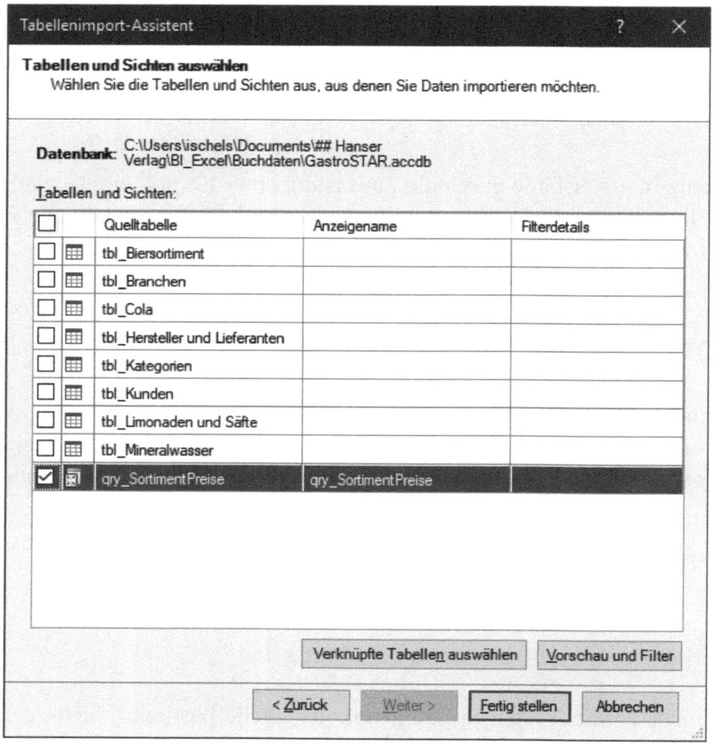

Bild 3.4 Tabellen wählen im Tabellenimport-Assistenten

3.4.5 Spaltenzahl reduzieren

Brauchen Sie wirklich alle Spalten einer Tabelle, die Sie ins Datenmodell geholt hatten? Es ist natürlich bequemer, die gesamte Tabelle zu holen, aber ein Blick auf die Vorschau hilft Ihnen, eine Menge Speicherplatz zu sparen. Außerdem werden die Feldlisten für die PivotTables übersichtlicher:

Wählen Sie im Power Pivot-Fenster *Start/Externe Daten abrufen/Aus Datenbank/Aus Access.*

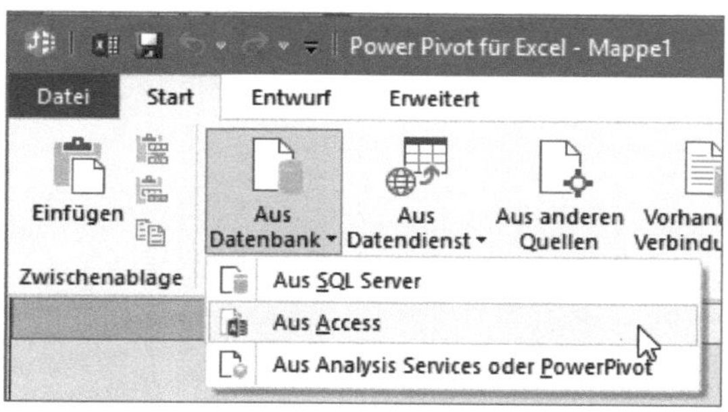

Klicken Sie auf *Durchsuchen* und geben Sie den Namen der Datenbankdatei an.

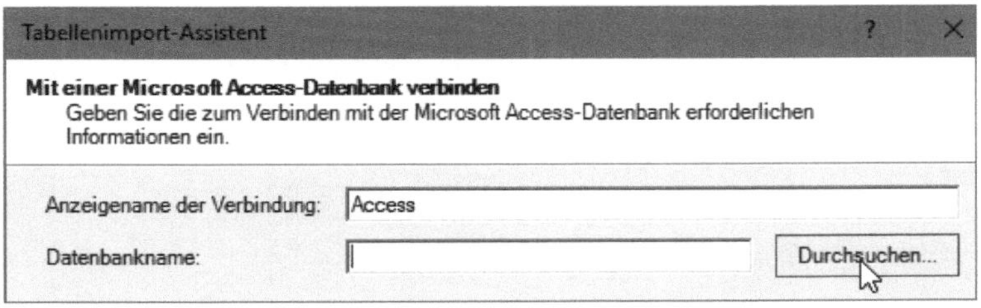

Wählen Sie die Datei *GastroSTAR.accdb*. Klicken Sie auf *Weiter*.

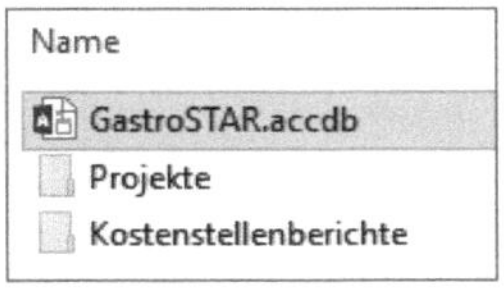

Wählen oder bestätigen Sie die erste Option, um die Liste der Tabellen und Sichten in der Datenbank zu sehen.

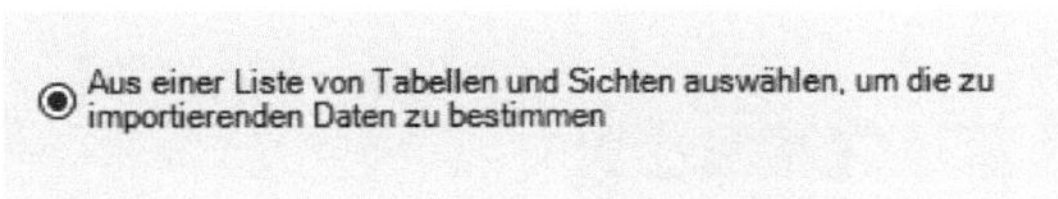

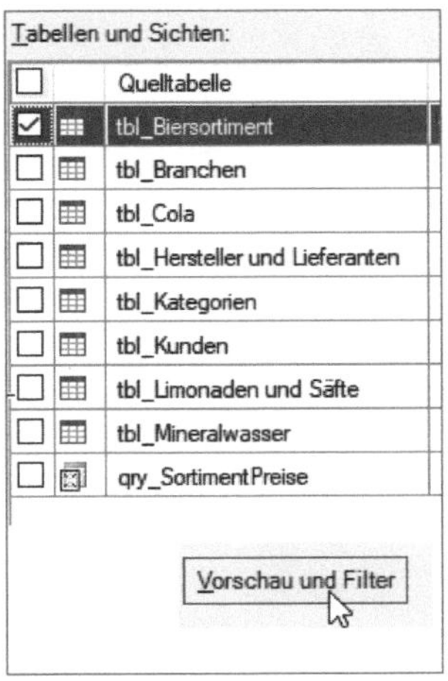

Mit dem Kästchen links oben wählen Sie alle Spalten ab. Klicken Sie nur die Spalten an, die Sie für den Import brauchen. IDs, die nur Zahlen liefern und nicht für Verknüpfungen gebraucht werden, sollten Sie zum Beispiel grundsätzlich abwählen.

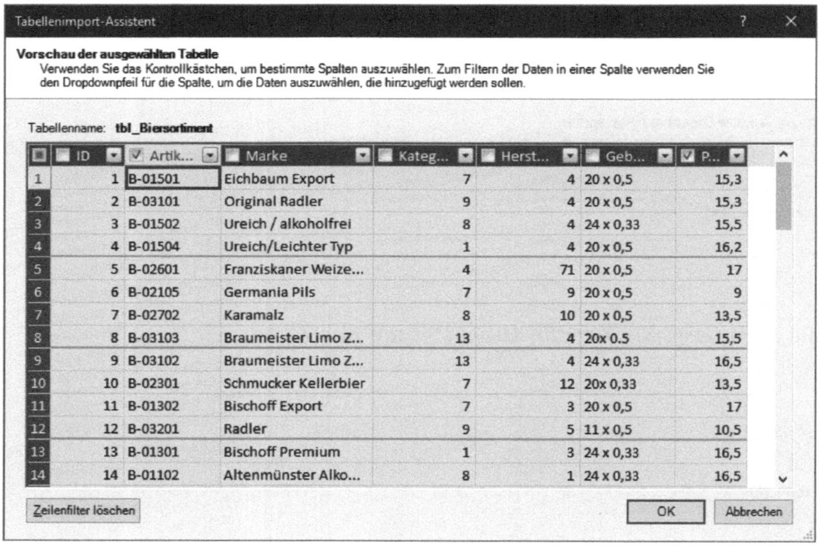

Klicken Sie auf den Filterpfeil am rechten Rand des Spaltenkopfes und filtern Sie die Tabelle gezielt nach den Zeilen, die Sie in der Abfrage brauchen. Das Filterangebot orientiert sich am Datentyp.

Filtern Sie so auch die übrigen Tabellen, die für den Import vorgesehen sind. Klicken Sie auf *Fertig stellen*, um den Import zu starten.

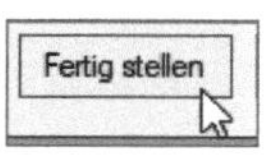

Platz sparen mit SQL

Schreiben Sie SQL-Anweisungen. Damit reduzieren Sie den Speicherplatz im Datenmodell erheblich, weil sich die Abfrage nur den SQL-Text merken muss (siehe den Abschnitt 5.4.11).

3.5 Optionen für den Datenimport

Die Excel-Optionen bieten einige nützliche Optionen für den Datenimport und die Layouteinstellungen für PivotTables. Wählen Sie *Datei/Optionen* und schalten Sie um auf die Kategorie *Daten*. Hier finden Sie die Datenoptionen (gilt ab Excel 2019).

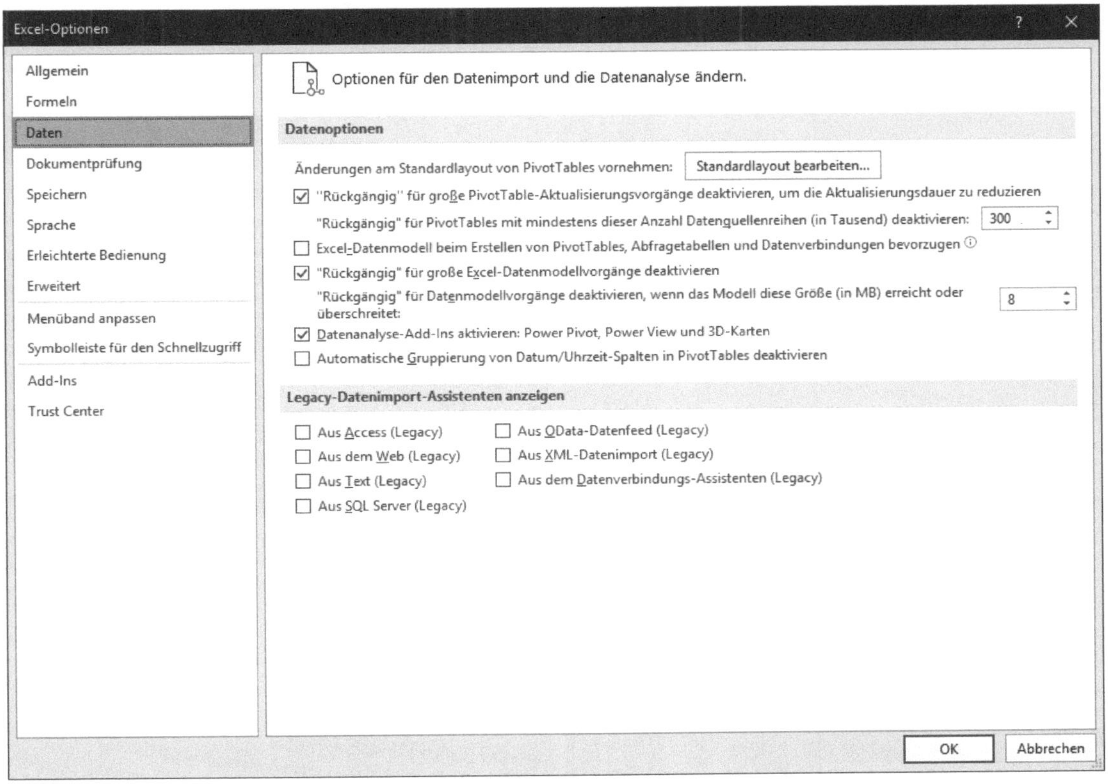

Bild 3.5 Datenoptionen für PivotTables und Datenimport

4 Abrufen und Transformieren (Power Query)

Unter dem Codenamen Data Explorer tauchte 2013 die erste Version von Power Query auf. Ebenfalls in den SQL-Laboratories entwickelt, wird das Tool wieder für Excel 2010 als Add-in zum Download angeboten, ab 2013 gehört es zum Programm. In Excel 2016 verschwand der Name Power Query, das Daten-Register enthält eine Gruppe *Abrufen und Transformieren* mit den Werkzeugen von Power Query.

Power Query holt die Daten aus unterschiedlichen Datenquellen, bereitet sie für die Analyse auf und speichert sie entweder im internen Datenmodell oder als „intelligente" Excel-Tabellen. Aus diesen werden sie über PivotTables oder mit PowerMap visualisiert bzw. nach Power BI transferiert.

Die Auswahl der Datenquellen reicht von der einfachen Textdatei bis zum Cube, von SQL Server bis Azure Marketplace. Selbst die Einbindung des Active Directory und des Exchange-Mailservers ist kein Problem, Power Query kann damit auch Dokumentstrukturen und Mails, Kontakte, Termine etc. analysieren. Mit der Möglichkeit, Facebook-Daten abzurufen, stößt Power Query in den Bereich Social Intelligence vor.

Mit dem integrierten Editor analysiert Power Query die Daten, formatiert sie, löscht nicht Benötigtes und kombiniert bei Bedarf mehrere Abfragen über relationale Beziehungen. Alle Schritte werden mit einer Art Makrorecorder aufgezeichnet und können in diesem editiert werden.

4.1 Menüband und Symbole

Warum Microsoft den einprägsamen Begriff Power Query abgeschafft hat, ist unverständlich, aber nicht zu ändern. Für Excel mit der Versionsnummer 2010 und 2013 gab es Power Query bereits als Add-in, es kann immer noch kostenlos bei Microsoft im Web heruntergeladen werden. Ab Excel 2016 ist Power Query Bestandteil der Menüoberfläche, der Begriff ist verschwunden, die Menübandgruppe, in der alle Symbole von Power Query bereitstehen, heißt *Abrufen und Transformieren.*

In Excel 2016 wurde das Power Query zunächst in der Gruppe *Abrufen und Transponieren* untergebracht, die alten MS Query-Befehle standen weiterhin in der Gruppe *Externe Daten abrufen* zur Verfügung. Mit dem ersten Update verschwand dann die Gruppe *Externe Daten abrufen*, die MS Query-Befehle wurden in Power Query integriert.

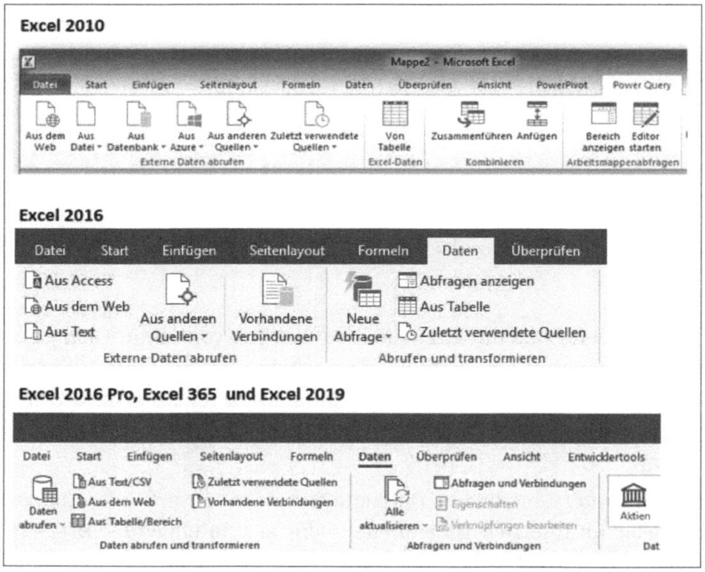

Bild 4.1 Von Power Query zu „Daten abrufen und transformieren“

4.2 ETL – der Prozess

Power Query ist das BI-Werkzeug in Excel, mit dem Daten aus externen Quellen in die Analyse eingebunden werden. Hinter dieser pauschalen Aussage verbirgt sich ein umfassender, aufwendiger Prozess, den es in dieser Form im Umfeld von Excel oder Office noch nicht gab. Bisher war das Analysieren von Daten eine Abfolge manueller Tätigkeiten:

Daten manuell importieren: Excel-Arbeitsmappen oder CSV-Dateien werden geöffnet, Tabellenblätter angesteuert, Daten kopiert oder verschoben. Textdateien müssen über den Text-Assistenten importiert werden, Excel schaltet diesen automatisch ein beim Versuch, eine Textdatei zu öffnen. Dann muss das Format und das Trennzeichen bestimmt werden, im schlechteren Fall sind die Spalten manuell zu trennen. Nach Auswahl der Zahlenformate für die einzelnen Spalten wird der Text importiert, kann in Spaltenform analysiert und im Excel-Format gespeichert werden.

Daten verknüpfen: Datenbankdaten aus Access, SQL Server oder anderen Quellen werden per MS Query und ODBC verknüpft, Text/CSV und Excel-Inhalte können ebenfalls dynamisch eingebunden werden. Für die Analyse von Internet/Intranet-Daten gibt es einen Web-Browser, der HTML-Elemente auf Webseiten identifiziert und die Möglichkeit bietet, für diese eine Verknüpfung einzurichten.

Daten aufbereiten: Sind die Daten manuell oder per ODBC bereitgestellt, beginnt für den Anwender die eigentliche Arbeit: Überflüssige Zeilen und Spalten löschen, Daten konvertieren, Datenmüll (Sonderzeichen, überflüssige Leerzeichen etc.) beseitigen, Spalten durchgehend füllen usw. Und wer schon mal versucht hat, Daten aus unterschiedlichen Quellen zu einem Datenbestand als Basis für eine PivotTable/PivotChart-Auswertung zusammenzuführen, wird sicher schon an seine Grenzen gestoßen sein.

ETL ist die Abkürzung für *Extract, Transform, Load (Extraktion, Transformation, Laden)* und bezeichnet den Prozess, bei dem Daten aus mehreren gegebenenfalls unterschiedlich strukturierten Datenquellen in einer Zieldatenbank vereinigt werden (vergleiche Wikipedia, *https://de.wikipedia.org/wiki/ETL-Prozess*). Was bisher nur für das Beladen von Data Warehouses eine Rolle spielte, haben die Power Query-Entwickler aufgenommen und in die Tat umgesetzt:

Extraktion: Daten werden aus der Datenquelle extrahiert und für die Transformation bereitgestellt. Das Ganze muss synchron passieren, d. h. jede Änderung an der Datenquelle wird automatisch weitergegeben.

Transformation: Die Daten aus unterschiedlichen Quellen werden in ein einheitliches Datenschema transferiert und gleichzeitig bereinigt. Zur Transkation gehört die Anpassung der Datentypen (z. B. Datumsformate), die Eliminierung von Duplikaten, die Umrechnung von Maßeinheiten und die Anreicherung der Daten mit Zusatzinformationen (z. B. demografische Daten aus dem Web).

Laden: Die Daten werden aus dem Arbeitsbereich in den Zielbereich (Data Warehouse) eingebracht, gleichzeitig wird eine Versionshistorie mit Protokoll der Änderungen angefertigt.

Power Query hat das ETL-Prinzip ziemlich gut umgesetzt, wobei der Schwerpunkt auf der Transformation liegt: Was der Anwender bisher manuell umsetzte, erledigt Power Query in einer Abfrage. Alle Aktionen müssen nur einmal ausgeführt werden, Power Query speichert diese Schritte und führt sie mit jeder Aktualisierung der Abfrage wieder aus. Die Abfrage wird protokolliert, das Protokoll ist eine Art Ablaufcode, der vom Anwender eingesehen, abgeändert und sogar mit einer eigenen Programmiersprache (M) verfeinert und erweitert werden kann. Ein geniales Konzept, mit dem das Konzept der Datenanalyse mit Excel neu geschrieben wird.

Power Query ist deshalb auch Bestandteil und Basis von Power BI, dem BI-Tool von Microsoft, das umfangreiche Reports und Visualisierungen ermöglicht (siehe Kapitel 8).

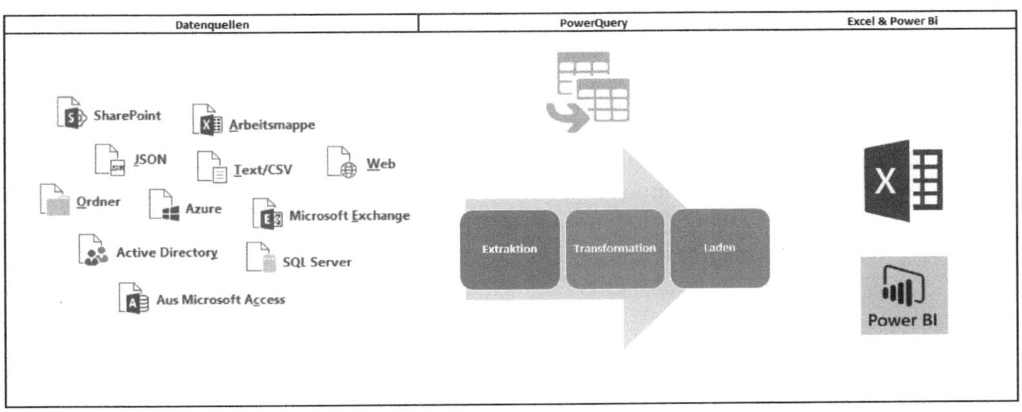

Bild 4.2 Der ETL-Prozess

4.3 Power Query installieren

Power Query läuft noch unter Windows 8, aber versuchen Sie besser nicht, das Tool mit diesem (oder einem noch älteren) Alt-System zu betreiben. Windows 7 oder Windows 2008 Server sind Mindestanforderung. Microsoft .NET 3.5 mit Service Pack 1 muss installiert sein, der Internet-Browser sollte Internet Explorer heißen und die Versionsnummer 9 oder höher tragen (in Windows 10/11 natürlich Edge, der Nachfolger).

In der Version 2010/2013 ist Power Query standardmäßig nicht enthalten, das Tool lässt sich aber einfach integrieren. Es steht als (kostenloser) Download bei Microsoft zur Verfügung und ist in wenigen Minuten installiert:

1. Suchen Sie mit Google nach „Power Query Excel 2010". Öffnen Sie die Seite, die mit dem Link auf *www.microsoft.com/de-de/Downloads* angeboten wird.
2. Achten Sie darauf, dass die passende Sprachversion (Deutschland) eingestellt ist und suchen Sie die Version, die zu Ihrer Office-Version passt (32/64 Bit). Wenn Sie nicht wissen, ob Sie eine 32-Bit- oder 64-Bit-Version verwenden, sehen Sie unter *Datei/Konto/Info zu Excel* nach.
3. Starten Sie die Installation über die heruntergeladene MSI-Datei und bestätigen Sie alle Schritte des Assistenten. Nach Abschluss der Installation finden Sie einen neuen Reiter Power Query im Menüband.
4. Sollte die neue Registerkarte nicht zu sehen sein, wählen Sie *Datei/Optionen/Add-Ins*. Suchen Sie unter *Verwalten* die *COM-Add-Ins* und kreuzen Sie, nachdem Sie auf die Schaltfläche *Gehe zu* geklickt haben, den Eintrag *Power Query* an.

HINWEIS: Power Query unterscheidet sich in Excel 2010 in der Oberfläche vom Nachfolger, und der Abfrage-Editor enthält nicht alles, was die Version für Excel 2016/2019 kann.

4.4 Daten abrufen und transformieren

In der ersten Version Excel 2016 gab es noch im Menüband eine Gruppe *Externe Daten abrufen*, in der Excel alle Datenquellen für das ältere Abfragesystem MS Query zur Auswahl stellte. Excel war als Datenquelle nicht dabei, unter *Aus anderen Quellen* konnte MS Query abgerufen werden, und erst der nachfolgende Dialog stellte den ODBC-Treiber für Excel zur Auswahl. Diese Gruppe wurde mit dem Januar-2017-Update von Microsoft 365 herausgenommen. In der Standard-Version von Excel 2016 ohne automatische Updates wird sie aber nach wie vor angeboten sein.

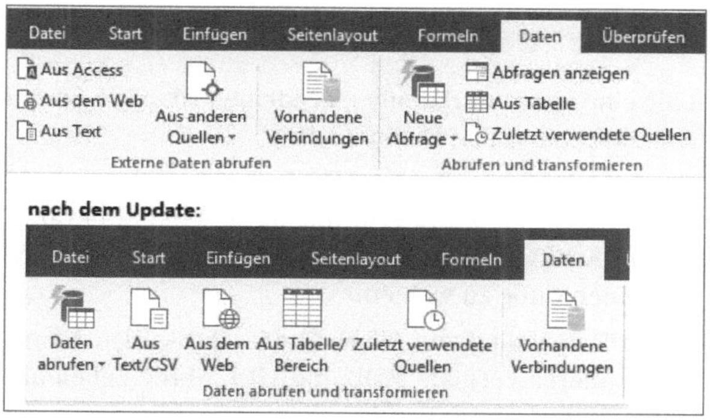

Bild 4.3
Unterschiedliche Menüband-Einträge in den Excel-Versionen

Excel 2016/2019/2021 und Microsoft 365 bietet in der Gruppe *Daten abrufen und transformieren* ein Listensymbol für alle Datenquellen und je ein Symbol für *Text/CSV, Web, Tabelle/ Bereich* und *Zuletzt verwendete Quellen*. Klicken Sie auf den Pfeil des Symbols *Daten abrufen*, um alle Datenquellen aufzulisten:

Das Angebot an Datenquellen für Power Query variiert zwischen den Excel- bzw. Office-Versionen. Eine Übersicht finden Sie bei Microsoft im Web:

https://support.microsoft.com/de-de/office/power-query-datenquellen-in-excel-versionen-e9332067-8e49-46fc-97ff-f2e1bfa0cb16

Nachfolgend finden Sie eine Übersicht über die Datenquellen in Microsoft 365 (Office 2021).

4.4.1 Aus Datei

Wählen Sie *Aus Arbeitsmappe*, um eine Excel-Mappe als Datenquelle zu aktivieren. Der Dateidialog bietet alle Mappen mit den Dateiendungen *.xlsx, .xlsm, .xltx* und *.xlsb* an, auch die älteren Dateiformate XLS und XLT sowie die Add-ins (XLAM, XLA) stehen zur Auswahl. Der Abfrage-Assistent öffnet die Datei und bietet alle darin enthaltenen Tabellenblätter zur Auswahl an.

Aus Text/CSV bietet den Dateiauswahldialog für Text- und CSV-Dateien an. Suchen Sie mit *.*, falls Ihre Textdatei eine andere Dateiendung hat als *.txt, .csv* oder *.prn*. XML-Dateien werden ebenso angeboten wie JSON (JavaScript-Dateien).

Für *PDF-Daten* ist die Installation des .NET Framework, Version 4.5 oder höher, erforderlich. Importieren Sie eine mehrseitige PDF-Datei, wird der Power Query Navigator jede Seite als Tabelle anbieten. Entscheiden Sie sich für *Aus Ordner*, können Sie einen Ordner angeben oder suchen, aus dem alle Dateien in die Abfrage mit einbezogen werden. Voraussetzung ist natürlich, dass alle Dateien in diesem Ordner die gleiche Struktur haben. Mit *Aus SharePoint-Ordner* erhalten Sie ein Eingabefeld für einen Ordner in SharePoint. Geben Sie die URL ohne Unterordner ein.

4.4.2 Aus Datenbank

Wählen Sie *Aus Datenbank*, erhalten Sie eine Liste mit Datenbanksystemen vom SQL Server über Access bis SAP HANA. Suchen Sie den passenden Datenbanktyp.

Geben Sie für den Zugriff auf SQL Server, oder SQL Server Analysis Services den Servernamen und die Datenbank ein und bestätigen Sie den Zugriff mit Ihrer Windows-Anmeldung oder geben Sie Benutzername und Kennwort ein. Im nächsten Schritt werden Sie aufgefordert, die Tabelle, die View oder einen Cube zu wählen.

Wählen Sie *Aus Access*, erhalten Sie den Dateidialog zur Auswahl der Access-Datenbankdatei im Format ACCDB oder ACCDE. Die älteren Formate MDB und MDE werden ebenfalls unterstützt. Anschließend erhalten Sie eine Liste mit allen Tabellen und Abfragen in der Datenbank (ohne Verknüpfungen). Falls die Datenbank nur eine Abfrage/Tabelle enthält, wird diese direkt in den Abfrage-Editor geladen.

Für die übrigen Datenbanksysteme muss Zusatzsoftware vom Anbieter installiert werden, bevor diese einen Zugriff über Power Query ermöglichen:

Datenbanksystem	Zusatzsoftware
Oracle	Oracle Client Software V8.1.7
IBM DB2	IBM DB2 Data Service Driver
PostgreSQL	Npgsql, Download unter *github.com/npgsql*
MySQL	Datenbankconnector, Download unter *https://dev.mysql.com/downloads/connector/net*
Sybase	Verbindung herstellen über den SAP-SQL-Anywhere-Treiber.
Teradata	.NET-Datenanbieter, Download unter *https://downloads.teradata.com*
SAP HANA	SAP HANA ODBC Treiber *(https://support.sap.com/swdc)*

4.4.3 Aus Azure

Windows Azure ist eine Sammlung von Cloud-Diensten, die u.a. Online-Datenbanken in Microsoft-eigenen Rechenzentren bereitstellen. Für den Zugriff auf die hauseigene Cloud bietet Microsoft natürlich alle erforderlichen Werkzeuge an.

1. Wählen Sie *Daten abrufen und transformieren/Daten abrufen/Aus Azure Datalake Storage Gen2.*
2. Importieren Sie die Daten aus einer Azure SQL-Datenbank, aus einem SQL Data Warehouse oder einem der angebotenen Azure-Dienste.

4.4.4 Aus Power BI-Plattform

Mit diesem Menübefehl lässt sich eine Verbindung mit einem in Power BI erstellten Dataset herstellen. Das Ergebnis, eine PivotTable mit direkter Verbindung zu Power BI-Daten, erhalten Sie auch mit *Einfügen/Tabellen/PivotTable/PivotTable aus Power BI.*

Voraussetzung für diese nützliche Verbindung zwischen Power BI und Excel ist die Installation des Excel-Analyse-Tools in Power BI:

1. Starten Sie den Online-Dienst von Power BI über *https://app.powerbi.com.*
2. Wählen Sie im Drei-Punkte-Menü rechts oben *Herunterladen/In Excel-Updates analysieren.*
3. Installiert wird das Tool OLE DB Provider für Analysis Services.

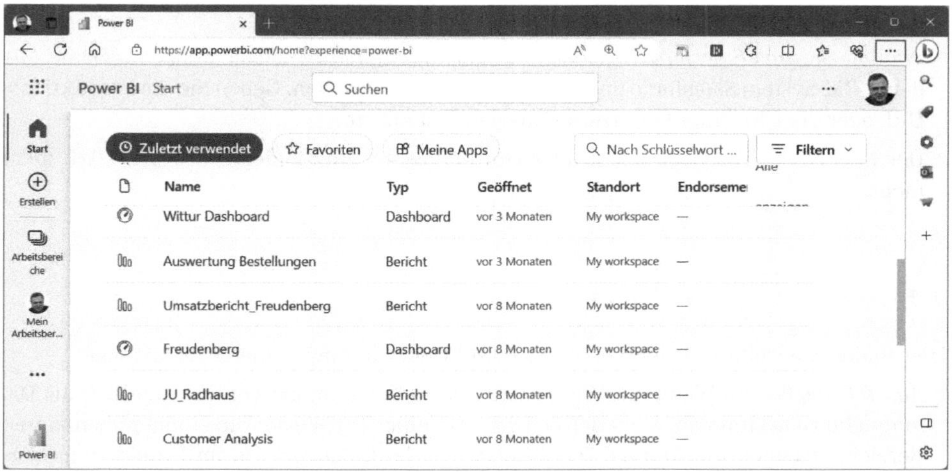

Bild 4.4 Für die Verbindung zu Power BI wird ein Tool installiert

So holen Sie das Datenmodell eines Datasets in eine PivotTable:

1. Wählen Sie *Daten/Daten abrufen und transformieren/Daten abrufen/Aus Power Plattform/Von Power BI.*
2. Die Datasets aus Power BI werden im Arbeitsbereich am rechten Bildschirmrand angezeigt, Sie können eine Auswahl treffen und das im Dataset hinterlegte Datenmodell sofort für das Layout der PivotTable nutzen.

HINWEIS: Power BI als Datenquelle gibt es seit April 2020. Sie ersetzt den Power BI Publisher, ein Excel-Add-In, das ab diesem Zeitpunkt nicht mehr zum Download zur Verfügung steht.

4.4.5 Aus Online-Diensten

Unter diesem Menüpunkt sind die Online-Dienste gelistet, die ihre Daten über Power Query-Abfragen an Excel liefern können.

- Holen Sie Daten aus einer SharePoint-Online-Liste, geben Sie dazu die SharePoint-Adresse (URL der Webseite) ein. Bei der Frage nach dem SharePoint-Zugriff geben Sie *Anonym* ein, wenn keine Anmeldung erforderlich ist oder *Windows*, wenn Sie für die Anmeldung Ihre

Windows-Anmeldeinformationen verwenden wollen. Wählen Sie *Organisationskonto*, wenn für die Anmeldung die Informationen des Organisationskontos erforderlich sind.

- Für die Verbindung zu Microsoft Exchange Online brauchen Sie eine Postfachadresse. Geben Sie diese ein und kreuzen Sie die Option *Auto-Ermittlungsdienst zulassen* an, damit der Exchange-Dienst Ihre Anmeldung akzeptiert.
- Dynamics ist ein CRM-System von Microsoft. Wählen Sie *Aus Dynamics 365 (online)* und geben Sie die URL des OData-Endpunktes ein. Sie finden den OData-Endpunkt im Dynamics 365-Webclient.
- Wählen Sie *Aus Salesforce-Objekten* oder *Aus Salesforce-Berichten*, wenn Sie Daten aus dem CRM-System Salesforce mit Power Query abrufen wollen. Geben Sie die Produktions-URL oder die URL einer benutzerdefinierten Instanz ein.
- Der Import von Facebook-Daten über den Connector funktioniert seit April 2020 nicht mehr.

4.4.6 Aus anderen Quellen

Hier finden Sie weitere Datenquellen für Power Query in ungeordneter Reihenfolge:

- *Aus Tabelle/Bereich* bietet die Möglichkeit, eine Tabelle im aktiven Tabellenblatt als Datenquelle zu bestimmen. Steht der Zellzeiger in einer Tabelle oder in einem unbenannten Bereich, erscheint die Abfrage *Tabelle erstellen*, die Daten werden im Hintergrund markiert und die Option *Tabelle hat Überschrift* ist markiert. Die Tabelle kann auch nachträglich festgelegt werden, markieren Sie einfach den Bereich, in dem sich die Daten befinden (inklusive Kopfzeile!) und bestätigen Sie mit *OK*. Excel wandelt den Bereich in eine Tabelle um und übergibt diese an den Power Query-Editor.
- Findet die Abfrage einen benannten Bereich *(Formeln/Namens-Manager)* rund um den Zellzeiger, wird dieser sofort an den Abfrage-Editor übergeben. Der Bereich wird nicht in eine Tabelle umgewandelt. Sie können den Bereich jederzeit umbenennen und so die Datenquelle variabel halten.
- *Aus dem Web* startet die Abfrage mit der Frage nach einer URL. Geben Sie eine gültige Webadresse ein, wird diese die Datenquelle der Abfrage bilden. Voraussetzung ist, dass sich an der Adresse eine lesbare Tabelle im HTML-format befindet. Mit der Option *Erweitert* kann die URL auch in Teilen eingetragen werden, die URL-Vorschau gibt das Ergebnis wieder.
- Mit dem Menüeintrag *Aus Microsoft Query* startet die Vorgängerversion von Power Query. MS Query ist ein Add-in, das bereits in der Excel-Version 3.0 Bestandteil der Office-Suite war. Das Add-in arbeitet mit ODBC-Treibern, die unter Windows installiert sind und mit dem ODBC-Administrator-Tool von Windows verwaltet werden. Der Query-Assistent fordert zunächst die Datei an, bietet dann die Möglichkeit, Felder auszuwählen, die Daten zu sortieren und zu filtern. Das Ergebnis der MS Query-Abfrage ist eine Tabelle auf Basis eines SQL-Befehls, der in den Verbindungseigenschaften sichtbar wird. Da Power Query wesentlich bessere Möglichkeiten für die Gestaltung einer Abfrage bietet, sollten Sie dem BI-Werkzeug den Vorzug geben. MS Query kommt aber noch für ältere Dateiformate (dBASE, Paradox) zum Einsatz.

- Die Option *Aus ODBC* wurde mit einem späteren Update hinzugefügt, um dem Anwender die Möglichkeit zu geben, ODBC-Datenquellen einzubinden, die mit MS Query erstellt wurden oder ältere Dateiformate zu nutzen. So überprüfen Sie bereits angelegte Datenquellen:
  1. Geben Sie „ODBC" in das Suchfeld von Windows 11 oder Windows 7 ein.
  2. Aktivieren Sie den *App ODBC-Datenquellen-Administrator (32 Bit).*
  3. Die App zeigt alle ODBC-Datenquellen und bietet die Möglichkeit, diese zu konfigurieren und weitere Datenquellen zu erstellen.

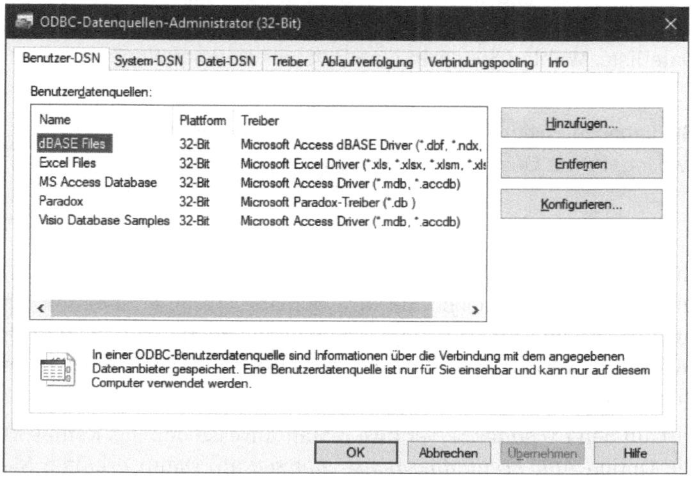

Bild 4.5 Der ODBC-Datenquellen-Administrator

- Sind die Verbindungszeichenfolge für die ODBC-Verbindung und der SQL-Befehl für die Datenabfrage bekannt, können Sie diese Informationen auch direkt in die Abfrage eingeben. Wer zuvor mit MS Query gearbeitet hatte, holt sich diese Informationen aus den Eigenschaften der MS Query-Abfrage (Klick mit der rechten Maustaste auf die Abfrage im Abfrage-Fenster und Auswahl von *Eigenschaften*).
- Um Daten aus der Access-Datenbank *C:\Projektdaten\Ressourcen.accdb* abzuholen, starten Sie eine Abfrage mit einer ODBC-Verbindung als Datenquelle.
- Wählen Sie als Datenquellenname *(DSN) MS Access Database.*
- Geben Sie unter *Erweiterte Optionen* diese Verbindungszeichenfolge ein:

```
DSN=MS Access Database;DBQ=C:\Projektdaten\Ressourcen.accdb
```

- Schalten Sie auf die Windows-Anmeldung um oder geben Sie einen Benutzernamen und ein Kennwort ein, falls dies erforderlich ist.
- Geben Sie einen SQL-Befehl ein, wenn Sie die Abfrage auf eine Tabelle oder eine berechnete Abfrage (View) in der Datenbank beschränken wollen. Hier zum Beispiel auf alle Felder der Tabelle *Lieferanten*:

```
SELECT * FROM Lieferanten
```

- Wenn Sie alle Elemente der Datenbank sehen wollen, lassen Sie das Feld leer. Bestätigen Sie mit *OK*, erhalten Sie im Navigator Zugriff auf die Datenbank und können die Tabellen und Abfragen als Datenquellen für Power Query verwenden.
- *Aus SharePoint-Liste* bietet die Gelegenheit, Elemente aus SharePoint als Datenquelle anzugeben. Geben Sie die URL für die SharePoint-Stammseite (ohne Unterordner) ein.
- *OData-Feed* ist ein Format, das von Microsoft Dynamics verwendet wird, hier kann es als Datenlieferant bestimmt werden.
- Mit der Menüoption *Aus Hadoop-Datei (HDFS)* erhalten Sie Zugriff auf das Hadoop Distributed File System (HDFS), ein Java-basiertes verteiltes Dateisystem für große Datenmengen (Apache Software Foundation). Der Power Query-Editor liefert nach Eingabe des Hadoop-Clusters eine Dateiliste. Wählen Sie darin eine Datei als Datenquelle.

TIPP: Wechseln Sie lieber zu Power Pivot, wenn Sie größere Datenmengen aus Hadoop einlesen wollen. Power Query kann maximal 1 048 576 Zeilen in eine Tabelle einlesen. ■

- Für Admins und IT-Fachkräfte bietet die Option *Aus Active Directory* die Möglichkeit, User-Daten zu überprüfen und abzugleichen. Geben Sie Ihre Domäne ein und verwalten Sie nach Eingabe von Benutzername und Kennwort die Anmeldeinformationen. Im Bereich *Navigator* können Sie alle im AD verfügbaren Domänen durchsuchen und Drilldowns in die AD-Informationen (Benutzer, Konten, Computer) ausführen.
- Geben Sie für den Zugriff auf den *Exchange Server* Ihre E-Mail-Adresse und das Kennwort ein und kreuzen Sie die Option *Auto-Ermittlungsdienst zulassen* an. Damit erhalten Sie Zugriff auf die Anmeldeinformationen aller Exchange Server-Nutzer.
- *Aus OLE DB* gehört wie ODBC zum Vorgängerwerkzeug MS Query. Mit dieser Option stellen Sie eine Verbindung zu einer OLE-Datenquelle her. OLE (Object Linking and Embedding) ist ein Protokoll, das die Einbindung von Elementen eines Office-Programms in ein anderes (z. B. Excel-Tabellen in Word-Dokumente) ermöglicht. Power Query unterstützt diese Technik noch, bietet aber mit seinen anderen Datenquellen bessere Möglichkeiten, auf Office-Elemente zuzugreifen. Geben Sie den OLE-Verbindungsstring ein oder klicken Sie auf *Erstellen* und wählen Sie einen OLE-Provider. Die Datenquelle lässt sich auch im Anschluss neu erstellen.
- *Von Bild* bietet die Möglichkeit, Daten aus einer Bilddatei zu importieren. Angeboten werden die gängigsten Bildformate von JPG bis SVG. Importiert wird alles, was im Bild als Text oder Zahl erkennbar ist. Wird das Bild zuvor in die Zwischenablage kopiert, lässt es sich direkt aus dieser importieren.
- Wählen Sie *Leere Abfrage*, wenn Sie direkt in den Abfrage-Editor schalten wollen, ohne eine Datenquelle anzulegen. Das ist dann sinnvoll, wenn Sie den M-Code selbst programmieren oder aus der Zwischenablage in die Abfrage kopieren wollen. Sie können aber auch in der leeren Abfrage unter *Start/Neue Abfrage* alle Datenquellen abrufen oder mit *Zuletzt verwendete Quellen* die Liste der zuletzt für Power Query-Abfragen benutzten Quellen öffnen.

4.5 Datenquelleneinstellungen und Abfrageoptionen

Die letzten Menüpunkte unter *Daten abrufen* führen zu den allgemeinen Einstellungen für Datenquellen und Abfragen. Speichern Sie bereits aktivierte Webabfragen als Datenquellen, um erneute Suchläufe einzusparen. Aktvieren Sie die *Abfrageoptionen*, um globale Einstellungen zu sichern.

In der Kategorie *Global* finden Sie die Einstellungen, die alle Abfragen betreffen, die zweite Kategorie regelt die Einstellungen für die aktuelle Arbeitsmappe.

HINWEIS: Die Abfrageoptionen finden Sie auch im Power Query-Editor im Datei-Menü.

4.5.1 Daten laden

Mit den Standardladeeinstellungen werden einzelne Abfragen in Tabellen geladen, gleichzeitige Abfragen landen im Datenmodell. Entscheiden Sie, ob neue Abfragen nach Ausführung von *Schließen & Laden* als Tabelle in ein neues Arbeitsblatt (Standardeinstellung) oder gleich ins Datenmodell geladen werden. Im Datenmodell stehen die Abfragedaten für PivotTable/PivotChart-Auswertung zur Verfügung, werden aber nicht in Tabellenblättern als Tabellen angezeigt.

Schalten Sie die Typerkennung ab, wird Power Query bei Verwendung einer Datenquelle nicht automatisch die erste Zeile als Überschrift erkennen und die Spaltentypen automatisch umstellen. *Schnelles Laden von Daten* schaltet die Hintergrundbearbeitung ab. Die Daten werden schneller geladen, Sie können in Excel aber nicht weiterarbeiten.

Im *Datencache* speichert Excel per Abfrage geladene Daten. Wird eine Abfrage erneut ausgeführt, sind die Daten schneller aus dem Cache geladen als von der Datenquelle. Sollte diese Aktion zu Fehlern führen, weil z. B. der Cache unvollständig ist, klicken Sie unter *Datencacheverwaltung* auf *Cache löschen*. Das Maximum für den Datencache ist mit 4096 MB (= 4 GByte) angegeben. Der Wert kann verändert werden, sollte aber nicht weniger als 32 MB betragen.

Mit Klick auf *Standardwerte wiederherstellen* werden alle Einstellungen wieder zurückgesetzt.

4.5.2 Power Query-Editor

Im Abfrage-Editor sollten Sie natürlich den *Bereich mit Abfrageeinstellungen anzeigen* und die *Bearbeitungsleiste anzeigen*, um die Abfrage bearbeiten zu können. Beide Elemente lassen sich im Editor auch im Menü *Ansicht* ein- und ausblenden. In der Bearbeitungsleiste können Sie den M-Code einer Abfrage auch direkt (ohne erweiterten Editor) eintippen.

Wenn Sie unter *Datenvorschau* die *Vorschauinhalte mit Hilfe einer Festbreitenschrift anzeigen* lassen, verwendet der Editor die nicht-proportionale Schrift Courier für die Datenvorschau. In dieser Schrift, in der alle Zeichen gleich breit sind, lassen sich Textketten besonders gut vergleichen und Zeichen besser abzählen. *Leerzeichen und Zeilenumbruchzeichen anzeigen* sollte natürlich eingeschaltet sein, damit diese unsichtbaren Zeichen sichtbar sind.

Parameter sind Informationen, die eine Abfrage während oder vor der Ausführung vom Benutzer oder aus anderen Quellen anfordert oder abholt. Wenn Sie das in Abfragen zulassen, müssen Sie die *Parametrisierung in Dialogfeldern für Datenquelle und Transformation immer zulassen.*

Aktivieren Sie unter *Formel* die Option, erhalten Sie beim Schreiben von Formeln im Erweiterten Editor oder beim Anlegen benutzerdefinierter Spalten Hilfestellung von IntelliSense in Form von Funktionsvorschlägen, Fehlerhinweisen und farbigen Markierungen.

4.5.3 Sicherheit

Wenn Sie in Ihren Abfragen Daten aus eigenen Datenbanken benutzen, können Sie Zeit sparen und die Option *Benutzergenehmigung für systemeigene Datenbankabfragen verlangen* deaktivieren. Die *Zertifikatsperrüberprüfung* schützt Sie vor gesperrten und damit unsicheren HTTPS-Verbindungszertifikaten.

Besonders sicherheitsrelevant sind Vorschauen auf Webseiten (*Webvorschauen*), weshalb in den Optionen drei Warnstufen zur Auswahl stehen: *Streng* zeigt vor jeder Webvorschau eine Warnung an, *Moderat* nur, wenn die Webadresse nicht manuell eingegeben oder noch nicht als vertrauenswürdig eingestuft wurde, und *Keine* schaltet alle Warnmeldungen für Webinhalte ab.

Wenn Sie Genehmigungen für ADFS (Active Directory Federation Services) eingeholt haben, werden diese angezeigt und können hier verwaltet werden.

4.5.4 Datenschutz

Datenschutzoptionen sind wichtig, wenn Sie mit Power Query in Firmennetzen oder im Web unterwegs sind. Ist die Option *Daten immer gemäß Einstellungen der Datenschutzebene für jede Quelle kombinieren* aktiviert, werden Daten entsprechend der Einstellung unter Sicherheitsstufen kombiniert. Das Zusammenführen von Daten über Datenschutz-Isolationszonen hinweg führt zur Pufferung von Daten.

Mit der Option *Einstellungen auf Datenschutzebene immer ignorieren* werden die Daten kombiniert, ohne dass Ihre Sicherheitsstufen beachtet werden, wodurch sensible oder vertrauliche Informationen nicht autorisierten Benutzern zugänglich gemacht werden könnten.

4.5.5 Regionale Einstellungen

Geben Sie hier an, in welcher Sprache beim Aufzeichnen der Schritt-für-Schritt-Anweisungen der M-Code erstellt wird. Verwenden Sie *Immer Englisch*, wenn Sie den M-Code in mehrsprachigen Umgebungen einsetzen wollen. Mit der Standardeinstellung bekommt das M-Skript Schrittbeschriftungen in der eingestellten Windows-Regionssprache.

4.5.6 Diagnose und Ablaufverfolgung

In den Abfrageoptionen haben Sie die Möglichkeit, Ihr Microsoft-Konto zu aktivieren oder – falls noch nicht vorhanden – ein Konto anzulegen. Die *Ablaufverfolgung* unter *Diagnose* hinterlegt – falls aktiviert – in den Roaming-Einstellungen des Benutzers Logdateien. Klicken Sie auf *Ablaufverfolgungsordner öffnen*, um diese Dateien einzusehen.

Aktivieren Sie die Absturzbilderfassung, werden bei einem Absturz die Mashup-Engine-Daten protokolliert (Mashup Engine bezeichnet das Importieren und Kombinieren von Daten aus mehreren Quellen).

4.5.7 Aktuelle Arbeitsmappe

Diese Einstellungen gelten nur für die aktuelle Mappe. Mit der *Typerkennung* versucht die Abfrage, die Spaltenüberschriften und die Feldtypen automatisch zu erkennen, wenn die Quelle keine erkennbaren Tabellen enthält (z. B. CSV-Dateien, Textdateien).

Beziehungen zwischen Tabellen können automatisch erstellt werden, sobald diese zum ersten Mal in das Datenmodell geladen werden. Ist die Option deaktiviert, muss jede Beziehung manuell nachbearbeitet werden. Kreuzen Sie die zweite Option an, wird die Abfrage auch bei Aktualisierungen versuchen, Beziehungen zwischen Tabellen zu erkennen.

Unter *Hintergrunddaten* kreuzen Sie die Option *Download der Datenvorschau im Hintergrund zulassen* an, um auch größere Datenmengen in die Vorschau zu laden.

Stellen Sie unter *regionale Einstellungen* unabhängig von den globalen Einstellungen das für die Mappe passende Gebietsschema ein.

Auch die *Datenschutzeinstellungen* lassen sich hier unabhängig von den globalen Einstellungen anpassen.

Bild 4.6 Regionale Einstellungen für Power Query

4.6 Abfrage erstellen

Bevor Sie ihre erste Abfrage erstellen, sollten Sie sich einen Fahrplan zurechtlegen. Eine Abfrage kann je nach Bedarf eine einfache Verknüpfung auf eine externe Datenquelle oder ein komplexer Prozess sein, in dem die Daten nicht nur abgeholt, sondern gleichzeitig bearbeitet und kombiniert werden:

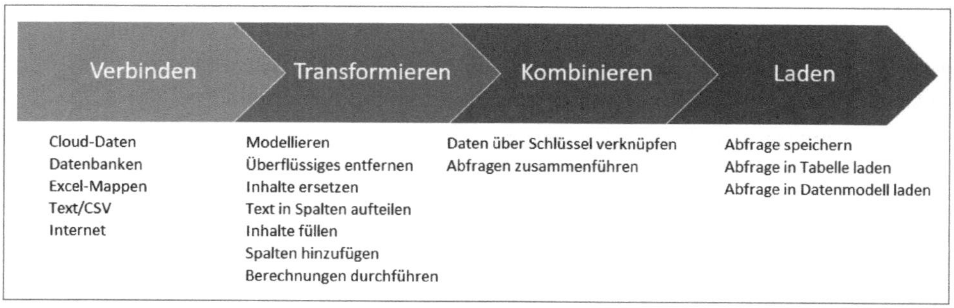

Bild 4.7 Der Abfrageprozess

Sehen Sie sich zuerst die Datenquellen an und bereiten Sie diese vor. Grundsätzlich gilt das *Garbage-in-Garbage-out*-Prinzip: Je besser die Daten vorbereitet sind, desto weniger Aufwand müssen Sie mit Abfragen treiben.

- Excel-Daten können aus Tabellen oder Listen in der aktuellen Arbeitsmappe geholt werden. Daten in Excel-Dateien (XLSX, XLSM, XLSB, XLS) müssen als Liste oder als Tabelle vorliegen. Listen dürfen keine Leerzeilen enthalten und müssen mit einer Kopfzeile ausgestattet sein. Stellen Sie sicher, dass alle Spalten eine Spaltenbeschriftung haben. Entfernen Sie Daten in angrenzenden Zellen, damit der Abfrage-Editor den Listenbereich erkennt. Geben Sie Listen am besten über den Namens-Manager einen Bereichsnamen oder wandeln Sie Listen, wenn möglich, in Tabellen um. Geben Sie den Tabellenblättern sichere Bezeichnungen (z. B. nicht *Tabelle1*), damit diese beim Erstellen der Abfrage identifiziert werden.
- CSV-Dateien und Textdaten können mit Semikolon, Komma, Leerzeichen oder Tabstopp als Trennzeichen gespeichert sein, der Abfrage-Editor erkennt das Format automatisch. Das Trennzeichen kann aber auch im Editor bestimmt werden.
- Access-Datenbanken werden im Format ACCDB oder im älteren MDB-Format erkannt. Der Abfrage-Editor erkennt originäre Tabellen und Abfragen, keine Tabellenverknüpfungen.
- SQL Server-Datenbanken werden als Datenquelle akzeptiert, ebenso Cubes aus SQL Analysis.
- Wollen Sie Dateien aus einem Ordner in Abfragen einbinden, können Sie unterschiedliche Datenformate wie Excel-Mappen, CSV-Dateien und JSON-Daten verwenden. Falls die Daten unterschiedliche Feldnamen oder nicht übereinstimmende Datenstrukturen aufweisen, können Sie diese anschließend im Abfrage-Editor einzeln pro Datei anpassen.

4.6.1 Eine neue Abfrage

Erstellen Sie eine Abfrage auf einen Bereich, eine Tabelle oder eine externe Datenquelle, um die Daten zu filtern, Duplikate zu entfernen, Datentypen anzupassen und die Daten von „Datenmüll“ zu bereinigen. In welcher Form das Ergebnis dann bereitsteht, entscheiden Sie beim Laden der Abfrage.

Ein Beispiel:

Die Übersicht über die Biermarken der einzelnen Brauereien wird mittels CSV-Datei geliefert. Holen Sie die Datei in eine Abfrage und erstellen Sie eine Übersicht über Namen und Herkunftsland aller Brauereien. Die Datei finden Sie unter dem Dateinamen *Bierverzeichnis.csv* in den Buchdaten.

Legen Sie eine neue Arbeitsmappe an. Wählen Sie *Daten/Daten abrufen und transformieren/Daten abrufen*. Holen Sie eine Datei vom Typ CSV.

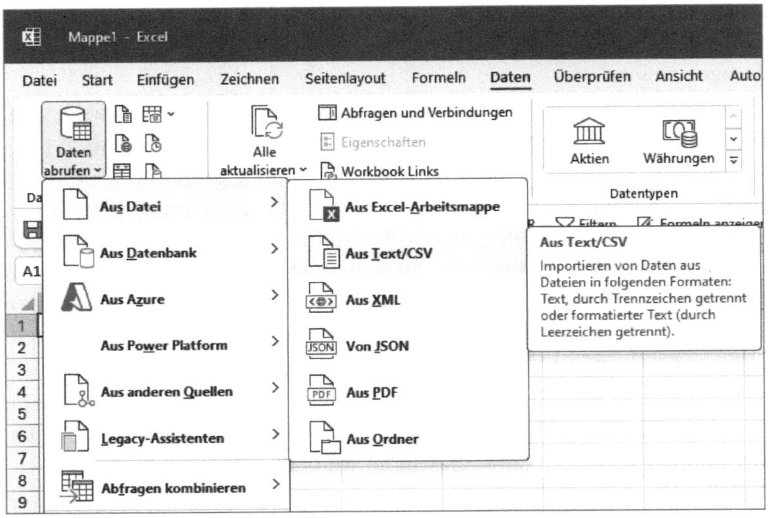

Importieren Sie die CSV-Datei. Der Dateinamenfilter reduziert die Anzeige auf die passende Dateiliste.

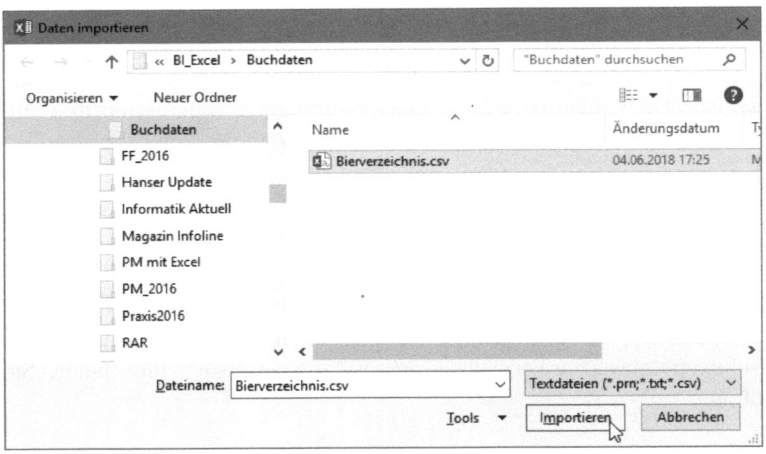

Das Vorschaufenster zeigt das Ergebnis der unbearbeiteten Abfrage. Mit *Laden* bzw. *Laden in* könnte das Ergebnis gleich unbearbeitet als Abfrage angelegt werden. Klicken Sie auf Daten transformieren.

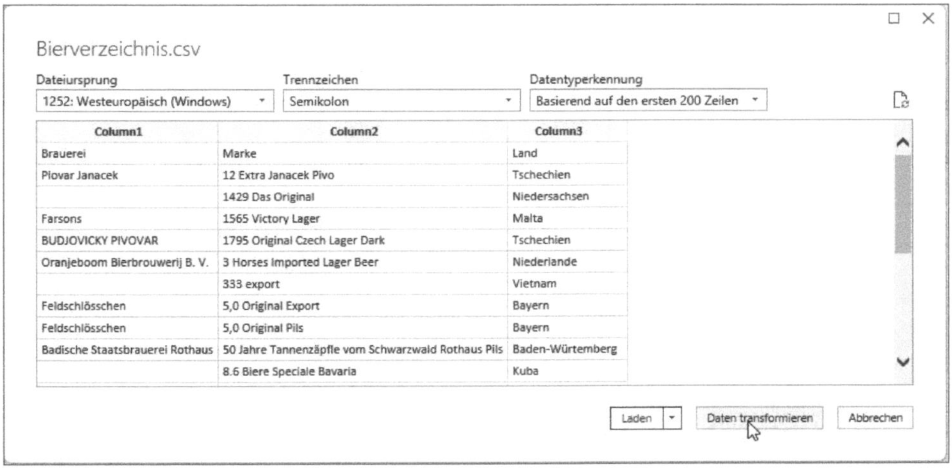

Die erste Zeile wird nicht als Überschrift erkannt, schalten Sie unter *Start/Transformieren* die passende Option ein.

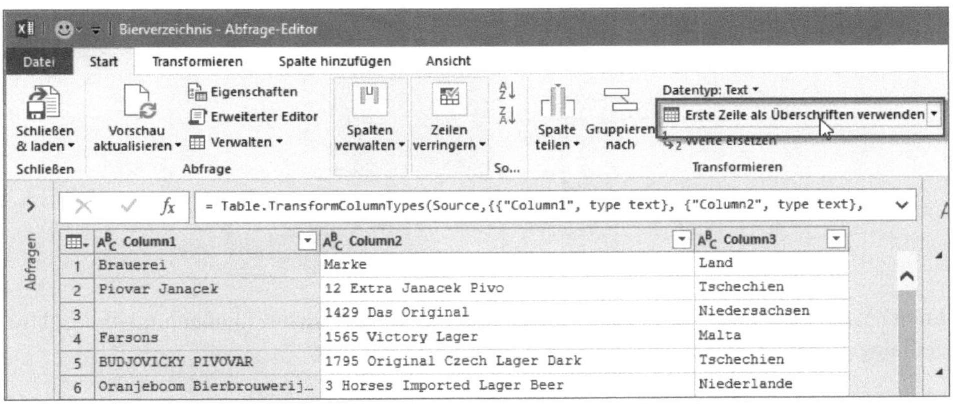

Klicken Sie mit der rechten Maustaste auf die zweite Spalte und wählen Sie im Kontextmenü *Entfernen.*

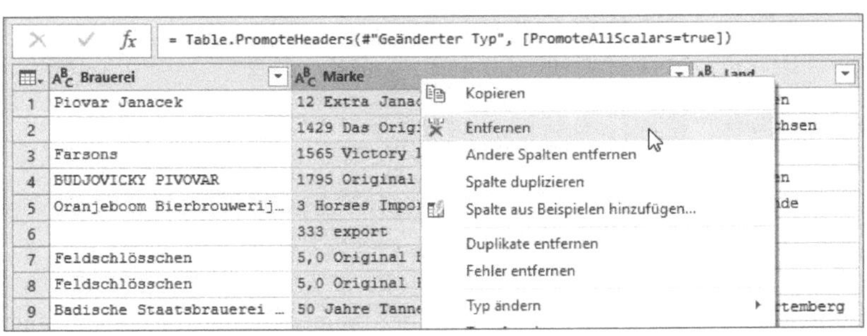

Öffnen Sie den Spaltenfilter der ersten Spalte und filtern Sie alle leeren Einträge heraus.

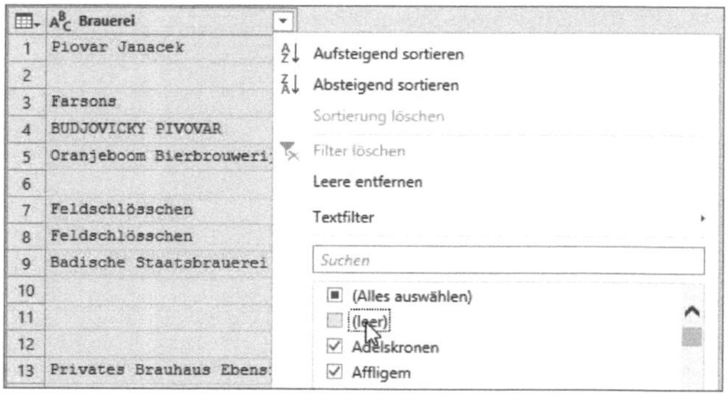

Mit *Start/Schließen & Laden in* erhalten Sie einen Auswahldialog, in dem Sie das Ziel definieren können.

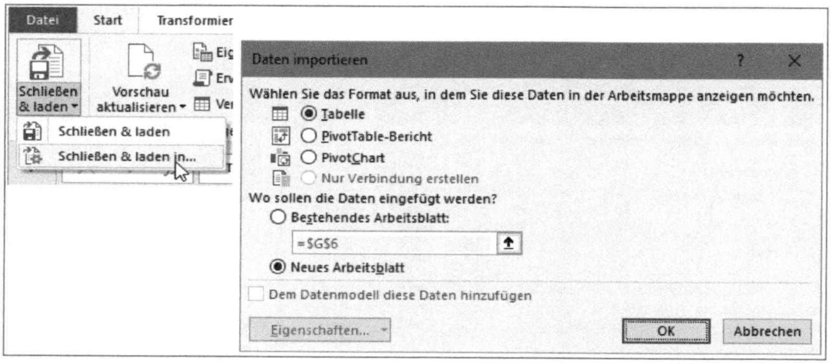

Entscheiden Sie sich für *Schließen & Laden*, um die Abfrage abzuschließen und ohne Abfragedialog eine neue Tabelle zu erstellen.

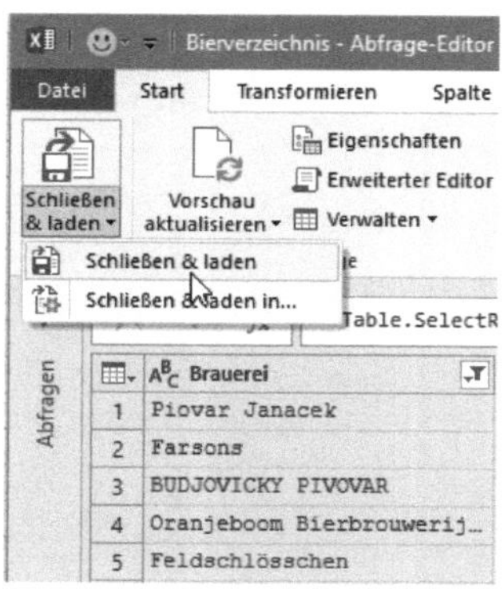

Das Ergebnis wird in einer neuen Tabelle präsentiert, den Namen holt sich Excel aus dem CSV-Dateinamen. Im Register *Abfragetools* finden Sie unter *Abfrage* das Symbol *Bearbeiten*. Holen Sie damit die Abfrage wieder in den Editor.

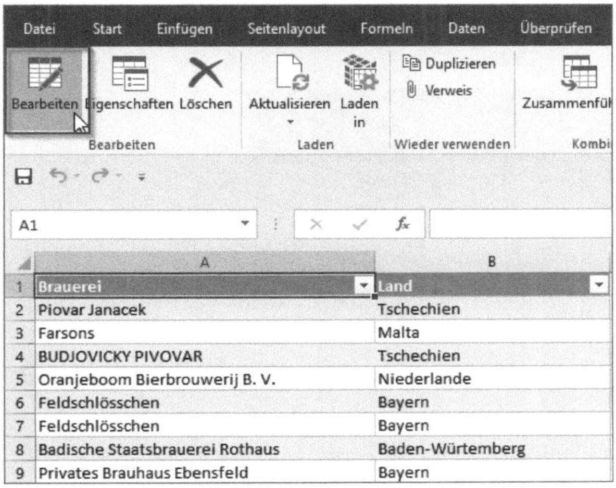

Entfernen Sie über das Kontextmenü der rechten Maustaste noch die Duplikate …

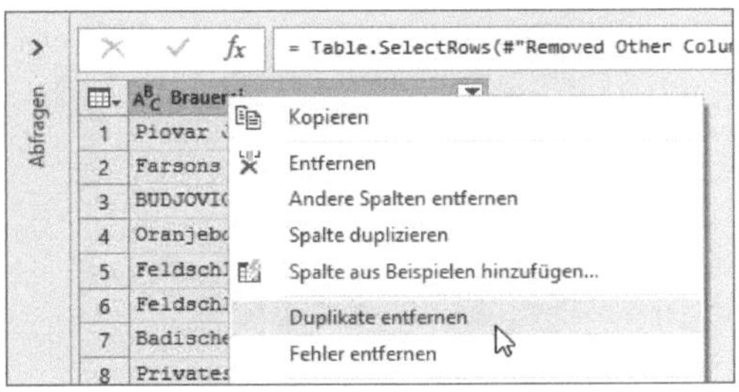

… und sortieren Sie die Spalte aufsteigend. Mit *Schließen & Laden* schicken Sie das neue Abfrageergebnis wieder zurück in die Tabelle.

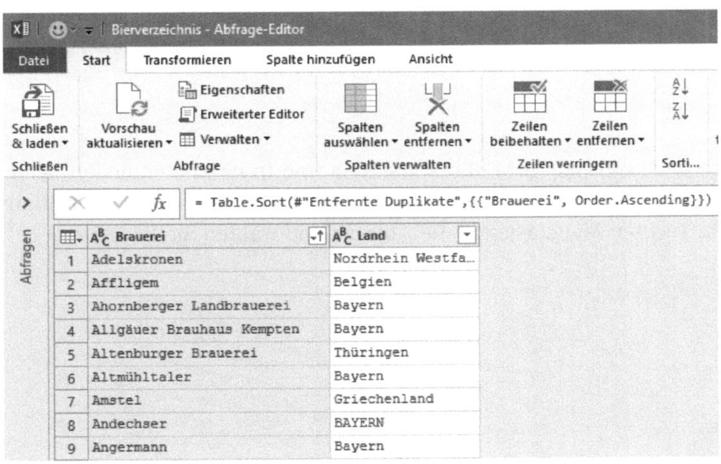

Im Daten-Menü finden Sie *Abfragen und Verbindungen*. Damit aktivieren Sie die Abfrageliste am rechten Rand.

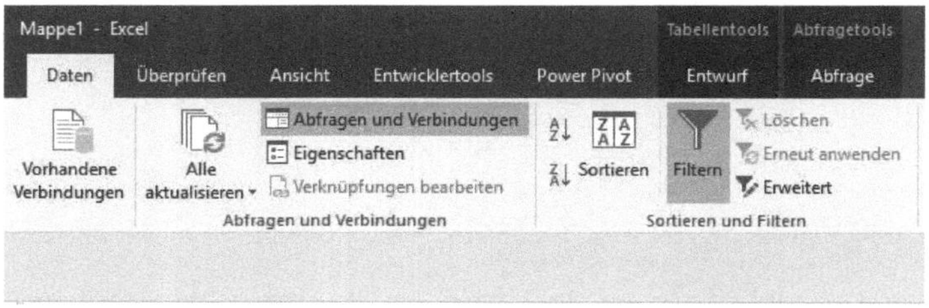

Zeigen Sie auf die Abfrage, erhalten Sie alle relevanten Informationen (Vorschau, Ladestatus, Quelle etc.).

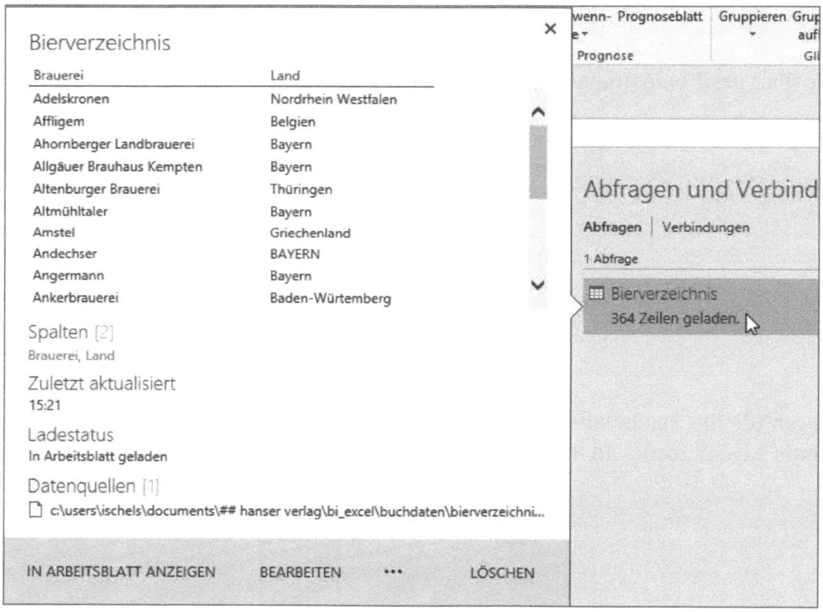

Sie können die Abfrage auch nur als Verbindung erstellen und in das Datenmodell befördern. Aber Achtung! Die Tabelle wird damit gelöscht (das neue Tabellenblatt bleibt erhalten). Klicken Sie mit der rechten Maustaste auf die Abfrage und wählen Sie *Laden in*.

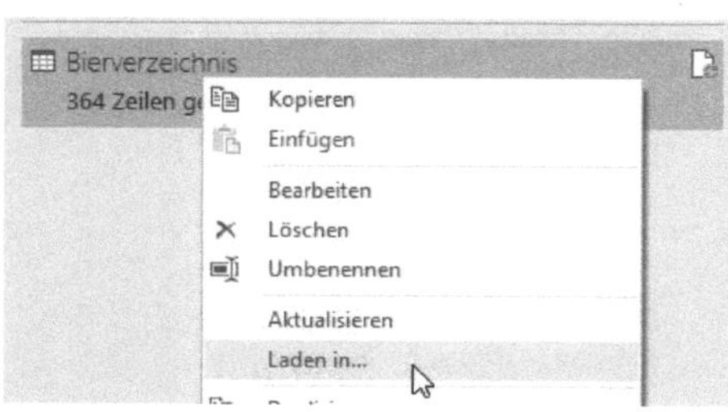

Wählen Sie *Nur Verbindung erstellen* und *Dem Datenmodell diese Abfrage hinzufügen*.

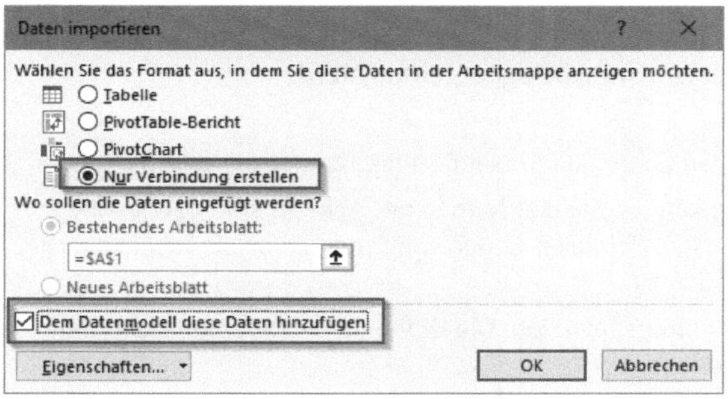

Bestätigen Sie die Sicherungsabfrage, die darauf hinweist, dass die Tabelle entfernt wird.

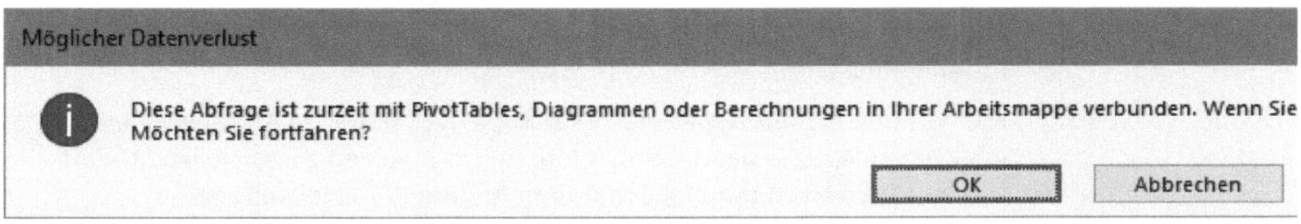

Um das Abfrageergebnis wieder in Tabellenform anzuzeigen, wählen Sie wieder *Laden in* und schalten um auf die Option *Tabelle*.

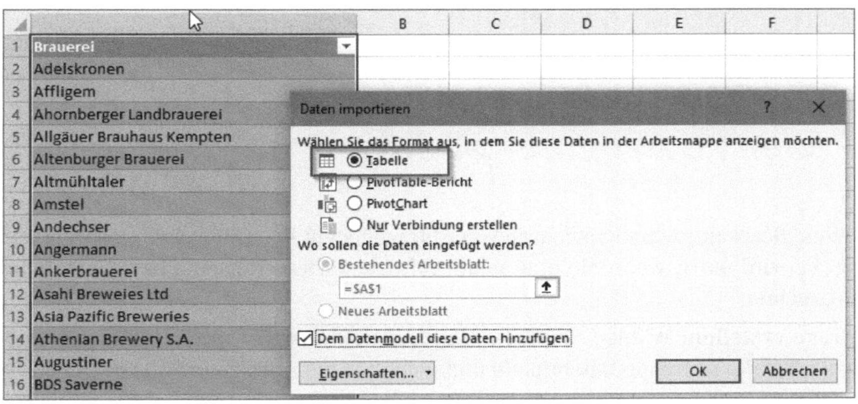

4.6.2 Menü Abfrage/Abfrage bearbeiten

Die Werkzeuge zur Bearbeitung einer Abfrage finden Sie im Menü *Abfrage*. Es wird in der Menüleiste angeboten, wenn der Zellzeiger im Abfrageergebnis steht.

Bearbeiten	*Bearbeiten* startet den Editor und präsentiert die Abfrage zur Bearbeitung. Unter *Eigenschaften* können Sie den Namen der Abfrage ändern und eine Beschreibung verfassen. Schnelles Laden von Daten blockiert Excel so lange, bis die Abfrage geladen ist. *Löschen* löscht die Abfragedefinition. Die Daten der letzten Aktualisierung bleiben als Tabelle erhalten.
Laden	*Aktualisieren* Sie die aktuelle Abfrage. Das gleichnamige Symbol unter *Daten* bietet die Möglichkeit, alle Abfragen zu aktualisieren. Ändern Sie mit *Laden in* bei Bedarf das Abfrageziel, wählen Sie *Tabelle, PivotTable, PivotChart* oder *Nur Verbindung* und fügen Sie die Abfrage dem Datenmodell hinzu.
Wieder verwenden	Hier können Sie mit *Duplizieren* eine Kopie der aktuellen Abfrage herstellen oder einen *Verweis* darauf einrichten. Im Unterschied zum Duplikat ändert sich der Verweis automatisch mit dem Ändern der Quellabfrage.
Kombinieren	Hier können Sie Abfragen auch außerhalb des Editors *Zusammenführen* und *Anfügen.*
Freigeben	Exportieren Sie die Verbindungsdatei mit der Endung ODC und öffnen Sie diese einfach mit Excel, um die Verbindung wiederherzustellen.

4.7 Der Power Query-Editor

Zum Erstellen, Bearbeitung und Speichern von Abfragen stellt Excel den Abfrage-Editor zur Verfügung. Er wird aktiv, wenn Sie eine neue Abfrage starten oder eine bereits erstellte Abfrage bearbeiten.

Neue Abfrage erstellen: Wählen Sie *Daten/Daten abrufen und Transformieren/Daten abrufen*. Suchen Sie die passende Datenquelle und holen Sie die Abfrage in den Editor.

Abfrage bearbeiten: Setzen Sie den Zellzeiger in die Abfrage, wählen Sie *Abfrage/Bearbeiten.* Ist die Abfrage nicht sichtbar, schalten Sie unter *Daten/Abfragen und Verbindungen* mit *Abfragen und Verbindungen* die Abfrageliste am rechten Rand ein. Klicken Sie die gewünschte Abfrage doppelt an, um sie in den Editor zu holen.

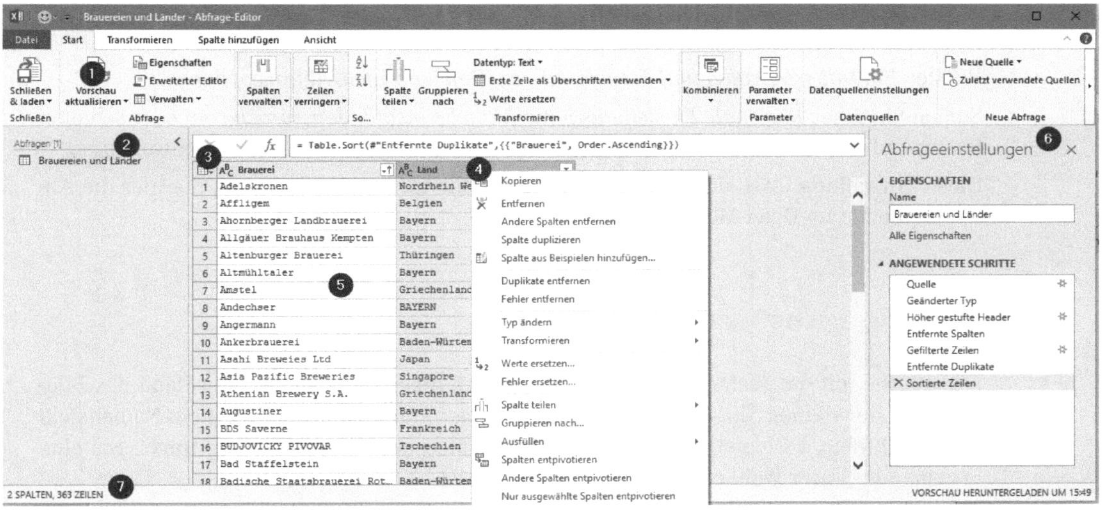

Bild 4.8 Der Power Query-Editor

4.7.1 Die Elemente

Im Menüband (1) finden Sie die Reiter *Datei*, *Start*, *Transformieren*, *Spalte hinzufügen* und *Ansicht* mit Gruppen und Symbolen. Aktivieren Sie das *Datei*-Menü und wählen Sie *Optionen und Einstellungen*. Hier finden Sie die Abfrageoptionen wieder, hier können Sie Ihre Abfragen speichern und wieder laden. Besonders wichtig ist der erweiterte Editor, den Sie unter *Start/Abfrage* oder im *Ansicht*-Menü finden. Hier wird die aktuelle Abfrage im M-Code angezeigt und Sie können alle Abfrageschritte per Code ändern, ergänzen oder löschen.

Schalten Sie im Menü *Ansicht* die Bearbeitungsleiste ein. Über diese Leiste können Sie Abfrageschritte direkt programmieren oder den in der Schrittfolge markierten Schritt anzeigen.

Der Navigator am linken Rand (2) enthält alle Abfragen der aktiven Arbeitsmappe. Blenden Sie ihn mit Hilfe des Pfeilsymbols ein oder aus.

Klicken Sie auf das Symbol am linken Spaltenrand (3), erhalten Sie ein Kontextmenü mit den wichtigsten Befehlen des Abfrage-Editors. Die Befehle zur Bearbeitung markierter Spalten (4) finden Sie im Kontextmenü der rechten Maustaste.

Das Abfrageergebnis wird in der Vorschau (5) angezeigt. Ändern Sie hier die Spaltenfolge der Abfrage oder die Felddatentypen der einzelnen Spalten.

In den Abfrageeinstellungen (6) sehen Sie die Eigenschaften der Abfrage und die Schrittfolge. Geben Sie für die Abfrage einen Namen und eine Beschreibung ein und ändern Sie bei Bedarf die in der Abfrage aufgezeichneten Schritte.

In der Statuszeile (7) sehen Sie, wie viele Spalten und Zeilen die Vorschau enthält.

4.7.2 Abfragesprache einstellen

Wählen Sie *Daten/Abrufen und Transformieren/Daten abrufen/Abfrageoptionen.*

Stellen Sie unter *Regionale Einstellungen* die *Aktuelle Installationssprache* ein oder schalten Sie um auf *Immer Englisch*, wenn Sie die Abfrageschritte in Englisch erstellen wollen.

Diese Einstellung lässt sich auch im Abfrage-Editor vornehmen, schalten Sie hier die Abfrageoptionen im Datei-Menü ein.

4.7.3 Eigenschaften

Klicken Sie mit der rechten Maustaste auf den Abfragenamen am rechten Rand des Bildschirms oder wählen Sie *Abfrage/Bearbeiten/Eigenschaften.* Hier finden Sie ein Namensfeld für die Abfrage. Es bietet standardmäßig den Namen der Datenquelle an, tragen Sie eine Bezeichnung Ihrer Wahl ein.

Für die externen Daten gibt es ebenfalls Eigenschaften. Wählen Sie *Daten/Abfragen und Verbindungen/Eigenschaften.* Hier bestimmen Sie, wie die Abfragedaten eingefügt werden. Schalten Sie die Spaltenbreitenanpassung aus und lassen Sie die Zellformatierung aktiviert. Sortierung/Filterung/Layout für die einzelnen Spalten bleiben nach Aktualisierung der Abfrage ebenfalls erhalten, wenn die Option aktiv ist.

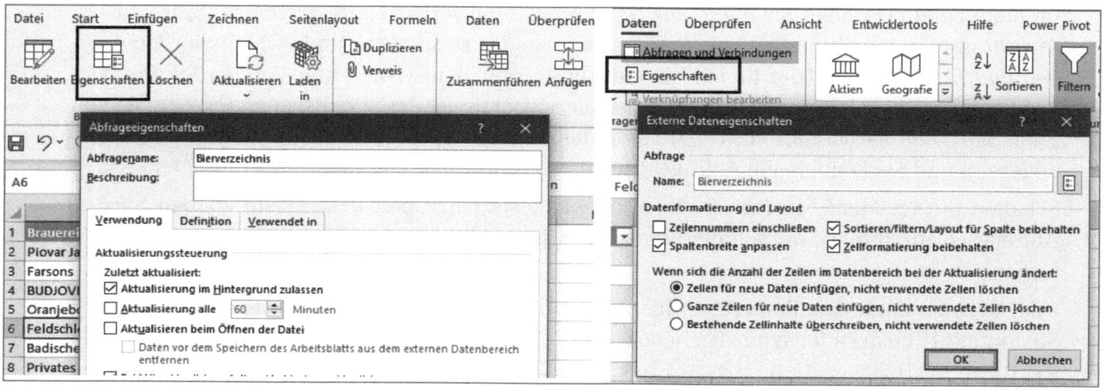

Bild 4.9 Zwei verschiedene Eigenschaften für die Abfrage und die externe Datei

4.7.4 Abfrage abbrechen

Wenn Sie eine Abfrage gestartet und im Editor aktiviert bzw. bearbeitet hatten, können Sie mit *Datei/Verwerfen und schließen* oder per Klick auf das Schließen-Kästchen rechts oben den Editor verlassen. Klicken Sie in der folgenden Meldung auf *Verwerfen*, wird die (geänderte) Abfrage nicht gespeichert.

4.7.5 Abfrage speichern

Abfragen werden zusammen mit der Mappe gespeichert und mit dieser auch geöffnet und geschlossen. Befindet sich eine Abfrage im Datenmodell oder wurde sie nur als Verbindung angelegt, sehen Sie das Abfrageergebnis nur in der Auswertung mit Pivot oder Power Pivot.

Speichern Sie eine Abfrage als ODC-Datei, merkt sich diese die Verbindung zur Datenquelle und die Abfrageschritte, und Sie können die Abfrage zu jeder Gelegenheit wiederholen:

1. Klicken Sie mit der rechten Maustaste auf die Abfrage im Abfragefenster rechts am Mappenrand. Wenn dieses nicht angezeigt wird, aktivieren Sie es unter *Daten/Abfragen und Verbindungen.*
2. Wählen Sie *Verbindungsdatei exportieren.*
3. Geben Sie den Dateinamen und den Speicherpfad an und speichern Sie die Datei mit der Endung ODC (Office Data Connection) ab.

Öffnen Sie die Verbindungsdatei mit *Datei/Öffnen* (der Dateifilter für Excel-Dateien enthält auch ODC-Dateien). Unabhängig davon, ob die Abfrage vorher als Tabelle oder als Verbindung gespeichert war, erhalten Sie beim Öffnen der ODC-Datei den Dialog *Daten importieren.* Hier entscheiden Sie, ob die gespeicherte Abfrage als Tabelle, PivotTable-Bericht, PivotChart oder nur als Verbindung erstellt wird.

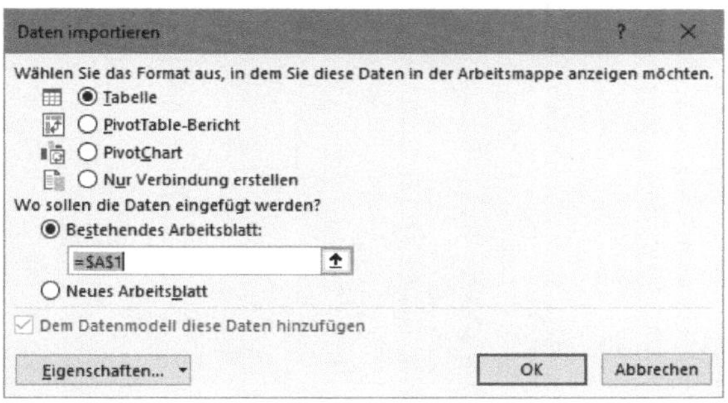

Bild 4.10
Daten in das Tabellenblatt importieren

4.7.6 Transformationen anwenden

Die Frage, welche Transformationen in einer Abfrage benötigt werden, ist natürlich vom Originalzustand der Quelldaten abhängig. Je besser die Daten sind, desto weniger Transformationsschritte werden nötig sein. Umgekehrt werden Sie bei einigen Daten viele Werkzeuge brauchen, um die Daten in das passende Format für die Auswertung zu bringen. Das Start-Menü bietet Symbole für die meisten Werkzeuge an, nutzen Sie aber auch die Spaltenwerkzeuge und das Kontextmenü. Hier eine Übersicht:

Nutzen Sie die Symbole im Start-Menü für Transformationen. Hier finden Sie alle Werkzeuge, die auch Excel für manuelle Datenumwandlungen anbietet, Power Query bietet aber wesentlich mehr Komfort in Transformationen.

Ein Klick auf das Symbol links oben, wo sich die Kopfzeile der Liste und die Zeilennummern treffen, präsentiert eine komprimierte Zusammenfassung aller Transformationsbefehle.

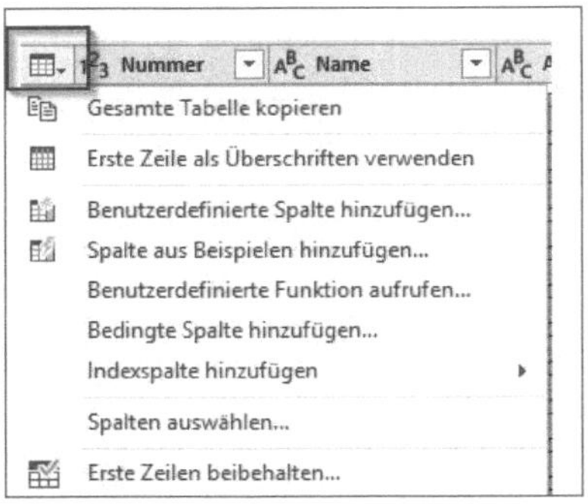

Klicken Sie mit der rechten Maustaste auf den Spaltenkopf, erhalten Sie alle Transformationsbefehle, die sich auf die Spalte beziehen, in einem Kontextmenü.

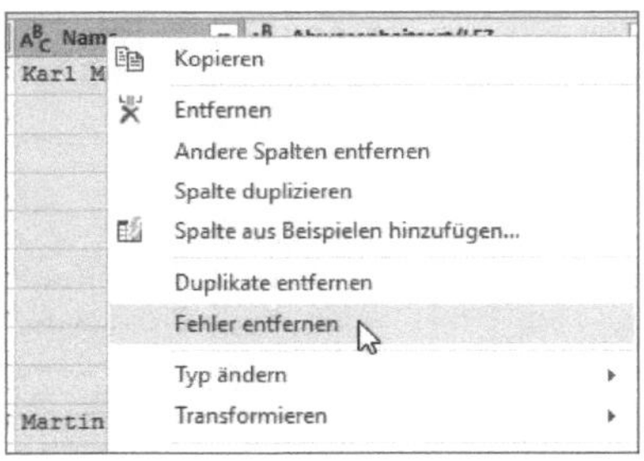

Wählen Sie unter *Spalten verwalten* die Befehle *Spalten auswählen* und *Spalten entfernen*. Sehr wichtig ist der zweite Befehl: Wenn die Anzahl der zu entfernenden Spalten nicht bekannt ist, markieren Sie die Spalten, die Sie brauchen, und wählen *Andere Spalten entfernen*. Nicht zusammenstehende Spalten markieren Sie mit der **Strg**-Taste.

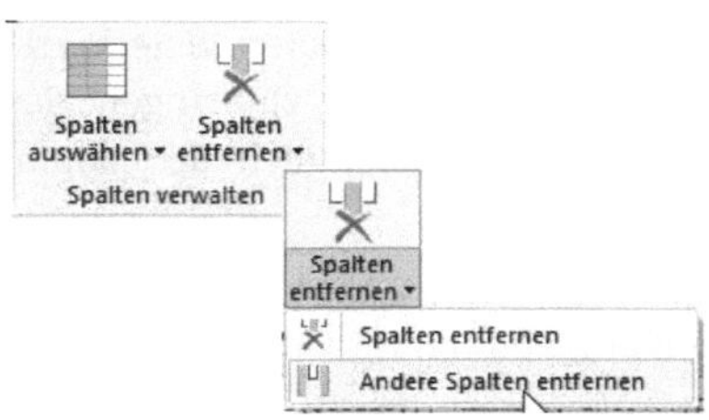

Mit *Zeilen beibehalten* bestimmen Sie, welche Zeilen die Abfrage behalten soll. Das entspricht dem Filtern von Zeilen, hat aber den Vorteil, dass Sie nicht direkt auf Zeilenwerte filtern müssen, sondern die Zeilennummern benutzen können.

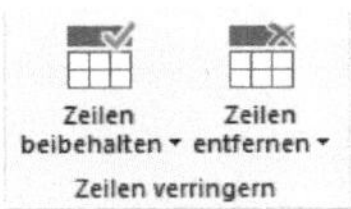

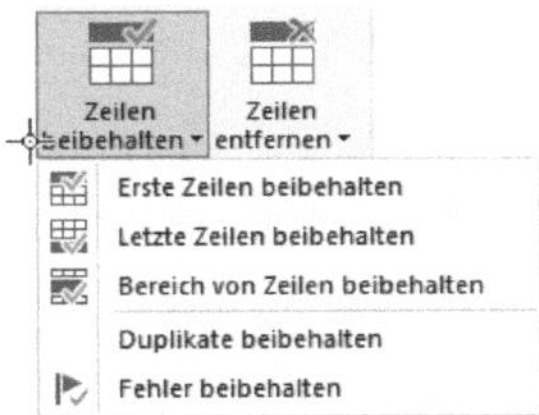

Die ersten Zeilen entfernen Sie, wenn Sie Daten mit „Header" einlesen, in denen die Kopfzeile der Liste nicht in der ersten Zeile steht. Geben Sie die Zeilenzahl bis zur Kopfzeile an und löschen Sie die Zeilen. Mit *Erste Zeile als Überschriften verwenden* erklären Sie die erste Zeile dann zur Kopfzeile der Liste.

Hier können Sie auch doppelte Zeilen und leere Zeilen entfernen.

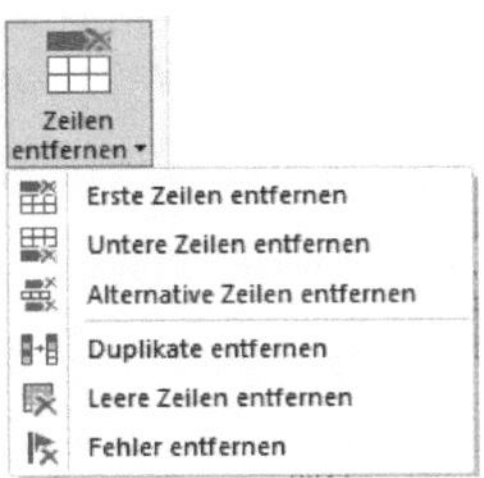

Trennen Sie einzelne Spalten nach Trennzeichen oder alternativ dazu nach einer Anzahl Zeichen, die Sie eingeben können. Das entspricht dem Befehl *Text in Spalten* in Excel, …

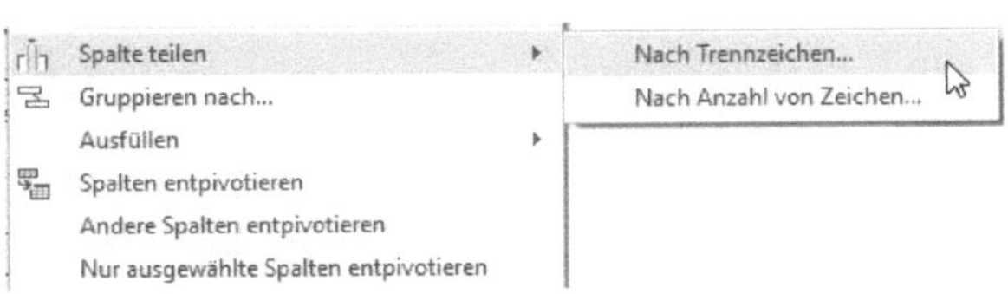

… hat aber unter *Erweiterte Optionen* mehr zu bieten als der Excel-Befehl, u. a. die einmalige Trennung oder die Angabe, wie viele Spalten entstehen sollen.

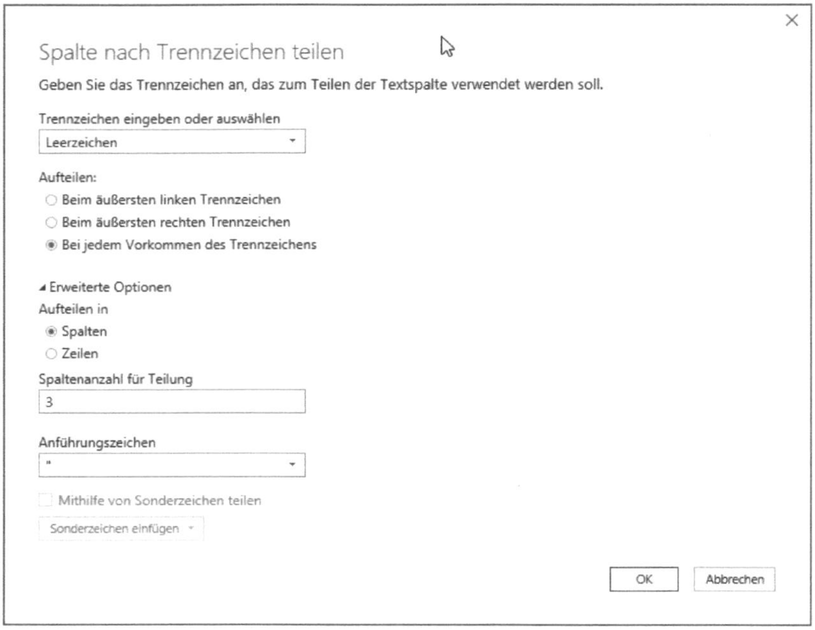

Besonders nützlich ist das Ausfüllen, eine Transformation, die Excel nicht zu bieten hatte: Füllen Sie die Spalte nach unten aus, überschreiben Sie alle Leerzeilen mit dem Wert aus der jeweils nächsten gefüllten Zeile.

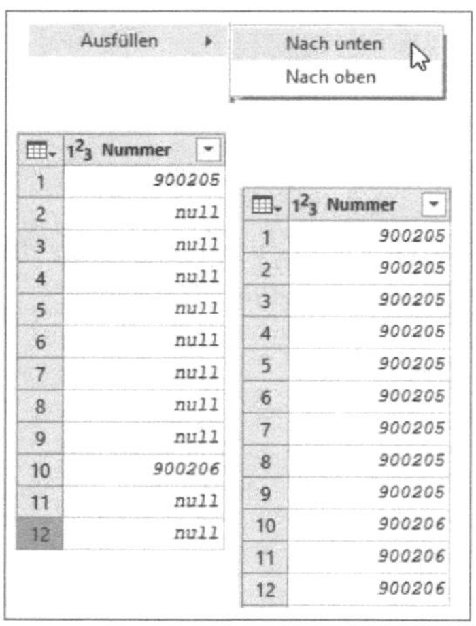

Auch das gute alte Suchen und Ersetzen, in Excel nur manuell oder per Funktion machbar, lässt sich in der Abfrage als Transformation aufzeichnen. Geben Sie Such- und Ersatzbegriffe ein. In den erweiterten Optionen finden Sie auch Sonderzeichen wie Tab, Zeilenvorschub oder geschützte Leerzeichen.

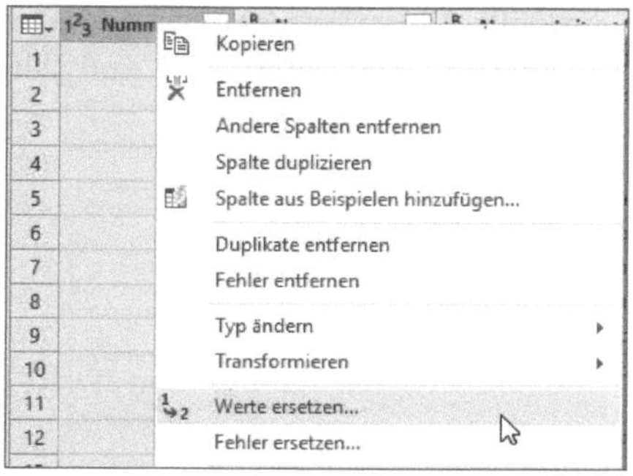

Der Datentyp der Spalte wird am linken Rand des Spaltenkopfes angezeigt, hier können Sie ihn auch ändern. Geben Sie den Datentyp an, verwenden Sie für Datumsspalten die Option *Mit Gebietsschema*, wenn das Datum nicht richtig erkannt wurde.

Suchen Sie das passende Gebietsschema für die Datumsspalte.

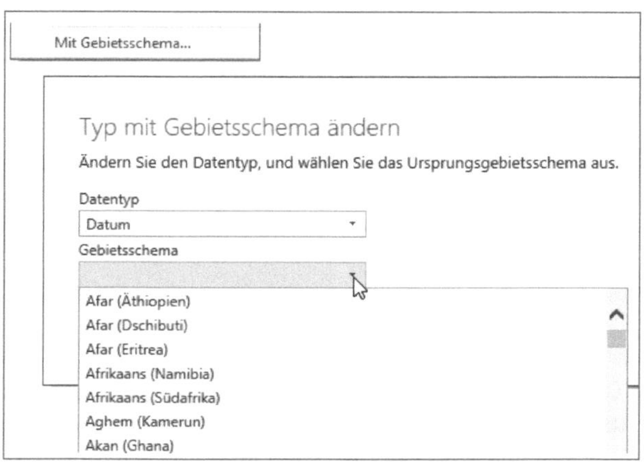

Unter *Transformieren* stehen die Werkzeuge zum „Entmüllen“ der Daten bereit. Das Angebot an Optionen in diesem Menü orientiert sich am Datentyp. Für Datums-, Text- und Zahlenspalten gibt es jeweils ein eigenes Angebot.

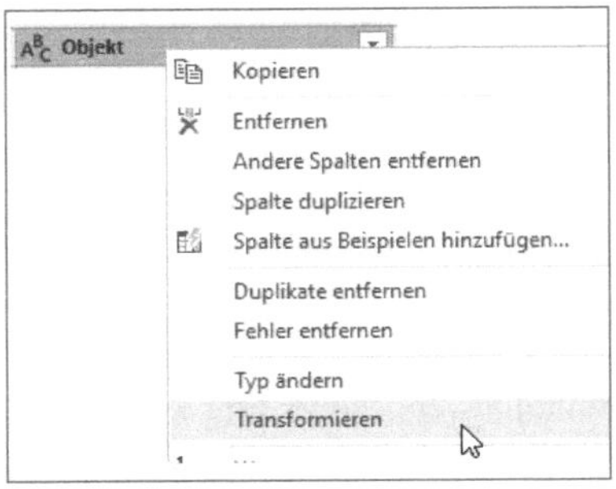

Wandeln Sie in Textspalten alles in Kleinbuchstaben oder Großbuchstaben um oder stellen Sie den ersten Buchstaben in jedem Wort groß. Mit *Kürzen* entfernen Sie alle führenden und folgenden Leerzeichen, Leerzeichen innerhalb des Zellinhalts werden bis auf eines reduziert. *Bereinigen* entfernt alle nicht druckbaren Sonderzeichen. *Länge* gibt die Textlänge als Ergebnis aus, mit JSON wandeln Sie Spalten in das JSON-Format um, das gleiche gilt für XML.

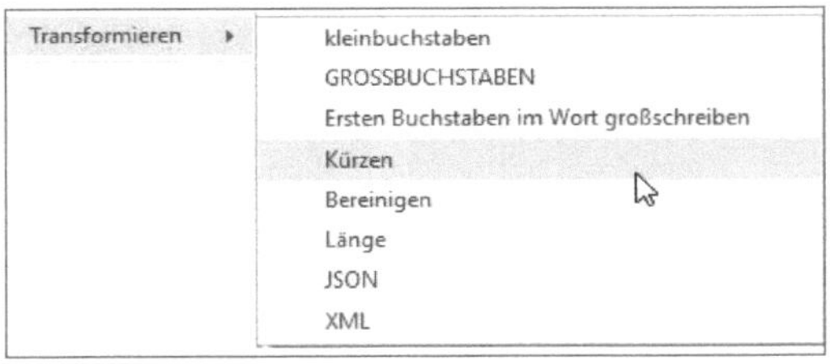

In Zahlenspalten stehen die Funktionen *Runden (Kaufmännisch, Auf- oder Abrunden)*, die Umwandlung in einen absoluten Wert und arithmetische Transformationen (Logarithmus, Potenz, Quadratwurzel) zur Auswahl.

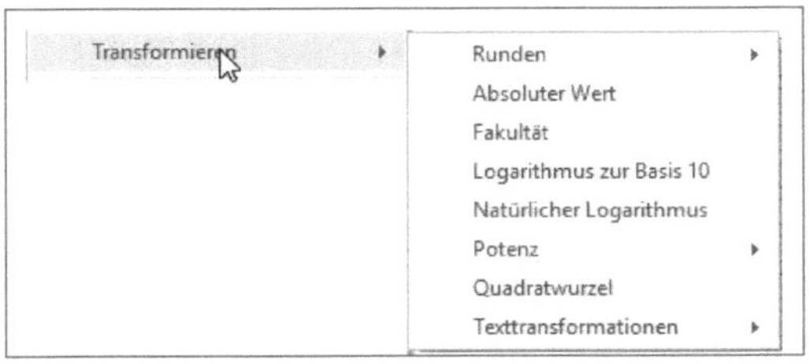

Datumsspalten können als Jahres-, Quartals- oder Monatswert oder mit dem jeweils ersten Tag des Jahres, Quartals oder Monats ausgegeben werden. Der Name des Monats steht zur Auswahl und die Woche im Jahr (keine Kalenderwoche!). Uhrzeiten lassen sich in Stunden, Minuten und Sekunden konvertieren.

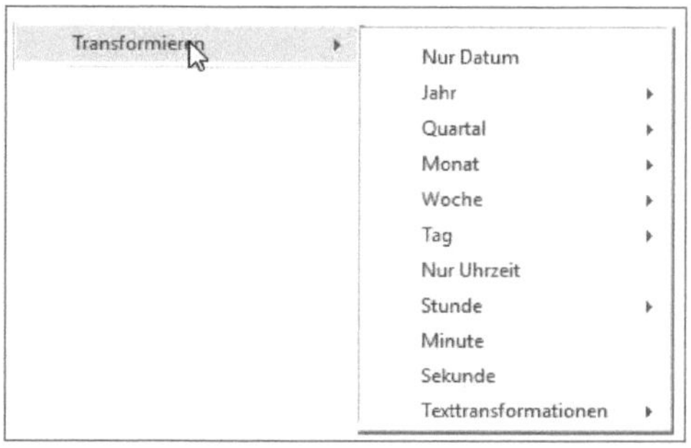

Achten Sie auf den Unterschied zwischen *Null* und *Leere Zelle*: Power Query füllt beim Einlesen von Daten aus XLSX-Dateien oder CSV-Dateien die Zellen mit „null“, wenn sie leer sind. Um Zeilen mit diesem Kriterium zu entfernen, filtern Sie die Zeilen mit null heraus. Um komplett leere Zeilen zu entfernen, verwenden Sie *Zeilen verringern/Zeilen entfernen/Leere Zeilen entfernen*.

Vor dem Transformieren von Datumswerten sollten Sie unter *Datei/Optionen und Einstellungen/Abfrageoptionen* die regionalen Einstellungen überprüfen. Richten Sie hier das Gebietsschema ein, dem Ihre Daten überwiegend unterliegen.

4.7.7 Gruppieren

Mit *Gruppierung* stellt Power Query ein Werkzeug für einfache Aggregationen bereit. Nutzen Sie die Gruppierung alternativ zur PivotTable, um die Abfragen als Datenquelle für PivotTables oder Power BI-Visualisierungen bereitzustellen.

Hier ein Beispiel: Die Arbeitsmappe *Lagerbestand.xlsx* enthält eine Liste mit Produkten, kategorisiert in der Spalte *Kategorie*. Erstellen Sie eine Abfrage, die die Anzahl der Produkte pro Kategorie und den jeweiligen Lagerbestand ermittelt. Laden Sie die Mappe *Lagerbestand.xlsx* und erstellen Sie eine Abfrage auf die Tabelle im Blatt *Getränke*.

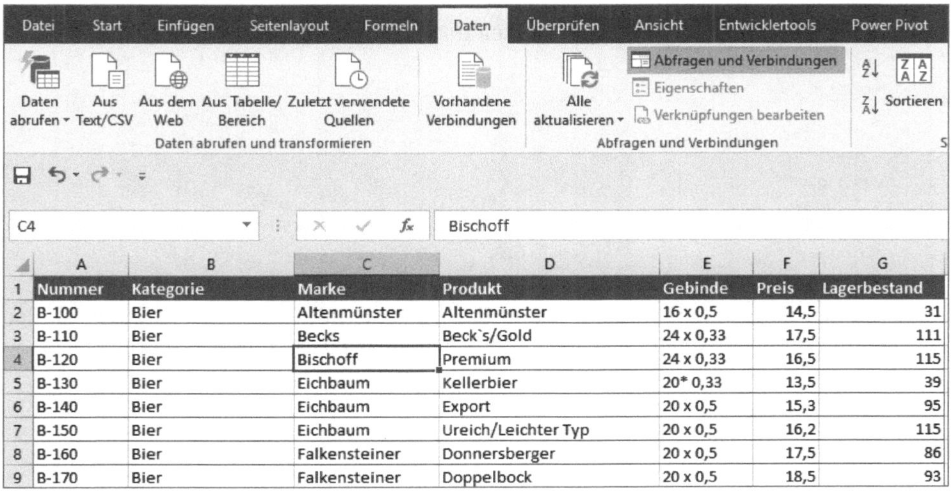

Bild 4.11 Lagerbestandsdaten

Markieren Sie die Spalte *Kategorie* und wählen Sie im Kontextmenü der rechten Maustaste *Gruppieren nach*.

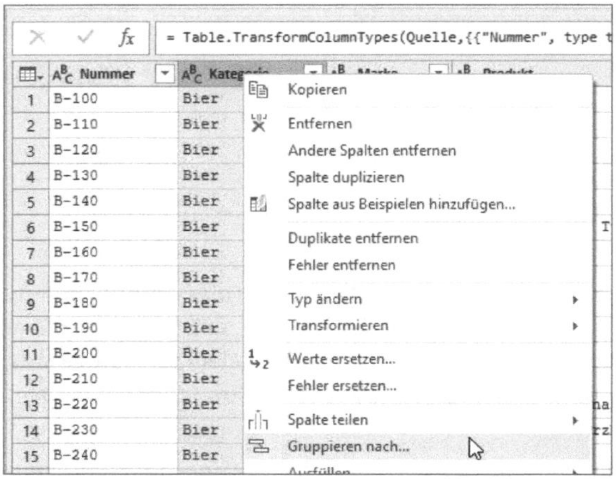

Bestätigen Sie die Vorgaben, klicken Sie auf *OK*, um die Kategorien zu zählen.

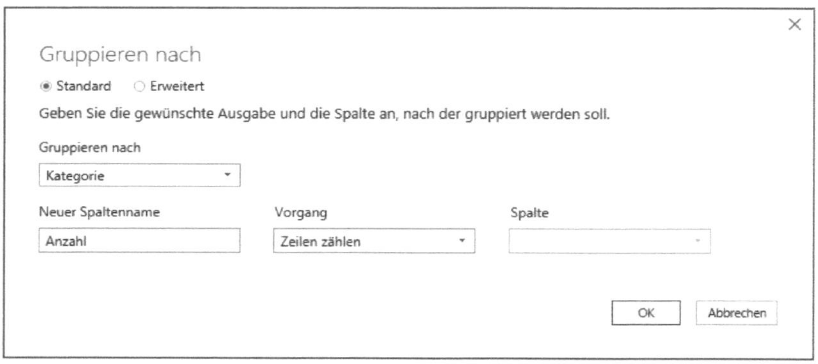

Nennen Sie die Abfrage in den Eigenschalten *Anzahl pro Kategorie*.

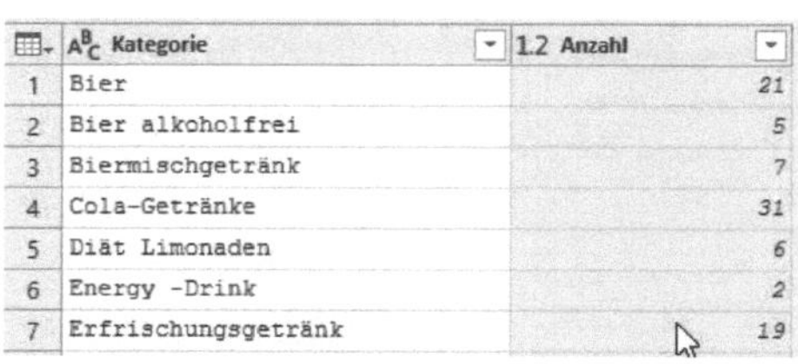

	Kategorie	Anzahl
1	Bier	21
2	Bier alkoholfrei	5
3	Biermischgetränk	7
4	Cola-Getränke	31
5	Diät Limonaden	6
6	Energy -Drink	2
7	Erfrischungsgetränk	19

Kopieren Sie die Abfrage mit **Strg+C** und fügen Sie sie mit **Strg+V** ein. Ändern Sie den Namen um auf *Lagerbestand Kategorie* und löschen Sie den Gruppierungsschritt.

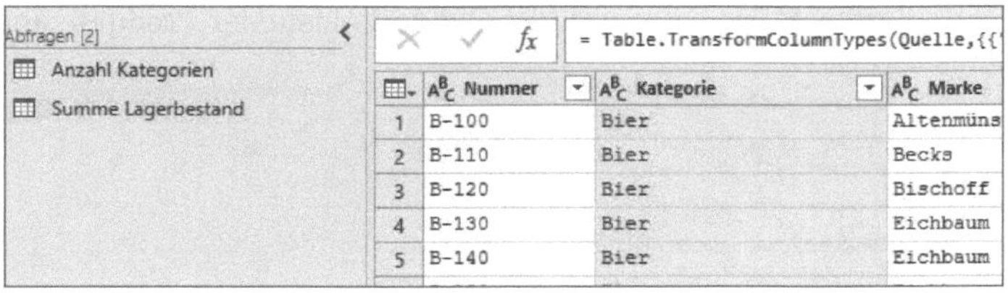

Wählen Sie wieder *Gruppieren nach* für die Spalte *Kategorie*. Schalten Sie um auf den Vorgang *Summe*, geben Sie die Spalte *Lagerbestand* an und tragen Sie als neuen Spaltennamen *Lagerbestand Kategorie* ein.

In einer weiteren Abfrage gruppieren Sie nach *Kategorie* und *Marke*, schalten Sie dazu um auf *Erweitert*. Fügen Sie eine Gruppierung auf die Spalte *Marke* hinzu.

Summieren Sie die Lagerbestände und legen Sie eine Aggregation auf *Alle Zeilen* mit der Bezeichnung *Produkte einzeln* an.

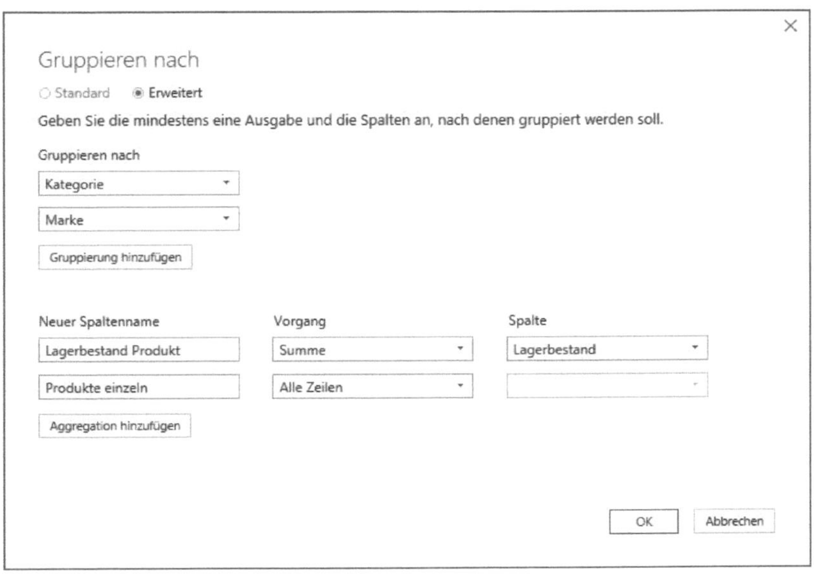

Jetzt können Sie für die gruppierten Marken am unteren Rand die Liste der Produkte anzeigen.

	Kategorie	Marke	1.2 Lagerbestand Produkt	Produkte einzeln
1	Bier	Altenmünster	31	Table
2	Bier	Becks	111	Table
3	Bier	Bischoff	115	Table
4	Bier	Eichbaum	249	Table
5	Bier	Falkensteiner	179	Table
6	Bier	Flensburger	108	Table
7	Bier	Köstrizer	60	Table
8	Bier	Krombacher	115	Table
9	Bier	Mönchshof	145	Table

Nummer	Kategorie	Marke	Produkt	Gebinde	Preis	Lagerbestand
B-130	Bier	Eichbaum	Kellerbier	20* 0,33	13,5	39
B-140	Bier	Eichbaum	Export	20 x 0,5	15,3	95
B-150	Bier	Eichbaum	Ureich/Leichter Typ	20 x 0,5	16,2	115

4.7.8 Daten transformieren und entpivotieren

Mit diesen beiden Werkzeugen im Power Query-Editor bereiten Sie Daten für die Auswertung mit PivotTables und PivotCharts vor, die dafür eigentlich gar nicht geeignet wären. Befinden sich die Werte für auszuwertende Elemente oder Zeiträume nämlich in Spalten, können diese nicht aggregiert werden. Entpivotieren Sie solche Daten zuerst mit Power Query.

Die Liste enthält Umsatzdaten aus vier Regionen zu jeweils drei Kategorien. Als Tabelle würde sie keinen Sinn machen, werten Sie deshalb den Listenbereich aus.

	A	B	C	D	E	F	G	H	I	J	K	L	M
1		Nord			West			Süd			Ost		
2		Bier	Alkoholfrei	Mineralwasser	Bier	Alkoholfrei	Mineralwasser	Bier	Alkoholfrei	Mineralwasser	Bier	Alkoholfrei	Mineralwasser
3	2011	35.300	15.200	12.500	35.435	15.526	12.938	35.740	15.938	13.284	36.370	16.660	13.938
4	2012	36.550	16.800	14.600	36.993	17.143	14.890	37.491	17.610	15.339	38.224	18.080	15.772
5	2013	38.030	19.500	12.800	38.403	19.755	13.269	38.872	20.220	13.607	39.507	20.689	14.041
6	2014	41.800	21.500	18.500	42.290	21.855	18.919	42.715	22.235	19.242	43.302	23.058	19.815
7	2015	45.300	35.080	16.030	45.545	35.381	16.489	45.946	35.795	16.797	46.834	36.555	17.685
8	2016	42.500	32.700	21.400	42.724	32.922	21.740	43.087	33.325	22.074	43.759	33.781	22.589
9	2017	49.800	30.100	25.400	50.199	30.417	25.518	50.671	30.899	25.959	51.452	31.548	26.641
10	2018	52.400	34.900	26.700	52.623	35.161	27.102	53.025	35.590	27.530	53.750	36.464	28.380
11	2019	55.600	36.050	23.000	56.090	36.195	23.320	56.405	36.535	23.654	56.863	37.388	24.482

Bild 4.12 Umsatzdaten zum Entpivotieren

Wählen Sie mit dem Zellzeiger in der Liste *Daten/Daten abrufen und transformieren/Aus Tabelle/Bereich.*

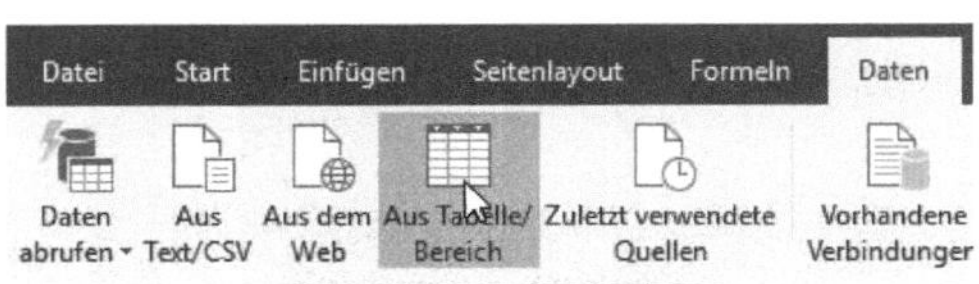

Bestätigen Sie den Quellbereich ohne Überschriften.

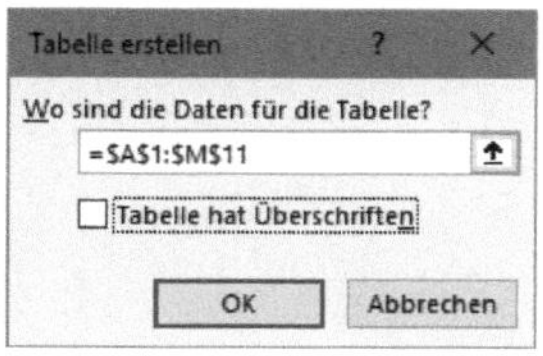

Markieren Sie die erste Spalte in der Abfrage-Editor-Vorschau.

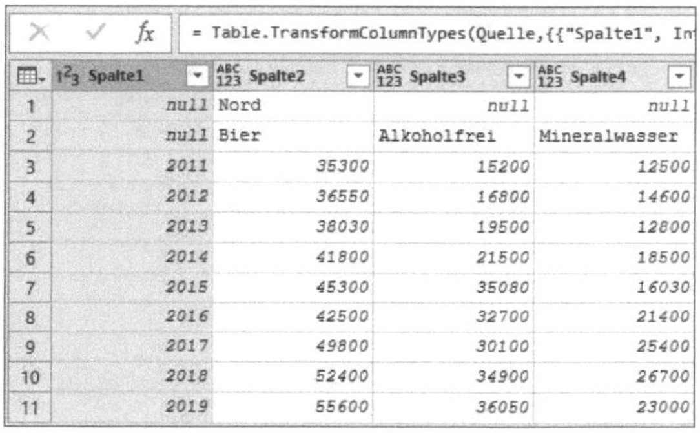

Wählen Sie *Transformieren/Tabelle/Vertauschen*.

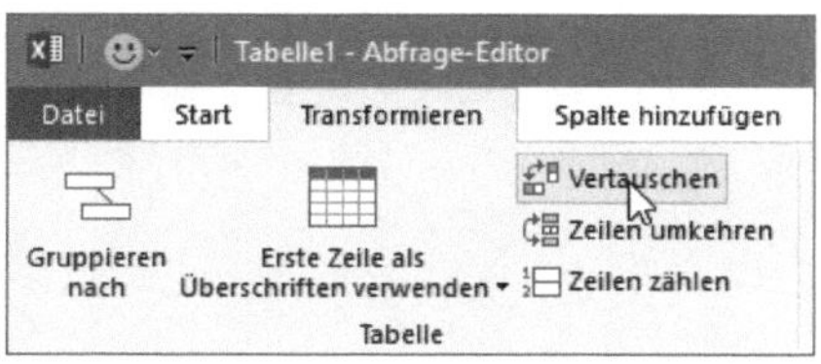

Die erste Zeile wird über die gleichnamige Option im Start-Menü als Überschrift verwendet.

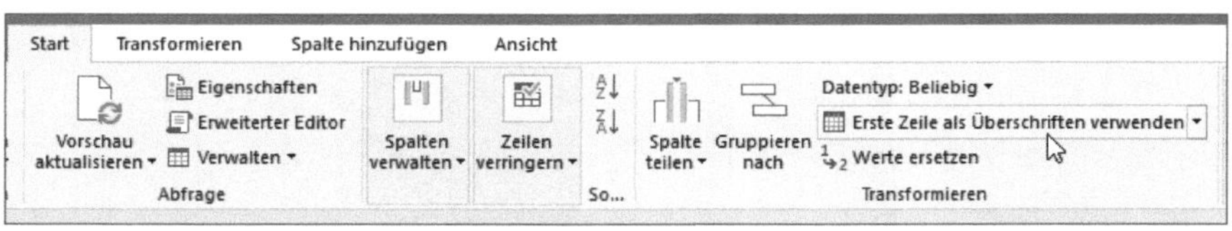

Die erste Spalte wird in *Region* umbenannt, die zweite Spalte erhält den Spaltentitel *Kategorie*.

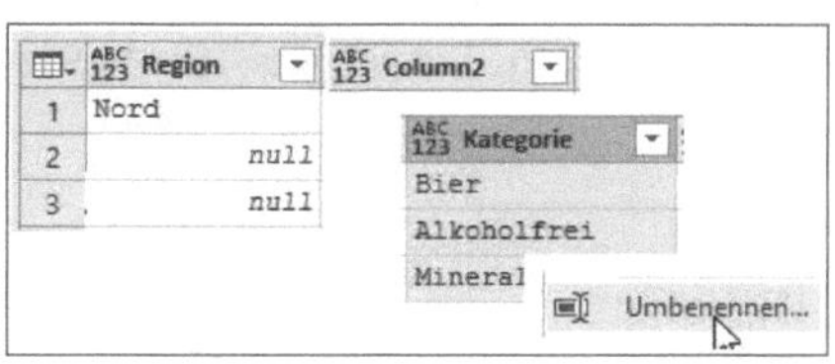

Markieren Sie die erste Spalte und wählen Sie *Ausfüllen/Nach unten* im Kontextmenü.

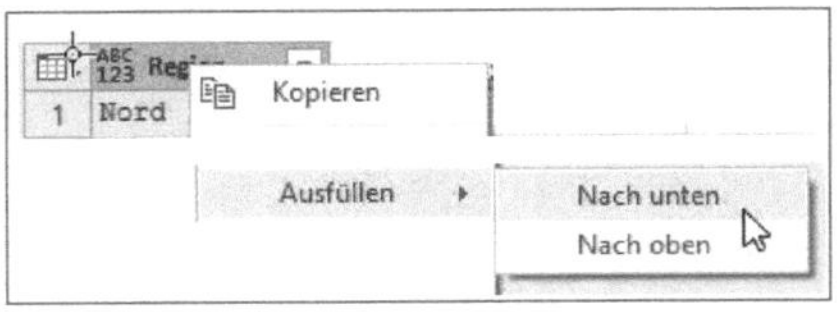

Markieren Sie die ersten beiden Spalten und entpivotieren Sie die restlichen Spalten.

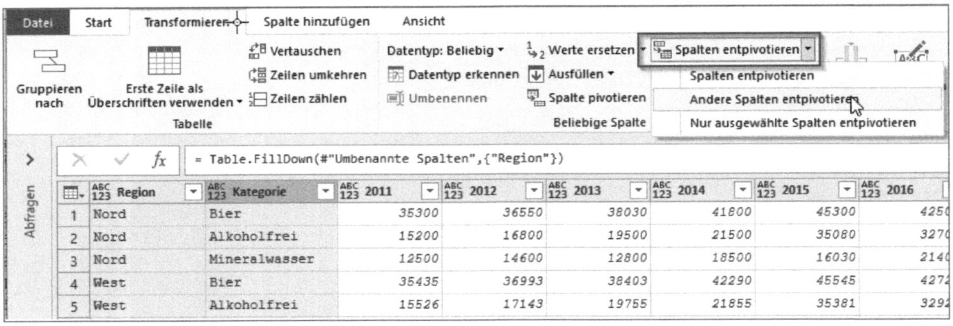

Jetzt stehen die Daten für die Auswertung mit PivotTables zur Verfügung.

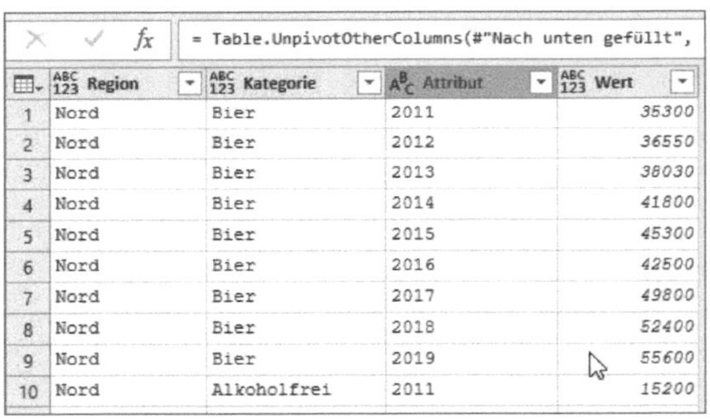

4.7.9 Abfrageschritte bearbeiten

Mit jeder Aktion, die Sie in und an der Abfrage durchführen, generieren Sie einen Schritt. Die Schrittfolge versieht den Schritt mit einem Namen und legt ihn in der Schrittfolge ab. Sie können jeden einzelnen Schritt markieren und die Formel, die sich hinter dem Schritt verbirgt, einsehen und ändern. Sie können Schritte auch in der Schrittfolge verschieben und löschen. Über den erweiterten Editor lässt sich die gesamte Schrittfolge als M-Programm einsehen und bearbeiten.

Die Schrittfolge finden Sie in den Abfrageeinstellungen am rechten Rand. Wenn diese nicht angezeigt werden, klicken Sie auf das gleichnamige Symbol unter *Ansicht/Layout.*

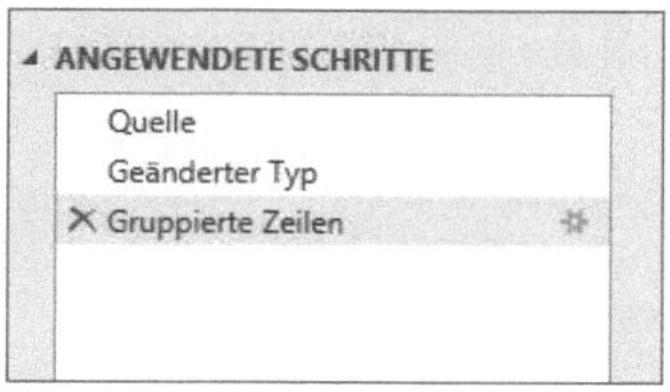

Bild 4.13
Die Schrittfolge

Sehen wir uns die Arbeit an der Schrittfolge an einem Beispiel an:

Die Preisliste vom Getränkemarkt enthält die einzelnen Marken, angeordnet in Blöcken mit dem Namen der Brauerei als Blocküberschrift. Für die Auswertung brauchen Sie die Brauereinamen in der ersten Spalte neben den Marken.

Die Datei *Preisliste Getränkemarkt.xlsx* finden Sie in den Buchdaten.

	A	B	C
1	**Eichbaum**		
2	Pils, Export	20 * 0,5	**15,30**
3	Original Radler	20 * 0,5	**15,30**
4	Ureich / alkoholfrei	24 * 0,33	**15,50**
5	Ureich/Leichter Typ	20 * 0,5	**16,20**
6	Weizen Bier Hefe.Kristall,Weizen alkfrei	20 * 0,5	**17,00**
7	Germania Pils	20 * 0,5	**9,00**
8	Karamalz	20 * 0,5/24 * 0,33	**13,50**
9	Braumeister Limo zitrone etc.	20* 0.5	**15,50**
10	Braumeister Limo zitrone etc.	24 * 0,33	**16,50**
11	Eichb. Kläänes Pils /Kellerbier	20* 0,33	**13,50**
12	**Pfungstädter**		
13	Pils o. Export	20 * 0,5	**17,00**
14	Radler	11 * 0,5	**10,50**
15	**Bischoff**		
16	Premium	24 * 0,33	**16,50**

Wählen Sie *Daten/Daten abrufen und transformieren/Daten abrufen/Aus Datei/Aus Arbeitsmappe.*

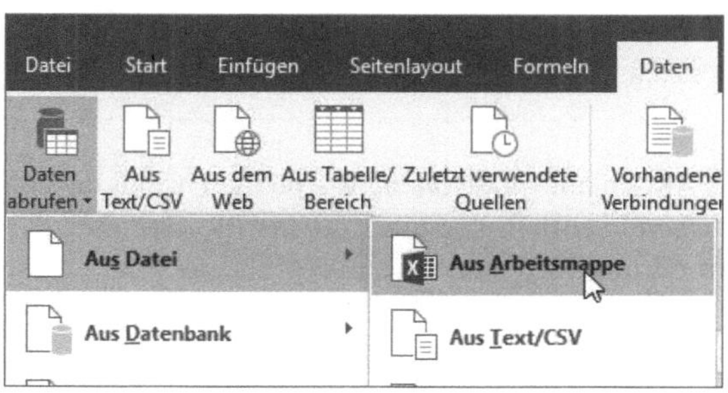

Importieren Sie die Datei in die Abfrage.

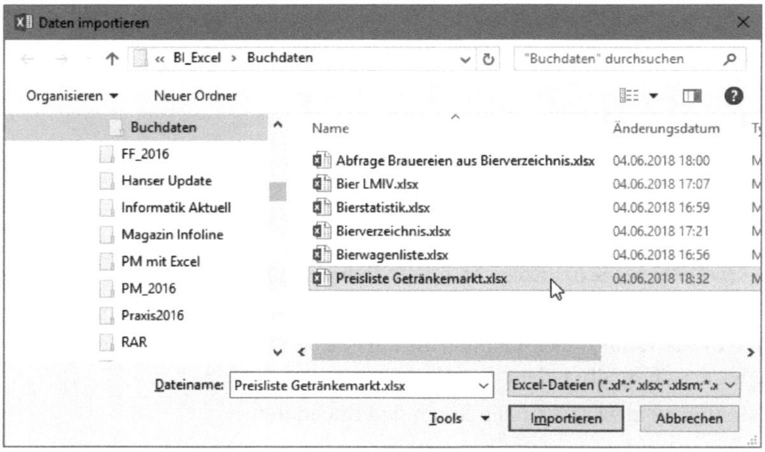

Markieren Sie das Tabellenblatt *Getränkeliste*, zeigt die Vorschau das aktuelle Abfrageergebnis an. Klicken Sie auf *Daten transformieren.*

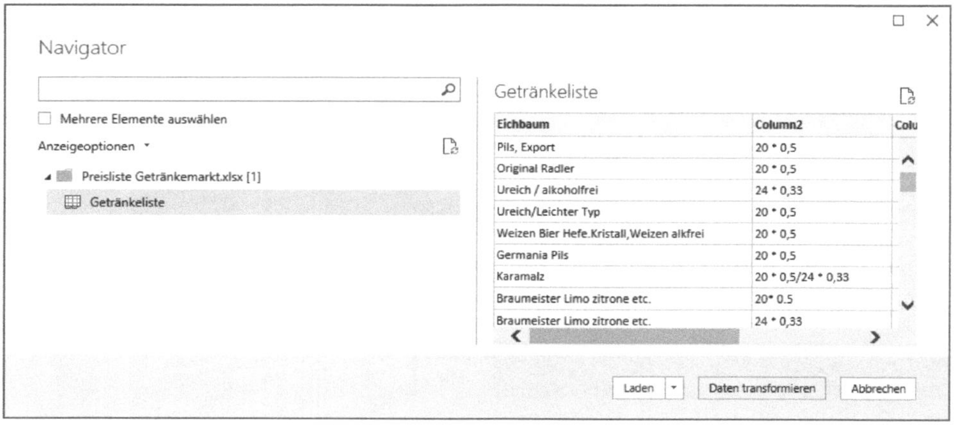

Der Schritte-Editor zeigt bereits die erste Aktion an. Unter *Quelle* wurde die Formel für den Verbindungsaufbau gespeichert, und *Navigation* enthält den Link auf das Tabellenblatt. Klicken Sie auf das Pfeilsymbol an der Bearbeitungsleiste, um sie zu vergrößern.

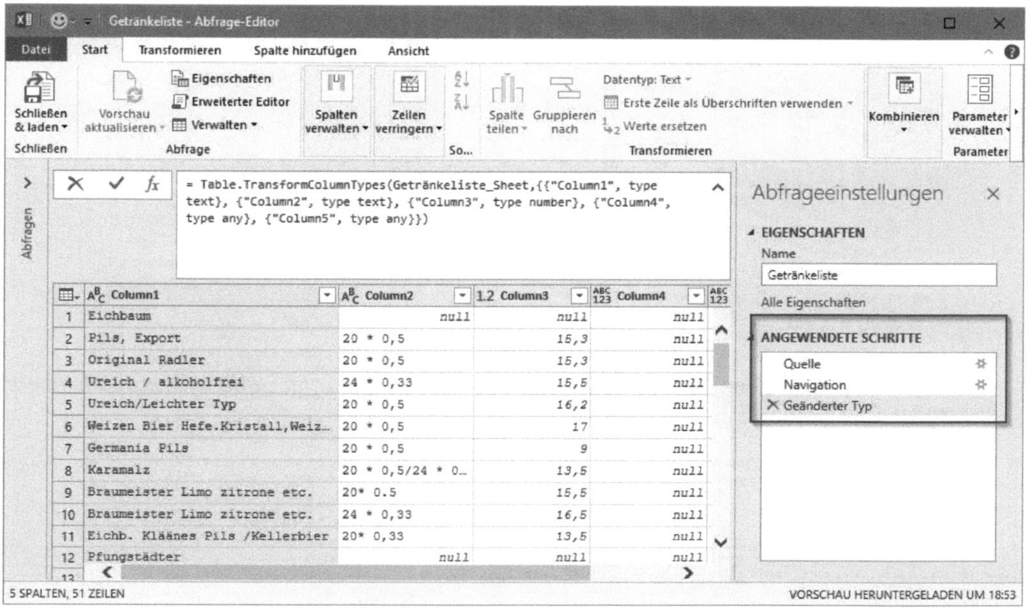

Markieren Sie den Schritt *Geänderter Typ*. Hier analysiert die Abfrage die Daten in den einzelnen Spalten und passt die Datentypen automatisch an.

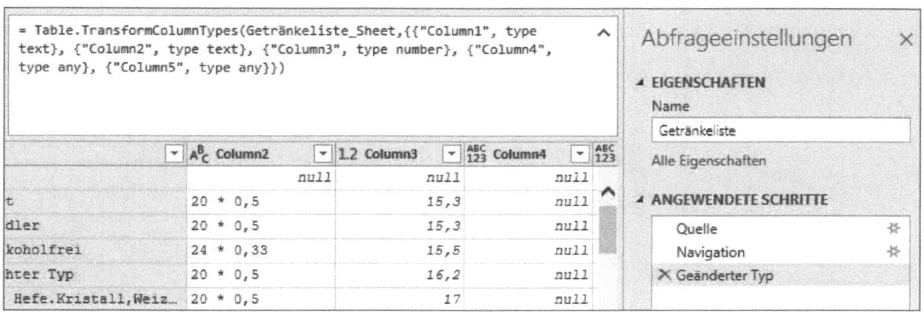

Löschen Sie den Schritt *Höher gestufter Header* (falls vorhanden) und den Schritt *geänderter Typ* aus der Abfrage.

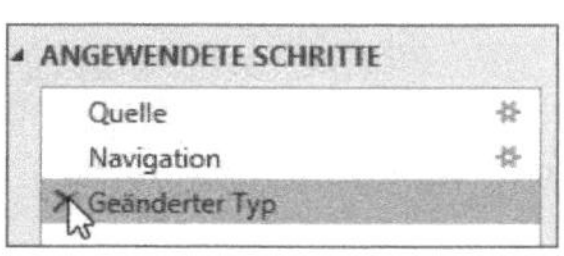

Benennen Sie die ersten drei Spalten über das Kontextmenü (Marke, Gebinde, Preis). Markieren Sie die ersten drei Spalten anschließend und entfernen Sie alle restlichen Spalten.

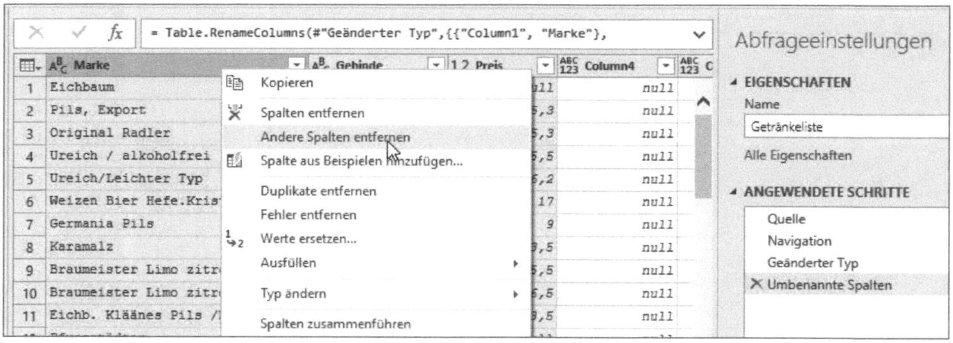

Fügen Sie eine neue Spalte mit Bedingung hinzu *(Spalte hinzufügen/Benutzerdefinierte Spalte).*

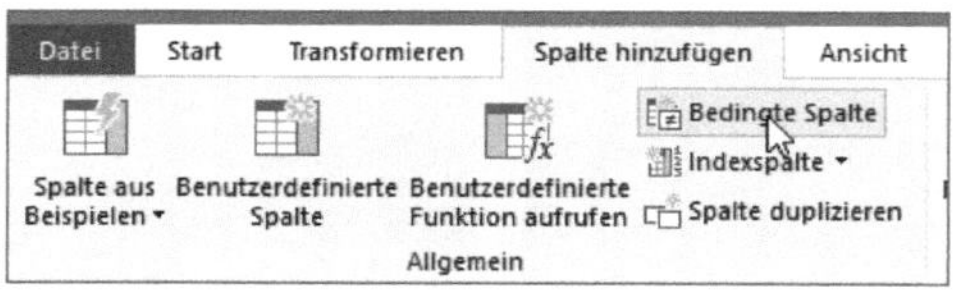

Mit dieser Bedingung holen Sie die Marken in die neue Spalte, wenn die Spalte *Gebinde* leer ist. Nennen Sie die neue Spalte *Brauerei.*

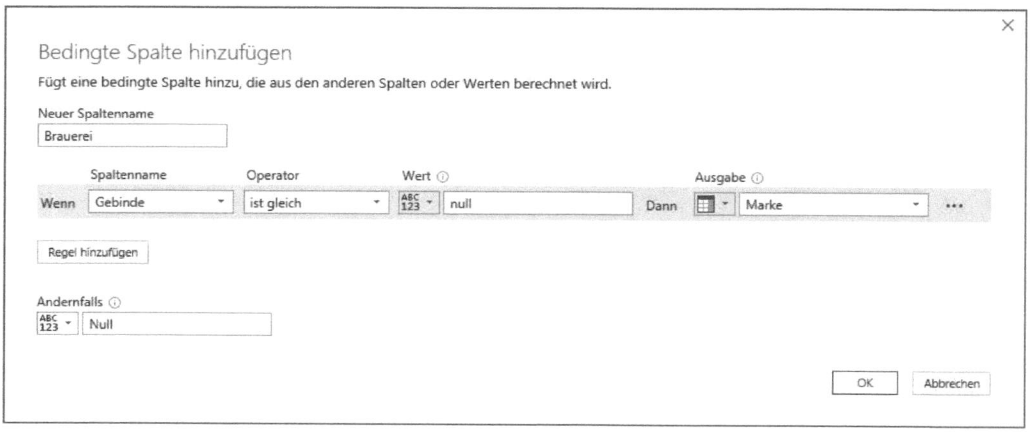

Verschieben Sie die neue Spalte an den linken Rand (Schritt *Neu angeordnete Spalten*) und füllen Sie die Spalte über das Kontextmenü nach unten aus (Schritt *Nach unten ausfüllen*).

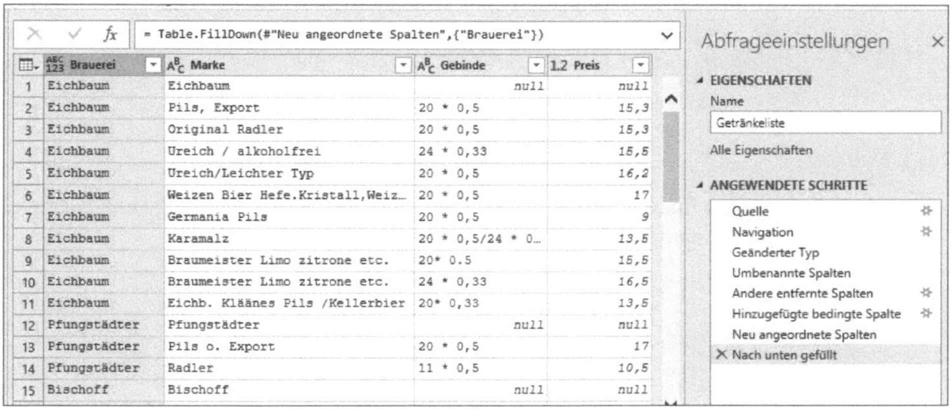

Filtern Sie die Nullwerte aus der Spalte *Gebinde* heraus (Schritt *Gefilterte Zeilen*).

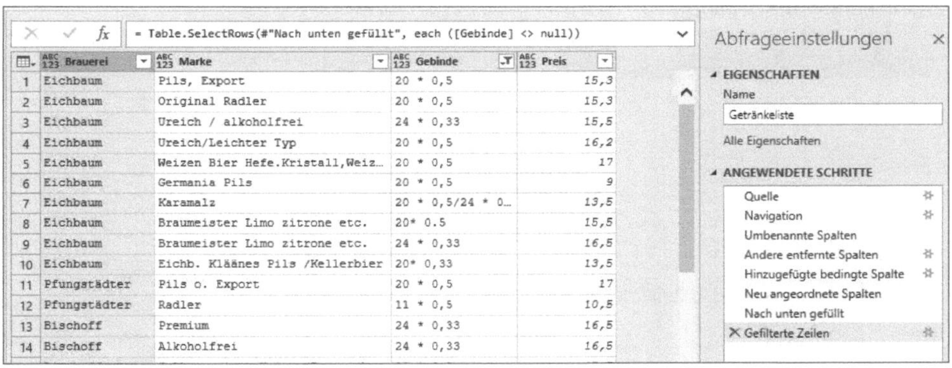

Verschieben Sie den vorletzten Schritt nach unten, ziehen Sie ihn dazu einfach mit gedrückter Maustaste. Die Formel passt sich automatisch an, sie verwendet jetzt den Schritt *Gefilterte Zeilen* als Basis.

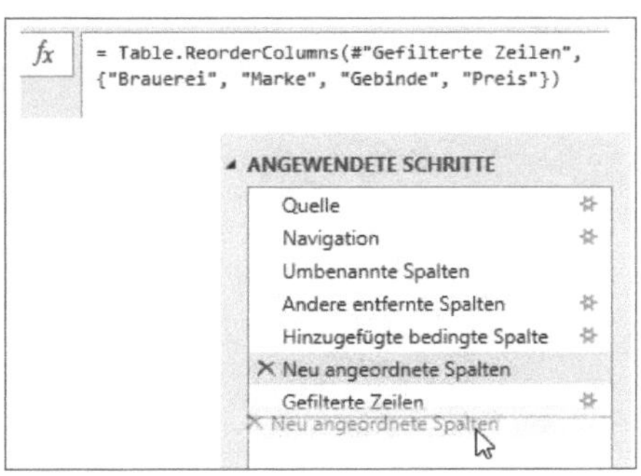

Die Verschiebung führt aber zu einem Fehler, denn damit werden auch alle Brauereien herausgefiltert. Ziehen Sie den letzten Schritt wieder vor den vorletzten Schritt.

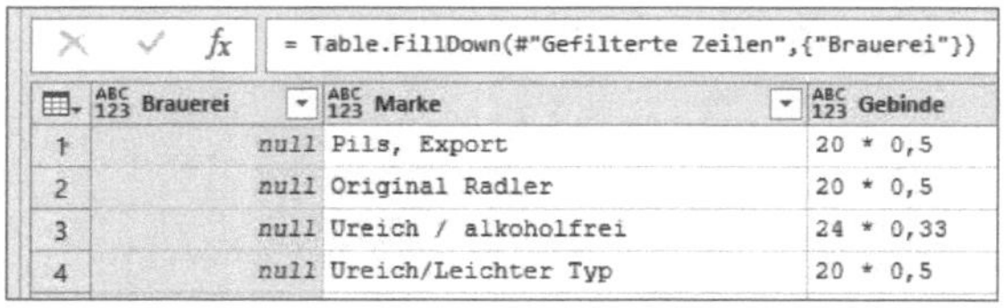

Unter *Ansicht/Erweitert* finden Sie den *Erweiterten Editor*. In diesem finden Sie alle Formeln, die über die aufgezeichnete Schrittfolge angelegt wurden.

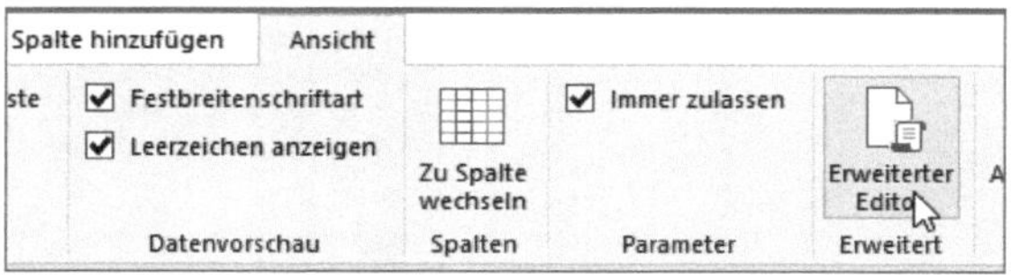

Diesen Code können Sie bearbeiten. Löschen Sie einzelne Anweisungen oder Formeln oder ergänzen Sie die Formeln.

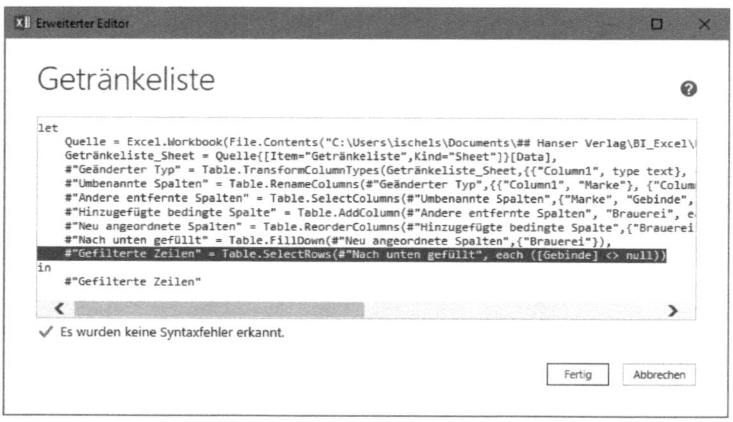

Größere Schrittfolgen können Sie über das Kontextmenü löschen. Hier finden Sie auch Befehle zum Verschieben von Schritten.

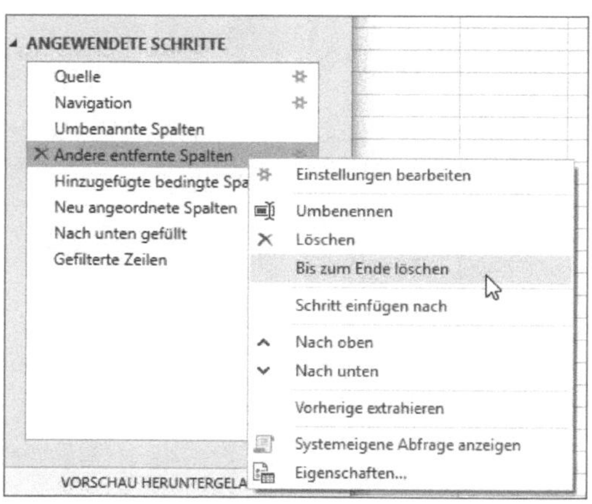

Jetzt können Sie das Abfrageergebnis in eine Tabelle oder in das Datenmodell laden. Wählen Sie *Schließen & Laden.*

4.7.10 Schritte benennen

Der Abfrage-Editor benennt die einzelnen Schritte automatisch und verwendet den jeweils letzten Schrittnamen als Quelle für den nächsten Schritt. Nehmen Sie sich bei komplexen Abfragen die Zeit und geben Sie den Schritten eigene, aussagekräftige Bezeichnungen.

Sie sollten die Schritte von unten nach oben umbenennen, verwenden Sie das Kontextmenü der rechten Maustaste. Achten Sie aber immer darauf, dass der umbenannte Schritt von anderen Anweisungen im Code wieder richtig erkannt wird.

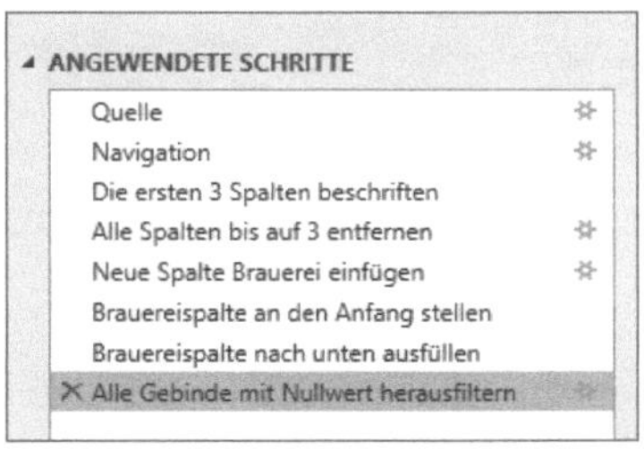

Bild 4.14
Schritte benennen

4.7.11 Abfragen kombinieren

Kombinieren Sie Abfragen im Abfrage-Editor, wenn sich über einen gemeinsamen Schlüssel eine sinnvolle Information ergibt. So lassen sich zum Beispiel Artikeldaten über die Artikelnummer mit Umsatz- oder Absatzdaten verknüpfen, Kundenadressen findet die Abfrage über die gemeinsame Kundennummer. Hier ein Beispiel:

In der Datei *Artikelsortiment Getränke.xlsx* sind die Produkte mit Nummer, Marke, Produktname, Gebinde und Preis gelistet. Die Datei enthält für jede Getränkekategorie ein eigenes Tabellenblatt *(Biersortiment, Alkoholfrei, Colagetränke, Mineralwasser).*

Die täglichen Verkäufe werden vom Warenwirtschaftssystem als CSV-Datei geliefert, die Datei enthält neben dem Datum des Verkaufs und der Menge nur die Kundennummer und die Artikelnummer.

Für eine Auswertung der Verkaufsdaten erstellen Sie eine Abfrage auf die CSV-Datei und kombinieren diese mit einer weiteren Abfrage auf die Artikeldaten. Der gemeinsame Schlüssel ist die Artikelnummer. Im zweiten Schritt kombinieren Sie die CSV-Daten mit der Kundendatei *Bars und Restaurants.xlsx*, hier finden Sie den Firmennamen und den Betriebsort.

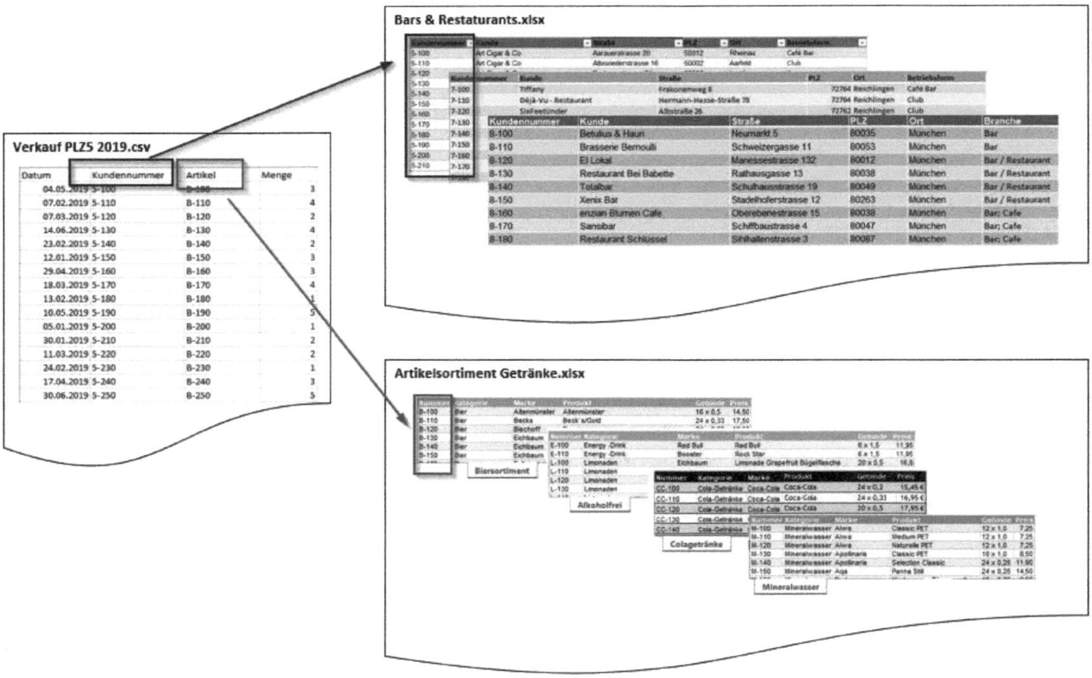

Bild 4.15 Das Datenmodell mit CSV- und XSLX-Daten

Erstellen Sie über *Daten/Daten abrufen und transformieren* eine neue Abfrage mit der Quelle *Aus Text/CSV.*

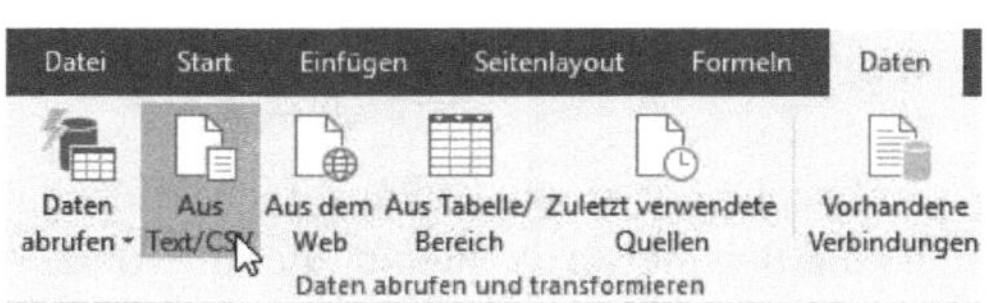

Suchen Sie die Datei *Verkauf PLZ5 2019.csv* und importieren Sie sie in den Abfrage-Editor.

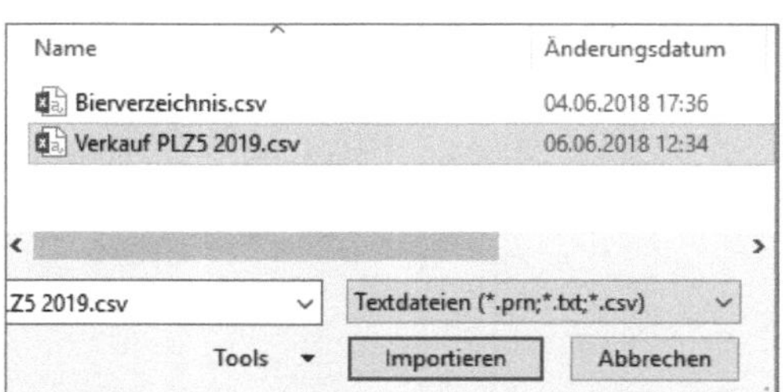

Ändern Sie den Felddatentyp der Datumsspalte, der vom Editor nicht richtig erkannt wird.

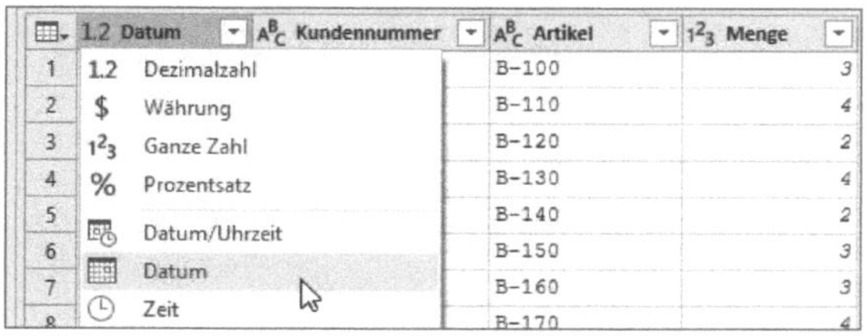

Wählen Sie *Start/Neue Abfrage/Neue Quelle.* Holen Sie die Excel-Arbeitsmappe *Artikelsortiment Getränke.xlsx.*

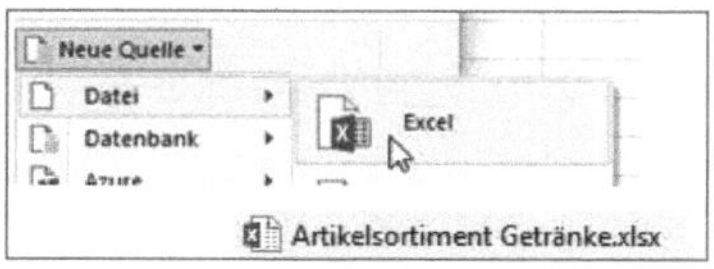

Wählen Sie die erste Tabelle *tbl_Bier* und holen Sie die Daten in den Editor.

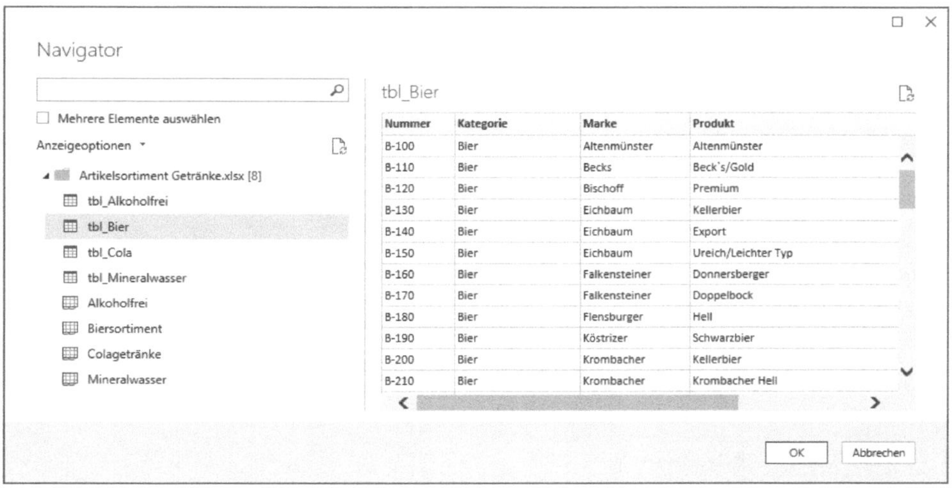

Mit *Start/Kombinieren/Abfragen zusammenführen* können Sie die beiden Abfragen jetzt verbinden. Legen Sie eine neue kombinierte Abfrage an.

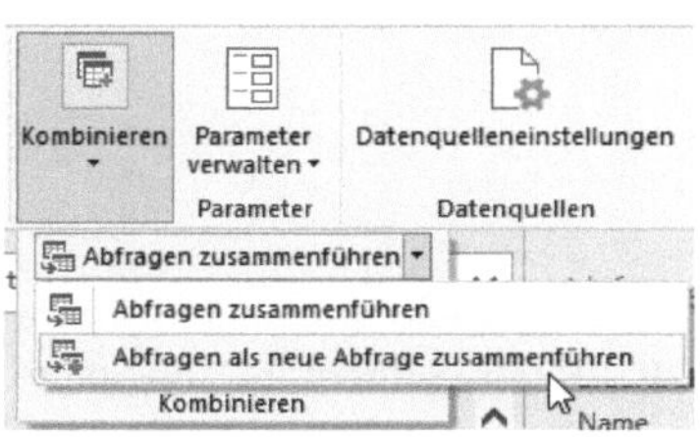

Markieren Sie in der ersten Abfrage die Spalte *Artikel*. Blenden Sie über das Kombinationsfeld die zweite Abfrage ein und markieren Sie hier die Artikelnummer.

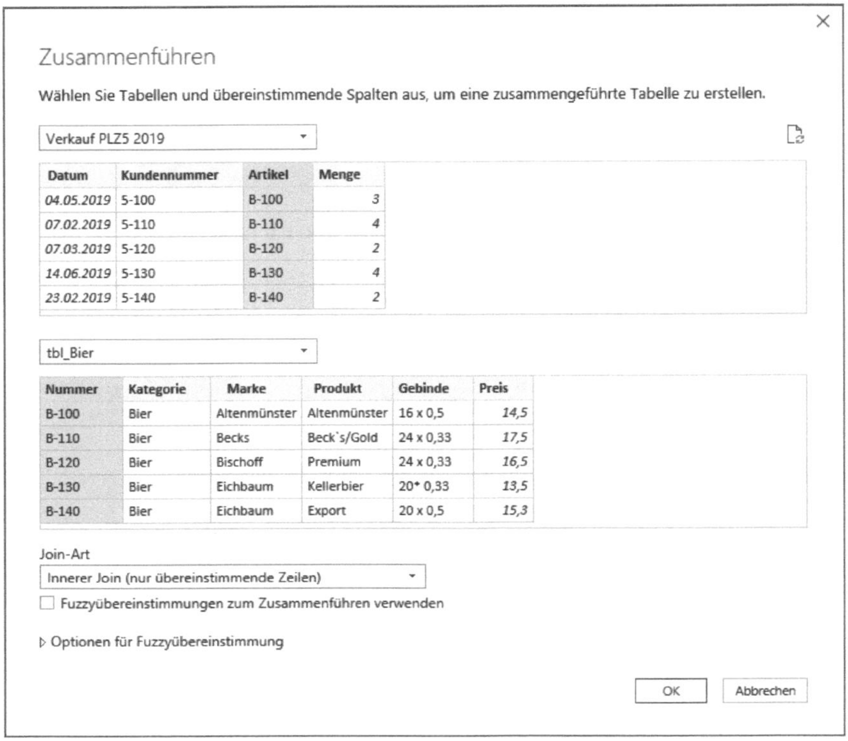

Entscheiden Sie sich für die passende Join-Art. Damit nur übereinstimmende Daten angezeigt werden, wählen Sie *Innerer Join*.

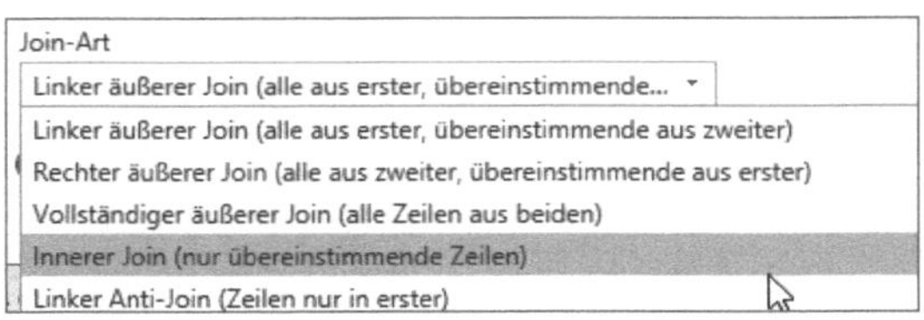

Die Info zeigt an, wie viele Datensätze mit dieser Verbindung gefunden wurden (Bierumsatz).

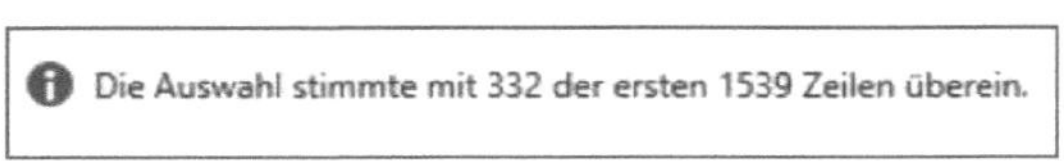

Die aus der zweiten Quelle kombinierten Daten werden in einer Spalte angeboten. Extrahieren Sie alle Spalten, die Sie brauchen. Klicken Sie dazu auf das Symbol an der Spalte. Markieren Sie nur die Spalten *Marke*, *Produkt* und *Preis*. Den ursprünglichen Namen verwenden Sie nicht als Präfix.

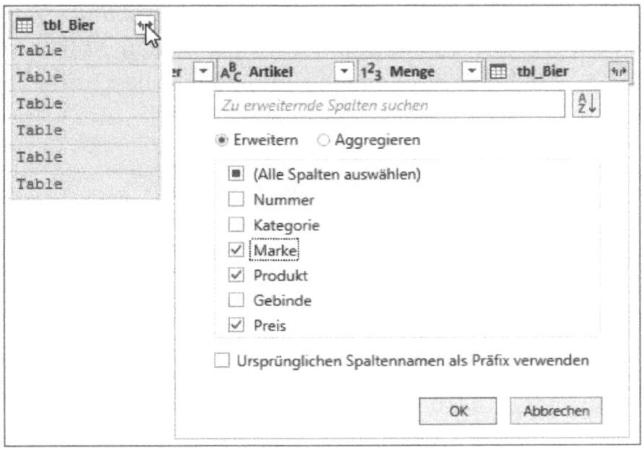

Das Ergebnis ist eine neue Abfrage mit der Bezeichnung *Zusammenführen1*, benennen Sie sie in den Eigenschaften in *Umsatz Bier PLZ 5* um.

	A	B	C	D	E	F	G
1	Datum	Kundennummer	Artikel	Menge	Marke	Produkt	Preis
2	04.05.2019	5-100	B-100	3	Altenmünster	Altenmünster	14,5
3	07.02.2019	5-110	B-110	4	Becks	Beck's/Gold	17,5
4	07.03.2019	5-120	B-120	2	Bischoff	Premium	16,5
5	14.06.2019	5-130	B-130	4	Eichbaum	Kellerbier	13,5
6	23.02.2019	5-140	B-140	2	Eichbaum	Export	15,3
7	12.01.2019	5-150	B-150	3	Eichbaum	Ureich/Leichter Typ	16,2
8	29.04.2019	5-160	B-160	3	Falkensteiner	Donnersberger	17,5
9	18.03.2019	5-170	B-170	4	Falkensteiner	Doppelbock	18,5
10	13.02.2019	5-180	B-180	1	Flensburger	Hell	16,5
11	10.05.2019	5-190	B-190	5	Köstrizer	Schwarzbier	17,5

Holen Sie über *Neue Quelle* die Kundenkartei *Bars und Restaurants.xlsx* in den Editor und markieren Sie die Tabelle *tbl_Kunden_PLZ5*.

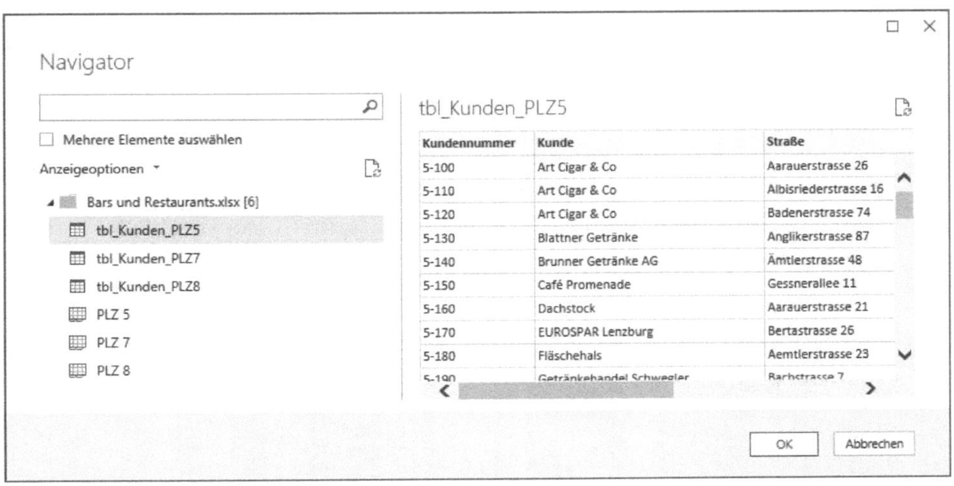

Markieren Sie die zuvor kombinierte Abfrage *Umsatz Bier PLZ 5*.Wählen Sie *Kombinieren/ Abfragen zusammenführen* und verbinden Sie die Kundennummern der beiden Abfragen mit einem linken äußeren Join. Öffnen Sie die damit entstandene Tabelle und beschränken Sie die Auswahl auf die Felder *Kunde* und *Ort*.

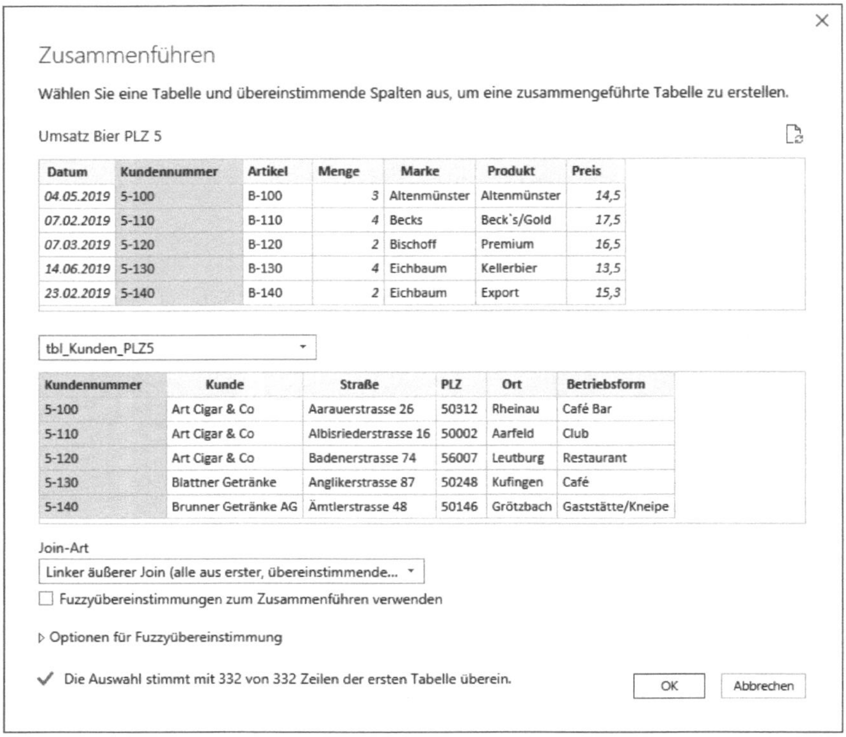

Entfernen Sie alle nicht benötigten Spalten und schließen Sie die Abfrage. Laden Sie alle beteiligten Abfragen nur als Verbindung. Den Umsatz berechnen Sie in einer zusätzlichen Spalte über diese Formel:

```
=[Menge]*[Preis]
```

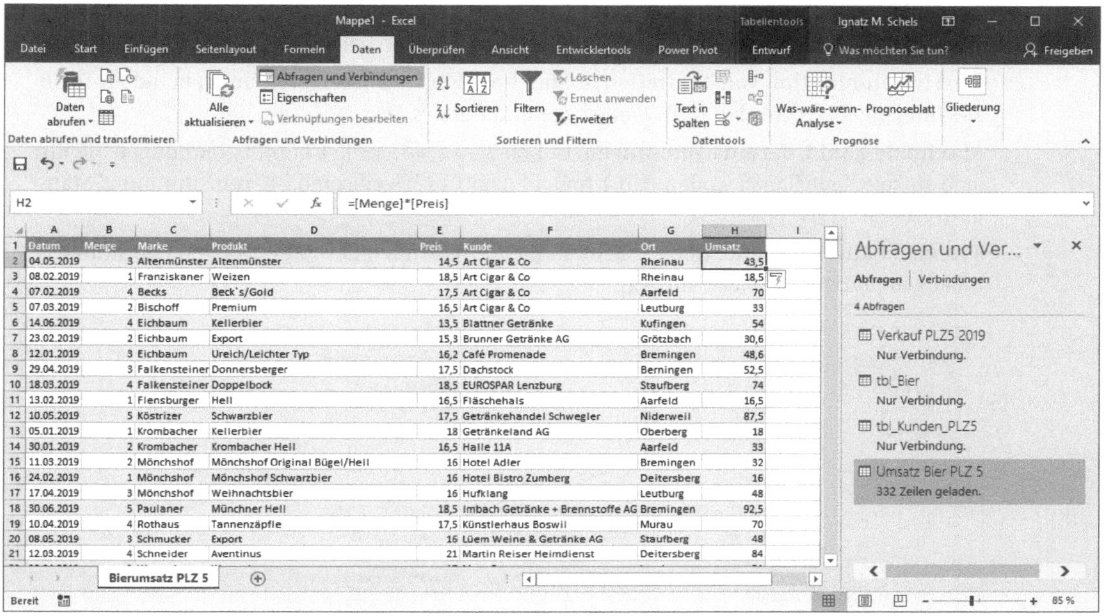

4.7.12 Abfragen kombinieren mit Fuzzy

Fuzzy, der komische Cowboy in alten Western, hat mit dieser Technik nur den Namen gemeinsam. Unter Fuzzy-Logik versteht man eine unscharfe Mengenlehre (Wikipedia: *https://de.wikipedia.org/wiki/Fuzzylogik*). Excel-Anwender kennen das Problem meist vom SVERWEIS: Werden zwei Datenbestände miteinander verknüpft, muss der gemeinsame Schlüssel exakt übereinstimmen. Ein Leerzeichen oder ein überflüssiger Bindestrich im Suchbegriff genügt schon, um die Verknüpfung zu torpedieren.

Power Query hat hier ein nützliches Werkzeug, das beim Zusammenführen von Daten auch bis zu einem bestimmten Grad auch ungefähre Übereinstimmung zulässt. Die Fuzzyübereinstimmung lässt sich durch Optionen noch verfeinern:

1. Markieren Sie im Power Query-Editor die erste Abfrage und wählen Sie *Start/Kombinieren/Abfragen zusammenführen.*
2. Holen Sie die zweite Abfrage in das Dialogfeld und markieren Sie in beiden Vorschaulisten die Spalte mit den gemeinsamen Schlüsselbegriffen.
3. Schalten Sie die Option *Fuzzyübereinstimmung zum Zusammenführen verwenden* ein, um das Ergebnis zu verbessern. Power Query sucht damit auch Werte in der zweiten Abfrage, die mit denen der ersten ungefähr übereinstimmen.
4. Über die Optionen lässt sich das Ergebnis noch steuern:

Schwellenwert für die Ähnlichkeit: Gibt an, wie ähnlich zwei Werte sein müssen, damit sie als übereinstimmend erkannt werden. Mit dem Mindestwert 0 stimmen alle überein, beim Höchstwert 1 nur die mit exakt gleicher Schreibweise. Nehmen Sie einen Standardwert von 0,8 und variieren Sie ihn, falls zu viele oder zu wenige Treffer gelandet werden.

Groß-/Kleinschreibung ignorieren: Standardmäßig wird Groß-/Kleinschreibung beim Vergleich ignoriert. Schalten Sie die Option aus, wenn die Schreibweise eine Rolle spielt.

Durch Kombination von Textteilen abgleichen: Findet Übereinstimmungen, indem Texte zusammengefügtr werden (z. B. *Bundesliga* und *Bundes Liga*).

Maximale Zahl Übereinstimmungen: Geben Sie an, wie viele Übereinstimmungen Sie für jede einzele Zeile haben wollen. Mit 1 findet Fuzzy nur jeweils eine Übereinstimmung. Standard ist *alle Werte.*

Transformationstabelle: Geben Sie hier eine Abfrage mit einer zweispaltigen Zuordnungstabelle an, falls eine solche vorliegt.

	A	B	C	D
1	Kunde	Firma		Firmenverzeichnis
2	Heinz Müller	Muster mann KG		Mustermann KG
3	Fritz König	Rhein Werke		Rheinwerke
4	Berta Stein	Koelner Stadtwerke		Kölner Stadtwerke
5				
6				
7				
8		Kunde	Firma	Firmenverzeichnis
9		Heinz Müller	Muster mann KG	Mustermann KG
10		Fritz König	Rhein Werke	Rheinwerke
11		Berta Stein	Koelner Stadtwerke	Kölner Stadtwerke

Bild 4.16 Fuzzylogik findet auch ungefähre Übereinstimmungen.

Hier noch ein Beispiel aus der Praxis, in dem die Anwendung von Fuzzyübereinstimmung zu perfekten Resultaten führte (in den Beispieldaten zum Buch: *BewerberBerufe.xlsx*):

Die große Automobilfirma bekommt über das Bewerberportal zahlreiche Bewerbungen für Ausbildungsstellen in den einzelnen Berufen. Eine Liste mit den Berufen liegt vor.

Berufe
Mechatroniker/-in
IT- Systemelektroniker/-in
Elektroniker/in
Industriemechaniker/-in
Gießereimechaniker/-in
Technische/r Modellbauer/-in
Kraftfahrzeugmechatroniker/-in
Kraftfahrzeugmechatroniker/-in

Die Daten werden per SharePoint-Abfrage mit Power Query aus dem Bewerberportal geholt, so können neue Bewerbungen jederzeit integriert werden. Leider unterscheidet aber das Portal zwischen männlichen und weiblichen Bewerbern:

	A	B
1	Bewerber	Beruf
2	Frank König	Mechatroniker
3	Lena Wolf	Mechatronikerin
4	Dieter Müller	Elektroniker
5	Yosuf Gundan	Industrie-Mechaniker
6	Pavlos Matridis	Giesserei-Mechaniker
7	Francesco Verdano	Technischer Modellbauer
8	Michaela Bogner	Technische Modellbauerin
9	Yasemin Ozgun	Kraftfahrzeugmechatroniker
10	Heiko Feldmann	Kraftfahrzeugmechatroniker

Die beiden Tabellen werden in den Power Query-Editor geholt und über *Start/Kombinieren* in eine neue Abfrage zusammengeführt. Mit der Fuzzyübereinstimmung und dem Standardschwellenwert werden schon die meisten Berufe richtig erkannt.

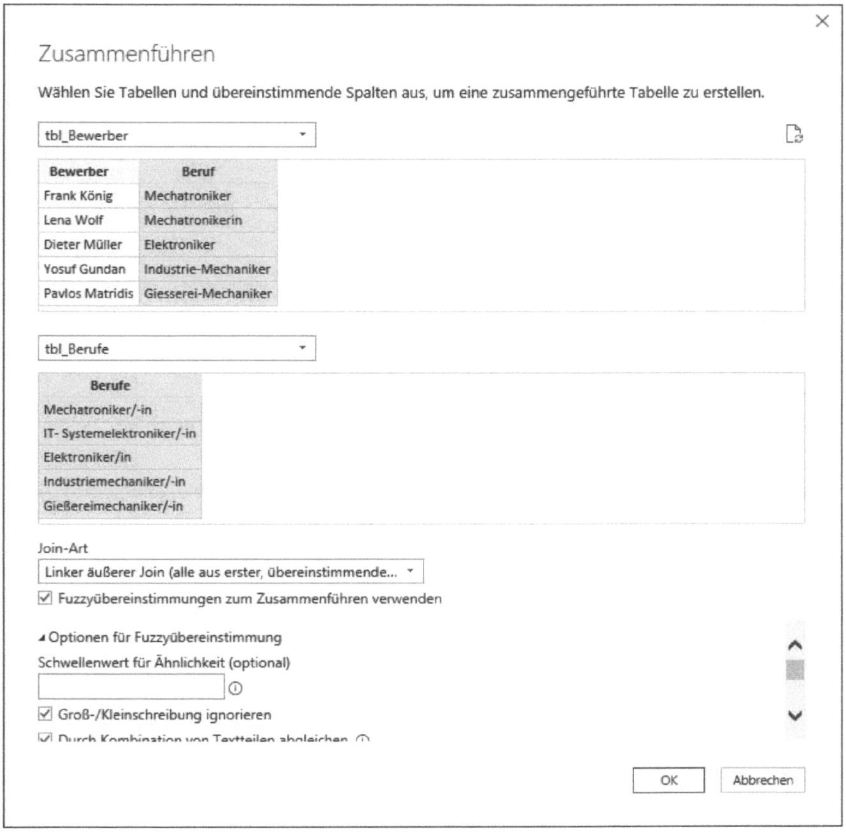

Mit einem Schwellenwert von 0.7 (Dezimalstelle als Punkt angeben) oder weniger werden noch mehr Berufe gefunden:

```
= Table.ExpandTableColumn(Quelle, "tbl_Berufe", {"Berufe"}, {"Berufe"})
```

	Bewerber	Beruf	Berufe
1	Frank König	Mechatroniker	Mechatroniker/-in
2	Frank König	Mechatroniker	Elektroniker/in
3	Frank König	Mechatroniker	Kraftfahrzeugmechatroniker/-in
4	Frank König	Mechatroniker	Kraftfahrzeugmechatroniker/-in
5	Lena Wolf	Mechatronikerin	Mechatroniker/-in
6	Lena Wolf	Mechatronikerin	Kraftfahrzeugmechatroniker/-in
7	Lena Wolf	Mechatronikerin	Kraftfahrzeugmechatroniker/-in
8	Lena Wolf	Mechatronikerin	Industriemechaniker/-in
9	Lena Wolf	Mechatronikerin	Gießereimechaniker/-in
10	Dieter Müller	Elektroniker	Elektroniker/in
11	Dieter Müller	Elektroniker	Mechatroniker/-in
12	Dieter Müller	Elektroniker	Kraftfahrzeugmechatroniker/-in
13	Dieter Müller	Elektroniker	Kraftfahrzeugmechatroniker/-in
14	Yosuf Gundan	Industrie-Mechaniker	Industriemechaniker/-in
15	Pavlos Matridis	Giesserei-Mechaniker	Gießereimechaniker/-in
16	Francesco Verdano	Technischer Modellba...	Technische/r Modellbauer/-in
17	Michaela Bogner	Technische Modellbau...	null
18	Yasemin Ozgun	Kraftfahrzeugmechatr...	Kraftfahrzeugmechatroniker/-in
19	Yasemin Ozgun	Kraftfahrzeugmechatr...	Kraftfahrzeugmechatroniker/-in
20	Heiko Feldmann	Kraftfahrzeugmechatr...	Kraftfahrzeugmechatroniker/-in
21	Heiko Feldmann	Kraftfahrzeugmechatr...	Kraftfahrzeugmechatroniker/-in

Um jeden vom Bewerberportal übermittelten Beruf korrekt wiederzugeben, wird eine neue Berufstabelle erstellt. Sie enthält die Berufe in „gendergerechten" Schreibweisen.

G
Berufe
Mechatronikerin
Mechatroniker
IT- Systemelektronikerin
IT- Systemelektroniker
Elektronikerin
Elektroniker
Industriemechanikerin
Industriemechaniker
Gießereimechanikerin
Gießereimechaniker
Technische Modellbauerin
Technischer Modellbauer
Kraftfahrzeugmechatronikerin
Kraftfahrzeugmechatroniker

Jetzt findet die Power Query-Abfrage alle Berufe, und mit eingeschalteter Fuzzyübereinstimmung auch die falsch geschriebenen. Die Angabe als Referenztabelle funktioniert nicht.

	A	B	C
1	Bewerber	Beruf	Berufe
2	Frank König	Mechatroniker	Mechatroniker
3	Frank König	Mechatroniker	Mechatronikerin
4	Frank König	Mechatroniker	Elektroniker
5	Lena Wolf	Mechatronikerin	Mechatronikerin
6	Lena Wolf	Mechatronikerin	Mechatroniker
7	Lena Wolf	Mechatronikerin	Elektronikerin
8	Lena Wolf	Mechatronikerin	Gießereimechanikerin
9	Dieter Müller	Elektroniker	Elektroniker
10	Dieter Müller	Elektroniker	Elektronikerin
11	Dieter Müller	Elektroniker	Mechatroniker
12	Yosuf Gundan	Industrie-Mechaniker	Industriemechaniker
13	Yosuf Gundan	Industrie-Mechaniker	Industriemechanikerin
14	Pavlos Matridis	Giesserei-Mechaniker	Gießereimechaniker
15	Pavlos Matridis	Giesserei-Mechaniker	Gießereimechanikerin
16	Francesco Verdano	Technischer Modellbauer	Technischer Modellbauer
17	Michaela Bogner	Technische Modellbauerin	Technische Modellbauerin
18	Yasemin Ozgun	Kraftfahrzeugmechatroniker	Kraftfahrzeugmechatroniker
19	Yasemin Ozgun	Kraftfahrzeugmechatroniker	Kraftfahrzeugmechatronikerin
20	Heiko Feldmann	Kraftfahrzeugmechatroniker	Kraftfahrzeugmechatroniker
21	Heiko Feldmann	Kraftfahrzeugmechatroniker	Kraftfahrzeugmechatronikerin

4.7.13 Abfragen anfügen

Was bisher meist umfangreiche Copy-and-paste-Aktionen erforderlich machte, schafft die Power Query-Abfrage mit wenigen Klicks: Abfragen können Daten aus unterschiedlichsten Quellen zusammenfügen. Dazu müssen nur die Spaltenüberschriften bzw. die Feldnamen der einzelnen Datenpools übereinstimmen. Hier am Beispiel unseres Getränkesortiments:

Erstellen Sie eine Abfrage, in der das gesamte Sortiment, bestehend aus vier einzelnen Tabellen, zu einem Gesamtsortiment zusammengefasst wird:

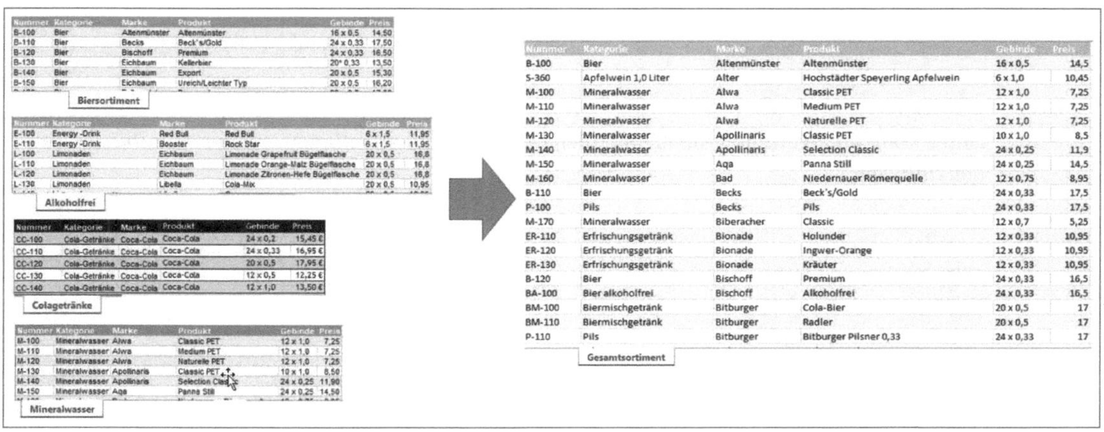

Bild 4.17 Vier Tabellen zu einem Gesamtmodell zusammenfassen

Legen Sie eine neue Abfrage an, wählen Sie *Daten/Daten abrufen und transformieren/Aus Datei/Aus Arbeitsmappe.*

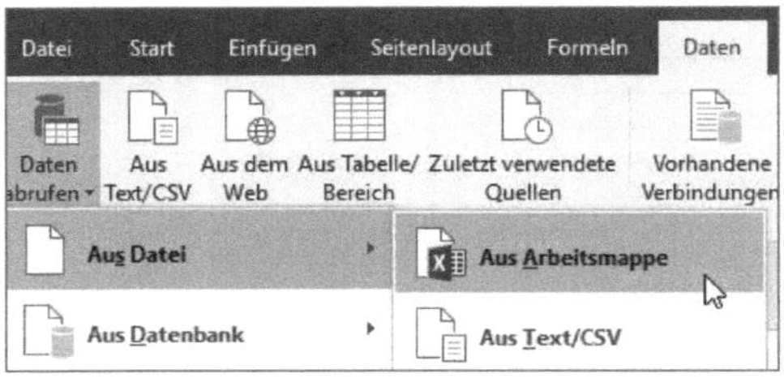

Holen Sie die Datei *Artikelsortiment Getränke.xlsx* in die Abfrage und wählen Sie alle Tabellen aus. Schalten Sie dazu die Option *Mehrere Elemente auswählen* ein.

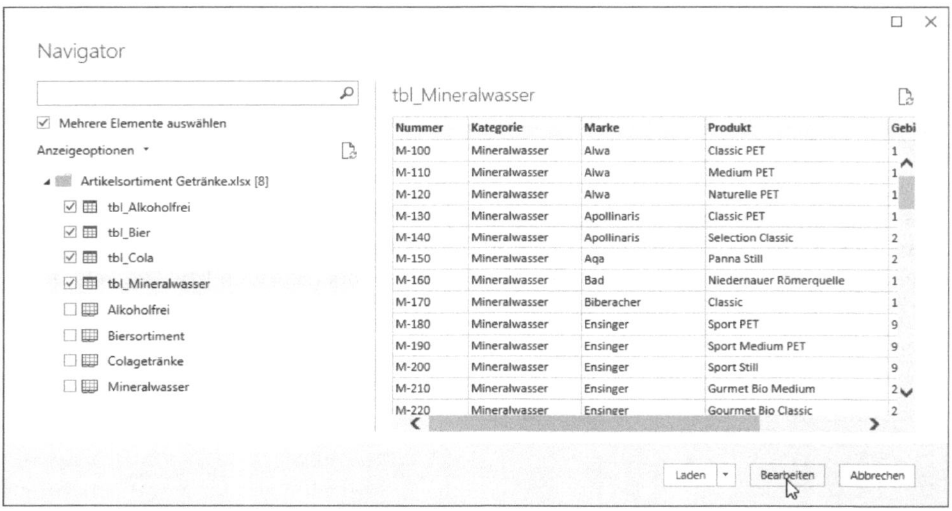

Unter *Kombinieren* finden Sie die Möglichkeit, Abfragen anzufügen. Wählen Sie *Abfrage als neu anfügen.*

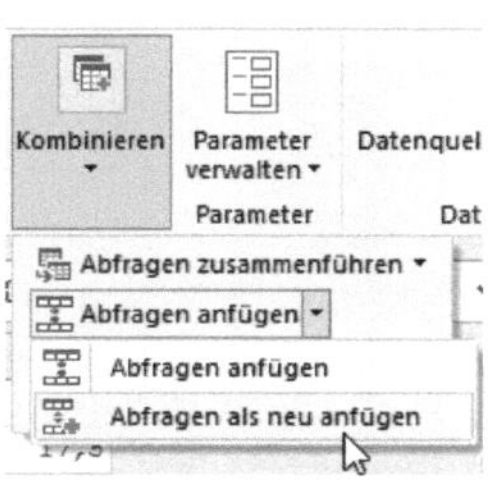

Schalten Sie um auf *Drei oder mehrere Tabellen* und holen Sie alle Tabellen per Klick auf *Hinzufügen* nach rechts in die Auswahlliste.

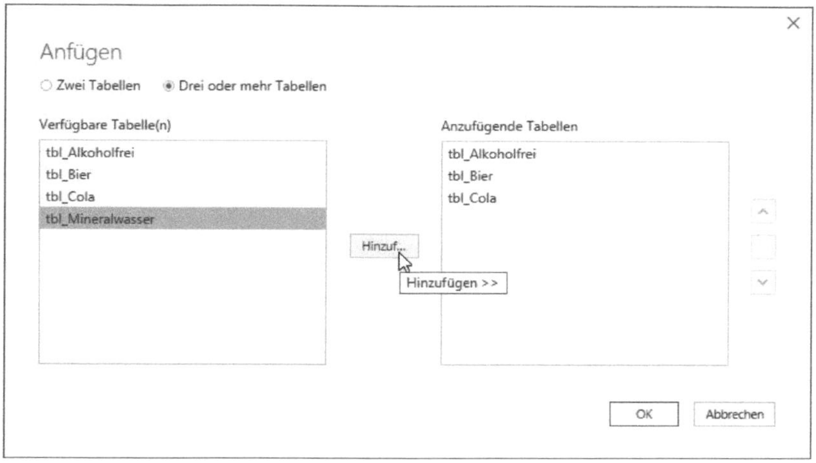

Mit den Pfeilsymbolen am rechten Rand können Sie die Liste sortieren. Bestätigen Sie mit *OK*, und alle Abfragen werden zu einer neuen Abfrage zusammengefügt.

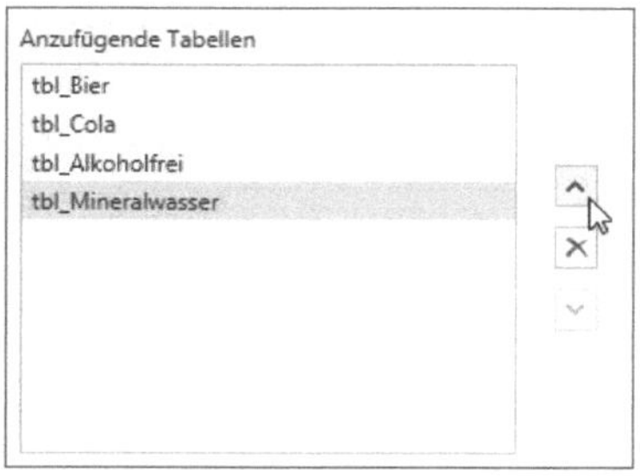

Ändern Sie den Namen der neuen Abfrage in den Eigenschaften, nennen Sie sie *Gesamtsortiment*.

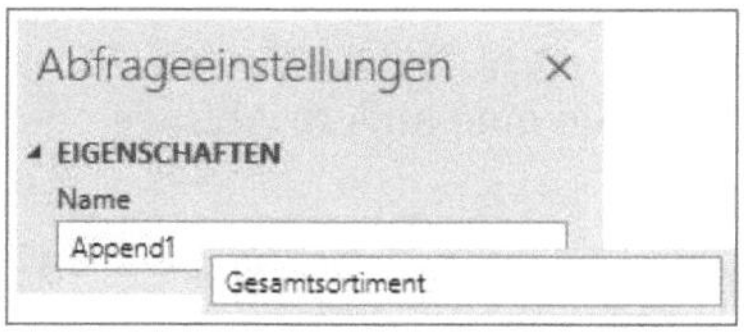

Schließen Sie den Abfrage-Editor und laden Sie die Abfragen in die Mappe. Ändern Sie die Verbindungsart der Tabellenabfragen auf *Nur Verbindung* und löschen Sie die überflüssigen Tabellenblätter.

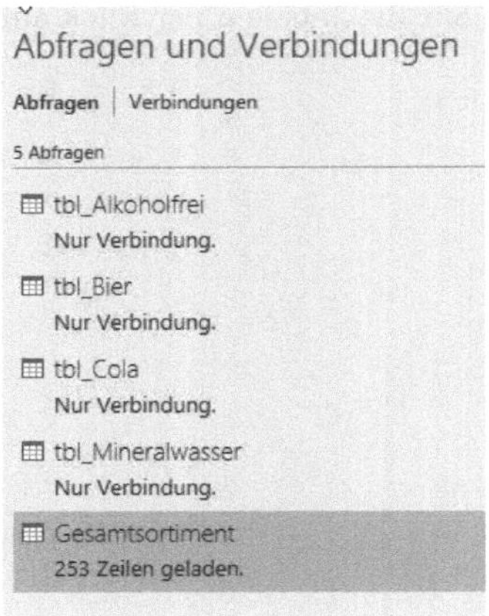

4.8 Abfragen kopieren und transferieren

Eine besonders nützliche und gut ausgearbeitete Power Query-Abfrage werden Sie sicher auch einmal zwischen Arbeitsmappen verschieben oder mit Kollegen und Kolleginnen teilen oder einfach archivieren wollen, um den Aufwand nicht noch einmal treiben zu müssen. Dazu haben Sie mehrere Möglichkeiten:

4.8.1 M-Code transferieren

Sie können den M-Code der Abfrage kopieren und über die Zwischenablage in andere (neue) Abfragen einfügen.

1. Öffnen Sie die Abfrage im Power Query-Editor und schalten Sie mit *Start/Abfrage/Erweiterter Editor* in den erweiterten Editor um.
2. Drücken Sie **Strg+A**, um den Code zu markieren und kopieren Sie ihn mit **Strg+C** in die Zwischenablage.
3. Schließen Sie den Editor und das Abfragefenster. Öffnen Sie eine andere Abfrage oder legen Sie eine neue Abfrage an.
4. Schalten Sie in den *Erweiterten Editor* und fügen Sie den Code mit **Strg+V** aus der Zwischenablage ein. Speichern und schließen Sie die neue Abfrage.

Da der Code nur aus Textzeilen besteht, lässt er sich auch in ein Word- oder Notepad-Fenster hineinkopieren und als Textdatei archivieren.

Der Nachteil bei dieser Methode, eine Abfrage zu transferieren: Wenn die Abfrage auf anderen Abfragen basiert oder Verknüpfungen zu anderen Abfragen enthält, werden diese nicht mitkopiert.

4.8.2 Datenvorschau

Schalten Sie im Power Query-Editor um auf das Ansicht-Menü, erhalten Sie neben Layout und erweitertem Editor die Gruppe *Datenvorschau*. Hier finden Sie drei nützliche Optionen für die Kontrolle der transformierten Daten:

Spaltenqualität zeigt am oberen Spaltenrand jeder Spalte, wie viele Zellen gültig sind, Fehler enthalten oder leer sind.

Mit der **Spaltenverteilung** sehen Sie in einem Säulendiagramm, wie viele eindeutige oder verschiedene Zellinhalte Sie in den einzelnen Spalten bekommen werden.

Für das **Spaltenprofil** muss eine einzelne Spalte markiert sein. Es bietet eine Spaltenstatistik, in der neben der Anzahl der Werte auch die Fehler, Leereinträge, eindeutige und verschiedene Werte gelistet werden. *Min* und *Max* geben Auskunft darüber, wer am seltensten oder am häufigsten vorkommt. Das Balkendiagramm visualisiert die Anzahl der einzelnen Werte.

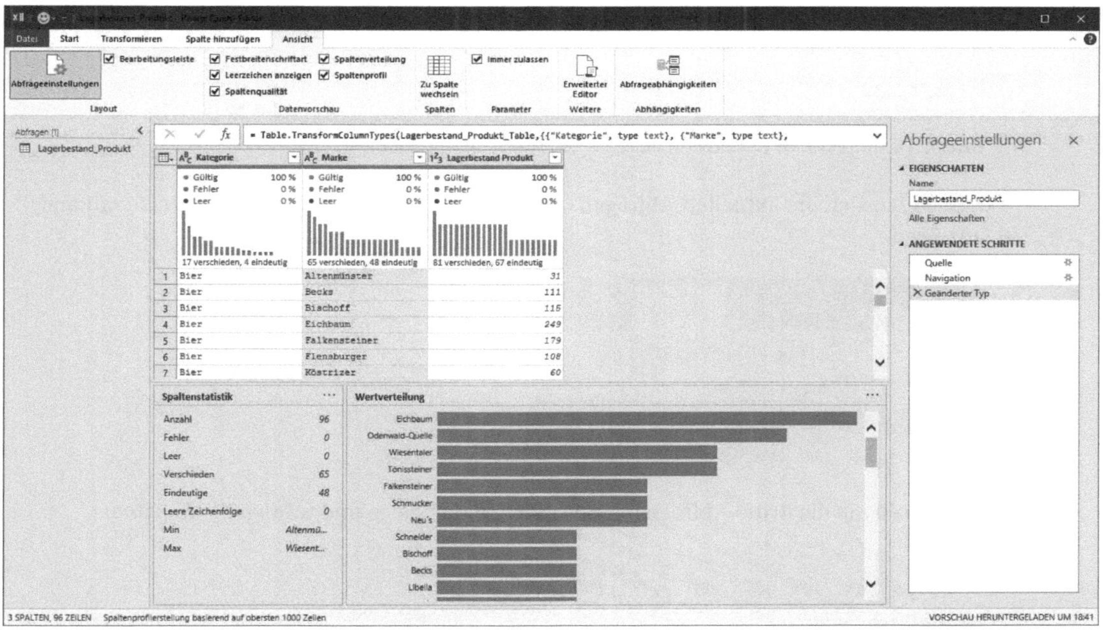

Bild 4.18 Spaltenstatistiken in der Datenvorschau

4.8.3 Abfrage kopieren

Mit dieser Methode transferieren Sie eine Abfrage inklusive aller anderen Abfragen, die mit ihr verbunden sind. Hier am Beispiel einer Abfrage „Mitarbeiter pro Kostenstelle“. Die Abfrage verbindet die Personaldatenbank mit der Kostenstellenübersicht und berechnet über die Gruppierung der Kostenstellenspalte, wie viele Mitarbeiter jeweils einer Kostenstelle zugeordnet sind.

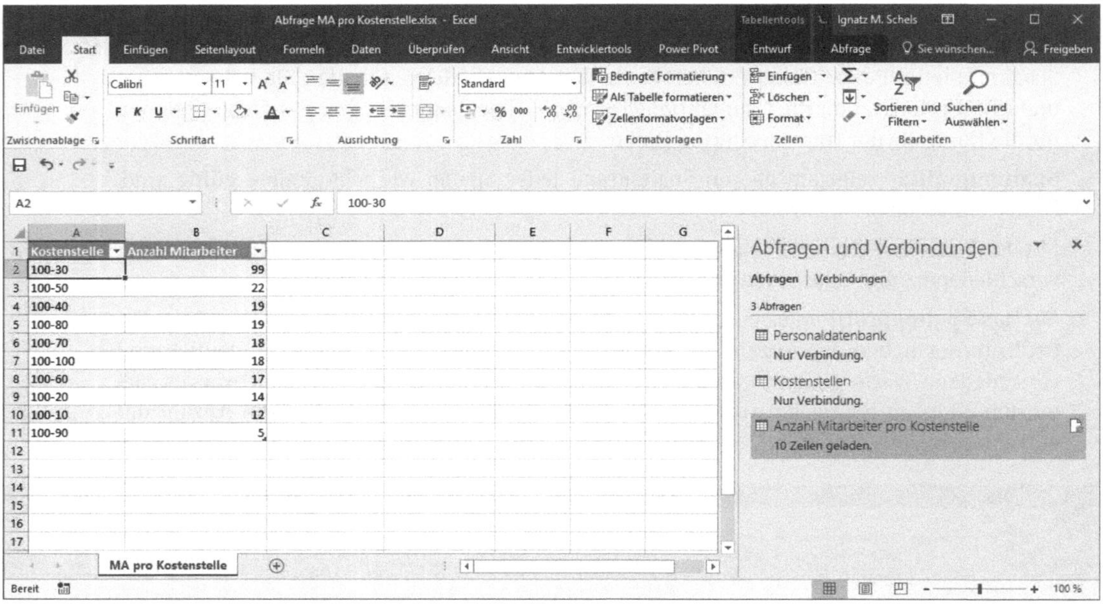

Bild 4.19 Mitarbeiter pro Kostenstelle

Lassen Sie sich die aktuellen Abfragen unter *Abfragen und Verbindungen* am rechten Rand anzeigen.

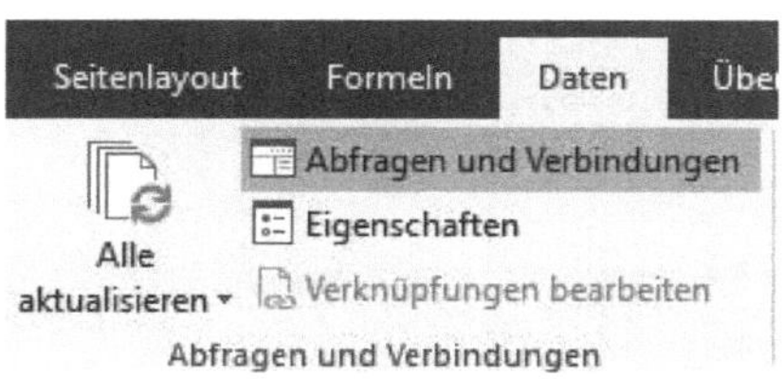

Markieren Sie die dritte Abfrage mit der rechten Maustaste und wählen Sie *Kopieren*.

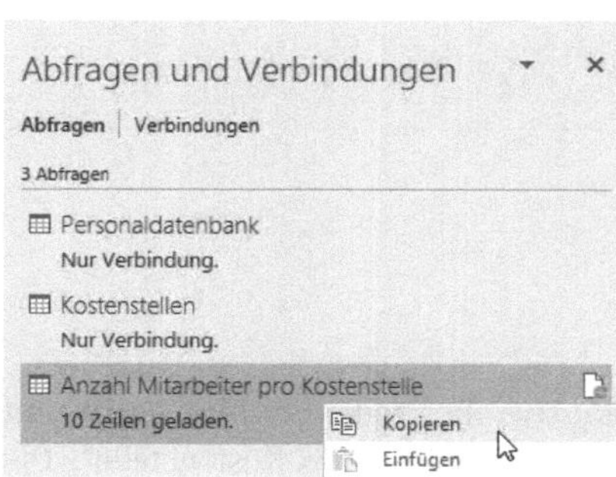

Legen Sie mit **Strg+N** eine neue Mappe an und aktivieren Sie die Anzeige der Abfragen.

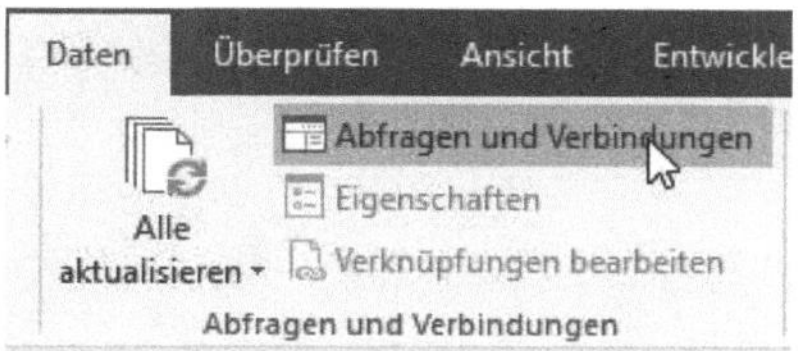

Klicken Sie mit der rechten Maustaste in die Abfragenliste und wählen Sie *Einfügen*.

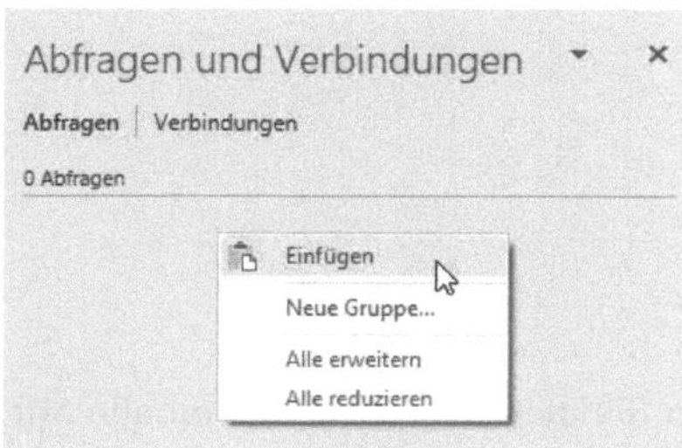

Jetzt werden alle verbundenen Abfragen in die neue Mappe kopiert.

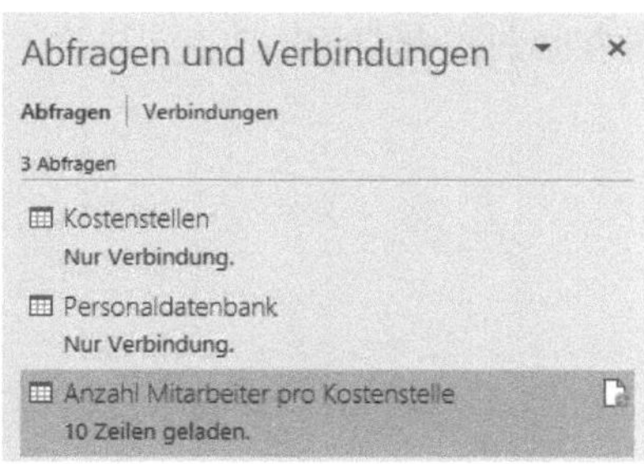

Wollen Sie die Abfragen über die Zwischenablage nach Power BI kopieren, öffnen Sie das Power BI-Fenster und klicken unter *Start/Abfragen* auf *Daten transformieren*.

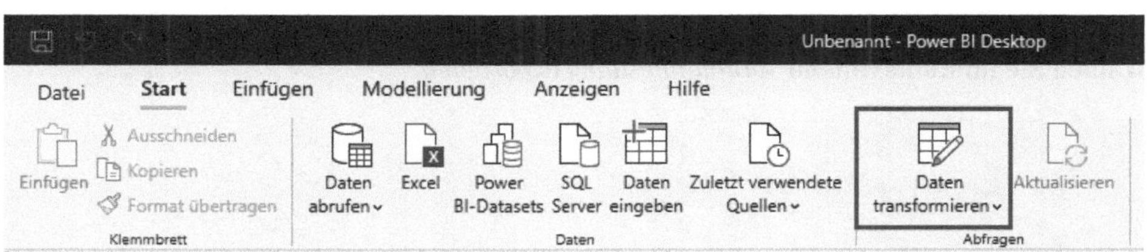

Holen Sie die Excel-Abfragen per Klick mit der rechten Maustaste und *Einfügen* in das Abfragenfenster.

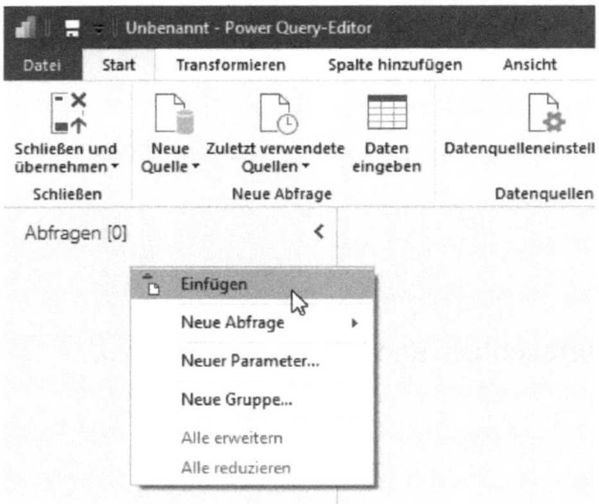

4.8.4 Abfragen als ODC-Datei speichern

Sichern Sie Ihre Abfrage als ODC-Datei und schicken Sie diese Datei einfach an alle Mitarbeiter, die Ihre Abfrage benutzen wollen. ODC steht für Office Data Connection, die Datei enthält einen XML-Code und ein JavaScript, über das die Verbindung hergestellt werden kann.

Klicken Sie die Abfrage in der Abfragenliste mit der rechten Maustaste an.

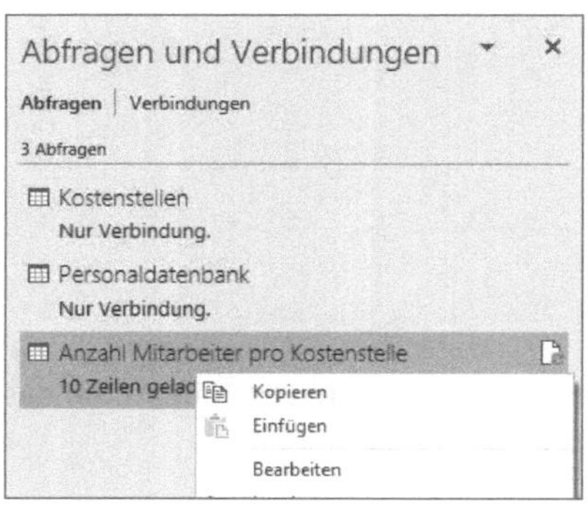

Wählen Sie im Kontextmenü *Verbindungsdatei exportieren.*

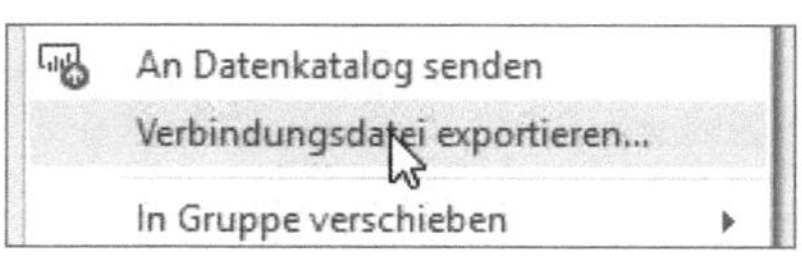

Als Quelle wird der Benutzerordner *Meine Datenquellen* vorgeschlagen, Sie können ihn übernehmen oder in einen anderen Ordner wechseln. Klicken Sie auf *Speichern*, um die ODC-Datei zu speichern.

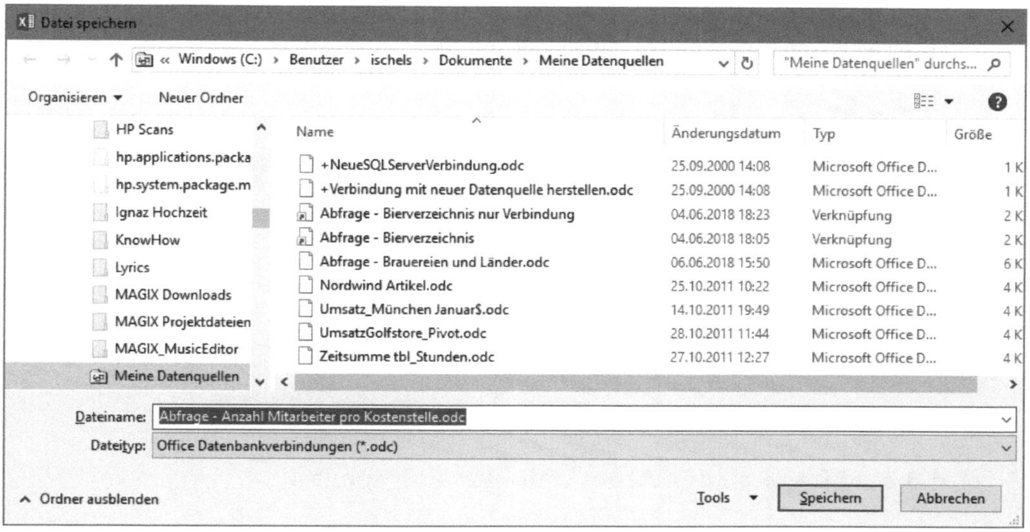

Öffnen Sie eine andere Arbeitsmappe und wählen Sie *Daten/Daten abrufen und transformieren/Vorhandene Verbindungen.*

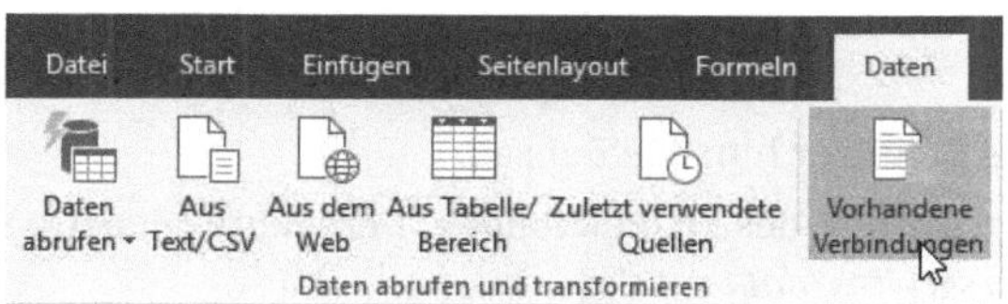

Hier finden Sie alle ODC-Dateien. Markieren Sie die Datei und wählen Sie *Öffnen*. Falls Sie die ODC-Datei in einem anderen Ordner gespeichert hatten, klicken Sie auf *Nach weiteren Elementen suchen*, suchen den Ordner und markieren die Datei.

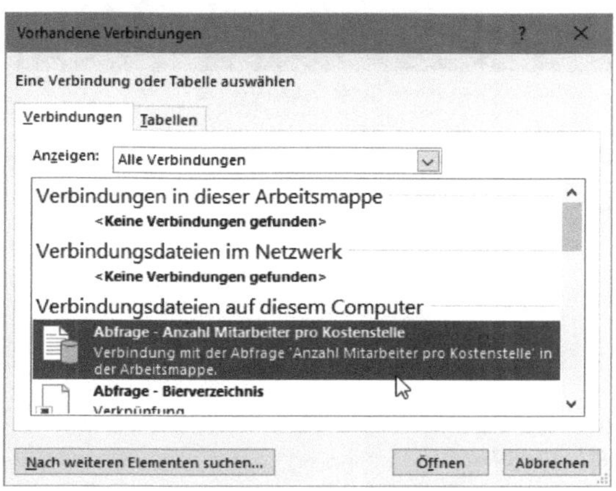

Geben Sie noch an, in welcher Form Sie die in der ODC-Datei gespeicherte(n) Abfrage(n) anzeigen lassen wollen und bestätigen Sie mit *OK*.

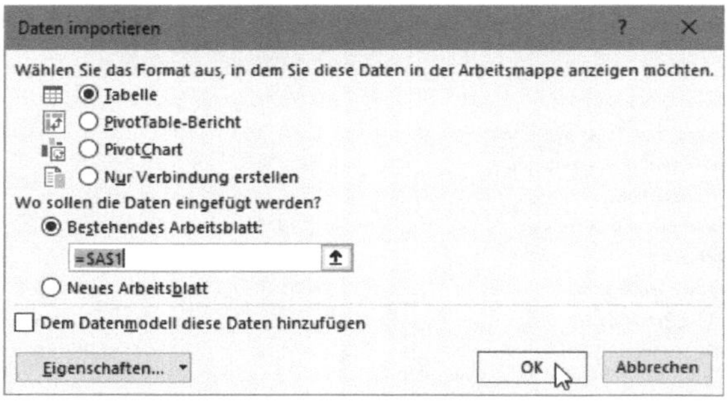

4.8.5 Abfrage an den Azure-Datenkatalog senden

Um Abfragen mit Mitarbeitern in der Cloud teilen zu können oder Abfragen einfach generell in der Cloud abzulegen, verwenden Sie den Azure-Datenkatalog. Voraussetzungen dafür:

- Sie müssen eine gültige Lizenz für Power BI Pro besitzen.
- Sie müssen einen Microsoft Azure-Account haben und in diesem muss ein Datenkatalog eingerichtet sein.
- Im Azure-Datenkatalog müssen Sie als Benutzer hinzugefügt sein.
- Unter diesem Link finden Sie die Einrichtung des Datenkatalogs. Der Azure-Dienst ist kostenlos: *https://azure.microsoft.com/services/data-catalog*

Öffnen Sie das Azure-Portal und weisen Sie dem Datenkatalog den Benutzer zu, der Ihre Abfrage verwenden darf.

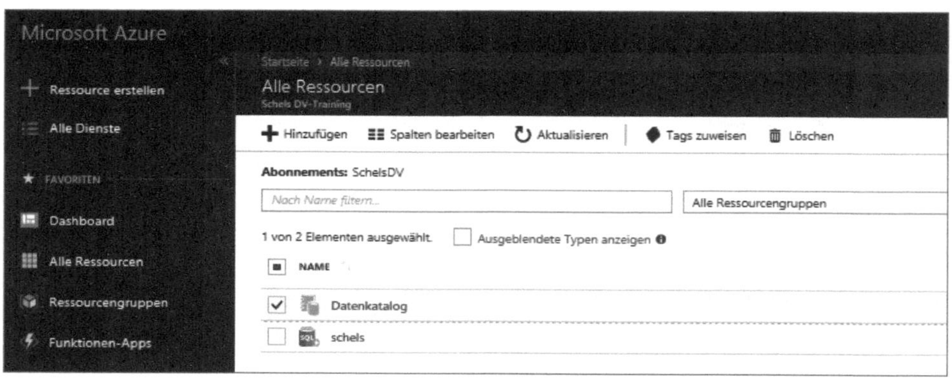

Aktivieren Sie die Mappe mit der Abfrage in Excel, klicken Sie mit der rechten Maustaste in die Abfrage und wählen Sie *An Datenkatalog senden*.

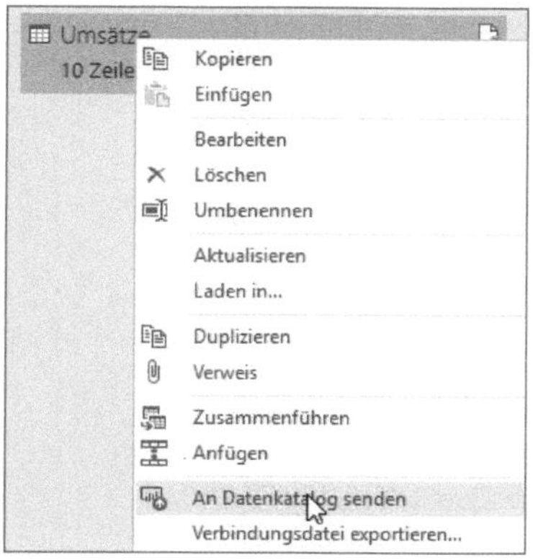

Melden Sie sich bei Ihrem Power BI-Konto an, falls dieses noch nicht aktiv ist.

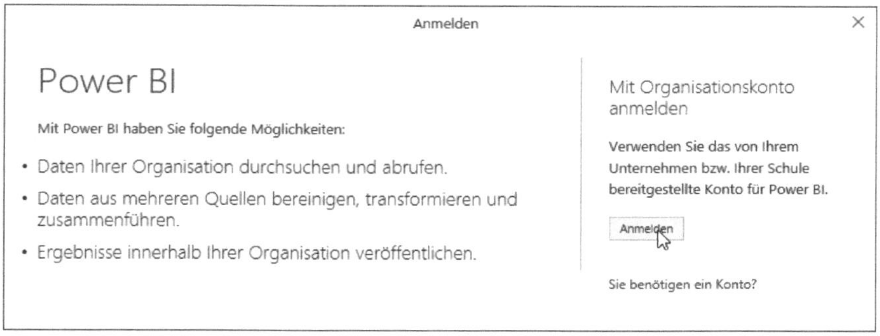

Ist der Power BI-Dienst aktiviert und der Datenkatalog bereit, können Sie der Abfrage einen passenden Namen geben und sie an den Datenkatalog senden. Mit *Die ersten Zeilen für die Vorschau hochladen* geben Sie ihr einige Vorschauzeilen mit.

Schalten Sie um auf *FREIGABE* und bestimmen Sie die Freigabe an die Benutzer oder Benutzergruppen.

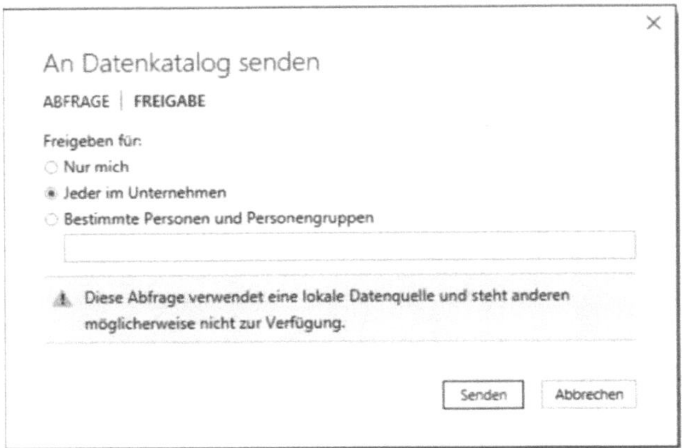

Benutzer, die Zugriff auf Datenkataloge und ein Power BI-Konto haben, können über *Daten/Daten abrufen und transformieren/Daten abrufen* eine Datenkatalogsuche aufrufen oder die Abfragen im Datenkatalog anzeigen lassen.

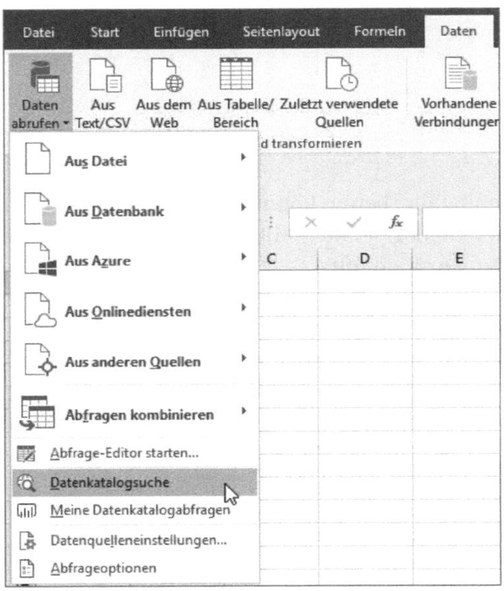

Geben Sie den Abfragenamen ein, …

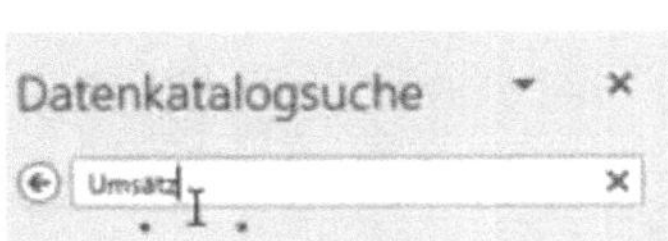

... oder suchen Sie über die Suchtools über Kriterien (Name, Beschreibung, Benutzer, Spaltennamen) der Abfrage.

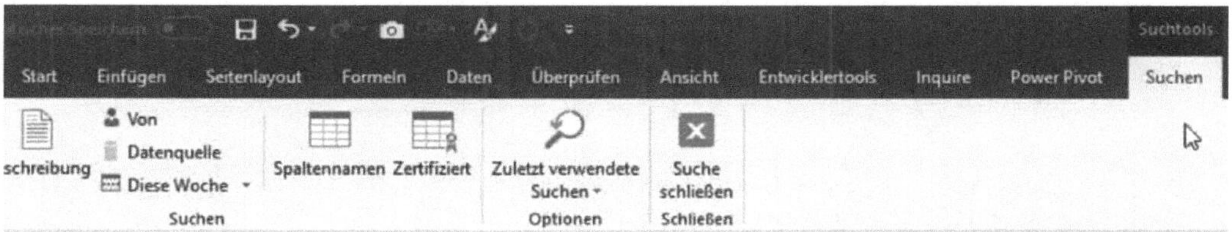

> **HINWEIS:** Datenkatalog-Abfragen können von Benutzern, die diese nicht angelegt haben, nur ausgeführt, nicht bearbeitet werden. Ein Blick in den Abfrage-Editor zeigt nur einen Embedding-Code an, der M-Code kann nicht angezeigt oder bearbeitet werden.

4.9 Berechnete Spalten

In Excel gehört es zum Tagesgeschäft: Mit vorhandenen Daten kalkulieren, neue Spalten erstellen, deren Inhalte sich kalkulatorisch oder logisch aus anderen Spalten ableiten. Mit über 450 Funktionen unterstützt Excel den Anwender, dabei sind die Klassiker aus der Kategorie Text wie LINKS(), RECHTS(), TEIL(), die Spezialisten aus der Fakultät Logik WENN(), SUMMEWENN(), ZÄHLENWENN() und die Profis aus der Sparte Nachschlagen und Verweisen BEREICH.VERSCHIEBEN(), INDEX(), VERGLEICH() und SVERWEIS().

Die Funktionen, die Power Query verwendet, sind in der Abfragesprache M integriert. M-Funktionen sind nicht nur zum Rechnen da, sie werden auch für Importschritte und Transformationen verwendet. M wäre eher vergleichbar mit VBA (was wieder mehr Elemente als M hat).

> **HINWEIS:** Im Unterschied zu Excel unterscheidet Power Query strikt zwischen Groß- und Kleinschreibung. Achten Sie darauf, wenn Sie berechnete Spalten erstellen.

4.9.1 IntelliSense aktivieren

IntelliSense ist eine Technik, die unter Excel immer schon den Formelschreiber mit nützlichen Hilfestellungen unterstützt. Power Query hat IntelliSense erst später (2019) integriert, umso besser lässt sich die Formel jetzt in der Bearbeitungsleiste, im Formelfenster berechneter Spalten oder im erweiterten Editor schreiben und editieren. Schalten Sie IntelliSense aber vorher ein:

1. Aktivieren Sie die Abfrageoptionen unter *Daten/Daten abrufen und Transformieren/ Daten abrufen* oder im Power Query-Editor unter *Datei/Abfrageoptionen*.
2. In der Kategorie *Power Query-Editor* finden Sie die Option unter *Formel*.

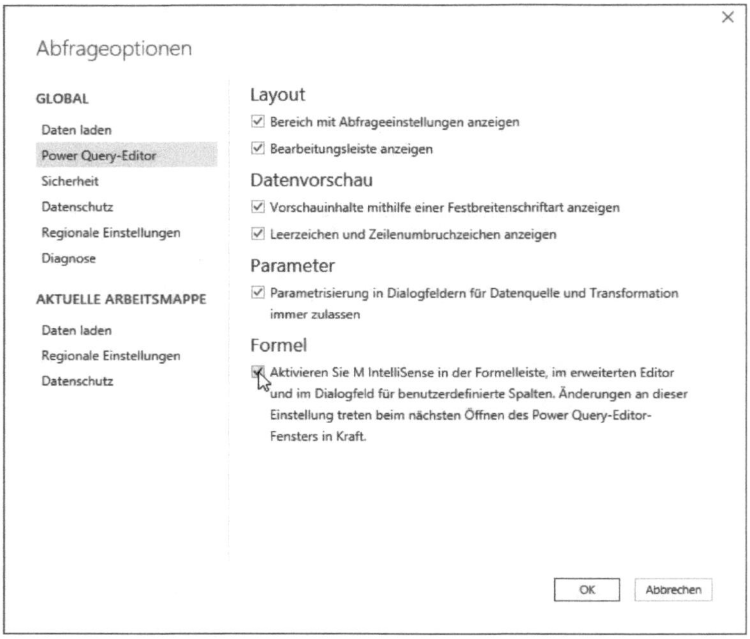

Bild 4.20 IntelliSense einschalten für den Power Query-Editor

In Power Query sieht die Unterstützung mit IntelliSense so aus:

Farben: Elemente in der Formel, die zu einer Gruppe gehören, werden farbig gekennzeichnet (z. B. Datentypen). Kontrollstrukturen (if ... else ... end if) werden ebenfalls farbig gekennzeichnet.

Klammerpaare: Klammern, die zusammengehören, werden markiert, wenn der Cursor auf einer der beiden Klammern steht.

Formelvorschläge: Gibt es für den/die eingegebenen Buchstaben eine Funktion oder ein Funktionselement, wird der Vorschlag in einer Liste angeboten.

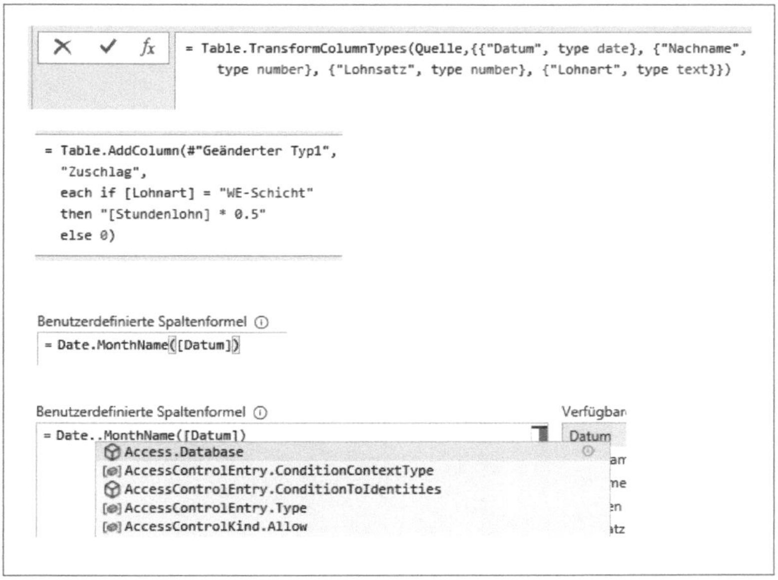

Bild 4.21 Unterstützung für Formelschreiber: IntelliSense in M-Formeln

4.9.2 Das Prinzip

Berechnete Spalten werden zunächst am Ende der Abfrage eingefügt, können aber an eine beliebige Position verschoben werden. Für die Erstellung verwenden Sie entweder *Spalte hinzufügen/Allgemein/Benutzerdefinierte Spalte* oder eine der Varianten aus der Gruppe *Allgemein*.

Sehen wir uns das Prinzip der berechneten Spalten an einem Beispiel aus der Praxis an. Die Liste enthält Stundenaufstellungen für einzelne Mitarbeiter mit Stunden, Lohnsatz und Lohnart. Die Abfrage soll folgende Aufgaben lösen:

- Alle Zeilen sollten in einer neuen Spalte durchnummeriert werden.
- Aus dem Datum soll der Monat und das Jahr berechnet werden.
- Stunden und Lohnsatz werden multipliziert und in eine neue Spalte „Stundenlohn“ geschrieben.
- Für die Lohnart *WE-Schicht* wird 50 % des Gehalts aufgeschlagen und in eine neue Spalte *Zuschlag* geschrieben.
- Stundenlohn und Zuschlag müssen addiert und in eine neue Spalte *Gehalt* geschrieben werden.
- Vorname und Nachname des Mitarbeiters werden in einer Spalte zusammengefasst.

Laden Sie die Übungsdatei *Gehaltsabrechnung.xlsx*.

	A	B	C	D	E	F
1	Datum	Nachname	Vorname	Stunden	Lohnsatz	Lohnart
2	30.01.2018	Albrecht	Eugen	140	18,5	Grundlohn
3	15.02.2018	Albrecht	Eugen	16	18,5	WE-Schicht
4	30.01.2018	Biedermann	Doris	120	18,5	Grundlohn
5	15.02.2018	Biedermann	Doris	32	18,5	WE-Schicht
6	30.01.2018	Biedermann	Doris	6	18,5	WE-Schicht
7	15.02.2018	Eismann	Franz	160	18,5	WE-Schicht
8	30.01.2018	Rebmann	Roland	110	18,5	Grundlohn
9	15.02.2018	Rebmann	Roland	40	18,5	Grundlohn

Bild 4.22 Mitarbeiter und Stunden

Setzen Sie den Zellzeiger in die Liste und wählen Sie *Daten/Daten abrufen und Transformieren/Aus Tabelle/Bereich.*

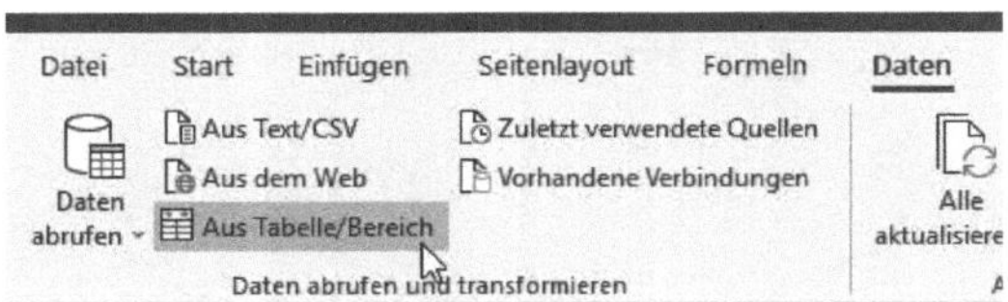

Bestätigen Sie den Datenbereich für die neue Tabelle und die Option *Tabelle hat Überschriften.*

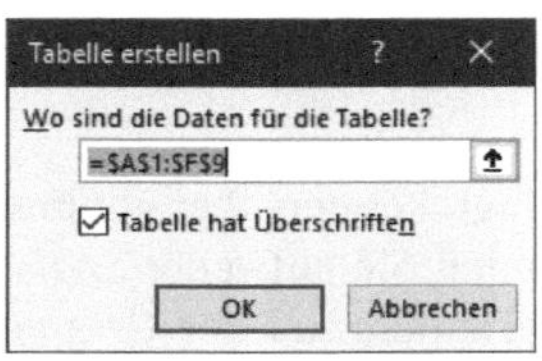

Der Abfrage-Editor von Power Query wird aktiv, ändern Sie per Rechtsklick auf die Spalte *Datum* das Datumsformat *(Datum* statt *Datum/Uhrzeit), …*

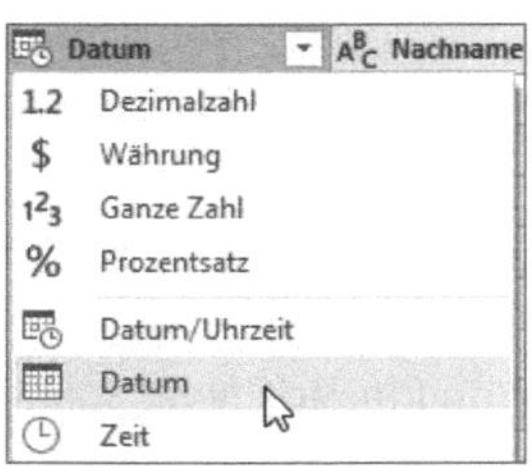

… und stellen Sie für alle Zahlenspalten das *Dezimalzahl*-Format bereit.

Wählen Sie *Spalte hinzufügen/Allgemein/Benutzerdefinierte Spalte.*

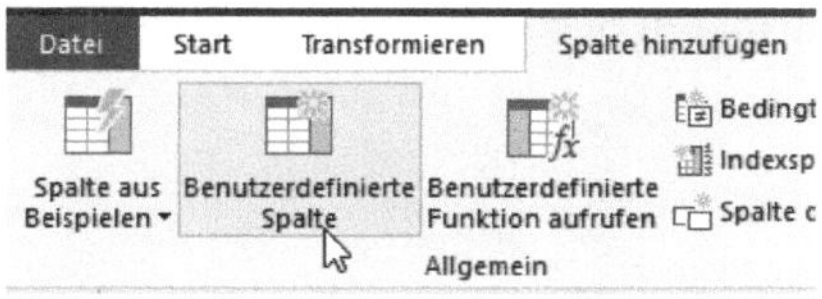

Legen Sie eine neue Spalte an:

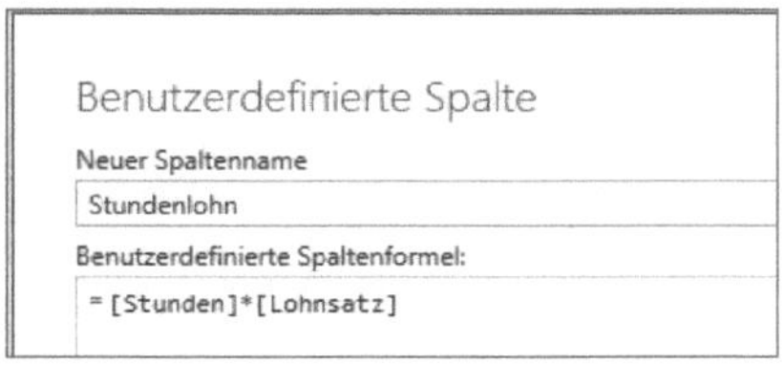


```
Name: Stundenlohn
Formel: =[Stunden]*[Lohnsatz]
```

Die Spaltennamen für die Formel können Sie auch per Doppelklick oder mit *Einfügen* aus der Liste am rechten Rand holen.

Die neue Spalte wird eingefügt, in der Bearbeitungsleiste sehen Sie die folgende Formel:

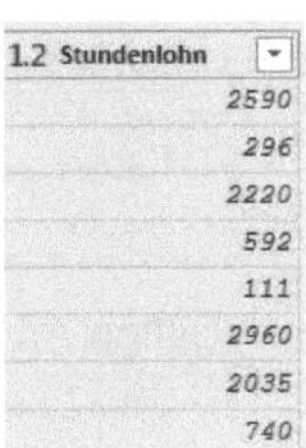


```
= Table.AddColumn(#"Geänderter Typ", "Stundenlohn", each [Stunden]*[Lohnsatz])
```

Fügen Sie mit *Spalte hinzufügen/Allgemein/Bedingte Spalte* eine neue Spalte hinzu.

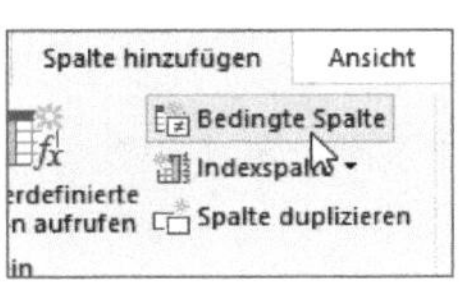

Geben Sie den Spaltennamen *Zuschlag* ein und konstruieren Sie die folgende Bedingung:

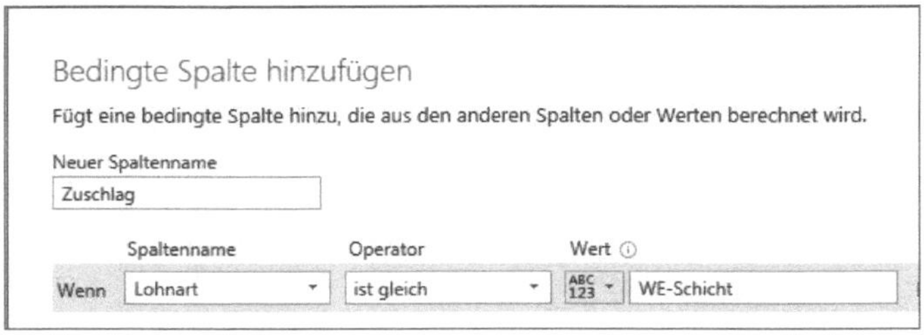


```
Wenn: Lohnart
Operator: ist gleich
Wert: WE-Schicht
```

Unter *Dann* tragen Sie die Formel ein, die 50% vom Stundenlohn berechnet, wenn die Bedingung erfüllt ist.

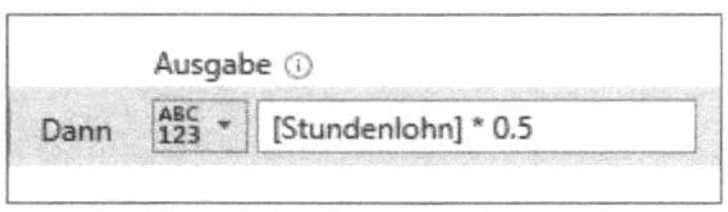

Unter *Andernfalls* geben Sie eine 0 ein für den Fall, dass die Bedingung nicht erfüllt ist.

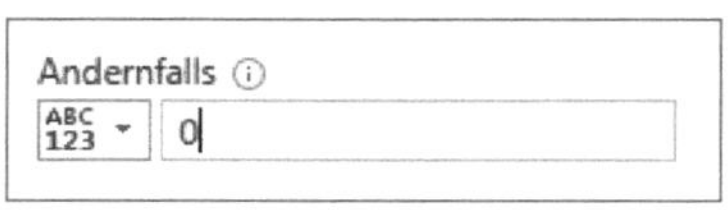

Die Formel wird übernommen, rechnet aber nicht richtig. Bei richtiger Bedingung erscheint Text an Stelle der Zahl.

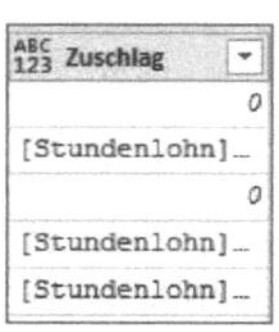

In der Bearbeitungsleiste finden Sie den Fehler. Der Rechenausdruck wurde zwischen Anführungszeichen gesetzt. Korrigieren Sie die Formel:

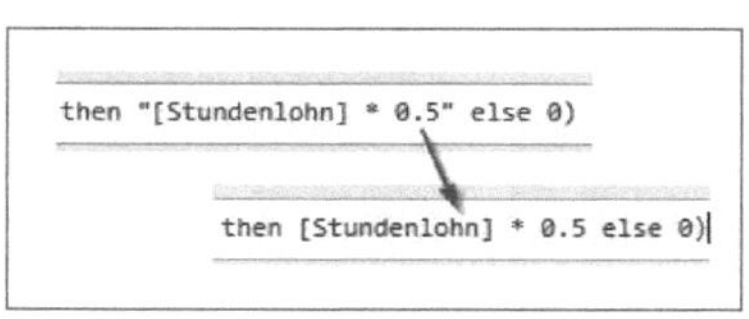


```
= Table.AddColumn(#"Geänderter Typ1", "Zuschlag", each if [Lohnart] = "WE-Schicht"
then [Stundenlohn] * 0.5 else 0)
```

Zur Korrektur oder Überprüfung können Sie auch per Doppelklick auf den Schritt in der Schrittfolge das Dialogfeld öffnen.

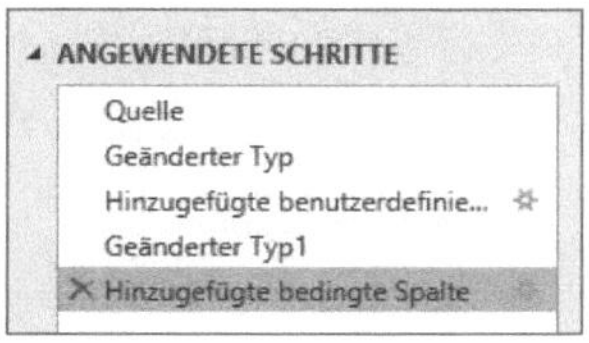

Jetzt sehen Sie die korrekte Formel für die Berechnung des Zuschlags.

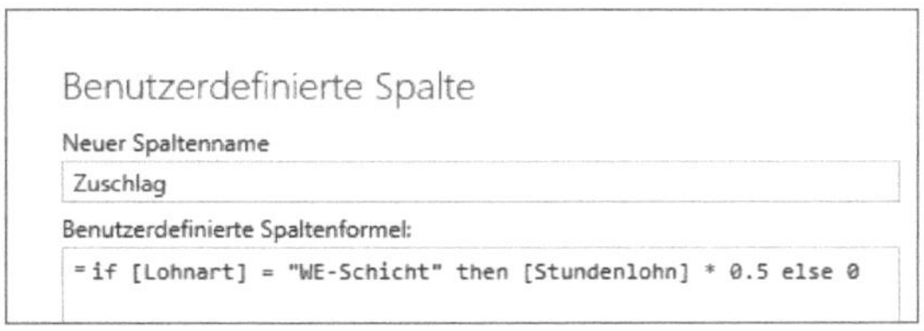

Berechnen Sie in einer weiteren neuen Spalte das Gehalt:

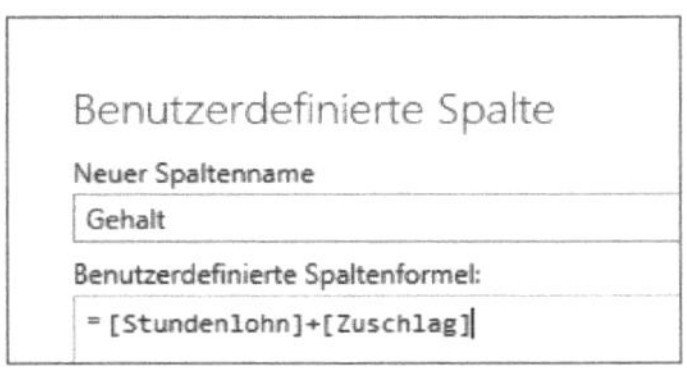


```
Spaltenname: Gehalt
Formel: =[Stundenlohn]*[Zuschlag]
```

Monat und Jahr ermitteln Sie in je einer weiteren Spalte mit diesen Formeln:

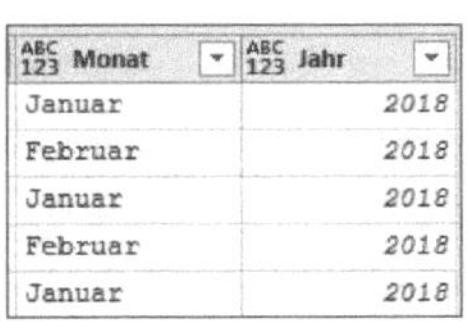

Monat	Jahr
Januar	2018
Februar	2018
Januar	2018
Februar	2018
Januar	2018

```
Name: Monat
Formel: =Date.Month([Datum])

Name: Jahr
Formel: =Date.Year([Datum])
```

Erstellen Sie die nächste Spalte über *Spalte hinzufügen/Allgemein/Spalte aus Beispielen.*

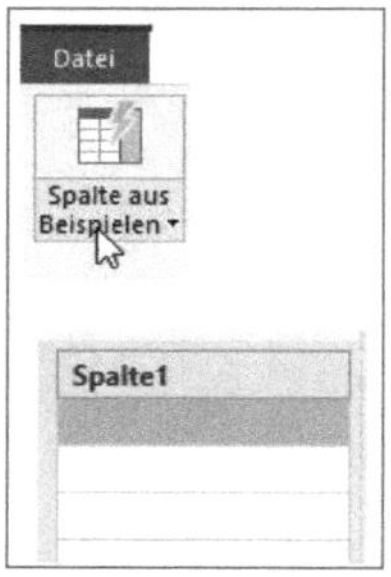

Tragen Sie den Namen des ersten Mitarbeiters ein, kombinieren Sie dazu die Spalte *Vorname*, ein Leerzeichen und die Spalte *Nachname.*

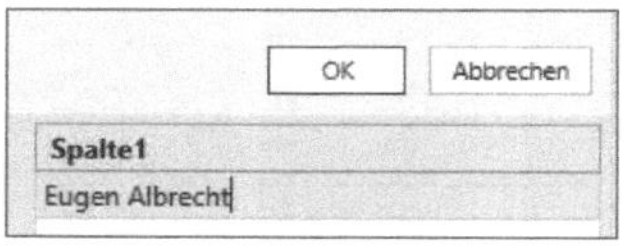

Die neue Spalte ermittelt die Kombination für alle weiteren Zeilen. Benennen Sie die neue Spalte *Mitarbeiter*. Die Formel für diese Aktion:

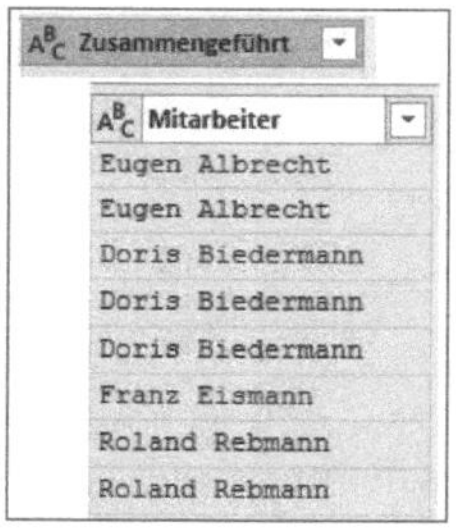


```
Text.Combine({[Vorname], " ", [Nachname]})
```

Fügen Sie mit *Spalte hinzufügen/Allgemein/Indexspalte* eine weitere Spalte ein, wählen Sie den Startwert 1 und nennen Sie die Spalte *Nr.*

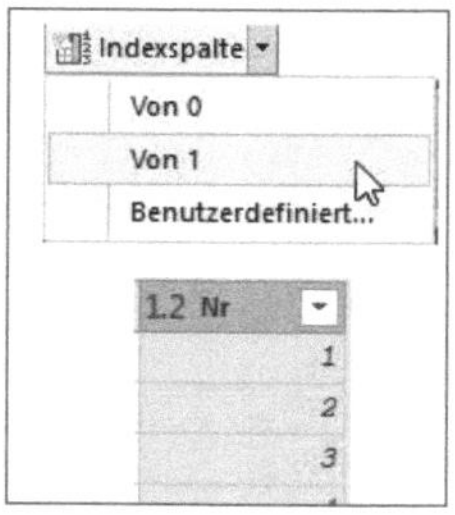

Damit ist die Abfrage komplett und die Aufgabe gelöst. Löschen Sie die Spalten *Vorname* und *Nachname* und laden Sie das Ergebnis in eine neue Tabelle.

	A	B	C	D	E	F	G	H	I	J	K
1	Nr	Datum	Monat	Jahr	Mitarbeiter	Stunden	Lohnsatz	Lohnart	Stundenlohn	Zuschlag	Gehalt
2	1	30.01.2018	Januar	2018	Eugen Albrecht	140	18,5	Grundlohn	2590,00	0,00	2590,00
3	2	15.02.2018	Februar	2018	Eugen Albrecht	16	18,5	WE-Schicht	296,00	148,00	444,00
4	3	30.01.2018	Januar	2018	Doris Biedermann	120	18,5	Grundlohn	2220,00	0,00	2220,00
5	4	15.02.2018	Februar	2018	Doris Biedermann	32	18,5	WE-Schicht	592,00	296,00	888,00
6	5	30.01.2018	Januar	2018	Doris Biedermann	6	18,5	WE-Schicht	111,00	55,50	166,50
7	6	15.02.2018	Februar	2018	Franz Eismann	160	18,5	WE-Schicht	2960,00	1480,00	4440,00
8	7	30.01.2018	Januar	2018	Roland Rebmann	110	18,5	Grundlohn	2035,00	0,00	2035,00
9	8	15.02.2018	Februar	2018	Roland Rebmann	40	18,5	Grundlohn	740,00	0,00	740,00

Bild 4.23 Das Ergebnis: Zuschläge und Gehalt der Mitarbeiter werden berechnet

4.10 Mit Parametern arbeiten

Einen gravierenden Nachteil von Power Query-Abfragen können Sie mit Hilfe von Parametern schnell abstellen: Aufgezeichnete Aktionen enthalten häufig direkte Verweise auf Verzeichnisse, Ordner oder Dateinamen. Ändert sich die Position oder der Name der Quelldatei, findet die Abfrage diese nicht mehr und reagiert mit einem Fehler. Das Gleiche gilt für Blattnamen, Filterkriterien oder Spaltennamen, auch diese müssen für die Abfrage so vorzufinden sein wie bei der Aufzeichnung.

Der Power Query-Editor bietet die Möglichkeit, Parameter mit Texten, Zahlen oder Wertelisten anzulegen. Um eine Tabelle nach bestimmten Werten permanent zu filtern, könnten Sie einen Parameter für die Filterwerte anlegen. Hier am Beispiel einer Mitarbeitertabelle, die nach Abteilungen gefiltert wird:

Die Mitarbeitertabelle *tbl_MA* mit den Feldern *Nachname, Vorname* und *OrgEinheit* finden Sie in der Datei *Mitarbeiter.xlsx*.

	A	B	C
1	Nachname	Vorname	OrgEinheit
2	Abrecht	Eugen	Produktion
3	Ament	Erwin	Entwicklung
4	Apak	Elisabeth	Verkauf
5	Attemeier	Claus	Entwicklung
6	Attenbrunner	Ernst	Produktion
7	Auch	Amalie	Produktion
8	Bartsch	Alfred	Produktion
9	Bastians	Anni	Marketing
10	Baur	Andreas	Reklamation
11	Bayreuther	Dieter	Service
12	Bazger	Ewald	Marketing
13	Beer	Francesco	Produktion
14	Benz	Eckhard	Produktion
15	Bertelshofer	Emma	Reklamation
16	Bertolini	Anne	Produktion

Erstellen Sie eine neue Abfrage auf die Datei und holen Sie die Tabelle *tbl_MA* in den Editor.

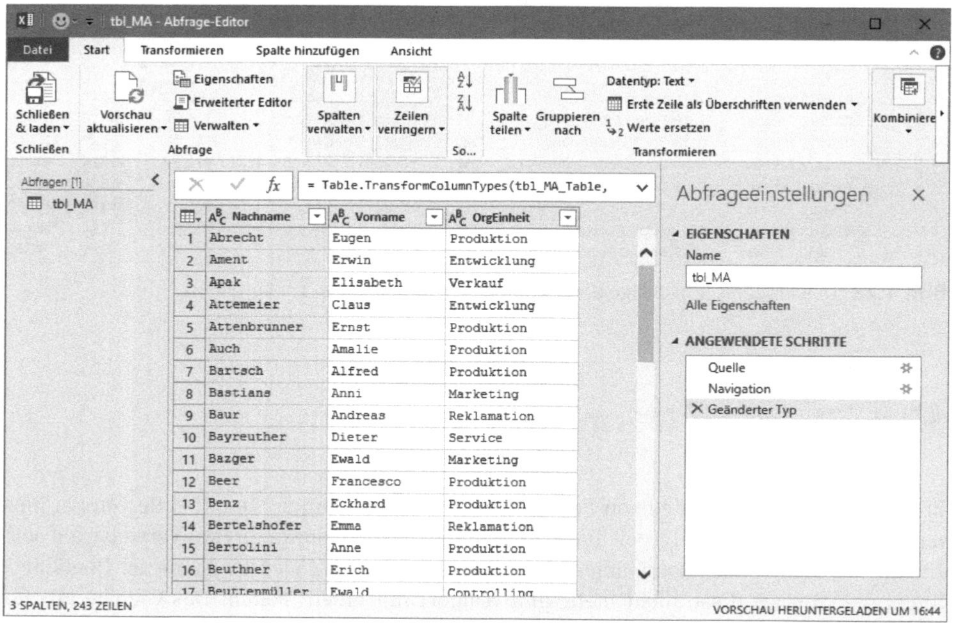

Filtern Sie die *OrgEinheit*-Spalte nach dem ersten Eintrag.

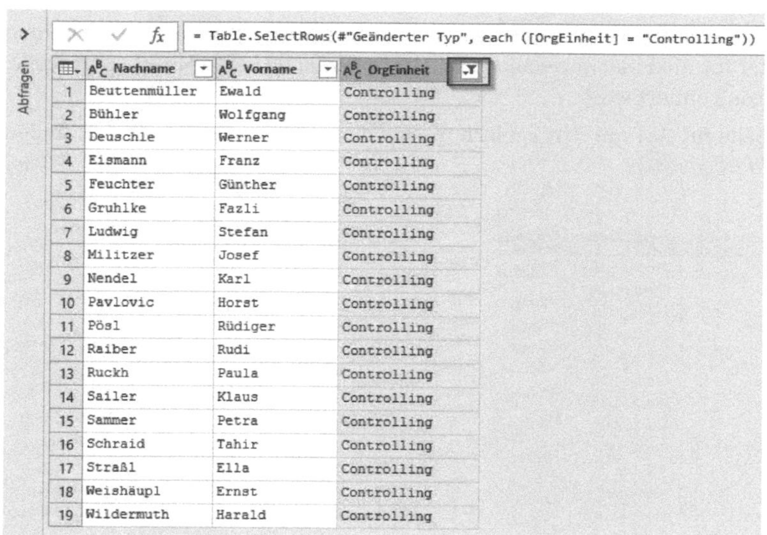

Legen Sie unter *Start/Parameter* einen neuen Parameter an.

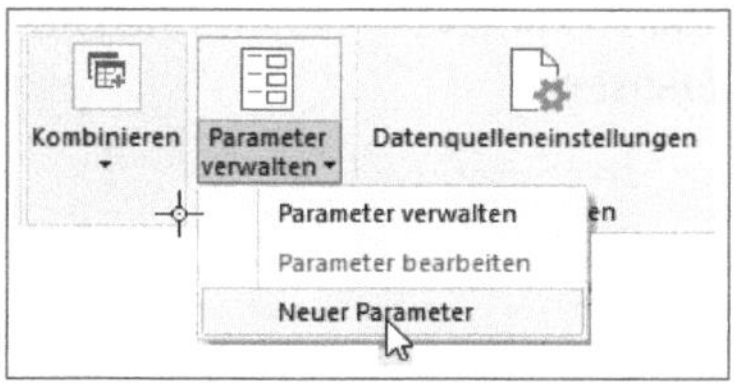

Geben Sie den Namen des Parameters *(Abteilung)* ein, bestimmen Sie den Typ *(Text)* und tragen Sie einen aktuellen Wert *(Controlling)* ein.

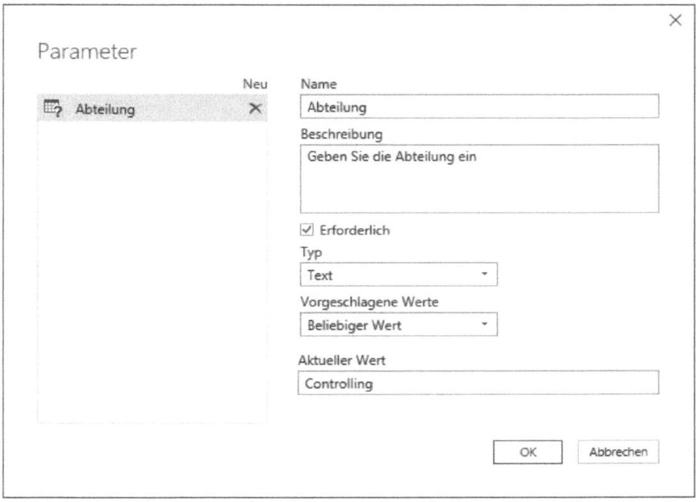

Der neue Parameter taucht in der Abfragenliste auf. Markieren Sie die erste Abfrage und ändern Sie die Formel im Schritt *Gefilterte Zeilen:*

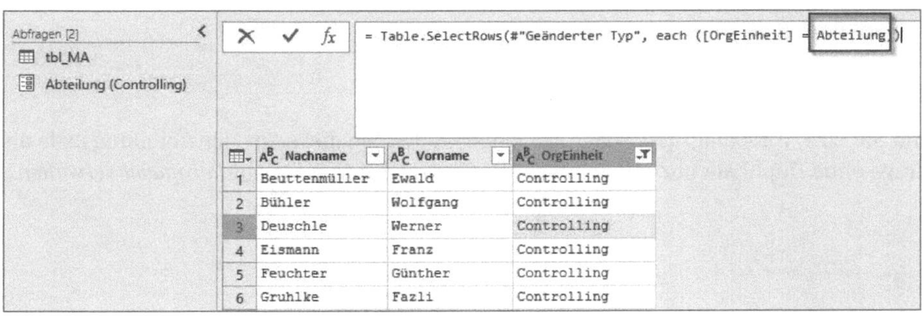


```
= Table.SelectRows(#"Geänderter Typ", each ([OrgEinheit] = Abteilung))
```

Schließen und laden Sie die Abfrage. Um das Filterkriterium zu ändern, öffnen Sie die Parameterabfrage per Doppelklick auf den Eintrag im Abfragefenster.

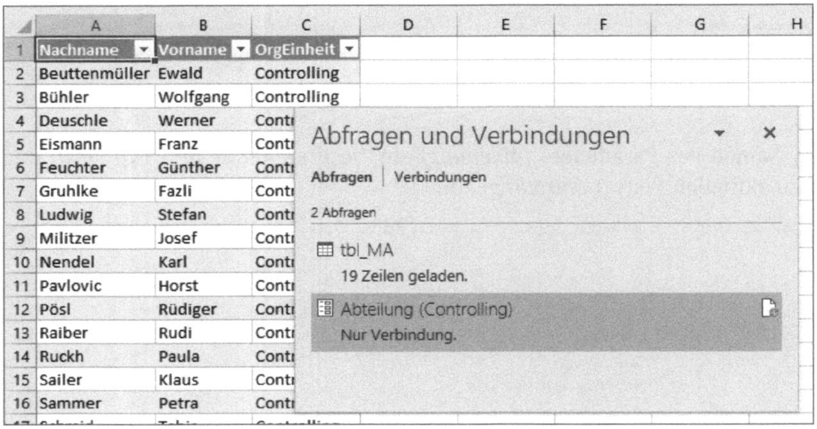

Geben Sie eine andere Abteilung ein und schließen Sie den Abfrage-Editor. Aktualisieren Sie alle Abfragen.

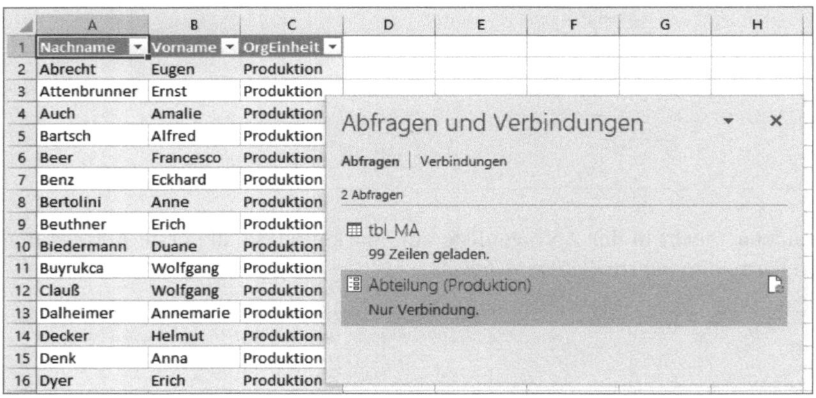

Wenn Sie eine Vorschlagsliste sehen wollen, erstellen Sie diese aus der Abteilungsliste als Abfrage ohne Duplikate nur mit dem Feld *OrgEinheit*. Klicken Sie auf *Parameter verwalten*.

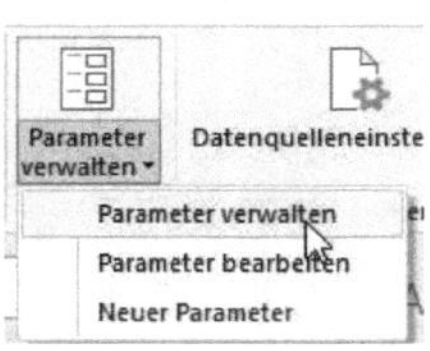

Geben Sie unter *Vorgeschlagene Werte* eine Werteliste mit selbst definierten Einträgen an oder eine Abfrage mit einer Liste.

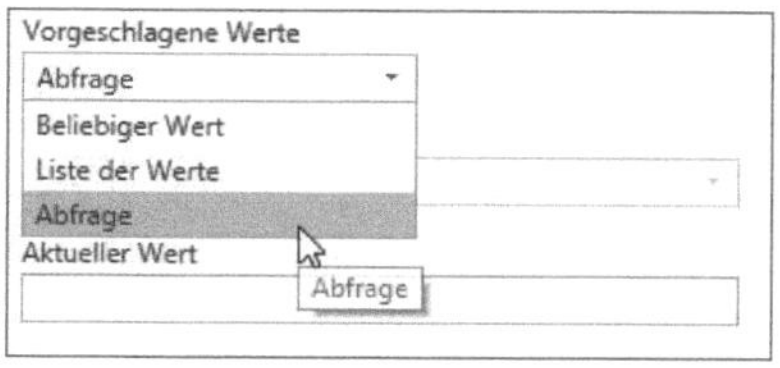

HINWEIS: Wenn Sie als Parameterliste eine Abfrage verwenden wollen, führen Sie vorher einen Drilldown auf die Abfragedaten durch, um die Abfrage zur Listenabfrage zu erklären. Die Liste wird aber beim Öffnen oder Bearbeiten der Parameterabfrage nicht angeboten, nur bei der Verwaltung.

4.10.1 Abfrage mit Parameter auf Pfad und Dateiname

Legen Sie für Dateipfade und Dateinamen eigene Abfragen an und arbeiten Sie die Abfrageergebnisse in die Dateiabfrage ein. Dann können Sie das Ergebnis direkt durch Eingabe oder Änderung von Pfaden und Dateinamen steuern.

Ein Beispiel: Das Händlerverzeichnis enthält zwei Tabellenblätter mit Händleradressen. Generieren Sie eine Abfrage, die automatisch das gewählte Adressblatt anzeigt. Die Datei *Haendler.xlsx* finden Sie in den Buchdaten:

Die Quelldatei *Haendler.xlsx* enthält zwei Tabellenblätter *Handel Nord* und *Handel Sued*.

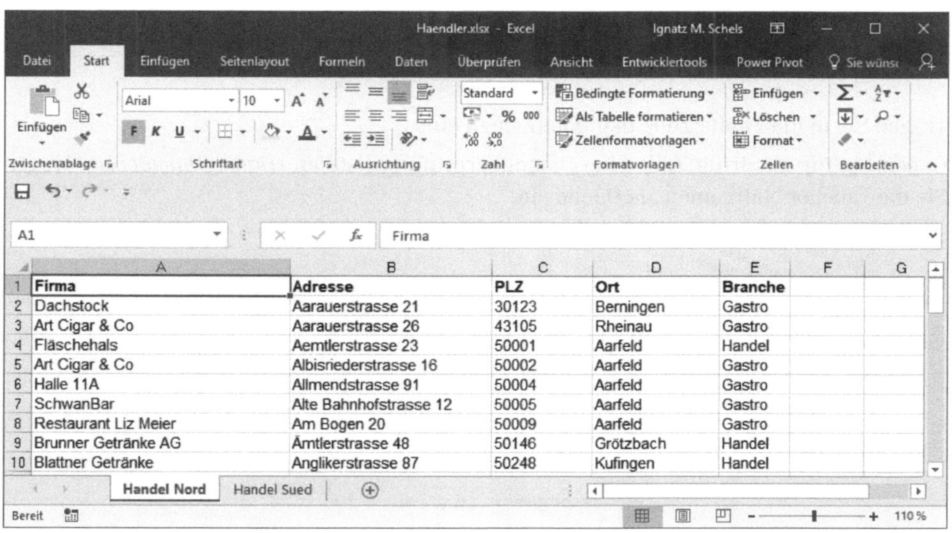

Legen Sie eine neue Tabelle *tbl_Parameter* an, schreiben Sie die Beschreibungen der Parameter in die erste Spalte.

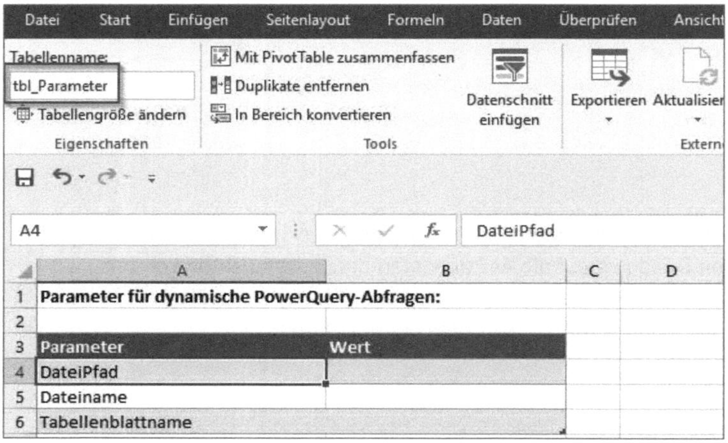

Geben Sie in der ersten Zeile der zweiten Spalte den Pfad zur Datei an oder berechnen Sie ihn mit dieser Formel:

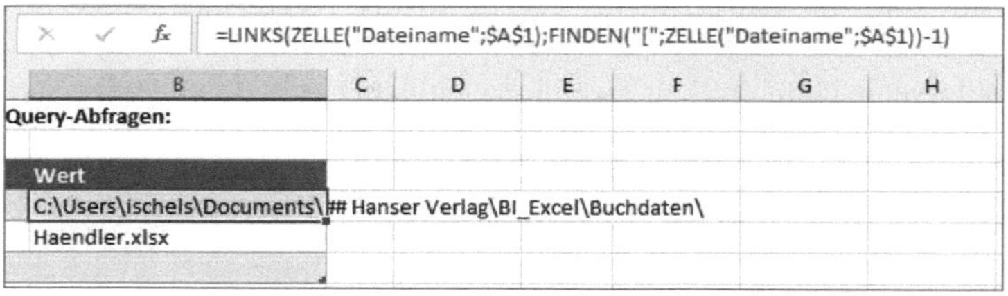

```
=LINKS(ZELLE("Dateiname";$A$1);FINDEN("[";ZELLE("Dateiname";$A$1))-1)
```

Tragen Sie in die zweite Zeile den Dateinamen ein.

Geben Sie für die dritte Zeile eine Datenüberprüfungsliste an *(Daten/Datentools)*. Tragen Sie die Tabellenblattnamen als Quelle ein.

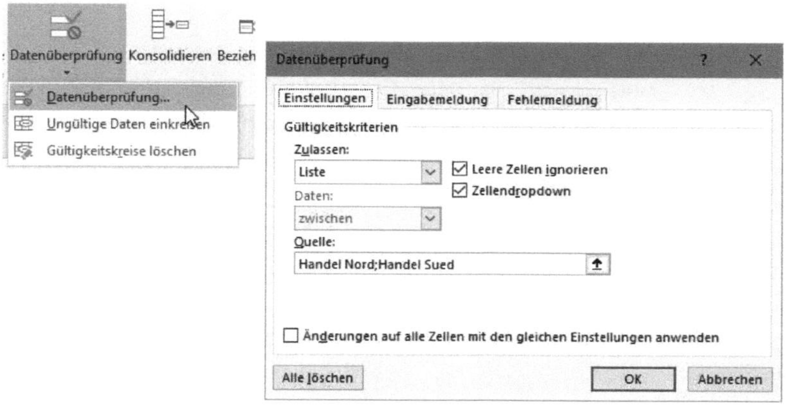

Jetzt können Sie das gewünschte Blatt aus der Liste wählen.

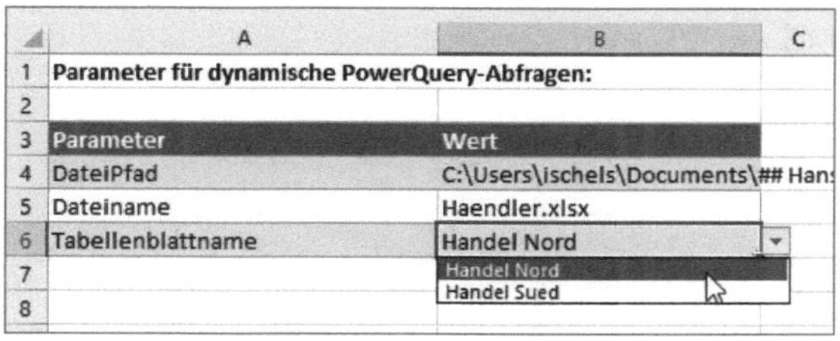

Wählen Sie *Daten/Daten abrufen und transformieren/Aus Tabelle/Bereich*. Geben Sie die Datei *Haendler.xlsx* an und bearbeiten Sie die Abfrage.

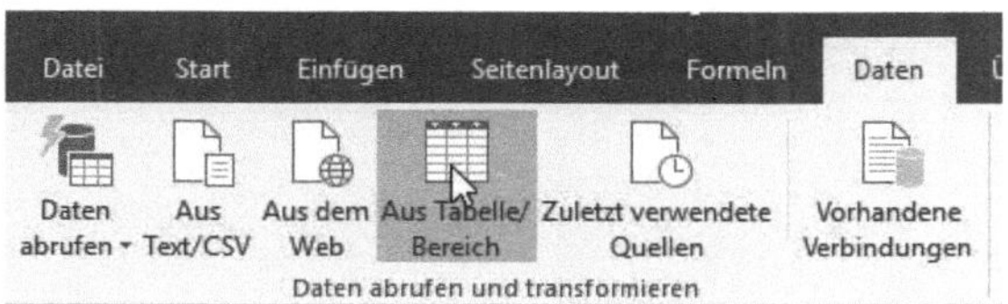

Filtern Sie die Tabelle nach dem Parameter *Dateipfad* in der ersten Spalte.

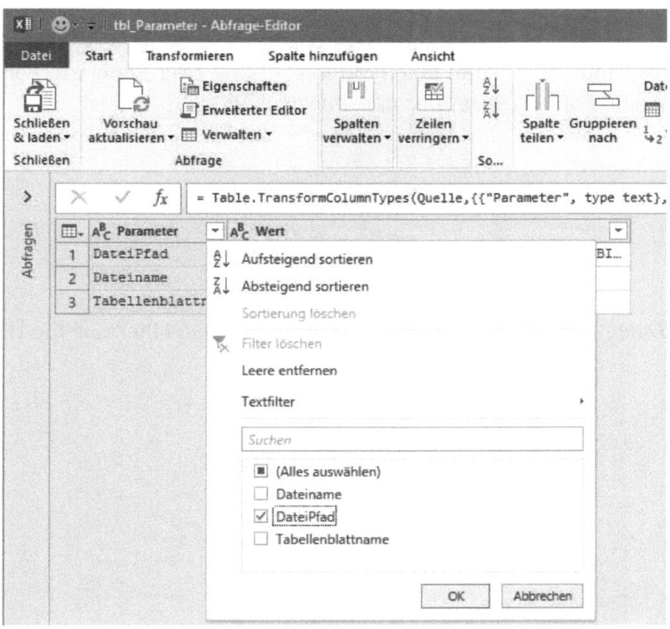

Klicken Sie mit der rechten Maustaste auf den Wert und wählen Sie *Drilldown ausführen.*

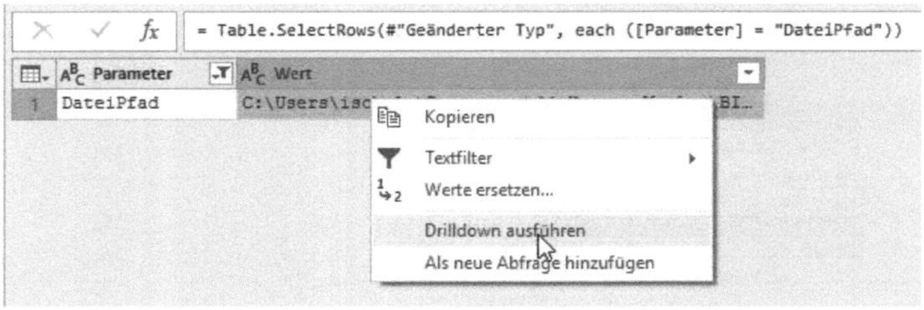

Ändern Sie den Namen der Abfrage und benennen Sie den letzten Schritt um in *DateiPfad.*

Kopieren Sie die erste Abfrage mit **Strg+C** und holen Sie mit **Strg+V** zwei Kopien in den Abfrage-Editor. Benennen Sie die Kopien *DateiName* und *Tabellenblatt.*

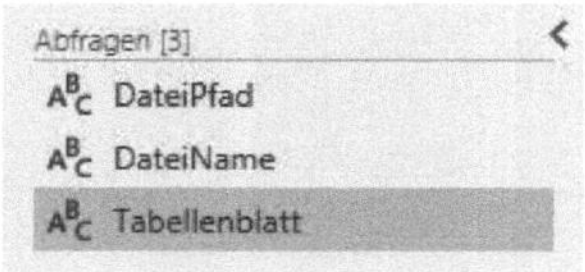

Löschen Sie in der Abfrage *DateiName* alle Schritte ab dem Schritt mit dem Filter und filtern Sie den Dateinamen.

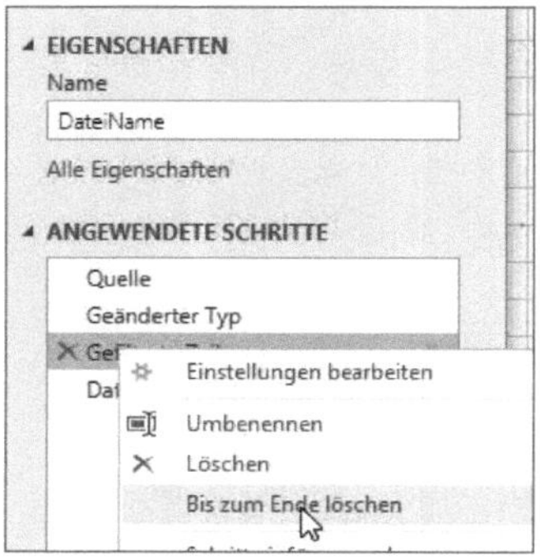

Führen Sie den Drilldown wieder durch.

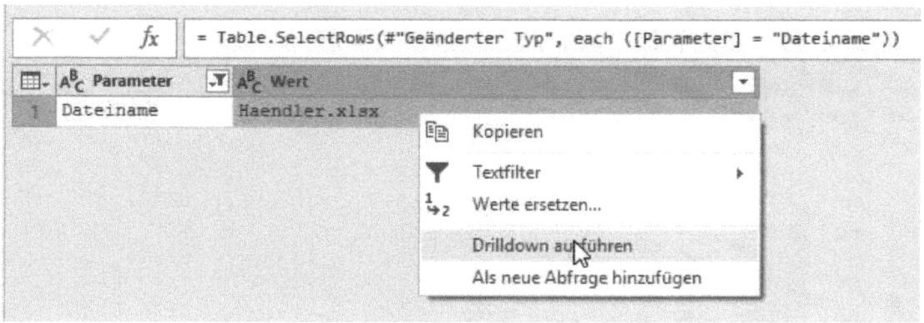

Benennen Sie den letzten Schritt wieder, geben Sie ihm den Namen *DateiName.*

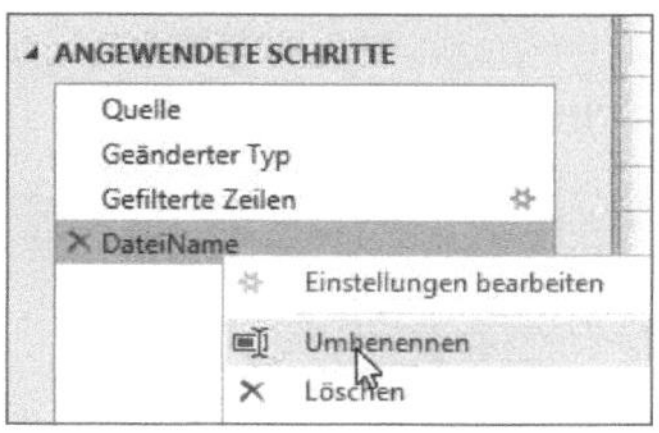

Ändern Sie so auch die dritte Abfrage, filtern Sie nach dem Tabellenblatt und führen Sie einen Drilldown durch.

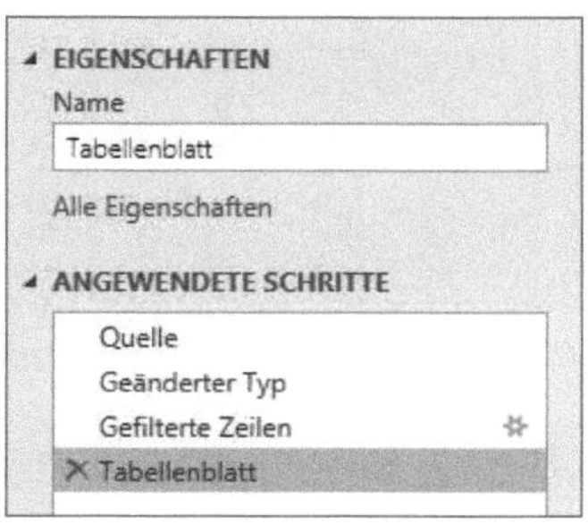

Schließen und laden Sie die Abfrage.

Wählen Sie *Nur Verbindung erstellen*, damit für die Abfrage nicht eine neue Tabelle angelegt wird.

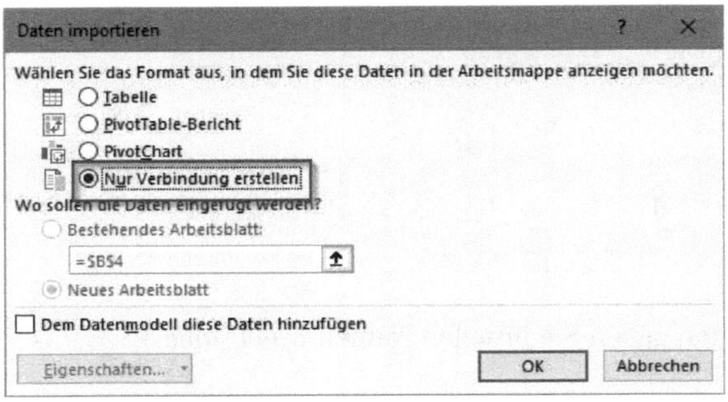

Damit enthält Ihre Mappe drei Abfragen. Markieren Sie die Zelle $A$10, …

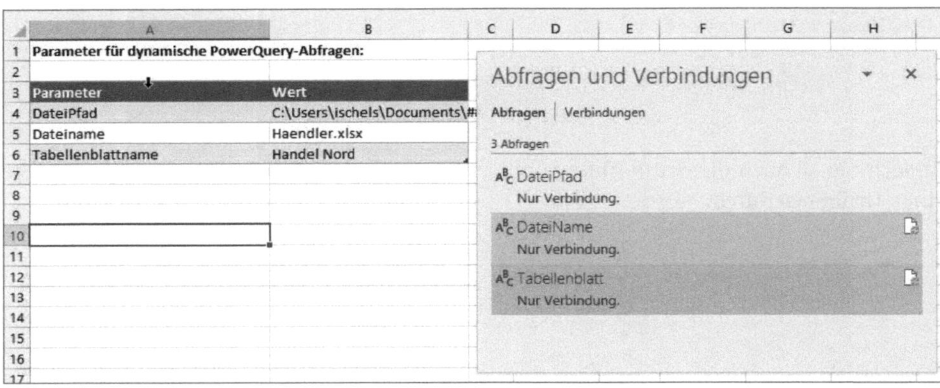

… und legen Sie mit *Daten/Abrufen und Transformieren/Daten abrufen/Aus Datei/Aus Arbeitsmappe* eine neue Abfrage an.

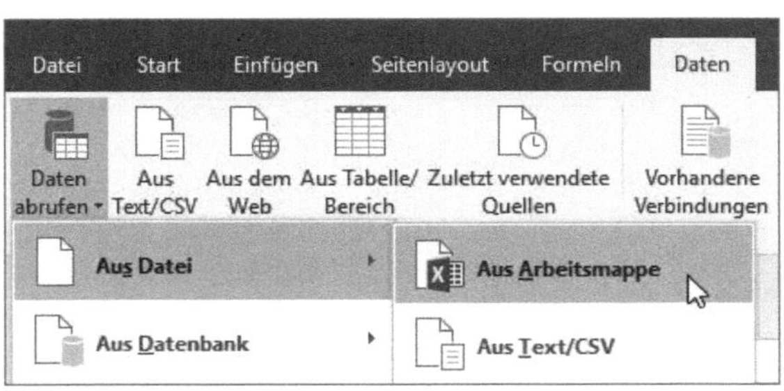

Suchen Sie das erste Tabellenblatt und bearbeiten Sie die Abfrage im Abfrage-Editor.

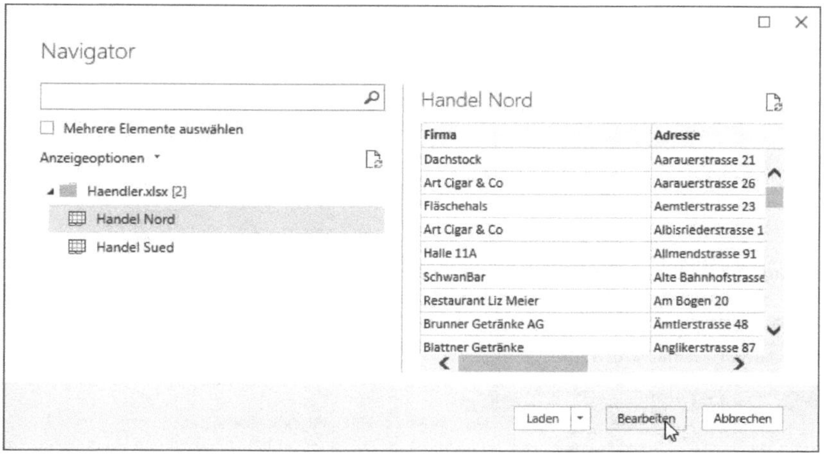

Markieren Sie den ersten Schritt *Quelle*, …

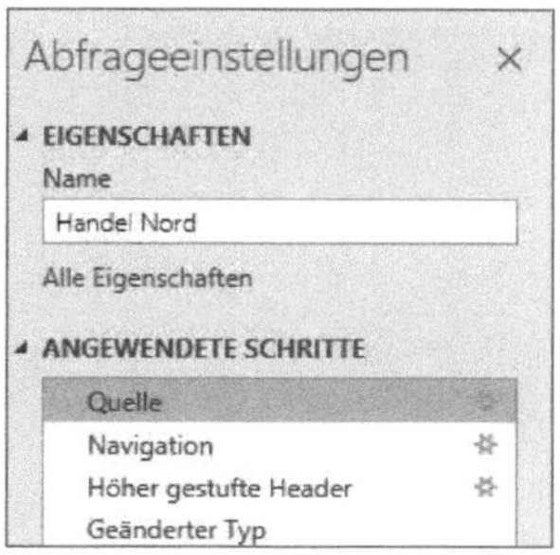

… und ändern Sie die Formel in der Bearbeitungsleiste. Tauschen Sie den Dateipfad gegen den Abfragenamen *DateiPfad* und den Dateinamen gegen *DateiName*.

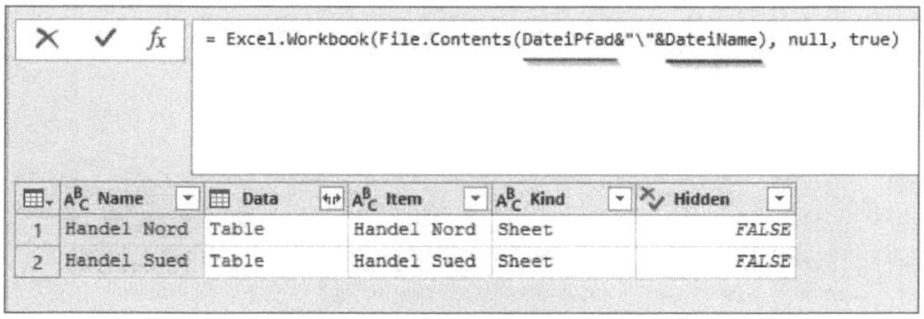

Ändern Sie auch die Formel für die Navigation, tauschen Sie den Blattnamen gegen den Abfragenamen *Tabellenblatt.*

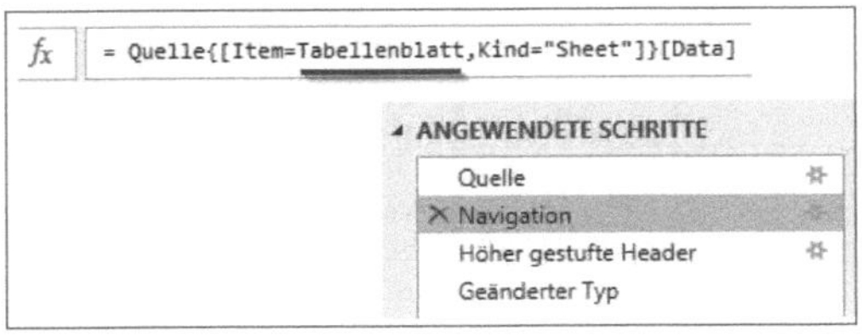

Schließen und laden Sie die Abfrage, holen Sie das Ergebnis in die Zelle $A$10.

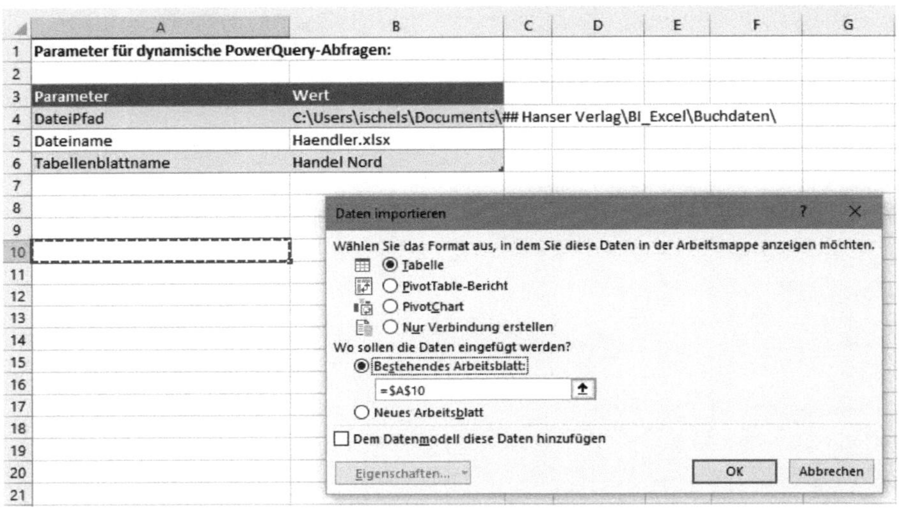

Die Abfrage wird erstellt, das erste Tabellenblatt wird eingefügt.

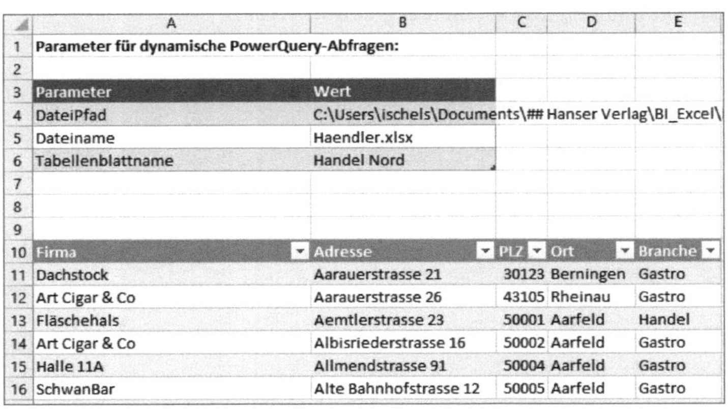

Schalten Sie mit der Datenüberprüfungsliste auf das zweite Tabellenblatt um, …

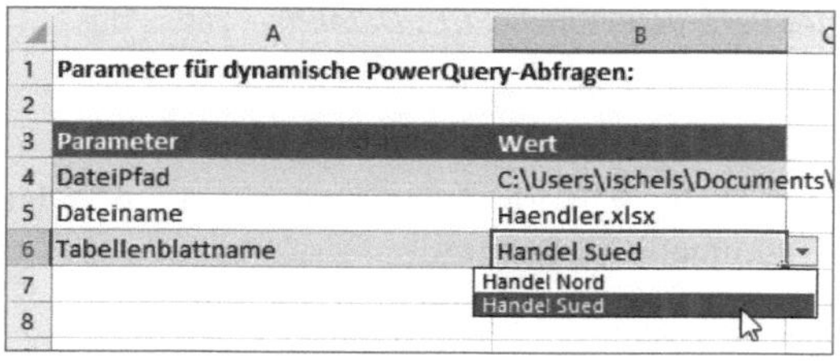

… und aktualisieren Sie alle Abfragen in der Arbeitsmappe.

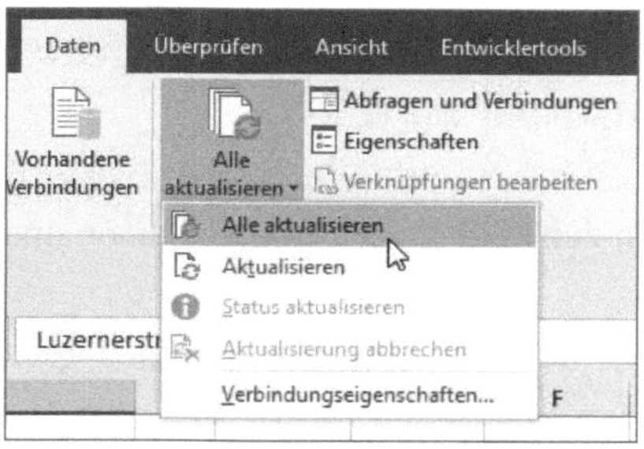

Die letzte Abfrage zeigt damit automatisch den Inhalt des gewählten Tabellenblattes an.

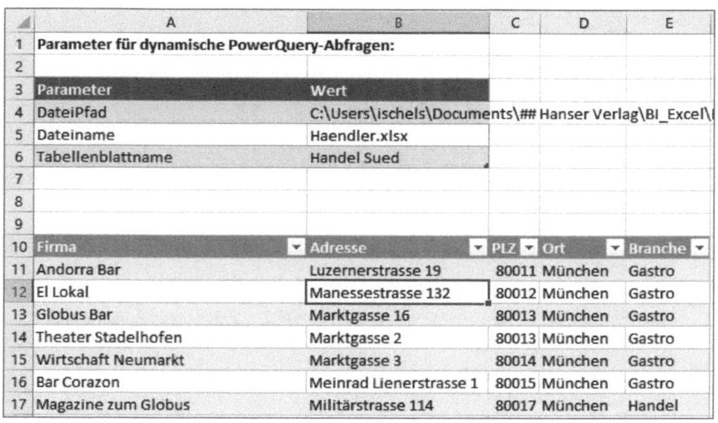

4.10.2 Abfrage verfeinern mit M-Code

Das ist das Standardverfahren, mit dem der Inhalt einer Tabelle als Parameter für weitere Abfragen genutzt werden kann. Mit einer kleinen M-Funktion können Sie den Code noch etwas verfeinern.

> **HINWEIS:** Achten Sie darauf, dass M-Codes Groß- und Kleinschreibung exakt berücksichtigen. Schreiben Sie in der Parametertabelle z. B. *DateiPfad*, muss das im M-Code genauso wiedergegeben werden. ■

Markieren Sie in der Abfrage *DateiPfad* den Schritt *Gefilterte Zeilen*. Jetzt sehen Sie in der Bearbeitungsleiste die M-Funktion, die diese Aufgabe übernimmt:

```
= Table.SelectRows(#"Geänderter Typ", each ([Parameter] = "DateiPfad"))
```

Diese Anweisung übergeben Sie der Variablen *DateiPfad*, die anschließend in der Quelle verwendet wird. Schreiben Sie den neuen Coder am besten gleich im erweiterten Editor, den Sie im Ansicht-Menü aktivieren können:

```
DateiPfad = Table.SelectRows(Excel.CurrentWorkbook(){[Name="tbl_Parameter"]}
[Content], each ([Parameter] = "DateiPfad")){0}[Wert],
```

Schreiben Sie auch die beiden anderen Anweisungen zur Festlegung von Dateinamen und Blattnamen:

```
DateiName= Table.SelectRows(Excel.CurrentWorkbook(){[Name="tbl_Parameter"]}[Content],
each ([Parameter] = "Dateiname")){0}[Wert],
BlattName =  Table.SelectRows(Excel.CurrentWorkbook(){[Name="tbl_Parameter"]}
[Content], each ([Parameter] = "Tabellenblattname")){0}[Wert],
```

Die Quelle kombiniert jetzt die drei Variablen (vorher: Abfragenamen), die drei Abfragen können Sie löschen:

```
Quelle = Excel.Workbook(File.Contents(DateiPfad&"\"&DateiName), null, true),
Blatt = Quelle{[Item=BlattName,Kind="Sheet"]}[Data],
```

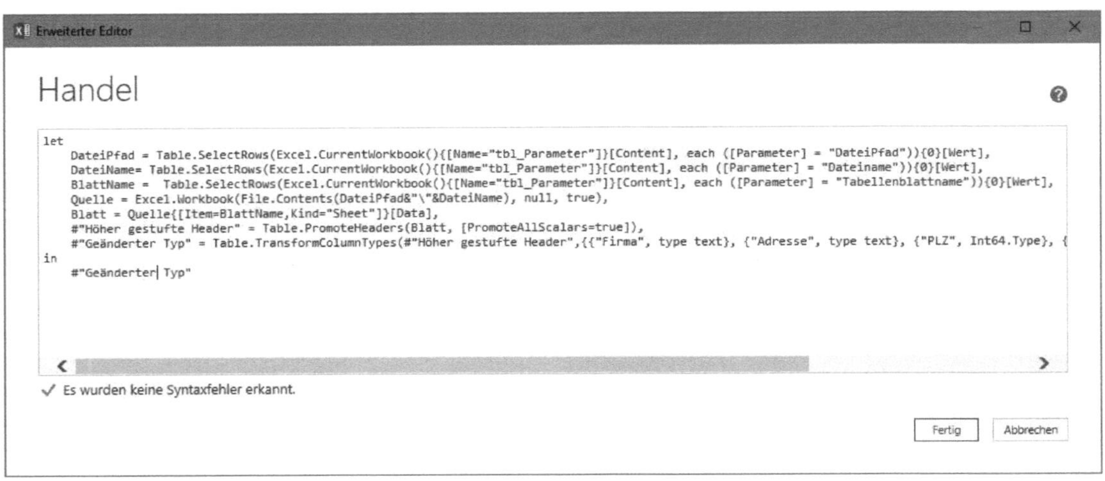

Bild 4.24 Die Abfrage im erweiterten Editor

4.10.3 Parameterabfrage mit M-Funktion

Noch komfortabler gestalten Sie die Abfrage mit einer benutzerdefinierten Funktion, die alle erforderlichen Parameter aus der Tabelle (oder vom Benutzer) holt und der Quelle übergibt:

Wählen Sie *Start/Neue Abfrage/Neue Quelle/Andere Quellen/Leere Abfrage.*

Tragen Sie den Funktionscode im erweiterten Editor ein:

```
let
    fkt = (TabName as text, ParName as text) =>
        Table.SelectRows(Excel.CurrentWorkbook(){[Name=TabName]}[Content], each
([Parameter] = ParName)){0}[Wert]
in
    fkt
```

Bestimmen Sie die Quelle der Abfrage jetzt mit Hilfe der Funktion. Sie fordert den Namen der Tabelle und das Filterkriterium an:

```
let
    DateiPfad = fnParameter("tbl_Parameter","DateiPfad"),
    DateiName= fnParameter("tbl_Parameter","Dateiname"),
    BlattName =  fnParameter("tbl_Parameter","Tabellenblattname"),
    Quelle = Excel.Workbook(File.Contents(DateiPfad&"\"&DateiName), null, true),
    #"Handel" = Quelle{[Item=BlattName,Kind="Sheet"]}[Data],
    #"Höher gestufte Header" = Table.PromoteHeaders(#"Handel",
[PromoteAllScalars=true]),
    #"Geänderter Typ" = Table.TransformColumnTypes(#"Höher gestufte
Header",{{"Firma", type text}, {"Adresse", type text}, {"PLZ", Int64.Type}, {"Ort",
type text}, {"Branche", type text}})
in
    #"Geänderter Typ"
```

4.10.4 Parameterabfrage mit Funktion und WENN-Filter

Noch komfortabler lässt sich eine Abfrage mit logischen Bedingungen gestalten, die im M-Code für die passende Filterung sorgen. Hier ein Beispiel:

Die Datei *Personaldatenbank.xlsx* enthält Personaldaten mit Feldern von der Personalnummer bis zur Arbeitszeit. Legen Sie eine Parametertabelle für den Dateipfad und den Dateinamen und das Tabellenblatt an und nehmen Sie als weitere Zeile einen Abteilungsfilter auf. Mit einer Datenüberprüfungsliste und einem Bereichsnamen werden die Abteilungen bereitgestellt, kopieren Sie diese aus der Originaldatei und entfernen Sie die Duplikate. Das erste Element der Liste bekommt den Wert „Alle".

Legen Sie ab Zelle $A$9 eine neue Abfrage an, filtern Sie diese und passen Sie den M-Code entsprechend an, sodass die Abfrage die gefilterte Datenmenge anzeigt:

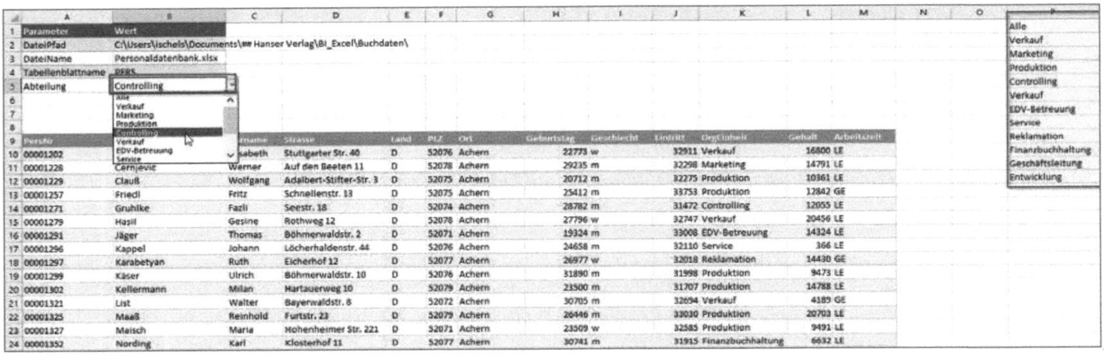

Bild 4.25 Gefilterte Datenmengen mit Datenüberprüfungsliste

Im Abfrage-Editor generieren Sie eine leere Abfrage und holen in diese die Funktion *fnParameter*.

```
let
    fkt = (TabName as text, ParName as text) =>
        Table.SelectRows(Excel.CurrentWorkbook(){[Name=TabName]}[Content], each
([Parameter] = ParName)){0}[Wert]
in
    fkt
```

Die Abfrage auf die Personaldatenbank bekommt die drei Funktionsaufrufe für die drei Variablen *DateiPfad*, *DateiName* und *BlattName*. Holen Sie eine weitere Variable *AbtFilter* in den Code. Lassen Sie für diese die Funktion nach dem Abteilungsfilter suchen.

```
    DateiPfad = fnParameter("tbl_Parameter","DateiPfad"),
    DateiName= fnParameter("tbl_Parameter","DateiName"),
    BlattName = fnParameter("tbl_Parameter","Tabellenblattname"),
    AbtFilter = fnParameter("tbl_Parameter","Abteilung"),
```

Die Daten werden mit dieser Anweisung gemäß der Aufzeichnung nach einer Abteilung gefiltert:

```
#"Gefilterte Zeilen" = Table.SelectRows(#"Höher gestufte Header", each ([OrgEinheit] =
"Controlling"))
```

Ersetzen Sie die Anweisung durch eine If-then-else-Anweisung, die dafür sorgt, dass nur bei Angabe einer Abteilung gefiltert wird. Bekommt der Parameter *AbtFilter* den Wert „Alle", wird die Tabelle nicht gefiltert. Hier der Code im Ganzen:

```
let
    DateiPfad = fnParameter("tbl_Parameter","DateiPfad"),
    DateiName= fnParameter("tbl_Parameter","DateiName"),
    BlattName =  fnParameter("tbl_Parameter","Tabellenblattname"),
    AbtFilter = fnParameter("tbl_Parameter","Abteilung"),
    Quelle = Excel.Workbook(File.Contents(DateiPfad&"\"&DateiName), null, true),
    PERS_Sheet = Quelle{[Item=BlattName,Kind="Sheet"]}[Data],
    #"Höher gestufte Header" = Table.PromoteHeaders(PERS_Sheet,
[PromoteAllScalars=true]),
```

```
    #"Gefilterte Zeilen" = if AbtFilter <> "Alle" then
     Table.SelectRows(#"Höher gestufte Header", each ([OrgEinheit] = AbtFilter))
    else #"Höher gestufte Header"
in
    #"Gefilterte Zeilen"
```

4.11 Die Abfragesprache M

Die Abfragetechnik von Excel (Power Query) bietet die Möglichkeit, Lade- und Transformationsprozesse von Daten aufzuzeichnen und zu gestalten. Alle Aktionen werden dabei in Code umgewandelt, und dieser Code wird mit Hilfe der *Power Query Formula Language* erzeugt, die allgemein „M" genannt wird. Der Anwender kann diese aufgezeichneten Codefolgen bearbeiten, alle Codezeilen abändern und mit eigenen Anweisungen versehen. Hier ein Beispiel:

Zeichen Sie folgende Aktionen auf:

1. Wählen Sie *Daten/Daten abrufen/Aus Online-Diensten/Aus dem Web.*
2. Geben Sie diese URL ein, sie führt auf die Wikipedia-Seite zum Thema „UEFA Champions League": *https://de.wikipedia.org/wiki/UEFA_Champions_League*
3. Markieren Sie im Navigator die Tabelle *Europapokal der Landesmeister* und klicken Sie auf *Bearbeiten.*
4. Filtern Sie in der ersten Spalte das Wort „Saison" heraus.
5. Benennen Sie die zweite Spalte um in „Team".
6. Markieren Sie die zweite Spalte und wählen Sie im Kontextmenü *Gruppieren nach.* Gruppieren Sie die Spalte mit dem Vorgang *Zeilen zählen* und dem neuen Spaltennamen *Anzahl Siege.*

Die Abfrage zeigt damit die Teams mit der jeweiligen Anzahl Siege im Wettbewerb.

Markieren Sie in der Schrittfolge einzelne Schritte, sehen Sie die Formeln im M-Code in der Bearbeitungsleiste (falls nicht sichtbar, im Ansicht-Menü einschalten).

HINWEIS: Achten Sie auf Groß-/Kleinschreibung: Alle Formelelemente und Ausdrücke müssen korrekt geschrieben werden.

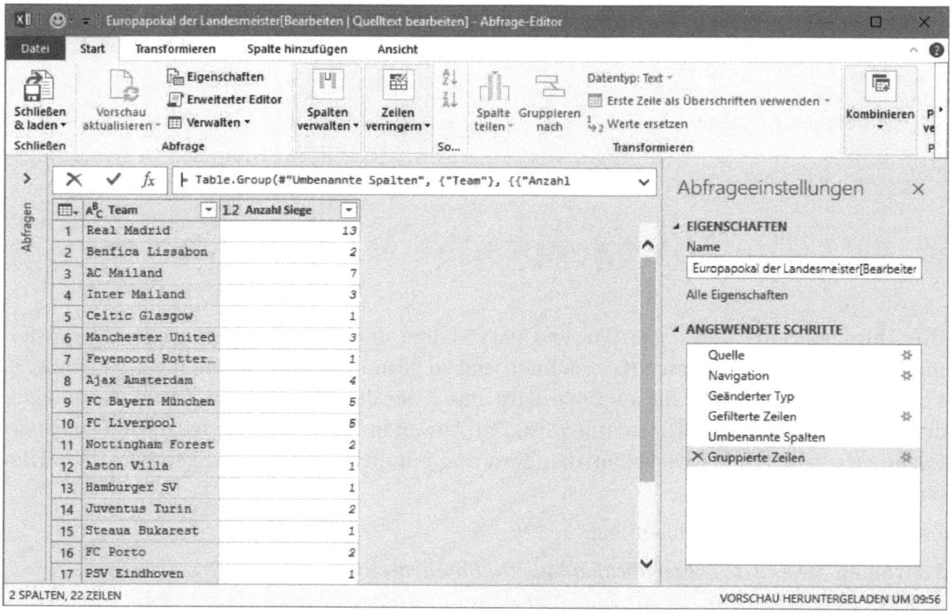

Bild 4.26 Die Champions League-Sieger

4.11.1 Die Bearbeitungsleiste

In der Bearbeitungsleiste sehen Sie den M-Code des markierten Schrittes. Sie können den aktuellen Code bearbeiten oder einen neuen Schritt einfügen. In der Praxis werden Sie den passenden Befehl aus der Menüleiste oder aus dem Kontextmenü holen, der Schritt kann aber auch programmiert werden:

1. Markieren Sie den letzten aufgezeichneten Schritt.
2. Klicken Sie auf das Symbol *fx*, um einen neuen Schritt einzufügen.
3. Geben Sie diesen Code ein:

```
= Table.Sort(#"Gruppierte Zeilen",{{"Anzahl Siege", Order.Ascending}})
```

Damit wird die Liste aufsteigend nach der zweiten Spalte sortiert. Um sie absteigend zu sortieren, ändern Sie den Code:

```
= Table.Sort(#"Gruppierte Zeilen",{{"Anzahl Siege", Order.Descending}})
```

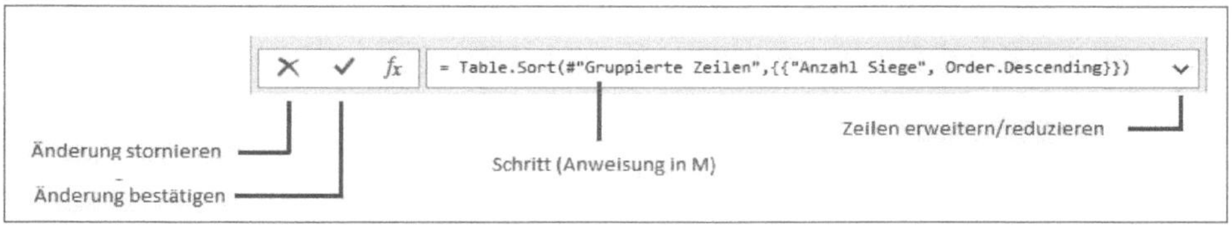

Bild 4.27 Der M-Code in der Bearbeitungsleiste

4.11.2 Erweiterter Editor

Den gesamten Code sehen Sie im erweiterten Editor, den Sie über *Start/Abfrage* oder *Ansicht/Erweitert* aktivieren.

Um einen neuen Schritt in die aktuelle Abfrage einzufügen, markieren Sie einen Schritt und klicken auf das *fx*-Symbol. Der Schritt wird angefügt oder – nach einer Sicherungsmeldung – zwischen die anderen Schritte eingefügt.

Um eine neue Abfrage direkt im erweiterten Editor zu programmieren, wählen Sie *Start/ Neue Quelle/Andere Quellen/Neue Abfrage.* Schalten Sie um auf den erweiterten Editor, und erfassen Sie den Code.

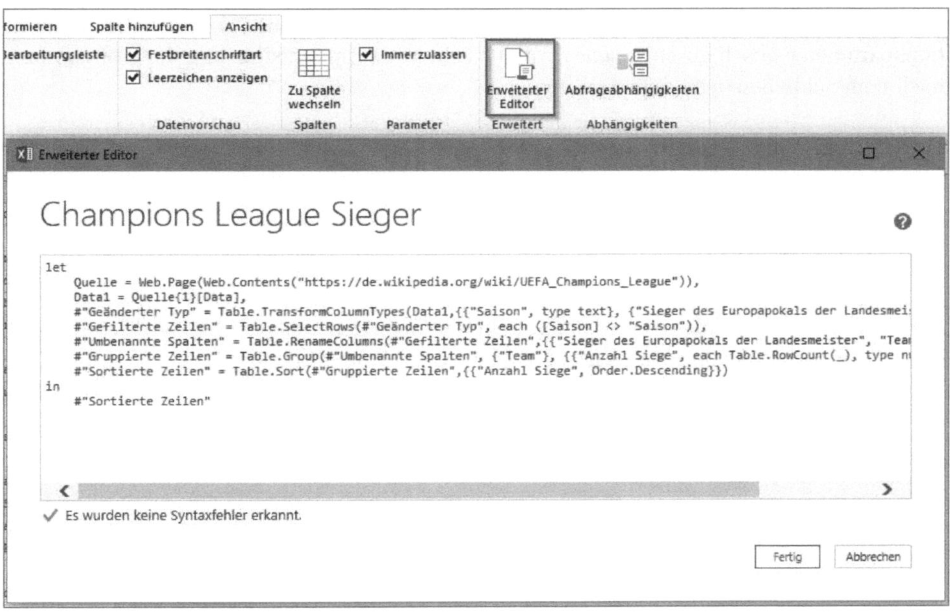

Bild 4.28 Der erweiterte Editor

Änderungen im Code werden vom erweiterten Editor automatisch auf Fehler überprüft, wenn der Cursor aus der Zeile entfernt wird. Die Meldung links unten gibt Auskunft über den Status. *Es wurden keine Syntaxfehler erkannt* ist die Standardmeldung. Enthält der Code einen Fehler, wird eine entsprechende Meldung angezeigt. Klicken Sie auf den Link *Fehler anzeigen*, wird der Fehler markiert. Hier im Beispiel ist in der letzten Anweisung (Sortierung) eine Klammer zu viel:

Bild 4.29 Fehler im Code: eine Klammer zu viel

Der erweiterte Editor erkennt aber nur syntaktische Fehler. Ist eine Funktion oder ein Funktionsparameter falsch geschrieben, wird der Fehler erst mit Ausführung der Abfrage bzw. nach dem Schließen des Editors sichtbar.

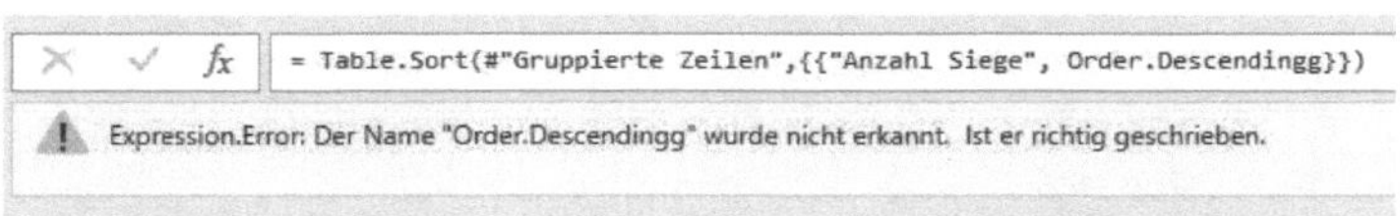

Bild 4.30 Fehlermeldung

Reparieren Sie den Fehler und bestätigen Sie mit der Eingabetaste. Die Abfrage wird nach einer erneuten Fehlerprüfung richtig ausgeführt.

4.11.3 Die Syntax der M-Formel

Syntax	Beschreibung
Funktionsname (z. B. *Text.End*)	Die Funktion besteht aus zwei Teilen, die durch einen Punkt getrennt sind. Beide Teile beginnen mit einem Großbuchstaben.
() (runde Klammern)	Schließen die Argumente der Funktion ein. Es gibt wie in Excel auch Funktionen, die keine Argumente haben.
, Komma	Das Komma ist das Trennzeichen zwischen Argumenten. Excel selbst und die DAX-Funktionen benutzen das Semikolon.
[ ] Eckige Klammern	Damit werden Spaltennamen umklammert, wenn diese in der Formel für eine berechnete Spalte vorkommen.

4.11.3.1 Groß-/Kleinschreibung

Ein gravierender Unterschied zwischen Excel und Power Query ist die Groß/Kleinschreibung: Alle Codeelemente, alle Funktionen müssen in der exakten Syntax geschrieben werden, in der sie vorgegeben sind. Im Unterschied zu Excel, das Groß- und Kleinschreibung nicht unterscheidet, sondern kleingeschriebene Funktionsteile sogar nach Interpreterprüfung großschreibt, macht Power Query keine Prüfung, sondern meldet sich nur mit der Fehlermeldung *Expression.Error*.

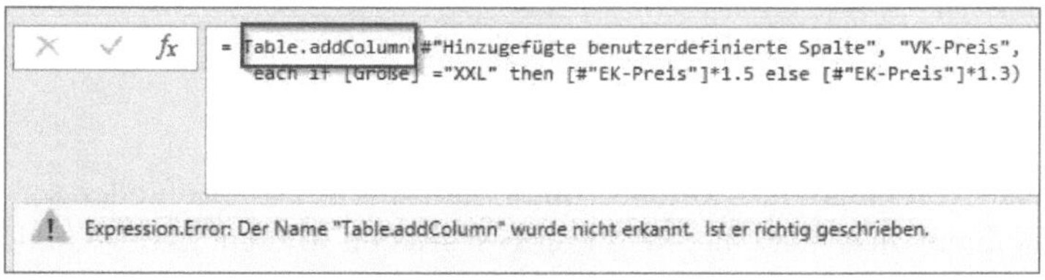

Bild 4.31 Fehler: Großschreibung erforderlich

4.11.3.2 Basis 0

Excel-Funktionen beginnen mit der 1 als erstes Element, nur Arrays zählen das erste Element mit 0. Power Query startet mit der 0 als erste Zahl, aber nur in Zählfunktionen.

Excel	Power Query
=LINKS("ABCDEF";3) = "ABC"	=Text.Start("ABCDEF",3) = "ABC"
=TEIL(ABCDEF";2;3) = "BCD"	=Text.Range("ABCDEF",2,3) = "CDE"

4.11.3.3 „let" und „in"

Mit *let* beginnt die Abfolge von Abfrageschritten. Jeder Schritt basiert auf einen vorherigen Schritt, auf den namentlich verwiesen wird. Das ist meist der vorherige Schritt, kann aber auch einer der anderen Schritte sein.

Die Anweisung *in* beendet die Anweisungsfolge, in der Zeile nach *in* wird in der Regel der letzte Schritt wiederholt.

```
let
  Schritt 1 = x
  Schritt 2 = Schritt 1 xxx
  Schritt 3 = Schritt 2 xxx
in
  Schritt 3
```

4.11.3.4 Leerzeichen

Leerzeichen können immer und überall eingefügt werden, sie werden nicht komprimiert oder entfernt.

4.11.3.5 Anweisungsende

Jede Anweisung zwischen *let* und *In* endet mit einem Komma, die letzte Anweisung hat kein Komma mehr.

```
let
  x = 1,
  y = 2,
  z = x + y
in
  z
```

4.11.3.6 Variablen

Variablen können zu jeder Zeit eingeführt werden. Wenn Sie keine Leerzeichen oder Sonderzeichen enthalten, können Variablen ohne Kennung geschrieben werden. In der Praxis werden sie aber mit # und Anführungszeichen eingeführt:

```
= let
  x = 1,
  y = 2,
  #»Ergebnis: « = x + y
in
  #"Ergebnis: "
```

4.11.3.7 Literale

Literale sind Typkennzeichnungen für Variablen. In M werden diese Literale verwendet:

Null	null
Logisch	true, false
Numerisch	0, 1, -1, 1.5, 23e-5
Zeit	#time(08,15,00)
Datum	#date(2019,12,25)
Datum und Zeit	#datetime(2019,12,25 08,15,00)
Datum und Zeit mit Zeitzone	#datetime(2019,12,25 08,15,00 09,00)
Dauer	#duration(0,1,30,0)
Text	"Hallo Welt"
Binär	#binary("AQID")
Liste	{1, 2, 3}
Datensatz	[A = 1, B = 2]
Tabelle	#table({"X","Y"},{{0,1},{1,0}})
Funktion	(x) => x + 1
Typ	type { number } type table [A = any, B = text]

Erzeugen Sie mit *#table* eine Tabelle:

Bild 4.32 Eine neue Tabelle

Schreiben Sie einen Datensatz per M-Code:

```
let Quelle =
   [
     BestellNr = 1,
     KundenNr = 1,
     Bestelltext = "T-Bone Steak",
     Preis = 21.95
   ]
in Quelle
```

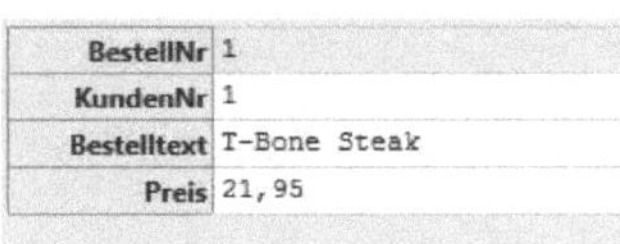

BestellNr	1
KundenNr	1
Bestelltext	T-Bone Steak
Preis	21,95

4.11.3.8 Listen

Eine Liste ist eine sortierte Wertereihe, die gemischte Datentypen enthalten kann. Die Liste steht in geschweiften Klammern, das Trennzeichen ist das Komma.

```
MyList = {"ABC",True,123}
```

4.11.3.9 Records

Ein Record ist eine Menge von Feldern, die sich aus jeweils einem Paar aus Namen und Wert zusammensetzt:

```
MyNumbers =[
           x = 1,
           y = 2,
           z = 3
           ]
```

4.11.3.10 Tabellen

Mit einer M-Formel lässt sich eine Tabelle erzeugen. Geben Sie die Spaltennamen und optional die Zeileninhalte an:

```
myTable = Table.FromRows({{100,200},{300,400}},{"Spalte1","Spalte2"})
```

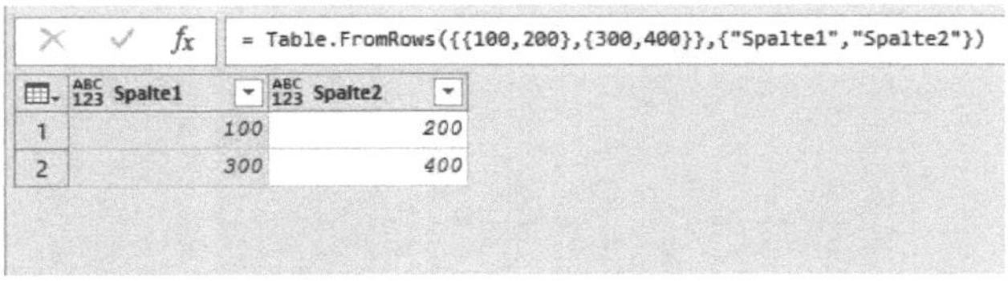

Bild 4.33 Eine Tabelle, per M-Formel erzeugt

4.11.3.11 Funktionsaufrufe

Funktionen werden durch Zuweisung des Funktionsnamens an einen Schrittnamen aufgerufen:

```
let
  #"Meldung" = Text.Proper("Hallo Welt!")
in
 #"Meldung"
```

Dieser Code berechnet den Wochentag des Weihnachtsdatums:

```
let
  #"Weihnachten" = #date(2019,12,24),
  #"Wochentag" = Date.DayOfWeekName(#"Weihnachten")
in
  "Weihnachten fällt dieses Jahr auf einen "&#"Wochentag"
```

4.11.3.12 Kommentare

Kommentare können in jeder Zeile und beliebig oft eingefügt werden, die Anweisungen werden nicht ausgeführt. Einzelne Kommentarzeilen beginnen mit //:

```
// Das ist ein Kommentar
```

Kommentare mit mehreren Zeilen werden zwischen /* und */ geschrieben:

```
/* Das ist die erste Kommentarzeile
... und das ist die zweite
... eine haben wir noch
*/
```

4.11.3.13 Logische Bedingung (WENN)

Die Bedingung wird in dieser Form geschrieben:

```
if bedingung then aktion1 else aktion2
```

Als Formel in einer zusätzlichen Spalte berechnet sie Ergebnisse aus oder mit den anderen Spalten. Nutzen Sie den Menübefehl *Spalte hinzufügen/Allgemein/Bedingte Spalte,* hier lässt sich die Bedingung im Dialog konstruieren. Hier ein Beispiel:

Die Teilnehmerliste wird nach dem Alter der Teilnehmer analysiert, berechnen Sie die neue Spalte *Altersgruppe* über eine Bedingungsspalte:

	A	B
1	Name	Alter
2	Heinz Hurtig	21
3	Fritz Schmidt	30
4	Berta König	45
5	Hans Ortmann	55
6	Otto Reiber	65
7	Marco Huber	17

Bild 4.34 Teilnehmerliste

1. Wählen Sie *Spalte hinzufügen/Bedingte Spalte.*
2. Geben Sie die Bedingung und die Aktionen für *Dann* und *Sonst* an.

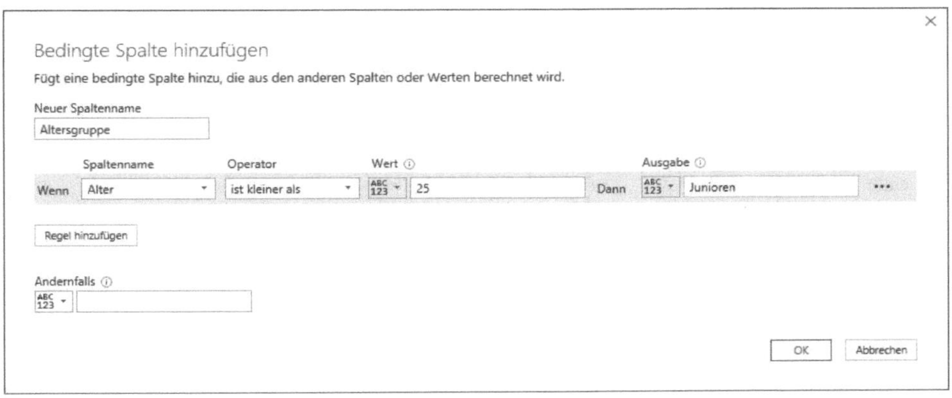

Bild 4.35 Bedingte Spalte

Der Abfrageschritt enthält im M-Code anschließend eine if-then-else-Bedingung:

```
= Table.AddColumn(Quelle, "Altersgruppe", each if [Alter] < 25 then "Junioren" else
null)
```

Über *Regel hinzufügen* können Sie die Bedingung erweitern und schachteln. Geben Sie den else-Zweig für die Tatsache an, dass beide Bedingungen nicht erfüllt sind:

```
= Table.AddColumn(Quelle, "Altersgruppe", each if [Alter] < 25 then "Junioren" else
if [Alter] > 60 then "Senioren" else "25 - 59")
```

Das gleiche Ergebnis und denselben M-Code erhalten Sie, wenn Sie eine benutzerdefinierte Spalte hinzufügen und die Bedingung als Spaltenformel formulieren.

```
if [Alter] < 25 then "Junioren" else if [Alter] > 60 then "Senioren" else "25 - 59"
```

Name	Alter	Altersgruppe
Heinz Hurtig	21	Junioren
Fritz Schmidt	30	25 -59
Berta König	45	25 -59
Hans Ortmann	55	25 -59
Otto Reiber	65	Senioren
Marco Huber	17	Junioren

Bild 4.36 Altersgruppe berechnet

Natürlich lässt die Funktion auch Kombinationen mit UND und ODER (and, or) zu:

```
if [Alter] = 21 or [Alter] = 22 then "Junioren"...
```

4.11.3.14 Schleifen

Eine einfache und schnelle Möglichkeit, Werte über eine Schleife herzustellen, bietet die Funktion *List.Generate*. Geben Sie ihr einen Startwert, eine Bedingung und eine Schrittweite, und sie berechnet bzw. erstellt eine Tabelle mit den gewünschten Werten. Hier ein Beispiel für eine Parabeltabelle, die mit der Funktion y=x*x arbeitet:

```
let
  data = List.Generate(() => [x=-10, y=100],
  each [x]<=10,
  each [x=[x]+1, y=x*x]),
  output = Table.FromRecords(data)
in output
```

x	y
-10	100
-9	81
-8	64
-7	49
-6	36
-5	25
-4	16
-3	9
-2	4
-1	1
0	0
1	1
2	4
3	9
4	16
5	25
6	36
7	49
8	64
9	81
10	100

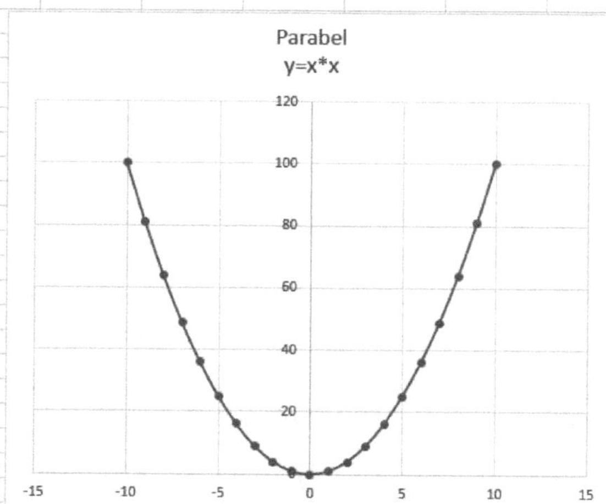

Bild 4.37 Funktionskurve per Schleife erstellt

4.11.3.15 Fehlerumleitung mit try ... otherwise

In Excel wird mit der Funktion =WENNNFEHLER() ein potentieller Fehler auf eine andere Aktion, Berechnung oder ein anderes Ergebnis umgeleitet. Im M-Code verwenden Sie dafür die Anweisung *try ... otherwise*.

Hier wird die Spaltenfolge der Artikeltabelle neu angeordnet, aber nur, wenn dabei kein Fehler auftritt. *try ... otherwise* sorgt dafür, dass der vorherige Schritt zum Einsatz kommt, wenn die Spaltennamen nicht oder nicht mehr zu finden sind.

```
let
    Quelle = Excel.CurrentWorkbook(){[Name="tbl_Artikel"]}[Content],
    #"Neu angeordnete Spalten" = try Table.ReorderColumns(Quelle,{"Artikel", "EK", "Größe"}) otherwise Quelle
in
    #"Neu angeordnete Spalten"
```

4.11.4 Funktionsreferenzen und Hilfe

Eine Liste mit allen M-Funktionen und eine gute Beschreibung dazu, leider aber nur in Englisch, liefert die Microsoft-Entwicklerseite MSDN (Microsoft Developer Network). Hier finden Sie die gesamte M-Referenz und eine Funktionsliste. Geben Sie einen Suchbegriff ein oder arbeiten Sie mit der alphabetisch sortierten Kategorieliste am linken Rand:

https://msdn.microsoft.com/de-de/query-bi/m/power-query-m-function-reference

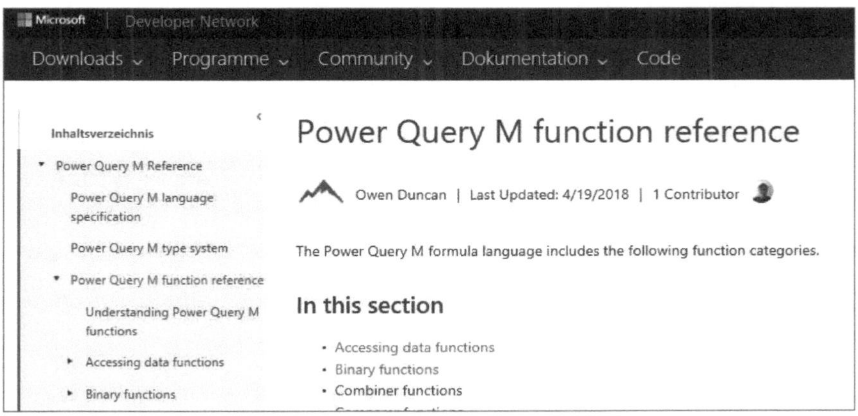

Bild 4.38 Referenz auf M-Funktionen bei MSDN

4.11.5 Abfrage auf Funktionsliste erstellen

Wollen Sie Ihre Funktionen auch im Abfrage-Editor immer auf Abruf bereit haben, erstellen Sie sich eine Funktionsliste. Diese Liste lässt sich auch als Tabelle nach Excel exportieren:

1. Wählen Sie *Daten/Abrufen und Transformieren/Daten abrufen/Aus anderen Quellen/ Leere Abfrage*.
2. Tragen Sie in die Bearbeitungsleiste diesen Ausdruck ein: *=#shared*

3. Wählen Sie *Datensatztools/Konvertieren/In Tabelle.*
4. Sortieren Sie die Abfrage aufsteigend nach der ersten Spalte.
5. Ändern Sie den Namen der Abfrage in den Eigenschaften, nennen Sie die Abfrage *M-Funktionsliste.*

Jetzt steht die Funktionsliste als Abfrage bereit. Schließen und laden Sie sie in die Arbeitsmappe, ändern Sie den Abfragetyp auf *Nur Verbindung,* wenn Sie die Liste nicht als eigene Tabelle haben wollen.

Wenn Sie die Abfrage nicht in eine Tabelle konvertieren, erhalten Sie beim Klick auf den Funktionsnamen am unteren Ende des Abfragefensters eine Beschreibung zur Funktion. Ziehen Sie den oberen Rand des Fensters mit gedrückter Maustaste nach oben, um es zu vergrößern. Ein Klick auf den Link in der zweiten (weißen) Spalte öffnet ein Fenster mit der Beschreibung und – meist – einem Beispiel für die Anwendung der Funktion. Löschen Sie anschließend den damit erzeugten Schritt einfach wieder.

Mit *Konvertieren/In Tabelle* erhalten Sie eine echte Liste mit M-Funktionen.

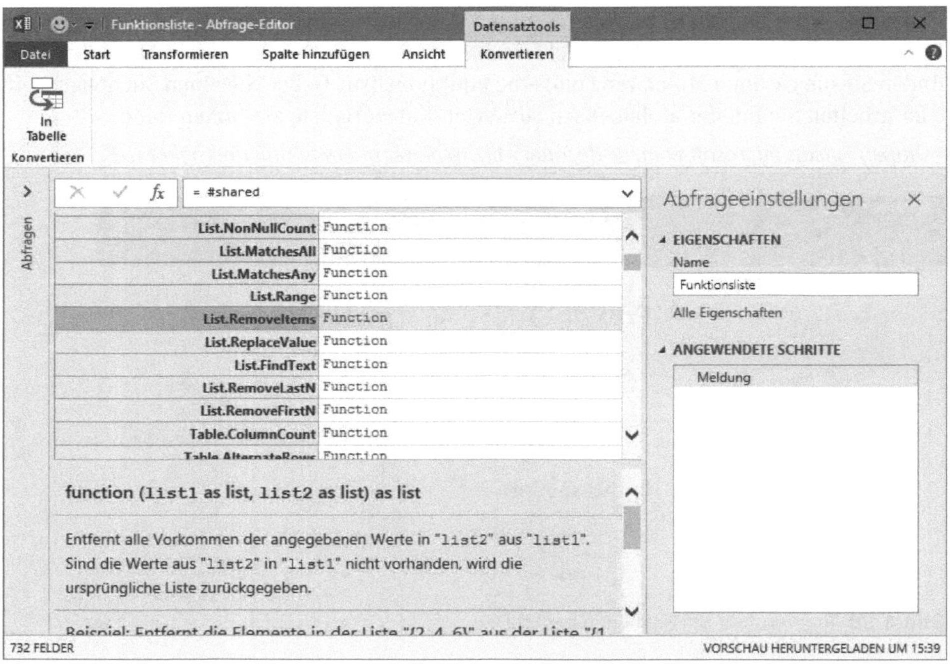

Bild 4.39 M-Funktionsliste als Tabelle

4.11.6 Datumsberechnungen mit M

Am Beispiel einer Personaldatenbank testen Sie einige der wichtigsten Datumsfunktionen der Power Query-Sprache M.

Legen Sie eine neue Arbeitsmappe und eine neue Abfrage mit Power Query *(Abrufen und Transformieren)* an. Wählen Sie eine Excel-Arbeitsmappe als Datenquelle.

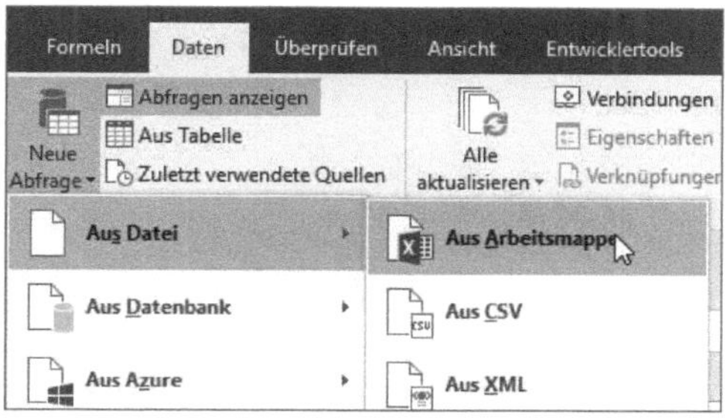

Suchen Sie die Übungsdatei *Personaldatenbank.xlsx*.

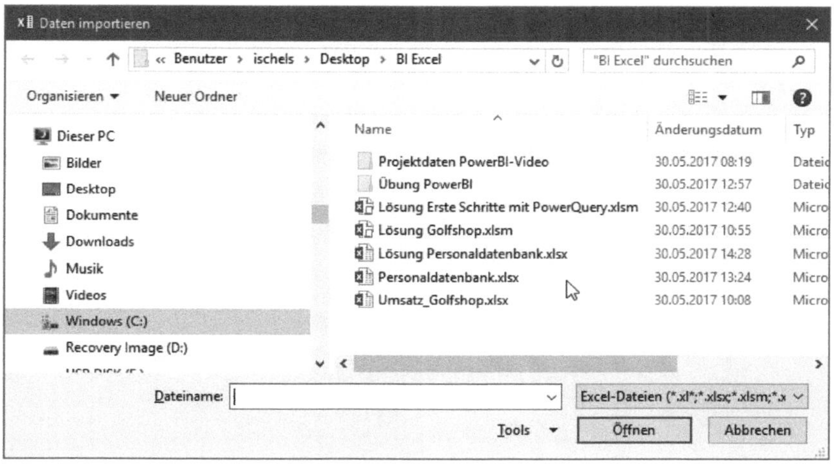

Laden und bearbeiten Sie die Arbeitsmappe.

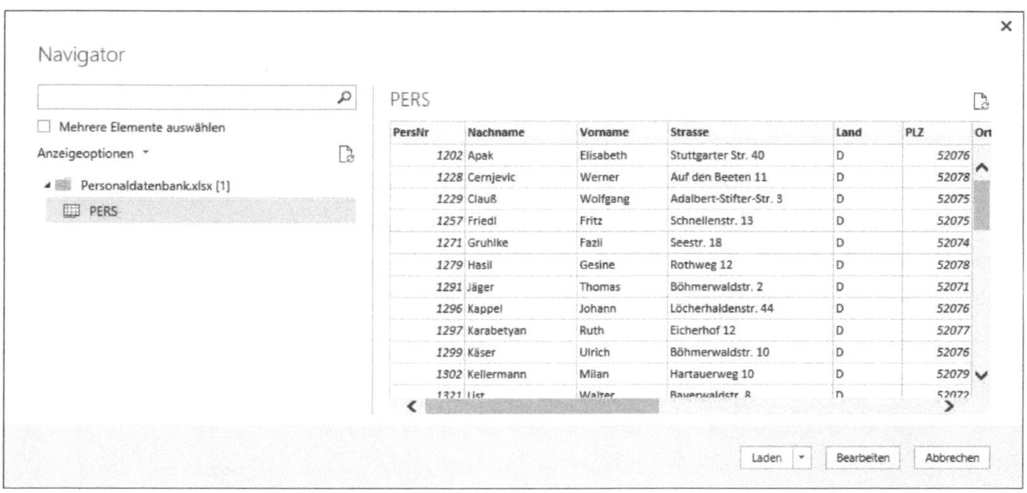

Entfernen Sie alle Spalten außer *PersNr, Vorname, Name* und *Geburtsdatum*.

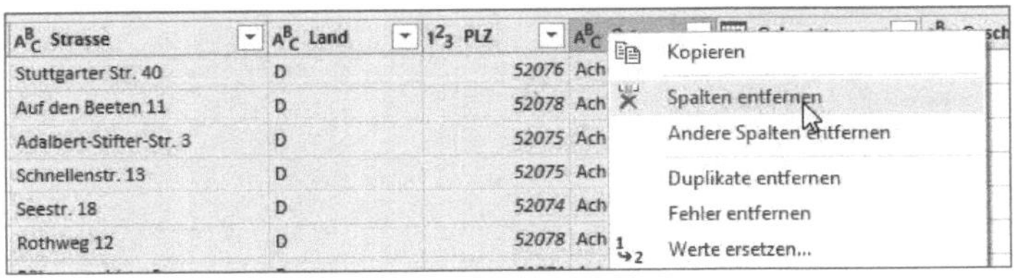

Fügen Sie eine benutzerdefinierte Spalte hinzu.

Tragen Sie den Spaltennamen *Jahr* ein und schreiben Sie diese Formel:

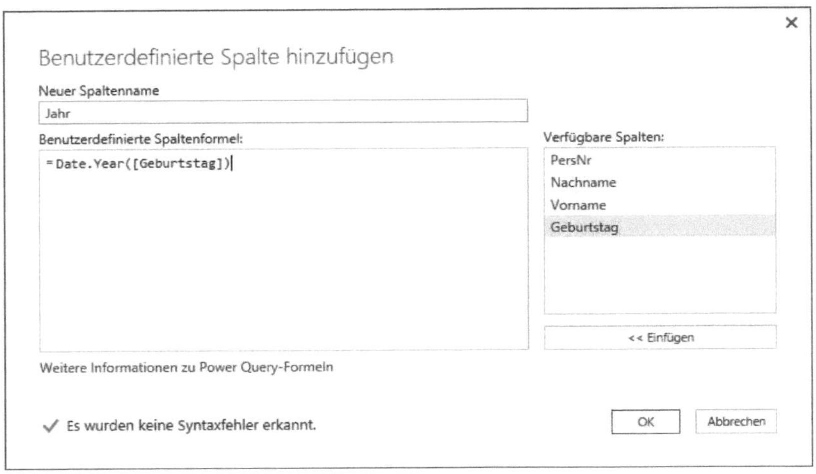


```
=Date.Year([Geburtsdatum])
```

Das Feld können Sie auch per Doppelklick aus der Liste holen. Achten Sie auf exakte Groß-/Kleinschreibung.

Berechnen Sie den Monat des Datums:

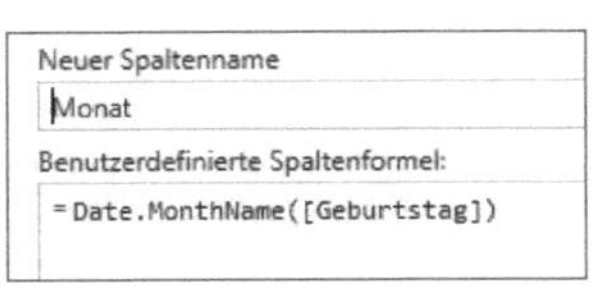


```
=Date.MonthName([Geburtstag])
```

Berechnen Sie das Quartal:

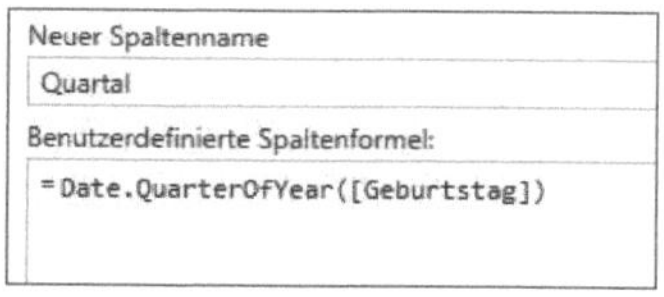


```
=Date.QuarterOfYear([Geburtstag])
```

Duplizieren Sie die letzte Spalte.

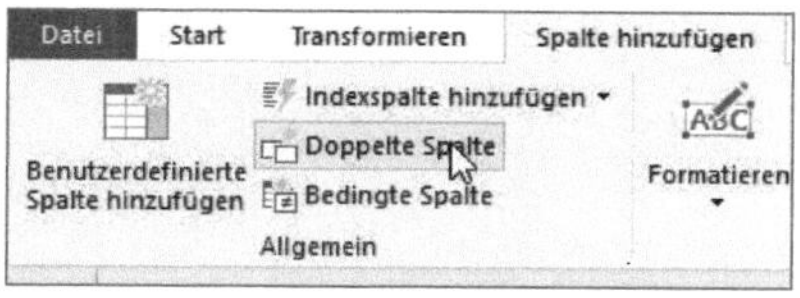

Markieren Sie das Quartal und die Spalte *Jahr* und wählen Sie *Spalten zusammenführen.*

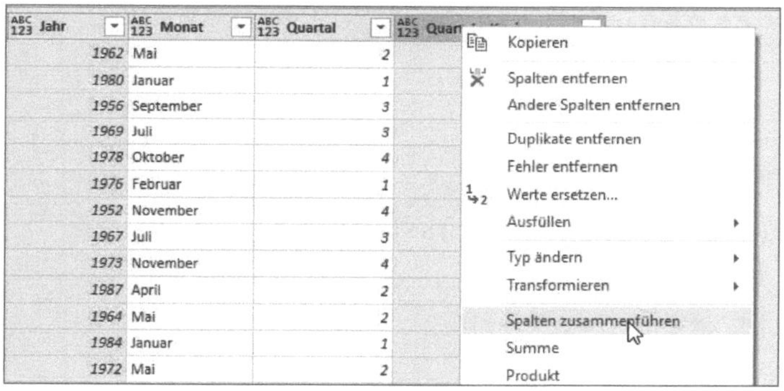

Geben Sie das benutzerdefinierte Trennzeichen „/“ und einen neuen Spaltennamen an:

```
Quartal/Jahr
```

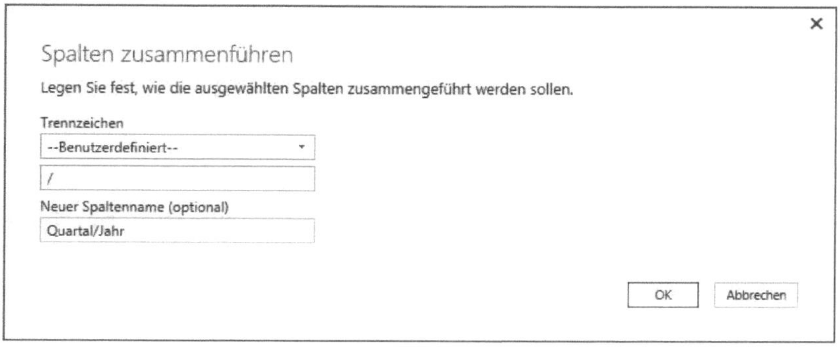

Mit dieser Formel berechnen Sie in einer weiteren Spalte den Wochentag:

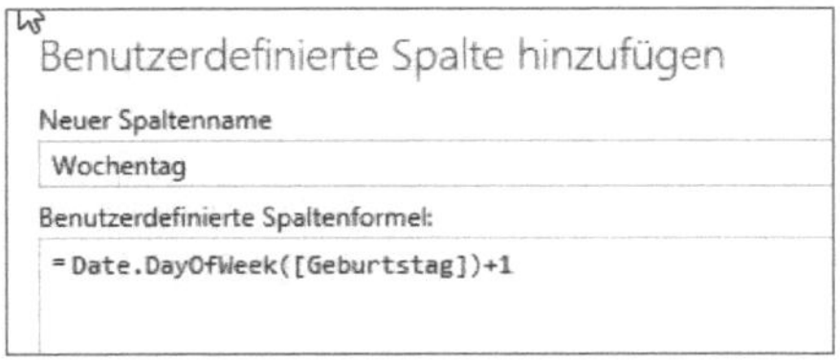


```
=Date.DayOfWeek([Geburtstag])+1
```

Und damit berechnen Sie den Namen des Wochentages:

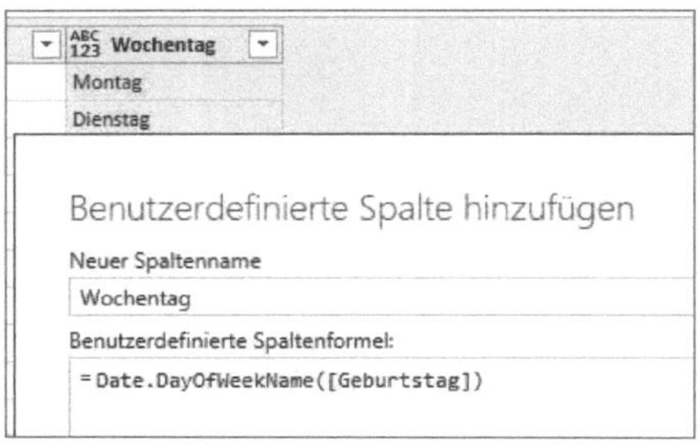


```
=Date.DayOfWeekName([Geburtstag])
```

Die Kalenderwoche wird (nach internationaler Norm) so berechnet:

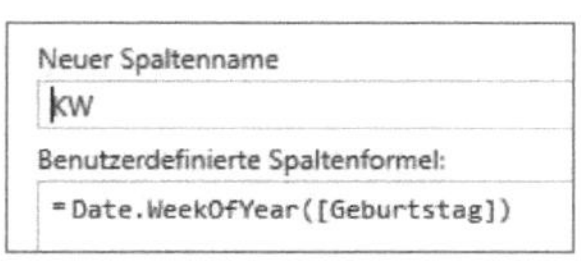


```
=Date.WeekOfYear([Geburtstag])
```

Alle Schritte lassen sich in der Schritte-Liste löschen, editieren und umbenennen.

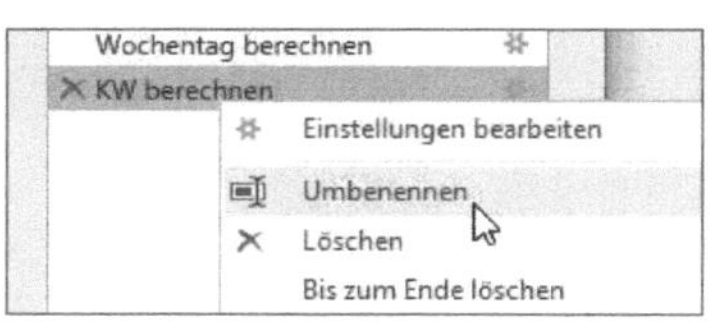

Das Ergebnis ist eine neue Tabelle mit umfangreichen Datumsberechnungen zu den einzelnen Datensätzen.

PersNr	Nachname	Vorname	Geburtstag	Monat	Quartal	Quartal/Jahr	Wochentag	KW
1202	Apak	Elisabeth	07.05.1962	Mai	2	2/1962	Montag	19
1228	Cernjevic	Werner	15.01.1980	Januar	1	1/1980	Dienstag	3
1229	Clauß	Wolfgang	14.09.1956	September	3	3/1956	Freitag	38
1257	Friedl	Fritz	28.07.1969	Juli	3	3/1969	Montag	31
1271	Gruhlke	Fazli	19.10.1978	Oktober	4	4/1978	Donnerstag	43
1279	Hasil	Gesine	06.02.1976	Februar	1	1/1976	Freitag	6
1291	Jäger	Thomas	26.11.1952	November	4	4/1952	Mittwoch	48
1296	Kappel	Johann	05.07.1967	Juli	3	3/1967	Mittwoch	28
1297	Karabetyan	Ruth	09.11.1973	November	4	4/1973	Freitag	45
1299	Käser	Ulrich	23.04.1987	April	2	2/1987	Donnerstag	17
1302	Kellermann	Milan	03.05.1964	Mai	2	2/1964	Sonntag	18
1321	List	Walter	24.01.1984	Januar	1	1/1984	Dienstag	5
1325	Maaß	Reinhold	27.05.1972	Mai	2	2/1972	Samstag	22
1327	Maisch	Maria	12.05.1964	Mai	2	2/1964	Dienstag	20
1352	Nording	Karl	29.02.1984	Februar	1	1/1984	Mittwoch	10

Bild 4.40 Tabelle mit Datumsberechnungen

4.11.7 Kalendertabelle aus Start-/Endedatum erstellen

Eine nützliche Kalendertabelle, die alle Funktionen enthält, die Sie für Verknüpfungen zu Datumswerten in auszuwertenden Daten benötigen, liefert dieses Beispiel. Sie finden es in den Buchdaten unter *Abfrage Kalender aus StartEndedatum.xlsx.*

Legen Sie in einem Excel-Tabellenblatt eine neue Tabelle an. Geben Sie ihr den Tabellennamen *tbl_StartEnde* und fügen Sie zwei Spalten ein:

Parameter

Datum

Tragen Sie die Datumswerte für *Start* und *Ende* ein.

Wählen Sie *Daten/Daten abrufen und transformieren/Aus Tabelle/Bereich.* Die Tabelle wird im Power Query-Editor angeboten.

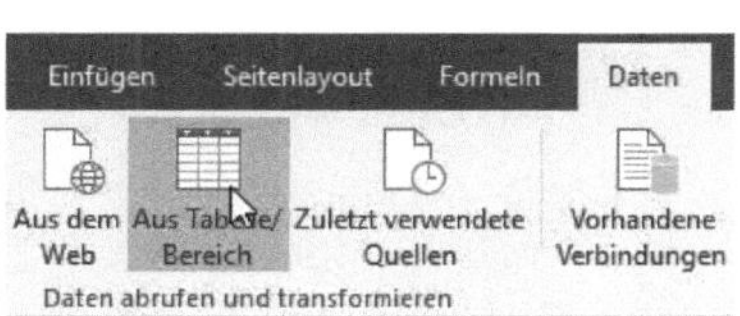

Ändern Sie den Datentyp der zweiten Spalte, wählen Sie *Datum*.

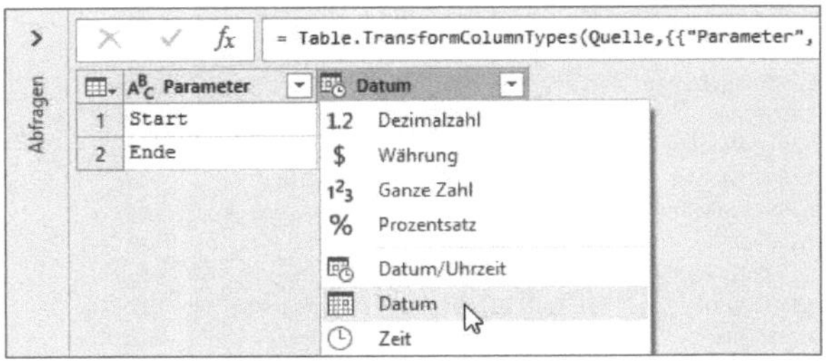

Legen Sie mit *Start/Neue Quelle/Andere Quellen/Leere Abfrage* eine neue Abfrage an.

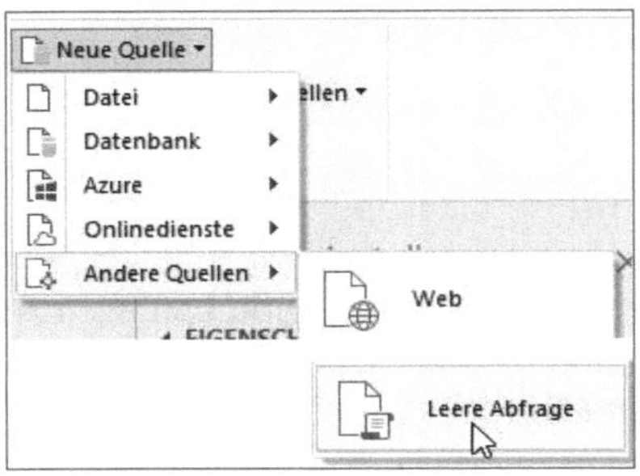

Schalten Sie unter *Ansicht/Erweitert* in den erweiterten Editor.

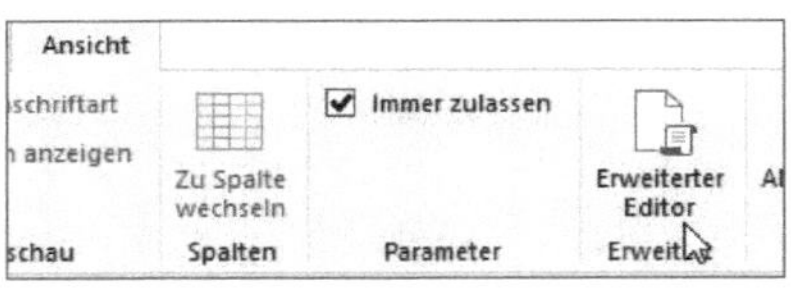

Fügen Sie eine neue Tabelle ein. Das Startdatum und das Endedatum erzeugen Sie mit den Funktionen *List.Min* und *List.Max*.

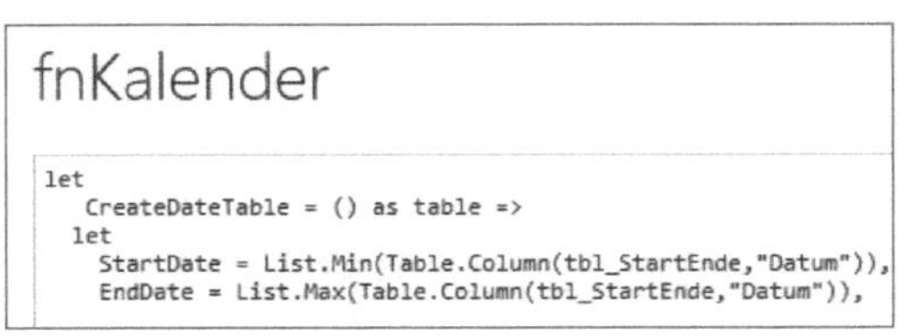

Tragen Sie alle weiteren Funktionen ein (siehe Listing 4.1).

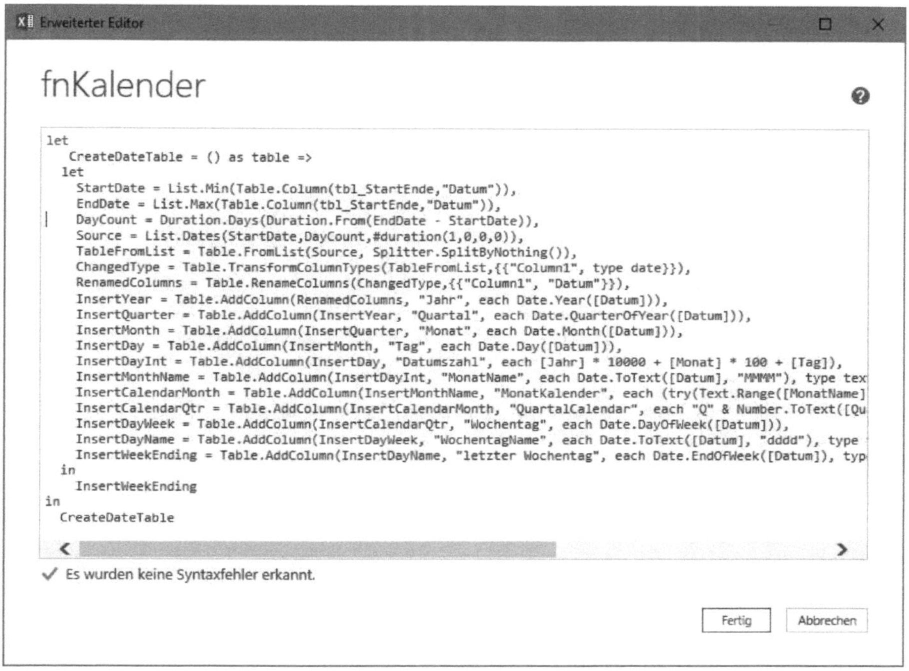

Das Ergebnis: Eine Kalendertabelle mit allen für die Auswertungen benötigten Datumsberechnungen.

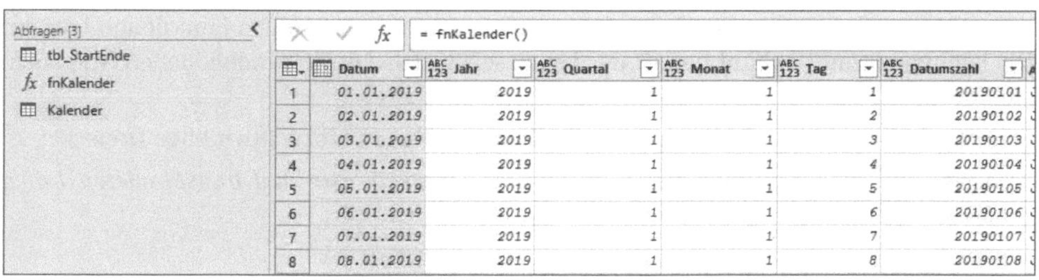

Listing 4.1 Kalender mit Start/Ende-Datum

```
let
   CreateDateTable = () as table =>
  let
    StartDate = List.Min(Table.Column(tbl_StartEnde,"Datum")),
    EndDate = List.Max(Table.Column(tbl_StartEnde,"Datum")),
    DayCount = Duration.Days(Duration.From(EndDate - StartDate)),
    Source = List.Dates(StartDate,DayCount,#duration(1,0,0,0)),
    TableFromList = Table.FromList(Source, Splitter.SplitByNothing()),
    ChangedType = Table.TransformColumnTypes(TableFromList,{{"Column1", type date}}),
    RenamedColumns = Table.RenameColumns(ChangedType,{{"Column1", "Datum"}}),
    InsertYear = Table.AddColumn(RenamedColumns, "Jahr", each Date.Year([Datum])),
```

```
    InsertQuarter = Table.AddColumn(InsertYear, "Quartal", each Date.
QuarterOfYear([Datum])),
    InsertMonth = Table.AddColumn(InsertQuarter, "Monat", each Date.Month([Datum])),
    InsertDay = Table.AddColumn(InsertMonth, "Tag", each Date.Day([Datum])),
    InsertDayInt = Table.AddColumn(InsertDay, "Datumszahl",
     each [Jahr] * 10000 + [Monat] * 100 + [Tag]),
    InsertMonthName = Table.AddColumn(InsertDayInt, "MonatName",
     each Date.ToText([Datum], "MMMM"), type text),
    InsertCalendarMonth = Table.AddColumn(InsertMonthName, "MonatKalender",
     each (try(Text.Range([MonatName],0,3)) otherwise [MonatName]) & " " & Number.
ToText([Jahr])),
    InsertCalendarQtr = Table.AddColumn(InsertCalendarMonth, "QuartalCalendar",
     each "Q" & Number.ToText([Quartal]) & " " & Number.ToText([Jahr])),
    InsertDayWeek = Table.AddColumn(InsertCalendarQtr, "Wochentag",
     each Date.DayOfWeek([Datum])),
    InsertDayName = Table.AddColumn(InsertDayWeek, "WochentagName",
     each Date.ToText([Datum], "dddd"), type text),
    InsertWeekEnding = Table.AddColumn(InsertDayName, "letzter Wochentag",
     each Date.EndOfWeek([Datum]), type date)
  in
    InsertWeekEnding
in
  CreateDateTable
```

4.11.8 Eigene Funktionen schreiben

Die Funktionsliste, schnell generiert mit dem Ausdruck =#shared, liefert eine fast unüberschaubare Menge an Funktionen. Wer aber tiefer in die Geheimnisse von M einsteigt, wird schnell feststellen, dass trotz dieses Volumens Bedarf für zusätzliche Funktionen besteht. Die benutzerdefinierte Funktion ist der Schlüssel zur Lösung aller individuellen Aufgabenstellungen.

Schreiben Sie Ihre erste Funktion, eine Flächenberechnung für rechtwinklige Dreiecke:

- Starten Sie in einer Arbeitsmappe mit *Daten/Daten abrufen und transformieren/Daten abrufen/Aus anderen Quellen* eine *Leere Abfrage.*
- Aktivieren Sie den erweiterten Editor und schreiben Sie:

```
let
 FlächeDreieck = (a,b) => (a * b) / 2,
 Funktionstest = FlächeDreieck(5,3)
in
 Funktionstest
```

Das Ergebnis: Eine neue Abfrage mit dem berechneten Ergebnis (Fläche) aus zwei Parametern (Länge, Breite). Legen Sie für jeden Parameter den Datentyp fest, lässt die Funktion keine Falscheingabe zu:

```
let
 FlächeDreieck = (a as number,b as number) => (a * b) / 2,
 Funktionstest = FlächeDreieck(5,3)
in
 Funktionstest
```

Schreiben Sie die Funktion jetzt aber ohne Funktionstest, sodass sie mit Parametern „gefüttert“ werden kann. Um sie zu testen, geben Sie Werte in die Eingabefelder ein und starten mit Aufrufen eine neue Abfrage.

```
let
 FlächeDreieck = (a as number,b as number) => (a * b) / 2
in
 FlächeDreieck
```

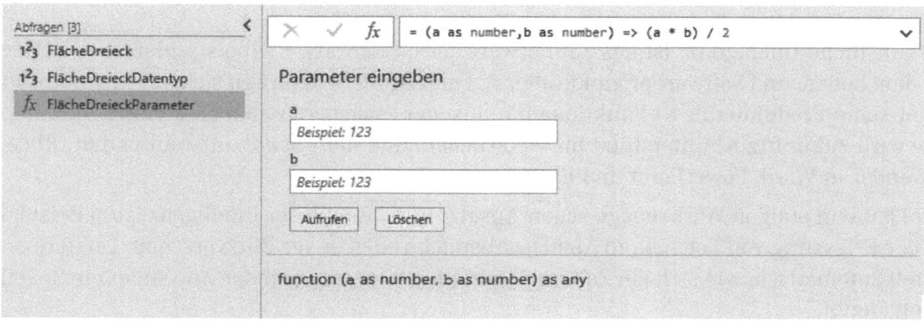

Bild 4.41 Die Funktion mit zwei Eingabeparametern

Testen Sie die Funktion mithilfe einer Datentabelle *tbl_Daten*, die Sie in Excel anlegen. Schalten Sie dazu mit *Schließen und Laden* zurück aus dem Power Query-Editor.

- Wählen Sie *Daten/Daten abrufen und transformieren/Aus Tabelle/Bereich.*
- Fügen Sie eine neue benutzerdefinierte Spalte ein und schreiben Sie die Formel mit dem Funktionsaufruf:

  Name: Flächenberechnung

  Formel: =FlächeDreieckParameter(Länge,Breite)

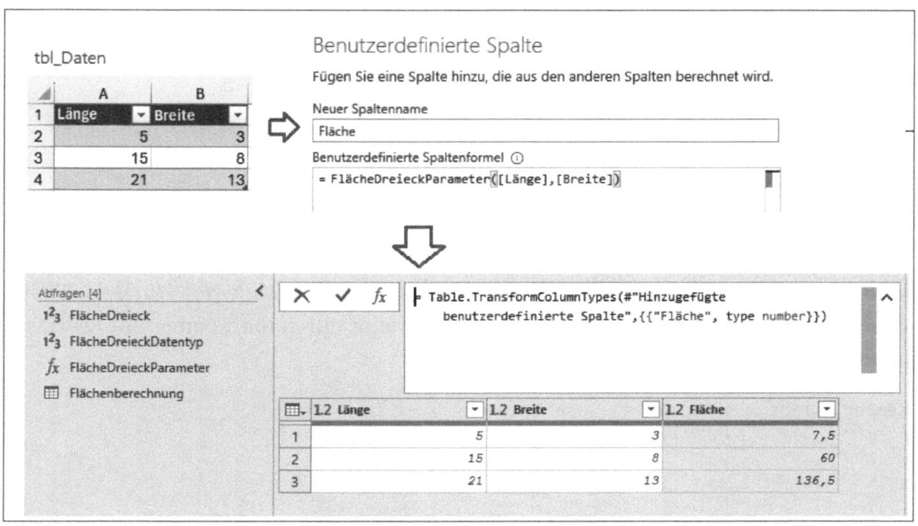

Bild 4.42 Benutzerdefinierte Spalte mit benutzerdefinierter Funktion

Soweit die kleine Einführung in die benutzerdefinierte Funktion, das Thema ist natürlich weit komplexer. Funktionen können aus mehreren Schritten bestehen, sich als rekursive Funktionen selbst aufrufen usw.

4.12 KI-Funktionen

KI (künstliche Intelligenz) ist das Zauberwort der Gegenwart, KI-Tools schießen wie Pilze aus dem Boden, und Softwareprodukte aller Art und Größe schmücken sich mit KI. Microsoft rüstet seine Produkte mit KI-Funktionalität aus, der *Designer* erstellt KI-generierte Bilder, *Bing* wird zukünftig KI-unterstützt im Web suchen, und der *Copilot* unterstützt den Office-Anwender in Word, PowerPoint und Excel.

Excel hatte in einigen Werkzeugen schon Ansätze von künstlicher Intelligenz, zum Beispiel bei der Erfassung von Formeln in Mehrfachbereiche oder in der Blitzvorschau. Letztere ermittelt automatisch, wie sich ein Zellinhalt aufteilen könnte, wenn der Anwender einen Teil davon angibt.

4.12.1 Spalte aus Beispielen

Power Query bietet mit dem Werkzeug *Spalte aus Beispielen* eine KI-unterstützte Datenanalyse.

Die Mappe *Bonus.xlsx* enthält ein Tabellenblatt *Bonuszahlungen* mit der Tabelle *tbl_Bonus* und den Spalten Name, Vorname. Abteilung, Alter und Bonus Q1-Q4.

	A	B	C	D	E	F	G	H
1	Name	Vorname	Abteilung	Alter	Bonus Q1	Bonus Q2	Bonus Q3	Bonus Q4
2	Kemper	Klaus	Einkauf	26	220	50	0	120
3	Dietrich	Hermann	Einkauf	32	220	50	200	120
4	Fritsche	Gisela	Verkauf	25	300	200	450	125
5	Böhminger	Rudolf	Verkauf	45	300	200	500	125
6	Dahlmann	Doris	Produktion	52	120	100	200	200
7	Herrnberger	Max	Produktion	21	120	100	200	200

Neu_2023_SpalteAusBeispielen01.jpg

- Legen Sie mit *Daten/Daten abrufen und transformieren/Aus Tabelle/Bereich* eine neue Abfrage auf diese Tabelle an.
- Wählen Sie im Power Query-Editor *Spalte hinzufügen/Spalte aus Beispielen/Alle Spalten.*
- Geben Sie den ersten Namen und Vornamen, getrennt durch ein Komma mit Leertaste, ein und drücken Sie die Eingabe-Taste:

```
Kemper, Klaus
```

- Die neue Spalte enthält alle nach diesem Muster interpretierten Datensätze. Bestätigen Sie mit OK, wird die Spalte erstellt. Probieren Sie eine Alternative: Schreiben Sie den Namen der Abteilung in Klammern neben den zusammengesetzten Namen/Vornamen:

```
Kemper, Klaus (Einkauf)
```

- Bestätigen Sie mit OK, wird auch dieses Muster erkannt und übernommen.

Ist die Spalte einmal geschrieben, lässt sich das vordefinierte Muster nicht mehr ermitteln. Power Query verwendet für die Analyse der berechneten Spalte die Funktion *Text.Combine.*

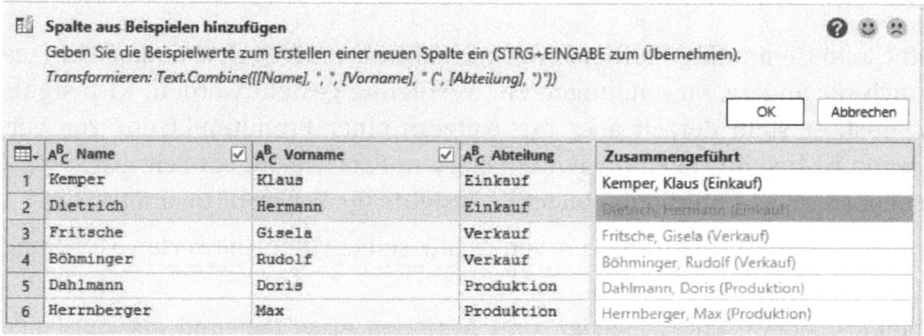

Bild 4.43 Spalte aus Beispielen mit intelligenter Aufteilung.

- Ein weiteres Beispiel für die KI-Funktion Spalte aus Beispielen: Erstellen Sie eine Spalte mit der Altersgruppe der Mitarbeiter in 5er-Schritten (20 - 25, 26 - 30 ... 60 - 64).
- Markieren Sie die Spalte Alter, und wählen Sie *Spalte hinzufügen/Spalte aus Beispielen/Aus Auswahl.*
- Geben Sie die Altersgruppe des ersten Mitarbeiters ein:

```
26 bis 30
```

- Drücken Sie OK, werden auch die Altersgruppen der übrigen Mitarbeiter eingetragen.

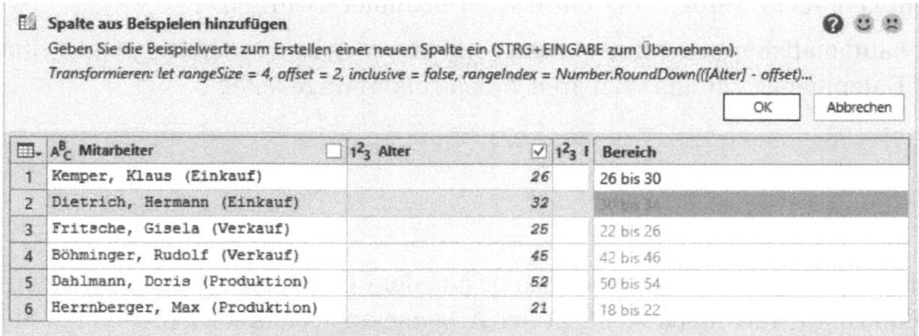

Bild 4.44 Spalte aus Beispielen: Altersgruppen ermitteln

Hier muss sich Power Query schon anstrengen und eine komplexe Funktion schreiben, um zum gewünschten Ergebnis zu kommen. Klicken Sie im letzten Schritt doppelt auf das Zahnrad am Rand des Schritte-Editors, um die Funktion einzusehen.

```
let rangeSize = 4,
  offset = 2,
  inclusive = false,
  rangeIndex = Number.RoundDown(([Alter] - offset) / rangeSize) in
  Text.From(rangeIndex * rangeSize + offset, "de-DE")
  & " bis " & Text.From((rangeIndex + 1) * rangeSize + offset -
  (if inclusive then 1 else 0), "de-DE")
```

4.12.2 KI-Insights

Auf der Microsoft Cloud-Computing-Plattform werden zahlreiche KI-Dienste angeboten, die nach und nach auch für andere Anwendungen zur Verfügung gestellt werden. KI-Insights ist ein solcher Dienst, er steht derzeit aber nur Nutzern einer Premium-Lizenz zur Verfügung. Ob und wann KI-Insights auch für Power Query in Excel verfügbar sein wird, steht noch in den Sternen. Diese KI-Funktionen bietet KI-Insights für Power BI Desktop:

Textanalyse: Spracherkennung, Extrahieren von Schlüsselbegriffen, Bewerten von Stimmungen

Bildanalyse: Objekte, Lebewesen, Szenarien und Aktionen erkennen und als Tags ausgeben

4.13 Power Query-Praxis

Die meiste Zeit verbringt der Excel-Anwender nach statistischen Erhebungen mit einfachen, aber aufwendigen Arbeiten an seinen Daten, um diese für die Auswertung aufzubereiten. Dazu gehört das Zusammenkopieren, das Entfernen überflüssiger Zeilen, Spalten und Bereiche und das „Entmüllen" der Daten, sprich das Eliminieren von Datenteilen, die für die Auswertung nicht gebraucht werden oder diese sogar behindern würden.

Mit Power Query automatisieren Sie einen großen Teil dieser Arbeit, weil Power Query die Schritte von der Datenmenge zur auswertbaren Tabelle als Abfrage ablegt.

4.13.1 Fehlzeitenanalyse

In diesem Praxisbeispiel lernen Sie, wie aus einer aus dem ERP importierten Fehlzeitenanalyse eine auswertbare Tabelle entsteht. In der Arbeitsmappe *Fehlzeiten.xlsx* finden Sie eine Fehlzeitenanalyse, in der einiges zu reparieren ist, damit die Daten auswertbar sind.

	A	B	C	D	E	F
1			Fehlzeitenanalyse			
2			Einzelpersonenstatistik			
3						
4	Nummer	Name	Abwesenheitsart/LFZ	Kostenstelle	Tage	Stunden
5	900205	Karl Meier	0200 genommene Freischicht	40311	1,24	10,83
6			0250 Altersfreizeit		2,00	16,00
7			0300 Krankheit		16,25	134,00
8			0340 Arztbesuch		0,75	6,00
9			0360 Arbeits-/Wegeunfall		0,25	2,00
10			0380 Heilverfahren		4,00	32,00
11			0400 Jahresurlaub		4,00	32,00
12			0420 Freistellung Manteltarifvertrag		1,00	8,00
13			0790 Ausfallschicht Betriebsabteilung		1,00	8,00
14	900206	Martin Schneider	0790 Ausfallschicht Betriebsabteilung	40311	1,00	8,00
15			0340 Arztbesuch		0,75	6,00
16			0380 Heilverfahren		6,00	48,00

Bild 4.45 Eine Fehlzeitenanalyse

Wählen Sie *Daten/Daten abrufen/Aus Datei/Aus Arbeitsmappe.*

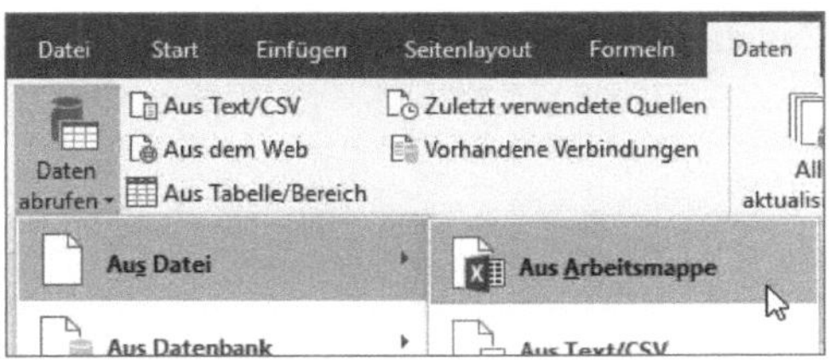

Markieren Sie die Datei und klicken Sie auf *Importieren.*

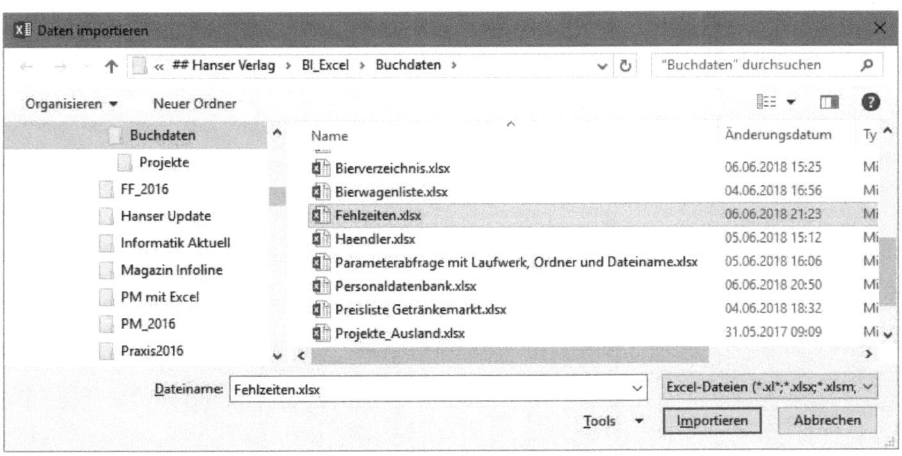

Markieren Sie im Navigator das Tabellenblatt *Fehlzeiten* und klicken Sie auf *Daten transformieren*, um den Abfrage-Editor zu aktivieren.

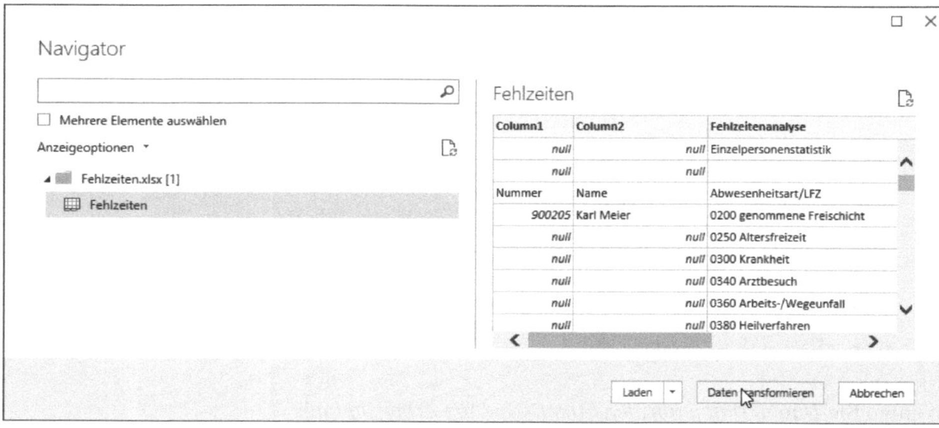

Unter *Start/Zeilen verringern* klicken Sie auf Zeilen entfernen, ...

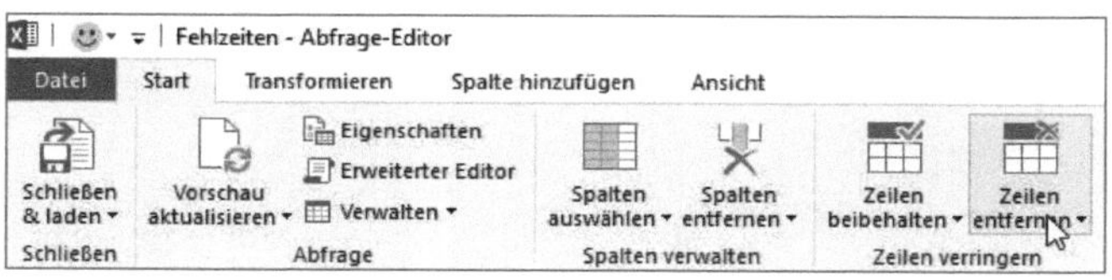

... und entfernen die ersten drei Zeilen.

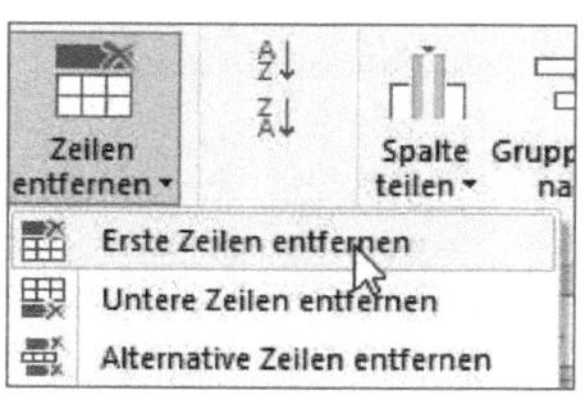

Geben Sie die Anzahl der Zeilen an und bestätigen Sie mit *OK*.

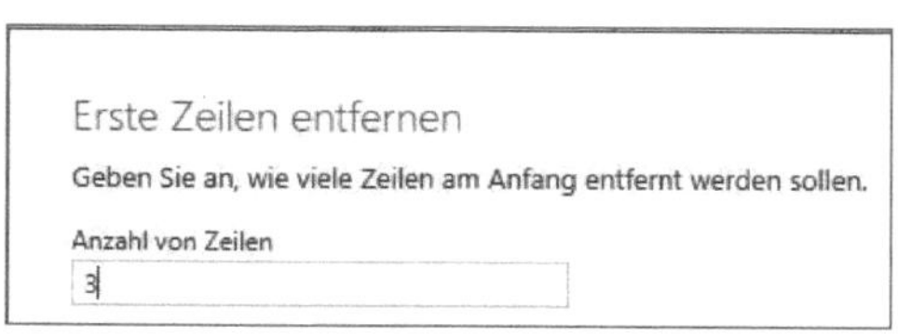

Wählen Sie *Start/Transformieren/Erste Zeile als Überschriften verwenden*.

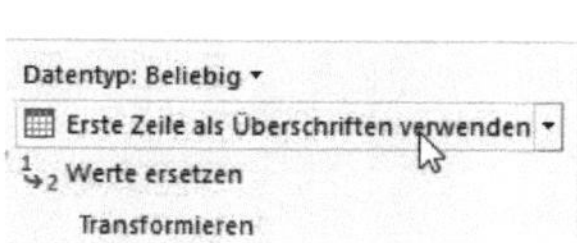

Markieren Sie die erste Spalte mit der rechten Maustaste und wählen Sie *Ausfüllen/Nach unten.*

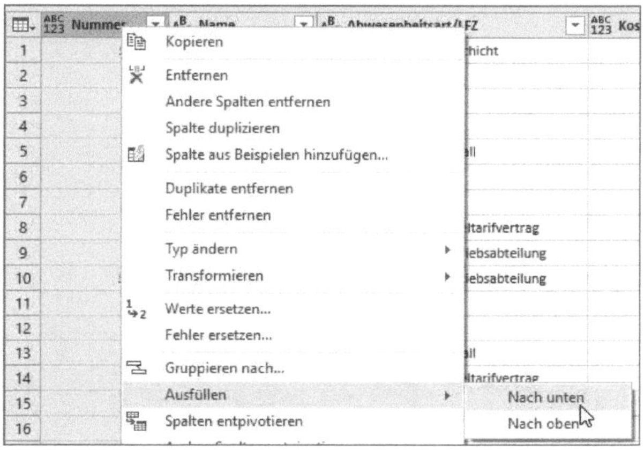

Füllen Sie so auch die Spalten *Name* und *Kostenstelle.*

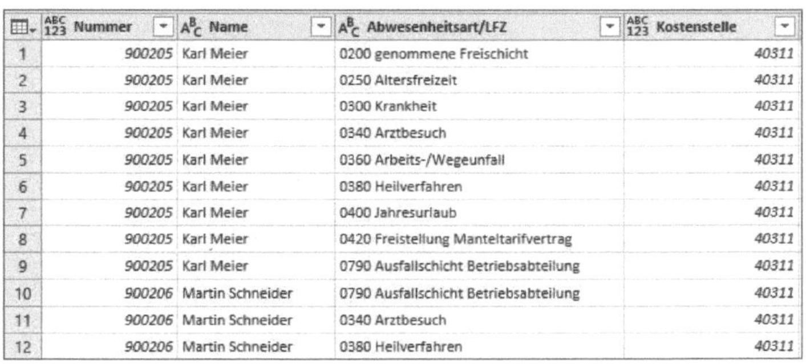

	Nummer	Name	Abwesenheitsart/LFZ	Kostenstelle
1	900205	Karl Meier	0200 genommene Freischicht	40311
2	900205	Karl Meier	0250 Altersfreizeit	40311
3	900205	Karl Meier	0300 Krankheit	40311
4	900205	Karl Meier	0340 Arztbesuch	40311
5	900205	Karl Meier	0360 Arbeits-/Wegeunfall	40311
6	900205	Karl Meier	0380 Heilverfahren	40311
7	900205	Karl Meier	0400 Jahresurlaub	40311
8	900205	Karl Meier	0420 Freistellung Manteltarifvertrag	40311
9	900205	Karl Meier	0790 Ausfallschicht Betriebsabteilung	40311
10	900206	Martin Schneider	0790 Ausfallschicht Betriebsabteilung	40311
11	900206	Martin Schneider	0340 Arztbesuch	40311
12	900206	Martin Schneider	0380 Heilverfahren	40311

Trennen Sie mit *Spalte teilen/Nach Anzahl von Zeichen* im Kontextmenü der rechten Maustaste die Spalte *Abwesenheitsart/LFZ.*

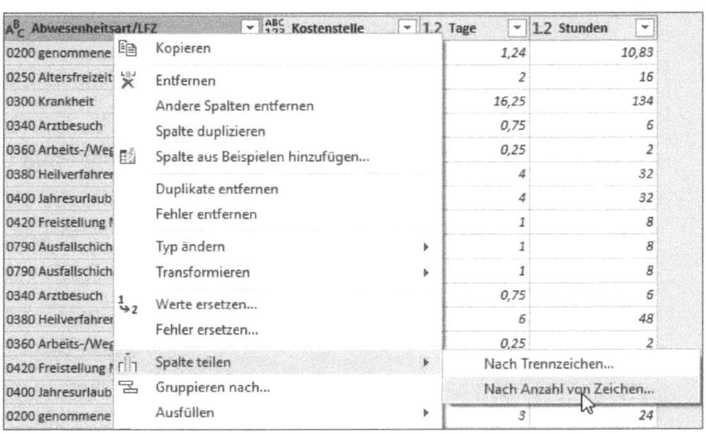

Geben Sie die Anzahl der Zeichen ein (4) und wählen Sie *Einmal, so weit links wie möglich*. Bestätigen Sie mit *OK*.

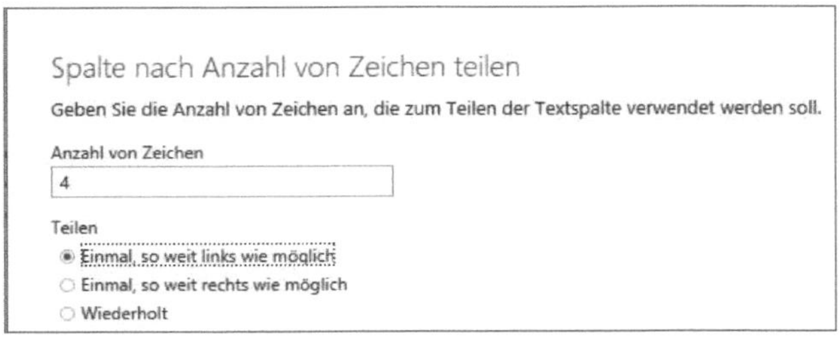

Ändern Sie den Datentyp der Originalspalte in *Text*.

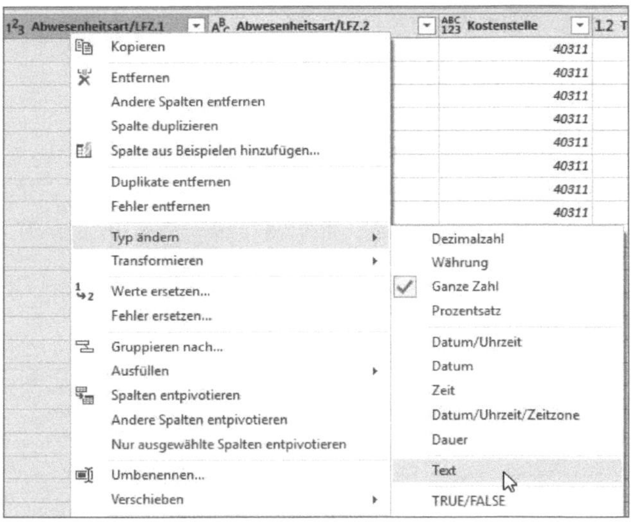

Benennen Sie die Spalte über das Kontextmenü um, wählen Sie *Umbenennen*. Geben Sie der Spalte den Namen *LFZ Nummer*.

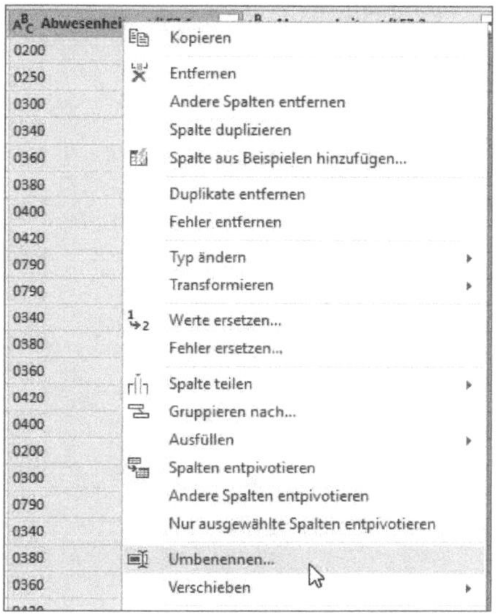

Nennen Sie die zweite Spalte *LFZ*.

Ändern Sie den Datentyp der Spalte *Tage* auf *Dezimalzahl*.

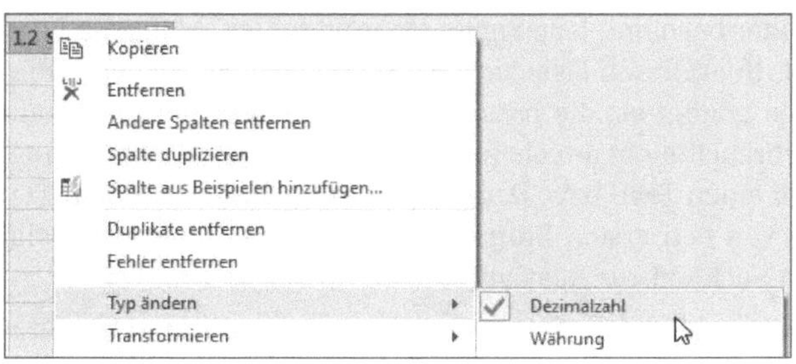

Ändern Sie den Datentyp der Spalte *Stunden* auf *Dezimalzahl*.

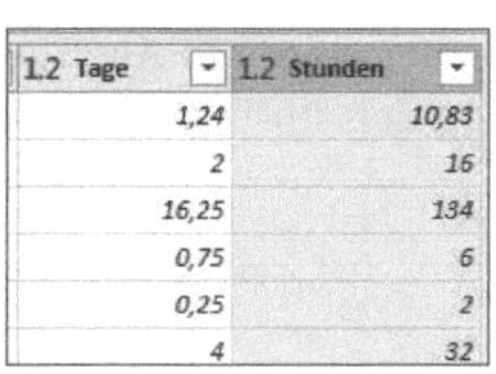

Wählen Sie *Start/Schließen & Laden*, um die Abfrage als Tabelle in die Mappe zu integrieren.

Die Tabelle wird erstellt, speichern Sie die Mappe unter *Auswertung Fehlzeiten.xlsx.*

	Nummer	Name	LFZ Nummer	LFZ	Kostenstelle	Tage	St
2	900205	Karl Meier	0200	genommene Freischicht	40311	1,24	
3	900205	Karl Meier	0250	Altersfreizeit	40311	2	
4	900205	Karl Meier	0300	Krankheit	40311	16,25	
5	900205	Karl Meier	0340	Arztbesuch	40311	0,75	
6	900205	Karl Meier	0360	Arbeits-/Wegeunfall	40311	0,25	
7	900205	Karl Meier	0380	Heilverfahren	40311	4	
8	900205	Karl Meier	0400	Jahresurlaub	40311	4	
9	900205	Karl Meier	0420	Freistellung Manteltarifvertrag	40311	1	
10	900205	Karl Meier	0790	Ausfallschicht Betriebsabteilung	40311	1	

Bild 4.46 Die Fehlzeitenauswertung

4.13.2 Richtig filtern

Zu den nützlichen Einrichtungen des Power Query-Editors gehört der Filter. Ähnlich wie in Excel-Tabellen mit aktivem AutoFilter bekommt jede Spalte einer im Editor geöffneten Liste einen Filterpfeil am rechten Rand. Über diesen lässt sich die Spalte bequem sortieren und filtern. Für einfache Filteraktionen genügt es, die passenden Einträge einfach mit einem Haken zu versehen oder nicht gebrauchte entsprechend abzuwählen. Damit nicht genug, das Kontextmenü bietet auch noch einen Text- bzw. Datums- oder Zahlenfilter an (den Typ bestimmt Power Query abhängig von den ersten Einträgen). Und für besonders schnelle Filteraktionen steht auch noch ein Suchfeld zur Auswahl.

Jetzt gibt es tatsächlich einen Unterschied zwischen der Filteraktion mit dem Textfilter (nehmen wird diesen exemplarisch für eine Textspalte) und dem Suchfeld. Dieser Unterschied wird im M-Code sichtbar, und er ist für die Qualität der Abfrage nicht unerheblich. Filtert der Anwender die Liste über das Suchfeld, merkt sich Power Query nämlich in Konsequenz die Einträge, die übrig sind. Ändert sich die Datenquelle später, wird die Abfrage immer nur die Einträge enthalten, die beim Aufzeichnen des Filtervorgangs übrig geblieben sind.

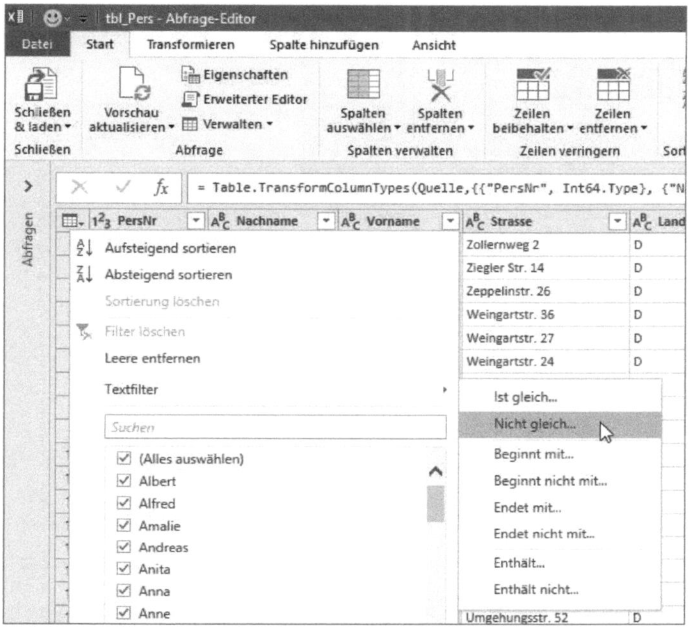

Bild 4.47 Der Textfilter in Power Query

Wird die Liste dagegen mit dem Textfilter ausgewertet, verwendet Power Query einen anderen Ausdruck im M-Code, der immer mit dem richtigen Filterkriterium arbeitet.

Hier ein Beispiel: Die Personaldatenbank enthält die Adressen der Mitarbeiter. Filtern Sie diese nach bestimmten Vornamen.

Öffnen Sie die Datei *Personaldatenbank.xlsx* und setzen Sie den Zellzeiger in die Tabelle *tbl_Pers*.

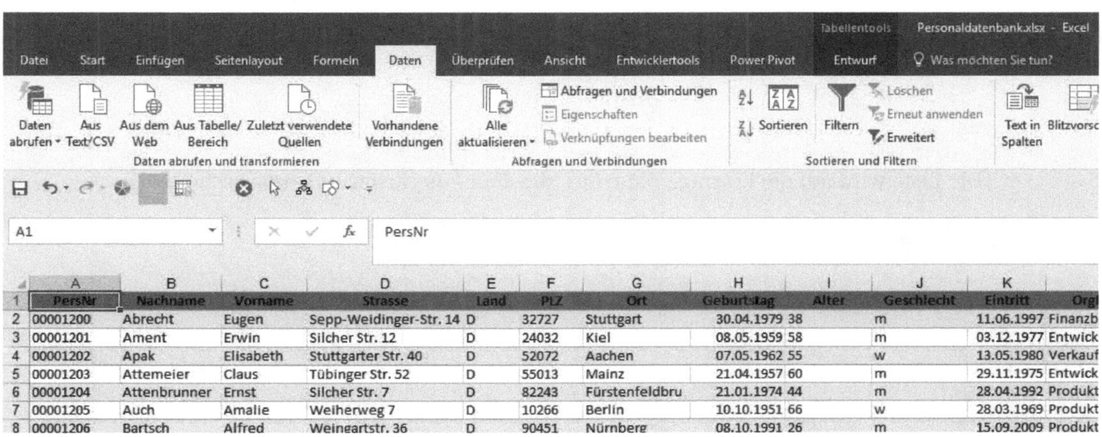

Wählen Sie *Daten/Daten abrufen und Transformieren/Aus Tabelle/Bereich.*

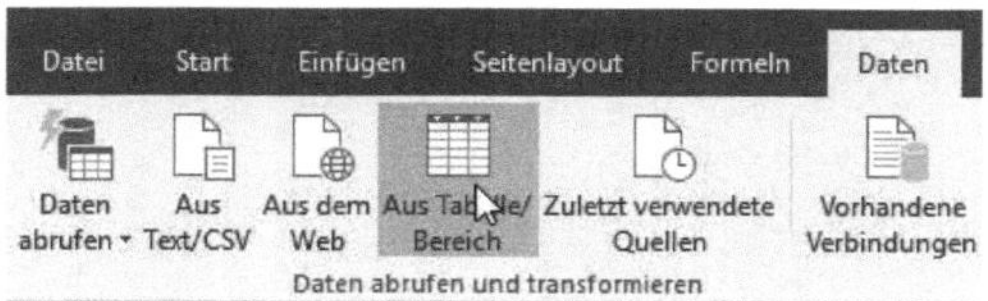

Klicken Sie auf den Filterpfeil in der Spalte *Vorname*, …

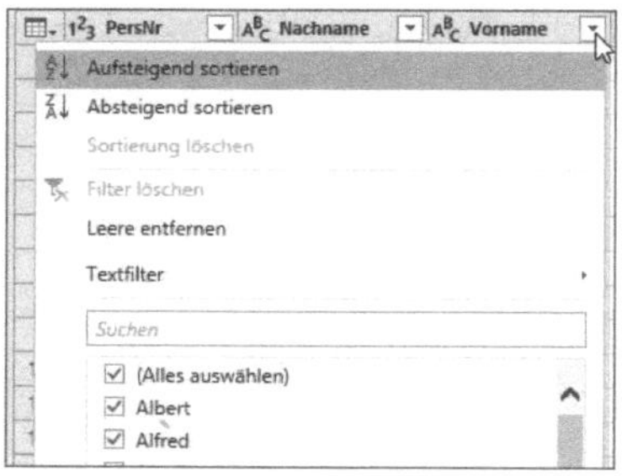

… und tragen Sie den Suchbegriff „Al" ein, um alle Vornamen zu filtern, die diese Buchstabenfolge enthalten.

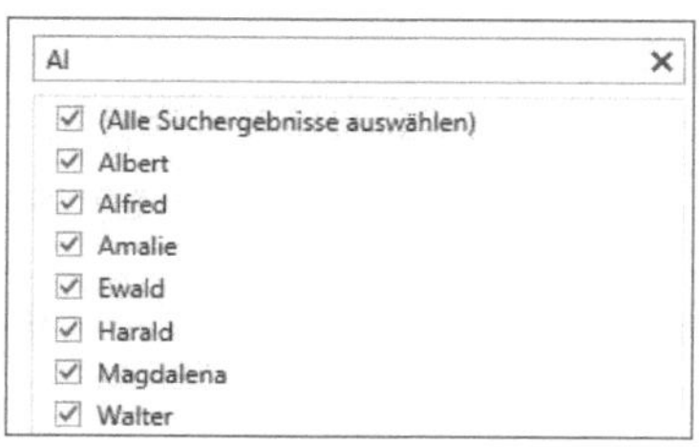

Bestätigen Sie mit Klick auf *OK*.

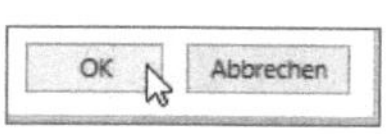

Die Liste wird auf die Einträge reduziert, die dem Filterkriterium entsprechen.

	PersNr	Nachname	Vorname
1	1205	Auch	Amalie
2	1206	Bartsch	Alfred
3	1210	Bazger	Ewald
4	1216	Beuttenmüller	Ewald
5	1233	Damm	Alfred
6	1254	Fischer	Harald
7	1321	List	Walter
8	1340	Miotk	Magdalena
9	1422	Tremmel	Ewald
10	1424	Trumme	Alfred
11	1431	Weber	Ewald
12	1434	Weinfurter	Albert
13	1441	Wildermuth	Harald

Schalten Sie um auf das Menü *Ansicht* und sehen Sie sich den M-Code im erweiterten Editor an.

Der Code wird auch in der Bearbeitungsleiste angezeigt, die Sie unter *Ansicht/Layout* einschalten können.

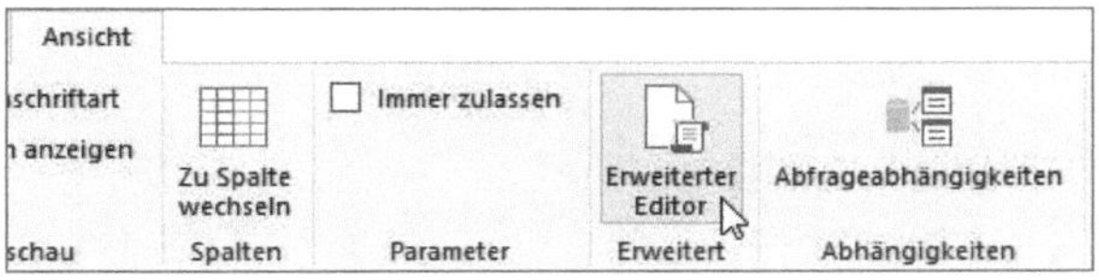

Der M-Code enthält die Anweisung *Table.SelectRows* mit einer Auflistung aller Fundstellen (hier mit Zeilenumbrüchen auf mehrere Zeilen verteilt).

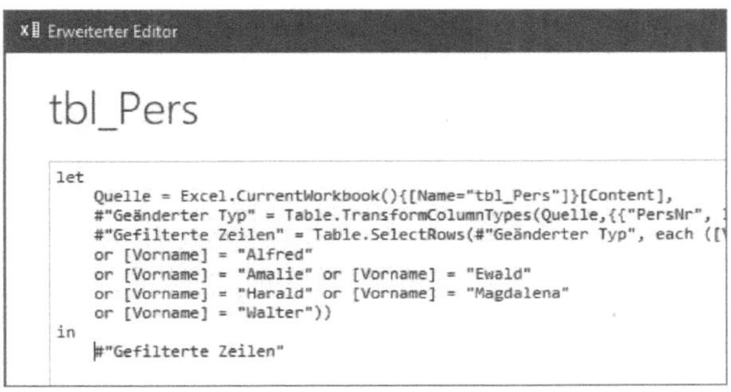

Schließen Sie den erweiterten Editor, …

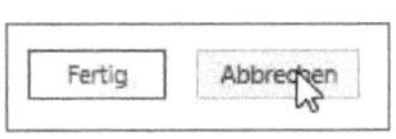

… und löschen Sie die letzte Anweisung in der Schritte-Liste.

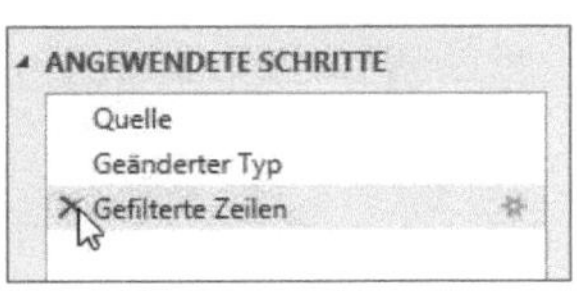

Filtern Sie die *Vorname*-Spalte noch einmal, dieses Mal aber mit dem Textfilter. Verwenden Sie die Option *Enthält*.

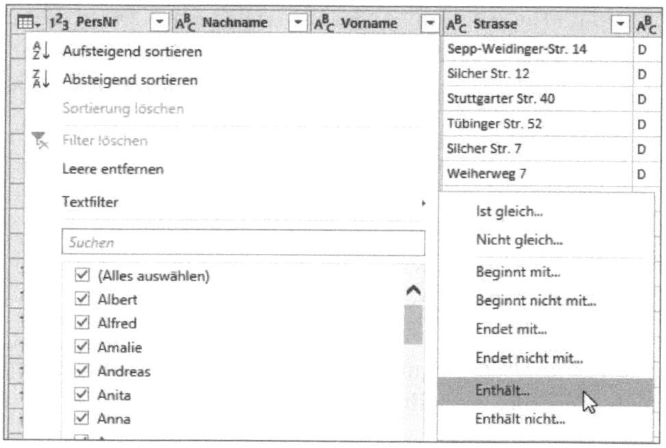

Tragen Sie den Suchbegriff ein und bestätigen Sie mit *OK*.

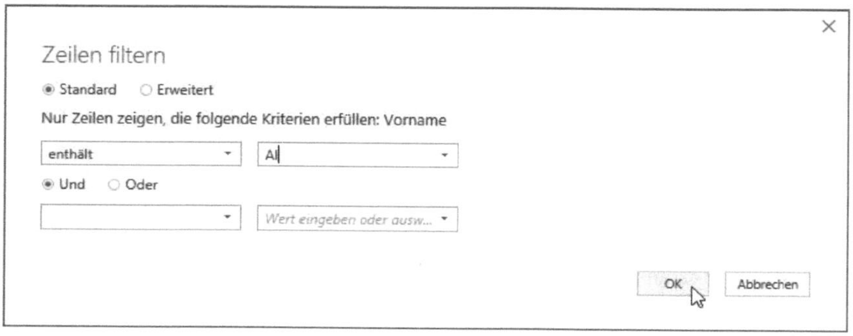

Im erweiterten Editor sehen Sie jetzt eine andere Filteranweisung:

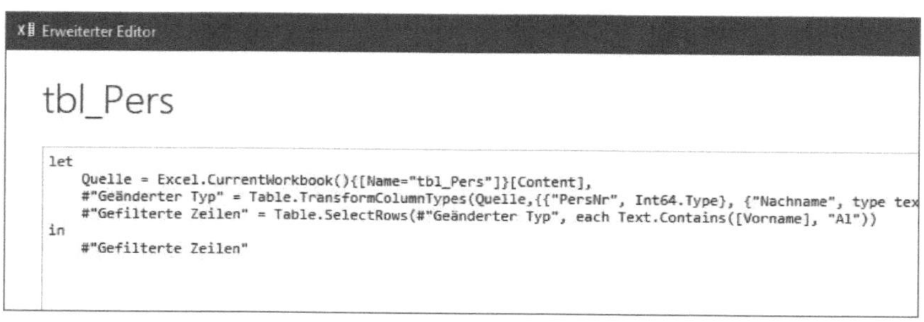


```
Text.Contains([Vorname],"Al"))
```

Die Liste wird mit dieser Anweisung auch nur die Vornamen enthalten, die dem Kriterium exakt, also in der richtigen Schreibweise (Großbuchstabe am Anfang) enthalten.

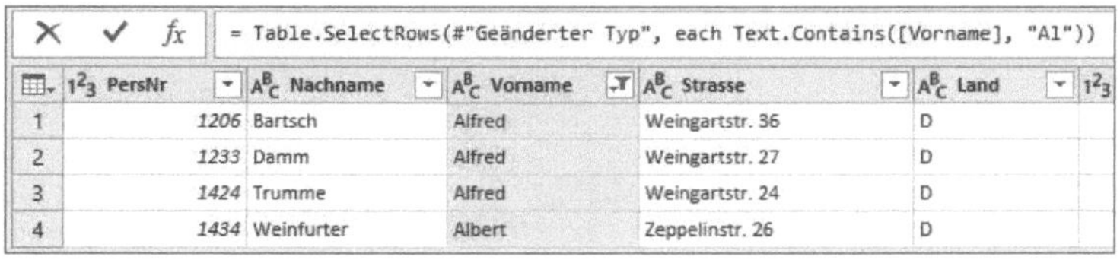

```
= Table.SelectRows(#"Geänderter Typ", each Text.Contains([Vorname], "Al"))
```

	PersNr	Nachname	Vorname	Strasse	Land
1	1206	Bartsch	Alfred	Weingartstr. 36	D
2	1233	Damm	Alfred	Weingartstr. 27	D
3	1424	Trumme	Alfred	Weingartstr. 24	D
4	1434	Weinfurter	Albert	Zeppelinstr. 26	D

Ändern Sie den Suchbegriff im erweiterten Editor oder in der Bearbeitungsleiste, erhalten Sie das gleiche Ergebnis wir zuvor mit dem Suchfeld im Filter-Kontextmenü.

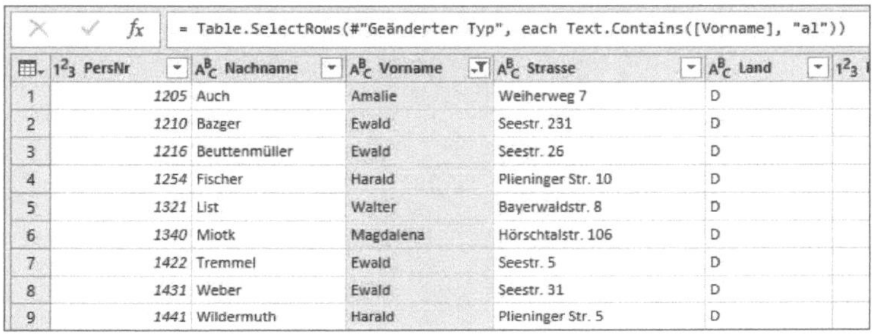

```
= Table.SelectRows(#"Geänderter Typ", each Text.Contains([Vorname], "al"))
```

	PersNr	Nachname	Vorname	Strasse	Land
1	1205	Auch	Amalie	Weiherweg 7	D
2	1210	Bazger	Ewald	Seestr. 231	D
3	1216	Beuttenmüller	Ewald	Seestr. 26	D
4	1254	Fischer	Harald	Plieninger Str. 10	D
5	1321	List	Walter	Bayerwaldstr. 8	D
6	1340	Miotk	Magdalena	Hörschtalstr. 106	D
7	1422	Tremmel	Ewald	Seestr. 5	D
8	1431	Weber	Ewald	Seestr. 31	D
9	1441	Wildermuth	Harald	Plieninger Str. 5	D

Das Beispiel zeigt, dass die richtige Filtertechnik entscheidend für das Abfrageergebnis ist. Vermeiden Sie das Suchfeld im Kontextmenü und filtern Sie nur mit dem Datentypfilter. Und werfen Sie immer einen kritischen Blick auf den M-Code.

4.13.3 Webabfrage mit Formularelement kombiniert

Ein Beispiel für die Integration von Power Query-Abfragen in Tabellenmodelle: Die Preisliste unseres Getränkelieferanten GastroSTAR wird aus der Datenbank *GastroSTAR.accdb* abgerufen. Damit die Preise auch in Fremdwährungen kalkuliert und bei der Angebotserstellung mit den passenden Währungszeichen und -bezeichnungen verwendet werden können, kombinieren Sie die Datenbankdaten mit einer Webabfrage auf die Umrechnungskurse für Fremdwährungen.

Starten Sie in einer leeren Arbeitsmappe eine Power Query-Abfrage auf eine Access-Datenbank.

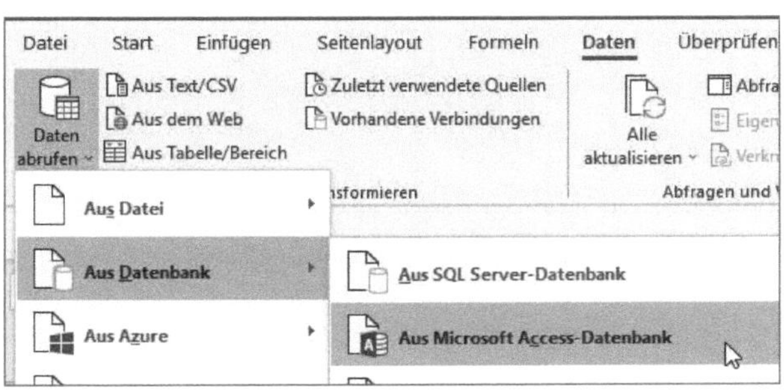

Suchen Sie die Datei *GastroSTAR.accdb* aus den Buchdaten.

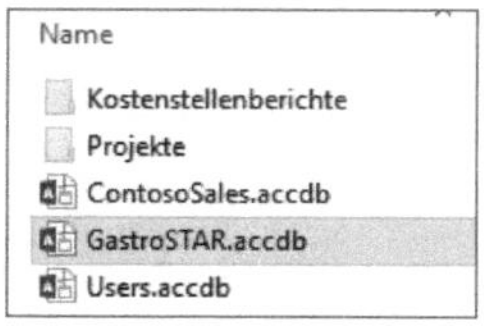

Markieren Sie die Abfrage *qry_SortimentPreise* und laden Sie die Daten als Tabelle in das erste Tabellenblatt.

Da es sich bei den Preisen um Geldbeträge handelt, markieren Sie die letzte Spalte und ändern Sie das Format auf das Buchhaltungs-Zahlenformat.

	A	B	C	D
1	Artikelnr	Kategorie	Unterkategorie	Preis
2	B-01501	Bier	Pils	15,30 €
3	B-03101	Biermischgetränk	Radler	15,30 €
4	B-01502	Bier	Alkoholfrei	15,50 €
5	B-01504	Bier	Helles	16,20 €
6	B-02601	Bier	Weizen	17,00 €
7	B-02105	Bier	Pils	9,00 €
8	B-02702	Bier	Alkoholfrei	13,50 €

Schreiben Sie nun in die oberste Zelle direkt neben *Preis* den neuen Spaltentitel *Preis in Fremdwährung*. Die Tabelle erweitert sich automatisch um eine Spalte.

D	E
Preis	Preis in Fremdwährung
15,30 €	
15,30 €	
15,50 €	
16,20 €	
17,00 €	
9,00 €	
13,50 €	
15,50 €	
16,50 €	

Ändern Sie den Namen des Tabellenblatts mit einem Doppelklick auf *Preisliste*.

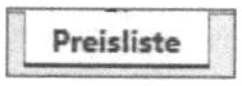

Für die aktuellen Währungskurse brauchen wir eine Webabfrage.

Wählen Sie dazu *Daten/Abrufen und transformieren/Daten abrufen/Aus anderen Quellen/ Aus dem Web*.

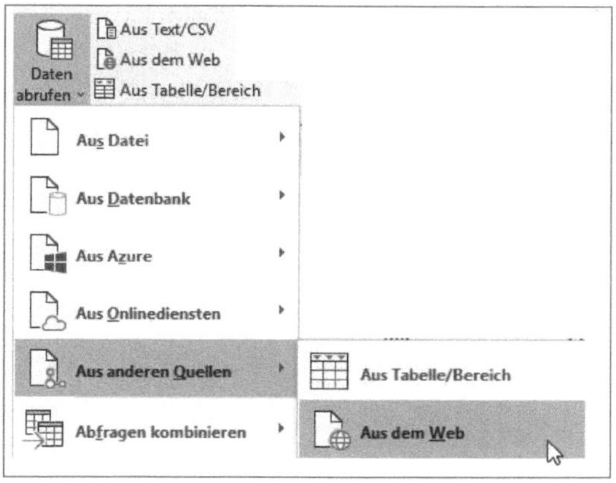

Geben Sie diese URL ein: *https://www.comdirect.de/inf/maerkte/waehrungen.html*

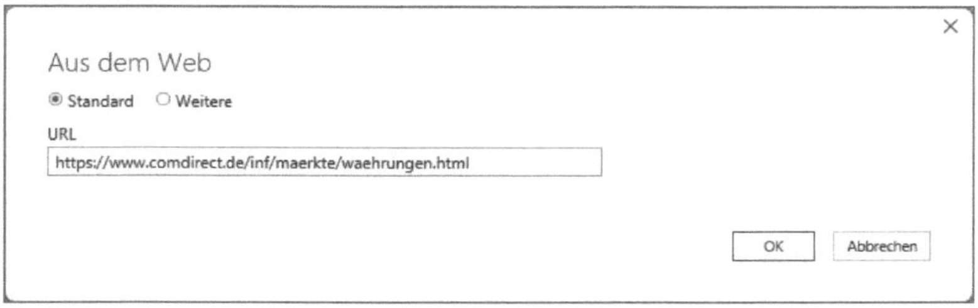

Im Navigator sehen Sie auf der linken Seite alle Tabellen, die Excel importieren kann.

Rechts können Sie wählen zwischen *Tabellenansicht* (Vorschau der Tabelle) oder *Webansicht*, um die Tabellen auf der Original-Website zu sehen.

Markieren Sie die Tabelle mit den Währungskursen und klicken Sie auf *Daten transformieren*.

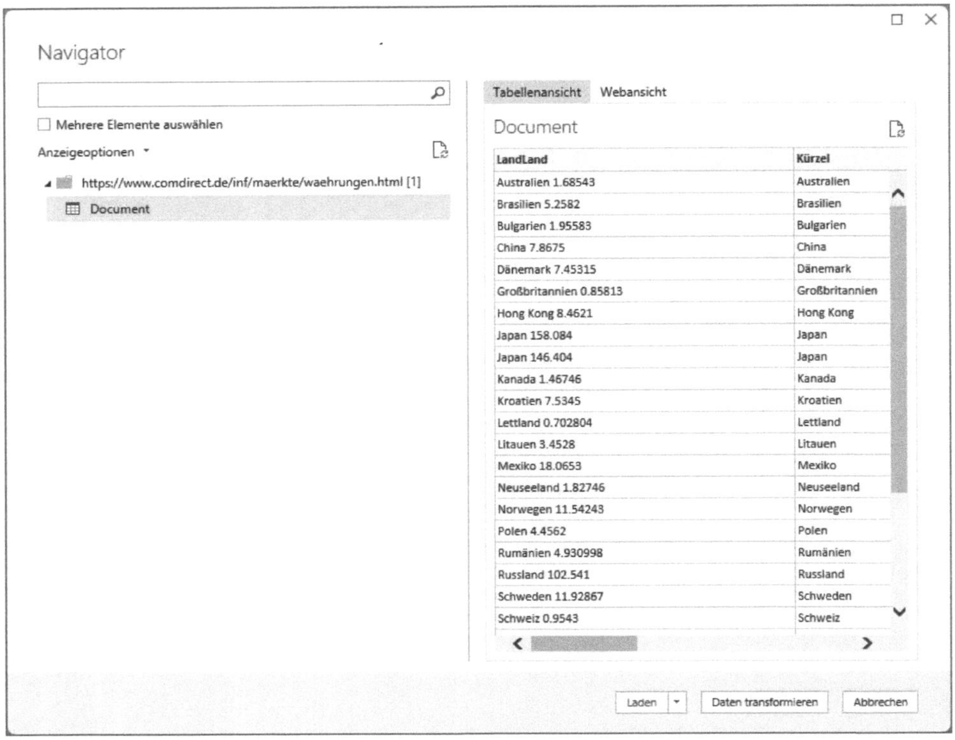

Markieren Sie die Spalten *Kürzel, Aktuell* und *Performance*. Wählen Sie im Kontextmenü *Andere Spalten entfernen*. Nennen Sie die erste Spalte *Land*, die zweite Spalte *Kürzel* und die dritte Spalte *Kurs*. Ersetzen Sie in der Spalte Kürzel „EUR-" durch einen Leereintrag.

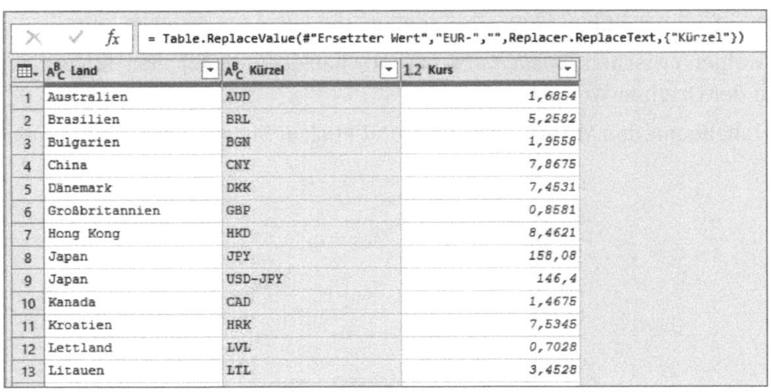

```
= Table.ReplaceValue(#"Ersetzter Wert","EUR-","",Replacer.ReplaceText,{"Kürzel"})
```

	Land	Kürzel	Kurs
1	Australien	AUD	1,6854
2	Brasilien	BRL	5,2582
3	Bulgarien	BGN	1,9558
4	China	CNY	7,8675
5	Dänemark	DKK	7,4531
6	Großbritannien	GBP	0,8581
7	Hong Kong	HKD	8,4621
8	Japan	JPY	158,08
9	Japan	USD-JPY	146,4
10	Kanada	CAD	1,4675
11	Kroatien	HRK	7,5345
12	Lettland	LVL	0,7028
13	Litauen	LTL	3,4528

Wählen Sie *Spalte hinzufügen/Benutzerdefinierte Spalte hinzufügen*.

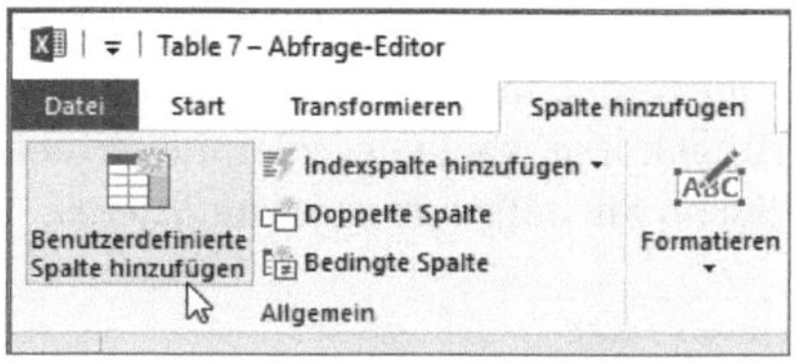

Als neuen Spaltenname tragen wir „Fremdwährung" ein.

Die neue Spalte soll die Bezeichnung mit dem Währungskürzel verbinden. Die Spaltennamen werden in eckigen Klammern geschrieben. Sie können sie aber auch durch einen Doppelklick aus der rechten Liste in die Formel einfügen.

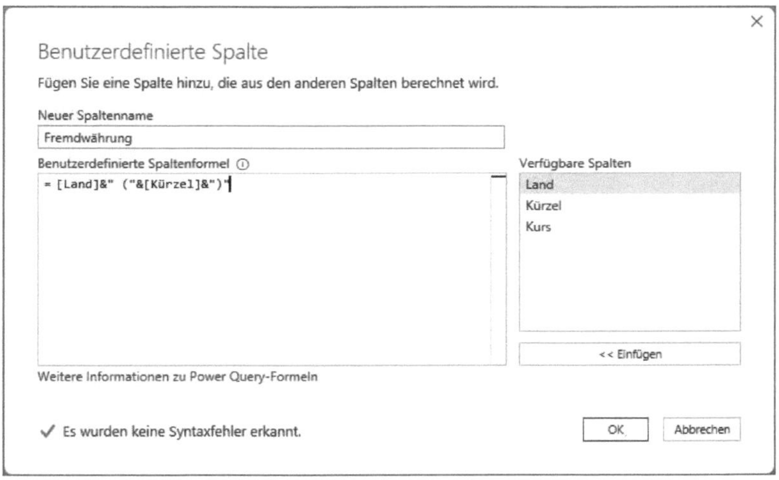

So sieht die fertige Formel aus:

```
=[Land] & " (" & [Kürzel] & ")"
```

Wenn Sie mit *OK* bestätigen, erscheint eine neue Spalte mit den Inhalten aus den beiden Ursprungsspalten.

Ändern Sie den Namen der Spalte *Kurs* zu *Kurs zu Euro*.

Ändern Sie die Reihenfolge der Spalten durch Ziehen mit gedrückter Maustaste, sodass am Anfang die Spalten *Fremdwährung*, *Kürzel* und *Kurs zu Euro* stehen. Ändern Sie den Namen der Abfrage in den Eigenschaften in *Währungskurse*. Schließen Sie dann die Abfrage und laden Sie das Ergebnis in ein neues Tabellenblatt mit der Bezeichnung *Währungskurse*. Die neue Tabelle bekommt den Tabellennamen tbl_Währungskurse, sie bietet jetzt die aktuellen Währungskurse an. Um diese zu aktualisieren, klicken Sie auf *Abfrage/Aktualisieren*.

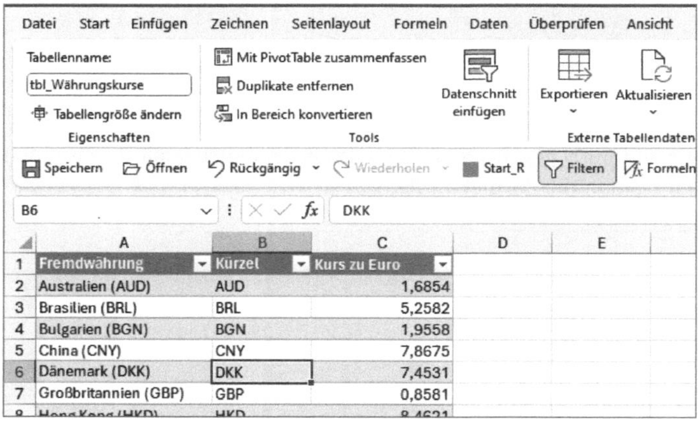

Nun können wir mit den Währungskursen in unserer Preisliste arbeiten. Erstellen Sie zunächst einen Bereich zur Auswahl des Kurses neben der Tabelle *Preisliste*. Als Überschrift geben Sie „Bitte Währung auswählen:“ ein.

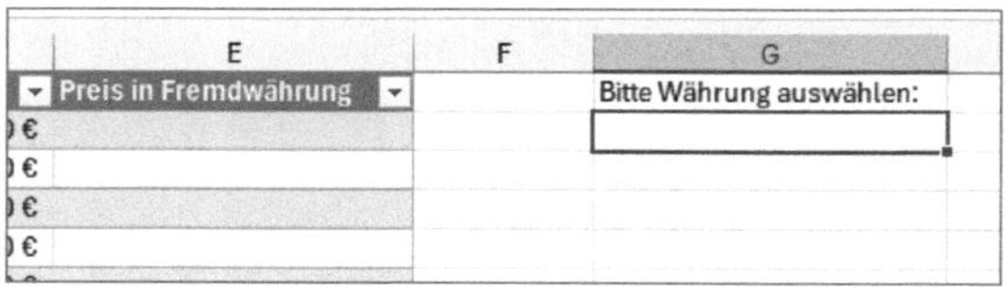

Wählen Sie in der Zelle darunter *Daten/Datentools/Datenüberprüfung*.

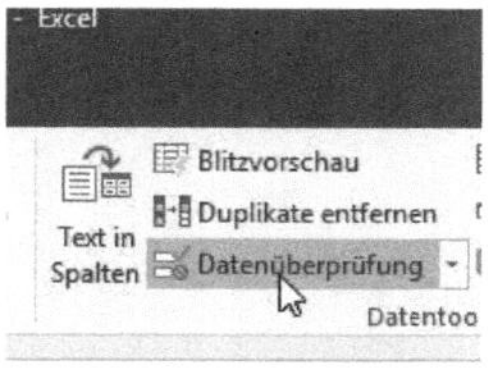

Wählen Sie *Liste* und geben Sie als Quelle die erste Spalte der Tabelle tbl_*Währungskurse* ein.

Achten Sie dabei darauf, nicht die ganze Spalte des Tabellenblatts auszuwählen, sondern nur die Spalte in der Tabelle (ohne Überschrift).

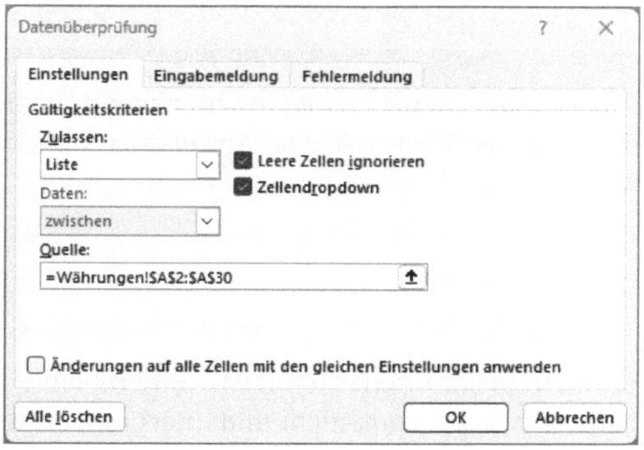

Damit erhält die Zelle ein Drop-down, in dem Sie die gewünschte Währung auswählen können.

Abhängig von dieser Auswahl sollen nun die Beträge in der Spalte *Preis in Fremdwährung* errechnet werden. Geben Sie dazu folgende Formel in eine Zelle in dieser Spalte ein:

```
=TEXT(SVERWEIS($G$2;tbl_Währungskurse;3;FALSCH)*[@Preis];"#.##0,00") & " " &
SVERWEIS($G$2;tbl_Währungskurse;2;FALSCH)
```

Zum Abschluss können Sie die Spalte noch rechtsbündig ausrichten.

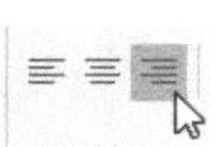

Sie können nun eine beliebige Währung auswählen. Excel berechnet den Preis in dieser Währung und zeigt ihn mit dem entsprechenden Währungskürzel an.

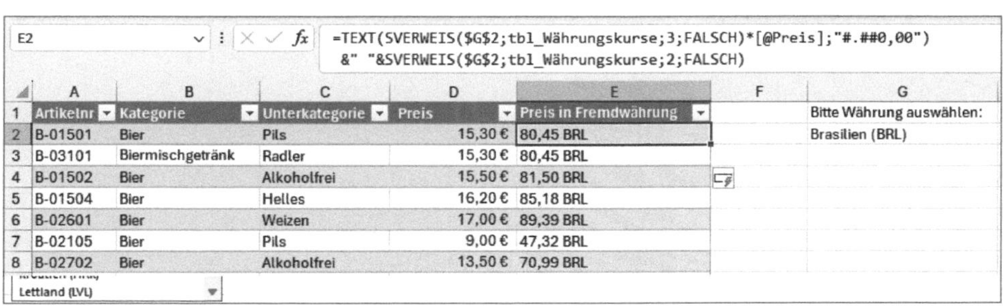

4.13.4 Vorsicht bei automatischer Typerkennung

Power Query kombiniert den Befehl *Erste Zeile als Überschrift verwenden* immer mit einer automatischen Typerkennung. In der Schrittfolge steht als nächste Anweisung immer „Geänderter Typ“:

```
Quelle
Höher gestufter Header
Geänderter Typ
```

Achten Sie besonders auf diese Anweisung, sie kann in der Praxis zu unlösbaren Problemen führen. Erkennt die Abfrage nämlich eine Spalte vom Typ *Datum* nicht und interpretiert sie als Text oder Zahl oder vom Typ „any“, kann sie damit den Inhalt für die Konvertierung unbrauchbar machen. Sehen Sie sich den M-Befehl der Transformation an, überprüfen Sie die Datentypen, die Power Query automatisch zugewiesen hat:

```
= Table.TransformColumnTypes(#"Geänderter Typ",{{"Datum", type number}})
```

Ändern Sie den Befehl händisch oder löschen Sie die gesamte Anweisung und weisen Sie den Spalten die Datentypen wieder einzeln und korrekt zu.

```
= Table.TransformColumnTypes(#"Geänderter Typ",{{"Datum", type date}})
```

Mit dem Update auf die Version 2021 bzw. 365 hat Microsoft dieses Problem entschärft und eine Option eingeführt, mit der die automatische Typerkennung deaktiviert werden kann. Aktvieren Sie unter *Daten/Daten abrufen und transformieren/Daten abrufen* die *Abfrageoptionen*. Schalten Sie unter *Daten laden/Typerkennung* die Automatik ab.

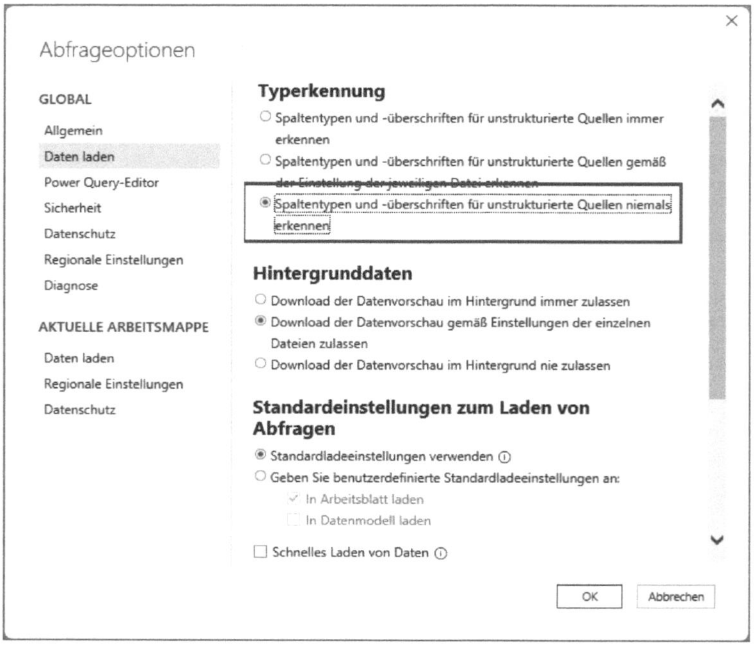

4.13.5 Abfragen kombinieren mit Joins

Power Query bietet die Möglichkeit, mehrere Datenquellen zu kombinieren und stellt dazu sechs verschiedene Joins zur Auswahl. Der richtige Join entscheidet über das Ergebnis, ein linker Join präsentiert ein anderes Ergebnis als ein rechter Join.

Bezeichnung	Ausgabe	Schema
Linker äußerer Join	Alle Zeilen aus Tabelle A. Die entsprechenden Einträge aus Tabelle B werden, wenn möglich, zugeordnet.	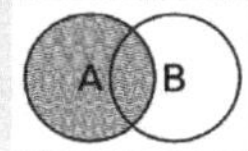
Rechter äußerer Join	Alle Zeilen aus Tabelle B. Die entsprechenden Einträge aus Tabelle A werden, wenn möglich, zugeordnet.	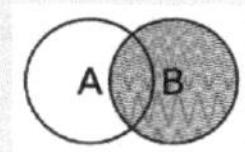
Vollständiger äußerer Join	Alle Einträge aus beiden Tabellen werden übernommen. Dort, wo sie zugeordnet werden können, werden sie zugeordnet.	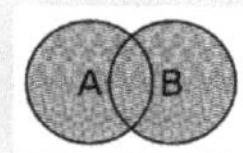
Innerer Join	Nur die Einträge, die zugeordnet werden können, werden übernommen.	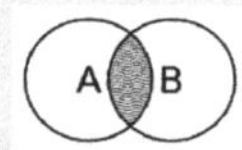
Linker Anti-Join	Nur die Einträge, die in Tabelle A vorkommen und in Tabelle B keine Entsprechung haben.	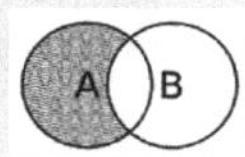
Rechter Anti-Join	Nur die Einträge, die in Tabelle B vorkommen und in Tabelle A keine Entsprechung haben.	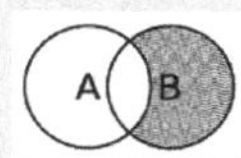

Ein Beispiel aus der Praxis demonstriert den richtigen Einsatz von Joins bei der Kombination von Datenquellen:

Die beiden Tabellen enthalten Umsatzaufstellungen für Produkte, die in zwei unterschiedlichen Regionen (Süd, Nord) verkauft werden. Einige Produkte sind in beiden Regionen gelistet, andere werden nur regional angeboten und verkauft. Alle Produkte, die in beiden Regionen angeboten werden, sind mit Fettdruck gekennzeichnet.

Die Spalten müssen nicht gleich benannt, aber vom gleichen Datentyp sein (hier Text). Stellen Sie folgende Fragen, bevor Sie die erste Kombination über Joins starten:

- Welche Biersorten werden sowohl in der Region Süd als auch in der Region Nord angeboten und welche Umsätze wurden für diese erzielt?
- Welche Sorten aus dem Norden gibt es auch im Süden zu kaufen und wie haben sich die Umsätze in diesen Regionen entwickelt?
- Wie viel Umsatz wurde in beiden Regionen erwirtschaftet?
- Wie viel Umsatz wurde mit den Sorten erzielt, die es nur in den einzelnen Regionen zu kaufen gibt?

Das Beispiel finden Sie in den Buchdaten in der Datei *Umsatz Vertriebsregionen Süd und Nord.xlsx*.

	A	B	C	D	E
1	**Vertriebsregion Süd**			**Vertriebsregion Nord**	
2					
3	Sorte	Umsatz		Sorte	Umsatz
4	**Bitburger Pils**	23.500		**Bitburger Pils**	45.800
5	**Erdinger Weizen**	45.800		**Erdinger Weizen**	23.600
6	Gösser Bier	21.600		Becks Pils	66.500
7	Eichbaum Kellerbier	16.500		Flensburger Pils	26.500
8	**Franziskaner Hefeweizen**	46.800		**Franziskaner Hefeweizen**	23.500
9	Kapuziner Weißbier	32.500		Jever Pils	41.800
10	Pfungstädter Hell	12.800		Krombacher Pils	19.800
11	**Kulmbacher Kellerbier**	15.800		**Kulmbacher Kellerbier**	15.900
12	**Mönchshof Hell**	13.800		**Mönchshof Hell**	14.900
13	**Paulaner Weißbier**	61.500		**Paulaner Weißbier**	25.600
14	**Schneider Weizen**	65.900		**Schneider Weizen**	23.400
15				Berliner Hell	26.800
16				Holstein Pils	24.600

Bild 4.48 Produkte in unterschiedlichen Vertriebsgebieten

Starten Sie eine neue Abfrage über *Daten/Abfragen und Transformieren/Daten abrufen/Aus Datei/Aus Arbeitsmappe.*

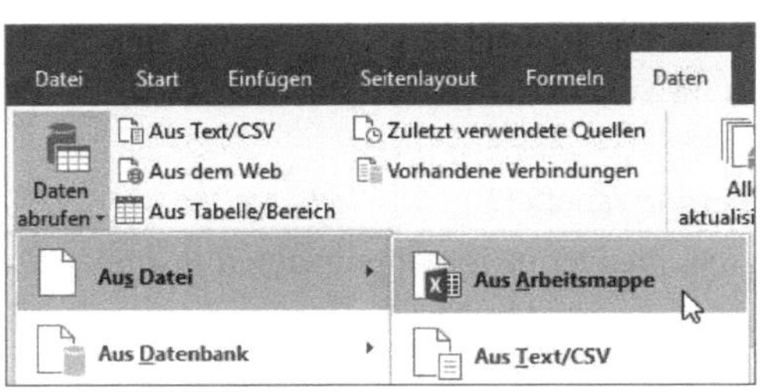

Laden Sie die Excel-Arbeitsmappe *Umsatz Vertriebsregionen Süd und Nord.xlsx.*

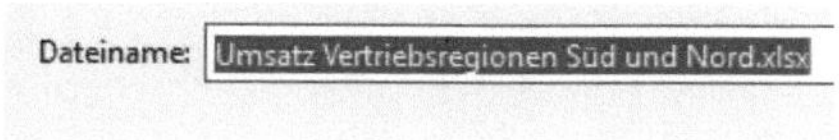

Markieren Sie die Option *Mehrere Elemente auswählen*, und markieren Sie die beiden Tabellen *tbl_RegionNord* und *tbl_RegionSüd.*

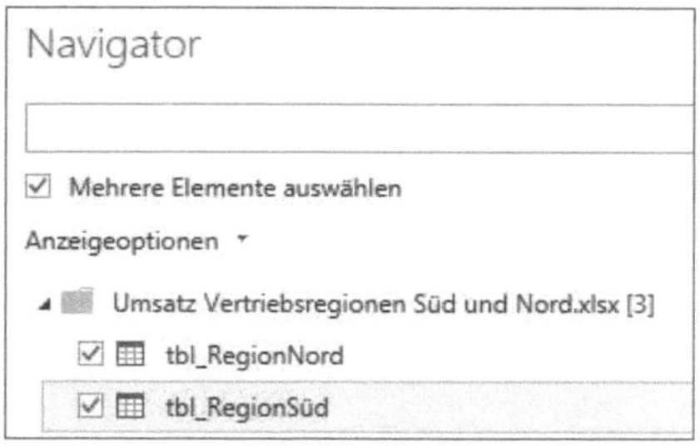

Klicken Sie auf *Daten transformieren.*

Markieren Sie die erste Tabelle *tbl_RegionNord* und wählen Sie *Start/Kombinieren/Abfragen als neue Abfrage zusammenführen.*

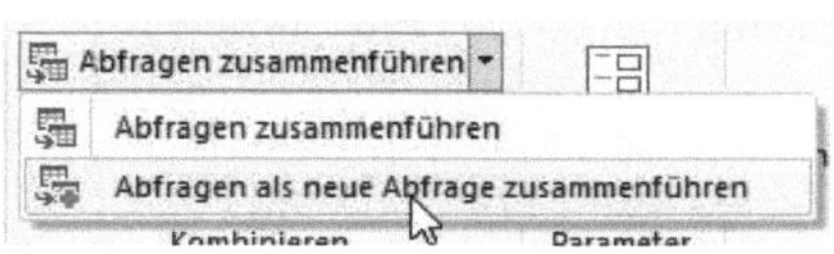

Markieren Sie die erste Spalte der ersten Tabelle, …

... aktivieren Sie die zweite Tabelle und markieren Sie hier ebenfalls die erste Spalte.

tbl_RegionSüd

Sorte	Umsatz
Bitburger Pils	23500
Erdinger Weizen	45800
Gösser Bier	21600
Eichbaum Kellerbier	16500
Franziskaner Hefeweizen	46800

Wählen Sie die Join-Art *Linker äußerer Join*.

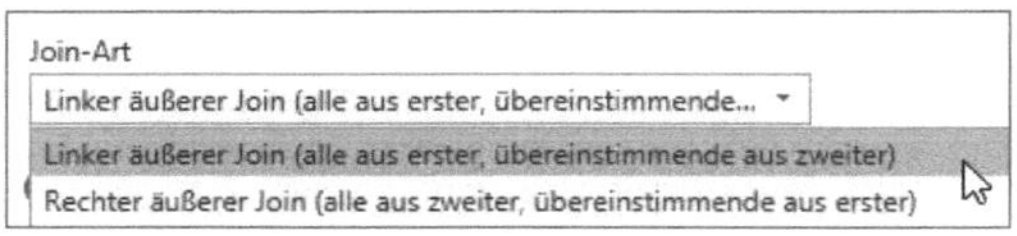

Ein Klick auf das Tabellensymbol rechts an der neuen Spalte öffnet die Spaltenauswahl.

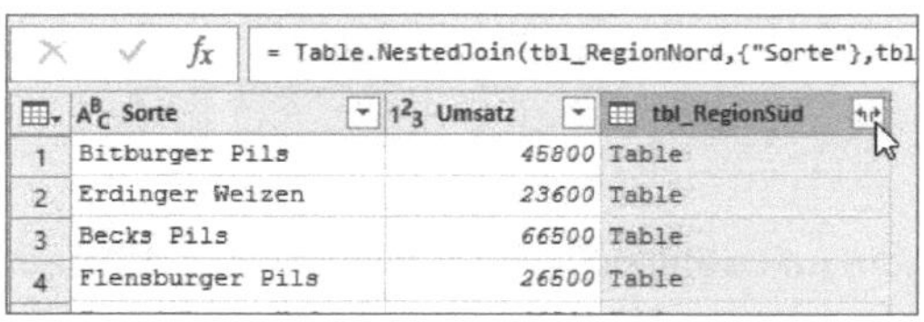
= Table.NestedJoin(tbl_RegionNord,{"Sorte"},tbl

	Sorte	Umsatz	tbl_RegionSüd
1	Bitburger Pils	45800	Table
2	Erdinger Weizen	23600	Table
3	Becks Pils	66500	Table
4	Flensburger Pils	26500	Table

Bestätigen Sie alle Spalten, lassen Sie die ursprünglichen Namen als Präfix anzeigen.

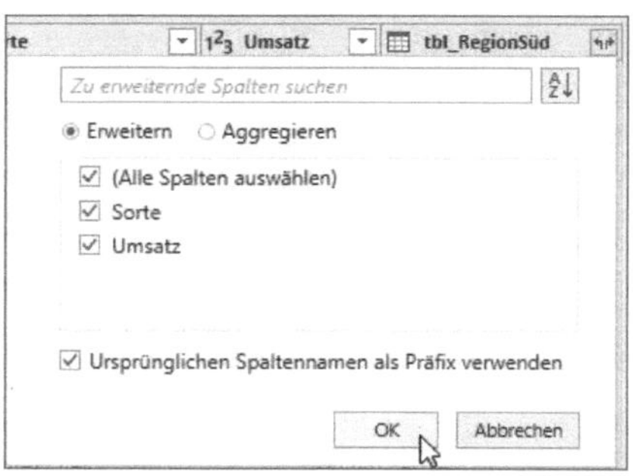

Schließen und laden Sie die neue Abfrage als Tabelle.

Mit dem linken äußeren Join sehen Sie alle Artikel der beiden Regionen. Die Artikel der Region Süd, die im Norden nicht verkauft werden, enthalten keine Umsätze.

	A	B	C	D
1	Sorte	Umsatz	tbl_RegionSüd.Sorte	tbl_RegionSüd.Umsatz
2	Bitburger Pils	45800	Bitburger Pils	23500
3	Erdinger Weizen	23600	Erdinger Weizen	45800
4	Becks Pils	66500		
5	Flensburger Pils	26500		
6	Franziskaner Hefeweizen	23500	Franziskaner Hefeweizen	46800
7	Jever Pils	41800		
8	Krombacher Pils	19800		
9	Kulmbacher Kellerbier	15900	Kulmbacher Kellerbier	15800
10	Mönchshof Hell	14900	Mönchshof Hell	13800
11	Paulaner Weißbier	25600	Paulaner Weißbier	61500
12	Schneider Weizen	23400	Schneider Weizen	65900
13	Berliner Hell	26800		
14	Holstein Pils	24600		

Schalten Sie zurück zum Abfrage-Editor und legen Sie eine weitere Abfrage an, dieses Mal mit der Join-Art *Rechter äußerer Join.*

Join-Art
Rechter äußerer Join (alle aus zweiter, übereinstimme...

Jetzt sehen Sie alle Umsätze der Region Süd und die Umsätze der Sorten, die auch im Norden verkauft werden.

	A	B	C	D
1	Sorte	Umsatz	tbl_RegionSüd.Sorte	tbl_RegionSüd.Umsatz
2	Bitburger Pils	45800	Bitburger Pils	23500
3	Erdinger Weizen	23600	Erdinger Weizen	45800
4	Franziskaner Hefeweizen	23500	Franziskaner Hefeweizen	46800
5	Kulmbacher Kellerbier	15900	Kulmbacher Kellerbier	15800
6	Mönchshof Hell	14900	Mönchshof Hell	13800
7	Paulaner Weißbier	25600	Paulaner Weißbier	61500
8	Schneider Weizen	23400	Schneider Weizen	65900
9			Gösser Bier	21600
10			Eichbaum Kellerbier	16500
11			Kapuziner Weißbier	32500
12			Pfungstädter Hell	12800

Mit der Join-Art *Vollständiger äußerer Join* …

Join-Art
Vollständiger äußerer Join (alle Zeilen aus beiden)

… sehen Sie, welche Umsätze in beiden Regionen mit allen Artikeln erzielt wurden.

	A	B	C	D
1	Sorte	Umsatz	tbl_RegionSüd.Sorte	tbl_RegionSüd.Umsatz
2	Bitburger Pils	45800	Bitburger Pils	23500
3	Erdinger Weizen	23600	Erdinger Weizen	45800
4	Becks Pils	66500		
5	Flensburger Pils	26500		
6	Franziskaner Hefeweizen	23500	Franziskaner Hefeweizen	46800
7	Jever Pils	41800		
8	Krombacher Pils	19800		
9	Kulmbacher Kellerbier	15900	Kulmbacher Kellerbier	15800
10	Mönchshof Hell	14900	Mönchshof Hell	13800
11	Paulaner Weißbier	25600	Paulaner Weißbier	61500
12	Schneider Weizen	23400	Schneider Weizen	65900
13	Berliner Hell	26800		
14	Holstein Pils	24600		
15			Gösser Bier	21600
16			Eichbaum Kellerbier	16500
17			Kapuziner Weißbier	32500
18			Pfungstädter Hell	12800

Wählen Sie die Join-Art *Innerer Join (nur übereinstimmende Zeilen), …*

Join-Art
Innerer Join (nur übereinstimmende Zeilen)

… dann zeigt das Abfrageergebnis die Schnittmenge der in beiden Regionen verkauften Artikel.

	A	B	C	D
1	Sorte	Umsatz	tbl_RegionSüd.Sorte	tbl_RegionSüd.Umsatz
2	Bitburger Pils	45800	Bitburger Pils	23500
3	Erdinger Weizen	23600	Erdinger Weizen	45800
4	Franziskaner Hefeweizen	23500	Franziskaner Hefeweizen	46800
5	Kulmbacher Kellerbier	15900	Kulmbacher Kellerbier	15800
6	Mönchshof Hell	14900	Mönchshof Hell	13800
7	Paulaner Weißbier	25600	Paulaner Weißbier	61500
8	Schneider Weizen	23400	Schneider Weizen	65900

Wollen Sie nur die Artikel sehen, die in der Region Nord verkauft wurden, wählen Sie *Linker Anti-Join (Zeilen nur in erster).*

Join-Art
Linker Anti-Join (Zeilen nur in erster)

Das Ergebnis entspricht der ersten Abfrage mit dem Filter auf die Null-Umsätze der zweiten Region.

	A	B	C	D
1	Sorte	Umsatz	tbl_RegionSüd.Sorte	tbl_RegionSüd.Umsatz
2	Becks Pils	66500		
3	Flensburger Pils	26500		
4	Jever Pils	41800		
5	Krombacher Pils	19800		
6	Berliner Hell	26800		
7	Holstein Pils	24600		

Wollen Sie nur die Artikel sehen, die in der Region Süd verkauft wurden, wählen Sie *Rechter Anti-Join (Zeilen nur in zweiter)*.

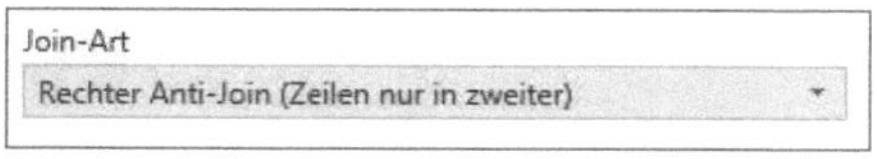

Das Ergebnis entspricht der zweiten Abfrage mit dem Filter auf die Null-Umsätze der ersten Region.

	A	B	C	D
1	Sorte	Umsatz	tbl_RegionSüd.Sorte	tbl_RegionSüd.Umsatz
2			Gösser Bier	21600
3			Eichbaum Kellerbier	16500
4			Kapuziner Weißbier	32500
5			Pfungstädter Hell	12800

4.13.6 Zellwerte in Abfragen verwenden

Wie lässt sich ein bestimmter Zellwert in einer Power Query-Abfrage weiterverarbeiten? Und wie kann diese Abfrage so präpariert werden, dass sich mit Änderungen an dieser Zelle automatisch das Abfrageergebnis anpasst? Sehen wir uns die Lösung dieser Aufgaben an einem Beispiel an:

Der Personalleiter hat die Aufgabe, die Personenzahlen seiner Abteilungen mit einem Tagessatz zu multiplizieren, den er in einer Zelle pflegt. Die Abteilungsdaten kommen aus einer Excel-Tabelle.

Legen Sie eine Liste mit den Überschriften *Parameter* und *Wert* an. Tragen Sie die erste Zeile ein:

A2: Tagessatz

B2: 300

Wandeln Sie die Liste in eine Tabelle um. Achten Sie darauf, dass die Überschrift erkannt wird.

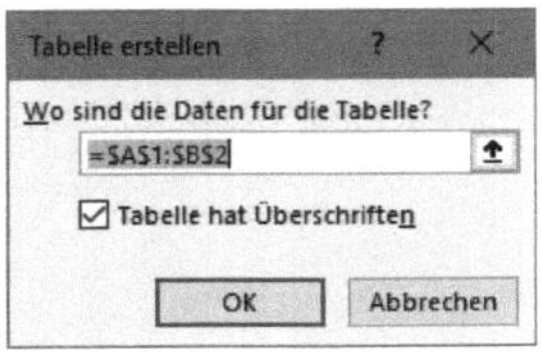

Geben Sie der Tabelle den Namen *tbl_Parameter*.

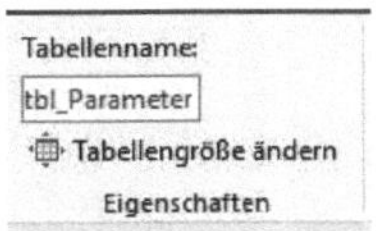

Die zweite Tabelle *tbl_Pers* wird vorbereitet, sie enthält die Abteilungsbezeichnungen und die Personentage der Abteilungen.

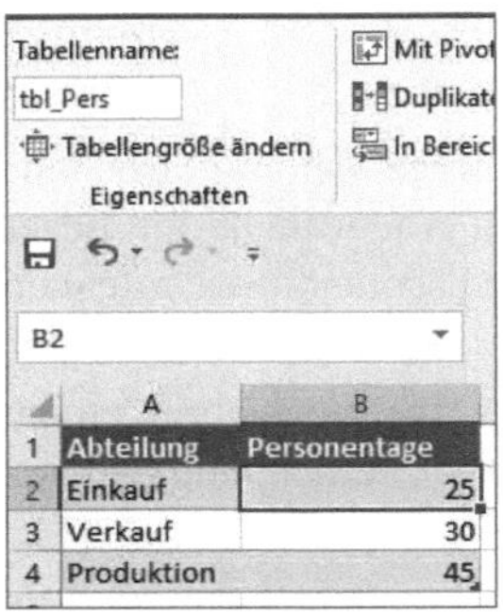

Holen Sie die Tabelle *tbl_Pers* mit *Daten abrufen und transformieren/Aus Tabelle/Bereich* in den Abfrage-Editor und schließen Sie diesen wieder.

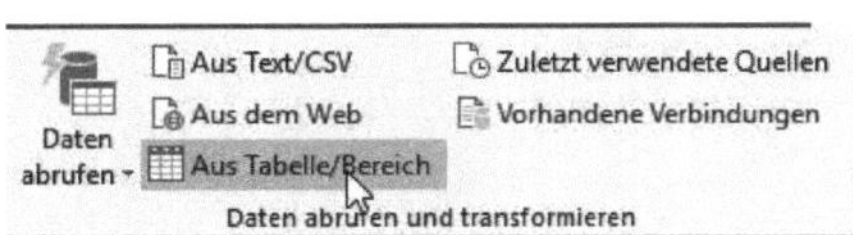

Die neue Tabelle mit dem Abfrageergebnis können Sie gleich unterhalb der Parametertabelle platzieren.

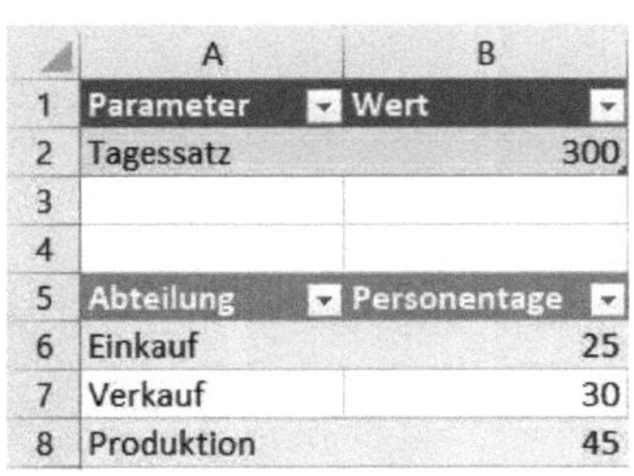

	A	B
1	Parameter	Wert
2	Tagessatz	300
3		
4		
5	Abteilung	Personentage
6	Einkauf	25
7	Verkauf	30
8	Produktion	45

Holen Sie jetzt die Tabelle *tbl_Parameter* in den Abfrage-Editor.

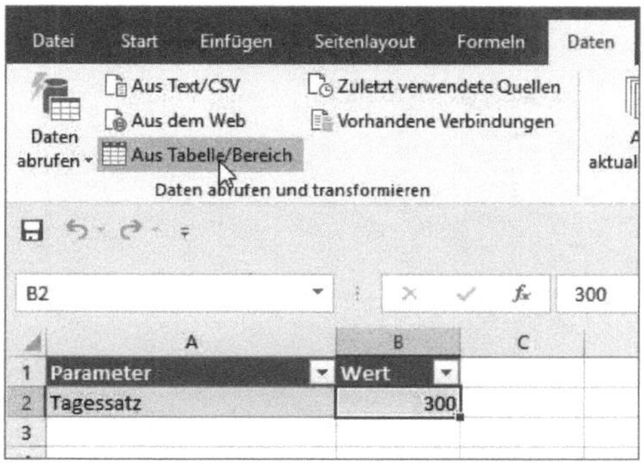

Die Abfrage besteht aus zwei Schritten. Im letzten Schritt *#"Geänderter Typ"* werden die Felddatentypen festgelegt. Überprüfen Sie diese, achten Sie darauf, dass für die zweite Spalte der Datentyp *Dezimalzahl* erkannt wird.

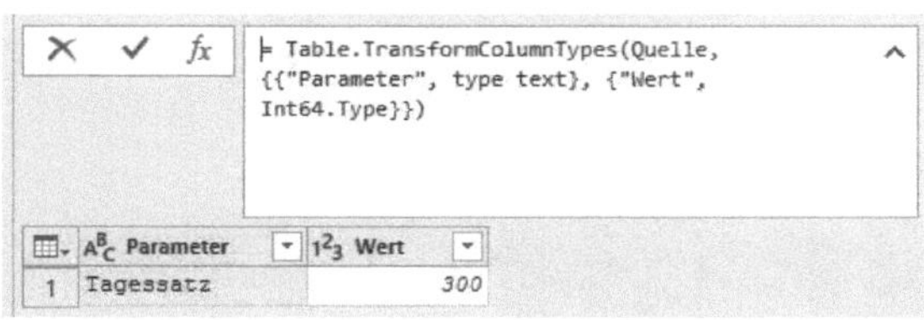

Klicken Sie auf das *fx*-Symbol, um einen neuen Schritt einzufügen.

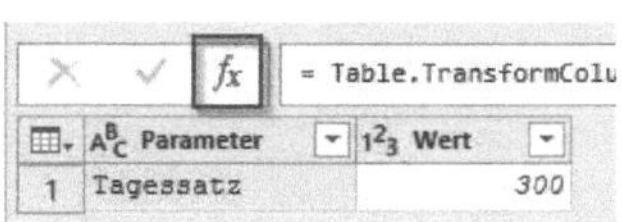

Tragen Sie neben *#"Geänderter Typ"* die Spalte (in eckigen Klammern) und die Zeile (in geschweiften Klammern) ein, aus der Sie den Wert beziehen wollen. Achten Sie darauf, dass Zeilen ab 0 gezählt werden (0 = 1. Zeile).

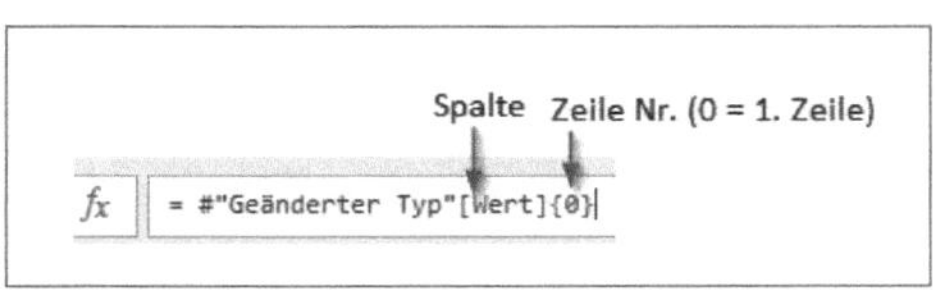

Geben Sie der Abfrage den Namen „Tagessatz“.

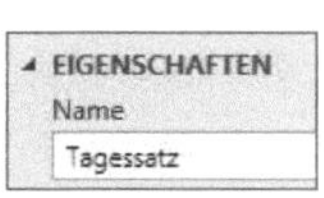

Jetzt können Sie in der Abfrage *tbl_Pers* eine neue Spalte einfügen …

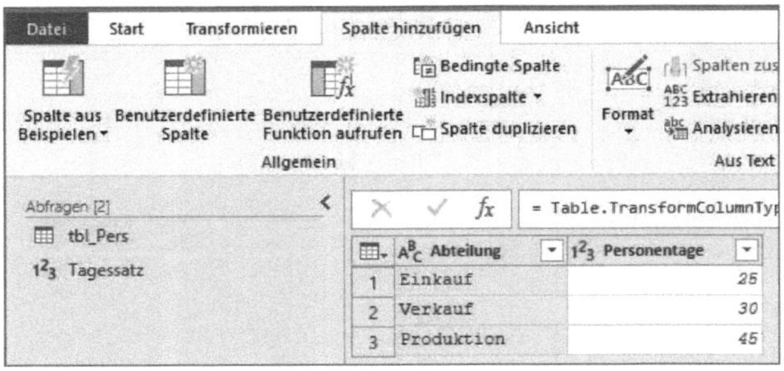

… und den Betrag aus dem Produkt von Personentagen und Tagessatz berechnen.

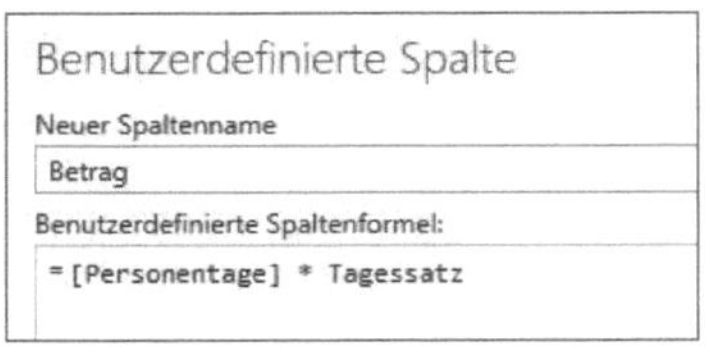

Das Ergebnis wird angezeigt. Schließen und laden Sie die Abfrage.

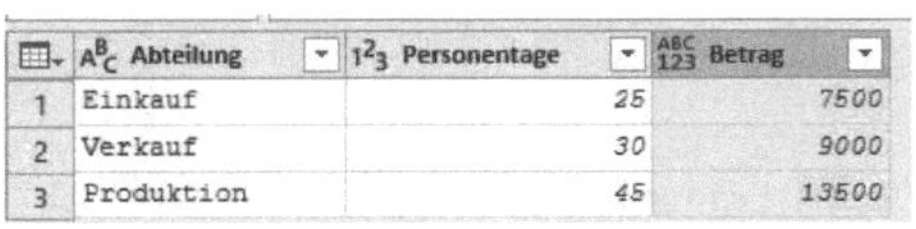

Die Abfrage *Tagessatz* brauchen Sie nicht als Tabelle, ändern Sie den Ladevorgang.

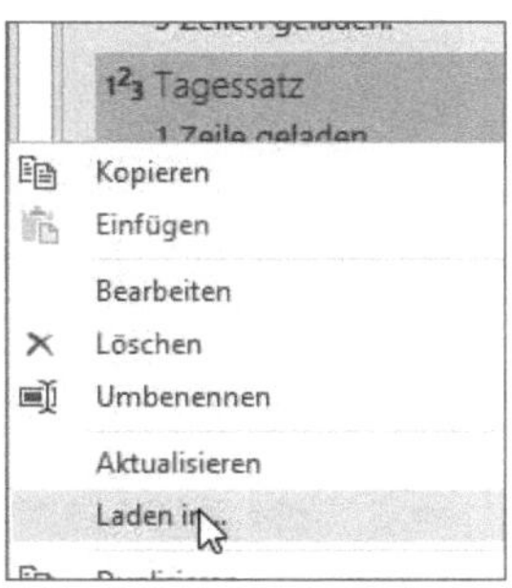

Laden Sie die Abfrage nur als Verbindung.

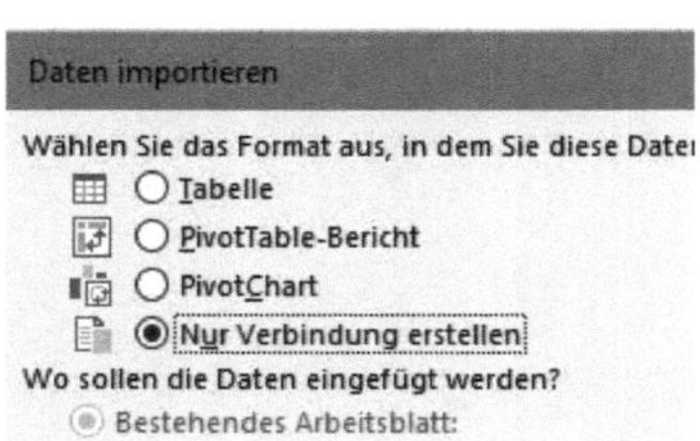

Jetzt wird der Wert aus der Tabelle automatisch für die Berechnung der neuen Spalte verwendet. Wollen Sie die Abfrage automatisch neu berechnen, sobald sich der Wert ändert, schreiben Sie ein VBA-Makro.

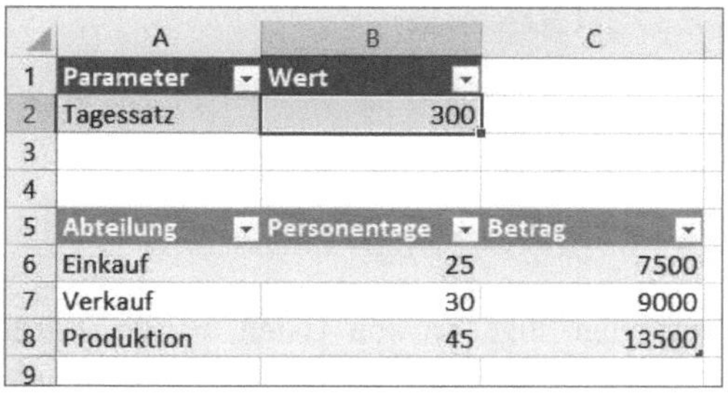

Aktivieren Sie dazu den Visual Basic-Editor in den Entwicklertools.

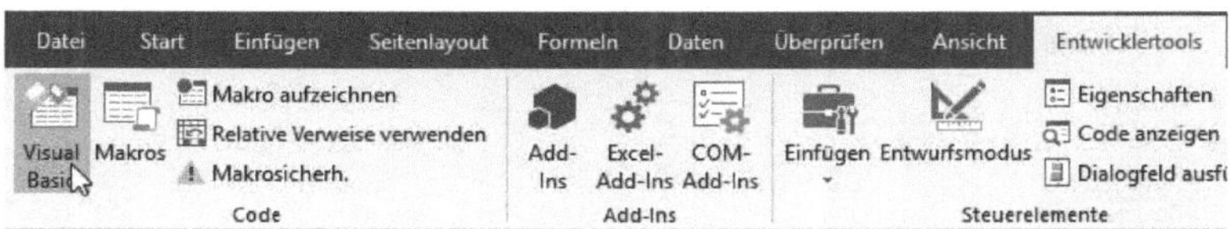

Klicken Sie im Projekt-Explorer unter *Microsoft Excel Objekte* doppelt auf das Objekt des Tabellenblattes.

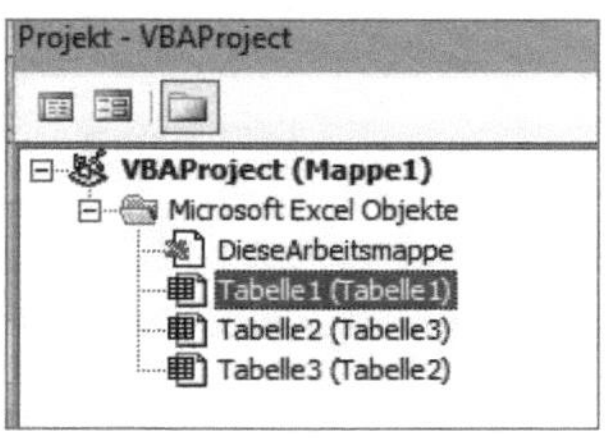

Schalten Sie im Modulblatt des Tabellenblattes um auf *Worksheet*.

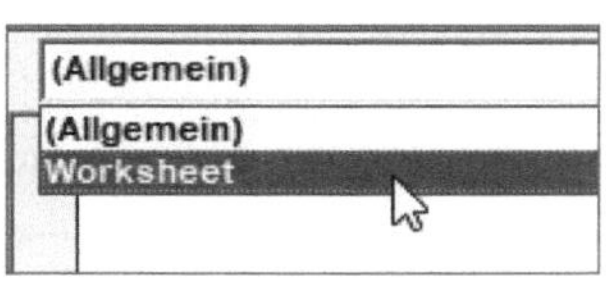

Schalten Sie in der Ereignisliste um auf das Ereignis *Change*.

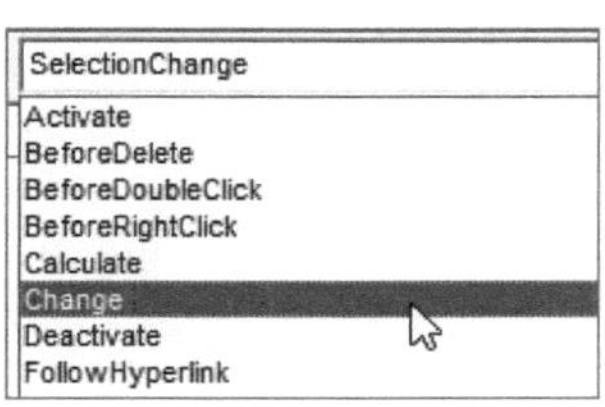

Schreiben Sie diese Anweisung in das Makro für das Change-Ereignis. Es wird alle Verbindungen aktualisieren, wenn sich der Inhalt der Zelle B2 ändert.

```
Private Sub Worksheet_Change(ByVal Target As Range)
 If Target.Address = "$B$2" Then ActiveWorkbook.RefreshAll
End Sub
```

4.13.7 Daten aus Zellen im Kopfbereich übernehmen

Eine häufige und sehr zeit- und arbeitsaufwendige Eigenart von Listen, hauptsächlich Exports aus ERP-Systemen (SAP etc.), ist die Tatsache, dass Informationen im Kopfbereich des Tabellenblattes aufgeführt sind, die für die Auswertung der Listen benötigt werden. Hier am Beispiel zweier Projektberichte. Das Datum befindet sich in Zelle B2, das Projektsegment in Zelle B3.

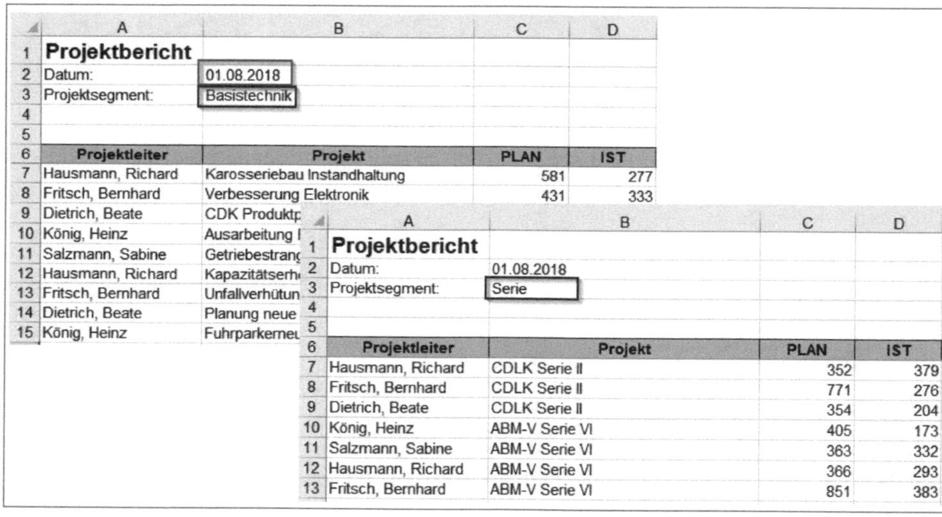

Bild 4.49 Zwei Projektberichte

Um beide Informationen in jede Zeile des Berichts zu übernehmen, erstellen Sie eine Abfrage. Sichern Sie zunächst die Kopfinformationen in Variablen und verwenden Sie diese anschließend für neue Spalten:

Starten Sie eine neue Abfrage auf die Daten aus einer Arbeitsmappe.

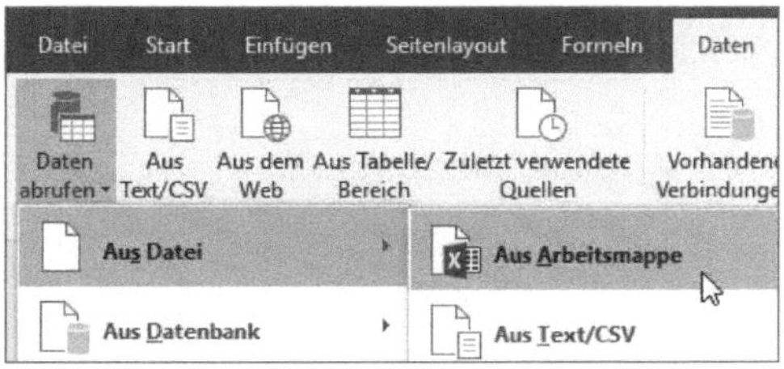

Bearbeiten Sie die Liste im ersten Tabellenblatt *Basistechnik*.

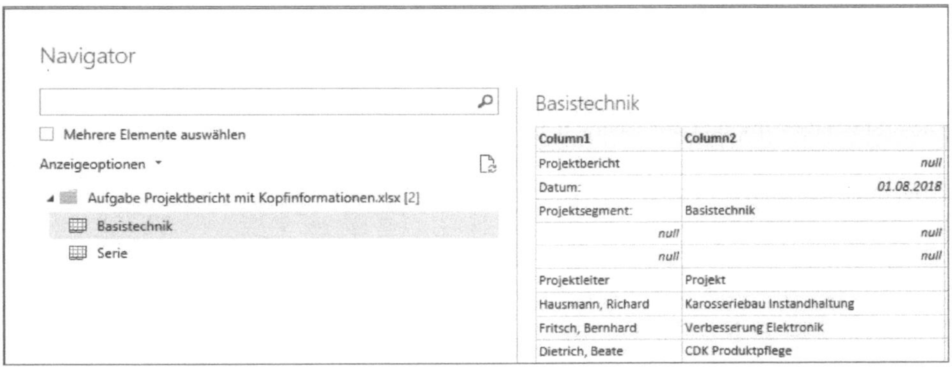

Schalten Sie um auf den erweiterten Editor. Fügen Sie nach den Zeilen für Datenquelle und Datenblatt zwei Variablen ein:

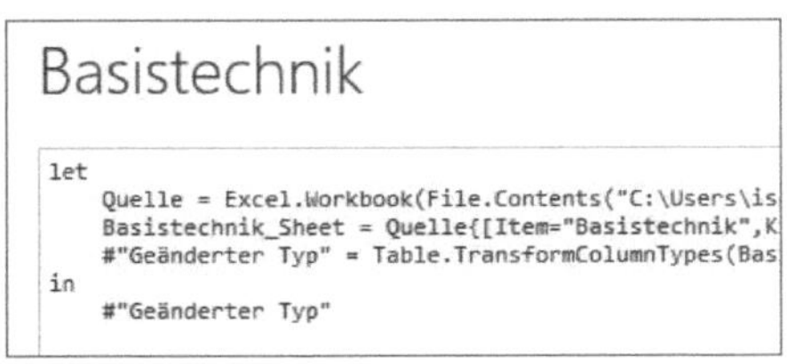


```
PDatum = #"Basistechnik_Sheet"[Column2]{1},
PSegment = #"Basistechnik_Sheet"[Column2]{2},
```

Das Datum wird aus der zweiten Zeile der Spalte 2 geholt ({1}, weil die Zählung bei 0 beginnt), das Projektsegment aus der dritten Zeile der Spalte 2.

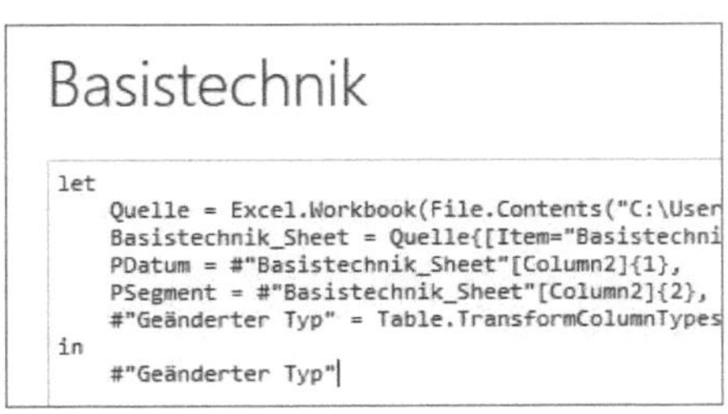

Entfernen Sie die ersten fünf Zeilen, geben Sie die Zeilenzahl nach Aufruf von *Erste Zeilen entfernen* an.

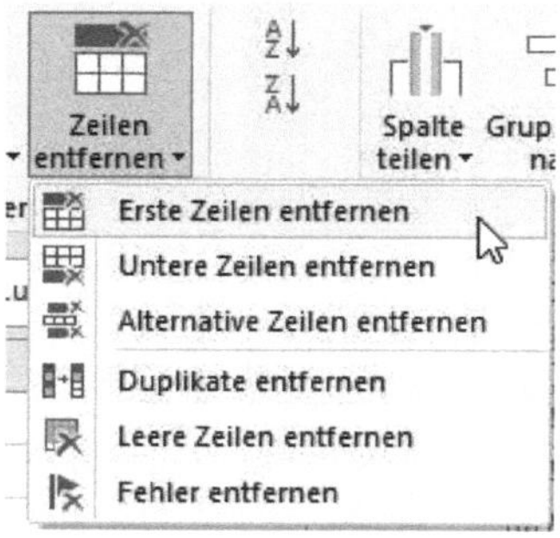

Die erste Zeile wird jetzt zur Überschrift erklärt, ...

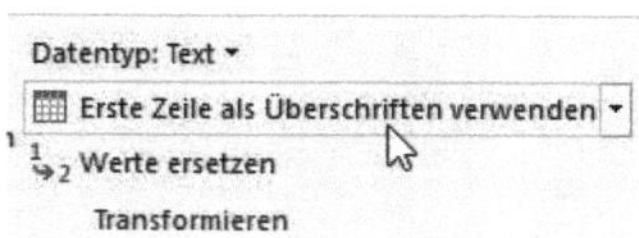

... und die Abfrage holt sich die Variable über eine benutzerdefinierte Spalte *(Spalte hinzufügen)*.

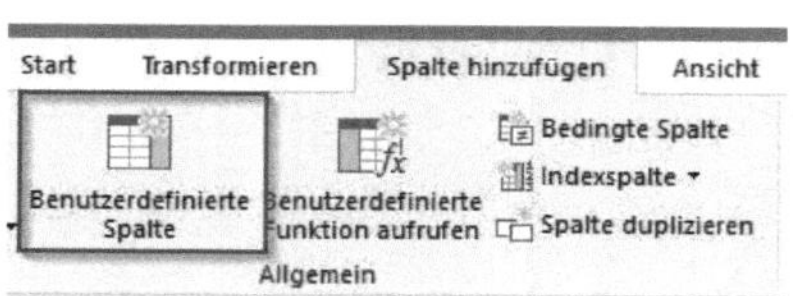

Geben Sie den Spaltennamen und die Formel ein:

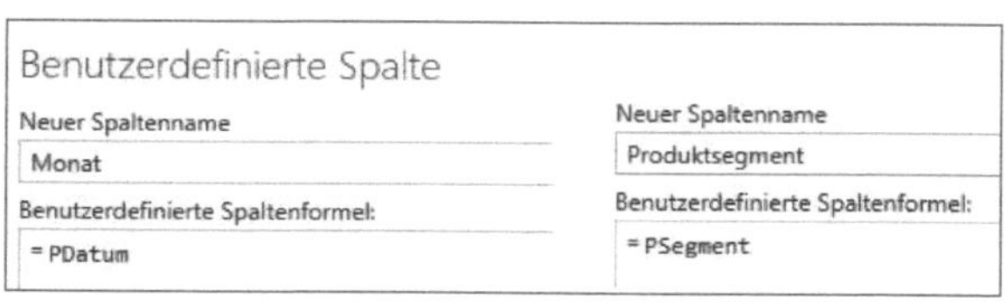


```
Spalte: Monat
Formel: =PDatum
Spalte: Produktsegment
Formel: =PSegment
```

Ziehen Sie die beiden neuen Spalten nach vorne und schalten Sie auf *Transformieren* um. Markieren Sie die Monatsspalte, …

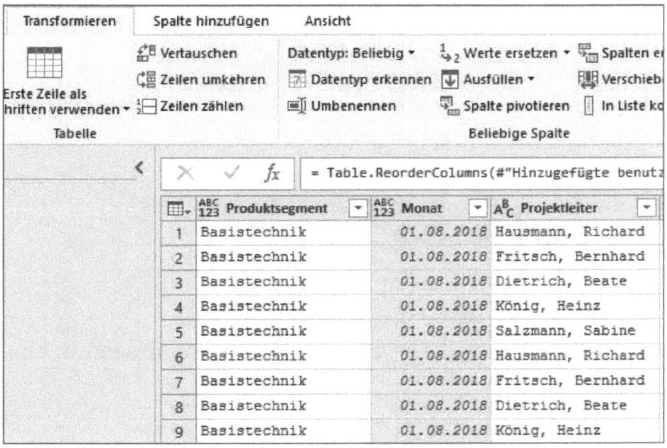

… und wählen Sie unter *Datums- und Uhrzeitspalte* die Optionen *Datum/Monat/Name des Monats.*

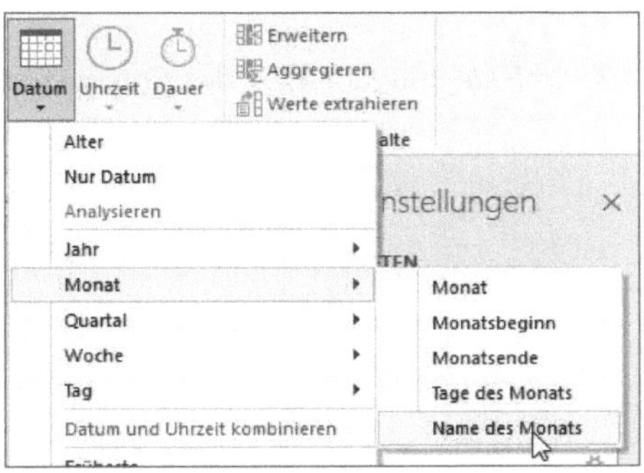

Die erste Abfrage ist fertig. Kopieren Sie sie mit **Strg+C** und **Strg+V** und nennen Sie die zweite Abfrage *Serie.*

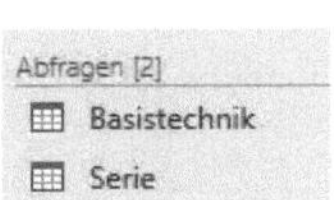

Passen Sie die Anweisungen am besten im erweiterten Editor an. Ersetzen Sie jeweils „Basistechnik“ durch „Serie“.

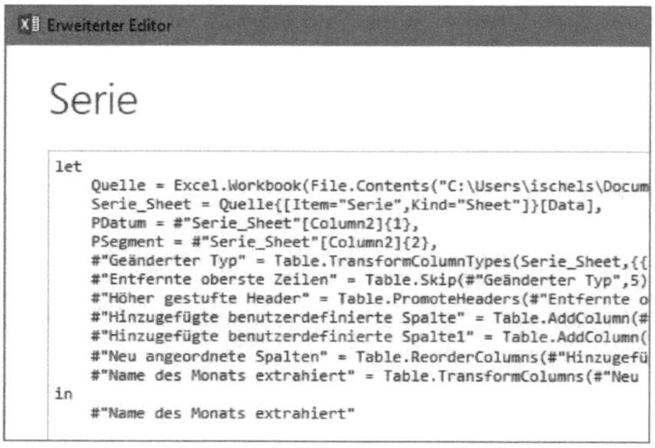

Mit *Abfragen zusammenführen/Abfragen als neu anfügen* holen Sie beide Abfragen in eine neue Abfrage.

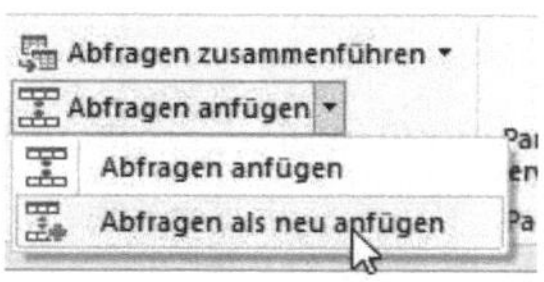

Geben Sie der neuen Abfrage die Bezeichnung *Alle Projekte* und laden Sie das Ergebnis in die aktuelle Mappe.

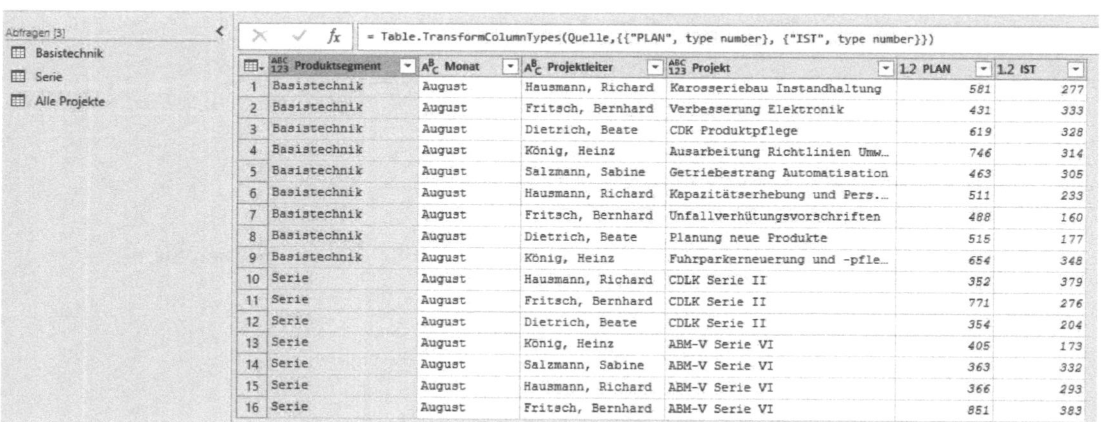

	Produktsegment	Monat	Projektleiter	Projekt	PLAN	IST
1	Basistechnik	August	Hausmann, Richard	Karosseriebau Instandhaltung	581	277
2	Basistechnik	August	Fritsch, Bernhard	Verbesserung Elektronik	431	333
3	Basistechnik	August	Dietrich, Beate	CDK Produktpflege	619	328
4	Basistechnik	August	König, Heinz	Ausarbeitung Richtlinien Umw...	746	314
5	Basistechnik	August	Salzmann, Sabine	Getriebestrang Automatisation	463	305
6	Basistechnik	August	Hausmann, Richard	Kapazitätserhebung und Pers...	511	233
7	Basistechnik	August	Fritsch, Bernhard	Unfallverhütungsvorschriften	488	160
8	Basistechnik	August	Dietrich, Beate	Planung neue Produkte	515	177
9	Basistechnik	August	König, Heinz	Fuhrparkerneuerung und -pfle...	654	348
10	Serie	August	Hausmann, Richard	CDLK Serie II	352	379
11	Serie	August	Fritsch, Bernhard	CDLK Serie II	771	276
12	Serie	August	Dietrich, Beate	CDLK Serie II	354	204
13	Serie	August	König, Heinz	ABM-V Serie VI	405	173
14	Serie	August	Salzmann, Sabine	ABM-V Serie VI	363	332
15	Serie	August	Hausmann, Richard	ABM-V Serie VI	366	293
16	Serie	August	Fritsch, Bernhard	ABM-V Serie VI	851	383

Bild 4.50 Die neue Tabelle im Power Query-Editor

4.13.8 Daten mit variablen Spaltenüberschriften

Power Query-Abfragen sind zwar in der Regel einfach zu erstellen, werden aber zum Risiko, wenn Änderungen an den Quelldaten nicht berücksichtigt werden. In der Praxis ändert sich zum Beispiel häufig die Spaltenüberschrift einer Tabelle oder Liste. Wird die Abfrage auf die aktuellen Daten erstellt, speichert diese die Informationen über die Spaltentitel fest, und die nächste Änderung führt zu Fehlern.

Sie umgehen das Problem, indem Sie alle Spaltentitel variabel machen:

Die Tabelle *tbl_MAStunden* in der Mappe *Mitarbeiterstunden.xlsx* enthält in der ersten Spalte die Mitarbeiternamen und in der zweiten den Auswertungsmonat. Wählen Sie *Daten/Daten abrufen und transformieren/Aus Tabelle/Bereich.*

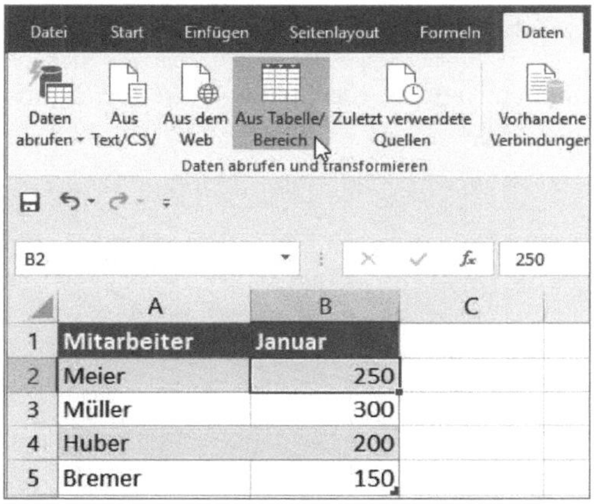

Löschen Sie im Editor den zweiten Schritt *Geänderter Typ*, in dem Power Query versucht, die Datentypen zu bestimmen.

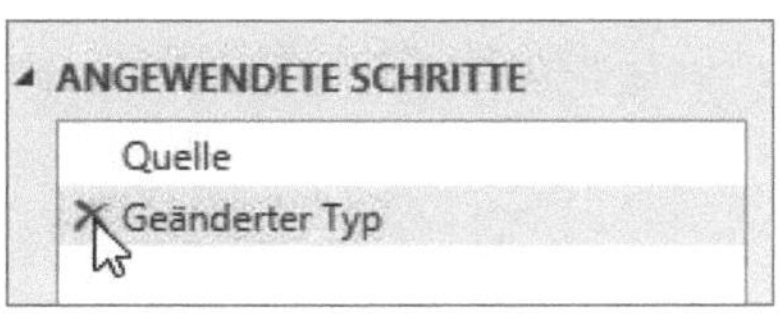

Wählen Sie *Start/Transformieren/Überschriften als erste Zeile verwenden.*

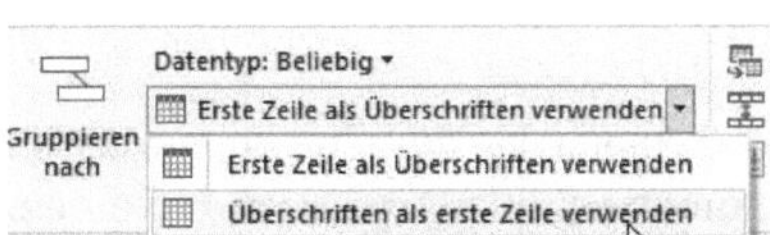

Wenn Sie den Monat in der Abfrage weiterverarbeiten wollen, legen Sie eine Variable für das erste Element der Spalte 2 an:

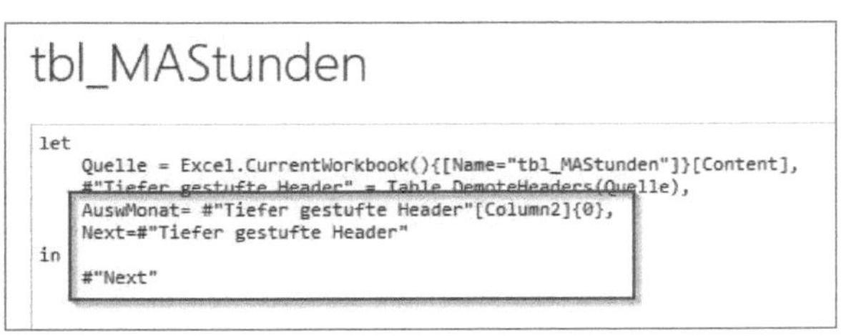

```
AuswMonat = #"Tiefer gestufte Header"[Column2]{0}
```

Löschen Sie die erste Zeile mit den Original-Überschriften.

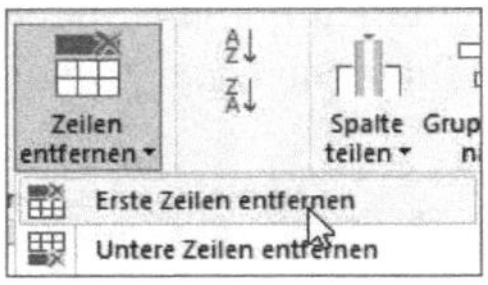

Jetzt können Sie die beiden Spalten umbenennen, nennen Sie Spalte 1 *Mitarbeiter* und Spalte 2 *Monat*.

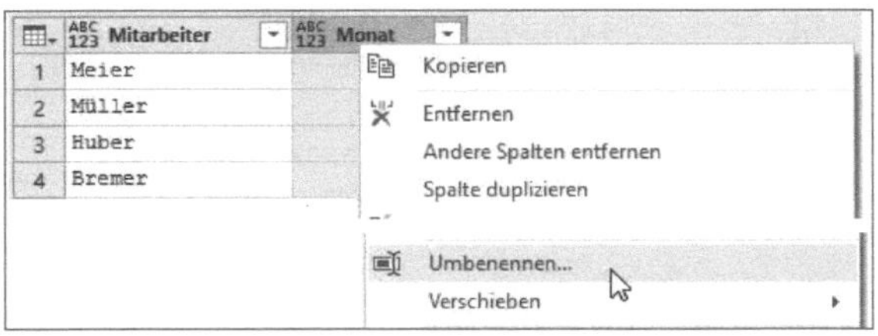

Um den Auswertungsmonat wieder in der Spalte zu sehen, ersetzen Sie in der Anweisung den Ersatzbegriff für Spalte 2 durch die Variable *AusMonat*.

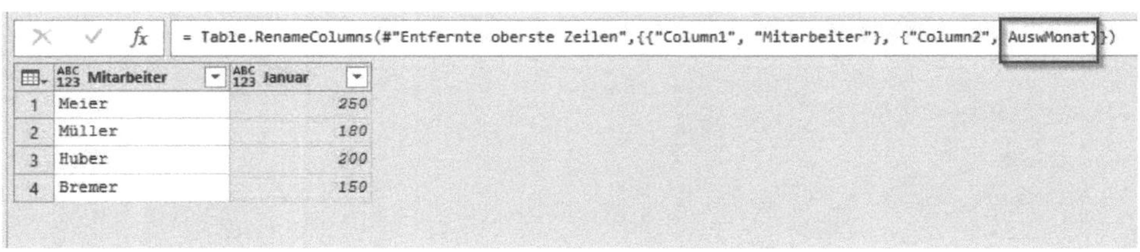

4.13.9 Dateien aus Ordnern

Eine besonders nützliche Fähigkeit der Power Query-Abfragen ist das Zusammenfassen aller Daten in einem Ordner. Die Abfrage integriert automatisch alle Dateien, die in einem Ordner zu finden sind, und präsentiert (nach Aktualisierung) das richtige Ergebnis, wenn Dateien hinzukommen oder entfernt werden.

Für unser Beispiel stehen mehrere Projektdateien mit je einem Tabellenblatt und einer Liste bereit. Die Listen müssen im Aufbau (Spaltenanzahl und -titel) gleich sein, auch die Blattnamen sollten einheitlich sein. Der Abfrage-Editor wird aber die Möglichkeit lassen, das Tabellenblatt zu bestimmen.

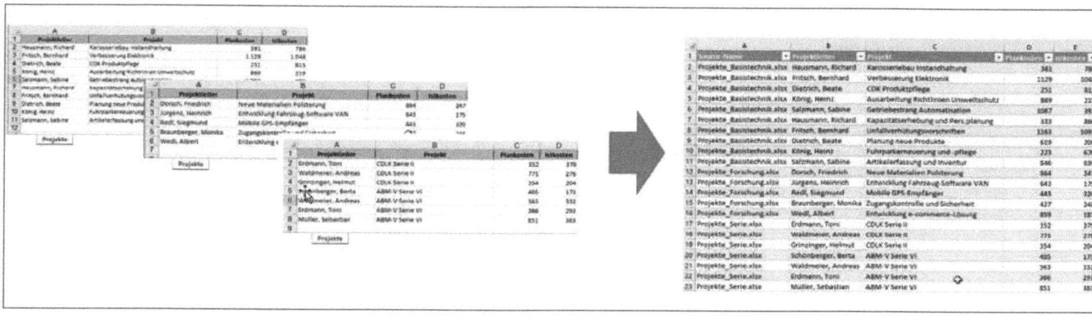

Bild 4.51 Eine Tabelle aus drei Projektlisten

Legen Sie eine neue Arbeitsmappe an und wählen Sie *Daten/Abrufen und Transformieren/ Neue Abfrage*. Wählen Sie *Aus Datei/Aus Ordner*.

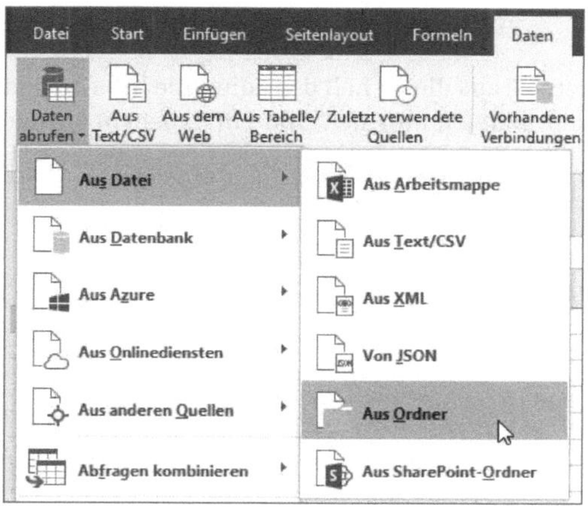

Geben Sie den Pfad zum Ordner ein, kopieren Sie diesen am besten aus dem Explorer heraus.

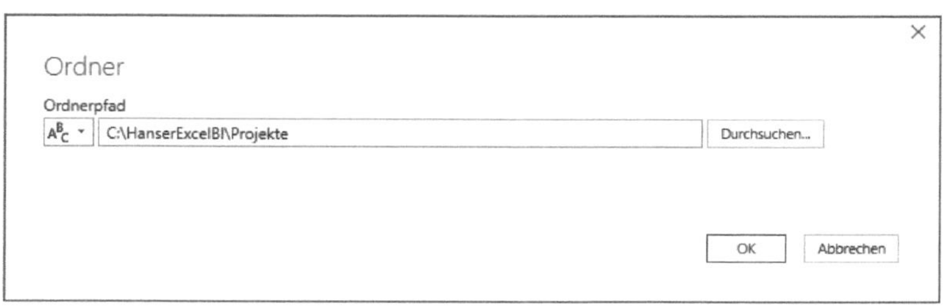

Die Dateiliste im Ordner wird angezeigt, wählen Sie *Kombinieren/Daten kombinieren und transformieren.*

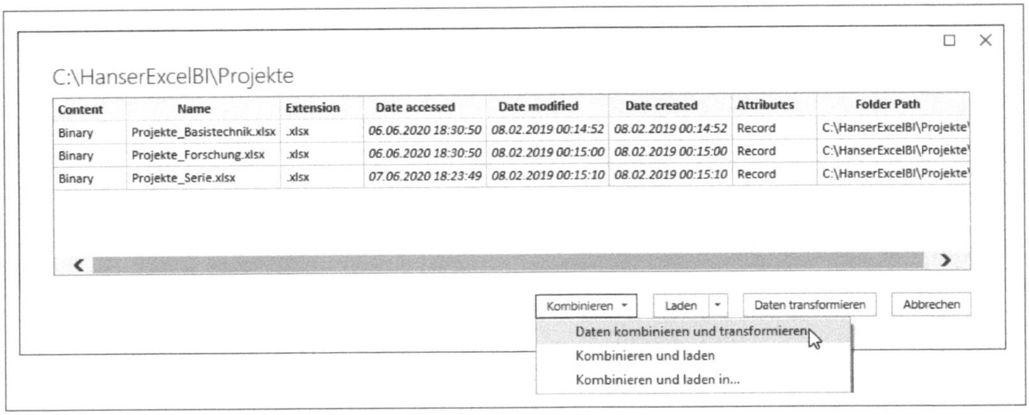

Die erste Datei wird als Beispieldatei interpretiert, aus dieser holt der Editor die Information über den Aufbau der Abfrage. Sie können alle Dateien aufrufen und ein Tabellenblatt bestimmen.

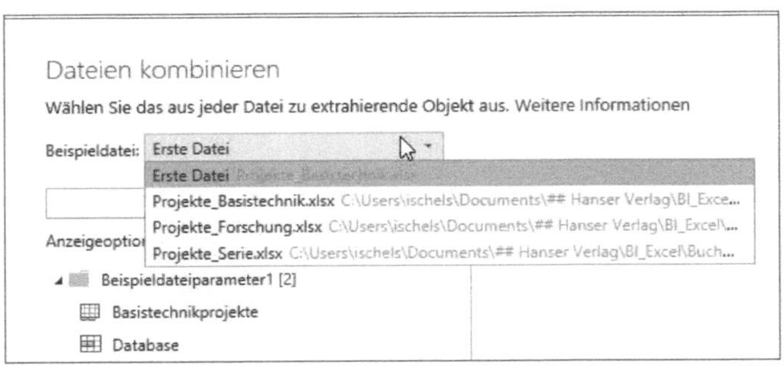

Markieren Sie die Beispieldatei, zeigt die Vorschau das Ergebnis an.

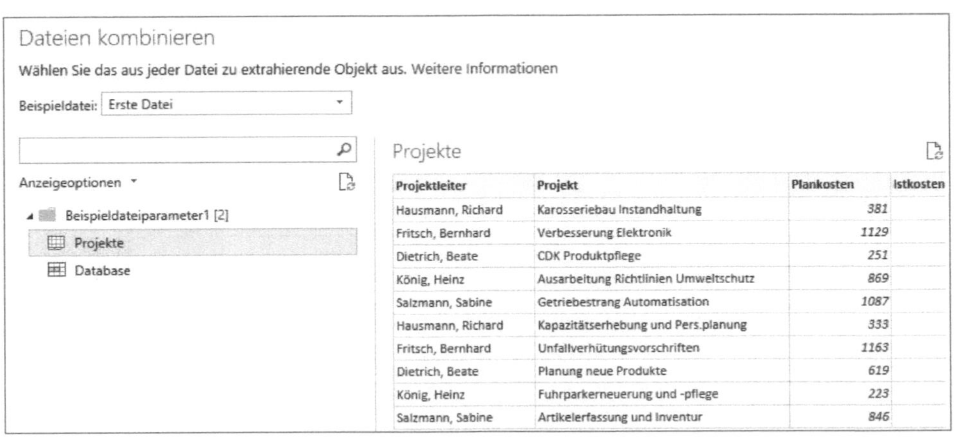

Klicken Sie auf *OK*, um die Abfrage anzulegen.

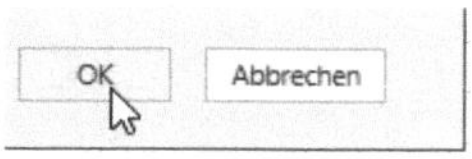

Die Editor-Vorschau präsentiert die Dateien und die bereits transformierten Inhalte.

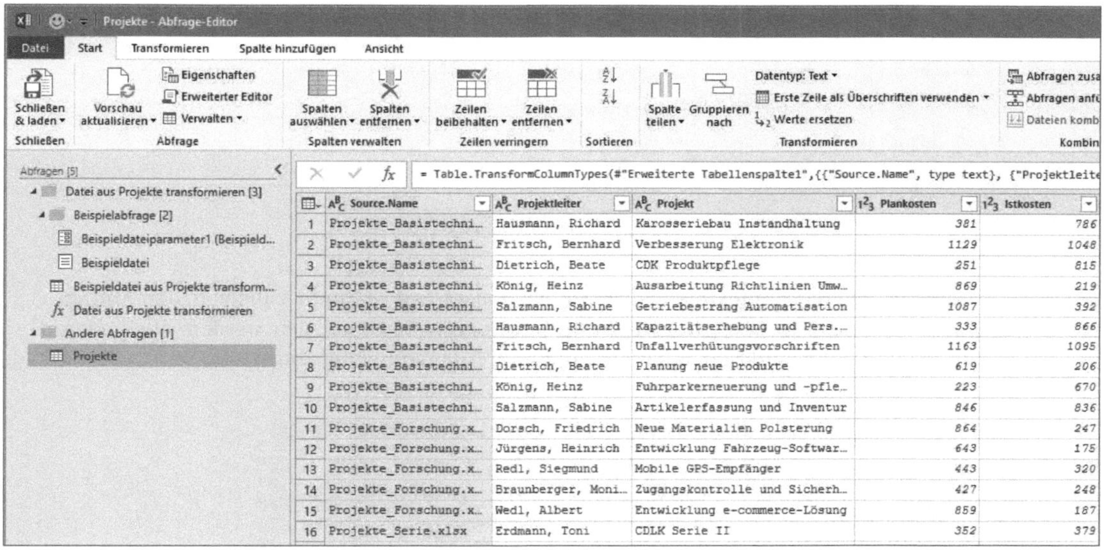

In der Schrittfolge sehen Sie, dass für die Transformation eine benutzerdefinierte Funktion zum Einsatz kommt:

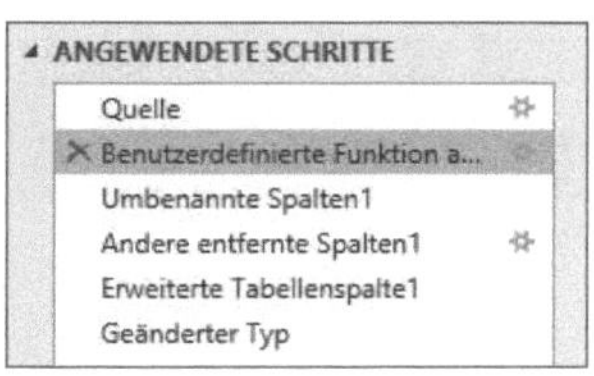


```
= Table.AddColumn(Quelle, "Quellname", each #"Spaltenname"([Content]))
```

Eine weitere Funktion expandiert die Tabellen:

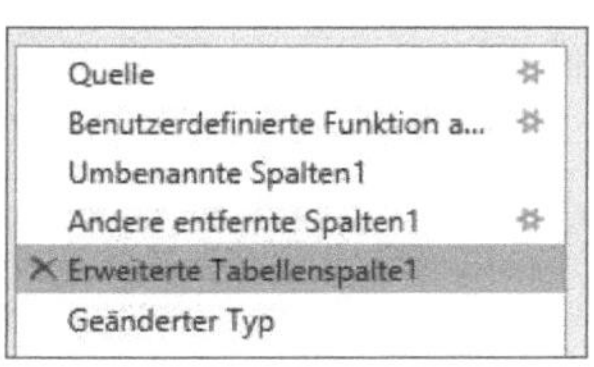


```
= Table.AddColumn(Quelle, "Spaltenname", each #"Spaltenname"([Content]))
```

Zuletzt werden die Spaltentypen noch interpretiert. Ändern Sie diese, falls der Editor die Text- und Zahlenfelder nicht richtig erkennt.

Schließen und laden Sie dann das Ergebnis in eine neue Tabelle.

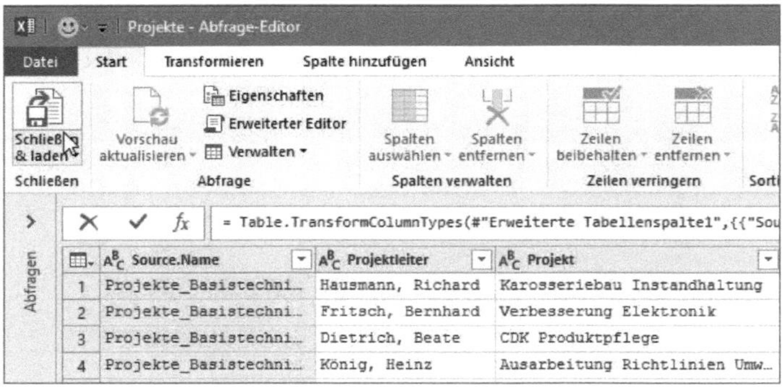

Wenn Sie über das Kontextmenü der rechten Maustaste die Gruppierungen in den Abfragen aufheben, sehen Sie, dass nur die Projekte in eine Tabelle geladen werden, alle anderen Abfragen und die Funktionen hat der Editor auf *Nur Verbindung* eingestellt.

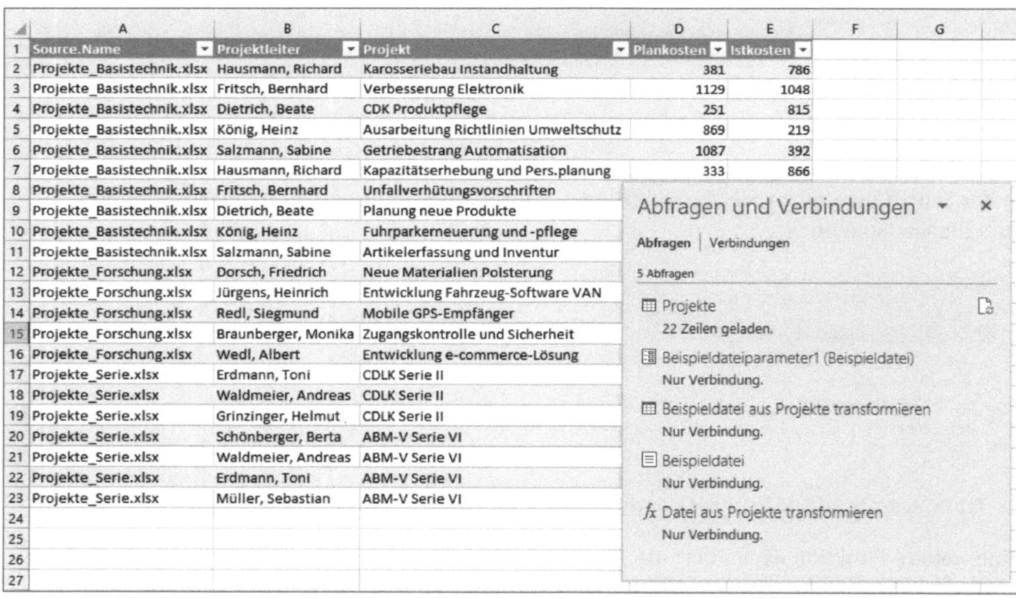

	A	B	C	D	E
1	Source.Name	Projektleiter	Projekt	Plankosten	Istkosten
2	Projekte_Basistechnik.xlsx	Hausmann, Richard	Karosseriebau Instandhaltung	381	786
3	Projekte_Basistechnik.xlsx	Fritsch, Bernhard	Verbesserung Elektronik	1129	1048
4	Projekte_Basistechnik.xlsx	Dietrich, Beate	CDK Produktpflege	251	815
5	Projekte_Basistechnik.xlsx	König, Heinz	Ausarbeitung Richtlinien Umweltschutz	869	219
6	Projekte_Basistechnik.xlsx	Salzmann, Sabine	Getriebestrang Automatisation	1087	392
7	Projekte_Basistechnik.xlsx	Hausmann, Richard	Kapazitätserhebung und Pers.planung	333	866
8	Projekte_Basistechnik.xlsx	Fritsch, Bernhard	Unfallverhütungsvorschriften		
9	Projekte_Basistechnik.xlsx	Dietrich, Beate	Planung neue Produkte		
10	Projekte_Basistechnik.xlsx	König, Heinz	Fuhrparkerneuerung und -pflege		
11	Projekte_Basistechnik.xlsx	Salzmann, Sabine	Artikelerfassung und Inventur		
12	Projekte_Forschung.xlsx	Dorsch, Friedrich	Neue Materialien Polsterung		
13	Projekte_Forschung.xlsx	Jürgens, Heinrich	Entwicklung Fahrzeug-Software VAN		
14	Projekte_Forschung.xlsx	Redl, Siegmund	Mobile GPS-Empfänger		
15	Projekte_Forschung.xlsx	Braunberger, Monika	Zugangskontrolle und Sicherheit		
16	Projekte_Forschung.xlsx	Wedl, Albert	Entwicklung e-commerce-Lösung		
17	Projekte_Serie.xlsx	Erdmann, Toni	CDLK Serie II		
18	Projekte_Serie.xlsx	Waldmeier, Andreas	CDLK Serie II		
19	Projekte_Serie.xlsx	Grinzinger, Helmut	CDLK Serie II		
20	Projekte_Serie.xlsx	Schönberger, Berta	ABM-V Serie VI		
21	Projekte_Serie.xlsx	Waldmeier, Andreas	ABM-V Serie VI		
22	Projekte_Serie.xlsx	Erdmann, Toni	ABM-V Serie VI		
23	Projekte_Serie.xlsx	Müller, Sebastian	ABM-V Serie VI		

Bild 4.52 Alle Daten aus dem Ordner wurden in eine einzige Tabelle importiert

4.13.10 Zuletzt gespeicherte Datei importieren

In der Praxis werden Sie die Aufgabe bekommen, die zuletzt gespeicherte Dateiversion aus einem Ordner zu holen. Mit Power Query kein Problem:

Der Ordner *C:\Daten* enthält zwei Dateien mit unterschiedlichem Änderungsdatum.

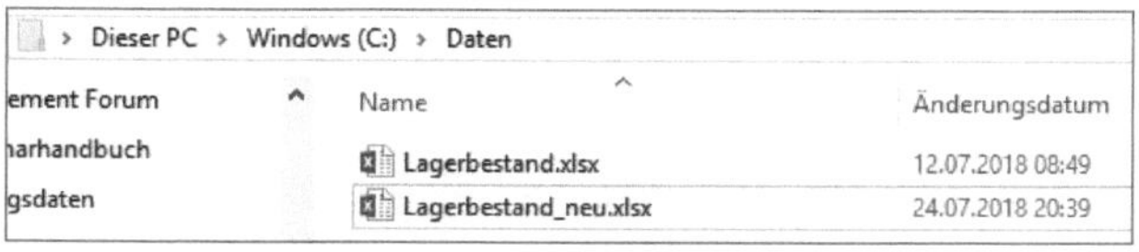

Legen Sie eine neue Abfrage für alle Dateien aus einem Ordner an.

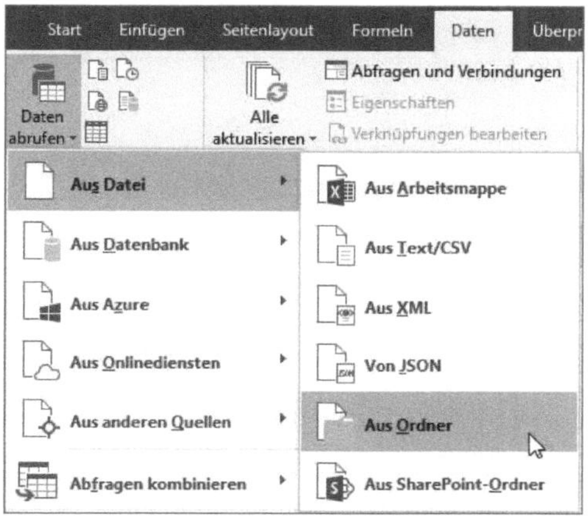

Geben Sie den Ordner an …

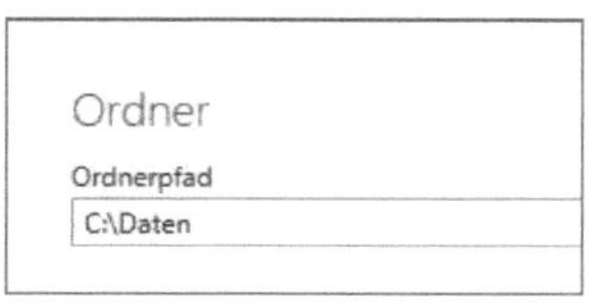

… und bearbeiten Sie das Abfrageergebnis im Editor.

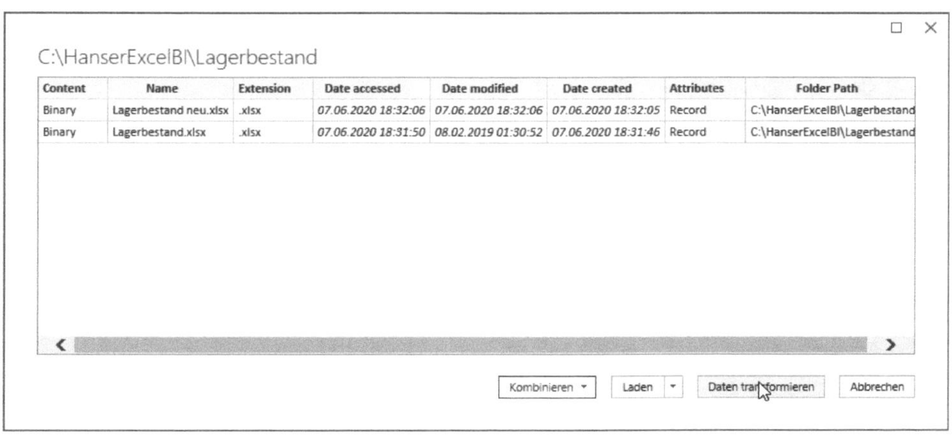

Klicken Sie auf den Filterpfeil der Spalte *Date modified* …

… und wählen Sie den Datums-/Zeitfilter *Ist früheste*.

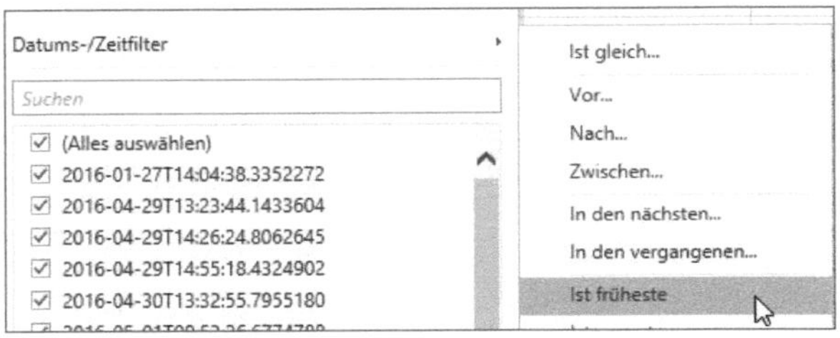

Kombinieren Sie die Daten über die Spalte *Content* …

… und entpacken Sie die Tabelle. Entfernen Sie nicht benötigte Spalten und laden Sie das Abfrageergebnis.

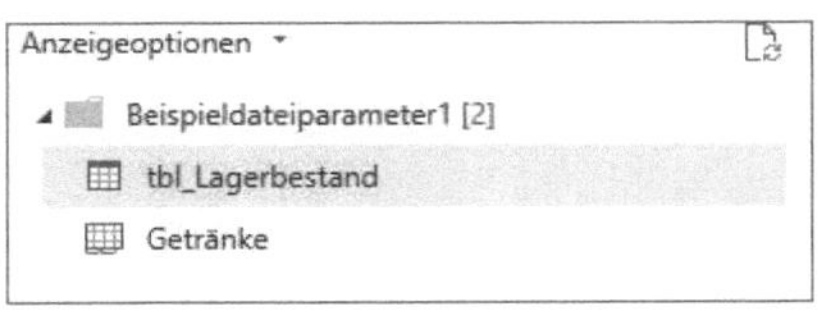

Die Abfrage enthält die Daten der zuletzt gespeicherten Datei.

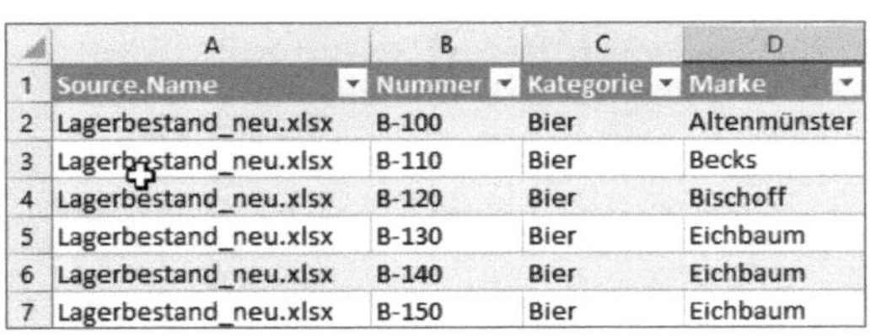

	A	B	C	D
1	Source.Name	Nummer	Kategorie	Marke
2	Lagerbestand_neu.xlsx	B-100	Bier	Altenmünster
3	Lagerbestand_neu.xlsx	B-110	Bier	Becks
4	Lagerbestand_neu.xlsx	B-120	Bier	Bischoff
5	Lagerbestand_neu.xlsx	B-130	Bier	Eichbaum
6	Lagerbestand_neu.xlsx	B-140	Bier	Eichbaum
7	Lagerbestand_neu.xlsx	B-150	Bier	Eichbaum

Wenn Sie eine neuere Datei in den Ordner einfügen, …

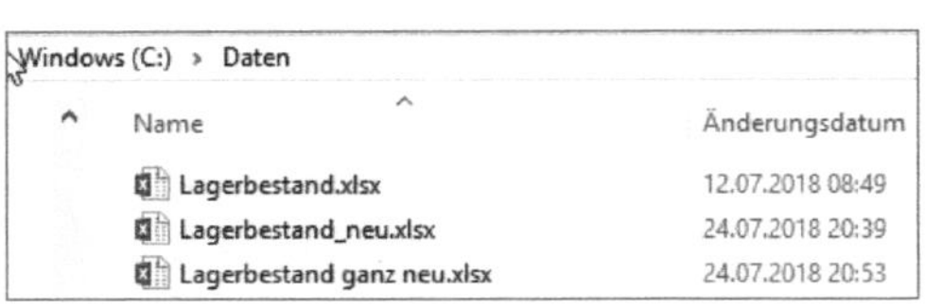

… genügt ein Klick auf *Alle aktualisieren*, und die Daten sind wieder richtig geladen.

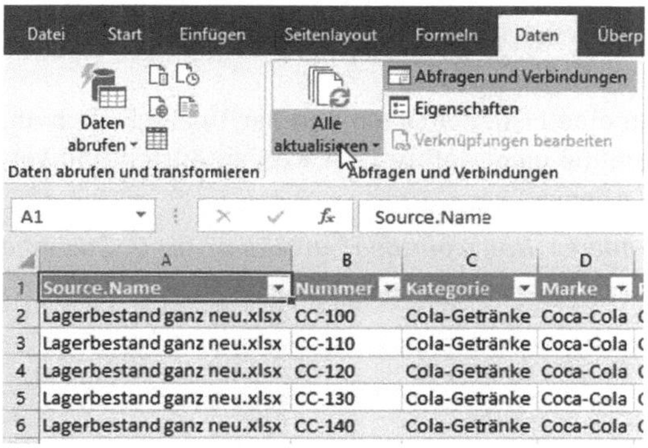

4.13.11 Quelldaten mit unterschiedlichen Spaltenüberschriften

Wenn die Daten, die Power Query aus einem Ordner sammelt, eine einheitliche Spaltenstruktur aufweisen, ist die Aufgabe, sie in einer Abfrage zusammenzufassen, mit wenigen Klicks erledigt. Schwieriger wird es, wenn die einzelnen Dateien unterschiedliche Spaltenzahlen und -beschriftungen enthalten.

Hier ein Beispiel: Ihre Firma betreibt Filialen in München und Augsburg. In Augsburg werden Getriebe, Motoren und Karosserien hergestellt, in München Polster, Sitze, Gurtsensoren und Schließsysteme. Die Kostenrechnung umfasst für jede Filiale die Kostenarten mit Umsatz, Aufwand, EBIT und Jahresüberschuss, die Filialen haben aber unterschiedliche Kostenarten und Kostenstellen.

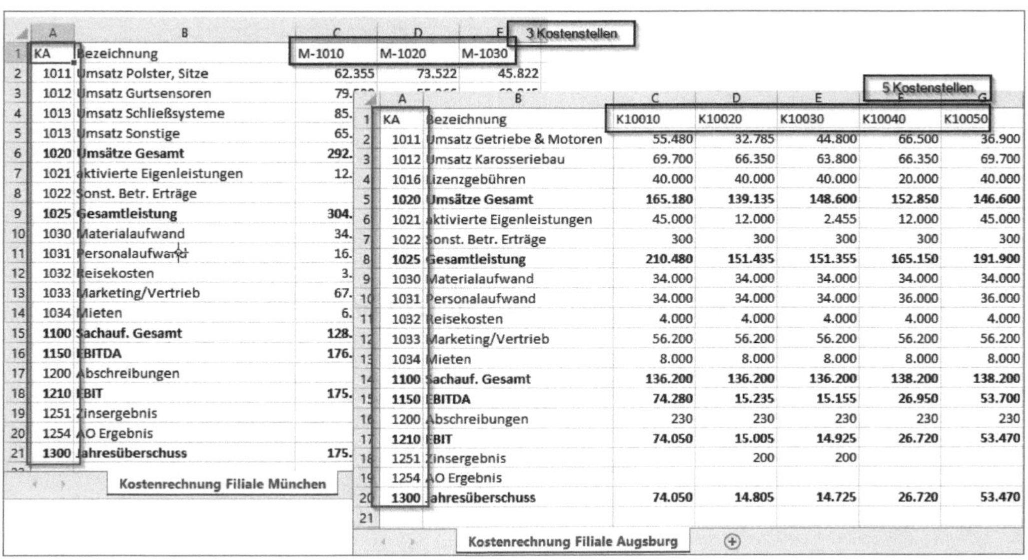

Bild 4.53 Kostenrechnungen mit unterschiedlichen Dimensionen

Der Versuch, die Daten wie im ersten Beispiel einfach zu kombinieren, scheitert. Power Query wird die erste Datei in die Vorschau holen und mit einer Fehlermeldung darauf hinweisen, dass keine weiteren Dateien geladen werden konnten, weil die Struktur nicht einheitlich ist.

Die Lösung: Legen Sie mit M-Anweisungen eine Liste der Daten und der Überschriften an. Erstellen Sie eine weitere Liste der Spalten, die nicht entpivotiert werden dürfen und verwenden Sie diese zum Entpivotieren der Kostenstellen.

Legen Sie mit *Daten /Abrufen und Transformieren/Daten abrufen/Aus Datei/Aus Ordner* eine neue Abfrage an.

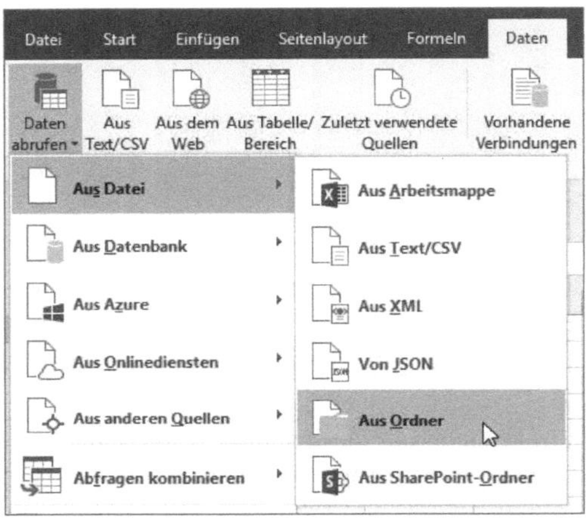

Geben Sie den Pfad an, in dem sich die einzelnen Mappen befinden (die Mappen sollten nur ein Tabellenblatt mit gleicher Benennung haben).

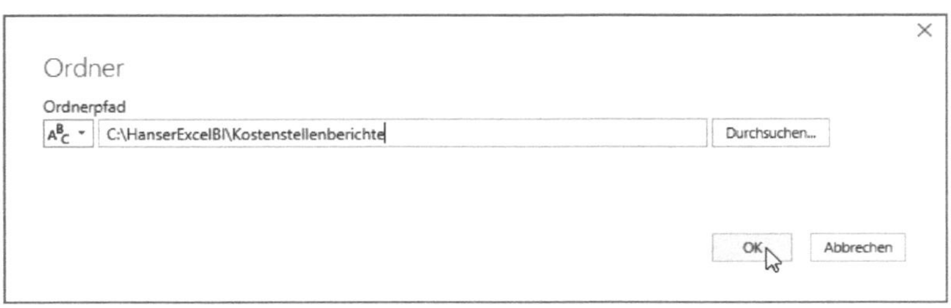

Die Liste der Dateien wird angezeigt, klicken Sie auf *Daten transformieren.*

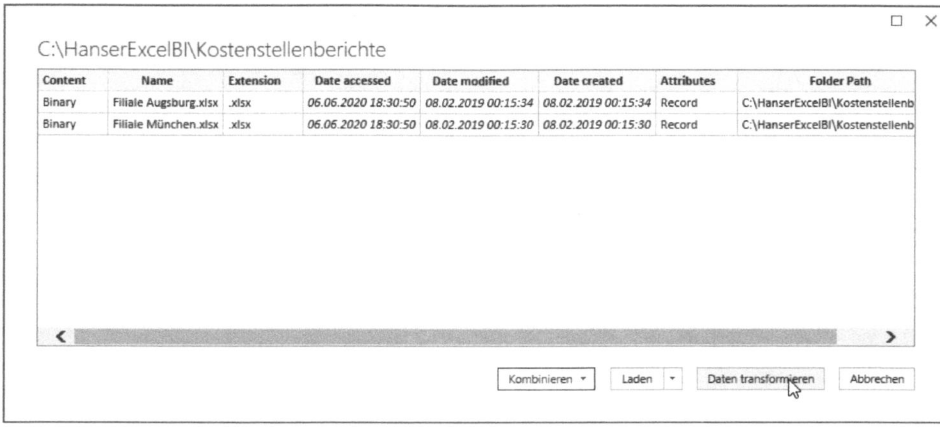

Fügen Sie eine benutzerdefinierte Spalte ein.

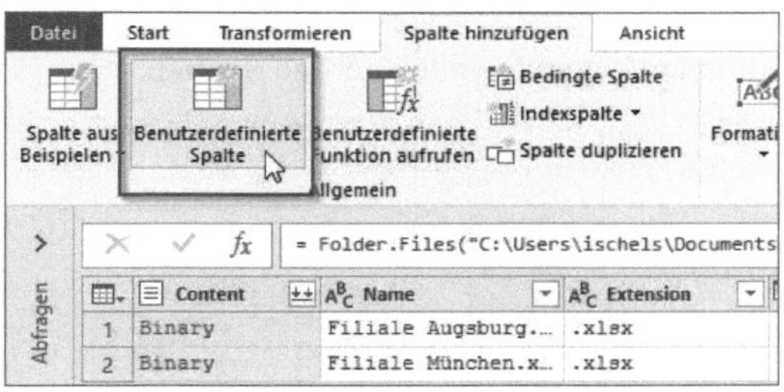

Tragen Sie diese Formel ein (`[Content]` können Sie per Doppelklick aus der Liste übernehmen):

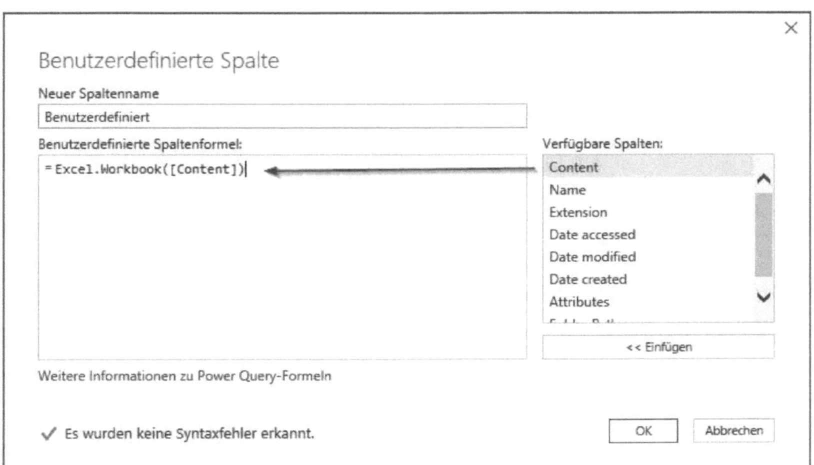


```
=Excel.Workbook([Content])
```

Damit stehen die Daten zur Verfügung. Klicken Sie auf das Tabellensymbol der neuen Spalten und holen Sie die Daten aus der Spalte *Data*.

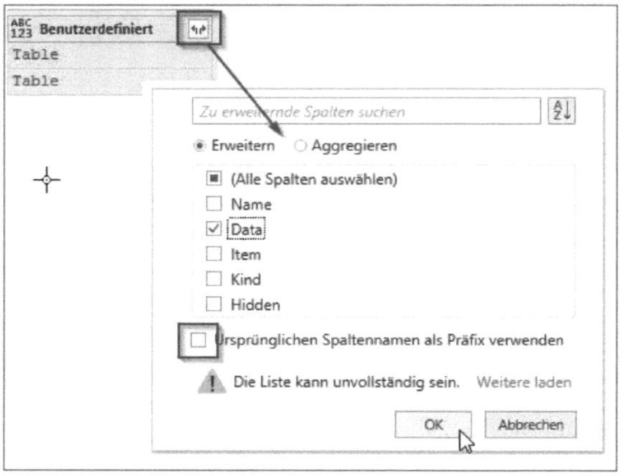

Markieren Sie die Spalten *Name* und *Data* und entfernen Sie alle anderen Spalten.

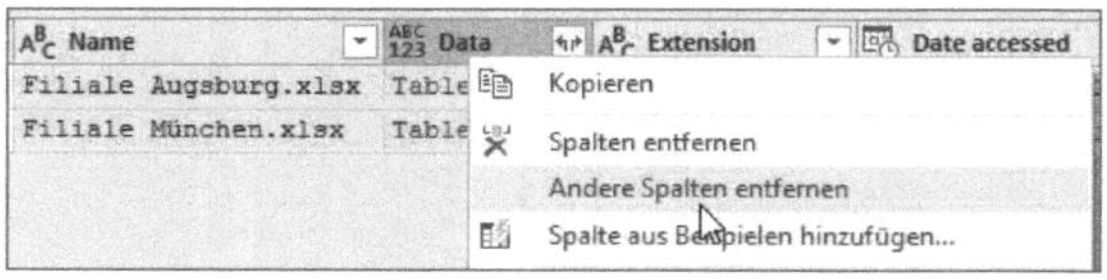

Fügen Sie eine weitere benutzerdefinierte Spalte ein und geben Sie die folgende Formel ein. Sie legt die erste Zeile als Überschriften für die Daten fest:

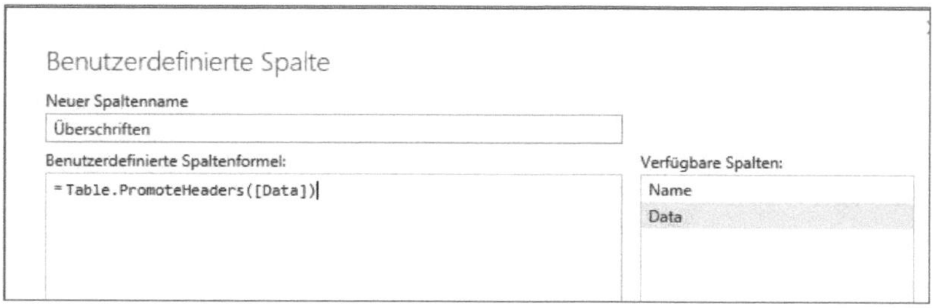


```
=Table.PromoteHeaders([Data])
```

Eine weitere benutzerdefinierte Spalte sichert die Spaltennamen in einer Liste:

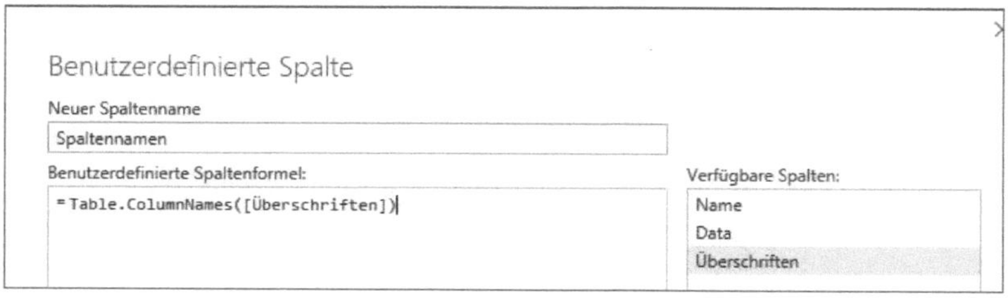

```
=Table.ColumnNames([Überschriften])
```

Generieren Sie jetzt eine Liste der Spaltennamen, die nicht entpivotiert werden dürfen. Legen Sie dazu eine neue, leere Abfrage an und schreiben Sie diesen M-Code im erweiterten Editor. Fügen Sie alle Spaltennamen in die zweite Klammer der Tabelle ein.

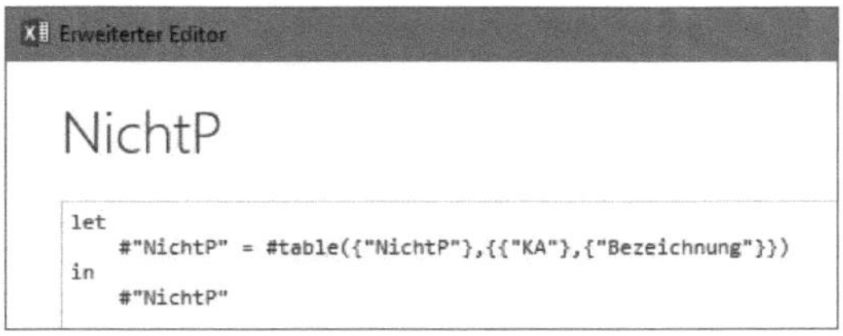

Mit einem Drilldown oder über *Transformieren/Beliebige Spalte/In Liste konvertieren* wird die Tabelle in eine Liste transformiert.

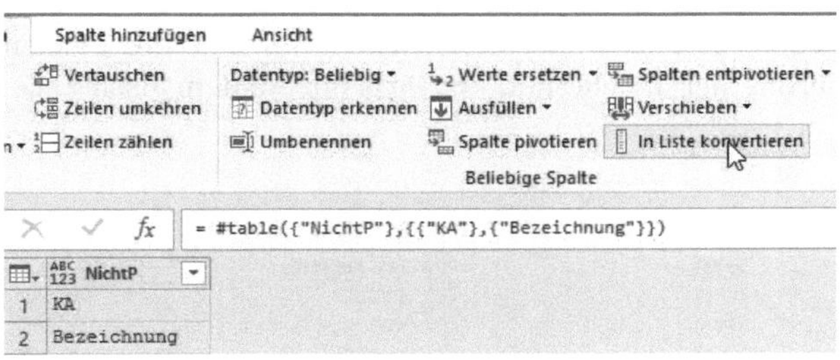

Legen Sie in der ersten Abfrage eine weitere benutzerdefinierte Spalte an und entpivotieren Sie die Daten aus den Überschriften im vorherigen Schritt. Geben Sie im zweiten Argument die Liste der Spalten an, die nicht entpivotiert werden:

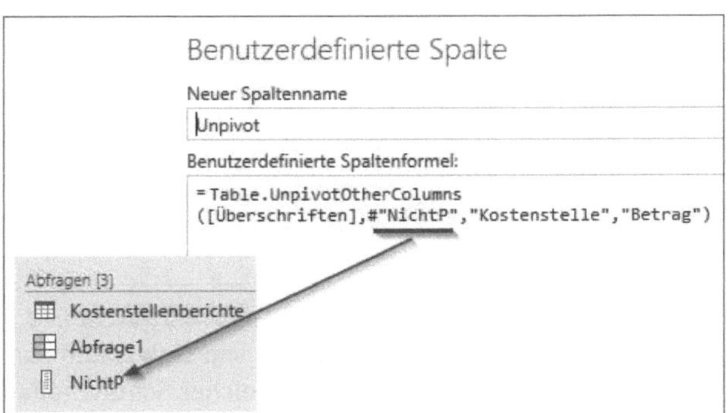


```
Table.UnpivotOtherColumns([Überschriften],#"NichtP","Kostenstelle","Betrag")
```

Jetzt können Sie die Daten anzeigen lassen, die überflüssigen Spalten ausblenden und im Dateinamen „.xlsx“ entfernen, um den Filialnamen anzuzeigen.

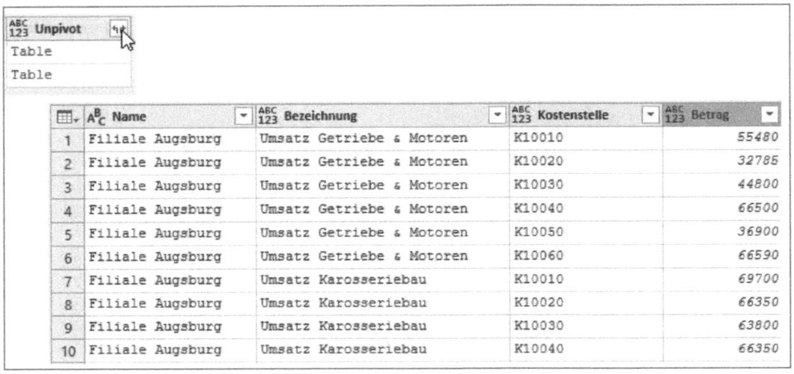

Unpivot
Table
Table

	Name	Bezeichnung	Kostenstelle	Betrag
1	Filiale Augsburg	Umsatz Getriebe & Motoren	K10010	55480
2	Filiale Augsburg	Umsatz Getriebe & Motoren	K10020	32785
3	Filiale Augsburg	Umsatz Getriebe & Motoren	K10030	44800
4	Filiale Augsburg	Umsatz Getriebe & Motoren	K10040	66500
5	Filiale Augsburg	Umsatz Getriebe & Motoren	K10050	36900
6	Filiale Augsburg	Umsatz Getriebe & Motoren	K10060	66590
7	Filiale Augsburg	Umsatz Karosseriebau	K10010	69700
8	Filiale Augsburg	Umsatz Karosseriebau	K10020	66350
9	Filiale Augsburg	Umsatz Karosseriebau	K10030	63800
10	Filiale Augsburg	Umsatz Karosseriebau	K10040	66350

Schließen und laden Sie die Abfrage, erhalten Sie die entpivotierte Tabelle mit automatischer Suche nach den Kostenstellen. Fügen Sie eine weitere Kostenstelle für eine der Filialen hinzu, wird diese nach Aktualisierung der Tabelle und der PivotTable automatisch angezeigt.

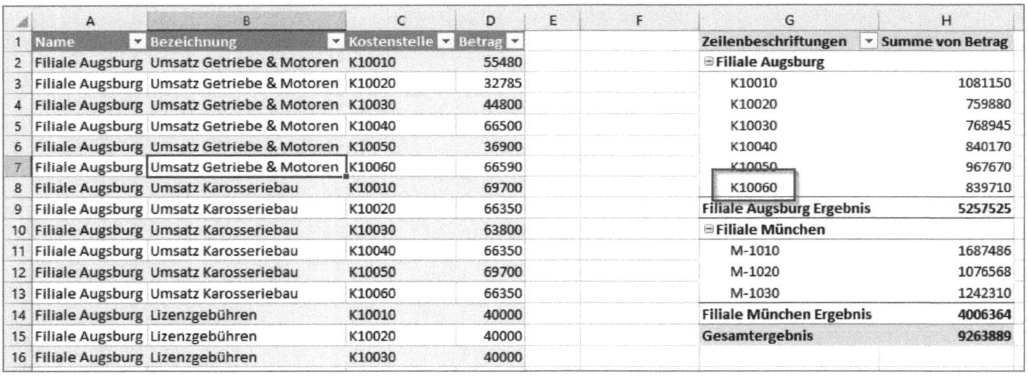

	A	B	C	D	E	F	G	H
1	Name	Bezeichnung	Kostenstelle	Betrag			Zeilenbeschriftungen	Summe von Betrag
2	Filiale Augsburg	Umsatz Getriebe & Motoren	K10010	55480			⊟Filiale Augsburg	
3	Filiale Augsburg	Umsatz Getriebe & Motoren	K10020	32785			K10010	1081150
4	Filiale Augsburg	Umsatz Getriebe & Motoren	K10030	44800			K10020	759880
5	Filiale Augsburg	Umsatz Getriebe & Motoren	K10040	66500			K10030	768945
6	Filiale Augsburg	Umsatz Getriebe & Motoren	K10050	36900			K10040	840170
7	Filiale Augsburg	Umsatz Getriebe & Motoren	K10060	66590			K10050	967670
8	Filiale Augsburg	Umsatz Karosseriebau	K10010	69700			K10060	839710
9	Filiale Augsburg	Umsatz Karosseriebau	K10020	66350			Filiale Augsburg Ergebnis	5257525
10	Filiale Augsburg	Umsatz Karosseriebau	K10030	63800			⊟Filiale München	
11	Filiale Augsburg	Umsatz Karosseriebau	K10040	66350			M-1010	1687486
12	Filiale Augsburg	Umsatz Karosseriebau	K10050	69700			M-1020	1076568
13	Filiale Augsburg	Umsatz Karosseriebau	K10060	66350			M-1030	1242310
14	Filiale Augsburg	Lizenzgebühren	K10010	40000			Filiale München Ergebnis	4006364
15	Filiale Augsburg	Lizenzgebühren	K10020	40000			Gesamtergebnis	9263889
16	Filiale Augsburg	Lizenzgebühren	K10030	40000				

Bild 4.54 Die entpivotierten Daten in einer neuen PivotTable

4.13.12 SAP-Berichte

SAP ist als marktführender Softwarekonzern und weltweiter Anbieter von Unternehmenssoftware in Firmen jeder Größe und Branche zu finden. Trotz umfangreicher Schnittstellen und Export-Funktionen zu Excel liefern die SAP-Systeme aber häufig Daten, die sich für eine unkomplizierte Auswertung in Excel nicht eignen. Zu den häufigsten dieser Zeitkiller, die für das Reporting mühsam aufbereitet werden müssen, gehören Budgetberichte mit auf mehrere Zeilen verteilten Überschriften und vielen Wertespalten.

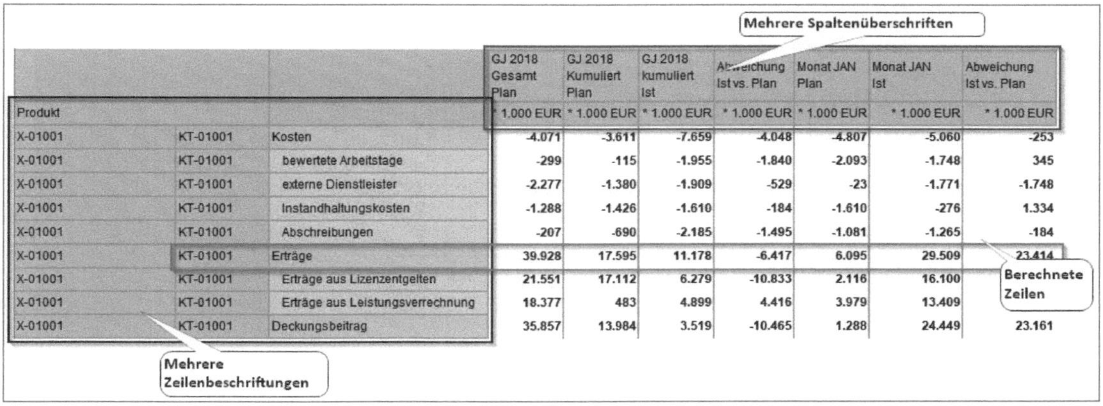

			GJ 2018 Gesamt Plan	GJ 2018 Kumuliert Plan	GJ 2018 kumuliert Ist	Abweichung Ist vs. Plan	Monat JAN Plan	Monat JAN Ist	Abweichung Ist vs. Plan
Produkt			* 1.000 EUR	* 1.000 EUR	* 1.000 EUR	* 1.000 EUR	* 1.000 EUR	* 1.000 EUR	* 1.000 EUR
X-01001	KT-01001	Kosten	-4.071	-3.611	-7.659	-4.048	-4.807	-5.060	-253
X-01001	KT-01001	bewertete Arbeitstage	-299	-115	-1.955	-1.840	-2.093	-1.748	345
X-01001	KT-01001	externe Dienstleister	-2.277	-1.380	-1.909	-529	-23	-1.771	-1.748
X-01001	KT-01001	Instandhaltungskosten	-1.288	-1.426	-1.610	-184	-1.610	-276	1.334
X-01001	KT-01001	Abschreibungen	-207	-690	-2.185	-1.495	-1.081	-1.265	-184
X-01001	KT-01001	Erträge	39.928	17.595	11.178	-6.417	6.095	29.509	23.414
X-01001	KT-01001	Erträge aus Lizenzentgelten	21.551	17.112	6.279	-10.833	2.116	16.100	
X-01001	KT-01001	Erträge aus Leistungsverrechnung	18.377	483	4.899	4.416	3.979	13.409	
X-01001	KT-01001	Deckungsbeitrag	35.857	13.984	3.519	-10.465	1.288	24.449	23.161

Bild 4.55 Kreuztabellen sind gut zu lesen, aber schlecht auszuwerten

Hier ein Beispielbericht. Laden Sie die Datei *SAPReport.xlsx*, erstellen Sie eine Abfrage und stellen Sie sicher, dass diese automatisch das Geschäftsjahr und den Auswertungsmonat berücksichtigt.

1. Markieren Sie mit **Strg+Ende** den Bereich A1:J556.
2. Legen Sie mit **Strg+T** eine neue Tabelle an. Die Tabelle hat keine Überschrift.
3. Geben Sie der Tabelle den Namen „tbl_SAP“.

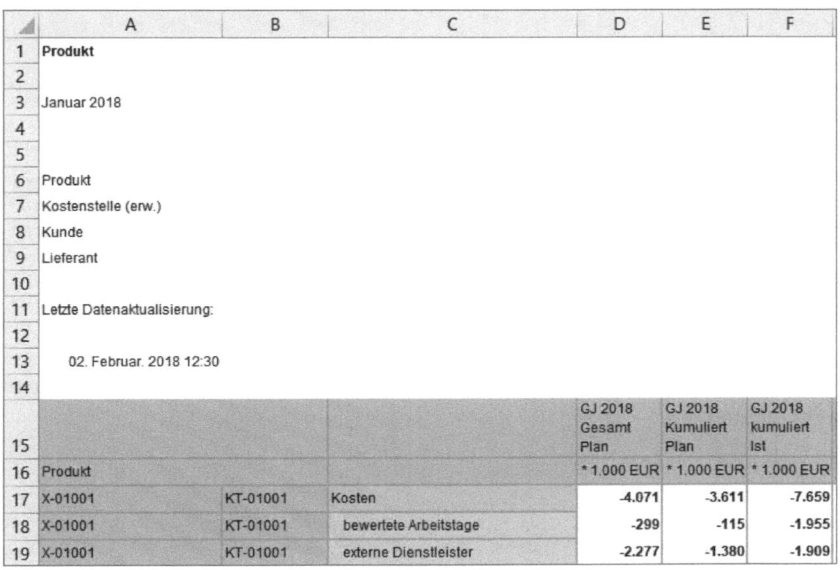

	A	B	C	D	E	F
1	**Produkt**					
2						
3	Januar 2018					
4						
5						
6	Produkt					
7	Kostenstelle (erw.)					
8	Kunde					
9	Lieferant					
10						
11	Letzte Datenaktualisierung:					
12						
13	02. Februar. 2018 12:30					
14						
15				GJ 2018 Gesamt Plan	GJ 2018 Kumuliert Plan	GJ 2018 kumuliert Ist
16	Produkt			* 1.000 EUR	* 1.000 EUR	* 1.000 EUR
17	X-01001	KT-01001	Kosten	-4.071	-3.611	-7.659
18	X-01001	KT-01001	bewertete Arbeitstage	-299	-115	-1.955
19	X-01001	KT-01001	externe Dienstleister	-2.277	-1.380	-1.909

Wählen Sie *Daten abrufen und transformieren/Aus Tabelle/Bereich.*

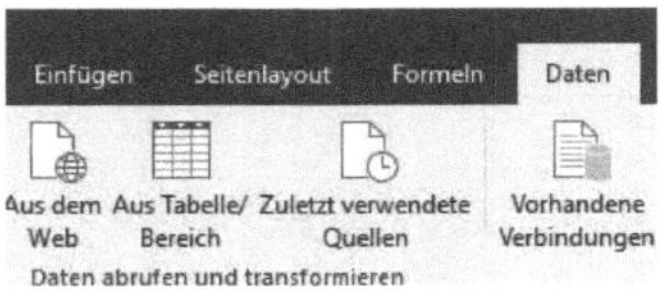

Fügen Sie per Klick auf das *fx*-Symbol einen neuen Schritt ein.

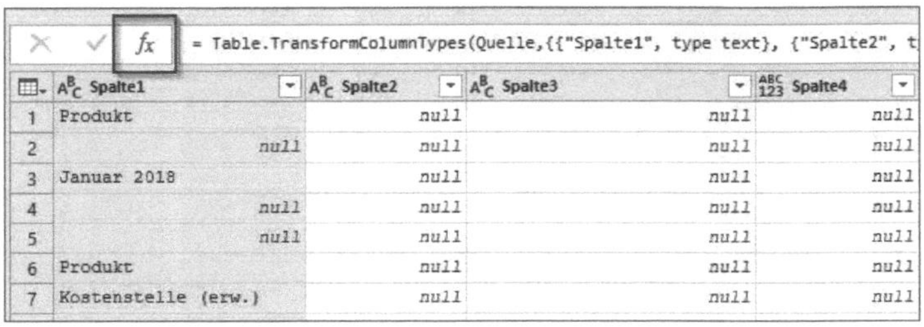

Schreiben Sie die Formel und benennen Sie den Schritt um.

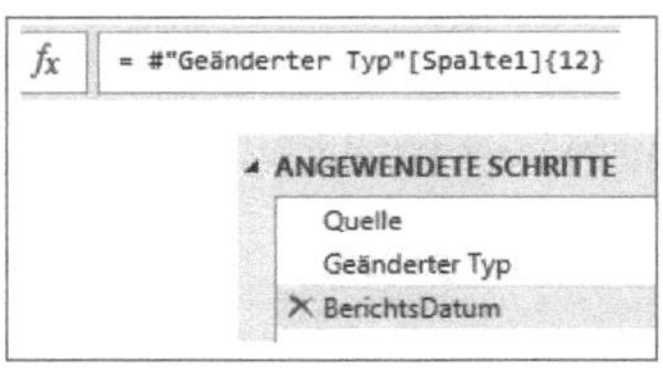

Fügen Sie einen weiteren Schritt mit dieser Formel ein und nennen Sie diesen „Bezugszeitraum“.

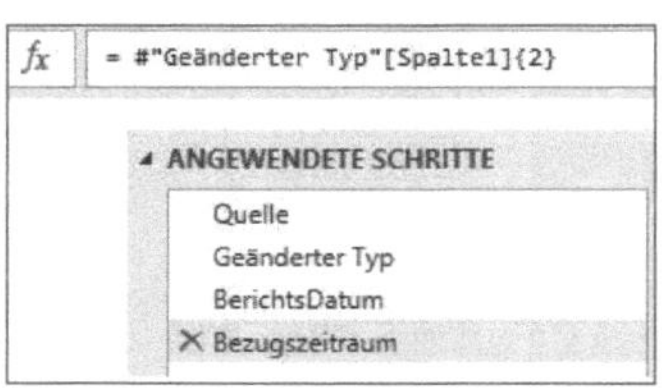

Fügen Sie eine weitere Formel mit Bezug auf den zweiten Schritt hinzu. Die Abfragedaten werden wieder angezeigt.

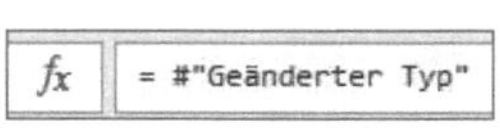

Entfernen Sie die ersten 14 Zeilen.

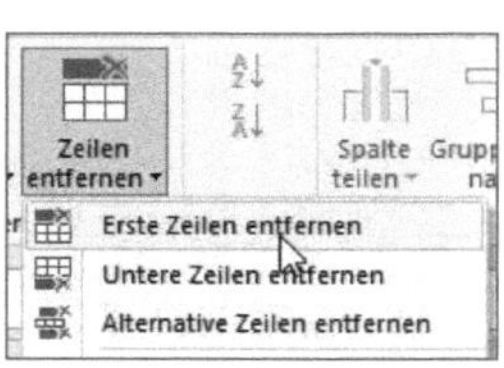

Legen Sie die erste Zeile als Überschriftenzeile fest.

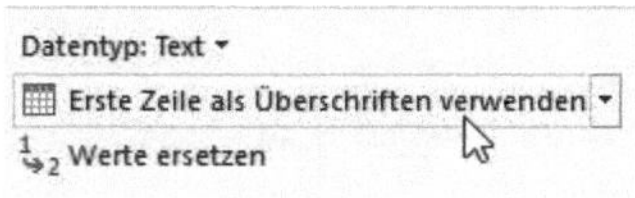

Benennen Sie die ersten drei Spalten um.

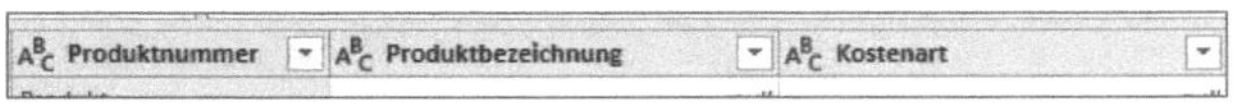

Entfernen Sie alle Abweichungsspalten.

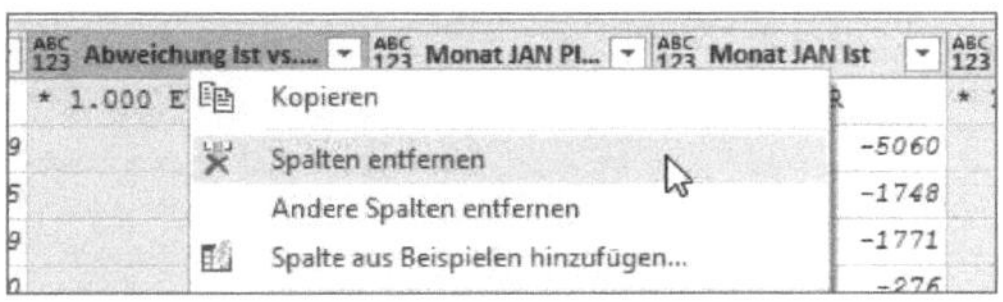

Filtern Sie die zweite Spalte, entfernen Sie alle Null-Werte (und damit die erste Zeile). Damit werden auch die Gesamtergebnisse am Tabellenende entfernt.

Markieren Sie die ersten drei Spalten und entpivotieren Sie die restlichen Spalten.

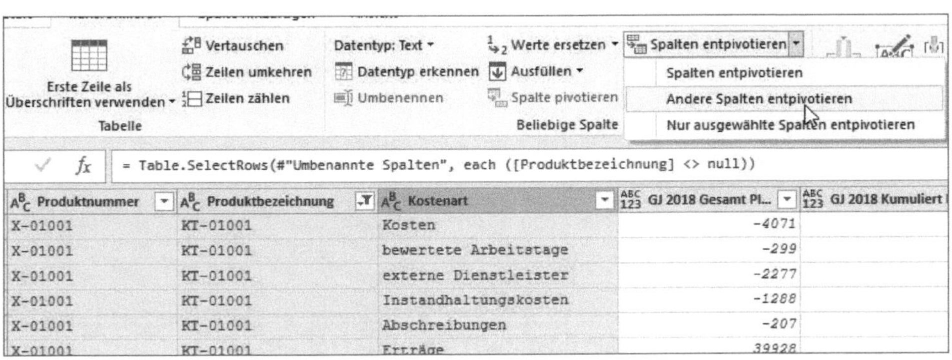

Entfernen Sie mit *Werte ersetzen* die Zeilenumbrüche aus der Spalte *Attribute*. Das Sonderzeichen *#(lf)* für den Zeilenvorschub finden Sie in den erweiterten Optionen.

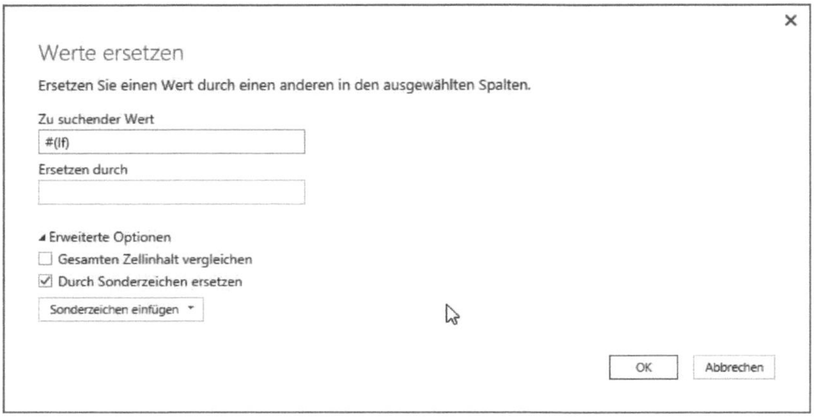

Fügen Sie eine neue Spalte hinzu.

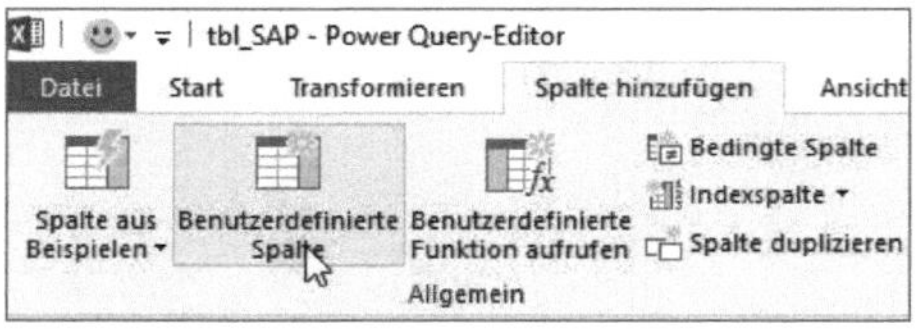

Geben Sie den Spaltennamen „Datenabzug vom“ ein und berechnen Sie die Spalte:

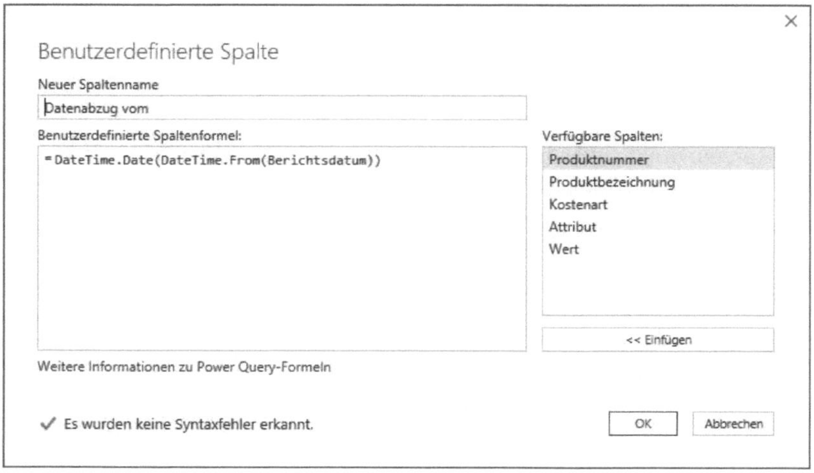


```
=DateTime.Date(DateTime.From(BerichtsDatum))
```

Legen Sie eine neue Spalte mit dem Bezugszeitraum an.

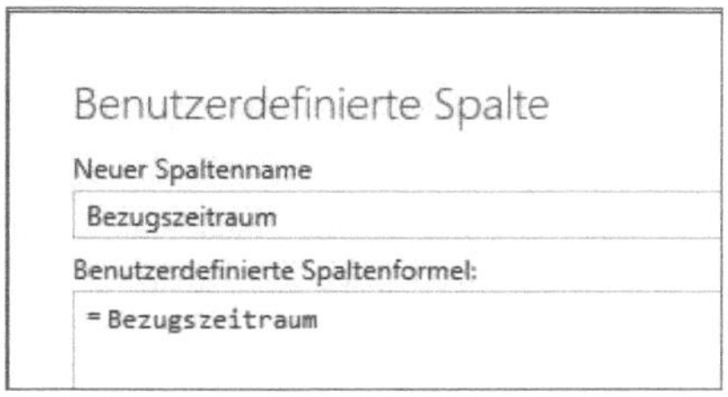

Die Spalte „Produkt“ bekommt eine Textverknüpfung mit Produktnummer und Produktbezeichnung.

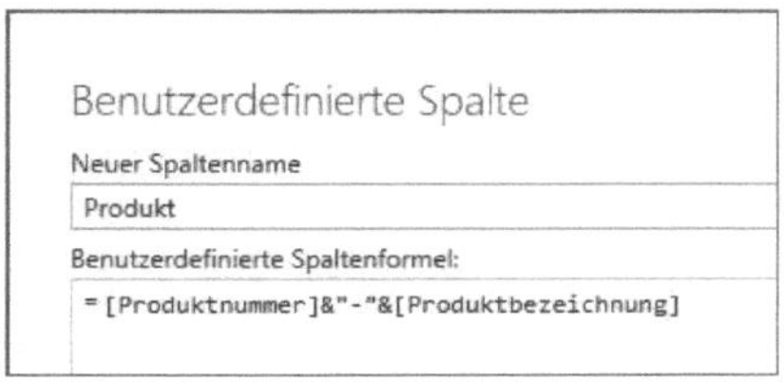

Entfernen Sie per Filter die Einträge *Kosten*, *Erträge* und *Deckungsbeitrag* aus der Spalte *Kostenart*. Nennen Sie die Spalte *Szenario*.

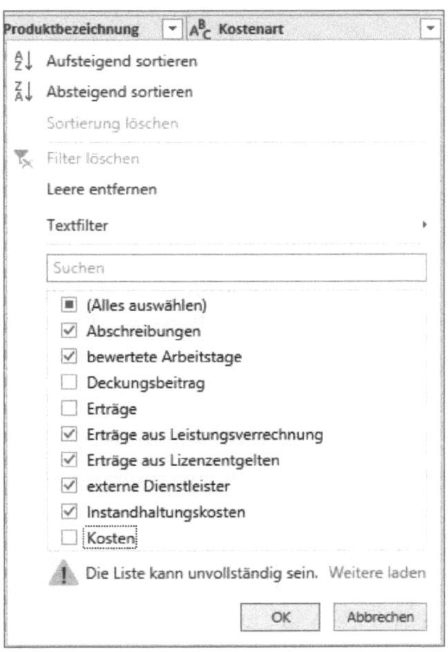

Damit ist der SAP-Bericht aufbereitet. Laden Sie das Abfrageergebnis in eine Tabelle und werten Sie mit PivotTables aus.

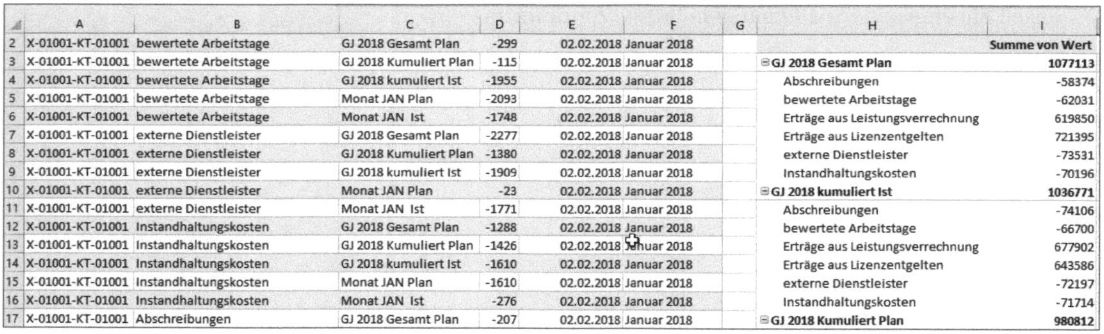

	A	B	C	D	E	F	G	H	I
2	X-01001-KT-01001	bewertete Arbeitstage	GJ 2018 Gesamt Plan	-299	02.02.2018	Januar 2018			**Summe von Wert**
3	X-01001-KT-01001	bewertete Arbeitstage	GJ 2018 Kumuliert Plan	-115	02.02.2018	Januar 2018		**GJ 2018 Gesamt Plan**	**1077113**
4	X-01001-KT-01001	bewertete Arbeitstage	GJ 2018 kumuliert Ist	-1955	02.02.2018	Januar 2018		Abschreibungen	-58374
5	X-01001-KT-01001	bewertete Arbeitstage	Monat JAN Plan	-2093	02.02.2018	Januar 2018		bewertete Arbeitstage	-62031
6	X-01001-KT-01001	bewertete Arbeitstage	Monat JAN Ist	-1748	02.02.2018	Januar 2018		Erträge aus Leistungsverrechnung	619850
7	X-01001-KT-01001	externe Dienstleister	GJ 2018 Gesamt Plan	-2277	02.02.2018	Januar 2018		Erträge aus Lizenzentgelten	721395
8	X-01001-KT-01001	externe Dienstleister	GJ 2018 Kumuliert Plan	-1380	02.02.2018	Januar 2018		externe Dienstleister	-73531
9	X-01001-KT-01001	externe Dienstleister	GJ 2018 kumuliert Ist	-1909	02.02.2018	Januar 2018		Instandhaltungskosten	-70196
10	X-01001-KT-01001	externe Dienstleister	Monat JAN Plan	-23	02.02.2018	Januar 2018		**GJ 2018 kumuliert Ist**	**1036771**
11	X-01001-KT-01001	externe Dienstleister	Monat JAN Ist	-1771	02.02.2018	Januar 2018		Abschreibungen	-74106
12	X-01001-KT-01001	Instandhaltungskosten	GJ 2018 Gesamt Plan	-1288	02.02.2018	Januar 2018		bewertete Arbeitstage	-66700
13	X-01001-KT-01001	Instandhaltungskosten	GJ 2018 Kumuliert Plan	-1426	02.02.2018	Januar 2018		Erträge aus Leistungsverrechnung	677902
14	X-01001-KT-01001	Instandhaltungskosten	GJ 2018 kumuliert Ist	-1610	02.02.2018	Januar 2018		Erträge aus Lizenzentgelten	643586
15	X-01001-KT-01001	Instandhaltungskosten	Monat JAN Plan	-1610	02.02.2018	Januar 2018		externe Dienstleister	-72197
16	X-01001-KT-01001	Instandhaltungskosten	Monat JAN Ist	-276	02.02.2018	Januar 2018		Instandhaltungskosten	-71714
17	X-01001-KT-01001	Abschreibungen	GJ 2018 Gesamt Plan	-207	02.02.2018	Januar 2018		**GJ 2018 Kumuliert Plan**	**980812**

Bild 4.56 Der SAP-Bericht, aufbereitet und entpivotiert

4.14 Power Query und VBA

VBA (Visual Basic for Applications) ist die Makrosprache im Office-Paket. Excel, Word, Outlook und PowerPoint bieten die Möglichkeit, Berechnungen, Prozesse und Anwenderdialoge mit integrierten Makrobefehlen zu steuern. Die Skriptsprache M von Power Query hat mit VBA nichts zu tun und keine Schnittstellen dazu, wer VBA im Einsatz hat, wird aber sehr viele Vorteile aus der Kombination dieser beiden Programmiersprachen ziehen.

4.14.1 VBA lernen

Grundlegende Kenntnisse in VBA sind natürlich Voraussetzung für die Kombination von Makros mit Power Query-Abfragen. Lesen Sie ein gutes Buch, sehen Sie sich Online-Tutorials an oder buchen Sie ein Seminar. Diese Elemente der Makrosprache sollten Sie kennen:

Funktionen und Prozeduren: Sie schreiben Makros, die über Formularelemente (Buttons) oder Ereignisse aktiviert werden und Aktionen in Mappen und Tabellenblättern durchführen.

Ereignisse: Sie programmieren Makros, die beim Eintreten von Ereignissen (z. B. Tabellenblatt wechseln) ausgeführt werden.

Dialoge: Sie steuern Makros über Dialoge mit dem Benutzer. Das kann eine einfache Eingabebox oder eine Meldung sein oder eine komplexe UserForm mit Dialogelementen (Ankreuzkästchen, Auswahlfelder etc.).

Nutzen Sie von Anfang den **Makrorecorder**. Zeichnen Sie Aktionen auf und lernen Sie aus dem aufgezeichneten Code. Unter dem Reiter *Entwicklertools* finden Sie alle benötigten Werkzeuge. Wenn der Reiter nicht verfügbar ist, schalten Sie ihn unter *Datei/Optionen/Menüband anpassen* ein.

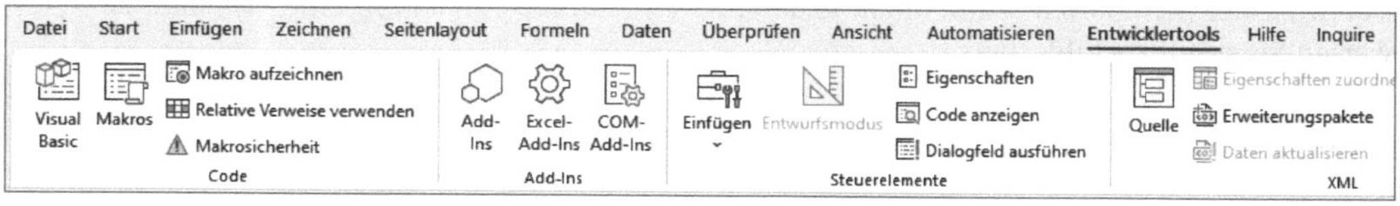

Bild 4.57 Alle VBA-Werkzeuge finden Sie in den Entwicklertools.

HINWEIS: Achten Sie darauf, dass Arbeitsmappen, die VBA-Makros enthalten, im Format XLSM gespeichert werden müssen. Der Anwender muss im Trust Center (Datei/Optionen) die Option *Deaktivieren von Makros mit Benachrichtigung* einschalten.

4.14.2 Abfragen aktualisieren per VBA

Power Query-Abfragen sind nicht dynamisch, sie aktualisieren sich nicht selbstständig. Ein Klick auf *Abfrage/Aktualisieren* oder *Daten/Alle aktualisieren* holt die aktuellen Daten aus der verbundenen Datenquelle in das Abfrageergebnis. In den Abfrageeigenschaften können Aktualisierungen geplant werden:

- Zeitintervall: Geben Sie ein Intervall in Minuten ein, nach dem die Abfrage aktualisiert wird.
- Beim Öffnen der Datei: Die Abfrage wird beim Öffnen der Mappe aktualisiert.

Geben Sie dem Benutzer die Möglichkeit, die Abfrage per Klick auf eine Schaltfläche zu aktualisieren. Zeichnen Sie dazu mit dem Makrorecorder die Aktion auf, wählen Sie *Entwicklertools/Code/Makro aufzeichnen.*

```
Name: AbfrageAktualisieren
Makro speichern in: Diese Arbeitsmappe
```

Öffnen Sie eine Arbeitsmappe mit einer Power Query-Abfrage und einer Tabelle als Abfrageergebnis (im Beispiel eine Abfrage auf Personaldatenbank.xlsx mit Personalnummer, Mitarbeitername und Abteilung).

Setzen Sie den Zellzeiger in die Tabelle und klicken Sie auf *Abfrage aktualisieren.*

Beenden Sie die Aufzeichnung mit *Entwicklertools/Code/Aufzeichnung beenden.*

Starten Sie den Visual Basic-Editor (**Alt+F11**) und sehen Sie sich das aufgezeichnete Makro an. Sie finden es in einem neuen Modul im Projekt-Explorer.

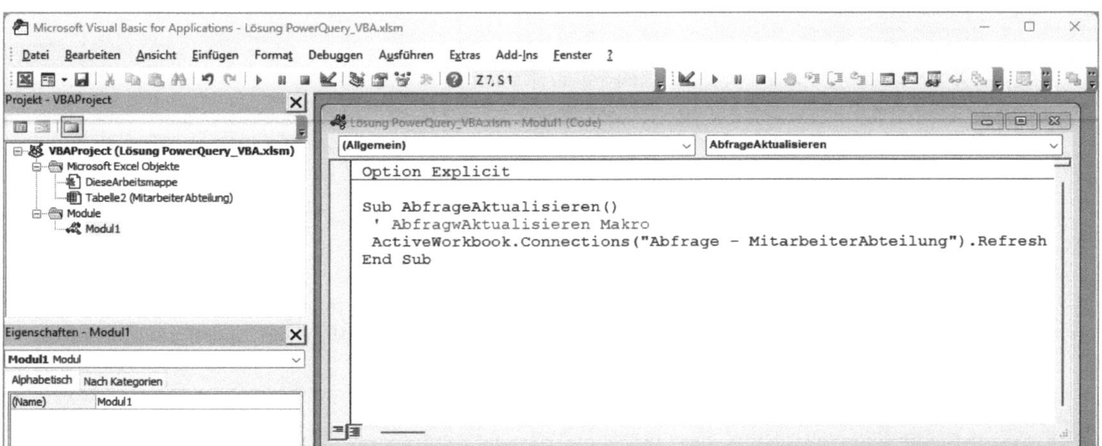

Bild 4.58 Das aufgezeichnete Makro im Visual Basic-Editor

Schalten Sie zurück zu Excel und zeichnen Sie über *Entwicklertools/Formularelemente* eine Schaltfläche neben die Tabelle. Markieren Sie das aufgezeichnete Makro. Ändern Sie noch die Beschriftung der Schaltfläche von *Schaltfläche1* auf *Aktualisieren*.

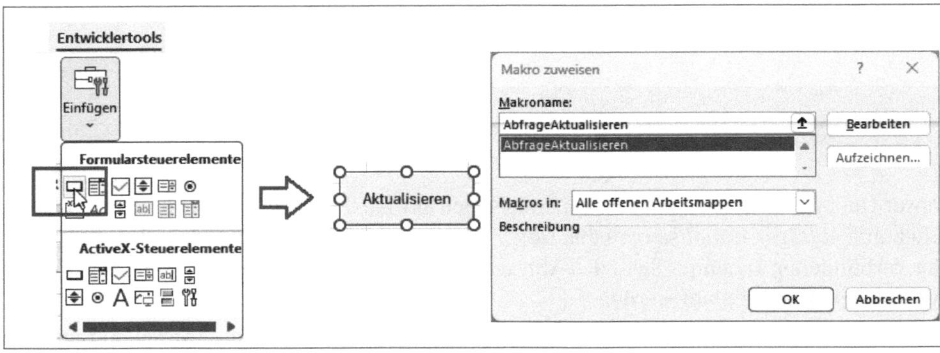

Bild 4.59 Eine Schaltfläche zum Aktualisieren der Abfrage

Jetzt genügt ein Klick auf die Schaltfläche, und die Abfrage wird aktualisiert. Ändern Sie den Makrocode ab, fügen Sie eine Meldungsbox hinzu:

```
Sub AbfrageAktualisieren()
 ' AbfragwAktualisieren Makro
 ActiveWorkbook.Connections("Abfrage - MitarbeiterAbteilung").Refresh
 MsgBox "Abfrage ist aktualisiert", vbInformation
End Sub
```

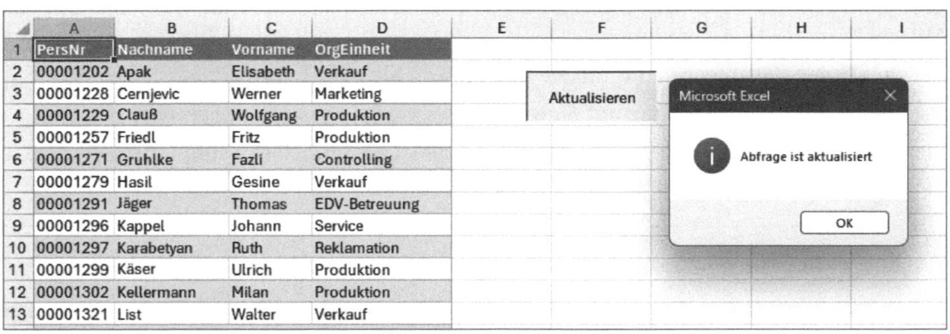

Bild 4.60 Schaltflächenmakro mit Meldung

4.14.3 Abfragen und Ereignisse

Die meisten Objekte in einem VBA-Projekt (einer Arbeitsmappe) lösen Ereignisse aus, und diese lassen sich per VBA anprogrammieren. Wichtige Ereignisse der Arbeitsmappe selbst sind:

- Öffnen
- Schließen

- Drucken
- Blattwechsel u. a.

Zeichnen Sie die Aktion, alle Abfragen zu aktualisieren, in ein Makro auf.

```
Sub AlleAktualisieren()
 ActiveWorkbook.RefreshAll
End Sub
```

Schalten Sie in den Visual Basic-Editor und öffnen Sie im Projekt-Explorer per Doppelklick das Objekt *DieseArbeitsmappe*. Im Code-Fenster schalten Sie von *Allgemein* auf *Workbook*, dann bietet die rechte Liste alle verfügbaren Ereignisse an. Aktualisieren Sie Ihre Abfragen mit Workbook-Ereignissen:

```
Private Sub Workbook_BeforeClose(Cancel As Boolean)
 Call AlleAktualisieren
End Sub

Private Sub Workbook_BeforePrint(Cancel As Boolean)
 Call AlleAktualisieren
End Sub

Private Sub Workbook_Open()
 Call AlleAktualisieren
End Sub

Private Sub Workbook_SheetChange()
 Call AlleAktualisieren
End Sub
```

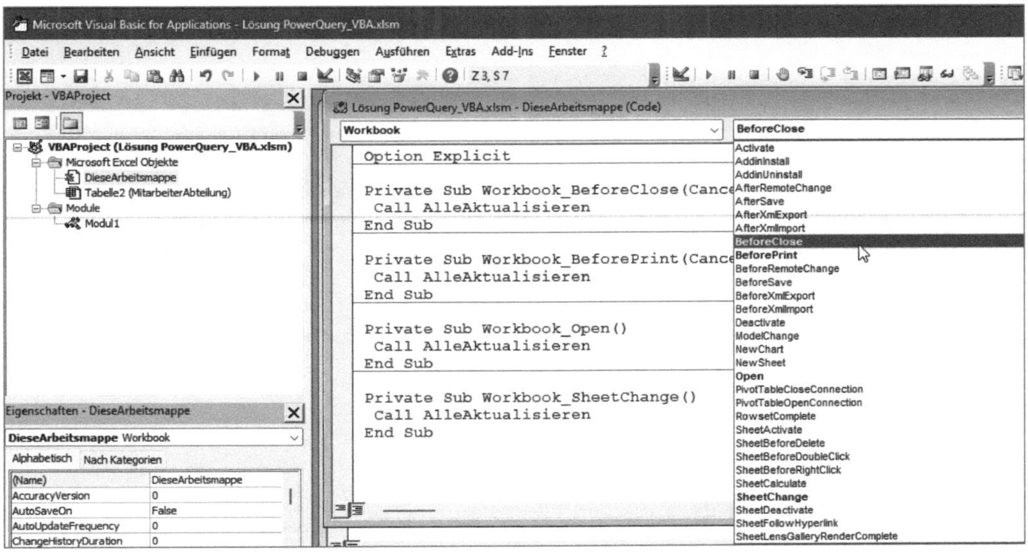

Bild 4.61 Ereignisse programmieren – hier für die Arbeitsmappe

Die gleiche Methode gilt für Tabellenblätter: Öffnen Sie das Codeblatt eines Blattes im Projekt-Explorer, schalten Sie von *Allgemein* auf *Worksheet* und programmieren Sie die Ereignisse aus. Hier zum Beispiel der Wechsel auf das Blatt:

```
Private Sub Worksheet_Activate()
  Call AlleAktualisieren
End Sub
```

Das Ereignis *Worksheet_Change* wird mit jeder Änderung im Blatt aktiv. Es bekommt im Parameter *Target* die Adresse der geänderten Zelle mit. Fragen Sie diese Adresse ab, können Sie gezielt auf Änderungen in einzelnen Zellen oder Bereichen reagieren:

```
Private Sub Worksheet_Change(ByVal Target As Range)
 If Target.Address = "$K$1" Then
  MsgBox "Sie haben die Zelle K1 geändert", vbInformation
 End If
End Sub
```

4.14.4 Abfrageskript per VBA bearbeiten

Das M-Skript einer Abfrage gehört zu den Eigenschaften des Abfrageobjektes. Nutzen Sie das Direktfenster im VBA-Editor (**Strg+g**), holen Sie Informationen über die aktuelle Abfrage im Tabellenblatt ein (? startet eine Anweisung):

Anzahl Abfragen	? Thisworkbook.Queries.Count
Name der ersten Abfrage	? Thisworkbook.Queries(1).Name
M-Skript der ersten Abfrage	? Thisworkbook.Queries(1).formula

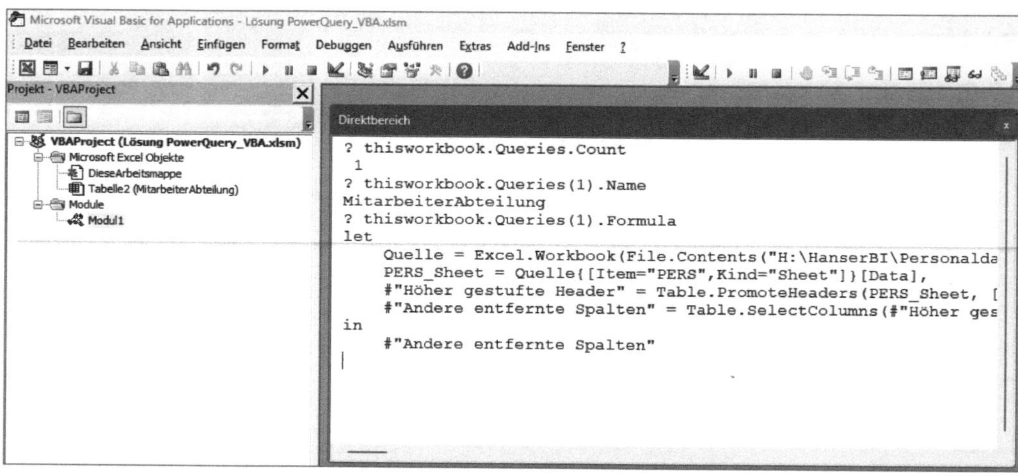

Bild 4.62 Das M-Skript der Abfrage als Eigenschaft des Query-Objektes.

In der Praxis wirft die direkte Zuweisung einer Datei als Datenquelle oft Probleme auf. Ändert sich der Pfad zur Quelle oder der Dateiname, muss die Abfrage manuell angepasst werden.

Schreiben Sie ein Makro, das die aktuelle Quelle einer Abfrage überprüft und falls nötig abändert. Dazu tragen Sie zunächst den Dateipfad und den Dateinamen in ein Tabellenblatt ein. Geben Sie den beiden Zellen einen globalen Bereichsnamen, können Sie die beiden Informationen in beliebigen Tabellenblättern unterbringen.

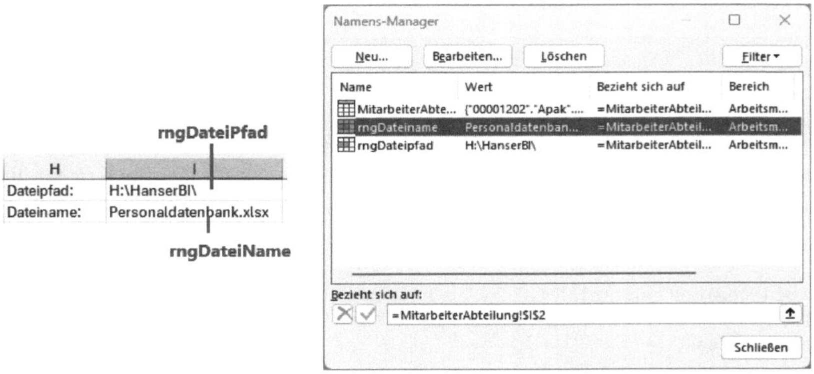

Bild 4.63 Bereichsnamen für den Dateipfad und den Dateinamen der Abfrage

Schreiben Sie in einem Modul Ihrer Wahl ein neues Makro (Zeilen mit Apostroph sind Kommentare).

```
Sub CheckPfad()
 ' Variablen werden dimensioniert und mit einem Datentyp versehen
 Dim strMCode As String, strPfad As String, strPfadAbfrage As String
 Dim a As Integer, b As Integer
 ' Die Variable strMCode erhält den M-COde der Abfrage
 strMCode = ThisWorkbook.Queries(1).Formula
 ' Die Variable strPfad erhält den Dateipfad und Dateinamen
 strPfad = Range("rngDateipfad") & Range("rngDateiname")
 ' Eine IF-Anweisung prüft ab, ob der aktuelle Pfad im M-Code enthalten ist
 If InStr(strMCode, strPfad) <> 0 Then
   ' Eine Meldung wird eingeblendet, und das Makro wird beendet
   MsgBox "Pfad ist aktuell", vbInformation, strPfad
   Exit Sub
 Else
  ' Sicherheitsmeldung, bevor der Pfad geändert wird
  ' muss mit Ja bestätigt werden
  If MsgBox("Quellpfad ändern?", vbQuestion + vbYesNo, strPfad) = vbNo Then Exit Sub
 End If
```

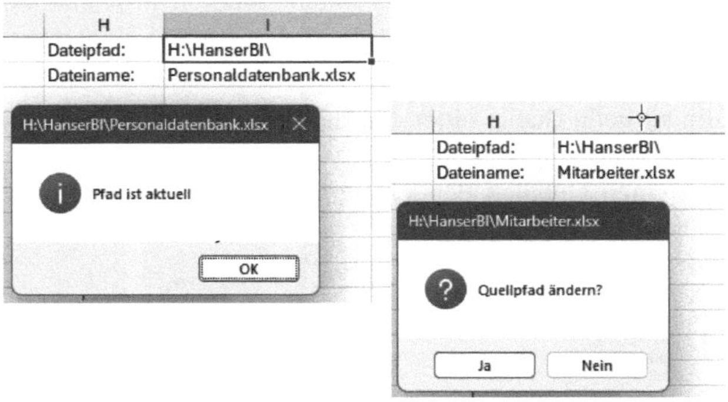

Bild 4.64
Meldung: Pfad und Datenquelle der Abfrage stimmen überein oder können geändert werden.

Ist der Pfad aus dem Excel-Zellbereich nicht zu finden und die Sicherheitsmeldung mit Ja bestätigt, rechnet das Makro zunächst den Pfad der aktuellen Abfrage heraus, ersetzt diesen dann in der Variable mit dem M-Code und schreibt diesen wieder zurück in die Abfrage.

Zeichnen Sie eine Schaltfläche in das Tabellenblatt und weisen Sie ihr das Makro zu.

```
' Aktuellen Abfragepfad ermitteln
 a = InStr(strMCode, "File.Contents") + 14
 b = InStr(a, strMCode, ")")
 strPfadAbfrage = Mid(strMCode, a, b - a)
 ' Aktuellen Pfad durch neuen Pfad ersetzen
 strMCode = Replace(strMCode, strPfadAbfrage, Chr(34) & strPfad & Chr(34))
 ' geänderten M-Code wieder der Abfrage zuweisen und Abfrage aktualisieren
 With ThisWorkbook.Queries(1)
  .Formula = strMCode
  .Refresh
 End With
 ' Abschlussmeldung
 MsgBox "Pfad geändert", vbInformation, strPfad
End Sub
```

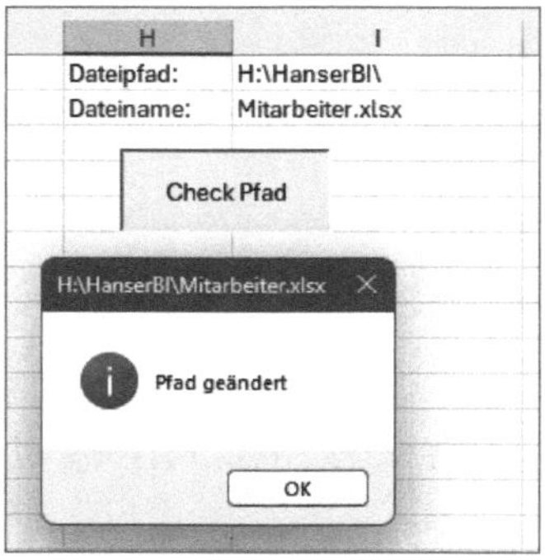

Bild 4.65
Abschlussmeldung: Die Abfrage hat eine neue Datenquelle.

5 Power Pivot – Daten modellieren im Datenmodell

5.1 Grundlagen

Es begann mit einem internen Whitepaper, verfasst 2006 von Microsofts SQL Server-Analysten Amir Netz. Die „BI-Sandbox“ sollte BI-Anwendungen einfacher machen, relationale und multidimensionale Datenbanken als Quellen integrieren und ein Reporting-Tool beinhalten. Die Microsoft-Datenbank Access war als Plattform anvisiert.

Microsoft baute ein Team für die Umsetzung der Idee auf, nannte das Projekt Gemini und das Resultat hieß Power Pivot und war Teil des 2010 ausgelieferten SQL Server-Release 2008 R2. Parallel dazu wurde eine Version für Excel 2010 und eine SharePoint-Version gebaut. Excel 2010 hatte vorher noch ein besonders nützliches Werkzeug aus der Power Pivot-Entwicklung mitbekommen, den Datenschnitt (Slicer).

Darauf hatten Excel-Anwender lange gewartet, denn der „alte“ Berichtsfilter der PivotTables ist nicht der Weisheit letzter Schluss, er kann zwar mehrere Elemente filtern, zeigt aber die Filterkriterien nicht mehr an (das erklärt übrigens auch, warum Excel 2007 keine Datenschnitte hat – Power Pivot war 2007 einfach noch nicht fertig).

5.1.1 Das kann Power Pivot

Power Pivot ist die Lösung, wenn Datenmengen ins Spiel kommen, die Excel nicht bewältigen kann. Die Größe des Tabellenblattes täuscht: 1 048 576 Zeilen und 16 384 Spalten stehen zwar zur Verfügung, aber ab einigen 100 000 Datensätzen (je nach Speichergröße) wird es bei Excel eng mit der Performance, und PivotTables verweigern ihre Dienste bei großen Datenmengen noch viel früher.

- Power Pivot kann umfangreiche Datenmengen importieren, mehrere Millionen Datensätze in akzeptabler Geschwindigkeit aus ERP-Systemen, unterschiedlichsten Datenquellen (Datenbanken, OLAP-Cubes, CSV, Text etc.) laden und auswerten.
- Power Pivot ermöglicht Auswertungen mit den „Bordmitteln“ von Excel: PivotTable-Berichte, PivotCharts, Tabellen, Formeln und Funktionen. Für Berechnungen steht die Formelsprache DAX zur Verfügung.

- Power Pivot erkennt Verknüpfungen in relationalen Datenbanken, Measures und Dimensionen in Cubes. Beziehungen lassen sich verwalten, Beziehungen können in Power Pivot erstellt werden, auch zwischen Daten aus unterschiedlichen Quellen.
- Power Pivot-Analysen lassen sich mit wenigen Klicks auf SharePoint-Server-Seiten veröffentlichen. Ressourcennutzung lässt sich nachverfolgen, für die Sicherheit sind umfangreiche Features verfügbar.

5.1.2 Technische Voraussetzungen

Power Pivot läuft auf Rechnern mit 32-Bit- und 64-Bit-Architektur, der Prozessor muss mindestens mit 500 MHz takten. Die Größe des Arbeitsspeichers ist natürlich maßgebend für die Geschwindigkeit, für Power Pivot sind 2 GB RAM erforderlich, bis zu 4 GB werden unterstützt. Das Add-in belegt 25 MB, die erste Power Pivot-Tabelle belegt 33 MB.

Das Betriebssystem kann Windows XP SP3 (32 Bit) oder Vista SP2 sein, Windows Server 2008 SP2 oder Windows 7 ist empfohlen. Das NET Framework 3.5 SP1 muss installiert werden.

5.1.3 Office-Version

Power Pivot läuft ab Excel 2010, bei der Installation von Office 2010 müssen alle gemeinsam genutzten Office-Tools und die .NET-Programmunterstützung installiert werden. In der Systemsteuerung können Sie das Setup für Office 2010 aktivieren und fehlende Tools nachinstallieren. Mit Excel 2007 können Arbeitsmappen mit Power Pivot-PivotTables geöffnet und verändert werden, ein Ändern der Datenquelle ist nicht möglich.

Nicht enthalten ist Power Pivot in diesen Office-Versionen:

- Office 365 Education, Business Essentials und Enterprise E1
- Office 2013 Home & Student, Home & Business
- Office-Lizenzversionen (Einmalkauf) Home & Student 2016 oder Home & Business 2016
- Office für Mac/Android

Für Power Pivot brauchen Sie also eine dieser Office-Versionen:

- Office 365 Pro Plus, Enterprise E3 oder Enterprise E5
- Office 2013 Professional Plus
- Office Professional 2016/2019 oder Professional Plus
- Alle eigenständigen Versionen von Excel 2013/2016/2019

Das Add-in, das für Excel 2010 zum kostenlosen Download zur Verfügung steht, funktioniert nicht mit Office 2013/2016/2019.

5.2 Power Pivot starten

Power Pivot ist ein Add-in, das nach der Installation von Office 2016/2019 automatisch als Menü ganz rechts im Menüband auftaucht.

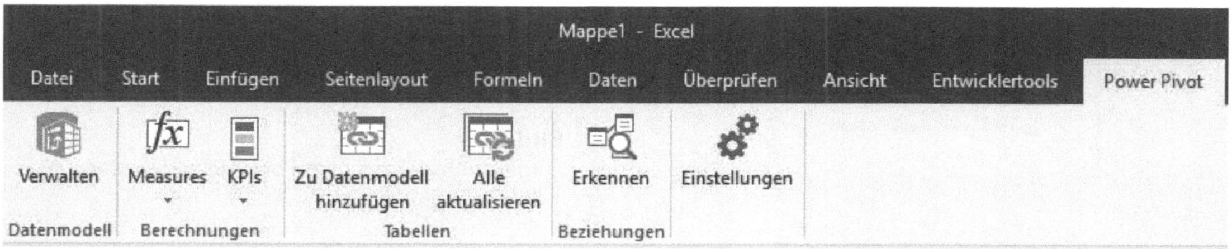

Bild 5.1 Power Pivot im Menüband

Power Pivot startet in einem eigenen Fenster, die Analyse wird später aber in einer normalen Arbeitsmappe gespeichert.

1. Wählen Sie *Power Pivot/Datenmodell/Verwalten*.
2. Das Fenster wird aktiviert, es bietet die Menüs *Datei*, *Start* und *Entwurf* an. Das Menü *Erweitert* ist nur dann sichtbar, wenn im Datei-Menü der erweiterte Modus aktiv ist. Wenn die Arbeitsmappe bereits ein Tabellenmodell enthält, wird dieses verwendet, ansonsten erstellt Power Pivot ein neues Datenmodell.

Das Power Pivot-Fenster wird parallel zum Excel-Arbeitsmappenfenster aktiv. Sie können es schließen und zu Excel zurückkehren oder zum Excel-Fenster wechseln. In beiden Fällen bleibt ein aktives Datenmodell bestehen. Das Datenmodell kann nur entfernt werden, indem alle Tabellen im Power Pivot-Fenster gelöscht werden.

5.2.1 Zurück zu Excel

Schalten Sie über den Task-Manager zurück zu Excel, drücken und halten Sie dazu die **Alt**-Taste und drücken Sie die Tab-Taste. Oder klicken Sie einfach auf das Excel-Symbol links oben in der Symbolleiste für den Schnellzugriff, auch damit schalten Sie von Power Pivot zu Excel, ohne das Fenster zu schließen.

Die dritte Möglichkeit führt über das Datei-Menü: Wählen Sie *Schließen*, um das Power Pivot-Fenster zu schließen. Und wie alle Windows-Fenster lässt sich auch dieses per Klick auf das Schließen-Kästchen rechts oben schließen.

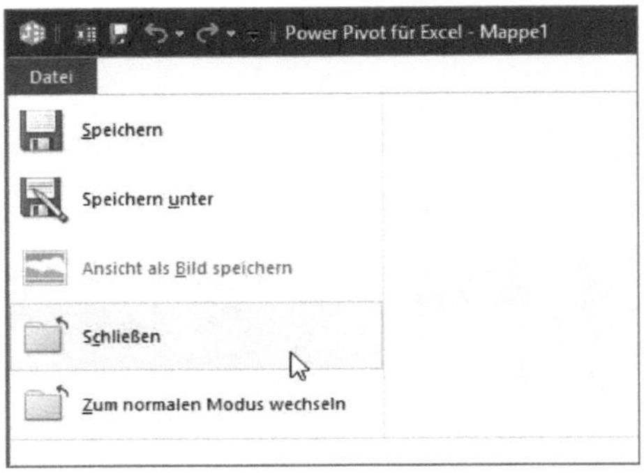

Bild 5.2
Zurück zu Excel aus dem Power Pivot-Fenster

5.3 Die Power Pivot-Menüs

Wahlweise drei oder vier Menüs hat das Power Pivot-Fenster zu bieten, je nachdem, ob der erweiterte Modus aktiv ist:

Wählen Sie *Datei/Zum erweiterten Modus wechseln*, um das Menü *Erweitert* einzuschalten. Mit *Datei/Zum normalen Modus wechseln* schalten Sie dieses Menü wieder aus.

5.3.1 Das Datei-Menü

Gespeichert wird immer die Arbeitsmappe. Power Pivot selbst oder das Datenmodell werden nicht in Dateiform abgespeichert.

1. Wählen Sie *Datei/Speichern*, um die Arbeitsmappe zu speichern. Ist sie noch nicht benannt, erhalten Sie den *Speichern unter*-Dialog. Wählen Sie *Datei/Speichern unter*, um die Arbeitsmappe unter einem neuen Namen abzuspeichern.
2. Wählen Sie *Veröffentlichen*, wenn Sie die Mappe auf einem SharePoint-Server veröffentlichen wollen.
3. Mit *Datei/Ansicht als Bild speichern* wird die Diagrammansicht als Bild im PNG-Format gespeichert. Schalten Sie dazu unter *Ansicht* auf die *Diagrammansicht* um. Der Menübefehl ist nicht aktiv, wenn die Datenansicht gewählt wurde. Sie können die Ansicht auch als JPEG-Datei speichern, geben Sie dazu den Dateinamen mit der Dateiendung JPG ein.
4. Wenn Sie die Registerkarte *Erweitert* ausblenden wollen, schalten Sie die Option von *Zum erweiterten Modus wechseln* auf *Zum normalen Modus wechseln.*

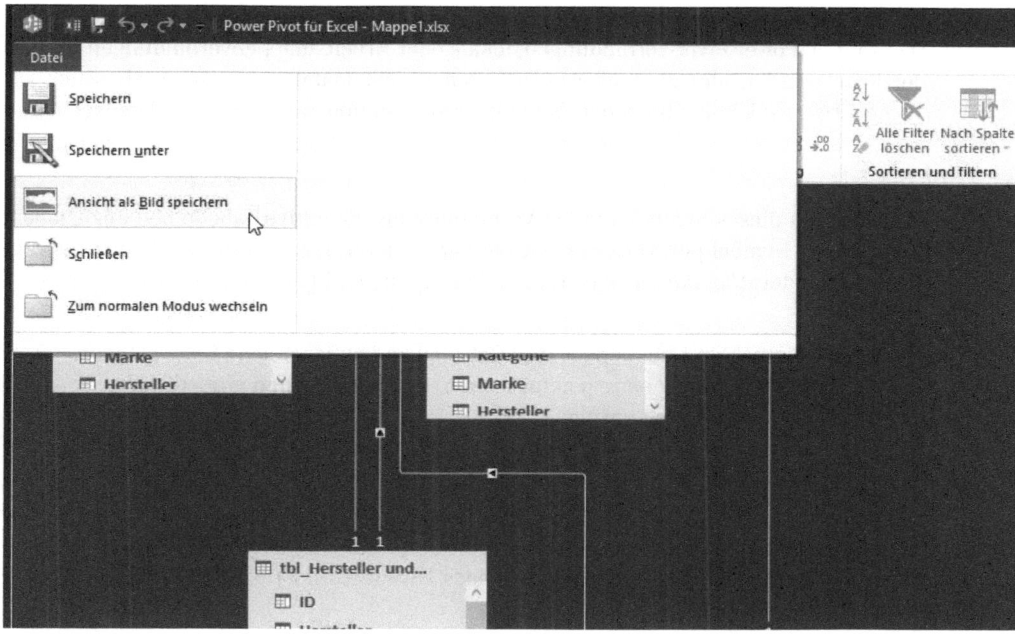

Bild 5.3 Optionen im Datei-Menü

5.3.2 Das Menü „Start"

Im Start-Menü befinden sich die Gruppen *Zwischenablage, Externe Daten abrufen, Formatierung, Sortieren und filtern, Suchen, Berechnungen* und *Ansicht.* Über das Start-Menü werden außerdem die PivotTables und PivotCharts aus dem Datenmodell erzeugt.

Zwischenablage

Über die Symbole in dieser Gruppe holen Sie Daten aus dem Zwischenspeicher, die Sie zuvor mit einem Kopierbefehl dort geparkt haben.

Externe Daten abrufen

Hier stehen die Befehle für den Abruf der Daten aus verschiedenen Quellen bereit.

- *Aus Datenbank:* Zur Auswahl stehen SQL Server, Microsoft Access oder OLAP-Cubes aus Analysis Services.
- *Aus Datendienst:* Zur Auswahl steht der O-Data-Datenfeed, ein Web-Dienst, der Daten im XML-Format aus einer Datenquelle streamt.
- *Aus anderen Quellen:* Relationale Oracle-Datenbanken (Oracle-Versionen 9i, 10g, 11g mit ODBC-Treibern oder über ORAOLEDB, MSDASAQL und .NET-Framework) und andere Datenbanken (Teradata, Sybase, Informix, IBM DB2) sowie Datenfeeds und ODBC/ODC-Daten.

- *Vorhandene Verbindungen:* Hier finden Sie Verbindungen, die Sie bereits aktiviert hatten. Das können Power Pivot-Verbindungen, lokale oder Arbeitsmappenverbindungen sein. In der Regel werden hier gespeicherte ODC-Datenquellendateien angezeigt. Mit Klick auf *Suche fortsetzen* können Sie einen Dateidialog starten und nach einer OC-Datei suchen.

Aktualisieren

Klicken Sie auf dieses Symbol, um die Verbindung für die aktive Tabelle neu anzustoßen. Öffnen Sie das Symbol per Klick auf den Pfeil am unteren Rand, erhalten Sie die Auswahl *Aktualisieren* oder *Alle Aktualisieren* für alle Verbindungen in der aktiven Arbeitsmappe.

> **TIPP:** Enthält ihr Datenmodell viele Tabellen und umfangreiche Datenmengen, sollten Sie diese nur einzeln aktualisieren. Das Aktualisieren großer Datenmengen kann viel Zeit kosten.

PivotTable

Über dieses Symbol erstellen Sie eine PivotTable und/oder ein PivotChart aus den aktuellen Verbindungen. Wählen Sie gleich ein passendes Layout für Ihr Dashboard aus PivotTables und PivotCharts:

Menüpunkt	Ergebnis
PivotTable oder vereinfachte PivotTable	Erstellt eine neue PivotTable und blendet die Feldliste ein. Die Feldliste bietet die Bereiche *Filter, Zeilen, Spalten* und *Werte* an.

Menüpunkt	Ergebnis
PivotChart	Erstellt ein neues PivotChart. Die Feldliste bietet die Bereiche *Filter, Achse (Rubriken), Legende (Reihen)* und *Werte* an.
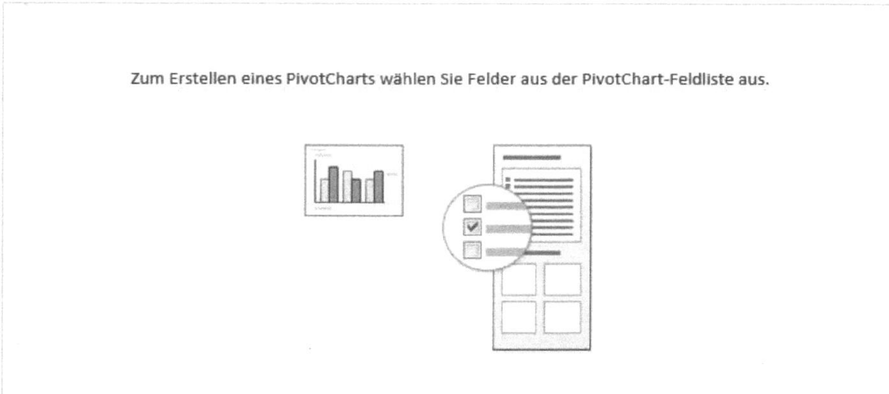	
Diagramm und Tabelle (horizontal)	Erstellt ein PivotChart und rechts daneben eine PivotTable. Beide Objekte sind voneinander unabhängig. Ziehen Sie die Felder für beide einzeln in die jeweiligen Bereiche.
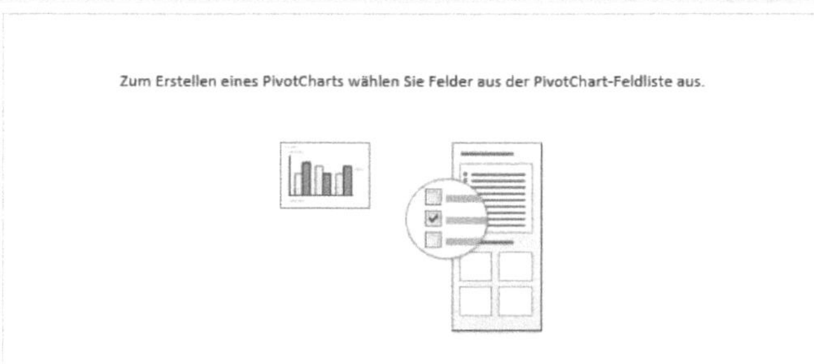	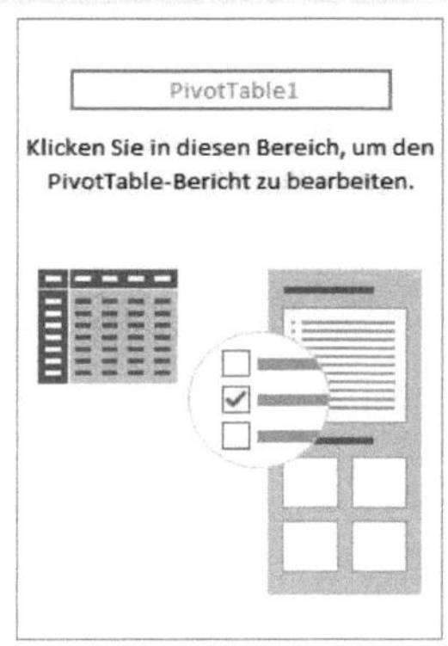

Menüpunkt	Ergebnis
Diagramm und Tabelle (vertikal)	Erstellt ein PivotChart und darunter eine PivotTable. Auch hier sind die Objekte voneinander unabhängig.

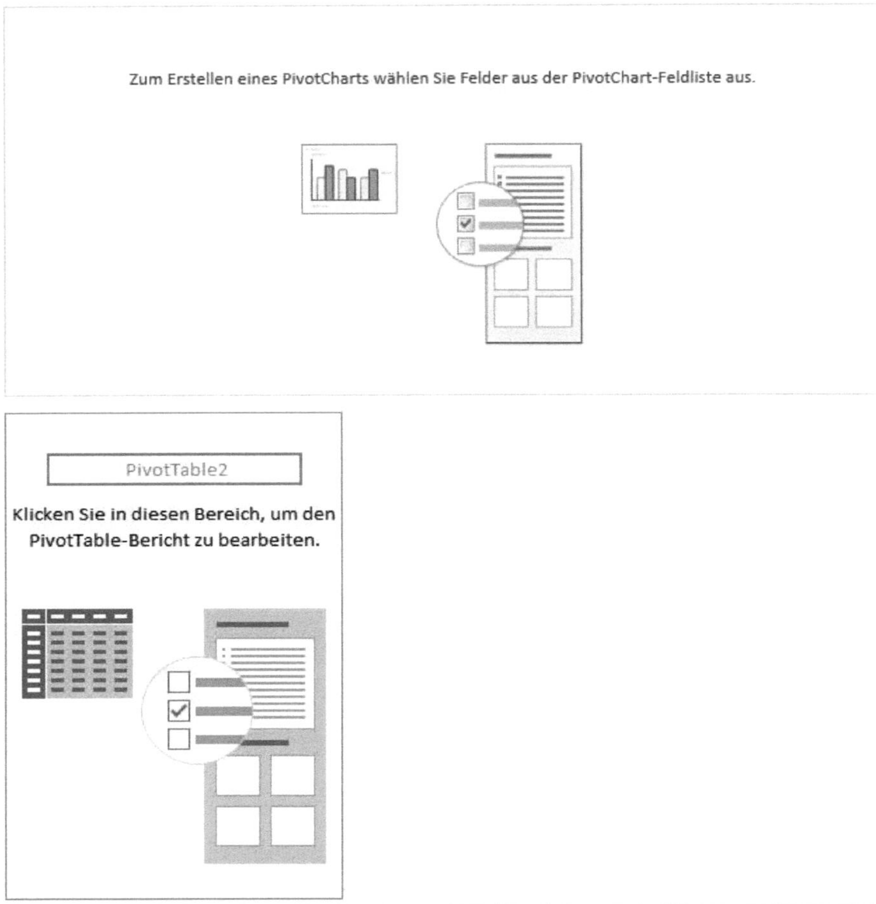

Menüpunkt	Ergebnis
Zwei Diagramme (horizontal)	Erstellt zwei unabhängige PivotCharts.

Menüpunkt	Ergebnis
Vier Diagramme	Erstellt vier unabhängige PivotCharts, im Quadrat angeordnet.

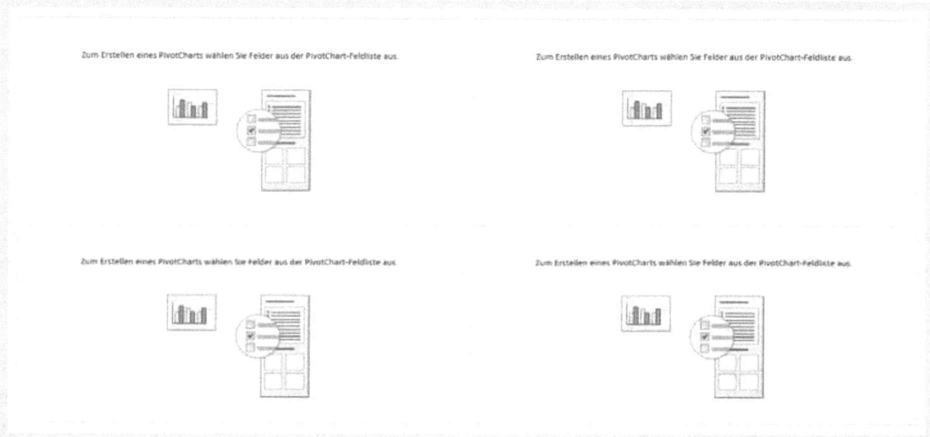

Formatierung

In dieser Gruppe finden Sie die Symbole für die Umwandlung der Datentypen der einzelnen Spalten und die Formatierung der Daten mit Währungssymbol, als Prozentwerte etc. Hier kann auch die Anzahl der Nachkommastellen eingestellt werden. Die Formatierungssymbole sind nur aktiv, wenn der Zellzeiger in einer Spalte mit numerischen Werten steht. Ändern Sie mit einer Formatierung die Anzeige der Nachkommastellen, werden diese immer kaufmännisch gerundet.

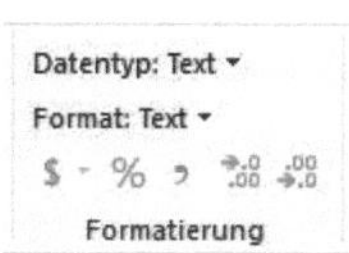

Bild 5.4
Gruppe Formatierung

Markieren Sie eine Spalte oder ziehen Sie die Maus mit gedrückter Maustaste über die Beschriftungen der Spalten, die Sie formatieren möchten. Sie können zusammenstehende Spalten auch mit gedrückter Umschalttaste markieren, eine Mehrfachmarkierung ist nicht möglich.

Eine ausführliche Anleitung zur Formatierung von Spalten finden Sie in Abschnitt 5.6.2.

Sortieren und Filtern

Diese Gruppen bieten Symbole zum Sortieren und Filtern einzelner (markierter) Spalten an. Markieren Sie eine Spalte, indem Sie den Zellzeiger in eine beliebige Zelle setzen oder auf den Spaltenkopf klicken. Für die Sortierung über diese Symbole darf nur eine Spalte markiert sein. Die Sortiersymbole finden sie auch im Spaltenkopf, klicken Sie auf den Pfeil am rechten Rand.

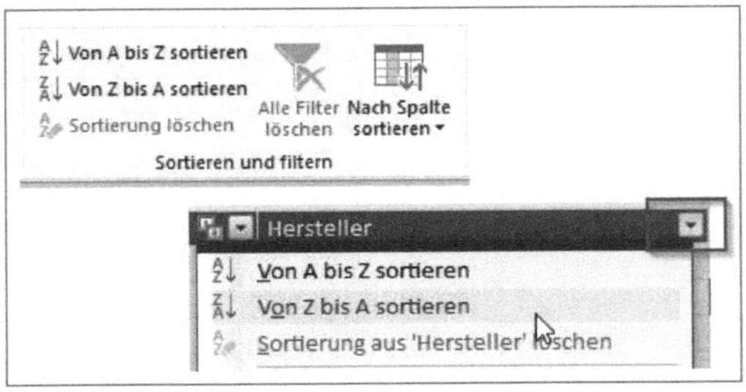

Bild 5.5
Sortieren und Filtern

Sortieren Sie die Spalte aufsteigend von A bis Z oder absteigend von Z bis A. Textspalten werden nach ihrem ANSI-Wert sortiert. Ob eine Spalte sortiert ist, sehen Sie am Sortiersymbol im Spaltenkopf, es zeigt über einen kleinen Pfeil die Sortierrichtung an. Mit dem Symbol *Sortierung löschen* entfernen Sie die Sortierung.

Wählen Sie *Nach Spalte sortieren,* wenn Sie eine Spalte mit den Einträgen einer anderen Spalte sortieren wollen. Klassischer Fall: Die Liste der Monatsnamen nach Alphabet zu sortieren macht wenig Sinn. Legen Sie eine zusätzliche Spalte mit einer laufenden Nummer an und sortieren Sie die Monatsnamen nach dieser Spalte.

Tragen Sie in einem neuen Tabellenblatt die Monatsnamen in verschiedenen Sprachen ein und legen Sie eine Zahlenreihe in Spalte A an.

	A	B	C	D	E
1	MonatNr	Monat	Monat US	Monat FR	Monat PL
2	1	Januar	January	Janvier	Styczeń
3	2	Februar	February	Février	Luty
4	3	März	March	Mars	Marzec
5	4	April	April	Avril	Kwiecień
6	5	Mai	May	Mai	Maj
7	6	Juni	June	Juin	Cerzwiec
8	7	Juli	July	Juillet	Lipiec
9	8	August	August	Août	Sierpień
10	9	September	September	Septembre	Wrzesień
11	10	Oktober	October	Octobre	Październik
12	11	November	November	Novembre	Listopad
13	12	Dezember	December	Décembre	Grudzień

Wählen Sie *Power Pivot/Tabellen/Zu Datenmodell hinzufügen.*

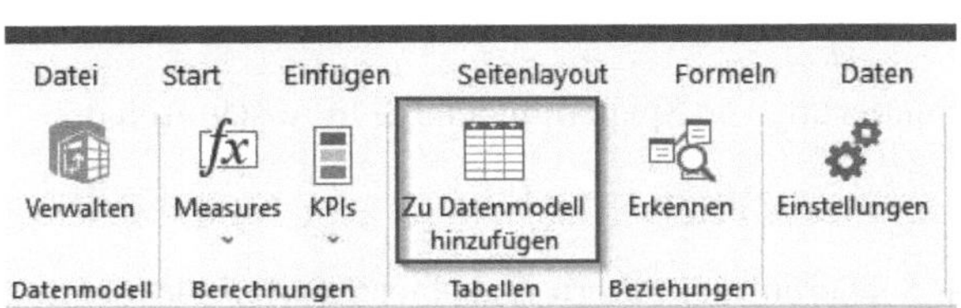

Wählen Sie im Power Pivot-Fenster *Sortieren und Filtern/Nach Spalte sortieren.*

Geben Sie die Spalte *MonatNr* als Sortierspalte an und wählen Sie eine Monatsnamenspalte für die Sortierwerte aus.

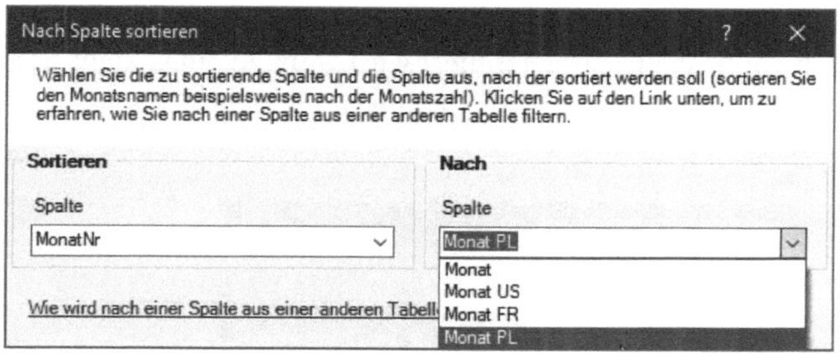

Die Monatsnamen werden korrekt sortiert.

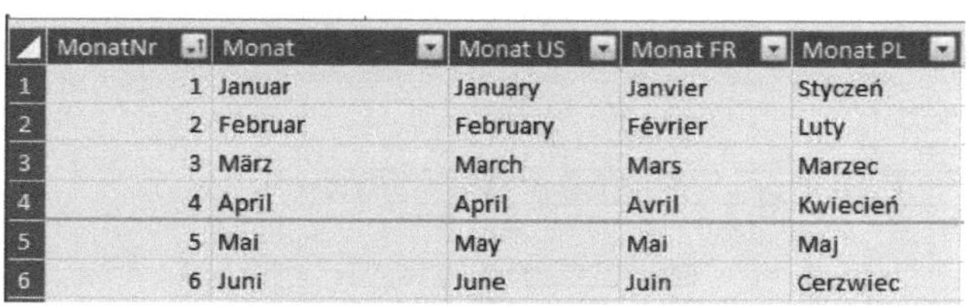

	MonatNr	Monat	Monat US	Monat FR	Monat PL
1	1	Januar	January	Janvier	Styczeń
2	2	Februar	February	Février	Luty
3	3	März	March	Mars	Marzec
4	4	April	April	Avril	Kwiecień
5	5	Mai	May	Mai	Maj
6	6	Juni	June	Juin	Cerzwiec

Suchen

Klicken Sie auf das Suchen-Symbol, um die Tabelle nach einem bestimmten Begriff zu durchsuchen. Geben Sie diesen Begriff unter *Suchen* ein und geben Sie (wahlweise) im Feld *Ersetzen* einen Ersatzbegriff ein. Mit *Weitersuchen* finden Sie den nächsten Eintrag, mit *Vorherige Suchen* den vorherigen Eintrag. Ein Klick auf *Ersetzen* ersetzt den Suchbegriff durch den Ersatzbegriff. Kreuzen Sie die beiden Optionen an, um auch in ausgeblendeten Spalten zu suchen und Formeln in berechneten Spalten mit einzubeziehen.

Die Suchfunktion leistet auch in der Diagrammansicht gute Dienste. Schalten Sie auf diese um und suchen Sie nach Feldnamen in den Tabellen des Datenmodells.

Berechnungen – DAX-Funktionen

In dieser Gruppe finden Sie zwei Symbole. Klicken Sie auf *AutoSumme*, um ein Measure zu erstellen, das die Summe der Werte der markierten Spalte(n) über eine DAX-Funktion erstellt. Öffnen Sie die Liste und verwenden Sie weitere DAX-Funktionen zur Erstellung von Measures:

Tabelle 5.1 AutoSumme-Optionen

Funktion	DAX
Summe	=SUM()
Mittelwert	=AVERAGE()
Anzahl	=COUNTA()
Distinct Count:	=DISTINCTCOUNT()
Max	=MAX()
Min	=MIN()

KPIs (Key Performance Indicators) sind visuelle Measures der Leistung. Ein KPI misst die Leistung eines Wertes, der durch ein Basismeasure definiert wird, anhand eines Zielwerts.

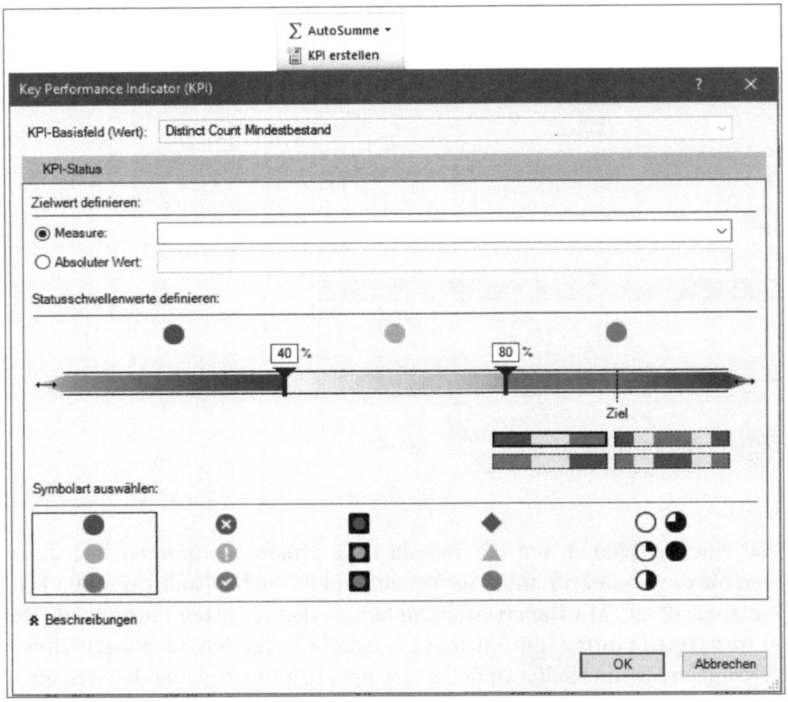

Bild 5.6 KPIs erstellen

HINWEIS: Ein Beispiel für die Erstellung von KPIs in Power Pivot finden Sie in Abschnitt 5.9.

Ansicht

In dieser Gruppe finden Sie Symbole für die einzelnen Ansichten im Power Pivot-Fenster.

Datenansicht: Die Standardansicht für Tabellen und Measures. Die Tabellen im Datenmodell werden angezeigt, links unten stehen die Reiter zum Blättern. Klicken Sie auf einen Reiter, um zur Tabelle zu wechseln.

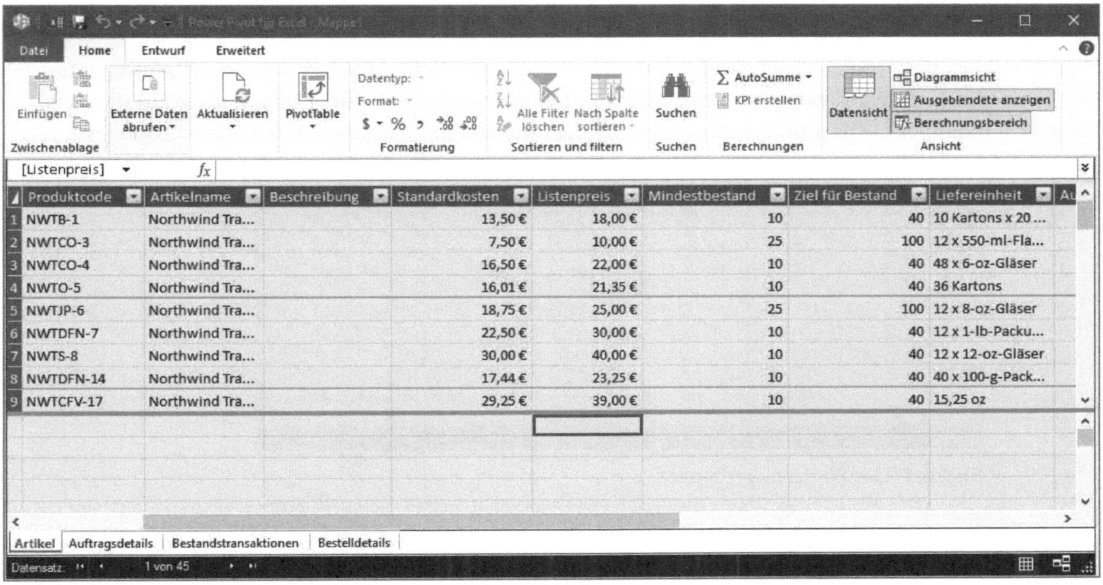

Bild 5.7 Die Datenansicht im Power Pivot-Fenster

Diagrammansicht: In dieser Ansicht sehen Sie die Feldstrukturen der einzelnen Tabellen und die Beziehungen der Tabellen untereinander. Diese Beziehungen können mit dem Mauszeiger verändert, neu erstellt oder gelöscht werden.

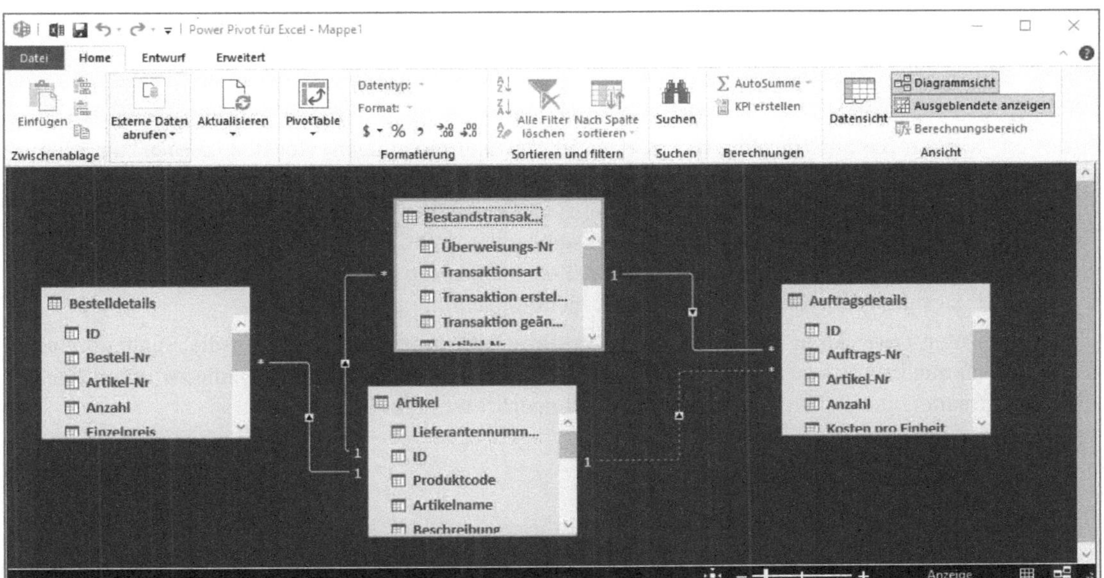

Bild 5.8 Die Diagrammansicht im Power Pivot-Fenster

Ausgeblendete anzeigen: Damit werden Objekte, die im Client ausgeblendet wurden, angezeigt.

Berechnungsbereich: Damit wird der Berechnungsbereich für Measures unterhalb der Tabellen angezeigt bzw. ausgeblendet. Das Symbol ist nicht aktiv, wenn das Power Pivot-Fenster bzw. das Datenmodell keine Tabellen enthält.

Der Bereich lässt sich vergrößern und verkleinern. Ziehen Sie dazu die obere Begrenzungslinie mit gedrückter Maustaste nach unten oder oben. Mit einem Doppelklick auf die Linie blenden Sie den Berechnungsbereich aus. Klicken Sie auf das Symbol, um ihn wieder einzublenden.

Bild 5.9 Der Berechnungsbereich

5.3.3 Das Menü „Entwurf“

In diesem Menü finden Sie Befehle und Symbole für die Bearbeitung der Tabellen im Datenmodell. Holen Sie zuvor über das Start-Menü Daten aus Datenquellen (z. B. Datenbanken), denn die meisten Symbole im Menü *Entwurf* sind nur aktiv, wenn das Datenmodell mindestens eine Tabelle enthält.

Das Menü *Entwurf* ist nur aktiv, wenn im Datei-Menü der Befehl *Zum erweiterten Modus wechseln* aktiviert wurde.

Spalten

Klicken Sie auf *Hinzufügen*, um eine neue Spalte einzufügen oder auf *Löschen*, um eine markierte oder mehrere markierte Spalten zu löschen (siehe *Arbeiten mit Spalten*). Mit *Fixieren* frieren Sie die markierte(n) Spalte(n) ein, sie werden automatisch am linken Rand positioniert und nicht mehr nach links ausgeblendet, wenn die Tabelle nach rechts geblättert wird, um weitere, nicht sichtbare Spalten anzuzeigen. Fixierung aufheben entfernt die Fixierung wieder, die Spalten werden nicht umgeordnet.

Unter *Breite* kann die Spaltenbreite in Pixel eingetragen werden. Um die Spaltenbreite manuell zu ändern, zeigen Sie wie in Excel mit dem Mauszeiger auf die Linie zwischen zwei Spaltenbuchstaben und ziehen diese mit gedrückter Maustaste.

Berechnungen

Funktion einfügen startet den Funktions-Assistenten für DAX-Funktionen (entspricht dem *fx*-Symbol in der Bearbeitungsleiste). Suchen Sie eine passende Kategorie und blättern Sie die Funktionsliste durch. Ein Klick auf eine Funktion markiert diese, sehen Sie sich die Funktionshilfe an. Leider bietet diese keine weiterführende Unterstützung als einen kurzen Hilfetext. Klicken Sie auf *OK*, wird die Funktion in die Bearbeitungsleiste eingetragen, und Sie können die Argumente eintragen.

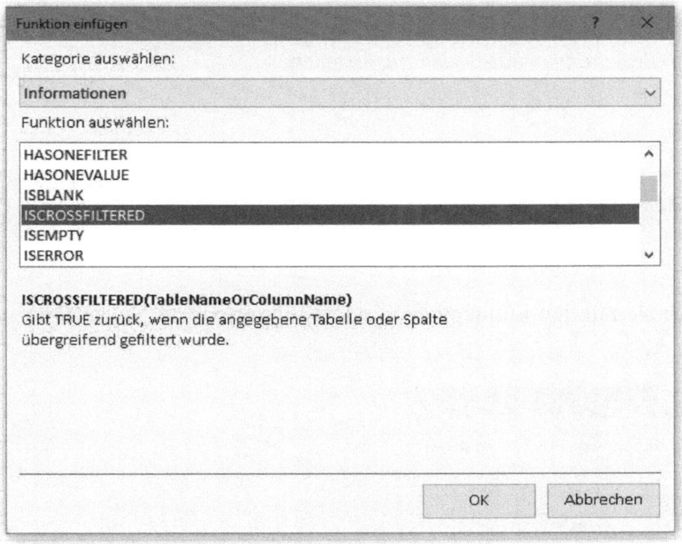

Bild 5.10 DAX-Funktionen einfügen

In den Berechnungsoptionen schalten Sie auf *Manueller Berechnungsmodus*, wenn die Berechnung des Datenmodells zu lange dauert. Wählen Sie *Jetzt berechnen*, um im manuellen Modus neu zu berechnen, und schalten Sie mit *Automatischer Berechnungsmodus* zurück auf den Modus, in dem das Datenmodell mit jeder Eingabe oder Änderung neu berechnet wird.

Beziehungen

In dieser Gruppe erstellen oder verwalten Sie Beziehungen zwischen Elementen des Datenmodells. Alternativ zur Diagrammansicht, in der Sie Beziehungen einfach über Linienverbindungen zwischen Tabellen erstellen und verwalten, geben Sie hier Tabellen und Feldnamen in einer Dialogbox an. Hier ein Beispiel, wie eine neue Beziehung entsteht (in den Buchdaten unter *Kunden und Branchen.xlsx*):

Das Datenmodell enthält die Tabellen *Branchen* und *Kunden*. In der ersten Tabelle sind die IDs in Spalte 1 eindeutig. Das Feld *Branche* in der zweiten Tabelle listet nur die ID der zugeordneten Branche.

Klicken Sie unter *Entwurf/Beziehungen* auf *Beziehung erstellen.*

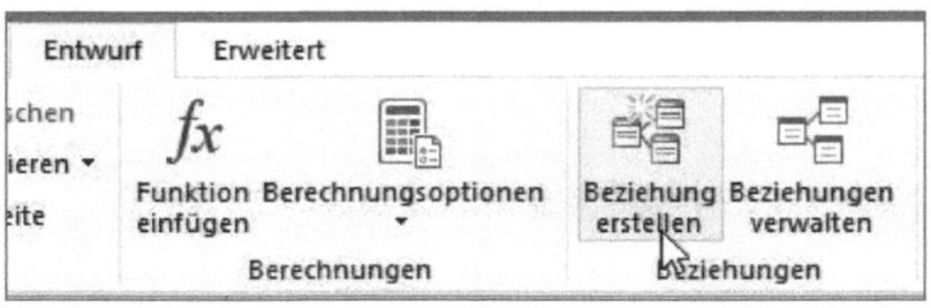

Wählen Sie zuerst die Tabelle mit den Kundendaten und markieren Sie die Spalte *Branche* mit den IDs.

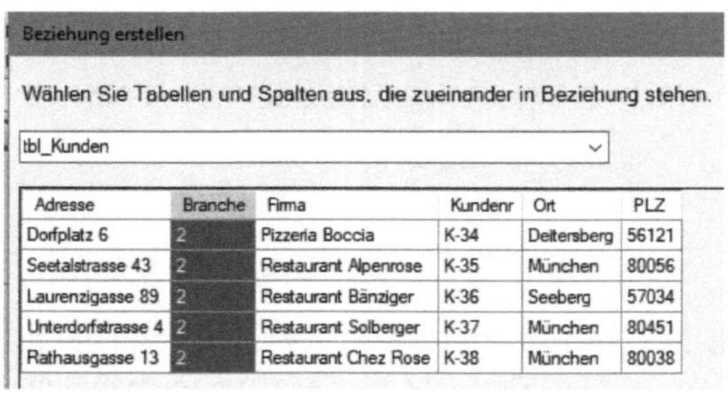

Öffnen Sie die Liste unterhalb der ersten Tabelle und wählen Sie die Tabelle mit den Branchendaten.

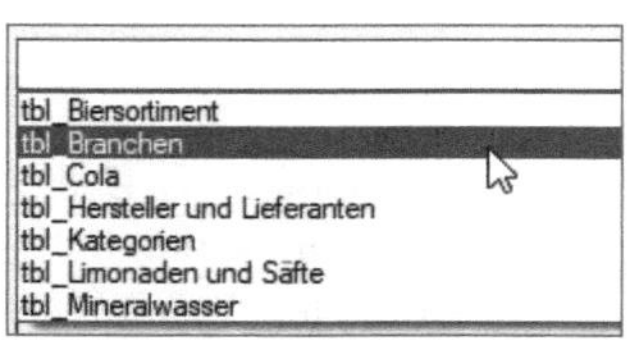

Markieren Sie hier die ID-Spalte, ...

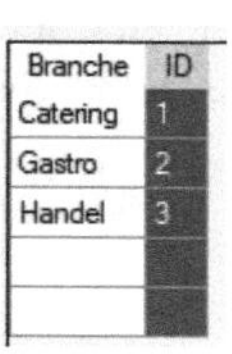

… kreuzen Sie die Option *Aktiv* an, damit die Beziehung angenommen wird, …

… und bestätigen Sie die Beziehung mit *OK*.

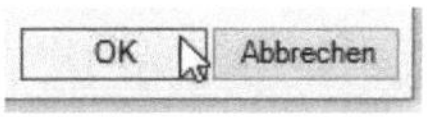

Schalten Sie um auf das Start-Menü und auf die Diagrammansicht.

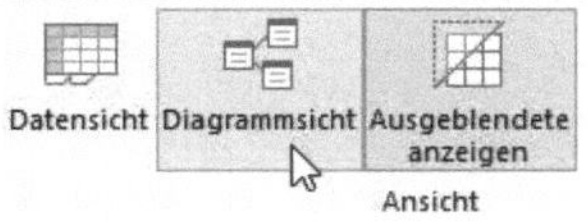

Jetzt sehen Sie eine Beziehungslinie zwischen den Kundendaten und der Branchenübersicht.

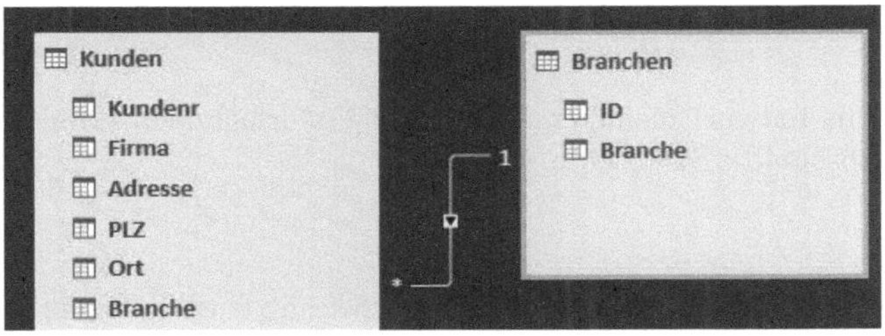

Um eine Beziehung wieder zu löschen, markieren Sie die Linie in der Diagrammansicht und drücken die Entf-Taste.

Das Datenmodell unterstützt nur Beziehungen vom Typ 1:n, d.h. in jeder Beziehung muss eine Tabelle mit eindeutigen Werten enthalten sein. Die Richtung der Beziehung ist egal, sie kann im Beispiel von den Branchen zu den Kunden oder umgekehrt von den Kunden zu den Branchen gezogen werden. Power Pivot erkennt automatisch, welche Tabelle die eindeutigen (1)-Elemente enthält und in welcher diese mehrfach (n) vorkommen können.

Mit *Beziehungen verwalten* erhalten Sie eine Übersicht über alle Beziehungen im Datenmodell mit der Information über die Kardinalität (Beziehungsart) der einzelnen Beziehungen. Markieren Sie einen Eintrag und klicken Sie auf *Bearbeiten*, können Sie die Beziehung ändern. Mit *Löschen* entfernen Sie die Beziehung aus dem Datenmodell.

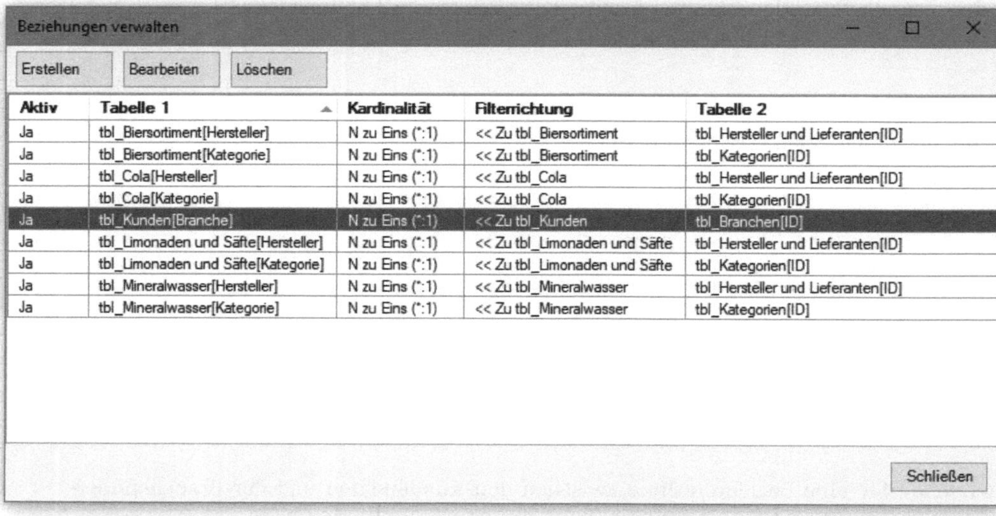

Aktiv	Tabelle 1	Kardinalität	Filterrichtung	Tabelle 2
Ja	tbl_Biersortiment[Hersteller]	N zu Eins (*:1)	<< Zu tbl_Biersortiment	tbl_Hersteller und Lieferanten[ID]
Ja	tbl_Biersortiment[Kategorie]	N zu Eins (*:1)	<< Zu tbl_Biersortiment	tbl_Kategorien[ID]
Ja	tbl_Cola[Hersteller]	N zu Eins (*:1)	<< Zu tbl_Cola	tbl_Hersteller und Lieferanten[ID]
Ja	tbl_Cola[Kategorie]	N zu Eins (*:1)	<< Zu tbl_Cola	tbl_Kategorien[ID]
Ja	tbl_Kunden[Branche]	N zu Eins (*:1)	<< Zu tbl_Kunden	tbl_Branchen[ID]
Ja	tbl_Limonaden und Säfte[Hersteller]	N zu Eins (*:1)	<< Zu tbl_Limonaden und Säfte	tbl_Hersteller und Lieferanten[ID]
Ja	tbl_Limonaden und Säfte[Kategorie]	N zu Eins (*:1)	<< Zu tbl_Limonaden und Säfte	tbl_Kategorien[ID]
Ja	tbl_Mineralwasser[Hersteller]	N zu Eins (*:1)	<< Zu tbl_Mineralwasser	tbl_Hersteller und Lieferanten[ID]
Ja	tbl_Mineralwasser[Kategorie]	N zu Eins (*:1)	<< Zu tbl_Mineralwasser	tbl_Kategorien[ID]

Bild 5.11 Beziehungen verwalten

Tabelleneigenschaften

Klicken Sie auf dieses Symbol im Entwurfsmenü, erhalten Sie alle Informationen zur aktiven, markierten Tabelle (vgl. Abschnitt 5.5).

Kalender

Diese Gruppe enthält zwei Symbole für die Erstellung oder Bearbeitung einer Kalendertabelle.

Bearbeiten

Wählen Sie hier *Rückgängig*, um den letzten Befehl rückgängig zu machen oder klicken Sie auf den Pfeil neben dem Symbol und machen Sie mehrere Befehle rückgängig. Mit *Wiederholen* werden zuletzt rückgängig gemachte Befehle wiederholt.

5.3.4 Das Menü „Erweitert"

In diesem Menü stellt Power Pivot Werkzeuge für Modellierung der Daten für Power View zur Verfügung. Mit Perspektiven hat der Anwender die Möglichkeit, benutzerdefinierte Sichten anzulegen und damit die Navigation in großen Datenmengen zu vereinfachen.

Perspektiven

Legen Sie Perspektiven an, um in großen Datenmodellen den Überblick zu behalten. Eine Perspektive kann eine oder mehrere Tabellen enthalten und die Anzeige der Tabellen auf einzelne Felder einschränken. So legen Sie zwei Perspektiven an, eine für das Getränkesortiment der Firma GastroSTAR und eine weitere mit den Firmennamen der Kunden:

Öffnen Sie eine leere Arbeitsmappe und wählen Sie im Power Pivot-Fenster *Start/Externe Daten abrufen/Aus Datenbank/Aus Access.*

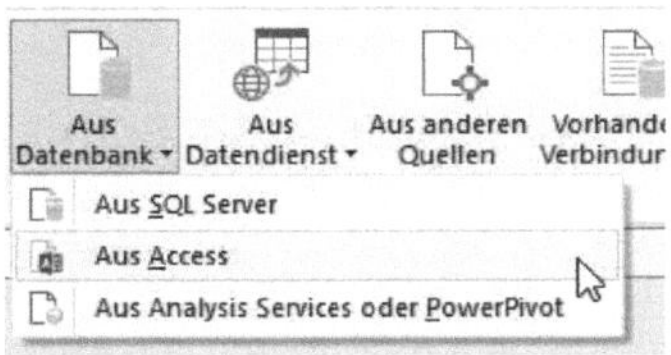

Suchen Sie die Datenbank *GastroSTAR.accdb* in der Liste der Buchdaten.

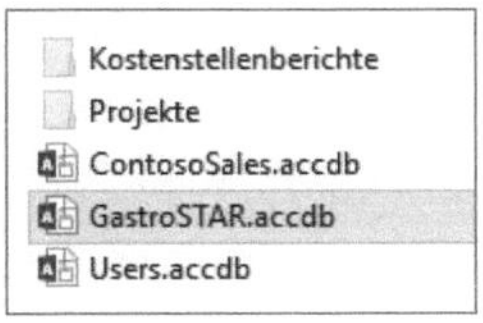

Bestätigen Sie nach *Weiter* die erste Option, um die Tabellen einzulesen.

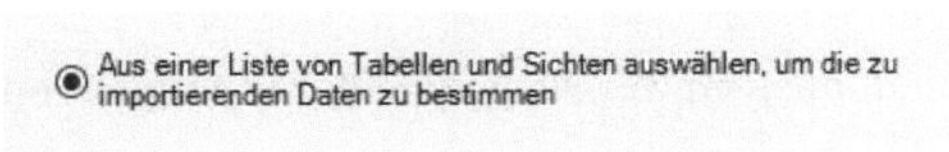

Klicken Sie auf das erste Ankreuzkästchen, um alle Tabellen in der Datenbank zu markieren. Holen Sie die Daten mit *Weiter* und *Fertig stellen* in das Datenmodell.

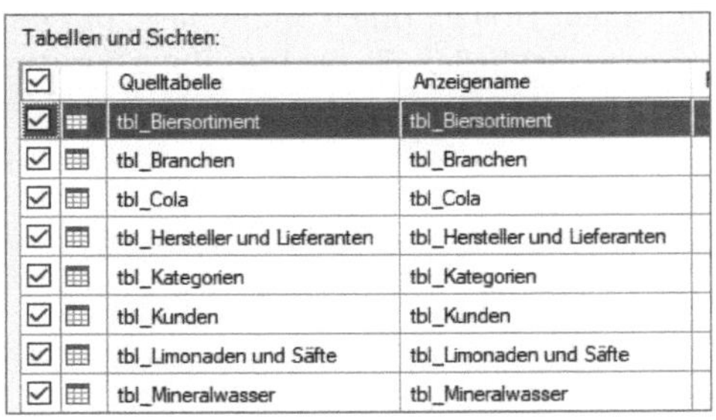

Schalten Sie um auf das Register *Erweitert* und klicken Sie auf *Perspektiven/Erstellen und verwalten.*

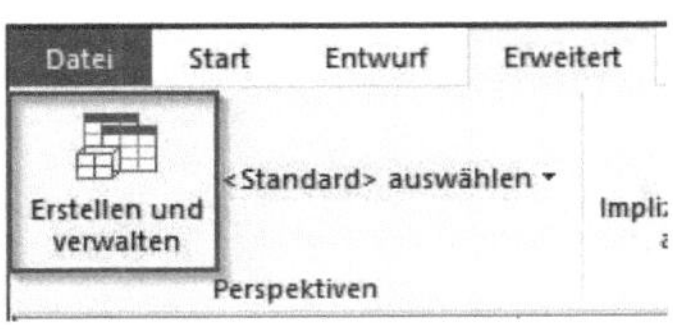

Mit Klick auf *Neue Perspektive* wird eine neue Perspektive angelegt.

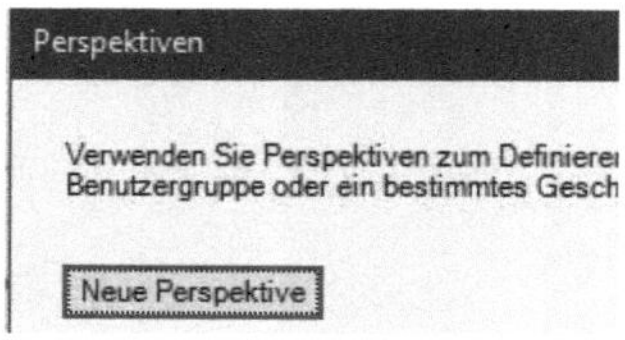

Kreuzen Sie die Tabellen *tbl_Biersortiment, tbl_Cola, tbl_Limonaden und Säfte* und *tbl_Mineralwasser* an.

Zum Umbenennen der Perspektive klicken Sie doppelt in das Namensfeld und tragen den neuen Namen *Getränkesortiment* ein.

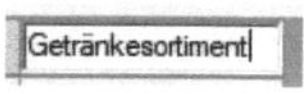

Erstellen Sie eine weitere Perspektive mit dem Namen *Firmen*. Holen Sie in diese nur die Felder *Firma, Ort* und *PLZ* aus der Tabelle *tbl_Kunden*. Schließen Sie die Erstellung der Perspektiven mit *OK* ab.

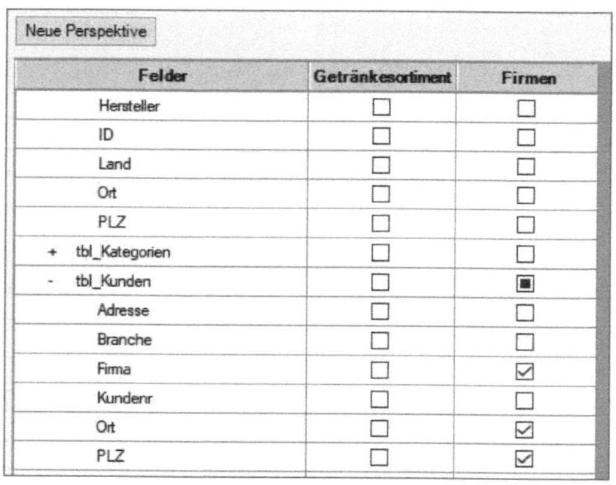

Damit stehen die Perspektiven zur Auswahl. Klicken Sie auf den Pfeil neben *<Standard> auswählen* und wählen Sie eine Perspektive. Um wieder alle Tabellen anzuzeigen, wählen Sie *<Standard>*.

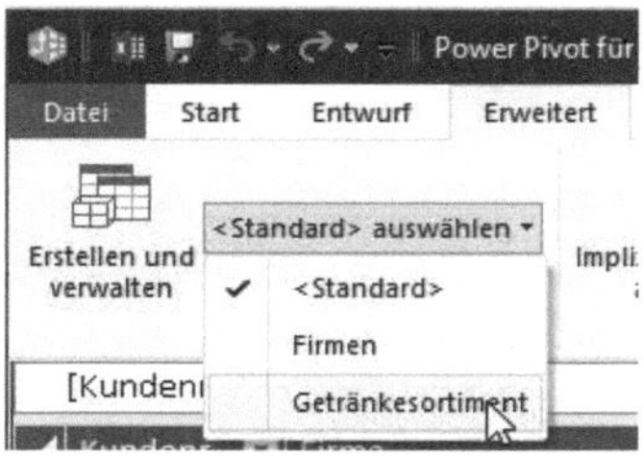

Implizite Measures anzeigen

Implizite Measures sind Aggregatfunktionen im Wertebereich der PivotTable. Mit diesem Schaltersymbol schalten Sie die Anzeige der impliziten Measures im Berechnungsbereich ein oder aus. Die Measures bleiben erhalten, auch wenn eine Aggregation wieder gelöscht wurde. Um ein implizites Measure zu löschen, klicken Sie es mit der rechten Maustaste an und wählen *Löschen*.

Implizite Measures sind mit einem kleinen blauen Doppelpfeil gekennzeichnet, um sie von den expliziten Measures (Measures, die in Power Pivot erstellt wurden) zu unterscheiden.

Berichterstellungseigenschaften

Die Symbole in dieser Gruppe erleichtern das Anlegen von Berichten in Power View und in PivotTables. *Zusammenfassen nach* legt die Standard-Aggregation fest, die beim Einfügen eines Wertefeldes in der PivotTable angewandt wird. Definieren Sie für Spalten, die nicht standardmäßig summiert werden sollen, eine andere Aggregation (z. B. *Anzahl*), wird diese automatisch angewandt, wenn Sie das Feld in den Wertebereich der PivotTable ziehen.

Die Werkzeuge *Standardfeldsatz* und *Tabellenverhalten* sind für Anwender von Power View reserviert. Ein Standardfeldsatz ist eine Liste von Feldern, die in einem Power View-Bericht automatisch eingefügt werden, wenn die übergeordnete Tabelle angeklickt wird. Über das Tabellenverhalten steuern Sie das Gruppierungsverhalten beim Anlegen von Power View-Berichten. So lässt sich beispielsweise bestimmen, dass Kundendaten nicht gruppiert werden, wenn ein übergeordnetes Feld verwendet wird.

Synonyme

Legen Sie über dieses Symbol alternative Begriffe für Ihre Felder in der Diagrammansicht an, wenn Sie das Datenmodell mit Power BI weiterverarbeiten. Binden Sie die Daten später in ein Dashboard auf der Power BI-Berichtsebene ein, können Sie die Q&A-Funktion benutzen, um Fragen wie diese zu stellen:

- Wie hoch ist der Umsatz im Mai dieses Jahres?
- Haben Sie in Power Pivot Synonyme angelegt, können diese Fragen auch mit diesen Synonymen gestellt werden: Turnover in May this year?

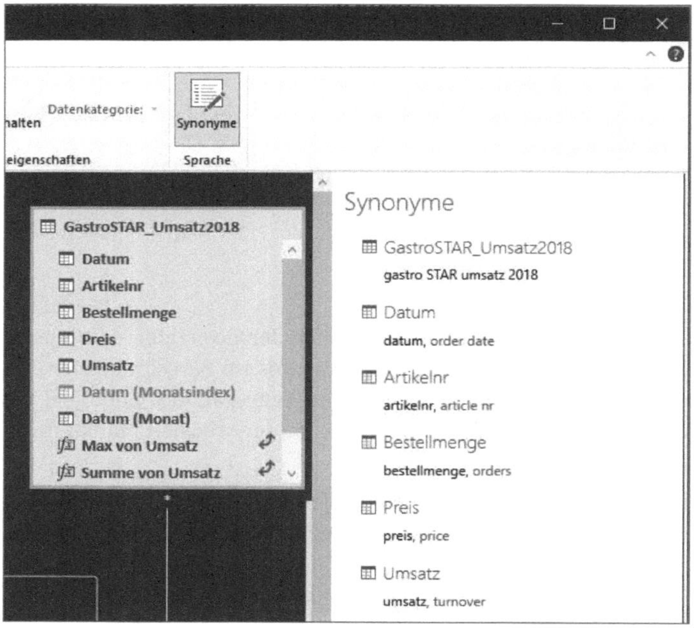

Bild 5.12 Synonyme für andere Sprachen bereitstellen

5.4 Daten importieren

Die ersten beiden Gruppen des Start-Menüs bieten die Möglichkeit, Daten in das Power Pivot-Fenster und damit in das Datenmodell zu importieren. Daten können wahlweise über die Zwischenablage, aus Datenbanken oder aus anderen externen Quellen geholt werden.

5.4.1 Zwischenablage

Eine einfache und effektive Möglichkeit, Daten aus Excel oder aus weiteren Datenquellen einzubeziehen, ist die Kopie über die Zwischenablage. Stellen Sie sicher, dass die erste Zeile der Liste oder Tabelle als Kopfzeile mit Spaltenüberschriften verwendet werden kann. Entfernen Sie dazu alle Leerzeichen und Sonderzeichen, denn das Power Pivot-Fenster akzeptiert solche Feldnamen nicht.

HINWEIS: Sie können Tabellen oder Listen über die Zwischenablage in das Datenmodell holen. Wandeln Sie eine Liste mit *Einfügen/Tabelle/Tabelle* vorher in eine Tabelle um, lässt sich überprüfen, ob alle Spalten korrekt beschriftet sind.

Setzen Sie den Zellzeiger in die Liste oder Tabelle, die Sie importieren wollen.

	A	B	C	D
1	**Marke**	**Produkt**	**Gebinde**	**Preis**
2	Eichbaum	Pils, Export	20 * 0,5	15,3
3	Eichbaum	Original Radler	20 * 0,5	15,3
4	Eichbaum	Ureich / alkoholfrei	24 * 0,33	15,5
5	Eichbaum	Ureich/Leichter Typ	20 * 0,5	16,2
6	Eichbaum	Weizen Bier Hefe.Kristall,Weizen alkf	20 * 0,5	17
7	Germania	Germania Pils	20 * 0,5	9
8	Eichbaum	Karamalz	20 * 0,5	13,5
9	Eichbaum	Braumeister Limo zitrone etc.	20* 0.5	15,5
10	Eichbaum	Braumeister Limo zitrone etc.	24 * 0,33	16,5

Drücken Sie **Strg+*** (auf der Zehnertastatur) oder **Strg+Umschalt++**, um die Daten zu markieren.

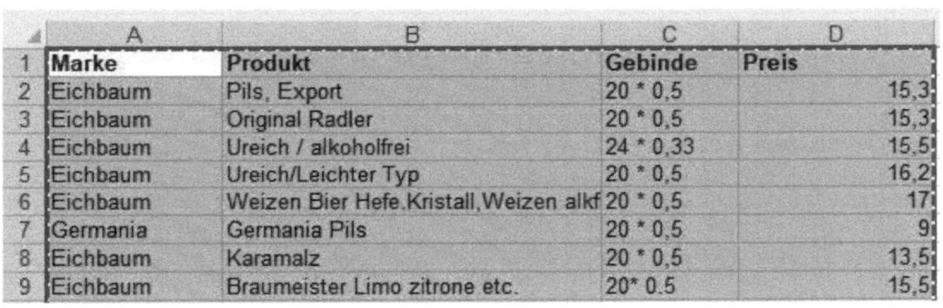

	A	B	C	D
1	**Marke**	**Produkt**	**Gebinde**	**Preis**
2	Eichbaum	Pils, Export	20 * 0,5	15,3
3	Eichbaum	Original Radler	20 * 0,5	15,3
4	Eichbaum	Ureich / alkoholfrei	24 * 0,33	15,5
5	Eichbaum	Ureich/Leichter Typ	20 * 0,5	16,2
6	Eichbaum	Weizen Bier Hefe.Kristall,Weizen alkf	20 * 0,5	17
7	Germania	Germania Pils	20 * 0,5	9
8	Eichbaum	Karamalz	20 * 0,5	13,5
9	Eichbaum	Braumeister Limo zitrone etc.	20* 0.5	15,5

Schalten Sie mit *Power Pivot/Verwalten* um auf das Power Pivot-Fenster.

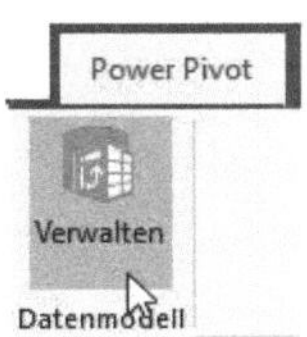

Klicken Sie auf *Einfügen*, um die Daten aus der Zwischenablage zu holen.

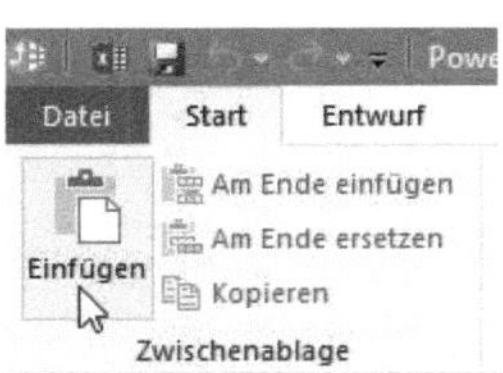

Am Ende anfügen: Damit fügen Sie die Daten aus der Zwischenablage in eine Tabelle ein, die zuvor aus eingefügten Daten erstellt wurde. Importierte Tabellen können nicht verwendet werden.

Am Ende ersetzen: Ersetzen Sie mit diesem Symbol den Inhalt der zuvor erstellten Tabelle durch die neuen Daten aus der Zwischenablage.

Der Tabellenname wird übernommen, kontrollieren und ändern Sie ihn bei Bedarf. Der Dialog zeigt eine Vorschau der zu importierenden Daten, die Option *Erste Zeile als Spaltenüberschriften verwenden* sollte markiert sein. Klicken Sie auf *OK*.

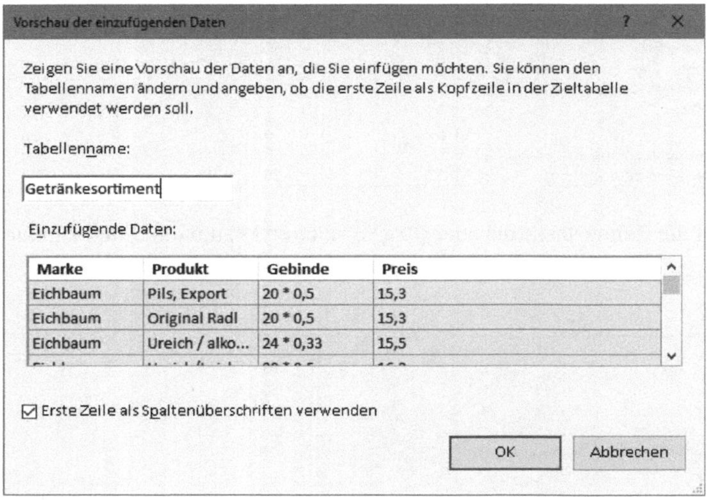

Die Daten werden importiert, eine neue Tabelle wird angelegt.

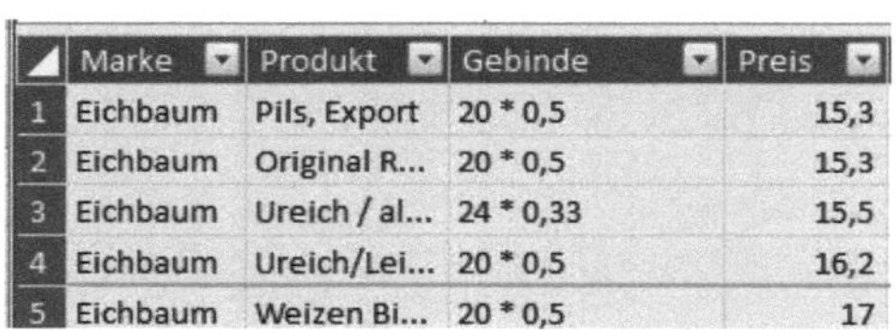

	Marke	Produkt	Gebinde	Preis
1	Eichbaum	Pils, Export	20 * 0,5	15,3
2	Eichbaum	Original R...	20 * 0,5	15,3
3	Eichbaum	Ureich / al...	24 * 0,33	15,5
4	Eichbaum	Ureich/Lei...	20 * 0,5	16,2
5	Eichbaum	Weizen Bi...	20 * 0,5	17

Die Beschriftung sehen Sie unten im Register, die Statuszeile zeigt, wie viele Daten importiert wurden.

5.4.2 Aus Datenbank – Aus SQL Server

In der Gruppe *Externe Daten abrufen* bietet das Symbol *Aus Datenbank* das Datenbanksystem SQL Server an. Der SQL Server ist der Kern aller Business Intelligence-Lösungen von Microsoft, aktuell in der Version 2017 verfügbar. Mit der Unterstützung multidimensionaler Datenbankkonzepte (OLAP) und dem „In-Memory"-Konzept bringt er bereits alle Voraussetzungen für BI-Lösungen mit. Er kann „On-Premises", also im Unternehmen, betrieben werden oder in der Cloud (Windows Azure) oder als hybride Version, bei der einer On-Premises-Version bei Bedarf Cloud-Instanzen „zugeschaltet" werden.

Der Import von Daten aus SQL Server ist in der Regel unproblematisch, da das System aus demselben Haus (Microsoft) kommt. Unterstützt werden die Versionen ab 2005 (2008, 2008 R2, 2016, 2017), die SQL-Datenbank in Windows Azure und SQL Server Parallel Data Warehouse.

Analysis Services ist die OLAP-Datenbank in Microsoft SQL Server ab Version 2005. Auch dafür bietet Power Pivot eine Import-Schnittstelle. Tabellarische Analysen sind nur mit SQL Server 2012 möglich.

Voraussetzung für den Import ist natürlich, dass Sie berechtigt sind, auf den SQL Server zuzugreifen. Sie brauchen den Namen des SQL Servers, einen Benutzernamen und ein Passwort. Wenn das System entsprechend konfiguriert ist, kann die Benutzeranmeldung auch über Windows erfolgen, d. h. sie können sich mit dem Benutzernamen und dem Passwort anmelden, das Sie bei der Anmeldung an Windows verwendet hatten.

TIPP: Holen Sie sich die Anmeldeinformationen vom Admin oder von der IT-Abteilung. Da Sie mit Power Pivot die Daten nur lesen und keine Möglichkeit haben, Daten zu verändern oder zu erfassen, sollte es kein Problem sein, die Berechtigungen zu bekommen.

Starten Sie per Klick auf das Symbol *Aus Datenbank* in der Gruppe *Externe Daten importieren* und wählen Sie *Aus SQL Server.*

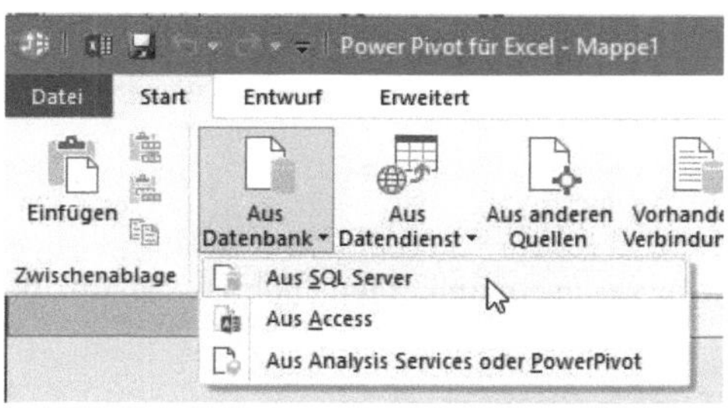

Geben Sie den Servernamen oder den Anzeigenamen der Verbindung ein.

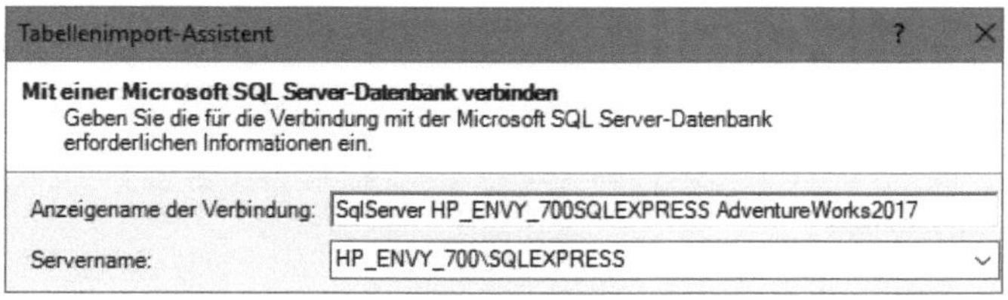

Melden Sie sich mit Ihrer Windows-Authentifizierung am Server an, wenn der Admin diese Möglichkeit eingeräumt hat.

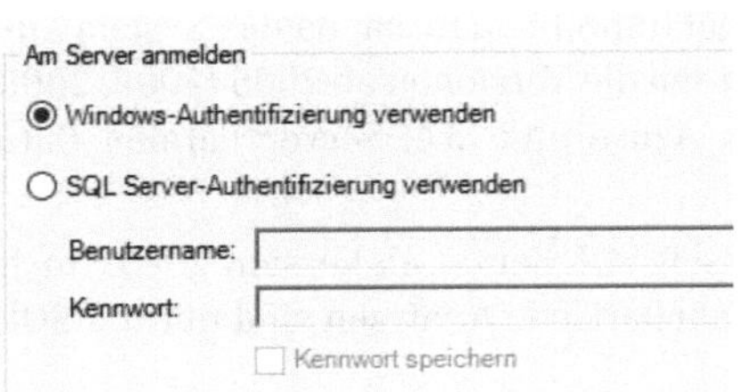

Falls nicht, schalten Sie um auf *SQL Server-Authentifizierung verwenden* und geben den Benutzernamen und das Kennwort ein. Kreuzen Sie die Option *Kennwort speichern* an, müssen Sie diese Informationen beim nächsten Zugriff auf die Datenbank nicht erneut eingeben.

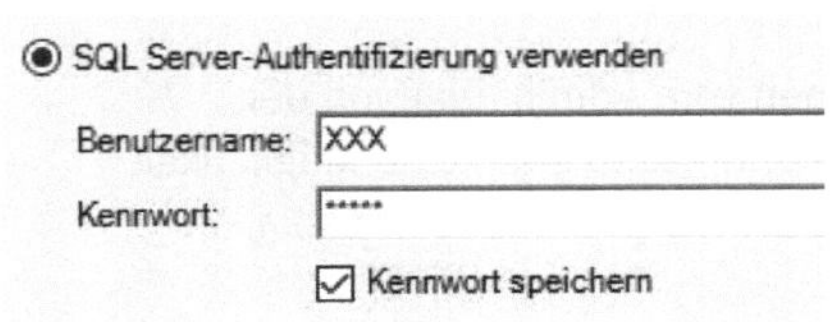

Wählen Sie den Datenbanknamen aus der Liste, die mit Eingabe des Servernamens mit allen verfügbaren Datenbanken des Servers gefüllt wurde.

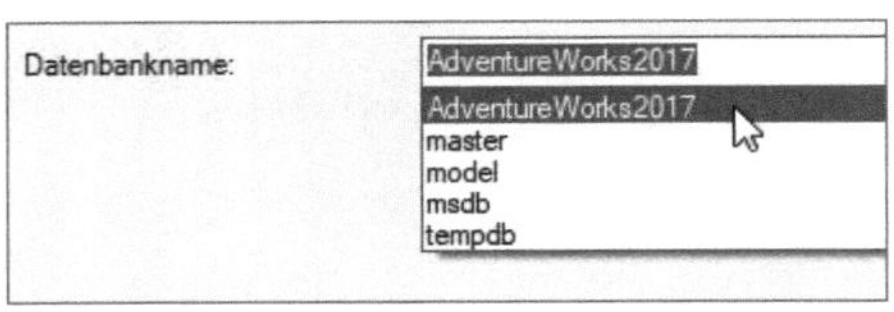

Klicken Sie auf *Erweitert*, können Sie den Anbieter wechseln und einen anderen Datenbanktyp bestimmen.

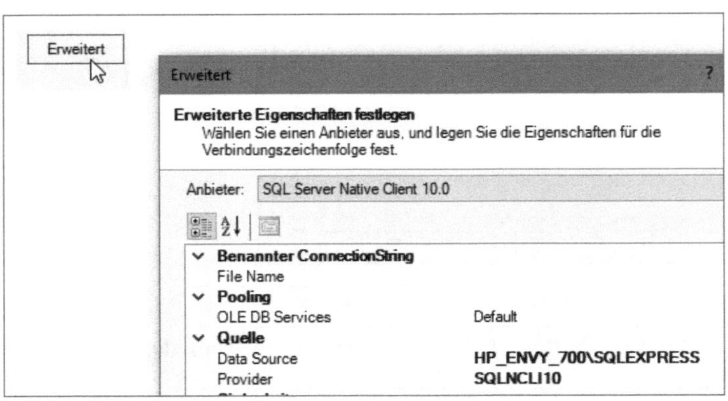

Ein Klick auf *Verbindung testen* zeigt, ob die Verbindung erfolgreich aufgebaut werden kann.

Klicken Sie auf *Weiter*, …

… und entscheiden Sie, ob Sie die Daten aus einer Liste von Tabellen und Sichten importieren wollen, …

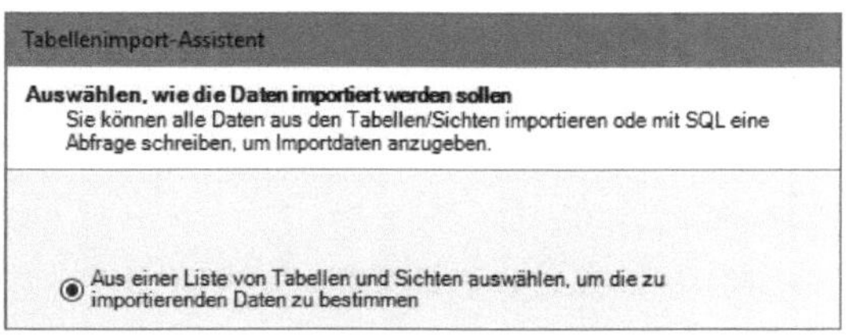

… oder lieber eine SQL-Abfrage schreiben, über die Daten aus dem SQL Server geholt werden.

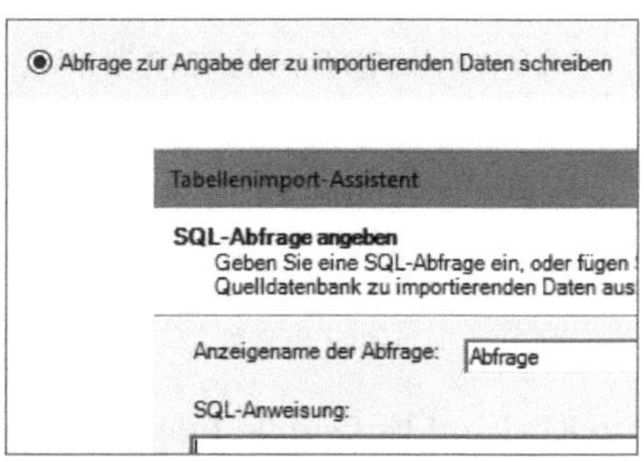

Wählen Sie die erste Option, erhalten Sie eine Liste mit allen Tabellen und Sichten der gewählten Datenbank.

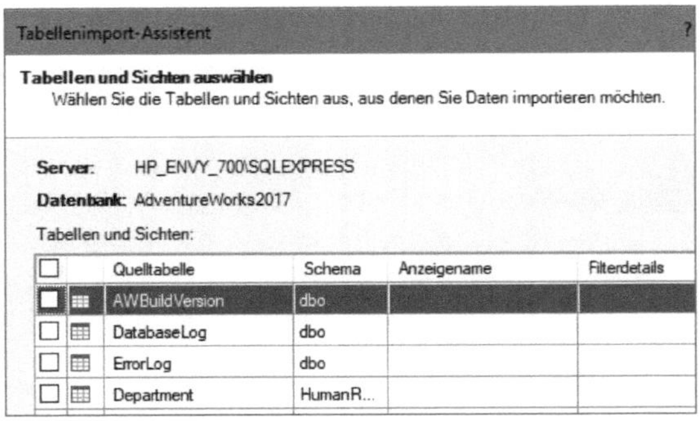

Über die Symbole lässt sich der Unterschied zwischen Tabellen und Sichten einfach erkennen.

Klicken Sie auf das Kontrollkästchen in der ersten Zeile, werden alle Elemente markiert. Wählen Sie die Option ab, …

… markieren Sie nur einzelne Tabellen oder Sichten. Ein Klick auf *Verknüpfte Tabellen wählen* markiert alle Tabellen, die mit der zuerst markierten Tabelle verknüpft sind.

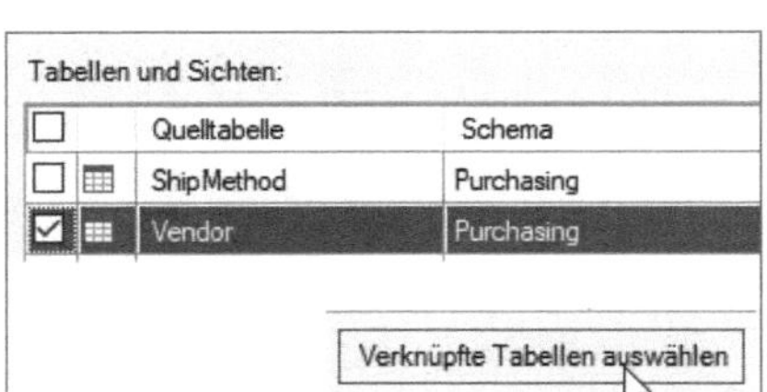

Markieren Sie eine einzelne Tabelle und klicken Sie auf *Vorschau und Filter*. Damit reduzieren Sie die Anzahl der Spalten und Zeilen der für den Import markierten Tabelle.

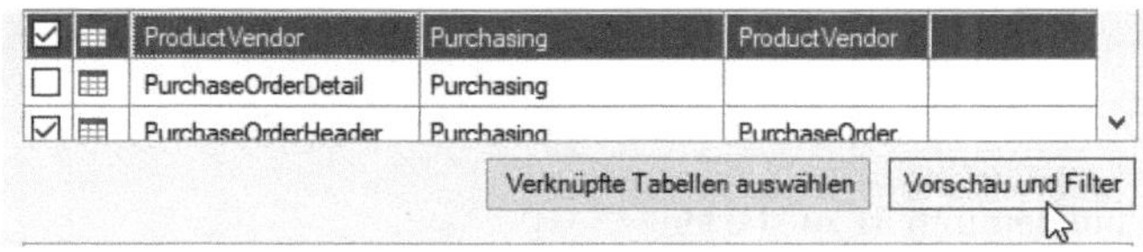

Um nur einzelne Spalten aus der Tabelle zu holen, deaktivieren Sie das Kästchen links oben in der gewählten Tabelle.

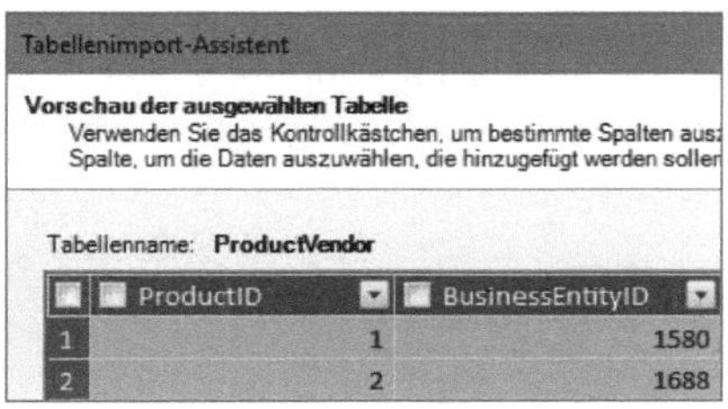

Klicken Sie dann auf die Kontrollkästchen an den Spalten, die Sie für den Import bestimmen wollen.

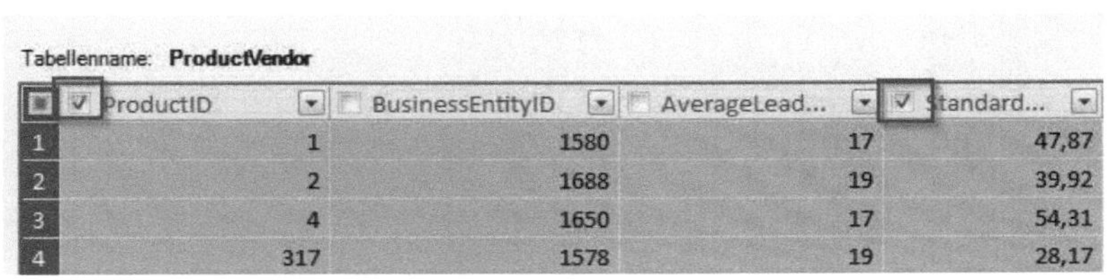

Um die Anzahl der zu importierenden Zeilen zu reduzieren, klicken Sie auf den Filterpfeil am rechten Spaltenrand und filtern die Spalte. Entfernen Sie die Häkchen vor dem Zeileninhalt, den Sie nicht importieren wollen.

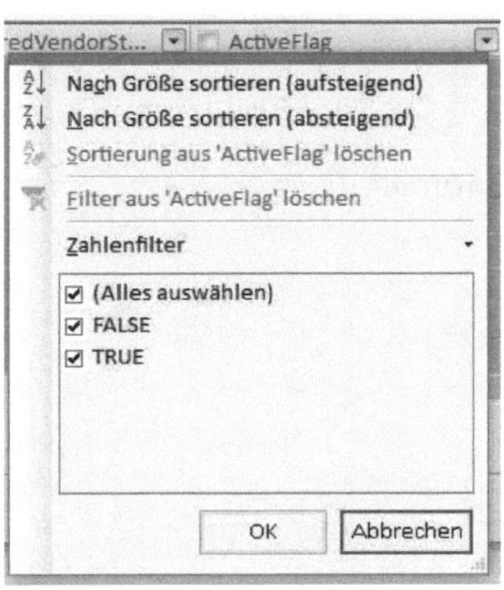

Mit den beiden ersten Optionen lässt sich die Tabelle auf- oder absteigend sortieren.

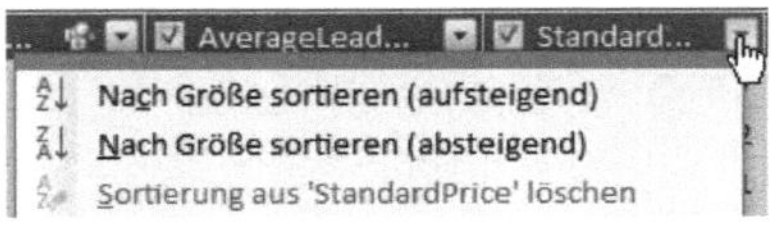

Klicken Sie auf *Fertig stellen*, um den Import zu starten.

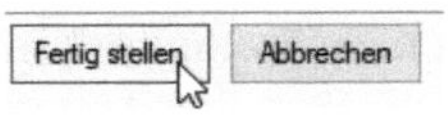

Der Import wird ausgeführt, und das kann je nach Datenmenge einige Minuten dauern. Die Tabellen werden einzeln eingelesen, achten Sie auf die Anzahl importierter Zeilen. Ein grünes Häkchen signalisiert, dass der Import einzelner Tabellen und der gesamten Datenmenge erfolgreich war.

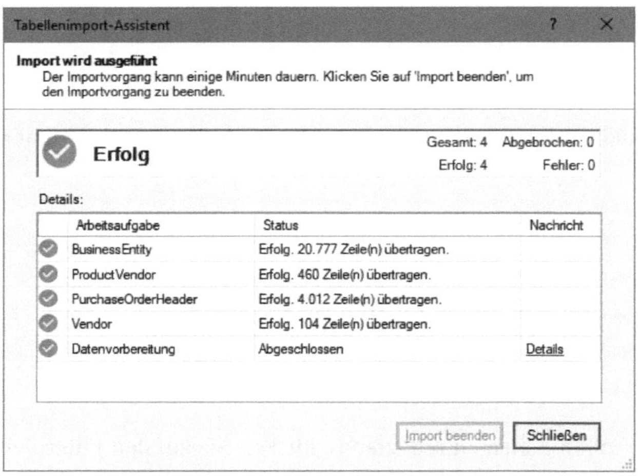

Ein Klick auf den Link *Details* zeigt die erkannten Beziehungen.

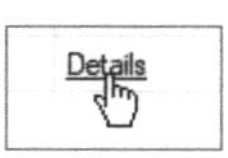

Überprüfen Sie, ob beim Import alle Beziehungen erkannt wurden.

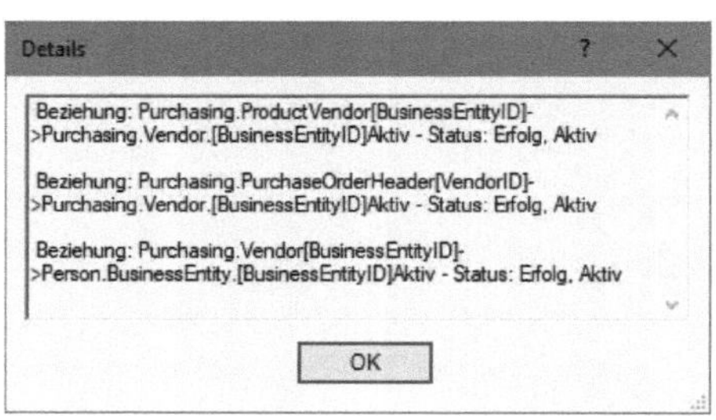

Klicken Sie auf *Schließen*, um den Import abzuschließen.

Das Ergebnis: Die Daten aus der Datenbank werden als einzelne Tabellen im Power Pivot-Fenster angezeigt.

	BusinessEnti...	AccountNumber	Name
1	1492	AUSTRALI0001	Australia Bike Retailer
2	1496	ADVANCED0001	Advanced Bicycles
3	1500	MORGANB0001	Morgan Bike Accessories
4	1502	CYCLING0001	Cycling Master
5	1506	GREENWOO0001	Greenwood Athletic Co...
6	1508	COMPETE0001	Compete Enterprises, Inc

Schalten Sie über die Registerleiste auf die Tabellen um. Die Statusleiste zeigt, wie viele Datensätze eine Tabelle enthält. Über die Navigationspfeile wechseln Sie zwischen den Datensätzen.

Schalten Sie im Start-Menü um auf die Diagrammansicht, ...

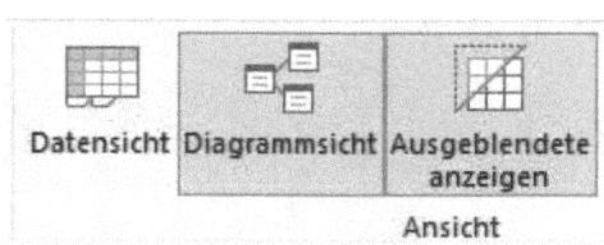

... sehen Sie die Beziehungen zwischen den importierten Tabellen. Die Linien zeigen optisch nicht auf die verknüpften Feldnamen. Zeigen Sie auf die Linie, werden die an der Beziehung beteiligten Felder markiert.

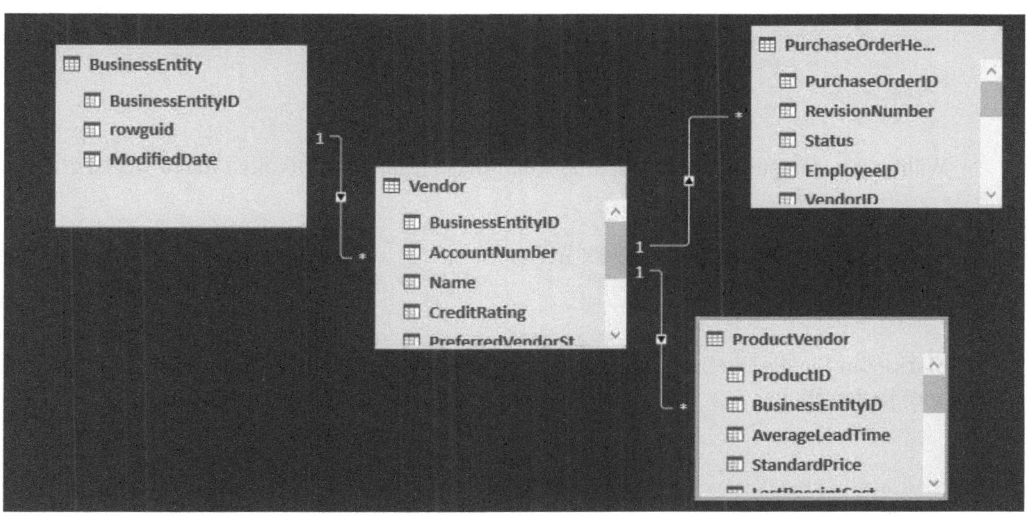

Schalten Sie zurück in die Datenansicht, um die Tabellen wieder anzuzeigen.

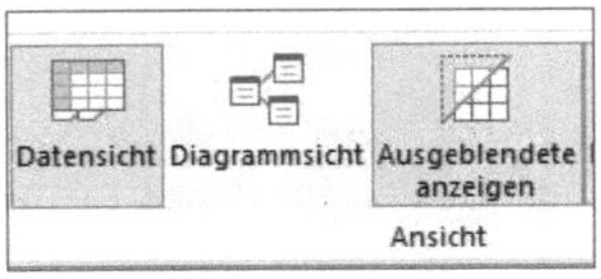

5.4.3 Aus Datenbank – Aus Access

Wählen Sie *Aus Access*, erhalten Sie den Dateidialog zur Auswahl der Access-Datenbankdatei im Format ACCDB oder SCCDE. Das Format ACCDB gilt für alle Access-Versionen ab Office 2007. Die älteren Formate MDB und MDE (bis Version 2003 verwendet) werden ebenfalls unterstützt. Angeboten werden alle Tabellen und Abfragen in der Datenbank, keine externen Verknüpfungen. Falls die Datenbank nur eine Abfrage oder Tabelle enthält, wird diese direkt in den Abfrage-Editor geladen.

Klicken Sie unter *Start/Externe Daten abrufen* auf *Aus Datenbank/Aus Access.*

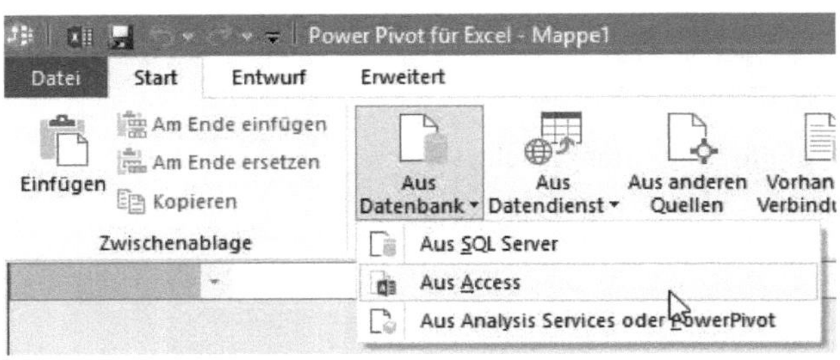

Geben Sie den Namen der Datenbank ein oder klicken Sie auf *Durchsuchen.*

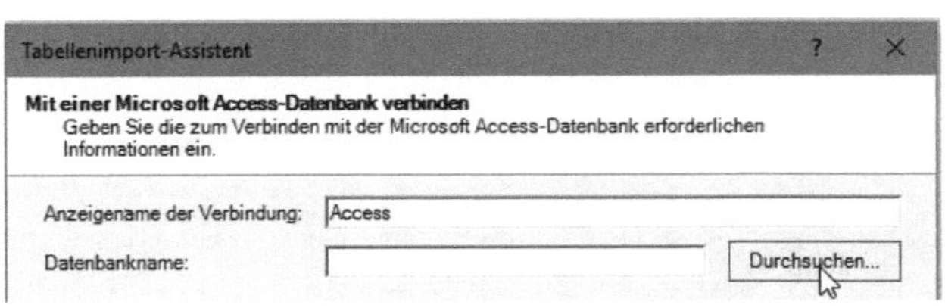

Wählen Sie das passende Datenbankformat (das Format ACCDB gilt auch für Excel 2016).

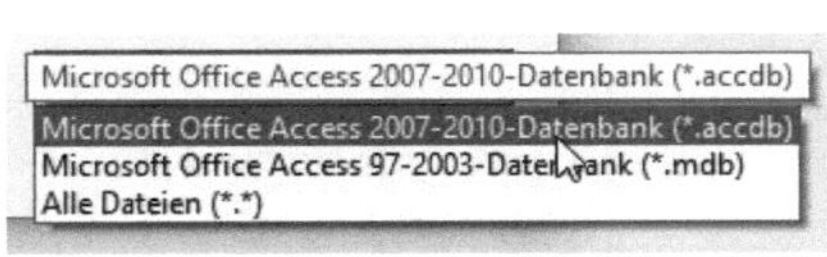

Markieren Sie die Datei und holen Sie die Liste der Tabellen und Sichten (in Access Abfragen) in den Dialog.

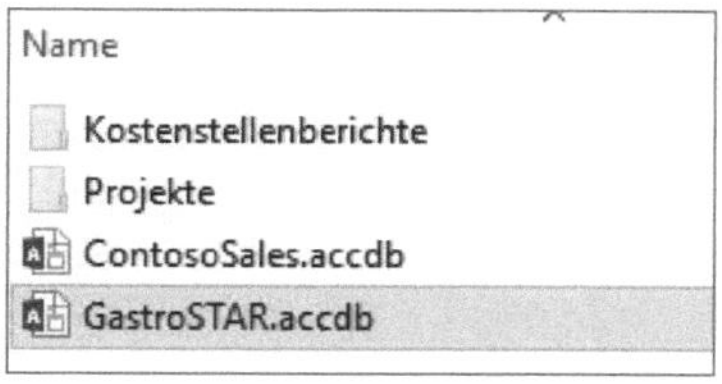

Wenn die Datenbank mit einem Dateischutz versehen ist, müssen Sie Benutzername und Kennwort eingeben.

Die Eingabe von Benutzernamen und Kennwort ist nur möglich bei älteren Datenbanken (MDB), in denen über *Sicherheit auf Benutzerebene* unter Verwendung einer MDW-Datei ein Benutzerprofil angelegt wurde. Mit Kennwort verschlüsselte ACCDB-Dateien können nicht geöffnet werden.

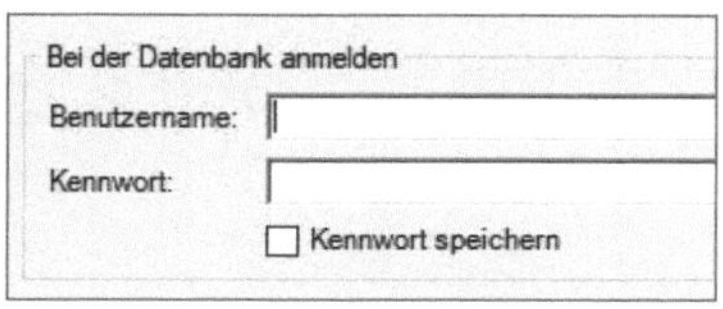

Wählen Sie die gewünschten Daten aus einer Liste von Tabellen und Sichten, ...

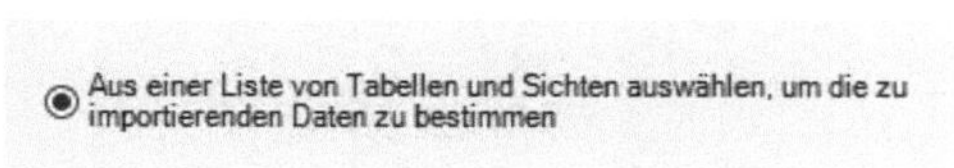

... und markieren Sie die benötigten Tabellen und Abfragen. Klicken Sie auf das erste Kästchen, werden alle Elemente markiert. Klicken Sie eine Tabelle an und wählen Sie *Verknüpfte Tabellen auswählen*, werden alle mit der zuerst markierten Tabelle verknüpften Elemente ausgewählt.

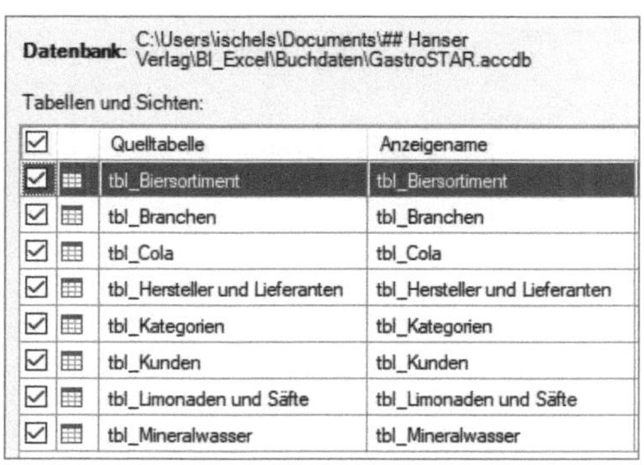

Verwenden Sie *Vorschau und Filter*, um eine Auswahl an Zeilen und Spalten zu definieren. Entfernen Sie die Markierung am linken Spaltenrand, wird die Spalte nicht importiert. Klicken Sie auf den Filterpfeil am rechten Rand, um die Daten vorab zu filtern.

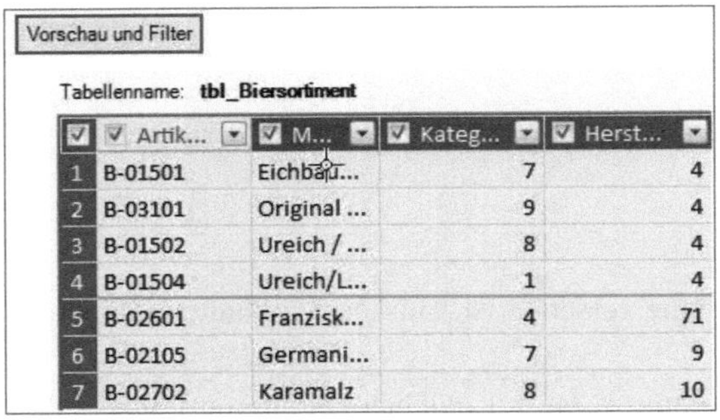

Mit einem Klick auf *Fertig stellen* werden die Daten importiert. Klicken Sie auf *Schließen*, um die Tabellen anzulegen.

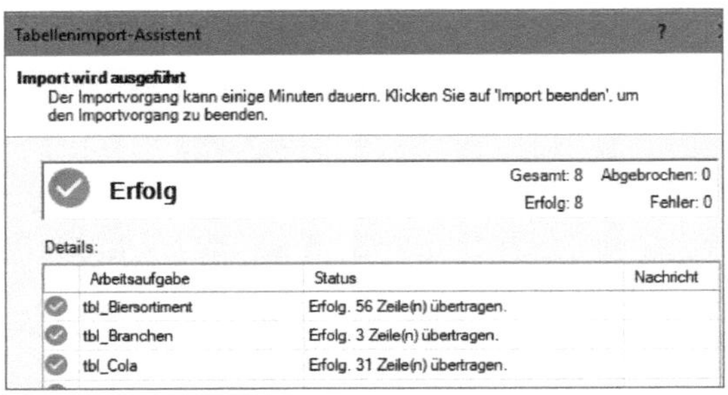

Die Tabellen sind generiert. Über die Registerleiste können Sie zwischen den einzelnen Elementen des Datenmodells wechseln, …

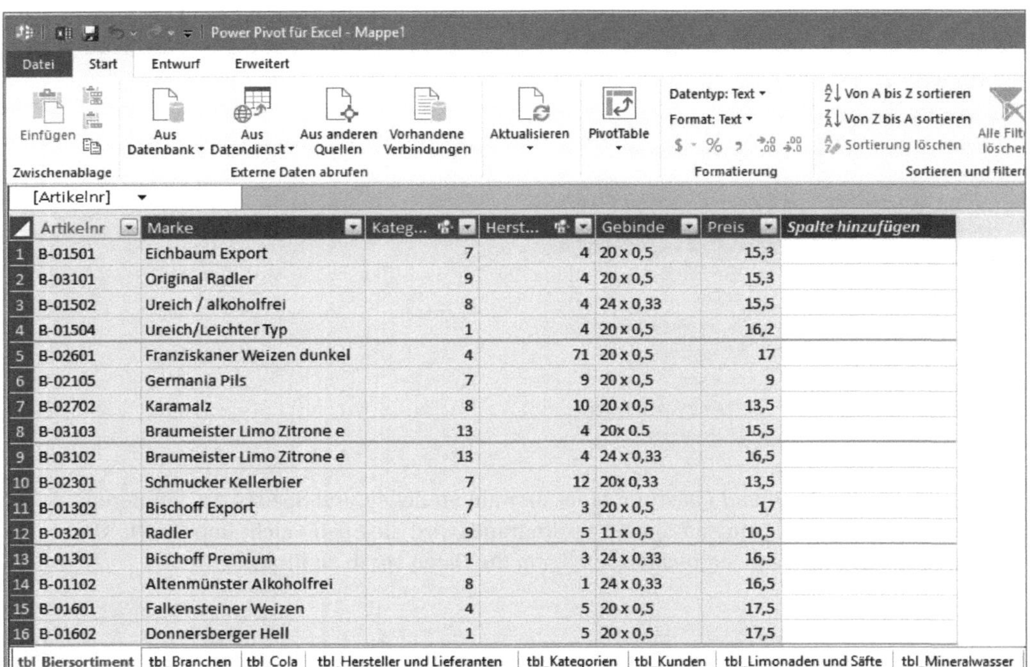

... und in der Diagrammansicht sehen Sie die Beziehungen zwischen den einzelnen Tabellen.

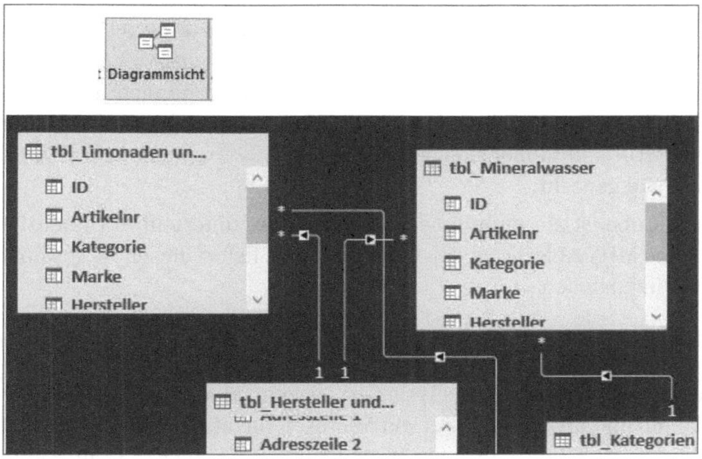

5.4.4 Aus Datenbank – Analysis Services

Microsoft Analysis Services (Abkürzungen: MSAS oder SSAS) ist ein multidimensionales Data Mining Tool für die Datenanalyse auf Basis von OLAP, auch bekannt als der OLAP-Dienst des Microsoft SQL Servers. Die Abkürzung OLAP steht für *Online Analytic Processing* und bezeichnet allgemein mehrdimensionale Datenbanken, sogenannte Cubes (siehe Abschnitt 2.4).

Seit 2016 ist Analysis Services auch als Azure-Dienst in der Cloud verfügbar. Diese beiden Plattformen stehen damit zur Auswahl:

- **Azure Analysis Services:** Tabellarische Modelle mit Kompatibilitätsgrad 1200 oder höher, DirectQuery, Partitions, Sicherheit auf Zeilenebene, bidirektionale Beziehungen und Übersetzungen.
- **SQL Server Analysis Services:** Tabellarisches Modell mit allen Kompatibilitätsgraden, mehrdimensionales Modell, Datamining, Power Pivot für SharePoint-Unterstützung.

Installiert werden die Analysis Services für SQL Server über das SQL Server Management Studio (SSMS) und die SQL Server Data Tools (SSDT). Es können mehrere Instanzen installiert und gleichzeitig ausgeführt werden.

SQL Server Data Tools (SSDT) ist ein modernes und kostenlos herunterladbares Entwicklungstool für relationale SQL Server-Datenbanken, Azure SQL-Datenbanken, IS-Pakete (Integration Services), AS-Datenmodelle (Analysis Services) und RS-Berichte (Reporting Services). Mit SSDT lassen sich Datenbanken und andere Inhaltstypen für SQL Server entwerfen und bereitstellen – und zwar ebenso einfach wie eine Anwendung in Visual Studio.

Bei den meisten Benutzern wird SQL Server Data Tools (SSDT) während der Installation von Visual Studio installiert. Durch die Installation von SSDT mit dem Visual Studio-Installer wird die SSDT-Grundfunktionalität hinzugefügt. Demnach müssen Sie für die Tools AS, IS und RS noch den eigenständigen SSDT-Installer ausführen.

5.4.5 Aus OLAP-Cubes per MDX

MDX ist die Abkürzung von *Multidimensional Expressions* und bezeichnet eine OLAP-Datenbanksprache für Abfragen in einem multidimensionalen Raum, zum Beispiel in einem OLAP-Cube. MDX orientiert sich optisch an SQL (Structured Query Language), hat aber ein anderes Datenmodell und damit eine ganz andere Zielsetzung. Bezeichnungen und Statements sind zwar in beiden Sprachen oft gleich, MDX ist aber viel mächtiger als SQL. Im Unterschied zu SQL liefert MDX multidimensionale Daten, in MDX wird nicht mehr relational, sondern multidimensional gedacht.

Zur Erinnerung: Ein OLAP-Cube ist ein multidimensionaler Raum, unterteilt in Dimensionen und Measures. Wird eine MDX-Abfrage an den Cube gesendet, liefert dieser die gesamte Ergebnismenge mit allen Dimensionen.

MDX-Grundlagen

Für MDX brauchen Sie einen SQL Server mit Analysis Services und einen Cube zum Testen und Üben. Die Beispieldatenbank *Adventure Works* von Microsoft bietet sich an, sie steht bei GitHub zum Download bereit. Microsoft Azure bietet ebenfalls die Möglichkeit, *Adventure Works* als Beispiel-SQL-Serverdatenbank zu installieren.

MDX-Syntax

Die generelle Syntax eines MDX-Befehls sieht so aus:

```
SELECT Ausdruck ON Columns, Ausdruck2 ON ROWS FROM Cube
```

Für MDX-Anweisungen gelten bestimmte Codierungsregeln:

Kommentare beginnen mit //

```
// Das ist ein Kommentar
```

Eckige Klammern werden für alle Bezeichner und Werte (Member) in einem Cube benutzt, z. B. Dimensionen, Ebenen, Attribute und Kennzahlen.

```
//Dimension:
[Date]
//Attribut:
[Quarter]
//Member
[2019]
//Wert(immer mit "&" davor)
&[20190101]
[Reseller Sales Amount]
```

Punkte sind Trennzeichen für Members in verschiedenen Dimensionen in Tupel. Ein Tupel ist eine Kreuzung eines oder mehrerer Member.

```
[Product].[Product Categories],[Subcategory].&[Shorts]
[Geography].[Country].&[Germany]
```

Mit einem Doppelpunkt geben Sie einen definierten Bereich von Members aus. Der Anfangs-Member und der End-Member definieren den Bereich.

```
SELECT {[Date].[Calendar Quarter of Year].&[CY Q1]) :
[Date].[Calendar Quarter of Year].&[CY Q4])} ON COLUMNS FROM [Adventure Works]
```

Runde Klammern schließen ein Tupel ein.

```
([Product].[Model Name].Members)
```

Geschweifte Klammern stehen für Mengen (Sets). Eine Menge ist eine Sammlung von Tupeln mit gleicher Dimensionalität.

```
{[Date].[Calendar Quarter of Year].&[CY Q1]) :
[Date].[Calendar Quarter of Year].&[CY Q4])}
```

So sieht die MDX-Abfrage aus, die Verkaufsdaten des Jahres 2019 aus dem Cube *Adventure Works* holt. Die Zeit-Dimension wird über WHERE bestimmt:

```
SELECT [Measures].[Reseller Sales Amount] ON COLUMNS
  FROM [Adventure Works]
 WHERE [Date].[Calendar Year].&[2019]
```

Das Ergebnis dieser MDX-Abfrage ist eine PivotTable mit der Summe der Verkaufsdaten und der Anzahl Verkäufe im Spaltenbereich und den 4 Quartalen im Zeilenbereich. Der Filter wird auf das Land „Germany“ gesetzt.

```
[Measures].[Amount of Sales]} ON COLUMNS,
{[Date].[Calendar Quarter of Year].&[CY 01],
[Date].[Calendar Quarter of Year].&[CY 04]} ON ROWS
FROM [Adventure Works] WHERE {[Geography].[Country].[Germany]}
```

MDX-Operatoren

In MDX werden arithmetische, logische, Vergleichs- und Mengenoperatoren, Zeichenfolgen und „unäre“ Operatoren unterstützt.

Operator	Funktion
+ - * / % ^	Arithmetische Operatoren Addition, Subtraktion, Multiplikation, Division, Prozent und Potenz
< > <= <> = > >=	Vergleichsoperatoren Kleiner, Größer, Kleiner gleich, Ungleich, Ist gleich, Größer, Größer gleich
AND IS NOT OR XOR	Logische Operatoren Und, Gleich, Nicht, Oder, Nicht oder
-- + // /* ... */	Kommentarzeichen und Texteingabe von Benutzerseite
+ * : -	Mengenoperatoren: Vereinigungsmenge, Kreuzprodukt, natürliche Menge, Differenzmenge

MDX-Funktionen

MDX bietet eine Auswahl von Funktionen, die in einer MDX-Anweisung verwendet werden können. Beispiele:

Funktion:

```
CurrentMember()
```

Gibt das aktuelle Element entlang einer Hierarchie während einer Iteration zurück.

Beispiel:

```
WITH MEMBER [Measures].[Current Produkt] AS [Produkt].[Sortiment].CurrentMember.
Name SELECT [Measures].[Currentprodukt] ON COLUMNS, [Produkt].[Sortiment].
[Subkategorie].Members ON ROWS FROM [Umsatz]
```

Funktion:

```
DataMember()
```

Gibt das systemgenerierte Datenelement zurück, das einem Nicht-Blattelement einer Dimension zugeordnet ist.

Beispiel:

```
SELECT [Produkt].[Preis].&[3.94].DataMember ON COLUMNS FROM [Umsatz]
```

Funktion:

```
OpeningPeriod()
```

Gibt das erste gleichgeordnete Element unter den nachfolgenden Werten einer Ebene zurück.

Beispiel:

```
SELECT OpeningPeriod([Zeit].[Kalender].[Monat], [Zeit].[Kalender].
[Quartal].&[201403]) ON COLUMNS FROM [Umsatz]
```

Funktion:

```
Parent()
```

Gibt das übergeordnete Element eines Elements zurück.

Beispiel:

```
SELECT {[Geografie].[Region].&[Deutschland Ost]} ON COLUMNS, {[Zeit].[Kalender].
[Quartal].[1. Quartal].Parent} ON ROWS FROM [Umsatz]
```

Funktion:

```
Count()
```

Zählt die Anzahl der Hierarchien in einem Cube, die Anzahl Ebenen einer Hierarchie oder die Anzahl Dimensionen in einem Tupel.

Beispiel:

```
//Dimension: Dimensions.Count
//Hierarchie: Hierarchy_Expression.Levels.Count
//Menge: Set_Expression.Count
//oder
Count(Set_Expression [, (EXCLUDEEMPTY | INCLUDEEMPTY) ])
//Tupel: Tuple_Expression.Count
```

Funktion:

```
Sum()
```

Summiert einen numerischen Ausdruck.

Beispiel:

```
WITH MEMBER Measures.[Sum] AS
Sum([Measures].[Umsatzbetrag] *
  [Produkt].[Sortiment].[Subkategorie].[Bagels].Children) SELECT Measures.[Sum] ON
COLUMNS, {[Geografie].[Staat].&[Deutschland], [Geografie].[Staat].&[Österreich],
[Geografie].[Staat].&[Schweiz]} ON ROWS FROM [Umsatz]
```

Funktion:

```
Children()
```

Gibt die Menge der untergeordneten Elemente eines Elements wieder.

Beispiel:

```
SELECT {[Geografie].[Region].&[Deutschland Ost]} ON COLUMNS, {[Produkt].
[Subkategorie].Children} ON ROWS FROM [Umsatz]
```

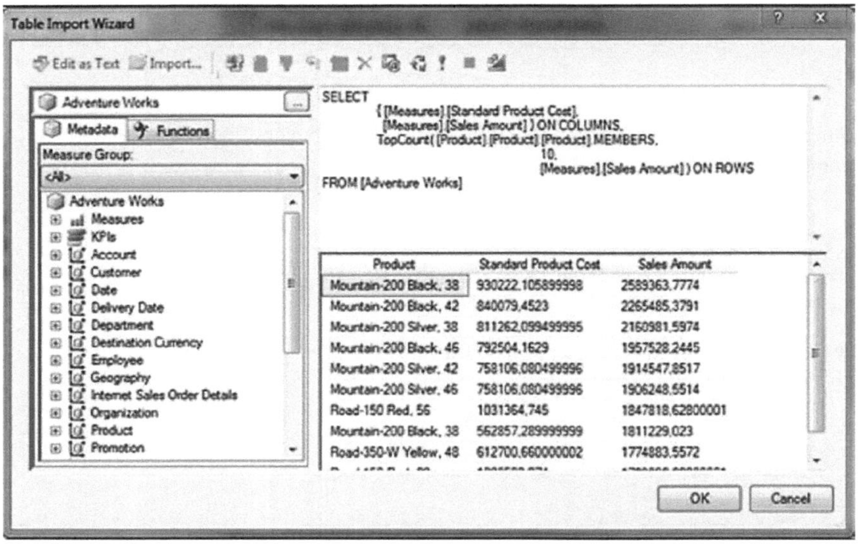

Bild 5.13 Der MDX-Designer

Eine Referenzliste finden Sie bei Microsoft im Internet:

https://docs.microsoft.com/de-de/sql/mdx/mdx-function-reference-mdx?view=sql-server-2017

Bild 5.14 Die MDX-Funktionsreferenz

5.4.6 Aus Datendienst

Unter diesem Menüpunkt wird der OData-Datendienst angeboten (RSS-Feeds können nicht importiert werden). OData ist die Abkürzung von Open Data Protocol, einem Web-Protokoll von Microsoft, das den (mobilen) Datenzugriff zwischen kompatiblen Softwaresystemen ermöglicht. OData kommt in Cloud-Diensten wie Azure, in SQL-Datenbanken (MySQL, SQL Server), in Java und Rails zum Einsatz. OData macht SAP-Daten mobil verfügbar und stellt die Verbindung zwischen Microsoft SharePoint und SAP her. Microsoft Dynamics unterstützt OData, ebenso SalesForce, und eBay bietet Software-Entwicklern die Möglichkeit, per OData Applikation mit einheitlichen, standardisierten Datenstrukturen zu entwickeln.

Das einfache, auf ältere Protokolle wie ODBC basierende Protokoll lässt sich für den Abruf von XML-Daten aller Art verwenden. Alles, was Sie brauchen, ist ein Link auf die Daten und Power Pivot (oder Power Query).

HINWEIS: Unter diesem Link finden Sie Informationen zum OData-Protokoll:

http://www.odata.org

https://www.odata.org/documentation/

OData-Provider

Anbieter von OData-Datenfeeds (Provider) stellen Daten über das Protokoll zur Verfügung, und diese können mit einem XML-Reader (Notepad++) oder einfach mit dem Internet-Browser abgerufen werden. *OData.org* stellt zum Beispiel die alte Microsoft-Beispieldatenbank *Northwind* über einen SVC-Link zur Verfügung. Geben Sie den Link in die Adresszeile Ihres Browsers ein:

http://services.odata.org/Northwind/Northwind.svc

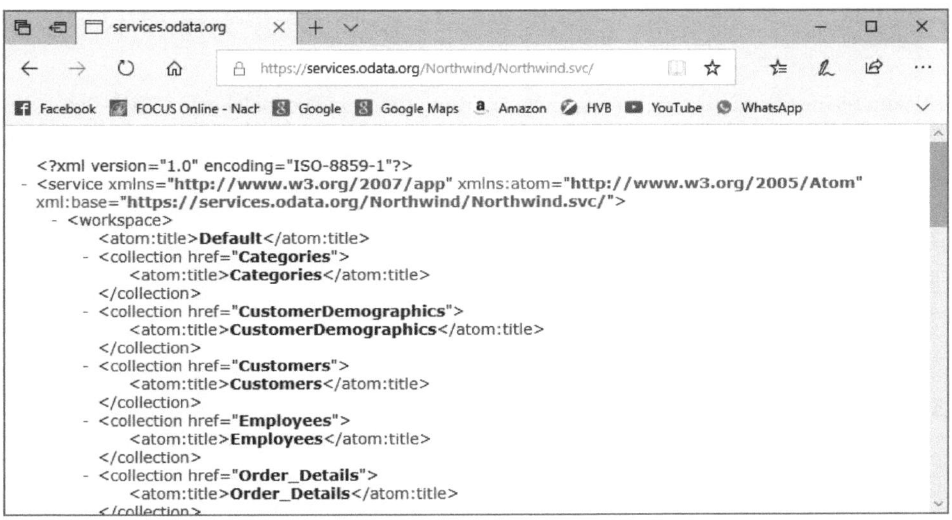

Bild 5.15 OData-Daten in XML

Für einen Drilldown in eine der Tabellen fügen Sie den Tabellennamen im Link an. Hier zum Beispiel die Regionstabelle:

https://services.odata.org/Northwind/Northwind.svc/Regions

Hier noch ein Link auf ein Zielsystem, das von Microsoft zur Verfügung gestellt und im SAP-Helpsystem für die Anlage eines OData-Zielsystems benutzt wird:

http://services.odata.org/V3/OData/OData.svc

Abrufen von Daten aus einem OData-Datenfeed

Holen Sie die Daten aus der Beispieldatenbank *Northwind* in das Datenmodell von Power Pivot:

Öffnen Sie eine neue Arbeitsmappe und schalten Sie um auf Power Pivot. Wählen Sie *Start/ Externe Daten importieren/Aus Datendienst/Aus OData-Datenfeed.*

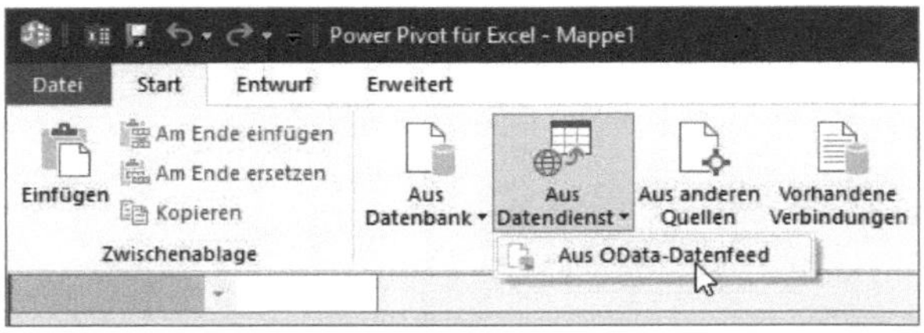

Tragen Sie die URL in die URL-Zeile ein. Den Namen der Verbindung können Sie frei bestimmen.

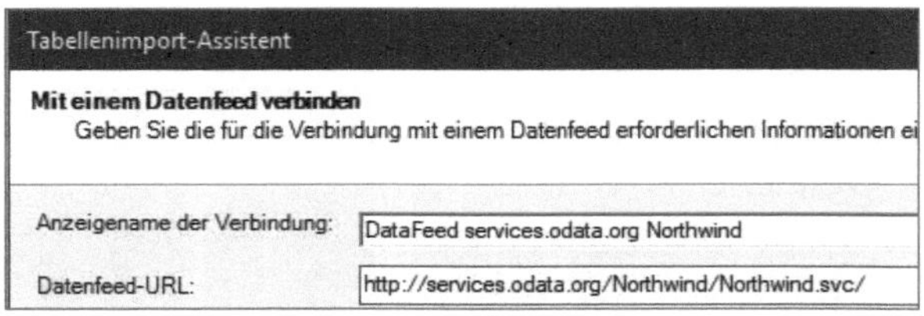

Klicken Sie auf *Durchsuchen*, wenn die Verbindung über eine gespeicherte HTML-Datei herzustellen ist. Wählen Sie eine Datei mit der Endung *atomsvc* (Datendienstdokumentdatei) oder *atom* (News- oder RSS-Feed-Datei).

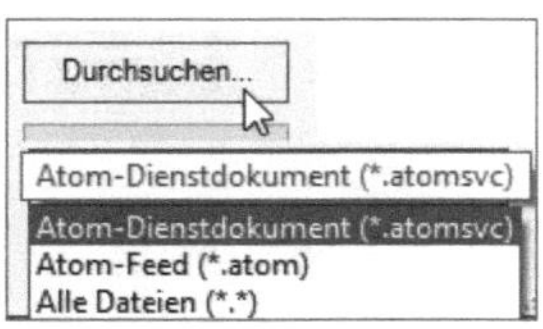

Klicken Sie auf *Verbindung testen.*

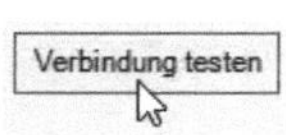

Wenn die Verbindung zustande kommt, erhalten Sie eine Erfolgsmeldung, ansonsten erscheint eine Fehlermeldung. Korrigieren Sie in diesem Fall den Link oder verwenden Sie einen anderen.

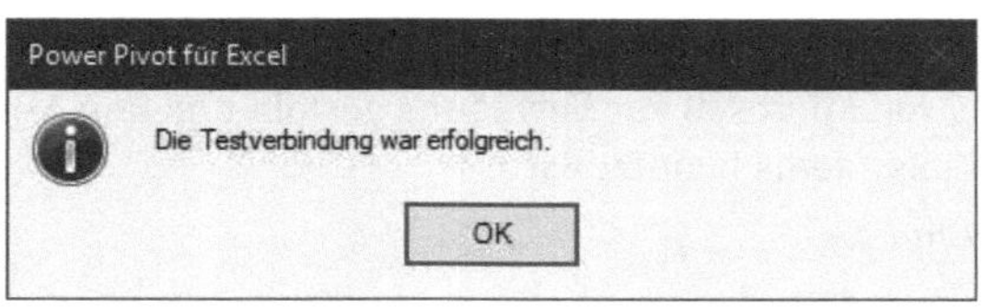

Unter *Erweitert* finden Sie eine Liste mit bereits angelegten und benutzten Feeds. Wählen Sie einen Feed aus und bestätigen Sie mit *OK*.

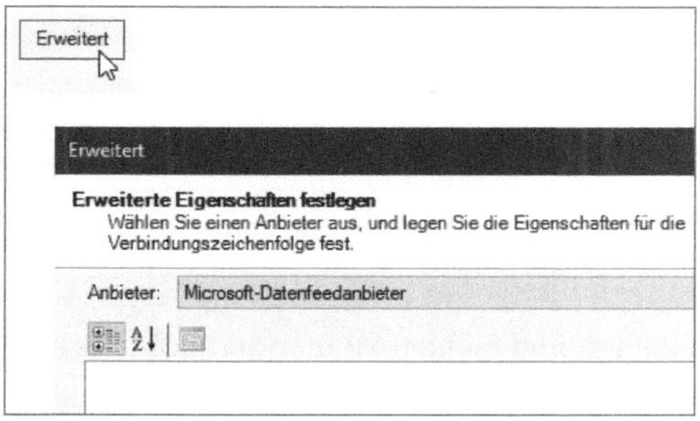

Klicken Sie auf *Weiter*, wenn die Verbindung hergestellt und getestet ist.

Die Daten aus dem OData-Feed werden eingelesen, die Liste zeigt die einzelnen Tabellen und Sichten an.

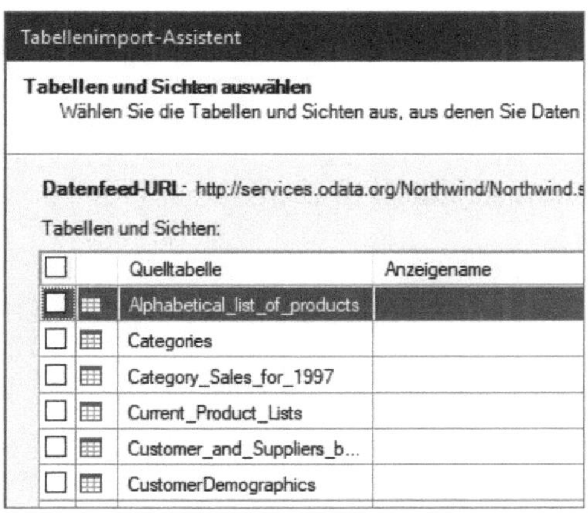

Kreuzen Sie einzelne Tabellen oder Sichten an und wählen Sie *Vorschau und Filter*, um die Anzahl der Spalten zu überprüfen und gegebenenfalls zu korrigieren.

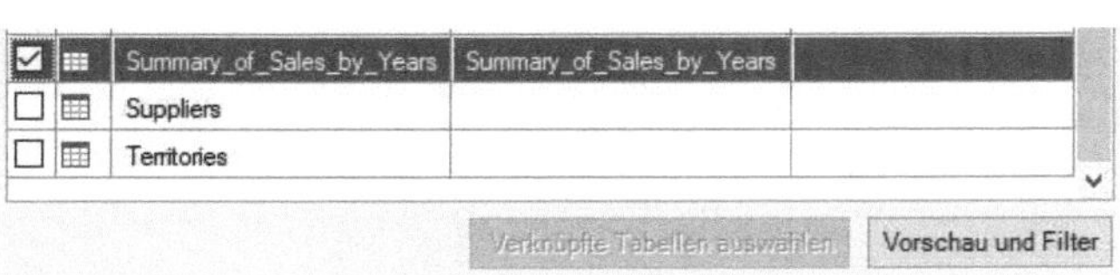

Wählen Sie einzelne Spalten ab, wenn Sie diese nicht importieren wollen. Für Daten aus OData-Feeds werden keine Filter angeboten.

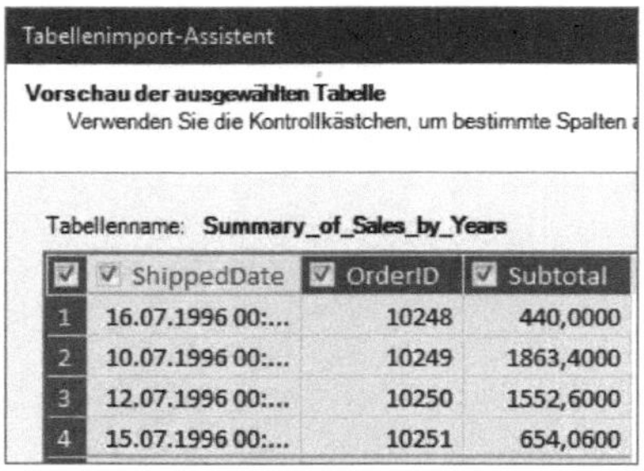

Klicken Sie auf das erste Kästchen, um alle Tabellen und Sichten zu markieren. Die Schaltfläche *Verknüpfte Tabellen auswählen* ist deaktiviert, weil OData-Feeds keine Verknüpfungen enthalten.

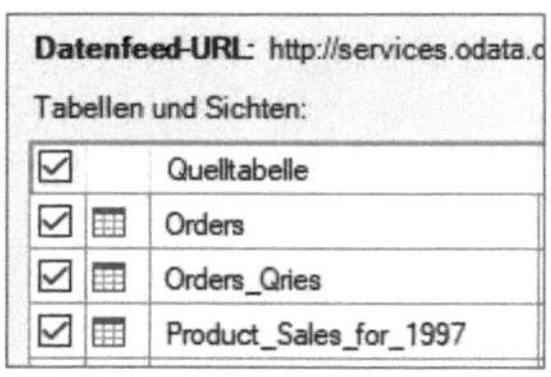

Ein Klick auf *Fertig stellen* startet den Datenimport in das Datenmodell.

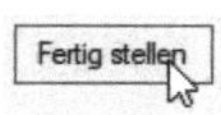

Wenn alle Daten importiert sind, meldet der Assistent Erfolg.

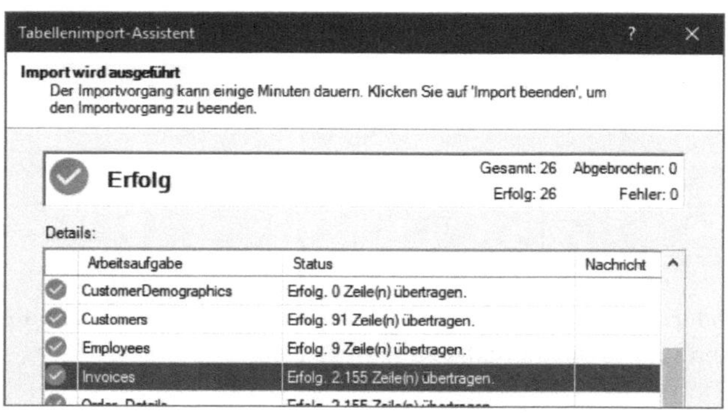

Schließen Sie den Import per Klick auf die Schaltfläche *Schließen* ab.

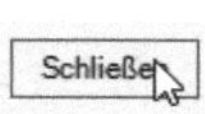

Die Tabellen und Sichten aus dem Feed sind in das Datenmodell integriert und werden in der Datenansicht angezeigt.

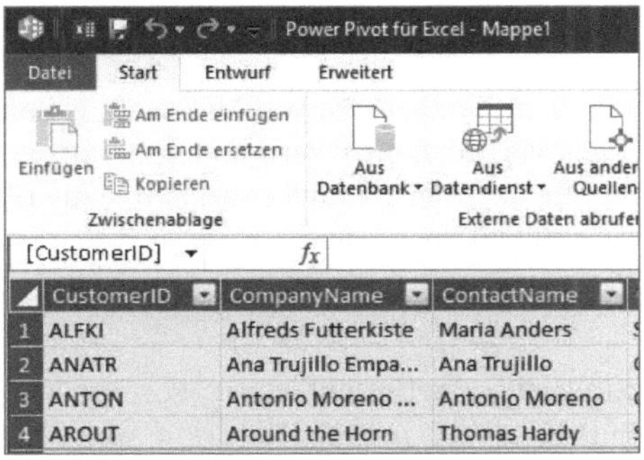

In der Diagrammansicht sehen Sie die importierten und nicht verknüpften Datenelemente. Zeichnen Sie Verknüpfungslinien zwischen den Feldern, …

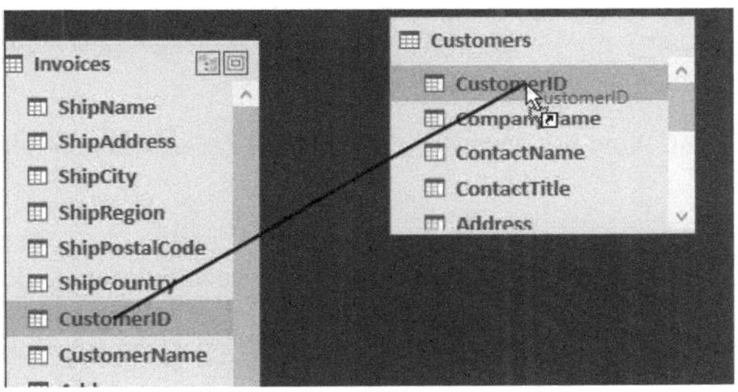

… um diese relational zu verknüpfen. Voraussetzung ist, dass eine der Tabellen (hier im Beispiel *Customers*) eindeutige Werte enthält.

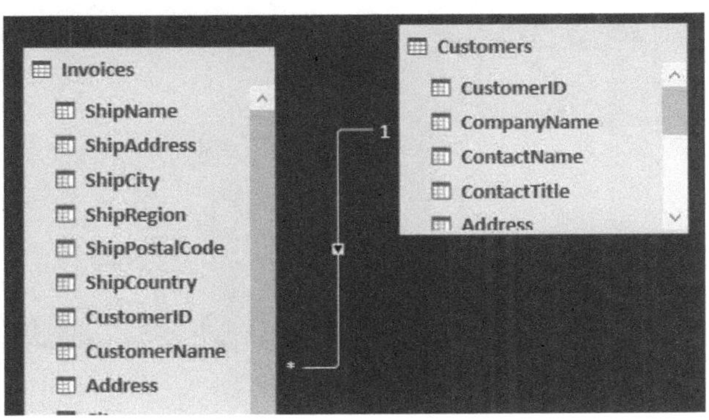

5.4.7 Aus Azure SQL

SQL-Datenbanken aus dem Windows Azure-Portal, dem Cloud-Dienst von Microsoft, geben Ihre Daten nicht freiwillig heraus, wenn Power Pivot versucht, eine Verbindung herzustellen. Zuvor muss die Firewall davon überzeugt werden, dass der Benutzer respektive die IP, mit der dieser in die Cloud kommt, auch die erforderlichen Rechte hat.

Windows Azure installieren

Eine Testversion von Windows Azure erhalten Sie kostenlos. Um einzelne – kostenpflichtige – Dienste zu erkunden, legt Microsoft ein Guthaben von ca. 200 EUR drauf, wenn Sie sich für eine Azure-Installation entscheiden.

> **HINWEIS:** Achten Sie darauf, dass SQL-Datenbanken kostenpflichtig sind. Auch die Nutzung der Beispieldatenbank ist bereits mit Kosten (ca. 13 EUR/Monat im Standardtarif) verbunden.

Voraussetzung für die Einrichtung von Windows Azure ist ein aktives Microsoft Konto. Hier finden Sie die Web-Installation:

https://azure.microsoft.com/de-de

Verwaltet wird das Azure-Portal über eine Portalsoftware, starten Sie diese mit diesem Link:

https://portal.azure.com

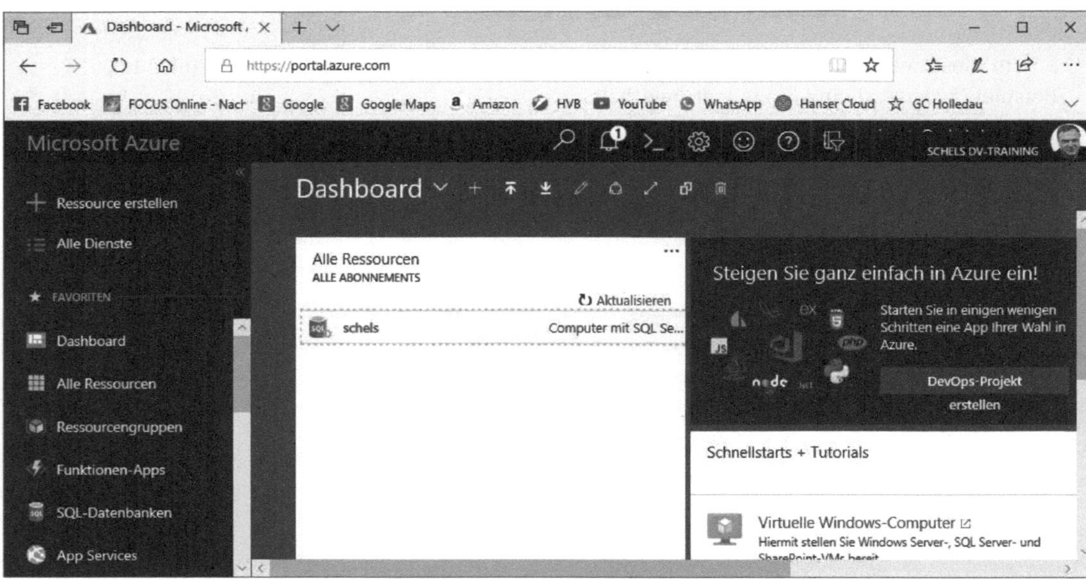

Bild 5.16 Das Azure-Portal von Microsoft

Standardeinstellung für die Sprache ist Englisch. Klicken Sie auf das Symbol *Einstellungen*, wenn Sie die Sprache einrichten wollen.

Geben Sie die Sprache an und stellen Sie die Regionaleinstellungen für die Sprache ein.

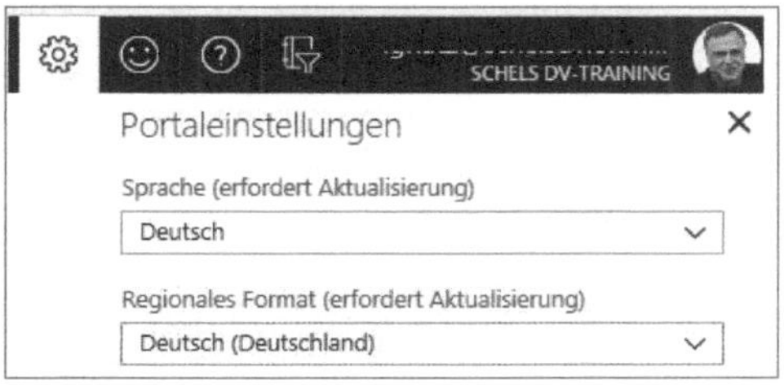

Im Hauptmenü finden Sie den Eintrag *Alle Dienste*. Damit erhalten Sie einen Überblick über alle Cloud-Dienste.

Erstellen Sie sich Ihr persönliches Dashboard oder lassen Sie es sich über den gleichnamigen Eintrag im Hauptmenü anzeigen.

SQL-Datenbank erstellen

Wenn das Portal eingerichtet ist, können Sie Ihre erste Datenbank einrichten. Für die ersten Schritte mit Azure empfiehlt es sich, die Beispieldatenbank *AdventureWorksLT* zu installieren. Bevor Sie eine SQL-Datenbank anlegen oder andere Dienste nutzen, muss eine Ressource erstellt werden.

Klicken Sie im Hauptmenü auf *Ressource erstellen*. Eine Ressource gruppiert Azure-Dienste.

Wählen Sie den Eintrag *Datenbanken (Databases)* und klicken Sie auf das Symbol *SQL-Datenbank*.

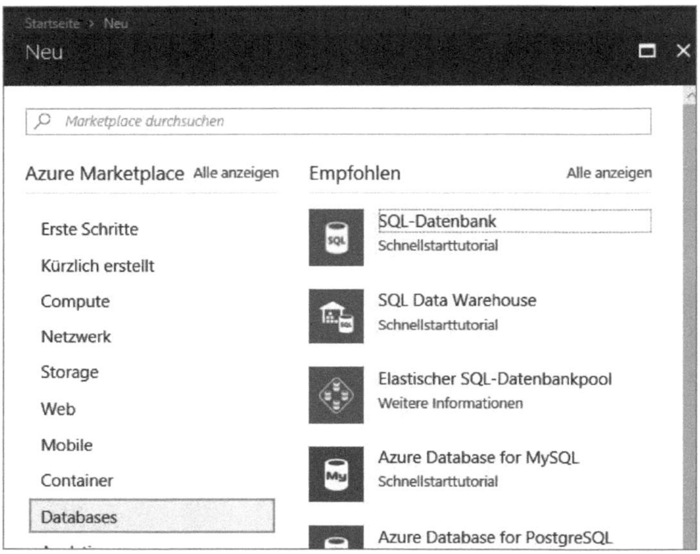

Geben Sie einen Namen für die Beispieldatenbank ein und klicken Sie auf das Pfeilsymbol neben *Leere Datenbank*.

Wählen Sie den Eintrag *Beispiel (AdventureWorksLT)*.

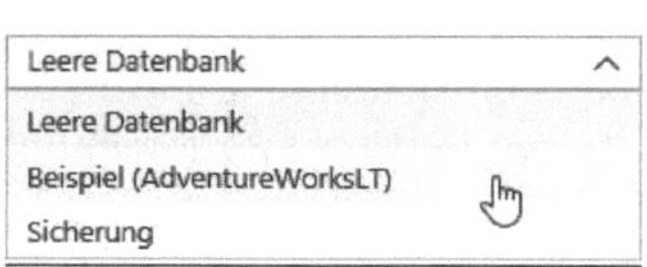

Noch ein Klick auf *Erstellen*, und die Datenbank wird bereitgestellt.

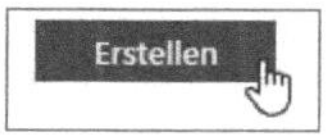

Die neue Datenbank finden Sie anschließend in der Liste, klicken Sie im Hauptmenü auf *SQL-Datenbanken*.

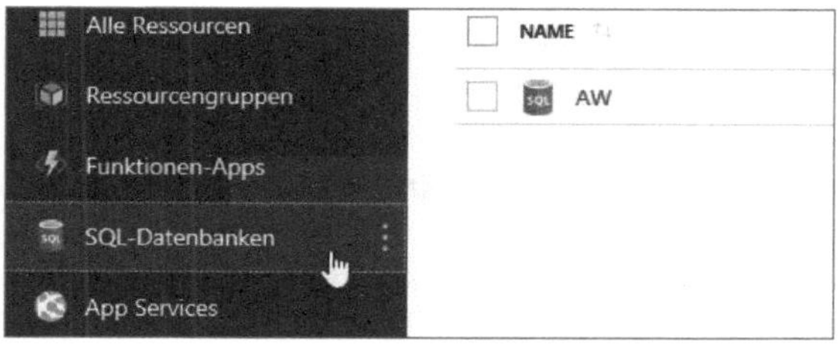

Im Dashboard sehen Sie die Datenbanken ebenfalls. Klicken Sie auf die Datenbank, …

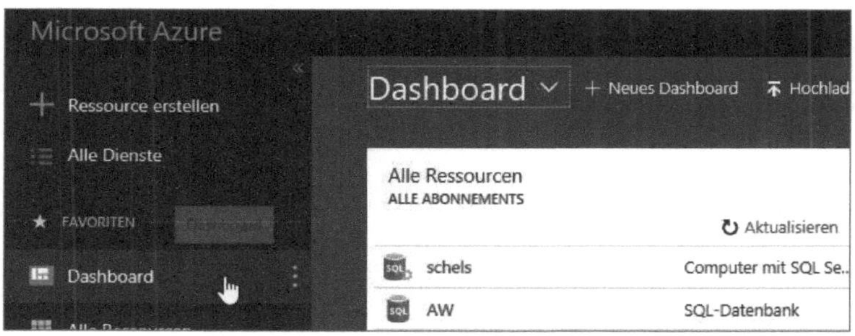

… und richten Sie die Datenbank ein.

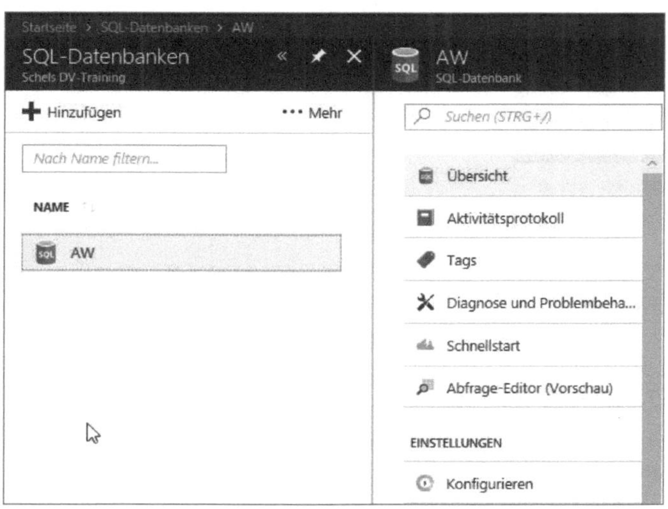

Merken Sie sich gleich den Servernamen, den brauchen Sie für den Datenimport in Power Pivot.

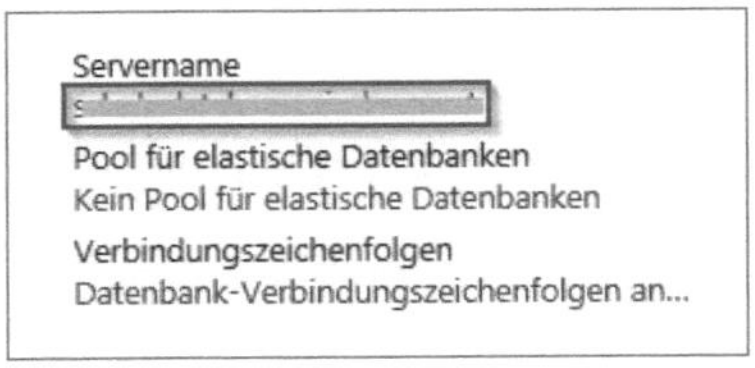

Firewall für den Server festlegen

Neue Azure-Datenbanken sind standardmäßig vor allen Zugriffen von außen geschützt. Wenn Sie per Power Pivot oder Power Query Daten aus einer SQL-Datenbank im Azure-Portal abrufen wollen, müssen Sie der Datenbank die IP-Adresse mitteilen, unter der Sie aktuell arbeiten. Azure richtet damit eine serverbasierte Firewall-Regel ein, die den Zugriff über Port 1433 ermöglicht.

Markieren Sie im Dashboard oder unter *SQL-Datenbanken* im Hauptmenü Ihre Datenbank.

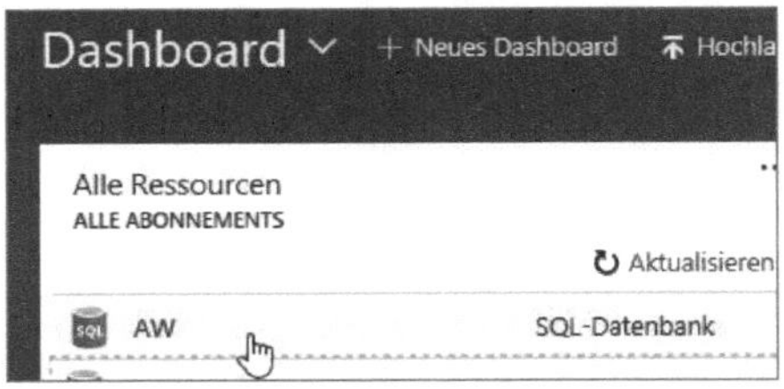

Klicken Sie auf *Serverfirewall festlegen*.

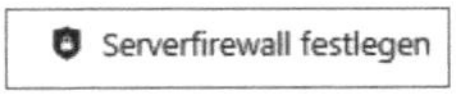

Stellen Sie für den Zugriff auf die Azure-Dienste den Schalter auf *Ein*.

Die aktuelle IP-Adresse wird angezeigt. Geben Sie einen (beliebigen) Regelnamen ein und tragen Sie die IP-Adresse unter *Start-IP* und *END-IP* ein.

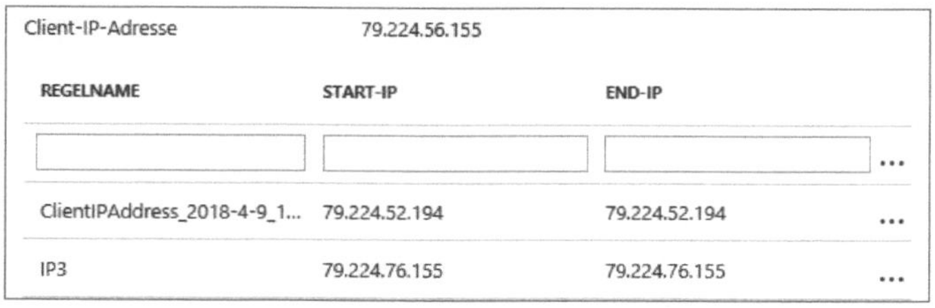

Mit diesem Symbol können Sie weitere IP-Adressen hinzufügen, ...

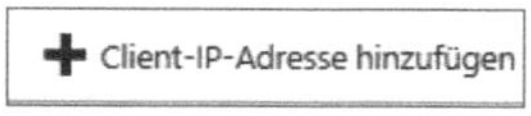

... und per Klick auf die drei Punkte und *Löschen* entfernen Sie einen Eintrag wieder.

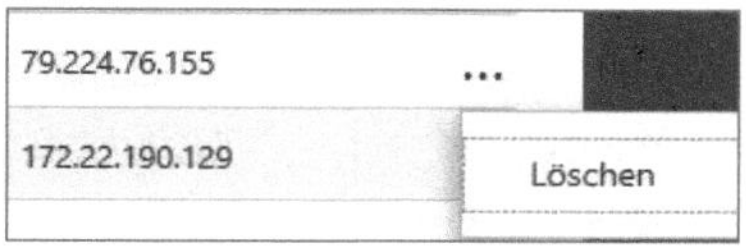

Klicken Sie auf *Speichern*, um die Änderungen zu speichern. Bestätigen Sie die Erfolgsmeldung mit *OK*.

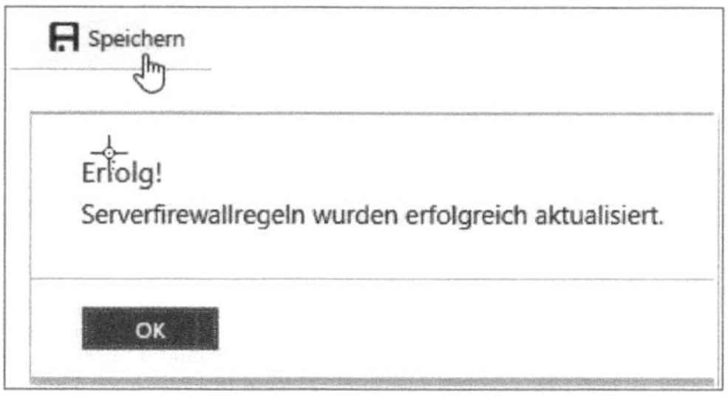

Datenimport aus Windows Azure SQL-Datenbank mit Power Pivot

Holen Sie mit Power Pivot Daten aus einer SQL Server-Datenbank Ihres Cloud-Dienstes Azure. Hier demonstriert am Beispiel von *AdventureWorksLT*, der Beispieldatenbank:

Den Servernamen können Sie aus den Eigenschaften der Datenbank kopieren. Den Benutzernamen finden Sie ebenfalls in den Eigenschaften oder im Abfrage-Editor.

Starten Sie in einer neuen Arbeitsmappe Power Pivot und wählen Sie *Start/Externe Daten abrufen/Aus anderen Quellen*.

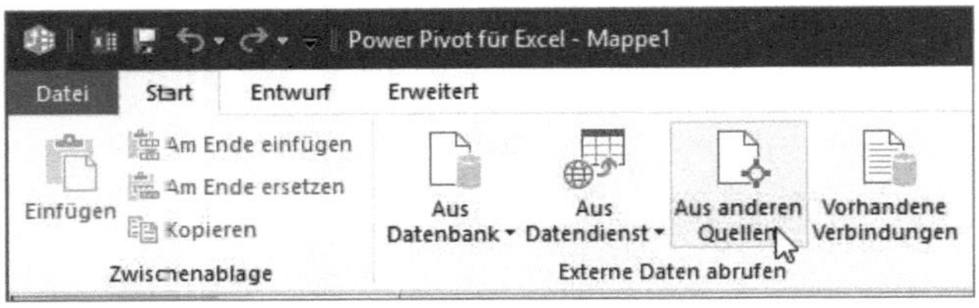

Suchen Sie die Datenquelle *Microsoft SQL Azure* und klicken Sie auf *Weiter*.

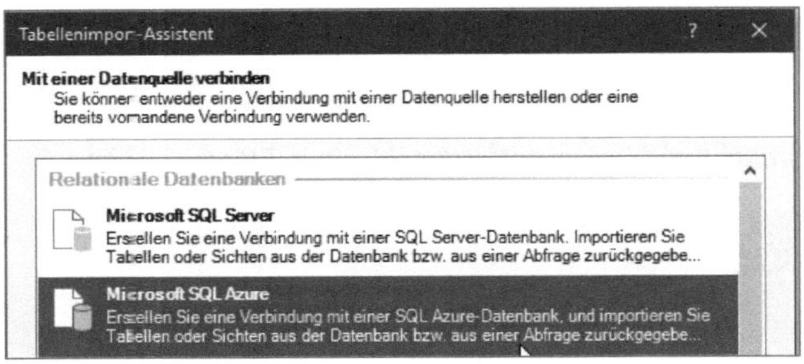

Geben Sie den Servernamen ein. Der Anzeigename wird generiert. Er lässt sich frei gestalten.

Melden Sie sich mit Benutzernamen und Azure-Portalkennwort bei der Datenbank an.

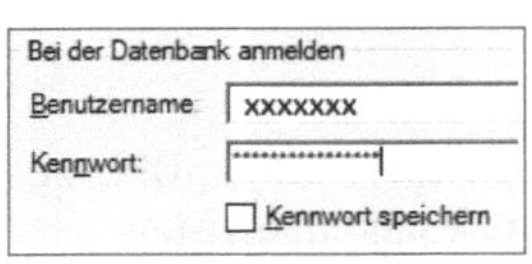

Klicken Sie auf *Verbindung testen*.

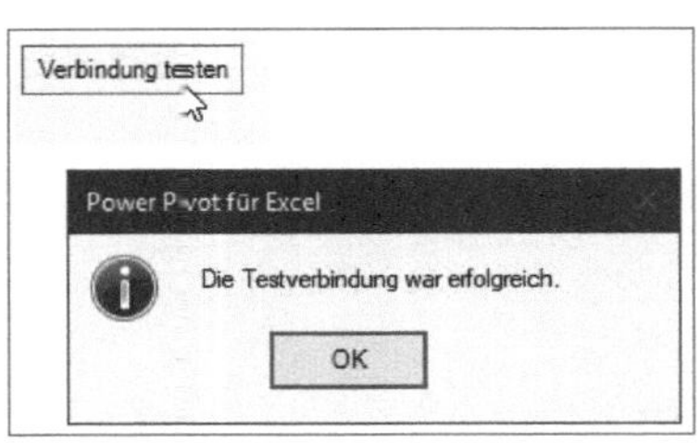

Wenn die Verbindung nicht hergestellt werden kann, überprüfen Sie die IP-Adresse in der Fehlermeldung. Tragen Sie diese wie oben beschrieben als Firewall-Regel für die Datenbank ein.

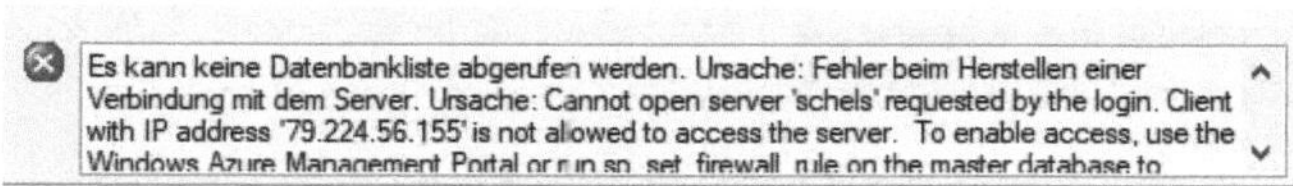

Öffnen Sie die Liste der Datenbanknamen. Wenn die Verbindung funktioniert, sehen Sie alle verfügbaren Datenbanken. Markieren Sie die Beispieldatenbank.

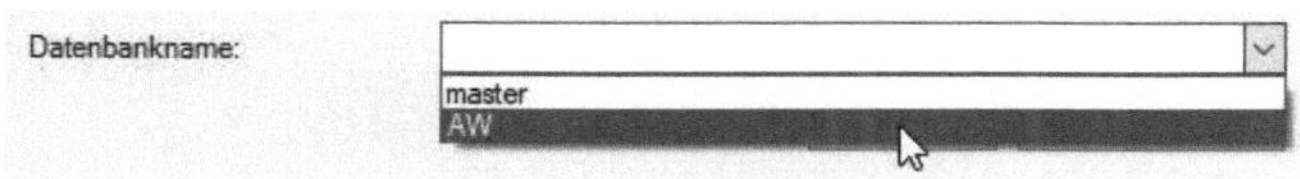

Klicken Sie auf *Weiter*.

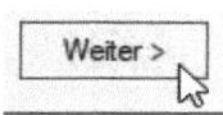

Entscheiden Sie, ob Sie Tabellen und Sichten aus einer Liste wählen oder eine Abfrage schreiben wollen.

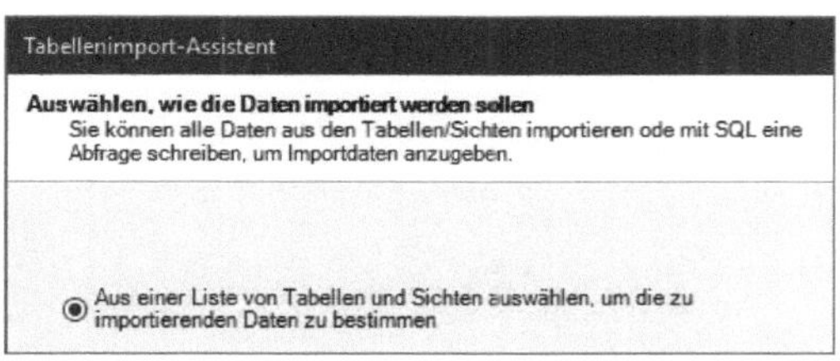

Mit der ersten Option sehen Sie die Liste der Tabellen und Sichten und können einzelne Elemente oder – per Klick auf das erste Kästchen – alle Elemente für den Import markieren.

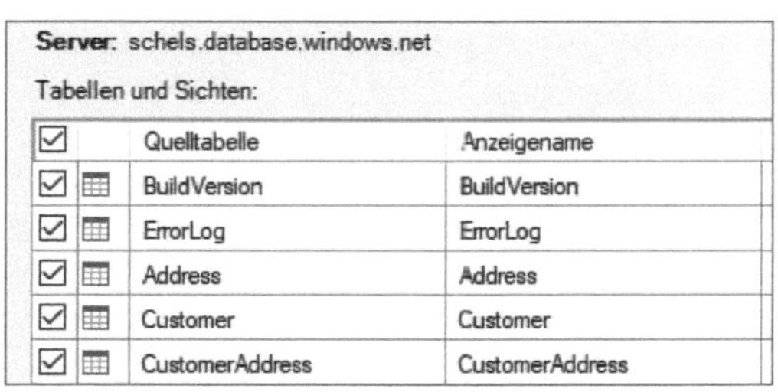

Der erste Test mit Power Pivot und der Azure-Beispieldatenbank *AdventureWorksLT* war leider nicht erfolgreich, da der Tabellenimport-Assistent die Tabellennamen nicht richtig erkannt hat. Im Original heißt die Tabelle *Customer* zum Beispiel *SalesLT.Customer*. Im Azure-Portal finden Sie einen Abfrage-Editor, über diesen können Sie alle Elemente der Datenbank auflisten. Sie finden den Editor bei markierter Datenbank in der Diensteliste.

Holen Sie die Daten über SQL-Abfragen aus einzelnen Tabellen der SQL-Datenbank:

Wählen Sie nach Herstellung der Verbindung die zweite Option *Abfrage zur Angabe der zu importierenden Daten schreiben*.

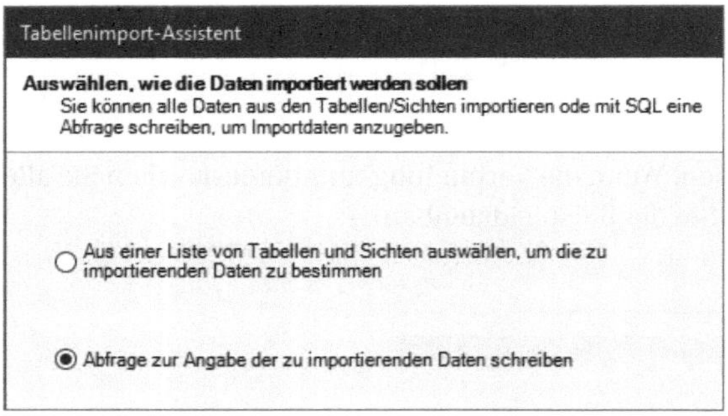

Geben Sie als Anzeigename für die Abfrage „Kunden“ ein und tippen Sie diese SQL-Abfrage (zwischen Groß- und Kleinschreibung wird nicht unterschieden):

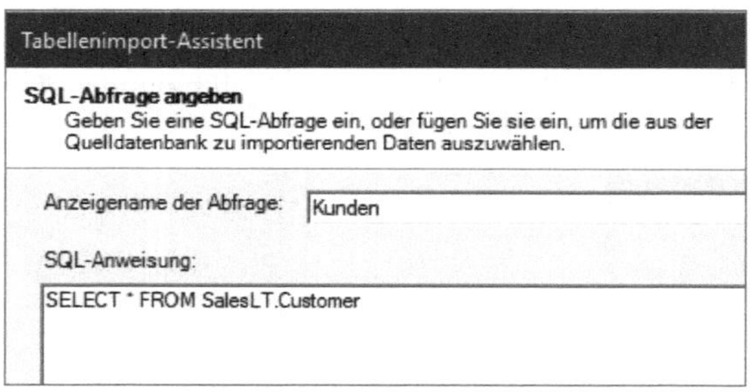


```
SELECT * FROM SalesLT.Customer
```

Ein Klick auf *Überprüfen* zeigt Ihnen, ob die Anweisung korrekt ist. Mit *Entwerfen* erhalten Sie einen Texteditor für die SQL-Anweisungen.

Klicken Sie auf *Fertig stellen*, um die Anweisung auszuführen.

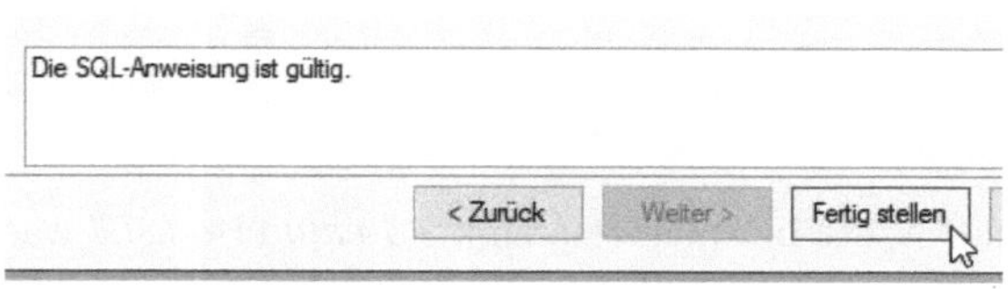

Der Assistent meldet Erfolg und zeigt, wie viele Zeilen die Abfrage importiert hat.

Das Datenmodell enthält damit die neue Tabelle mit der Registerbezeichnung *Kunden*.

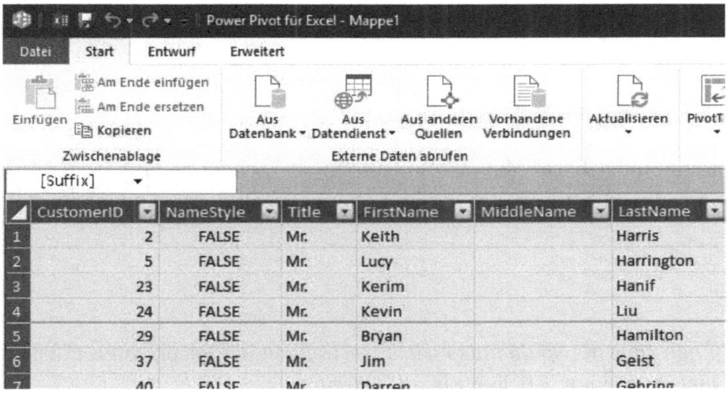

5.4.8 Aus Excel

Eine der häufigsten Verbindungen wird natürlich in BI mit Excel die Kombination aus Arbeitsmappe und Datenmodell sein. Nutzen Sie diese Schnittstelle aber nur, wenn Sie auf eine gespeicherte Datei zugreifen wollen. Für Daten aus der aktiven Mappe verwenden Sie einfach die Zwischenablage oder im Excel-Fenster *Power Pivot/Tabellen/Zu Datenmodell hinzufügen*.

Leider hat genau diese Verbindung einige Tücken. Sie erkennt nämlich keine Tabellen (intelligente Tabellen) in einer definierten Datenquelle, sondern nur Tabellenblätter oder Bereichsnamen. Hat die Datenquelle nur eine Liste zu bieten, wird zumindest das Tabellenblatt für den dynamischen Import angeboten. Die Quelle ist dann an einem nachgestellten $-Zeichen erkennbar:

Tabelle$

Um sicherzustellen, dass der Import-Assistent von Power Pivot mehrere Datenbereiche aus einem Arbeitsblatt erkennt, müssen Sie diese mit Bereichsnamen versehen. Alternativ dazu können Sie natürlich Ihre Listen auf mehrere Arbeitsblätter verteilen, um den Power Pivot-Import in das Datenmodell sicherzustellen

Hier ein Beispiel: Die Beispielmappe *Bars und Restaurants.xlsx* enthält drei Tabellenblätter mit je einer Liste. Importieren Sie diese in das Datenmodell.

Wählen Sie *Start/Externe Daten abrufen/Aus anderen Quellen/Excel-Datei.*

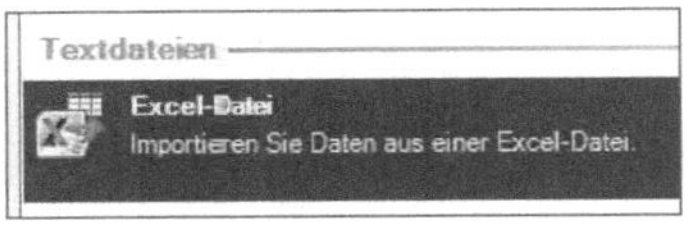

Geben Sie einen Verbindungsnamen ein und klicken Sie auf *Durchsuchen*, um die Arbeitsmappe zu bestimmen.

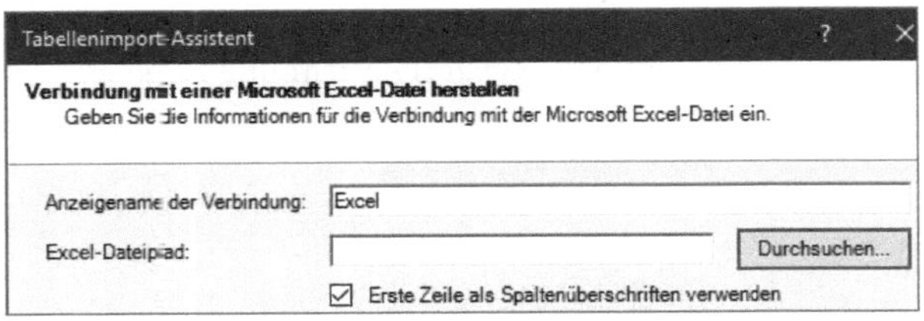

Markieren Sie den Dateinamen der Excel-Mappe und wählen Sie *Öffnen*. Achten Sie darauf, dass die Mappe nicht im Excel-Fenster geöffnet sein darf, sonst erhalten Sie eine Fehlermeldung.

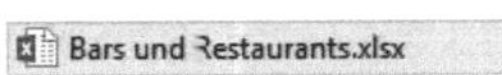

Kreuzen Sie die Option *Erste Zeile als Spaltenüberschrift verwenden* an. Excel-Daten müssen immer als Tabelle oder Liste vorliegen. Klicken Sie auf *Erweitert*, …

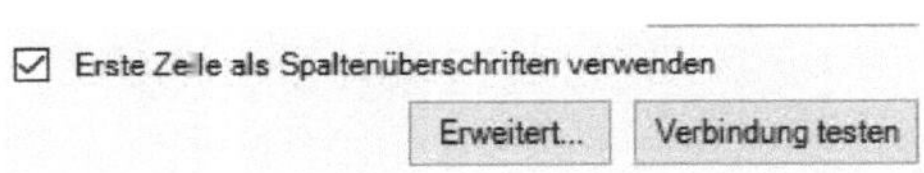

… sehen Sie den OLE DB-Treiber, der für den Import verwendet wird. Es ist derselbe, der auch für den Import aus Access zuständig ist.

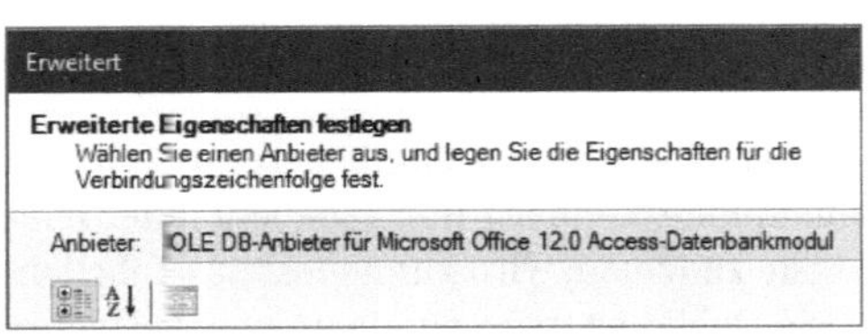

Schalten Sie mit *Weiter* zur nächsten Dialogseite und kreuzen Sie die Tabellenblätter an, die Sie importieren wollen. Die Anzeigenamen können Sie ändern, sobald die Tabellenblätter markiert sind.

Tabellenblätter sind am $-Zeichen erkennbar, sonst sind nur noch benannte Bereiche gelistet.

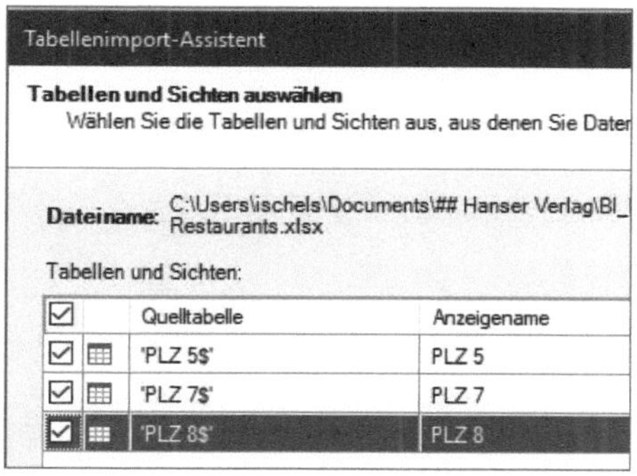

Markieren Sie ein Tabellenblatt und klicken Sie auf *Vorschau und Filter*. Hier können Sie einzelne Zeilen und/oder Spalten vom Import ausschließen.

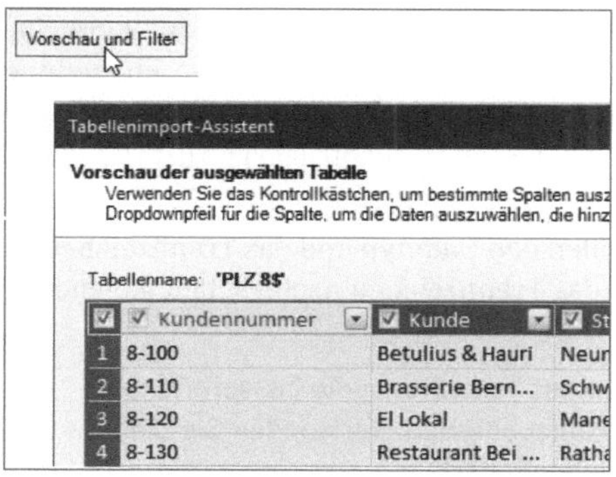

Mit Klick auf *Fertig stellen* wird der Import gestartet. Nach erfolgreicher Übertragung erhalten Sie eine Meldung, und Sie können den Vorgang abschließen.

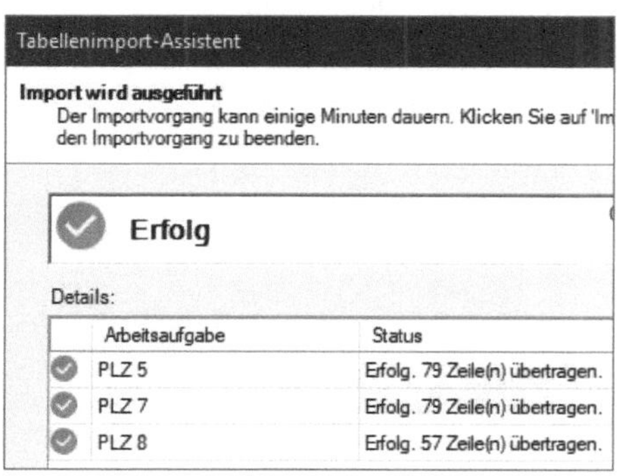

Die Tabellenblätter sind importiert, das Datenmodell enthält drei neue Tabellen.

	Kundennummer	Kunde	Straße
1	7-100	Tiffany	Frakonenweg 8
2	7-110	Déjà-Vu ...	Hermann-Hesse-Stra...
3	7-120	SixFeetU...	Albstraße 26
4	7-130	Mediterr...	Am Markt
5	7-140	CaRe	Am Weibermarkt 10
6	7-150	Zum Andy	Gartenstraße 4
7	7-160	Rappen	Gartenstraße 49
8	7-170	Costbar	Achserstraße 3
9	7-180	Zentrale	Burgplatz 1

PLZ 5 | PLZ 7 | PLZ 8

5.4.9 Aus Text oder CSV

Textdateien sind reine Datendateien. Sie enthalten keine Formatierungen, keine Bereichsnamen, Tabellen oder andere Kategorisierungen. Wichtig ist nur die richtige Einstellung des Listentrennzeichens, und das kann ein Komma, ein Semikolon, ein Leerzeichen oder ein Tabulatorsprung sein. Auch der Doppelpunkt und der senkrechte Strich (|) wird von Power Pivot erkannt.

Power Pivot versucht, auf Basis der ersten 200 Zeilen den Dateityp und das Trennzeichen zu erkennen. Ist der Versuch gescheitert, lässt sich das Trennzeichen nachträglich angeben.

TIPP: Power Query ist für exotische Daten aus Textdateien die bessere Wahl und bietet mehr Möglichkeiten, die Daten aufzubereiten. Verwenden Sie dieses BI-Tool, wenn Power Pivot an den Textdaten scheitert. ■

Hier ein Beispiel: Die Datei *Absatz2018.csv* enthält eine Liste mit Datumswerten, Artikelnummern und Bestellmengen. Holen Sie die Textdatei in das Datenmodell:

Wählen Sie *Start/Externe Daten abrufen/Aus anderen Quellen/Textdatei.*

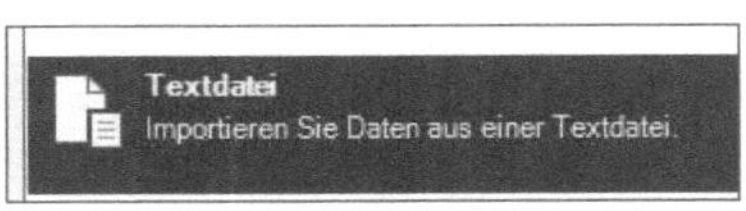

Suchen Sie die Datei mit Klick auf *Durchsuchen.*

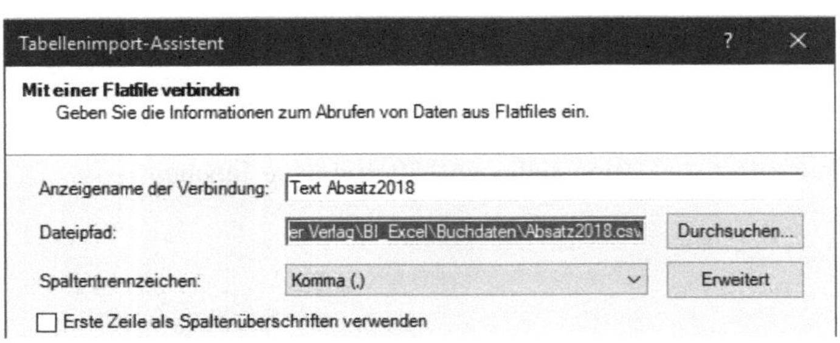

Kreuzen Sie die Option *Erste Zeile als Spaltenüberschriften verwenden* an, damit die Liste korrekt gelesen wird. In unserem Beispiel hat der Import-Assistent das Trennzeichen (Semikolon) nicht richtig erkannt.

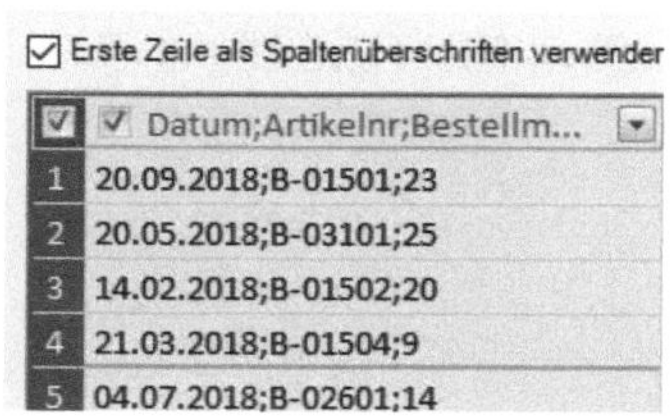

Ändern Sie das Spaltentrennzeichen, und die Liste wird korrekt importiert.

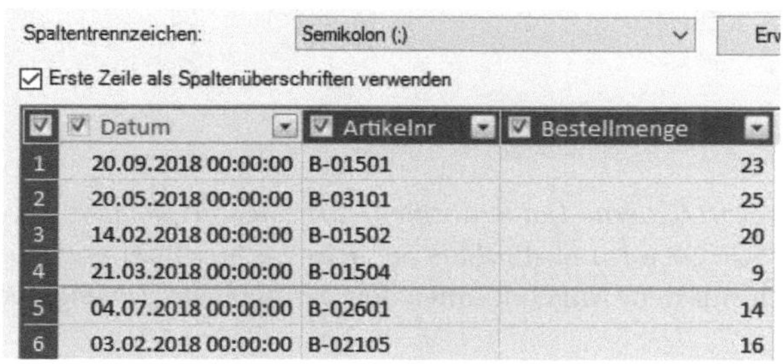

Unter *Erweitert* ist es möglich, die Codierung zu wechseln und ein Gebietsschema anzugeben. Das erleichtert dem Import-Assistenten die Suche nach dem richtigen Format.

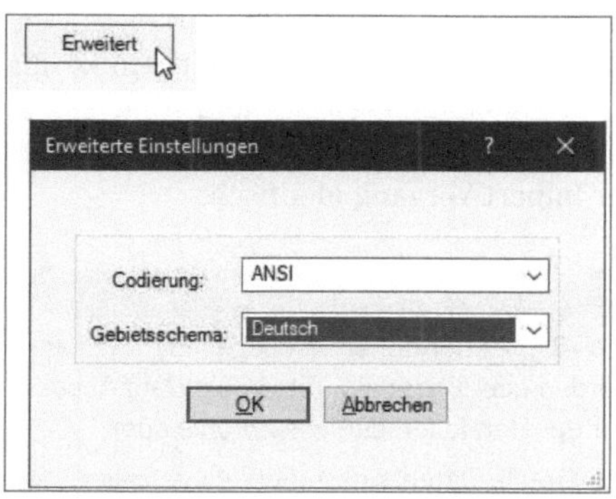

Wenn die Daten importiert sind, meldet das nächste Dialogfenster den Erfolg. Klicken Sie auf *Schließen*.

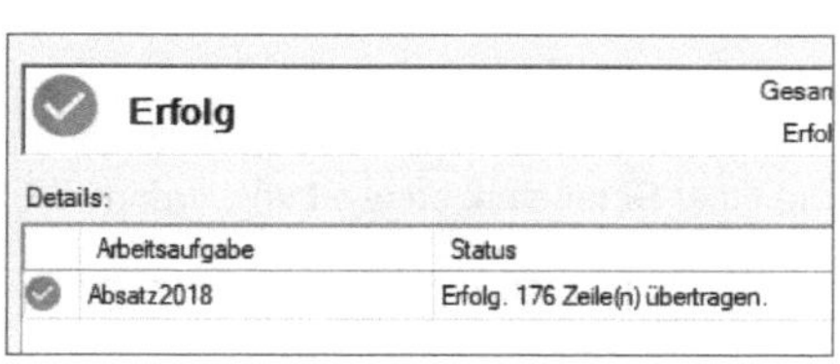

Die Daten aus der CSV-Datei stehen nun verknüpft als Tabelle im Datenmodell zur Verfügung.

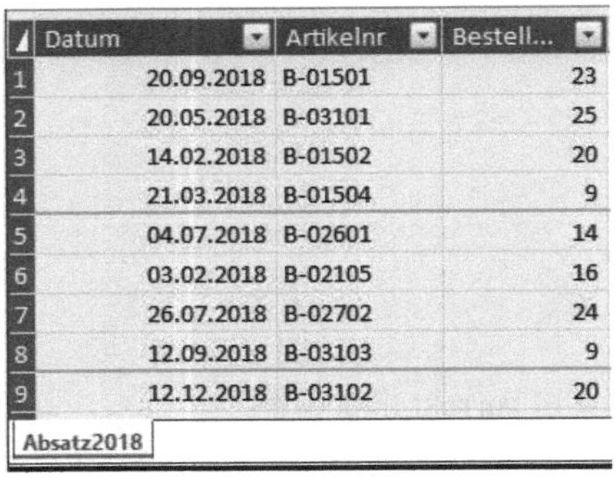

	Datum	Artikelnr	Bestell...
1	20.09.2018	B-01501	23
2	20.05.2018	B-03101	25
3	14.02.2018	B-01502	20
4	21.03.2018	B-01504	9
5	04.07.2018	B-02601	14
6	03.02.2018	B-02105	16
7	26.07.2018	B-02702	24
8	12.09.2018	B-03103	9
9	12.12.2018	B-03102	20

Absatz2018

5.4.10 Aus anderen Quellen

In der Liste der Datenquellen unter *Start/Externe Daten abrufen/Aus anderen Quellen* werden die Datenbanksysteme *Access*, *SQL Server* und *Analysis Services* noch einmal angeboten – die Befehle sind aber identisch mit dem Angebot unter dem Symbol *Aus Datenbank* (siehe Abschnitt 5.4.3).

Microsoft Analytics Platform ist die große Data Warehouse-Plattform für schnelle Einsichten in Kombination mit der Integration von Big Data, um in der Cloud parallelisiert Abfragen durchführen zu können. Basis ist der SQL Server, mit dem Azure SQL Data Warehouse lässt sich der Datenspeicher in der Cloud erweitern und archivieren.

Microsoft-Partner wie Angoss, Dell oder Oraylis bieten Microsoft Analytic Platform-Lösungen und Tools an. Dell stellt ein eigenes Modell für Datenaufbereitung und Analyse zur Verfügung, Oraylis bietet mit dem BI.Loader ein Tool für schnelles Laden von Daten aus dem Data Warehouse an. Für diese Datenquellen ist der Import-Vorgang identisch:

Datenquelle	Beschreibung
Oracle	Für Oracle wird die Client-Software v8.1.7 oder höher vorausgesetzt. Sie kann über Visual Studio bereitgestellt werden oder über die 6 Bit Oracle Data Access Components (ODAC), zu finden auf der Herstellerseite *www.oracle.com*. Als Servername wird der Name des Oracle-Datenbankservers eingetragen. Wenn eine SID erforderlich ist, kann diese in der Form Servername/SID angegeben werden.
Teradata	Geben Sie den Namen des Teradata-Servers und die Anmeldeinformationen des Benutzers ein.
Sybase, Informix	Voraussetzung für den Import von Daten aus einer SAP Sybase-SQL-Datenbank ist die Installation eines *SQL Anywhere*-Treibers. Als Datenquelle kann wahlweise der Server oder der Name einer Datenbank angegeben werden.
IBM DB2	Voraussetzung für DB2-Daten ist die Installation des IBM Data Server-Treiberpaketes (DS-Treiber) in der passenden Version (32 Bit/64 Bit).

5.4.11 SQL-Abfragen

Wer sich im Datenbankdesign und speziell mit der Abfragesprache SQL auskennt, kann seine Abfragen auch über SQL-Anweisungen an die externe Quelle richten. Solche Anweisungen lassen sich auch aus gespeicherten Skriptdateien holen. Hier ein Beispiel aus den Buchdaten: mit der Datenbank *GastroSTAR.accdb* holen Sie gezielt einzelne Felder aus Tabellen, verknüpft über eine UNION-Anweisung.

Wählen Sie *Start/Externe Daten abrufen/Aus Datenbank/Aus Access*. Schalten Sie nach Auswahl der Datei um auf die zweite Option *Abfrage zur Angabe der zu importierenden Daten schreiben*.

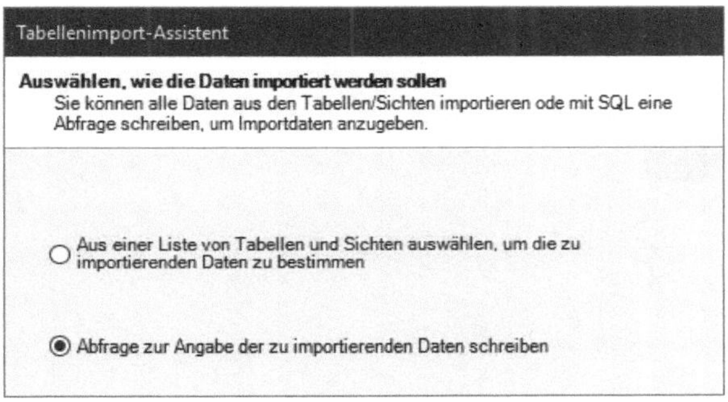

Geben Sie der SQL-Anweisung einen Namen. Dieser Name wird später für die Benennung der Tabelle verwendet. Die SQL-Anweisung können Sie direkt oder mit Hilfe eines Abfrage-Assistenten erstellen.

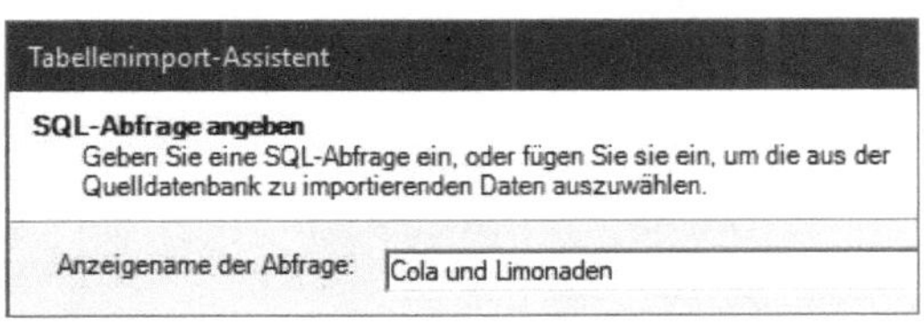

Klicken Sie auf *Entwerfen*.

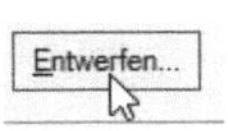

Geben Sie die SQL-Anweisung ein, die drei Felder aus den Tabellen *[tbl_Cola]* und *[tbl_ Limonaden und Säfte]* holt.

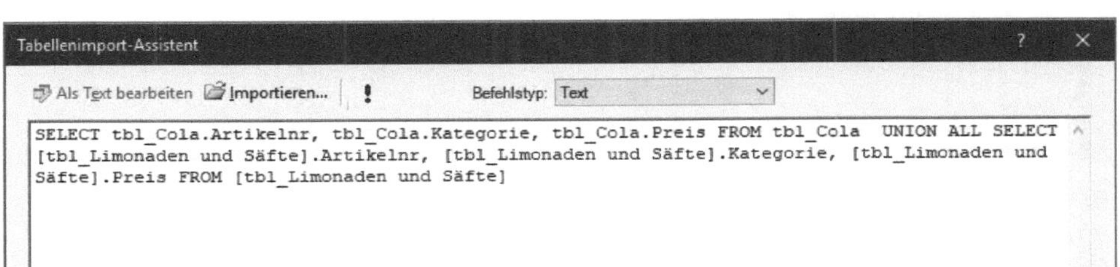

```
SELECT tbl_Cola.Artikelnr, tbl_Cola.Kategorie, tbl_Cola.Preis FROM tbl_Cola UNION ALL
SELECT [tbl_Limonaden und Säfte].Artikelnr, [tbl_Limonaden und Säfte].Kategorie,
[tbl_Limonaden und Säfte].Preis FROM [tbl_Limonaden und Säfte]
```

Über die Schaltfläche *Importieren* können Sie die SQL-Anweisung auch aus einer gespeicherten Textdatei holen.

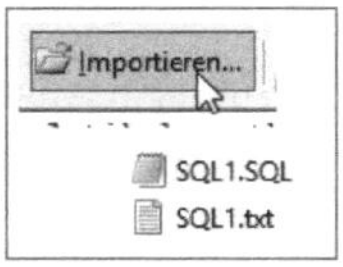

Ein Klick auf das Ausrufezeichen führt die Abfrage aus und zeigt das Ergebnis im unteren Abfragebereich an.

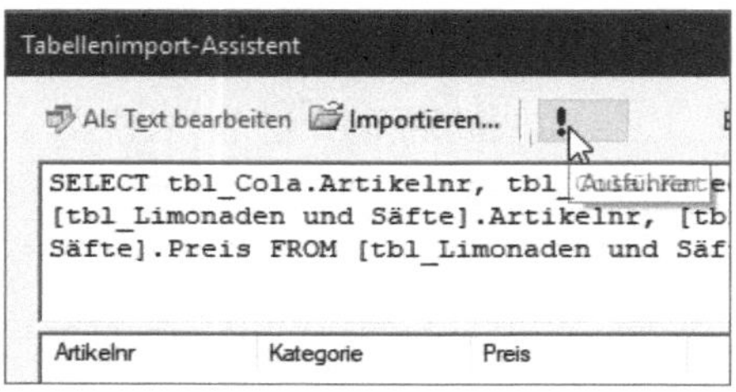

Schließen Sie den Abfrageentwurf und klicken Sie auf *Fertig stellen*.

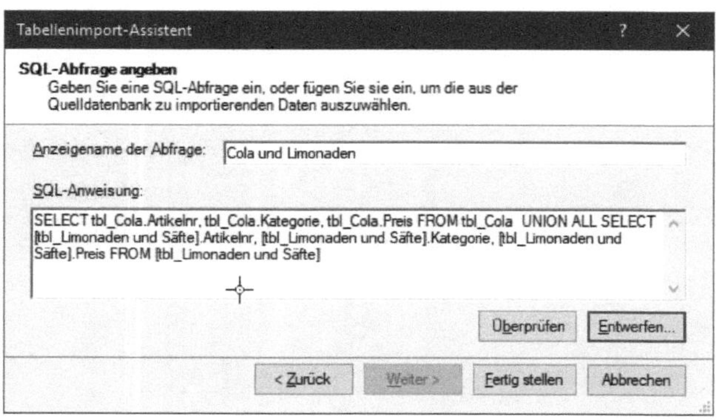

Die Daten, die Sie per SQL bestimmt hatten, werden aus der Datenbank geholt.

	Artikelnr	Kategorie	Preis
1	C-01010	12	15,45
2	C-01011	12	16,95
3	C-01012	12	17,95
4	C-01013	12	12,25
5	C-01014	12	13,5
6	C-01110	15	13,5
7	C-01111	14	15,45
8	C-01112	14	16,95

5.5 Tabelleneigenschaften

Hinter diesem Symbol im Entwurf-Menü verbirgt sich ein komfortabler Informationsdialog. Importierte Datenmengen können nachträglich gefiltert werden, Spalten lassen sich ein- und ausblenden, und wer sich mit SQL auskennt, findet einen Abfrage-Editor, in dem die Datenquelle per SQL bearbeitet wird.

Klicken Sie auf *Tabelleneigenschaften* im Menü *Entwurf*.

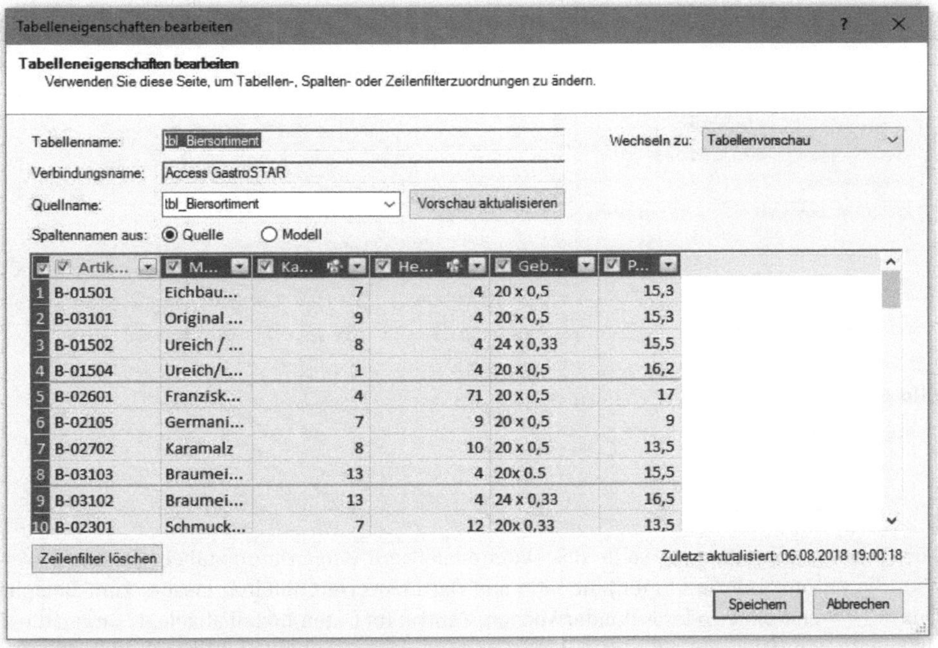

Bild 5.17 Tabelleneigenschaften

Der Tabellenname wird angezeigt, kann aber nicht bearbeitet werden (nur in der Quelle). Als Verbindungsname wird der Name der Datenbank oder der Datei präsentiert. Der Quellname lässt sich auswählen, was dem Wechsel auf eine andere Tabelle entspricht. Klicken Sie nach dem Wechsel auf *Vorschau aktualisieren*.

Die Spaltennamen wählen Sie wahlweise aus der *Quelle* oder aus dem *Datenmodell*. Unterschiede gibt es nur, wenn Sie vorher Spalten in der Power Pivot-Ansicht umbenannt hatten.

Die Tabelleneigenschaften bieten die Möglichkeit, einzelne Spalten nachträglich, also nach dem Import, an- oder abzuwählen. Klicken Sie dazu auf das Häkchen links neben dem Spaltennamen. Mit dem Filterpfeil wird der Spaltenfilter aktiviert. *Zeilenfilter löschen* entfernt alle Zeilenfilter aus allen Spalten.

Unter *Wechseln zu* ist standardmäßig die Tabellenvorschau aktiv. Schalten Sie hier auf den Abfrage-Editor um, sehen Sie den SQL-Befehl, der die Basis für die Power Pivot-Abfrage auf die Datenquelle bildet. Der Befehl kann hier editiert werden, klicken Sie aber besser auf *Entwerfen* und lassen Sie sich den Befehl in größerer Schrift anzeigen. In diesem neuen Fenster bearbeiten Sie den Befehl. Wählen Sie *Als Text bearbeiten* oder holen Sie die Befehlssequenz per Klick auf *Importieren* aus einer Textdatei mit der Endung *.sql* oder *.txt* (andere Formate wie CSV werden auch akzeptiert, solange der Dateiinhalt aus reinem Text in Zeilenformat besteht). Klicken Sie auf das Ausrufezeichen, um die Abfrage auszuführen. Das Vorschaufenster sollte eine Vorschau zeigen. Der Befehlstyp lässt sich wahlweise auf *Text*, *StoredProcedure* (gespeicherte Prozedur) oder *TableDirect* einstellen.

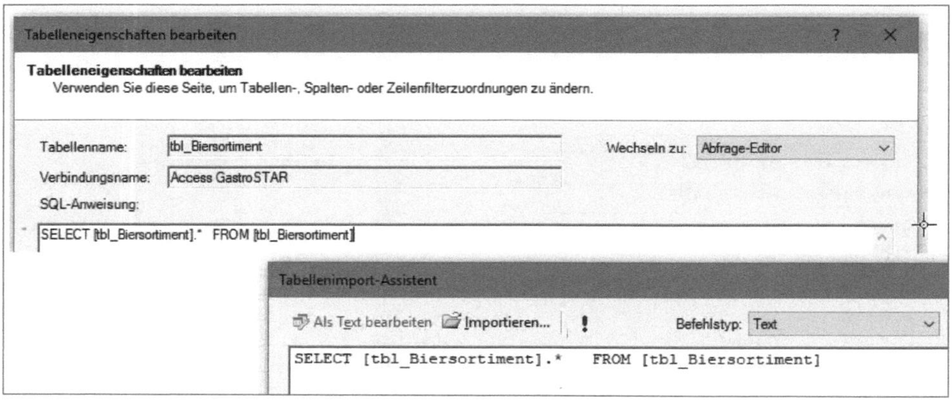

Bild 5.18 Tabelleneigenschaften bearbeiten

5.5.1 Datumstabelle

Für flexible Auswertungen sollte das Datenmodell mit einer Datumstabelle bestückt werden. Sie enthält Informationen, die sich aus Datumswerten ableiten lassen, zum Beispiel Quartale, Wochentage oder Kalenderwochen. Zentral im Datenmodell abgelegt, sorgen diese Informationen für bessere und genauere Auswertungen in allen beteiligten Tabellen.

Es gibt mehrere Wege, eine Datumstabelle in das Datenmodell zu bringen. Der einfachste führt über Power Pivot, eine Alternative ist die Realisierung als Excel-Tabelle.

Im Entwurf-Menü finden Sie die Symbole für Datumstabellen in Power Pivot. Klicken Sie auf das Symbol *Datumstabelle*:

Mit *Neu* erzeugen Sie automatisch eine neue Datumstabelle. Das Start- und Endedatum wird aus der markierten Spalte ermittelt, die Tabelle enthält alle Datumswerte des vollen Jahres (1.1. bis 31.12).

Um den Datumsbereich einer Datumstabelle zu ändern, wählen Sie *Bereich aktualisieren.* Der aktuelle Bereich wird im Menübefehl angezeigt. Geben Sie in der Dialogbox neue Grenzwerte für die Datumsspalte an oder holen Sie diese über das Kalendersymbol in die Eingabefelder.

Bild 5.19 Die Datumstabelle wird aktualisiert

In der Praxis werden Sie die automatisch generierte Datumstabelle abändern, andere Spaltennamen vergeben oder kürzere Bezeichnungen wählen. Sie können auch Formeln abändern und beispielsweise die Wochentagsberechnung am Montag statt am Sonntag beginnen lassen oder die Spalte MMM-JJJJ so konfigurieren, dass das Datum in der Form MMM-JJ (verkürzte Jahreszahl) angezeigt wird:

Spalte	Spalte neu
Wochentag als Zahl: `=WEEKDAY([Datum])`	Wochentag als Zahl: `=WEEKDAY([Datum];2)`
MMMM-JJJJ	MMM-JJ `Formel: =FORMAT([Datum];"MMM-YY")`

Wählen Sie *Konfiguration speichern*, werden diese Änderungen automatisch in der nächsten Datumstabelle berücksichtigt. Wollen Sie die Standardeinstellungen wieder zurückholen, wählen Sie *Standard wiederherstellen*.

Datumstabelle in Power Pivot anlegen

Voraussetzung für eine Datumstabelle ist mindestens eine Tabelle im Datenmodell, die Datumswerte enthält. Da der Datumsbereich in der automatisch generierten Tabelle von den Datumswerten in der aktuellen Tabelle abhängt, sollten Sie eine Tabelle im Datenmodell wählen, die entsprechend große Datumsgrenzen enthält.

Legen Sie die Datumstabelle über das Entwurf-Menü von Power Pivot an. Hier im Beispiel wird die Tabelle *GastroSTAR_Umsatz_B_2018.xlsx* mit Power Pivot in das Datenmodell integriert. Anschließend wird für die Datumswerte eine Datumstabelle angelegt:

Öffnen Sie die Arbeitsmappe mit der Liste, die Datumswerte vom 1.1.18 bis 31.12.18 enthält.

	A	B	C	D
1	**Datum**	**Artikelnr**	**Bestellmenge**	**Kundenr**
2	20.09.2018	B-01501	23	K-34
3	20.05.2018	B-03101	25	K-35
4	14.02.2018	B-01502	20	K-36
5	21.03.2018	B-01504	9	K-37

Wechseln Sie in das Power Pivot-Menü, …

… und klicken Sie auf *Tabellen/Datenmodell hinzufügen.*

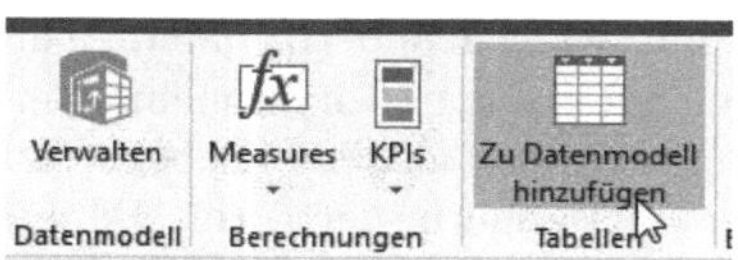

45711_05-UF158.jpg
Kreuzen Sie die Option *Meine Tabelle hat Überschriften* an und bestätigen Sie die Abfrage.

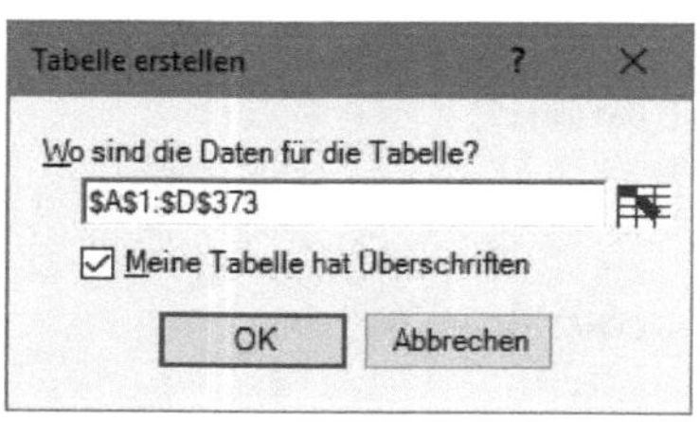

Setzen Sie den Zellzeiger in die Datumsspalte der importierten Tabelle.

	Datum	Artikelnr	Bestellmenge	Kundenr
1	20.09.2018 00:00:	B-01501	23	K-34
2	20.05.2018 00:00:	B-03101	25	K-35
3	14.02.2018 00:00:	B-01502	20	K-36
4	21.03.2018 00:00:	B-01504	9	K-37
5	04.07.2018 00:00:	B-02601	14	K-38
6	03.02.2018 00:00:	B-02105	16	K-39

Wählen Sie *Entwurf/Kalender/Datumstabelle*. Klicken Sie auf *Neu*, um eine neue Tabelle anzulegen.

Die Tabelle wird erzeugt. Sie enthält in der ersten Spalte eine Datumsreihe vom ersten bis zum letzten Datum der Tabellenspalte, die zuvor markiert war. Als Registername wird *Kalender* zugewiesen.

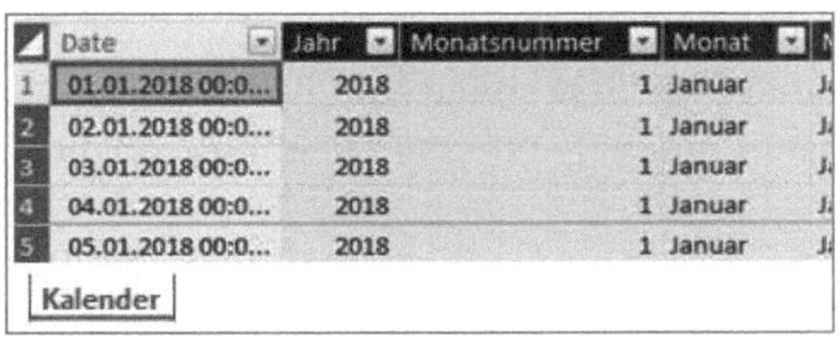

Jahr und Monatsnummer werden mit diesen DAX-Funktionen berechnet:

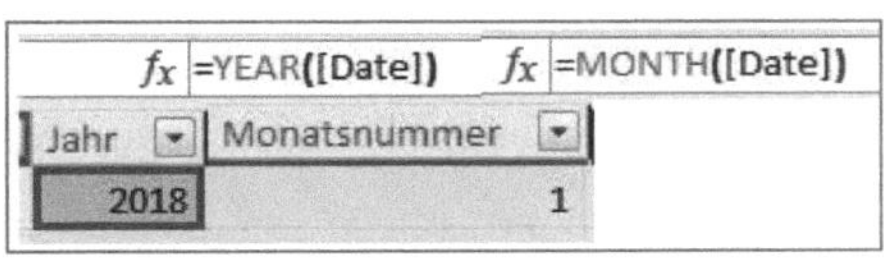


```
=YEAR([Date])
=MONTH([Date])
```

Der Monatsname und die Monatsbezeichnung mit der Formatierung MMM-JJJJ werden ebenfalls per DAX-Funktion berechnet:

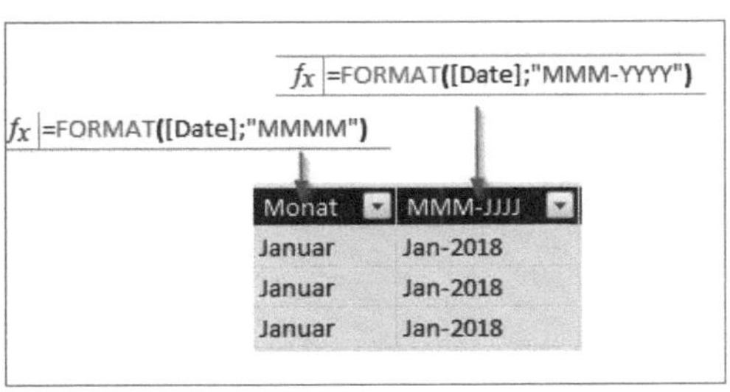


```
=FORMAT([Date];"MMMM")
=FORMAT([Date];"MMMM-YYYY")
```

Für die Wochentagszahl verwendet die Datumstabelle die WEEKDAY-Funktion, für den Wochentag sorgt wieder die FORMAT-Funktion:

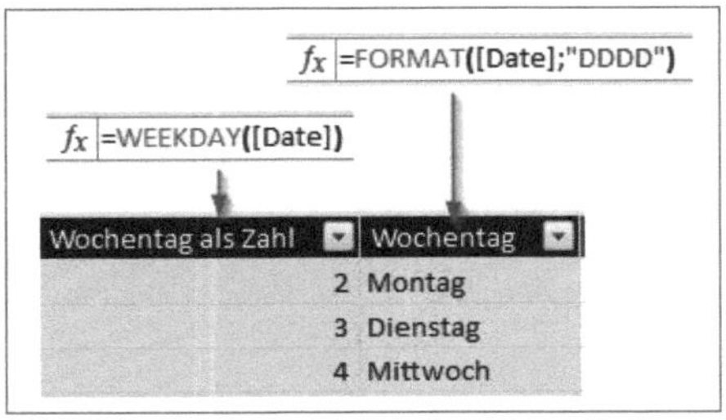


```
=WEEKDAY([Date])
=FORMAT([Date];"DDDD")
```

Diese Standardauswahl lässt sich jetzt natürlich durch weitere Berechnungen ergänzen. Die DAX-Funktionspalette bietet eine reichhaltige Auswahl. Schreiben Sie die zusätzlichen Berechnungen einfach in die erste Zelle der nächsten freien Spalte und benennen Sie diese anschließend um.

HINWEIS: Die erste Spalte mit der Bezeichnung *[Date]* sollten Sie umbenennen. Da *DATE()* Teil der Funktionssprache DAX ist, kann es leicht zu Verwechslungen kommen. Geben Sie der Spalte besser den Spaltennamen *Datum*. ■

Um ein Datum mit "AT" für Arbeitstag oder "WE" für Wochenende zu kennzeichnen, verwenden Sie die WEEKDAY()-Funktion in einer IF-Anweisung:

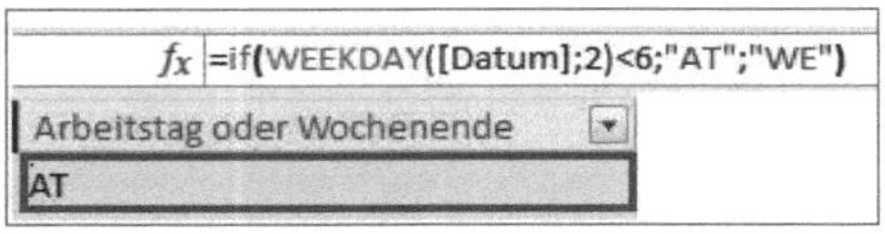


```
=if(WEEKDAY([Datum];2)<6;
    "AT";"WE")
```

Mit der Funktion WEEKNUM() wird die Kalenderwoche korrekt nach ISO 8601 berechnet. Wie in der Excel-Funktion KALENDERWOCHE() sorgt in DAX die Funktion WEEKNUM() für die korrekte Berechnung. Als Parameter muss die 21 angegeben werden:

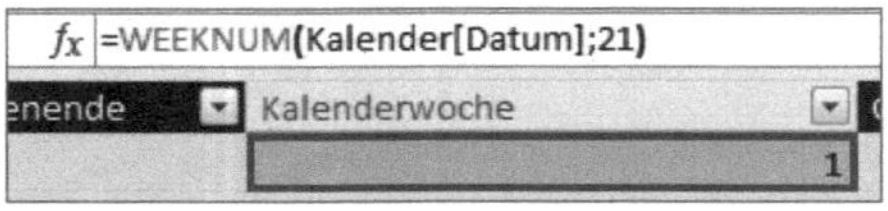


```
=WEEKNUM(Kalender[Datum];21)
```

Das Quartal berechnen Sie mit dieser Funktion. Teilen Sie die Monatsnummer durch 3 und runden Sie auf:

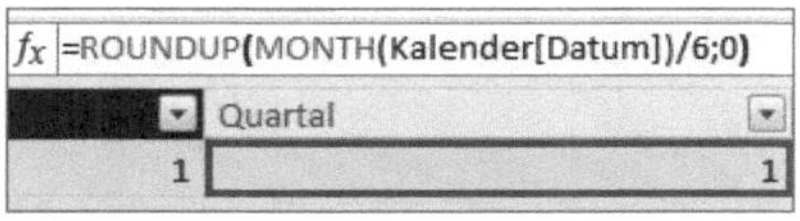


```
=ROUNDUP(MONTH(Kalender[Datum])/3;0)
```

Diese DAX-Funktion berechnet das erste Datum des Quartals:

```
=STARTOFQUARTER(Kalender[Datum])
```

Und damit ermitteln Sie, in welches Halbjahr das Datum einzuordnen ist:

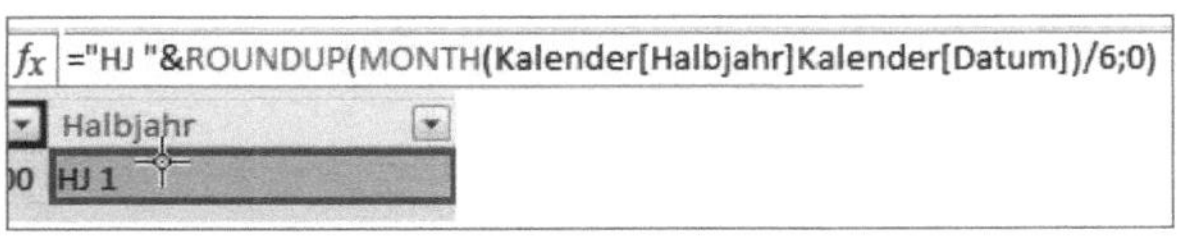


```
="HJ "&ROUNDUP(MONTH(Kalender[Datum])/6;0)
```

Eine weitere Herausforderung stellt das abweichende Geschäftsjahr dar: Beginnt das Geschäftsjahr unterjährig an einem anderen Monat als dem Januar, empfiehlt es sich, zunächst den Monat des Geschäftsjahres zu ermitteln. Mit diesem Wert können dann weiterführende Berechnungen durchgeführt werden.

Schreiben Sie in eine beliebige Zelle im Berechnungsbereich ein Measure *ErsterMonat_GJ* (einblenden über das Symbol im Start-Menü). Geben Sie den Wert an (hier 12 für Dezember):

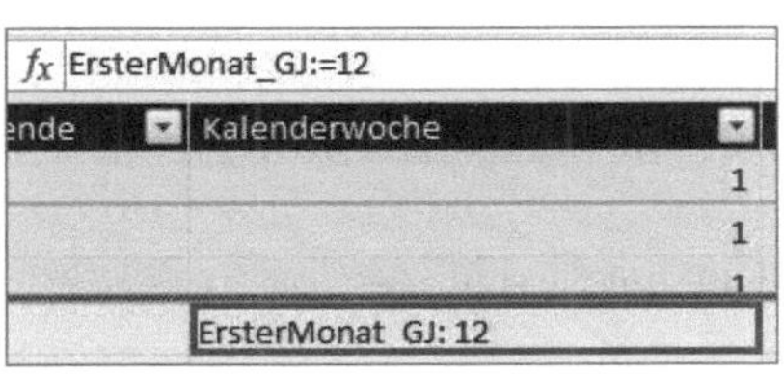


```
ErsterMonat_GJ:=12
```

Mit einer geschachtelten IF-Funktion prüfen Sie, ob der Monat des Geschäftsjahres vor oder nach dem Monat des Datums liegt und berechnen danach die passende Monatsnummer:

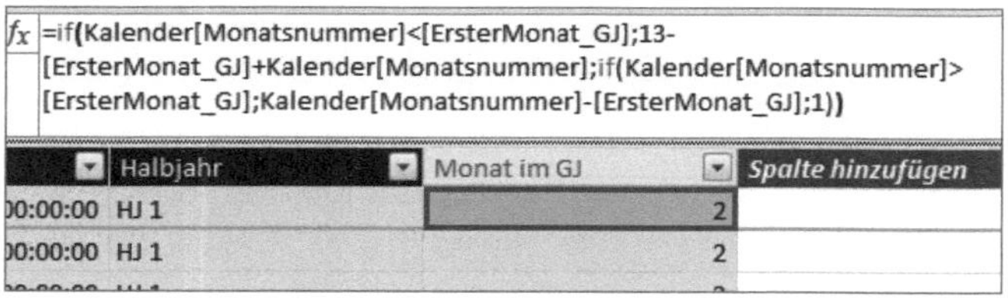

```
=IF(Kalender[Monatsnummer]<[ErsterMonat_GJ];13-[ErsterMonat_
GJ]+Kalender[Monatsnummer];if(Kalender[Monatsnummer]>[ErsterMonat_
GJ];Kalender[Monatsnummer]-[ErsterMonat_GJ];1))
```

Mit dieser Formel und der Funktion *DATE()* transferieren Sie das Datum aus der ersten Spalte in das Geschäftsjahr:

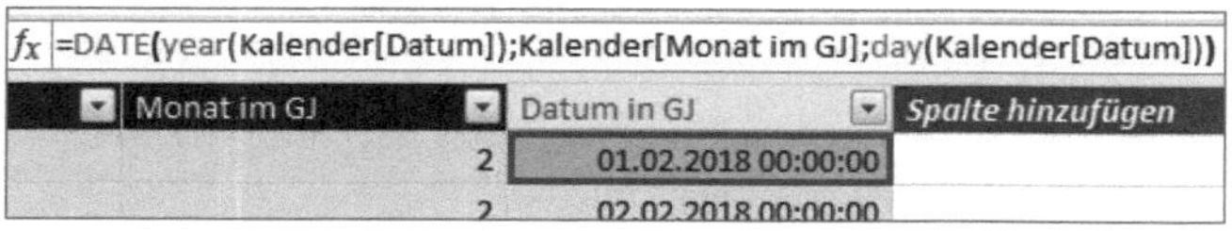

```
=DATE(YEAR(Kalender[Datum]);Kalender[Monat im GJ];DAY(Kalender[Datum]))
```

Datumstabelle aus Excel übernehmen

Wer seine Datumstabelle lieber in Excel erzeugt oder pflegt, sei es, weil die Excel-Funktionen einfacher und bekannter sind als die DAX-Funktionen oder weil vielleicht bereits etwas Passendes vorliegt, der kann das tun und das Excel-Konstrukt mit wenigen Klicks in das Datenmodell holen.

Legen Sie eine neue Mappe an und nennen Sie das erste Tabellenblatt *Kalender*.

Schreiben Sie die ersten Spaltenbezeichnungen in die erste Zeile, ...

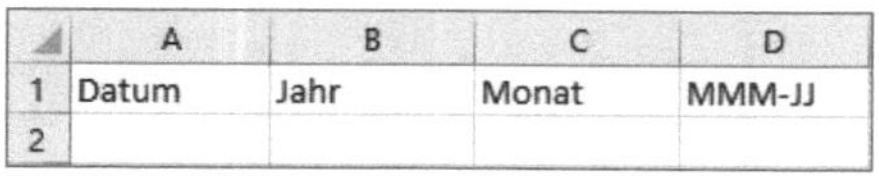

... und tragen Sie das Startdatum in Zelle A2 ein. Ziehen Sie das Füllkästchen an der rechten unteren Zellenecke nach unten.

TIPP: Ziehen Sie den Mauszeiger auf dem Bildschirm ganz nach unten, füllt Excel die Reihe schneller aus.

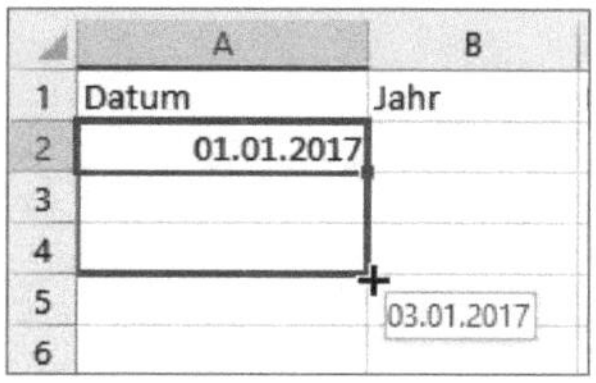

Füllen Sie die Reihe bis zum gewünschten Endedatum auf.

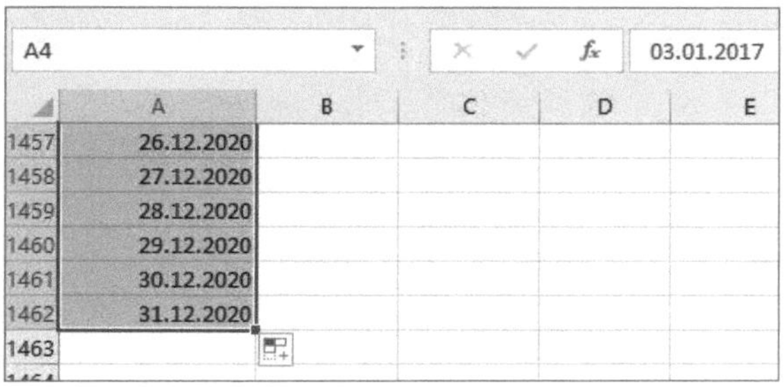

Setzen Sie den Zellzeiger mit **Strg+Pos 1** in die erste Zelle und wählen Sie *Einfügen/Tabelle*, um aus der Liste eine Tabelle zu erstellen.

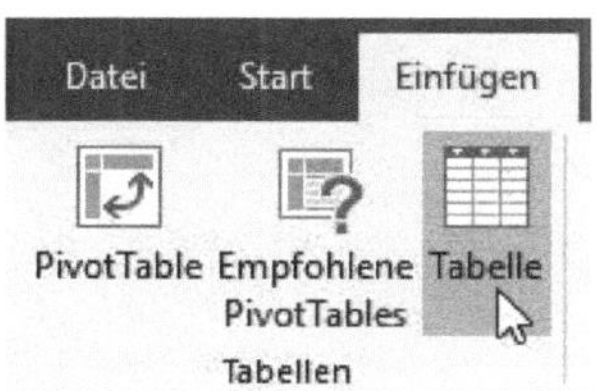

Bestätigen Sie die Anzeige. Achten Sie darauf, dass die Option *Tabelle hat Überschriften* angekreuzt ist.

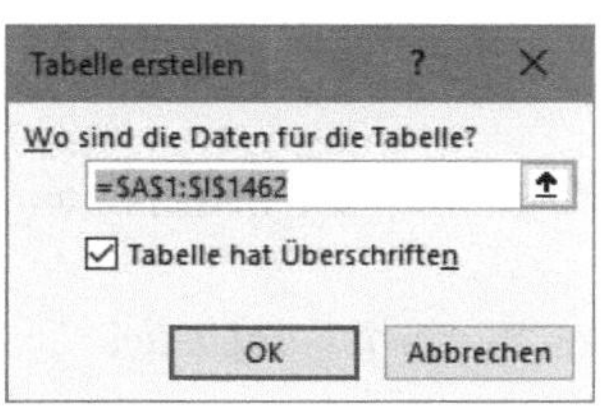

Damit ist die Liste in eine Tabelle umgewandelt. Das hat den Vorteil, dass alle Formeln mit strukturierten Verweisen arbeiten und automatisch nach unten bis zum letzten Datum kopiert werden.

Starten Sie mit den ersten Formeln:

	A	B	C	D
1	Datum	Jahr	Monat	MMM-JJ
2	01.01.2017	2017	1	Jan 17
3	02.01.2017	2017	1	Jan 17
4	03.01.2017	2017	1	Jan 17
5	04.01.2017	2017	1	Jan 17

```
B2: =JAHR([@Datum])
C2: =MONAT([@Datum])
D2: =TEXT([@Datum];"MMM JJ")
```

Berechnen Sie den Wochentag und die Anzahl Tage pro Monat:

E	F	G
WochentagNr	Wochentag	Monatstage
7	Sonntag	31
1	Montag	31

```
E2: =WOCHENTAG([@Datum];2)
F2: =TEXT([@Datum];"TTTT")
G2: =TAG(MONATSENDE([@Datum];0))
```

Berechnen Sie, ob das Datum in ein Wochenende fällt, berechnen Sie außerdem Quartal und Kalenderwoche:

H	I	J
Arbeitstag oder Wochenende	Quartal	Kalenderwoche
Wochenende	1	52
Arbeitstag	1	1
Arbeitstag	1	1

```
H2: =WENN([@WochentagNr]<6;"Arbeitstag";"Wochenende")
I2: =AUFRUNDEN(MONAT([@Datum])/3;0)
J2: =KALENDERWOCHE([@Datum];21)
```

Wenn alle Spalten aufbereitet und berechnet sind, exportieren Sie die Tabelle in das Datenmodell von Power Pivot und deklarieren sie als Datentabelle:

Geben Sie der Tabelle in den Tabellentools einen Namen, nennen Sie sie *tbl_Kalender*.

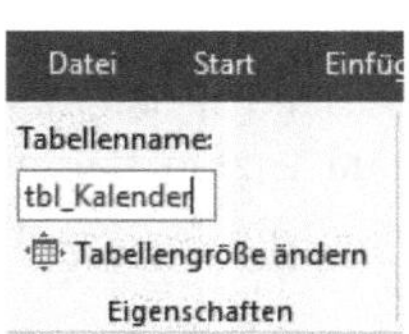

Schalten Sie um auf das Menü *Power Pivot*.

Hier finden Sie das Symbol *Zu Datenmodell hinzufügen*, Klicken Sie es an, …

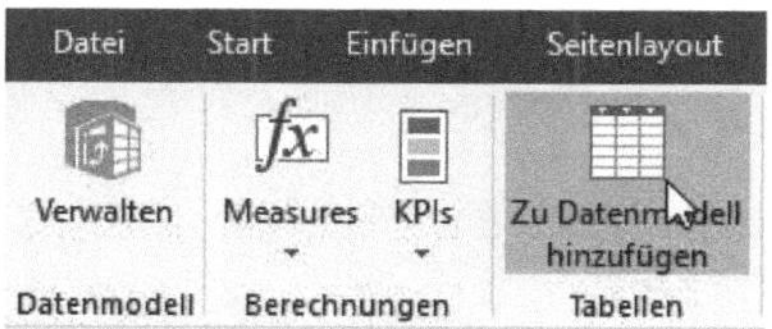

… und exportieren Sie damit die Tabelle in das Datenmodell, das im Power Pivot-Fenster sichtbar wird.

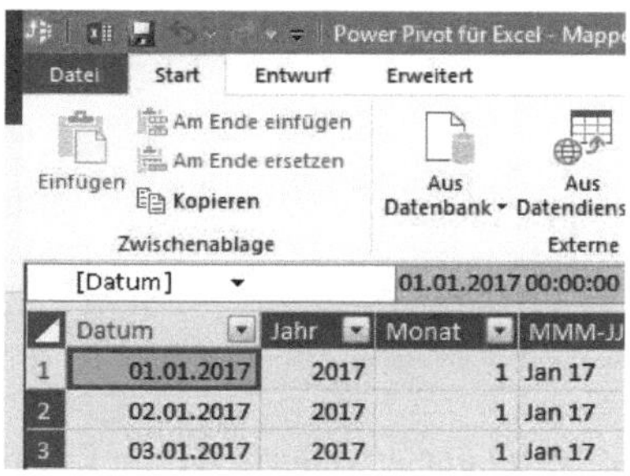

Schalten Sie im Power Pivot-Fenster um auf das Menü *Entwurf*.

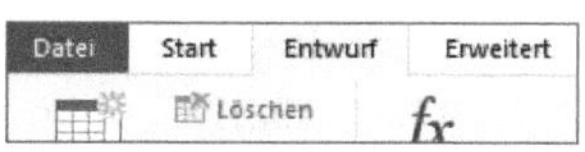

Klicken Sie auf *Als Datumstabelle markieren.*

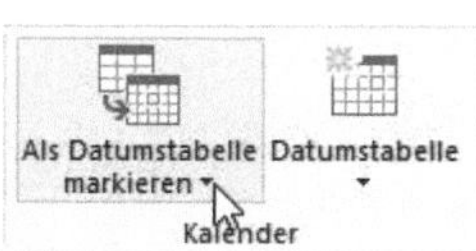

Im darauf angezeigten Dialog bestimmen Sie, welche Spalte eindeutige Datumswerte enthält, was Voraussetzung für eine Datumstabelle ist. Die Datumsspalte ist bereits vorgeschlagen.

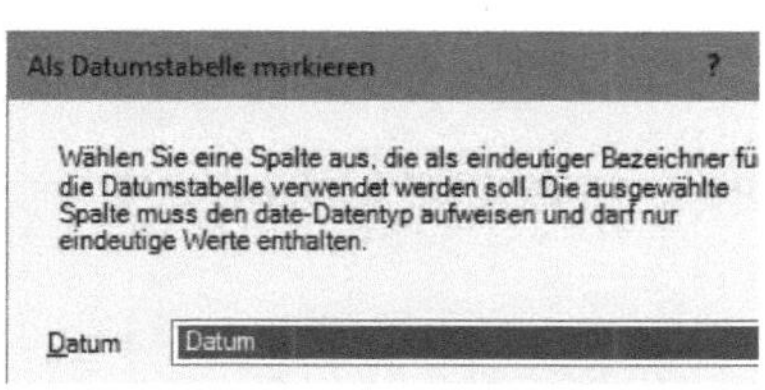

Klicken Sie auf den Listenpfeil und ändern Sie die Auswahl, falls die richtige Spalte nicht angezeigt wird.

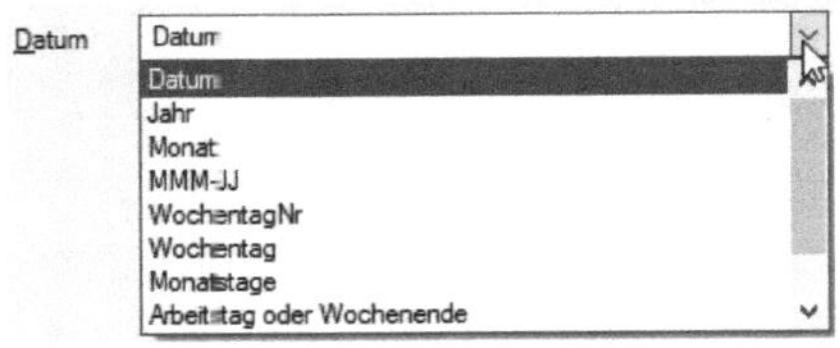

Bestätigen Sie mit *OK*, …

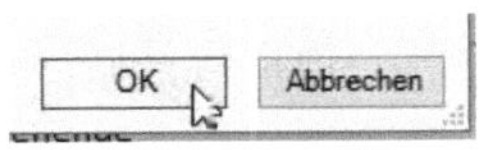

… und die Tabelle wird als Datumstabelle deklariert. In den Datumstabelleneinstellungen lässt sich die Spalte nachträglich auswählen.

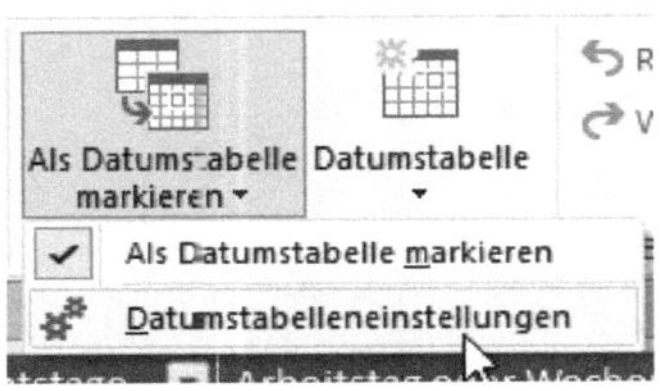

Der Datumsbereich lässt sich in dieser Tabelle nicht ändern oder erweitern, da die Daten mit einer Excel-Tabelle verknüpft wurden.

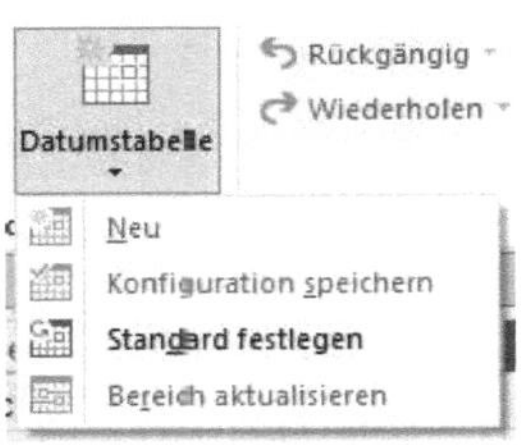

Schalten Sie um auf das Start-Menü, …

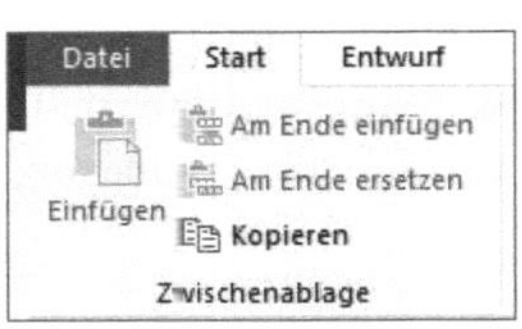

… und aktualisieren Sie die Verknüpfung zur Excel-Tabelle, wenn diese geändert wurde.

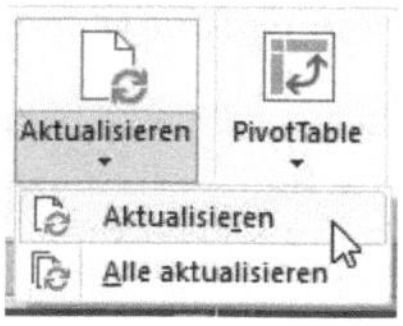

Datumstabelle verknüpfen

Mit einer Datentabelle lassen sich Auswertung auf Basis von Datumswerten nicht nur aufwerten, indem zusätzlich zu Monat, Jahr und Tag auch Wochentage, Kalenderwochen oder Quartale herangezogen werden. Datumstabellen sorgen auch für eine differenzierte Darstellung von Verläufen auf Zeitachsen. Die PivotTable neigt nämlich vom Wesen her dazu, Daten so gut wie möglich zu komprimieren, und das führt in der Praxis nicht selten zu ungenauen Analysen und Visualisierungen.

Ein Beispiel: Eine Dimensionstabelle der Datenbank enthält die Datumswerte und Umsätze aus den Bestellungen über einen bestimmten Zeitraum. Werden diese mittels PivotTable und einem PivotChart, Diagrammtyp Linie visualisiert, zeigt die Achse alle Zeitwerte in gleichen Abständen an, unabhängig davon, ob diese fortlaufend sind oder Lücken enthalten. Mit der Datumstabelle wird die Darstellung genauer, die Zeitachse kann die Abstände zwischen den Werten exakt darstellen.

Für das Beispiel verwenden wir eine Liste mit Datumswerten und Beträgen (in den Buchdaten unter *Bestellungen.xlsx*, die fertige Lösung unter *Bestellungen mit Datumstabelle.xlsx*).

Die Tabelle enthält Datumswerte in der Spalte *Bestelldatum* und Umsatzwerte in der zweiten Spalte.

	A	B
1	Bestelldatum	Umsatz in TEUR
2	01.01.2019	350
3	03.01.2019	450
4	04.01.2019	500
5	05.01.2019	550
6	06.01.2019	600
7	09.01.2019	700
8	10.01.2019	710
9	11.01.2019	720
10	12.01.2019	750

Die Liste der Datumswerte ist nicht lückenlos, es fehlen einzelne Tage.

	A	B
1	Bestelldatum	Umsatz in TEUR
2	01.01.2019	350
3	03.01.2019	450
4	04.01.2019	500
5	05.01.2019	550
6	06.01.2019	600
7	09.01.2019	700
8	10.01.2019	710
9	11.01.2019	720
10	12.01.2019	750
11	13.01.2019	800
12	14.01.2019	820

Setzen Sie den Zellzeiger in die Tabelle und wählen Sie im Power Pivot-Menü *Zum Datenmodell hinzufügen*.

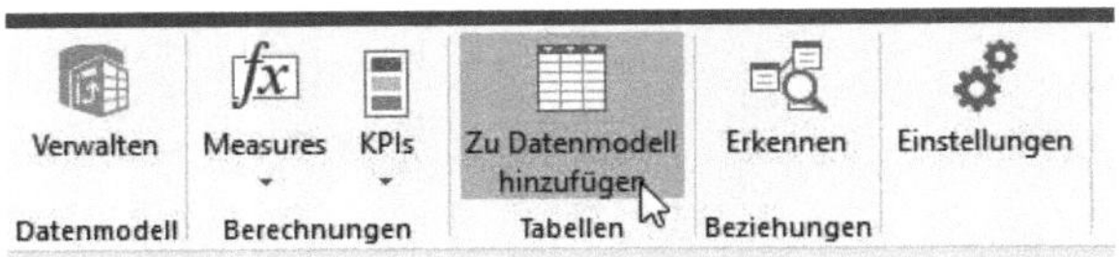

Die Tabelle wird in das Datenmodell integriert. Markieren Sie eine Zelle der ersten Spalte …

	Bestelldatum	Umsatz in TEUR
1	01.01.2019 00:00:00	350
2	03.01.2019 00:00:00	450
3	04.01.2019 00:00:00	500
4	05.01.2019 00:00:00	550
5	06.01.2019 00:00:00	600

… und ändern Sie unter *Start/Formatierung* das Zahlenformat der Spalte.

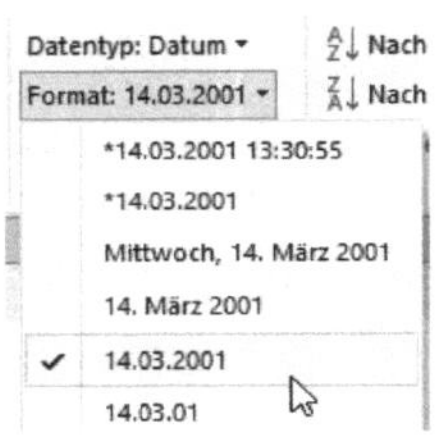

Unter *Start/Formatierung* finden Sie das Symbol für ein PivotChart.

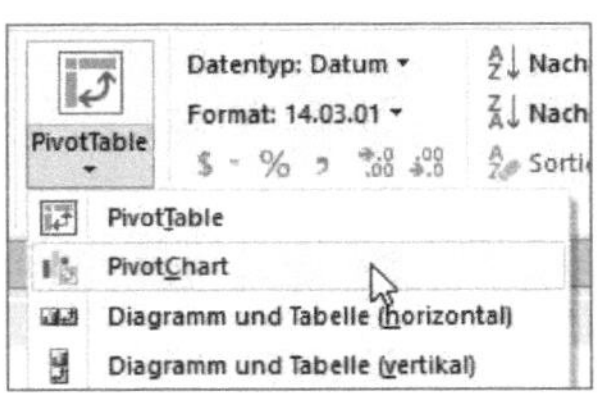

Wählen Sie eine freie Zelle im Tabellenblatt, in der die Quelltabelle steht.

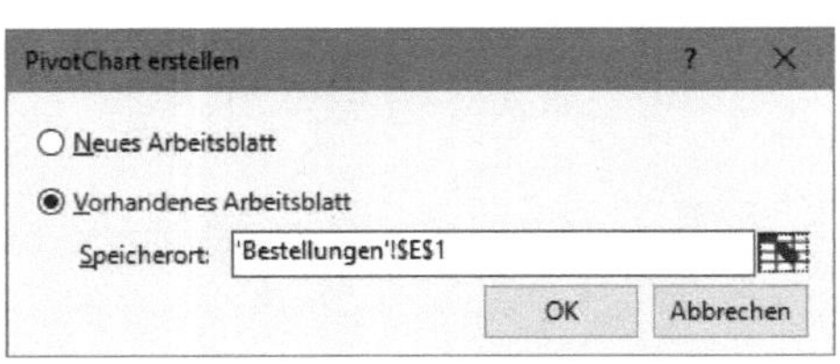

Schalten Sie um auf den Diagrammtyp *Linie*. Das PivotChart zeigt die Linie auf einer Achse mit gleichen Abständen zwischen den Achsenwerten.

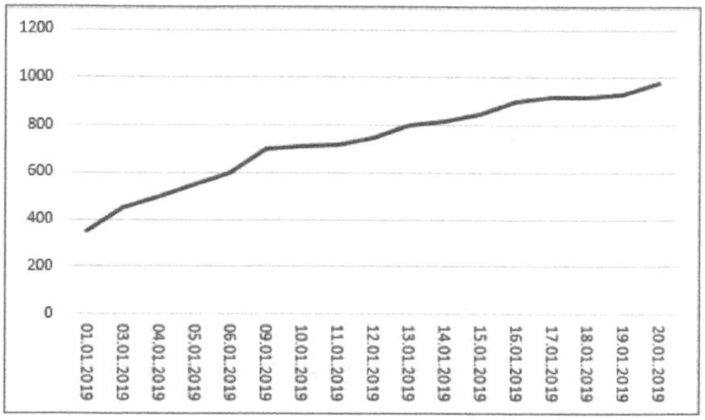

Korrekt wäre aber eine Achse, die die fehlenden Datumswerte berücksichtigt, …

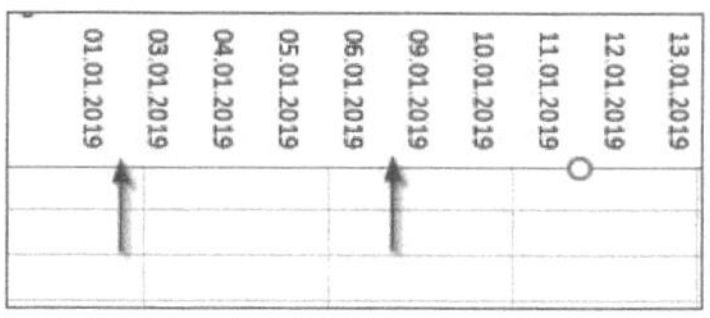

… und die Linie mit den entsprechenden Abständen zeichnet.

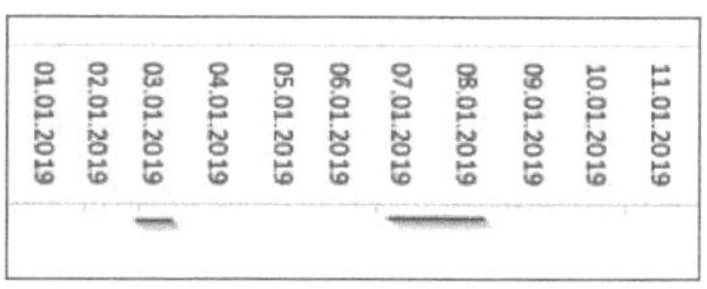

Holen Sie dazu die eine Kalendertabelle in das Datenmodell. Wählen Sie *Power Pivot/Verwalten*.

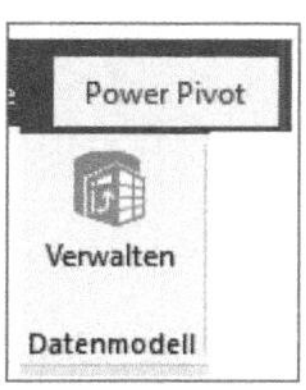

Klicken Sie unter *Externe Daten abrufen* auf *Aus anderen Quellen*.

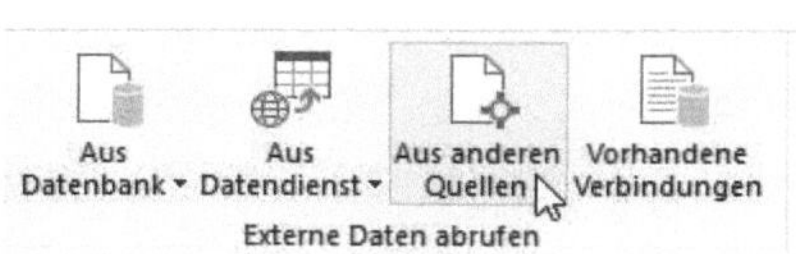

Bestimmen Sie die Excel-Datei als Dateityp, …

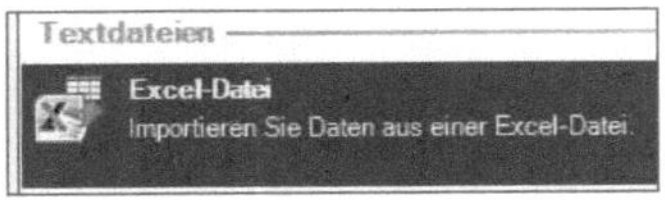

… und holen Sie die zuvor gespeicherte Kalendertabelle in das Datenmodell.

Überprüfen und testen Sie die Verbindung und kreuzen Sie die Option *Erste Zeile als Spaltenüberschriften verwenden* an.

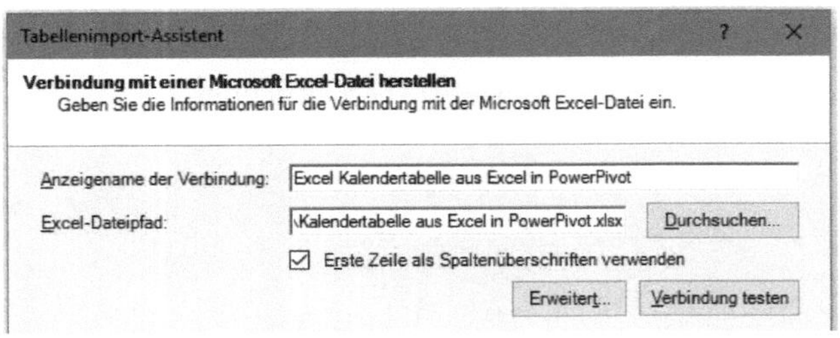

Klicken Sie auf *Fertig stellen.*

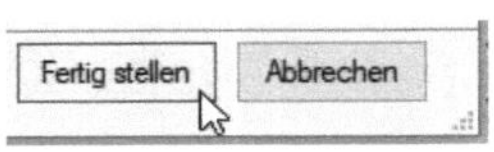

Die Tabelle wird in das Power Pivot-Fenster importiert. Markieren Sie die erste Zelle der Datumsspalte, …

… und formatieren Sie diese über *Start/Formatierung* als Datum ohne Zeitangabe.

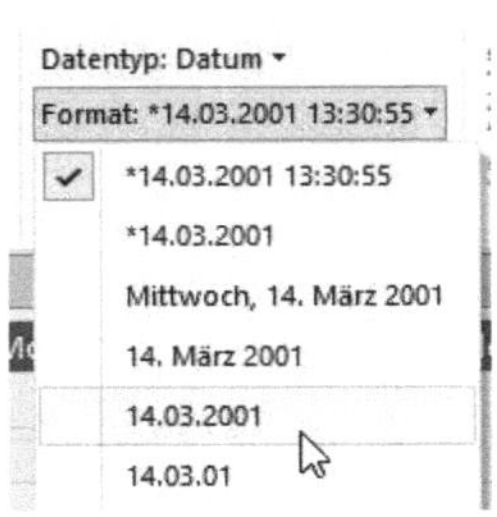

Schalten Sie unter *Start/Ansicht* um auf die Diagrammansicht.

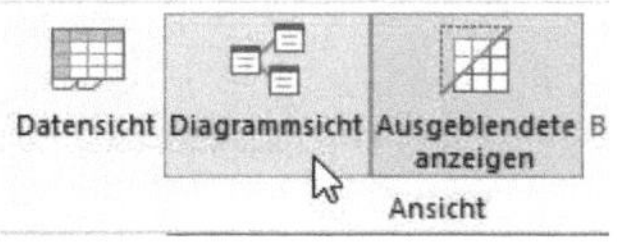

Um die Datumswerte aus der Datumstabelle mit den Datumswerten aus den Bestellungen zu verbinden, ziehen Sie mit gedrückter Maustaste eine Linie von einem Feld in das andere. Die Richtung ist dabei egal.

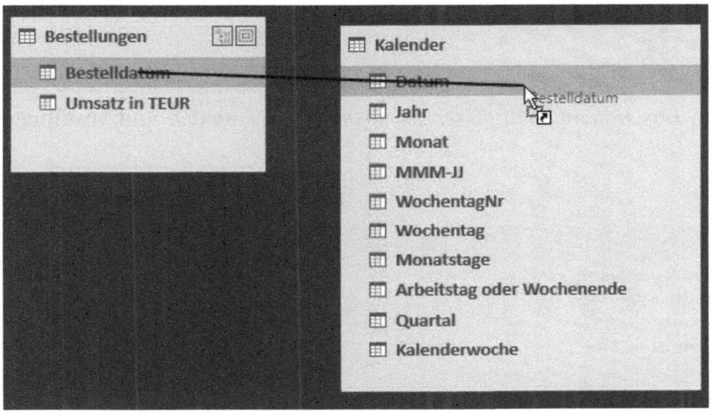

Power Pivot erstellt die Verknüpfung, die 1 : n-Zuordnung wird automatisch erkannt.

Zeigen Sie mit dem Mauszeiger auf die Linie, markiert die Diagrammansicht die verknüpften Feldnamen.

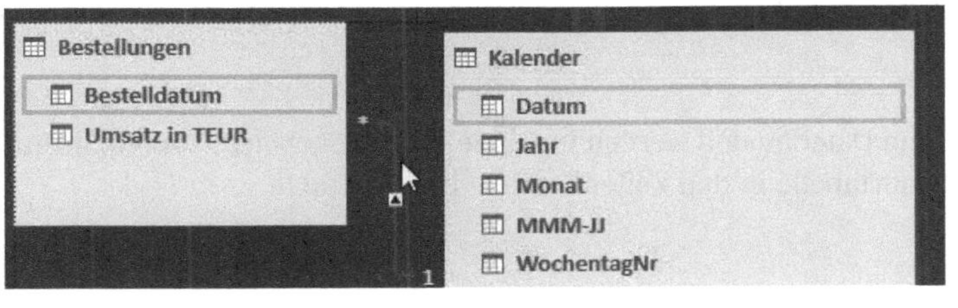

Wechseln Sie zurück zu Excel und erstellen Sie eine PivotTable aus der *Bestellungen*-Tabelle.

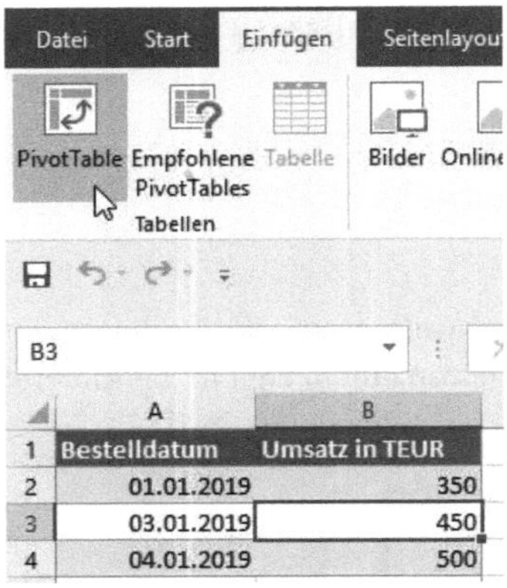

Markieren Sie die Option *Das Datenmodell dieser Arbeitsmappe verwenden* und bestätigen Sie mit *OK*.

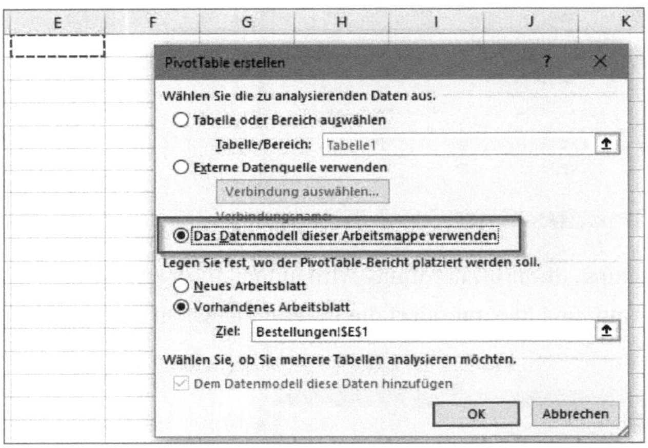

Die beiden Tabellen aus dem Datenmodell werden in der Feldliste angeboten. Ziehen Sie das Datumsfeld aus der Kalendertabelle in den Zeilenbereich der PivotTable

Ziehen Sie das Umsatzfeld in den Wertebereich der Feldliste.

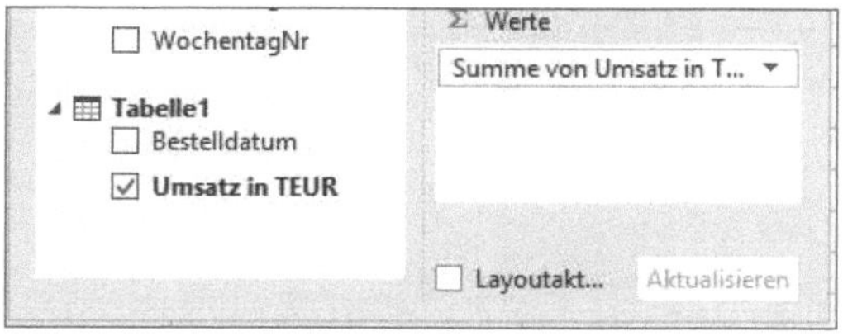

Mit Datenschnitten auf die Datumselemente *Jahr* und *Monat* haben Sie die Möglichkeit, den Datumsbereich einzuschränken.

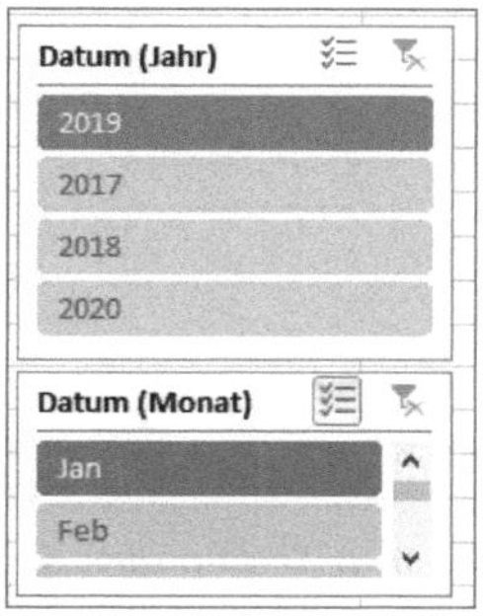

Für ein PivotChart schalten Sie um auf das Menü *Einfügen*, ...

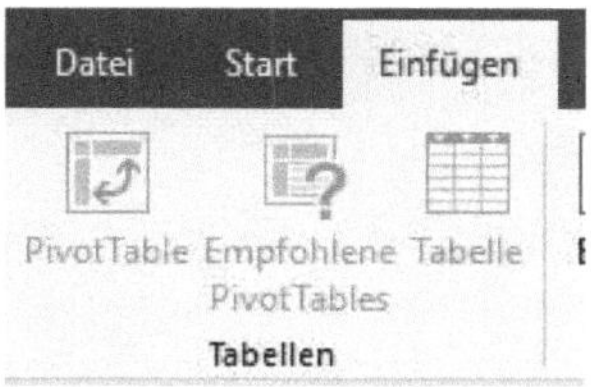

... und wählen aus dem Angebot der Diagrammtypen die 2D-Linie.

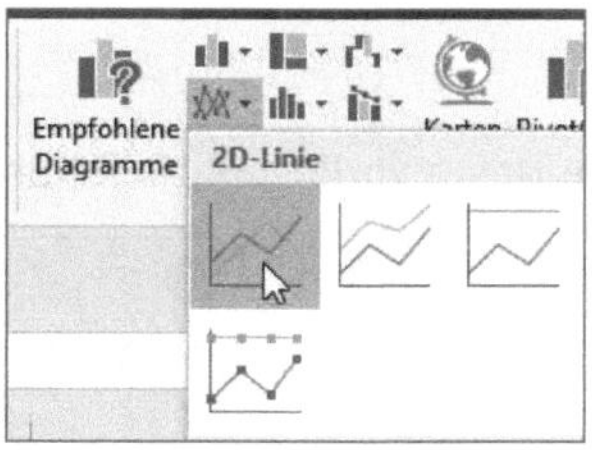

Das PivotChart wird erstellt, die X-Achse präsentiert jetzt die Datumswerte aus der Datentabelle. Die Abstände sind aber noch gleich groß, weil die Elemente ohne Daten nicht aufgenommen werden.

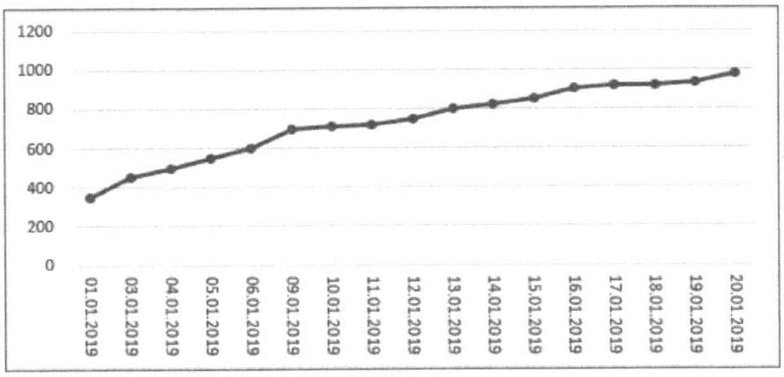

Wählen Sie *PivotChart-Tools/Analysieren* und aktivieren Sie die Optionen der PivotTable.

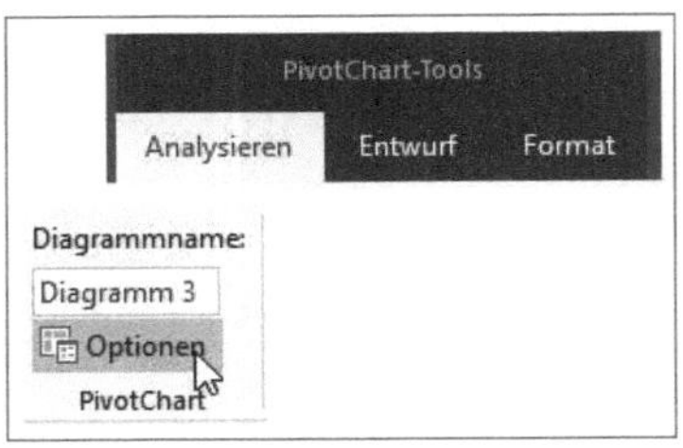

Unter dem Register *Anzeige* finden Sie die Option *Elemente ohne Daten in den Spalten anzeigen.*

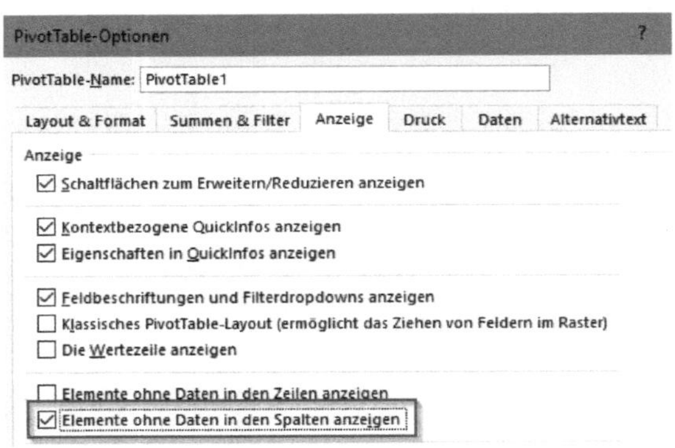

Jetzt bildet die X-Achse auch die Datumswerte ab, für die keine Daten vorliegen. Die Linie fällt an diesen Punkten aber auf den Nullpunkt zurück

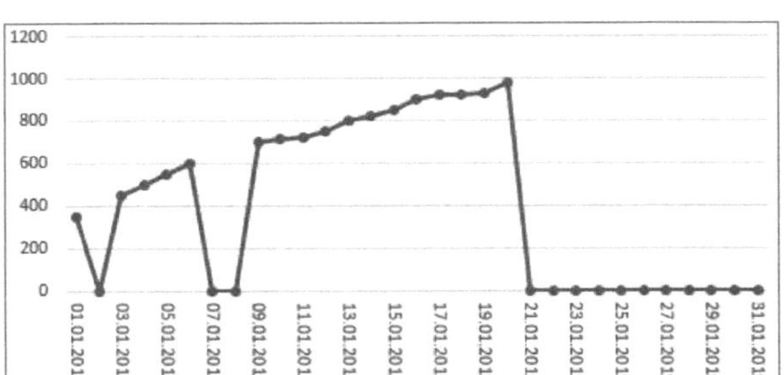

Wählen Sie *PivotChart-Tools/Entwurf/Daten/Daten auswählen.*

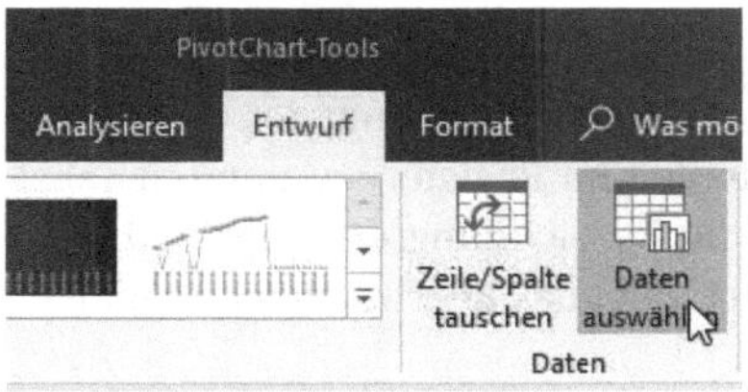

Mit der Option *Ausgeblendete und leere Zellen* können Sie den Nullabfall zwischen den Achsenpunkten verhindern

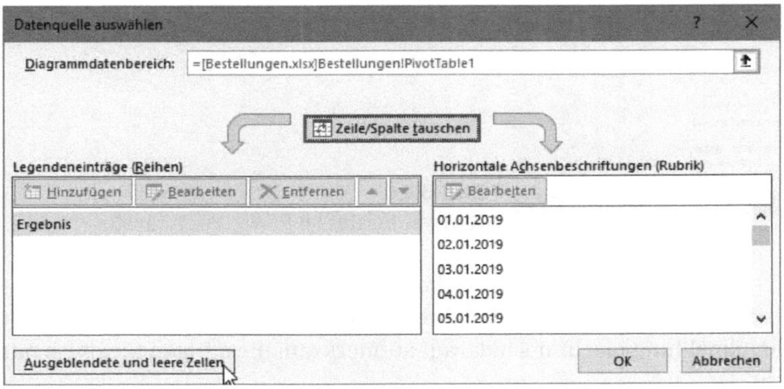

Wählen Sie die Option *Datenpunkte mit einer Linie verbinden.*

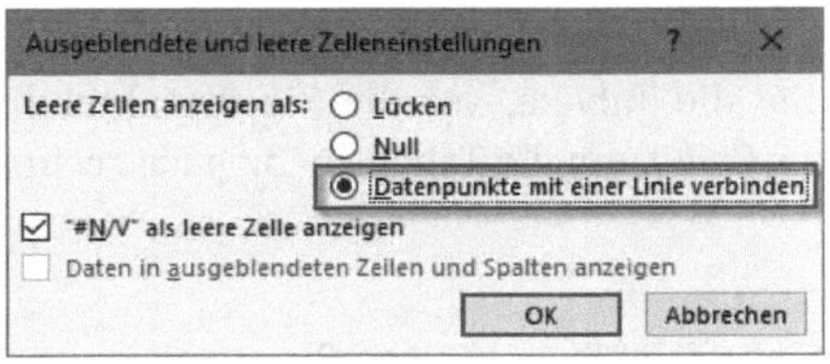

Jetzt zeigt das PivotChart die Linie mit korrekten Abständen zwischen den Datumswerten auf der X-Achse an.

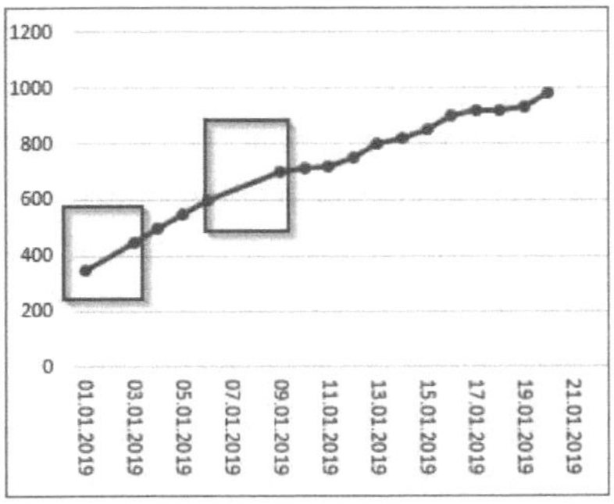

5.5.2 Die Tabellenregister

Mit dem Einlesen von Daten aus Datenbanken, Excel-Mappen oder Textdateien legt Power Pivot Tabellenblätter an und benennt diese entsprechend der Bezeichnung der Quelldaten. Tabellen und Sichten (Abfragen) aus Datenbanken erhalten im Register am unteren Tabellenende ihren eigenen Namen, bei Excel-Daten wird die Bezeichnung des Tabellenblattes übernommen. Wird eine Text- oder CSV-Datei importiert, zeigt das Register den Dateinamen ohne Dateiendung an.

Klicken Sie mit der rechten Maustaste in das Register, um die importierte Tabelle zu bearbeiten.

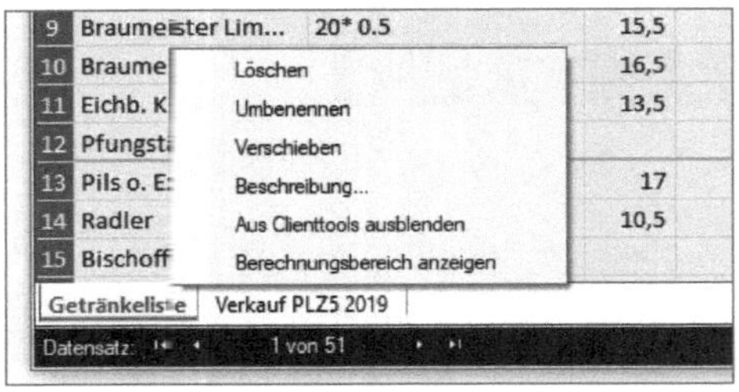

Bild 5.20
Tabellenregister im Power Pivot-Fenster

Löschen: Damit entfernen Sie die Tabelle aus dem Power Pivot-Fenster und aus dem Datenmodell. Beachten Sie, dass Measures, die sich auf diese Tabelle beziehen, ebenfalls gelöscht werden. Eine Sicherheitsmeldung macht noch darauf aufmerksam. Bestätigen Sie diese mit *OK*, wird alles gelöscht.

Umbenennen: Der Tabellenname wird markiert, und Sie können die Tabelle umbenennen. Geben Sie eine neue Bezeichnung ein und bestätigen Sie mit der Eingabetaste.

Verschieben: Damit haben Sie die Möglichkeit, die Tabelle im Tabellenregister neu zu positionieren. Eine Dialogbox erscheint, markieren Sie die Tabelle, vor die Sie die aktuelle Tabelle verschieben wollen oder klicken Sie auf *(ans Ende)*, um die Tabelle ganz nach rechts zu setzen. Bestätigen Sie mit *OK*.

HINWEIS: Einfacher geht es mit der Maus, so wie in Excel: Zeigen Sie auf ein Register, halten Sie die Maustaste gedrückt und ziehen Sie das Register an eine neue Position. Achten Sie auf das Einfüge-Dreieck oben rechts am Register. Lassen Sie die Maustaste los, wenn die Position erreicht ist.

Beschreibung: Hier können Sie eine kurze Beschreibung zur Tabelle eingeben. Tragen Sie den Text manuell ein oder fügen Sie ihn mit **Strg+V** aus der Zwischenablage ein und bestätigen Sie mit *OK*. Um den Text zu bearbeiten, klicken Sie wieder mit der rechten Maustaste in das Register und wählen *Beschreibung*.

Der Mauszeiger gibt die Tabellenbeschreibung wieder, wenn er auf das Register zeigt:

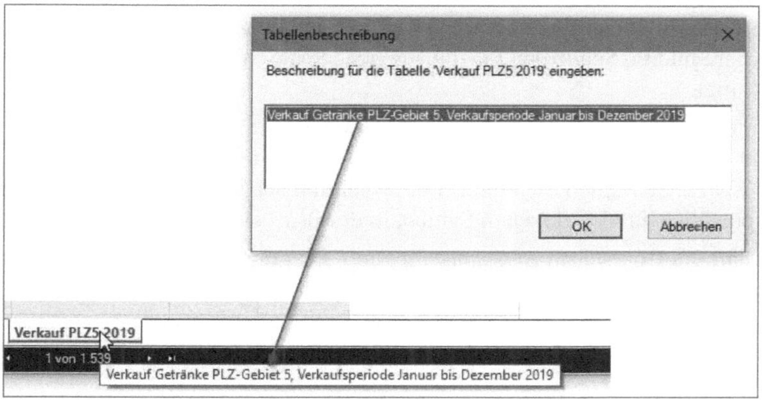

Bild 5.21 Beschreibung für eine Power Pivot-Tabelle

Aus Clienttools ausblenden: Diesen Befehl kennen Sie aus der Diagrammansicht. Er blendet die aktuelle Tabelle in der PivotTable/PivotChart-Auswertung aus. Die Tabelle bleibt zwar im Datenmodell, ihre Felder (Spalten) werden aber nicht für das Pivot-Layout angeboten. Ausgeblendete Tabellen machen Sie mit dem Befehl *In Clienttools einblenden* wieder sichtbar.

Berechnungsbereich anzeigen: Damit wird entsprechend dem Klick auf das Symbol *Berechnungsbereich* im Start-Menü der Berechnungsbereich ein- oder ausgeblendet. Im Berechnungsbereich werden explizite Measures hinterlegt.

5.6 Arbeiten mit Spalten

Spalten in der Power Pivot-Tabelle sind gleichzusetzen mit den Feldern in der PivotTable. Jede Spalte wird in der Auswertung als Feld angeboten, und je besser die Spalten bzw. Felder in Power Pivot aufbereitet sind, desto einfacher und transparenter wird die spätere Analyse.

Ein wichtiger Aspekt dazu: PivotTables bieten keine berechneten Felder und Elemente mehr an, wenn sie auf einem Datenmodell aufgebaut sind. Umso wichtiger ist es, alle Berechnungen, die für die Analyse nötig sind, im Power Pivot durchzuführen, und zwar mit berechneten Spalten und Measures.

Jedes Tabellenblatt im Power Pivot-Fenster hat am rechten Rand eine Pseudo-Spalte mit der Überschrift *Spalte hinzufügen*. Es gibt mehrere Möglichkeiten, dieser Aufforderung nachzukommen:

5.6.1 Spalte einfügen

Klicken Sie mit der rechten Maustaste auf den Spaltenkopf und wählen Sie *Spalte einfügen*. Das geht auch in jeder anderen Spalte der Tabelle, die neue Spalte wird immer vor der markierten Spalte eingefügt.

Schneller geht es mit einer DAX-Formel: Setzen Sie den Zellzeiger in eine beliebige Zeile der neuen Spalte. Wenn Sie *Spalte hinzufügen* verwenden, entsteht mit der neuen Formel automatisch eine neue Spalte. Schreiben Sie eine DAX-Formel und schließen Sie diese mit der Eingabetaste oder per Klick auf das Häkchen-Symbol in der Bearbeitungsleiste ab.

Die neue Spalte erhält die Überschrift *Berechnete Spalte 1 … n* und sollte natürlich gleich umbenannt werden, klicken Sie dazu noch einmal in den Spaltenkopf und wählen Sie *Spalte umbenennen*.

Beispiel: Verknüpftes Feld aus dem Datenmodell holen

Hier ein Beispiel für das Arbeiten mit Spalten: In einer relationalen Datenbank sind für verknüpfte Felder nur die IDs verfügbar. Das Datenmodell verweist über die Verknüpfung zwar korrekt auf die richtige Bezeichnung, mit einer DAX-Funktion lässt sich aber auch das zur ID passende Bezeichnungsfeld anzeigen.

Die in das Datenmodell importierte Datenbank enthält u. a. eine Kundentabelle und eine Branchentabelle. Die Felder *ID (tbl_Branche)* und Branche *(tbl_Kunden)* sind relational verknüpft.

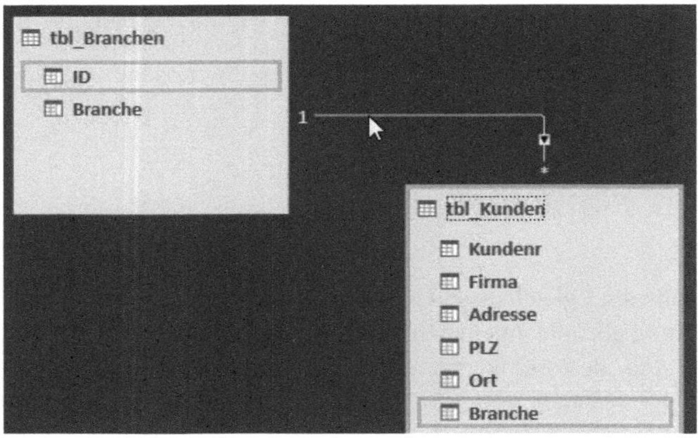

Die Tabelle *tbl_Branchen* enthält die Branchenbezeichnungen und in der ersten Spalte die eindeutige ID.

Die Tabelle *tbl_Kunden* bietet für die Branche die verknüpfte Branchen-ID an.

Schreiben Sie in die neue Spalte eine Formel mit der DAX-Funktion RELATED(), die über die Verknüpfung zur Branchenbezeichnung führt.

Die neue Spalte wird umbenannt, ...

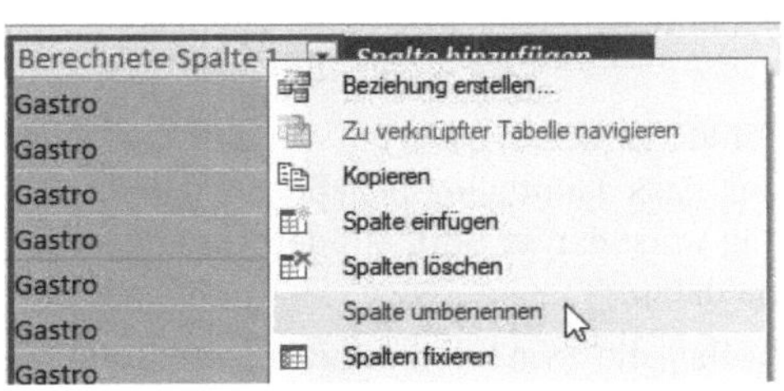

... und zeigt ab sofort die Bezeichnung der Branche an.

5.6.2 Spalten formatieren

Um das Format einer Spalte zu ändern, markieren Sie diese per Klick auf den Spaltenkopf. Wollen Sie mehrere Spalten formatieren, ziehen Sie den Mauszeiger mit gedrückter Maustaste über die Spaltenköpfe oder drücken die Umschalttaste und markieren weitere Spalten. Das Markieren von Spalten, die nicht zusammenstehen, ist nicht möglich.

Wählen Sie unter *Start/Formatierung* den Datentyp und das passende Format. Der Datentyp hat Auswirkungen darauf, wie die Daten gespeichert werden, das Format beeinflusst nur die Anzeige der Daten.

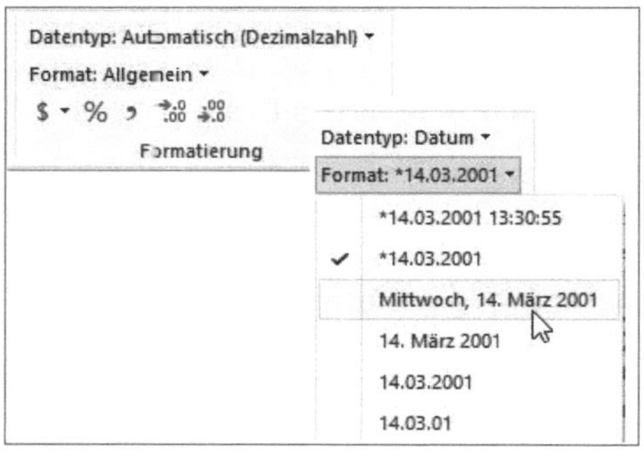

Bild 5.22
Formatierungen für Spalten

Wählen Sie einen Datentyp, wenn Sie den von Power Pivot automatisch erkannten Datentyp ändern wollen. Achten Sie aber darauf, dass der Datentyp einer Spalte für Beziehungen von Bedeutung ist. Der Datentyp *Text* wandelt Zahlenspalten in Text um. Werte, die im Textformat vorliegen, werden linksbündig gestellt. Achten Sie darauf, dass Zahlen im Textformat für Berechnungen und Kalkulation nur bedingt verwendbar sind. Für relationale Verknüpfungen mit IDs in der Diagrammansicht sollten Sie keine Textspalten verwenden.

Für Datumsspalten wird der Datentyp *Datum* angeboten. Geben Sie das passende Format an, formatieren Sie das Datum wahlweise mit Zeit, mit Wochentag, mit oder ohne führende Nullen. Hat das Format einen * am linken Rand, wird das Datum automatisch auf die regionalen Einstellungen des Betriebssystems (Windows) angepasst. Ein deutschsprachiges Datum im Format TT. MM. JJJJ wird zum Beispiel unter US-amerikanischen Regionaleinstellungen auf YYYY/MM/DD umgestellt.

Wählen Sie als Datentyp *Ganzzahl*, um die Zahlen in der markierten Spalte ohne Nachkommastellen zu formatieren. Achten Sie darauf, dass damit alle Nachkommastellen verloren gehen (nur optisch; eine Sicherungsmeldung weist darauf hin). Mit der Aktualisierung der Verbindung erhalten Sie wieder alle Originaldaten.

Wählen Sie als Datentyp *Dezimal*, können Sie über die Symbole in der unteren Zeile die Anzahl der angezeigten Nachkommastellen bestimmen.

Mit dem Datentyp *Währung* werden die Zahlen auf zwei Nachkommastellen gerundet und mit dem Währungssymbol € versehen. Um auf eine andere Währung umzuschalten, klicken Sie auf das €-Symbol und wählen eine Währung. Unter *Weitere Formate* stehen alle unter Windows verfügbaren Währungen und Währungssymbole zur Auswahl.

Ändern Sie das *Format* einer Zahl, wird der Datentyp nicht verändert. Verändert wird nur die Anzahl der Nachkommastellen und die Anzeige des Währungsformats. Für Textspalten steht nur das Textformat zur Auswahl.

Mit den Symbolen in der Gruppe *Formatierung* weisen Sie den formatierten Spalten ein Währungszeichen zu, wandeln Zahlen in Prozente um, weisen das Tausendertrennzeichen zu und definieren die Anzeige der Nachkommastellen.

TIPP: Individuelle Formate können Sie mit benutzerdefinierten Spalten erzeugen. Tragen Sie die folgende Formel in eine neue Spalte ein, verwenden Sie die in Excel üblichen Platzhalter für das Zahlenformat. Hier für die Spalte *[Datum]*:

```
=FORMAT([Datum];"MMM") Ergebnis: Jan, Feb, Mar
=FORMAT([Datum];"MMM JJ") Ergebnis: Jan 19, Feb 19 ...
```

So wird eine Zahlenspalte (*[Umsatz]*) unter Verwendung des Zahlenformats in Text umgewandelt. Achten Sie auf die US-Schreibweise im Zahlenformat: Das Komma steht für das Tausendertrennzeichen, der Punkt für den Dezimalpunkt:

```
=FORMAT([Umsatz];"#,##0.00")
```

Datentyp in Excel	Datentyp in DAX	Erklärung
Ganze Zahl	Ein ganzzahliger Wert mit 64 Bit (8 Byte)	Zahlen ohne Dezimalstellen. Ganze Zahlen können positiv oder negativ sein, der Wertebereich erstreckt sich von 9 223 372 036 854 775 808 (-2^63) bis 9 223 372 036 854 775 807 (2^63-1).
Dezimalzahl	Reelle Zahl 64 Bit (8 Byte) Maximal 15 Dezimalstellen	Zahl mit Dezimalstellen: Negativ von -1,79E+308 bis 2,23E-308 Null (0) Positiv von 2,23E-308 bis 1,79E+308
TRUE/FALSE	Boolean (logischer Wert)	True oder False
Text	Zeichenfolge	Unicode-Zeichen, maximal 256 Megazeichen oder 536 870 912 Bytes
Datum	Datum/Uhrzeit	Datumswert ab dem 1. Januar 1900
Währung	Währung	Werte zwischen 922 337 203 685 477,5808 und 922 337 203 685 477,5807 mit vier Dezimalstellen unveränderlicher Genauigkeit.
N/A	Leer	Leerer Datentyp

5.6.3 Spalte löschen

Klicken Sie mit der rechten Maustaste auf den Spaltenkopf der Spalte, die Sie löschen möchten. Wählen Sie *Spalte löschen*. Bestätigen Sie die Sicherungsabfrage mit *OK*, und die Spalte wird aus der Tabelle und damit auch aus dem Datenmodell entfernt.

Um eine (versehentlich) gelöschte Spalte wiederherzustellen, aktivieren Sie im Register *Entwurf* die Tabelleneigenschaften. Wechseln Sie im Dialogfenster von der Tabellenvorschau auf den Abfrage-Editor. Damit zeigen Sie den SQL-Befehl an, der für den Import der Daten aus der Datenquelle verantwortlich ist. Dieser Befehl lässt sich per Klick auf *Entwerfen* editieren. Schreiben Sie einfach das fehlende Feld wieder hinzu. Beispiel:

Aus der Tabelle *tbl_Biersortiment* wird die Spalte *Preis* gelöscht.

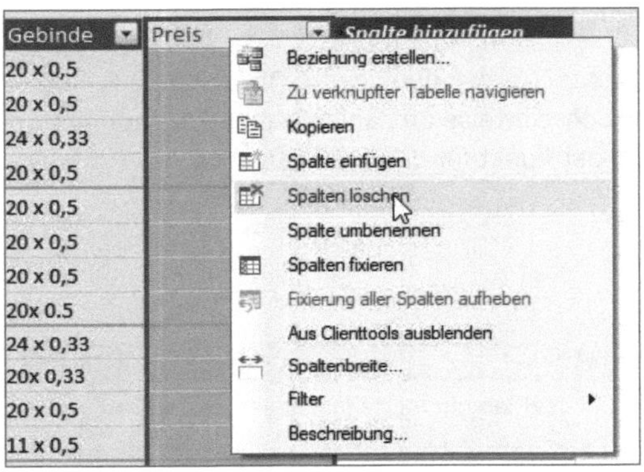

Aktivieren Sie die Tabelleneigenschaften, …

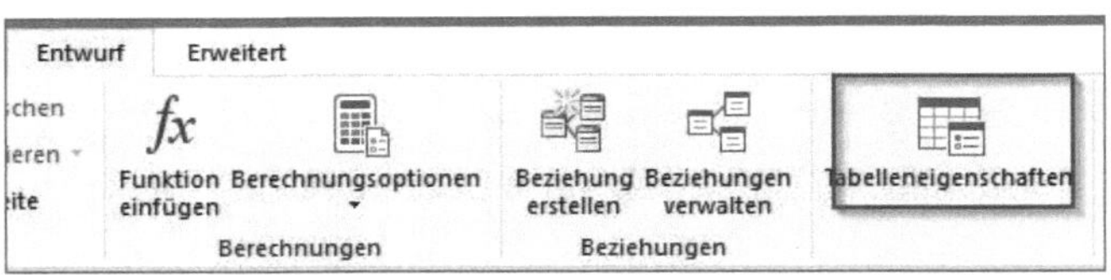

… und schalten Sie um auf den Abfrage-Editor.

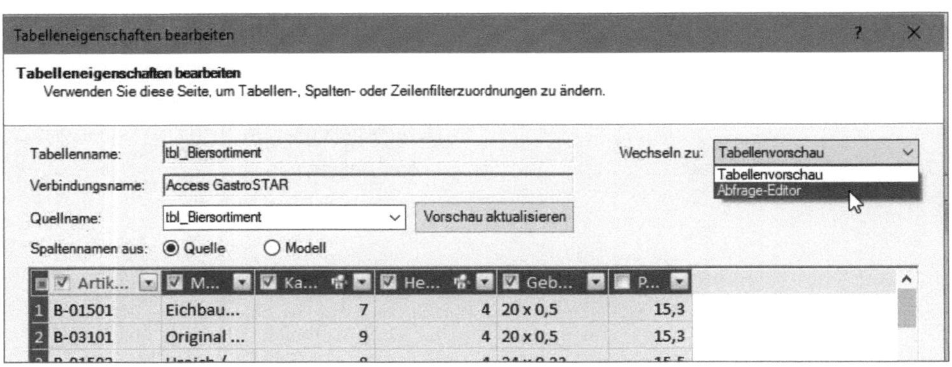

Klicken Sie auf *Entwerfen*, um den SQL-Befehl mit größerer Schrift zu bearbeiten (die Anweisung lässt sich auch direkt ändern).

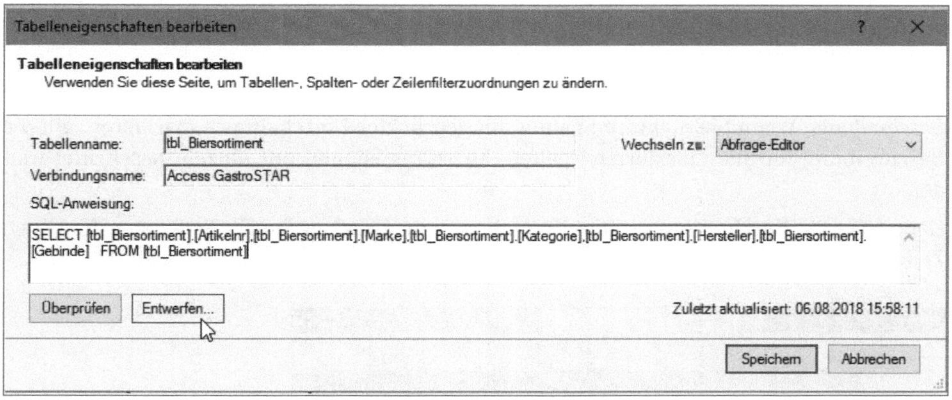

Fügen Sie die Spalte mit dem Befehlsteil

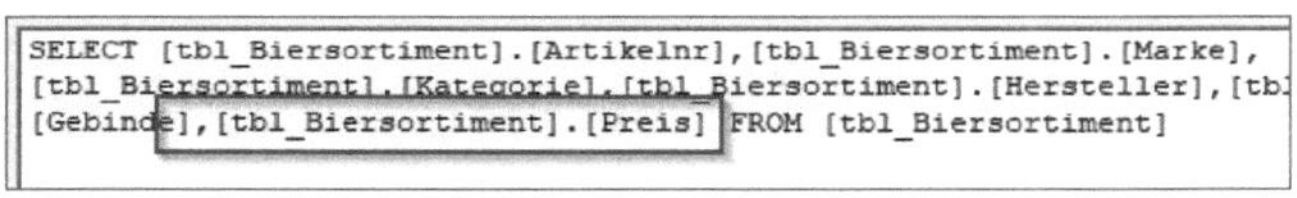


```
, [tbl_Biersortiment].[Preis]
```

nach `SELECT` und vor `FROM` ein. Achten Sie auf das Leerzeichen nach dem Komma und vor `FROM`.

Speichern Sie die Änderung an der Abfrage per Klick auf *Speichern*.

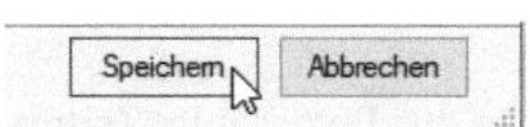

Jetzt steht die Spalte wieder zur Verfügung. Beim erneuten Aufruf der Tabelleneigenschaften können Sie nur noch den SQL-Befehl bearbeiten, nicht mehr die Tabellenstruktur.

Gebinde	Preis
20 x 0,5	15,3
20 x 0,5	15,3
24 x 0,33	15,5
20 x 0,5	16,2

5.6.4 Beschreibungen für Spalten und Measures

Im Power Pivot-Fenster können alle Spalten einer Tabelle mit Beschreibungen versehen werden. Auch die Measures im Berechnungsbereich lassen sich mit einer Beschreibung kennzeichnen (nur explizite, keine impliziten Measures).

Klicken Sie mit der rechten Maustaste in eine Spalte oder auf ein Measure und wählen Sie *Beschreibung*. Wenn Sie mehrere Spalten mit gedrückter Umschalttaste markieren, gilt die Beschreibung für alle markierten Spalten. Measures können nur einzeln beschriftet werden.

Geben Sie die Beschreibung in das Textfenster ein. Drücken Sie **Strg+Eingabe** für einen Zeilenumbruch, schließen Sie die Beschreibung mit **Eingabe** oder per Klick auf **OK** ab.

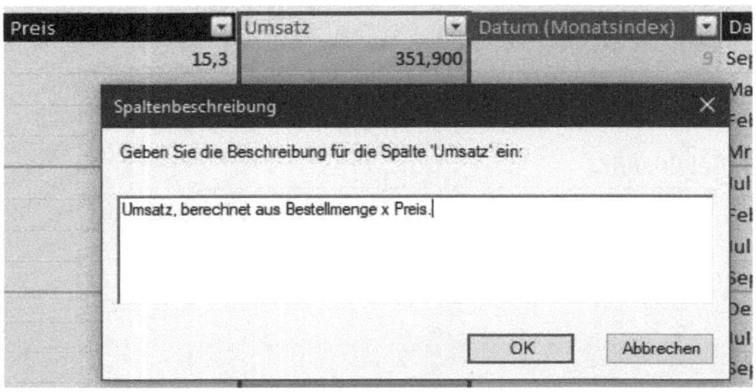

Bild 5.23 Spaltenbeschreibung für die Spalte „Umsatz“

5.7 Hierarchien

Die Technik der Hierarchien ist vergleichbar mit der Gruppierung in der PivotTable. Zeilen- und Spaltenfelder lassen sich im Pivot-Layout zu Gruppen zusammenfassen. Der Gruppenbegriff wird zum Pivot-Feld, die Detaildaten werden bei Bedarf aus- oder eingeblendet.

PivotTables, die mit Power Pivot erstellt sind, bieten diese Funktion standardmäßig nicht an. An Stelle der Gruppierung können Sie aber im Power Pivot-Fenster Hierarchien anlegen. Diese werden aus der Feldliste in das PivotTable-Layout übernommen, die untergeordneten Felder bilden dabei die Detaildaten.

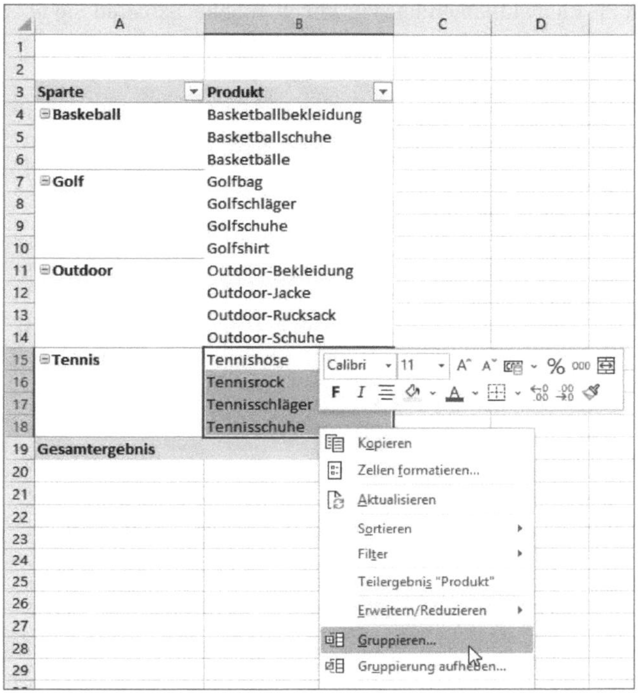

Bild 5.24
Gruppierung in der PivotTable

5.7.1 Hierarchien erstellen

Sehen wir uns das Prinzip der Hierarchien an einem Beispiel an: Die Datei *Bestellungen_Sport.csv* enthält eine Tabelle mit Bestelldaten zu Produkten. Legen Sie Hierarchien an für die Produktdetails (Kategorie, Hersteller, Farbe, Größe), für die Bestellerdetails (Land, Bundesland, Ort) und zum Bestelldatum (Monat, Jahr).

Laden Sie über *Start/Externe Daten abrufen/Aus anderen Quellen/Aus Textdatei* die Datei *Bestellungen_Sport.csv* in das Datenmodell im Power Pivot-Fenster. Wandeln Sie die CSV-Datei in eine Tabelle um (Trennzeichen Semikolon, erste Zeile enthält Spaltenüberschriften).

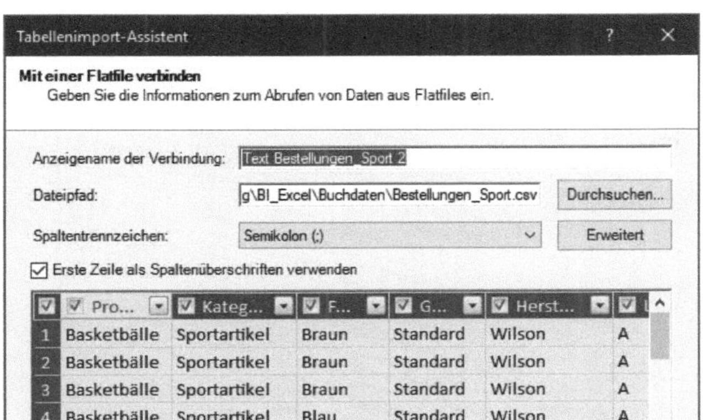

In der Diagrammansicht sehen Sie die Feldnamenliste der neuen Tabelle. Schalten Sie über *Start/Ansicht* um.

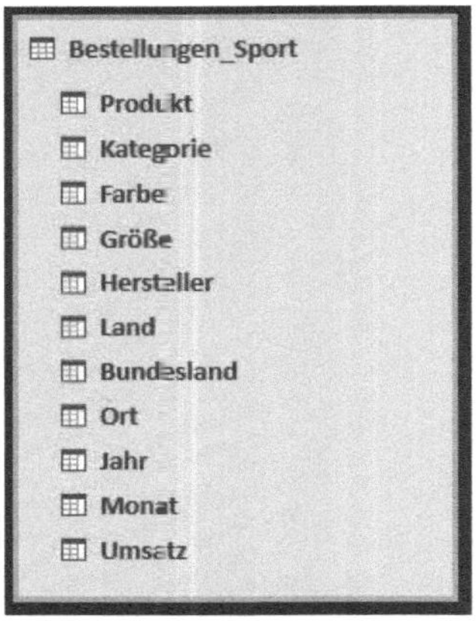

Markieren Sie für die erste Hierarchie die Felder *Kategorie, Farbe, Größe* und *Hersteller.*

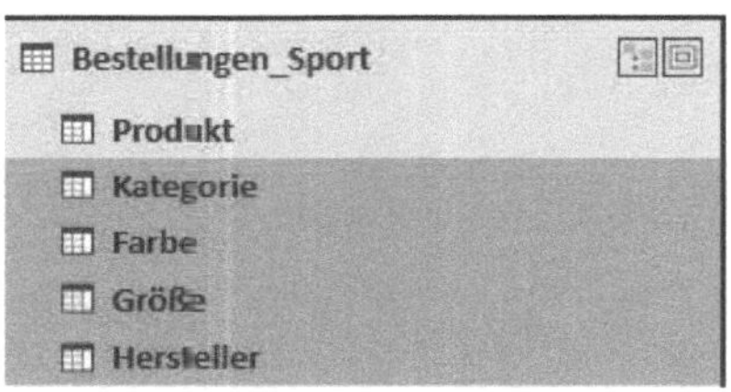

Klicken Sie mit der rechten Maustaste in die Markierung und wählen Sie *Hierarchie erstellen.*

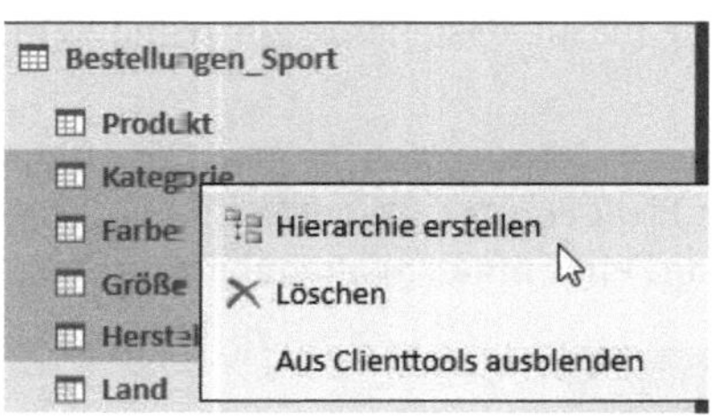

Geben Sie *Produktdetails* als Namen für die neue Hierarchie ein. Um den Namen zu ändern, drücken Sie F2 und schreiben den neuen Namen.

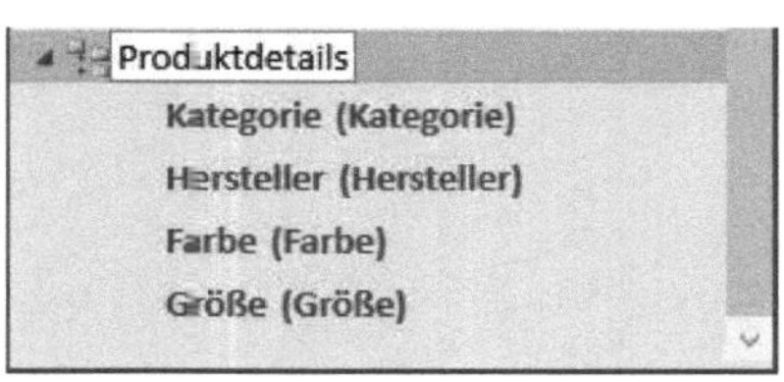

Die Felder innerhalb einer Hierarchie lassen sich ebenfalls mit **F2** umbenennen. Der Originalname bleibt (in Klammern) erhalten.

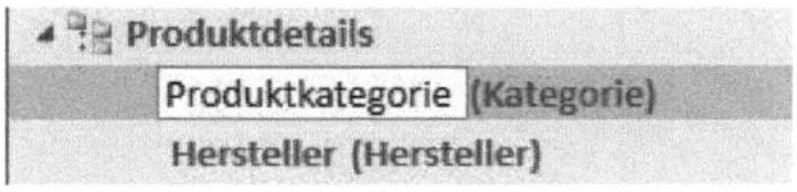

45711_05-UF250.jpg
Fügen Sie zwei weitere Hierarchien *Bestellerdetails* (mit Land, Bundesland und Ort) und *Bestelldatum* (mit Jahr und Monat) ein.

Um ein Feld innerhalb einer Hierarchie oder in eine Hierarchie zu verschieben, ziehen Sie es einfach mit gedrückter Maustaste an eine neue Position.

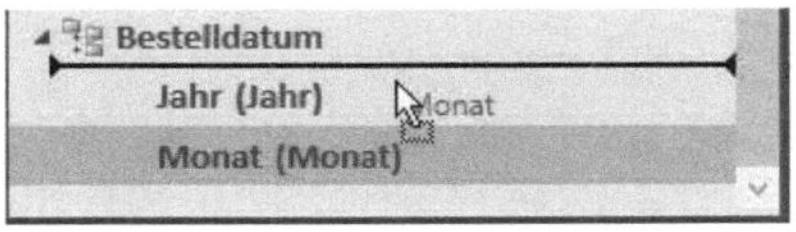

Um ein Feld aus einer Hierarchie zu löschen, klicken Sie es mit der rechten Maustaste an und wählen *Aus Hierarchie entfernen* oder drücken die **Entf**-Taste. Bestätigen Sie die Sicherungsmeldung mit *OK*. Das Feld wird damit nicht gelöscht.

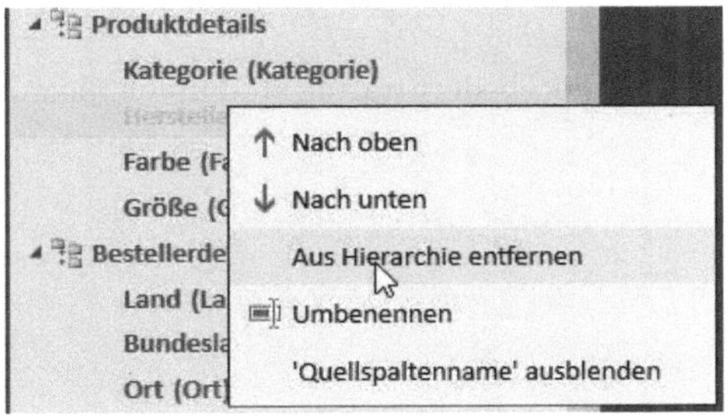

5.7.2 Hierarchien in PivotTables verwenden

Visualisieren Sie die Daten im Power Pivot-Datenmodell mit Hilfe einer PivotTable, wird diese zusätzlich zur „normalen" Feldliste die zuvor in der Diagrammansicht erstellten Hierarchien anbieten. Besonders nützlich erweist sich hier die Technik der Drilldowns/Drill-ups, mit der Sie in den Hierarchie-Ebenen blättern können.

Erstellen Sie aus der Tabelle im Datenmodell über *Start/PivotTable* eine neue PivotTable.

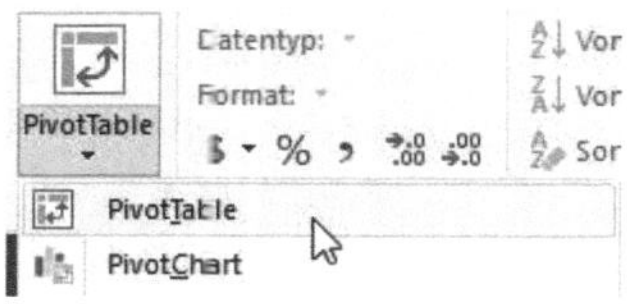

Wählen Sie die erste Option *Neues Arbeitsblatt* und bestätigen Sie mit *OK*.

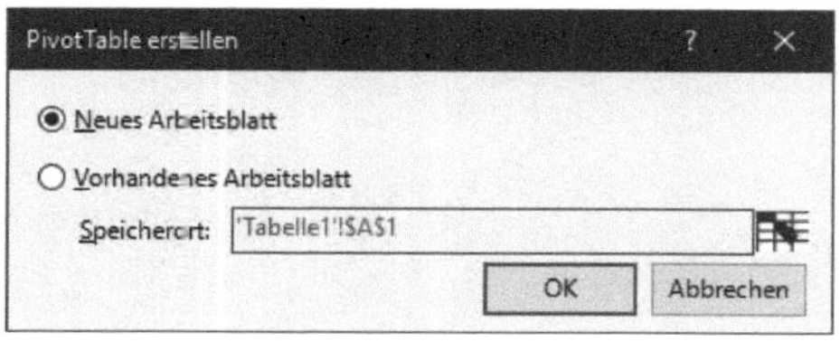

In der PivotTable-Feldliste öffnen Sie die Feldstruktur der Tabelle. Jetzt sehen Sie, dass die Hierarchien zuerst angeboten werden.

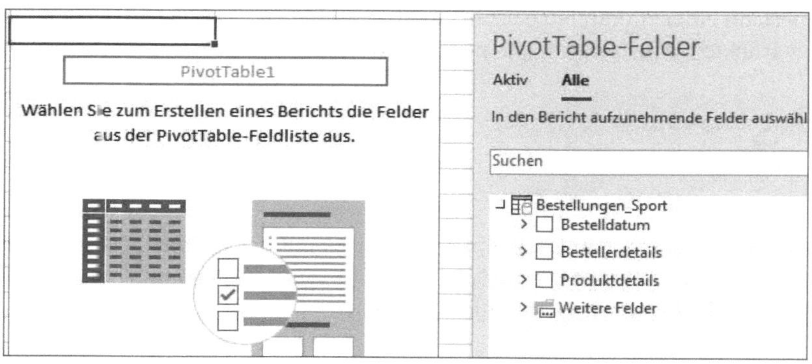

Alle Felder, die in Power Pivot nicht in Hierarchien untergliedert waren, sind unter *Weitere Felder* zu finden.

Ziehen Sie die Hierarchie *Produktdetails* in das Zeilenfeld und das Feld *Umsatz* in den Wertebereich. Angezeigt werden die Daten aus dem obersten Feld der Hierarchie, hier *Produktkategorie* bzw. *Kategorie* (Originalfeld).

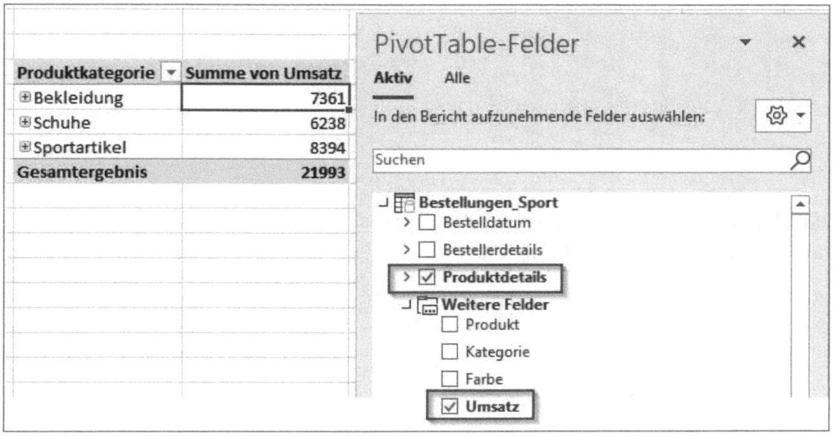

Klicken Sie unter *PivotTableTools/Analysieren/Aktives Feld* auf *Drilldown ausführen*, schaltet das Pivot-Layout in das nächste Feld der Kategorie.

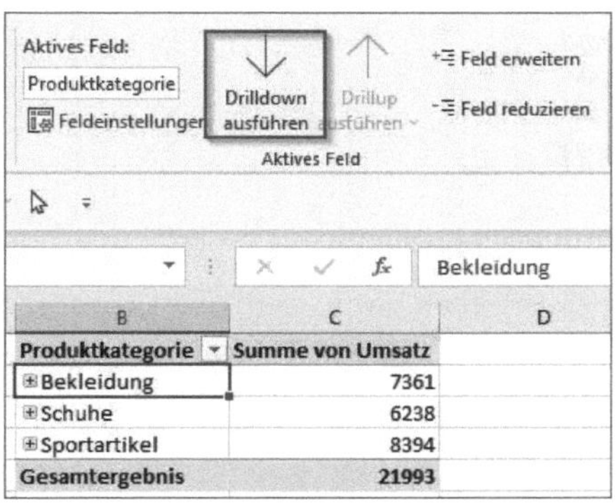

Führen Sie einen Drillup aus, um wieder in die obere Ebene der Hierarchie zurückzuschalten.

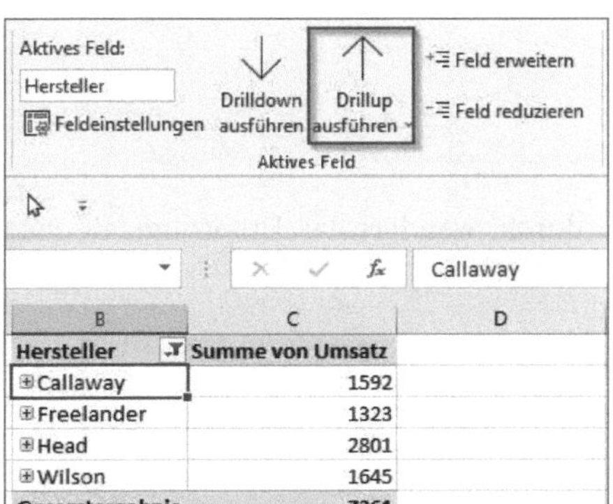

Wenn Sie mehrere Ebenen nach unten „gedrillt" haben, können Sie für den Drillup die übergeordnete Ebene aus der Liste holen. Klicken Sie dazu auf das Pfeilsymbol.

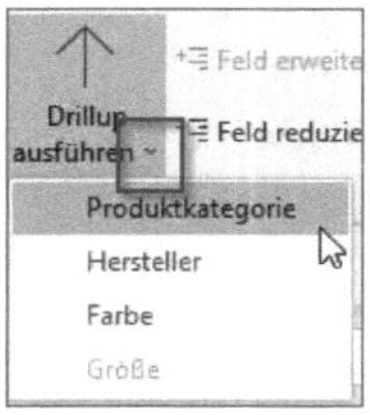

Der Schnelleinblick bietet ebenfalls einen schnellen Wechsel auf eine andere Feldebene an. Klicken Sie auf das Lupensymbol am Zellzeiger.

	A	B	C	D	E
1					
2					
3		Produktkatego	Land	Summe von Umsatz	
4		⊞ Bekleidung	⊞ A	1427	
5			⊞ CH	1645	
6			⊞ D	4289	
7		⊞ Schuhe	⊞ A	2488	
8			⊞ CH	2027	
9			⊞ D	1723	
10		⊞ Sportartikel	⊞ A	2492	
11			⊞ CH	1455	
12			⊞ D	4447	
13		Gesamtergebnis		21993	

Wählen Sie aus dem Kontextmenü die passende Drilldown-Ebene.

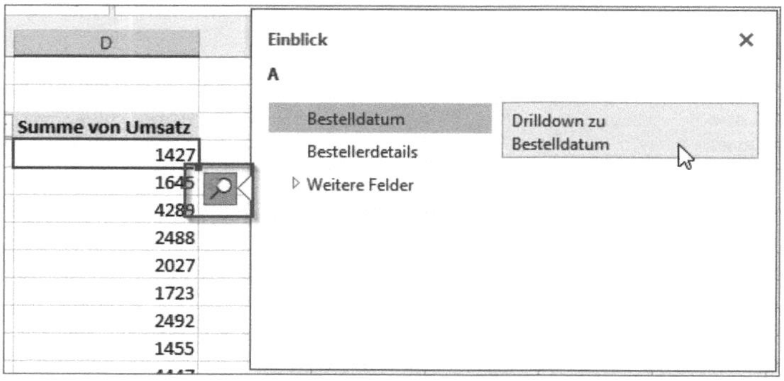

Führen Sie einen Drilldown für ein anderes Feld durch, wandert das Ursprungsfeld vom Zeilen- in den Filterbereich.

Mit Datenschnitten behalten Sie den Durchblick. Fügen Sie einen Datenschnitt für jedes Feld der Hierarchie ein.

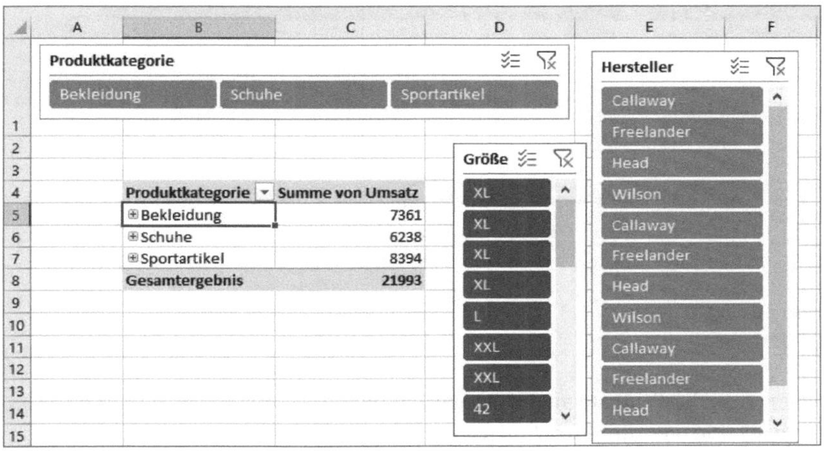

5.8 Measures erstellen und verwalten

Ein berechnetes Feld in einer Power Pivot-Tabelle wird als Measure bezeichnet. Berechnete Felder gehören zu den wichtigsten Bestandteilen des Datenmodells, da sie zusätzliche Daten generieren. Und dafür gibt es viele Varianten:

- Measures ermitteln neue Werte aus Berechnungen mit arithmetischen und logischen Operatoren unter Verwendung von Feldern der gleichen Tabelle oder von Beziehungen zu Feldern in anderen, meist relational verbundenen Tabellen.
- Measures werden häufig eingesetzt, um Felder zu kombinieren und damit eindeutige Schlüssel zu generieren, die für die relationale Verknüpfung im Datenmodell gebraucht werden.
- Mit Measures entstehen neue Felder, die andere Feldinhalte auswerten, filtern, umformatieren oder kombinieren. Die Formelsprache DAX liefert dazu die passenden Funktionen.

5.8.1 Implizite Measures

Measures sind entweder implizit oder explizit. Als implizites Measure gilt eine Berechnung, die mit der Positionierung eines Feldes im Wertebereich der PivotTable entsteht. Voraussetzung dafür ist natürlich, dass die PivotTable mit dem Datenmodell zusammenarbeitet, und dann wird das implizite Measure auch im Power Pivot-Fenster sichtbar. Üben Sie mit der Beispielmappe *Power Pivot Auswertung GastroSTAR Bier.xlsx.*

Erstellen Sie aus dem Datenmodell im Power Pivot-Fenster eine PivotTable.

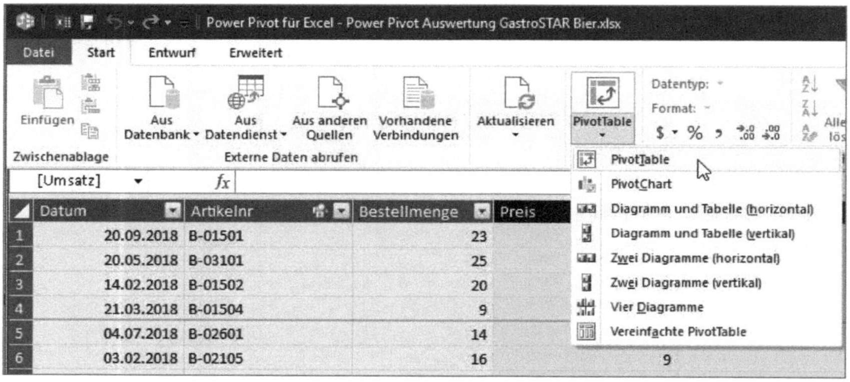

Stellen Sie sicher, dass die Feldliste angezeigt wird. Blenden Sie die Feldliste über das Kontextmenü der PivotTable oder mit *PivotTableTools/Analysieren/Einblenden/Feldliste* ein.

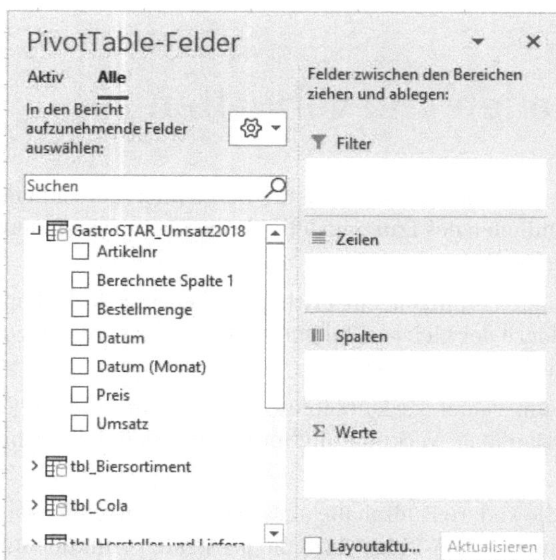

Ziehen Sie mit gedrückter Maustaste das Feld *Umsatz* aus der Feldliste in den Wertebereich. Ziehen Sie das Datum in den Zeilenbereich.

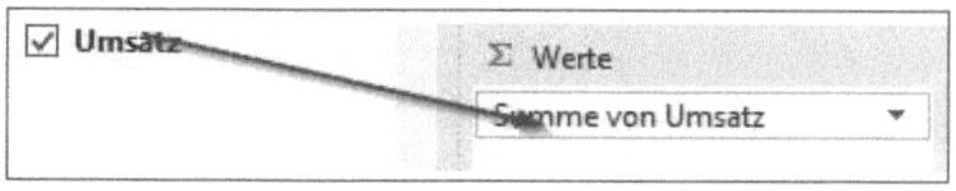

Excel ermittelt anhand des Felddatentyps die passende Aggregatfunktion. Für numerische Werte wird grundsätzlich SUMME verwendet, alle anderen Felddatentypen lösen die Aggregation ANZAHL aus.

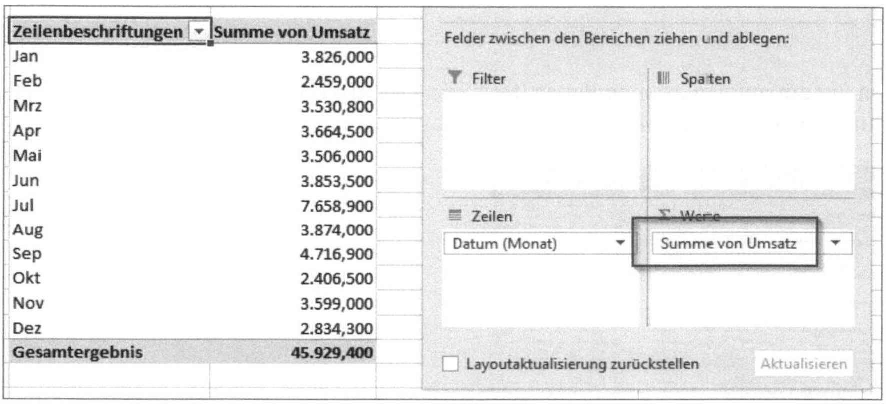

Klicken Sie mit der linken Maustaste in das Wertefeld und wählen Sie *Wertfeldeinstellungen*.

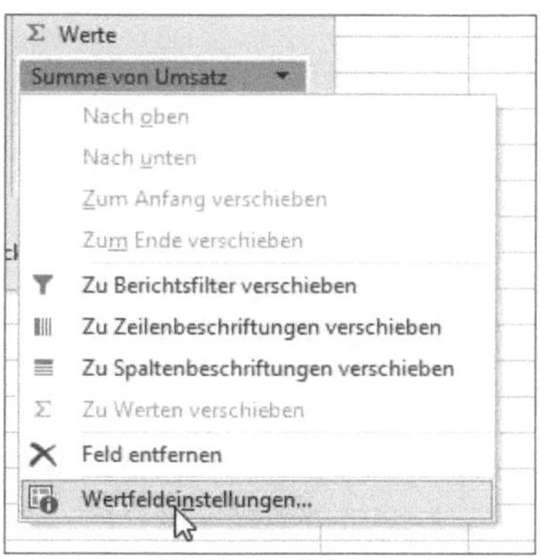

Ändern Sie den Berechnungstyp, falls nötig. Unter *Benutzerdefinierter Name* können Sie das Wertefeld umbenennen.

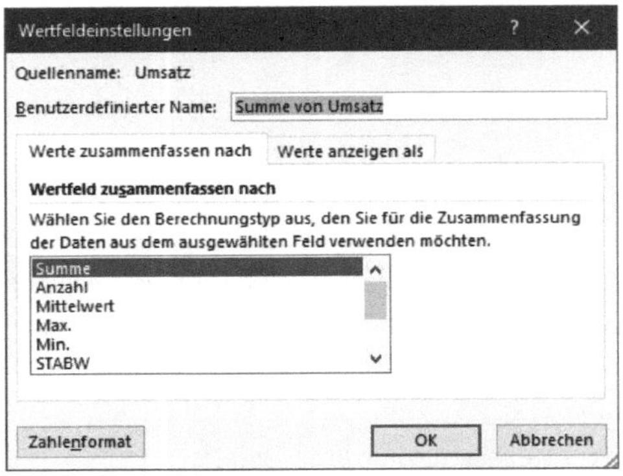

Schalten Sie um auf den zweiten Reiter *Werte anzeigen als*. Hier finden Sie weitere Berechnungsfunktionen, zum Beispiel die Ermittlung des Prozentanteils am Gesamtergebnis.

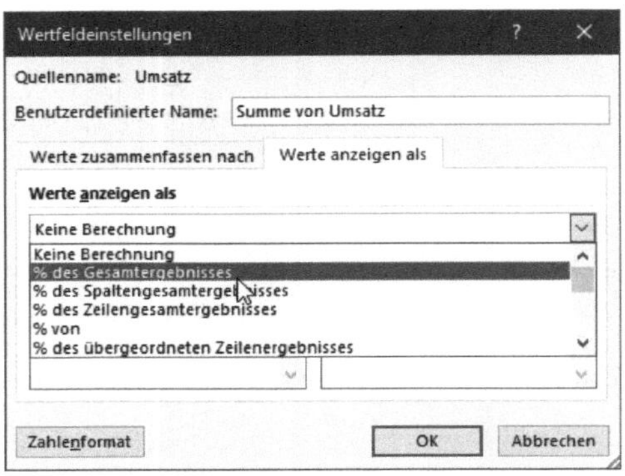

Schalten Sie um auf das Power Pivot-Fenster.

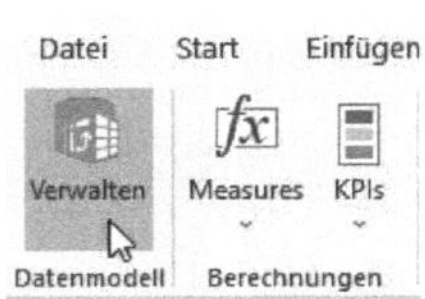

Das implizite Measure wird im Berechnungsbereich angezeigt. Schalten Sie diesen über das Symbol im Start-Menü ein, wenn er nicht sichtbar ist.

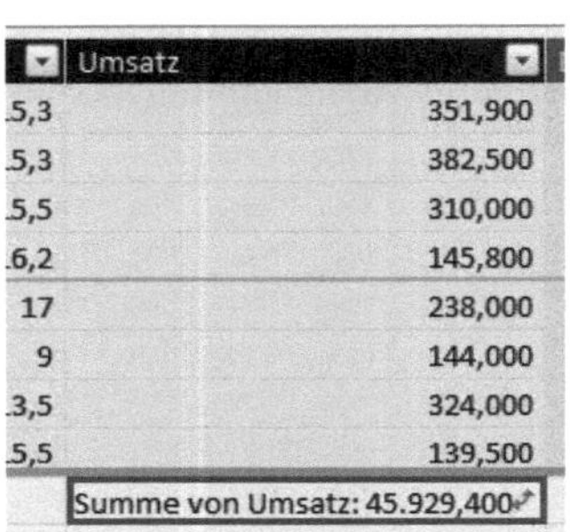

Weitere implizite Measures werden automatisch angefügt, wenn Sie die Aggregatfunktion wechseln oder neue Berechnungen in den Wertebereich einfügen.

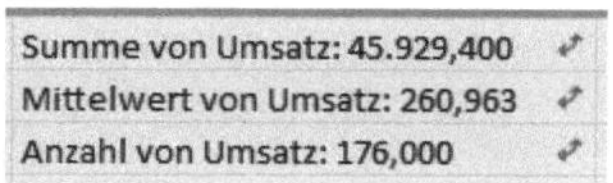

Die impliziten Measures werden nicht aus dem Datenmodell gelöscht, selbst wenn Sie die Wertefelder anschließend aus dem PivotTable-Layout entfernen. Klicken Sie das Measure mit der rechten Maustaste an und wählen Sie *Löschen* oder drücken Sie die Entf-Taste.

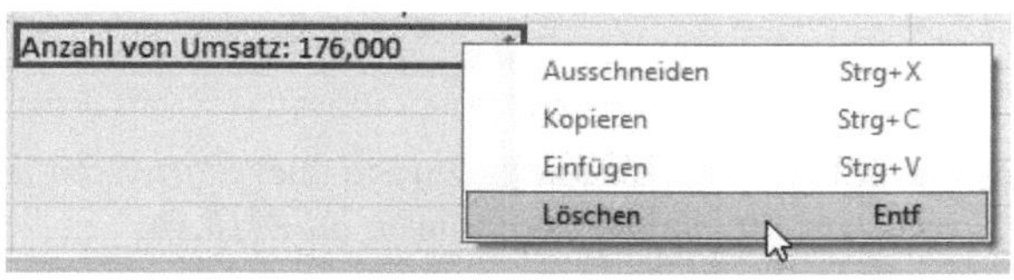

Bestätigen Sie die Meldung. Achten Sie darauf, dass das Measure damit aus dem PivotTable-Layout gelöscht wird, auch wenn es noch im Wertefeld steht.

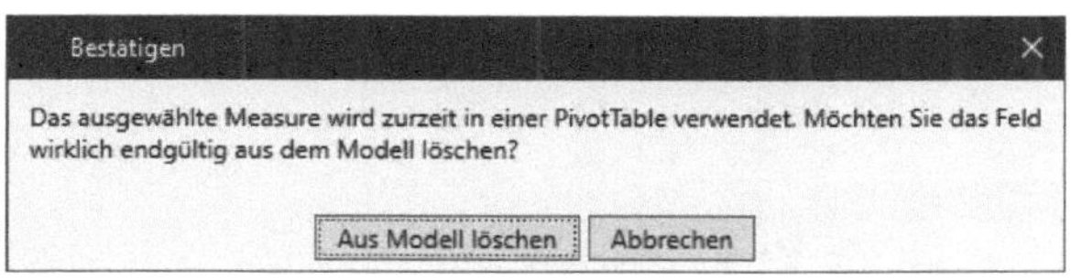

Die mit einem implizierten Measure generierte DAX-Formel wird zwar in der Bearbeitungsleiste im Power Pivot-Fenster angezeigt, kann aber nicht bearbeitet werden. Sie kann auch nur eine der Standardaggregationen SUM (Summe), COUNT (Anzahl), MIN (Minimalwert), MAX (Maximalwert), DISTINCTCOUNT (Diskrete Anzahl) oder AVG (Mittelwert) enthalten.

5.8.2 Diskrete Anzahl

Die Aggregatfunktion DISTINCTCOUNT bzw. *Diskrete Anzahl* steht für implizite Measures im Wertefeld einer PivotTable nur dann zur Verfügung, wenn diese im Power Pivot-Fenster generiert wird *(Start/PivotTable)* oder wenn die PivotTable dem Datenmodell hinzugefügt wird. In „normalen“ PivotTables wird die Funktion nicht angeboten.

Im Unterschied zur Aggregatfunktion COUNT (Anzahl) zählt *Diskrete Anzahl*, wie oft ein bestimmter Wert oder Text in einem Feld vorkommt. So lässt sich zum Beispiel in einer Tabelle mit Bestellungen ermitteln, wie viele Positionen pro Bestellung anfallen. In der Personalliste wird mit *Anzahl* die Anzahl der Mitarbeiter pro Abteilung gezählt, mit *Diskrete Anzahl* lässt sich ermitteln, wie viele Abteilungen es überhaupt gibt.

Ein Beispiel aus der Praxis: Der Marketingleiter möchte eine Kampagne starten und allen Kunden, die im ersten Halbjahr weniger als dreimal bestellt hatten, eine Werbemail mit einem günstigen Angebot schicken. Dazu lässt er sich aus der Buchhaltung die Faktura-

Liste mit Kundennummer, Bestelldatum und Rechnungsnummern schicken. Diese Liste sortiert er nach Kundenummer und Rechnungsnummer. Mit der Funktion *Diskrete Anzahl* kann er ermitteln, wie oft jeder Kunde bestellt hatte.

	A	B	C	D
1	Artikelnr	Kundenr	RechnungNr	Rechnungsdatum
2	M-360	K-01	R-43793	12.05.2018
3	M-270	K-01	R-43793	12.05.2018
4	L-270	K-01	R-51522	17.06.2018
5	S-160	K-01	R-51522	17.06.2018
6	S-170	K-01	R-57418	21.07.2018
7	P-180	K-01	R-57418	21.07.2018
8	M-380	K-01	R-57418	21.07.2018
9	M-720	K-01	R-57418	21.07.2018
10	M-730	K-02	R-72773	01.03.2018

Öffnen Sie in einer leeren Mappe das Power Pivot-Fenster und laden Sie über *Start/Externe Daten abrufen/Aus anderen Quellen/Excel-Datei* die Mappe *Rechnungen_Jul2018.xlsx.*

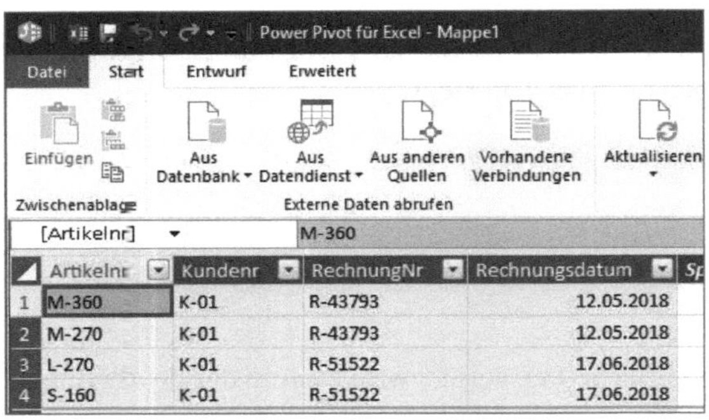

Legen Sie über das Symbol *PivotTable* eine neue PivotTable an.

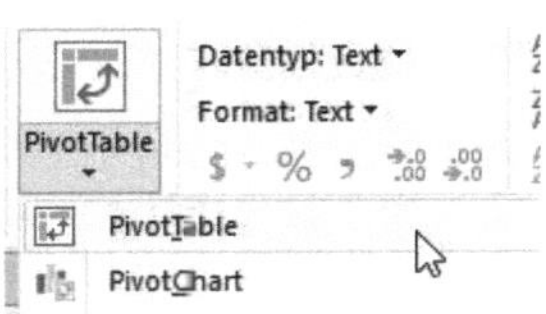

Bestätigen Sie die erste Option, um die PivotTable in einem neuen Tabellenblatt anzulegen.

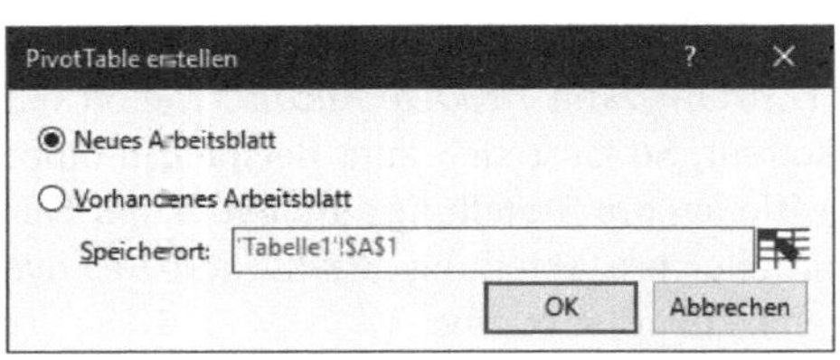

Ziehen Sie die Kundennummer in den Zeilenbereich und die Rechnungsnummer in den Wertebereich. Die Aggregatfunktion *Anzahl* wird aktiviert ...

... und die PivotTable zählt, wie viele Positionen pro Kunde bestellt wurden.

Zeilenbeschriftungen	Anzahl von RechnungNr
K-01	8
K-02	16
K-03	17
K-04	8
K-05	25
K-06	8

Aktivieren Sie per Klick die Wertfeldeinstellungen des Wertefeldes, ...

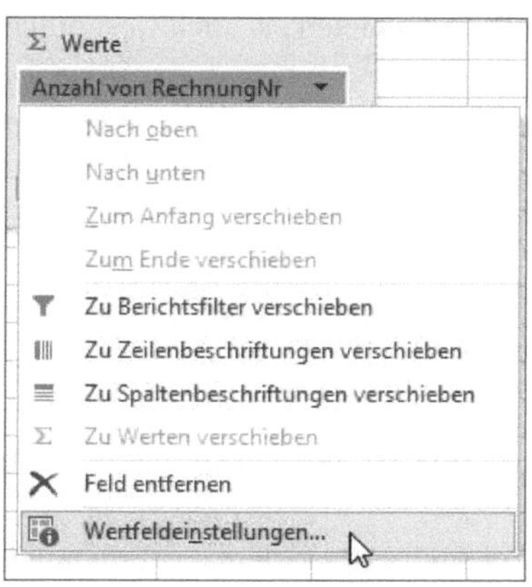

... und schalten Sie unter *Werte zusammenfassen nach* auf *Diskrete Anzahl* um.

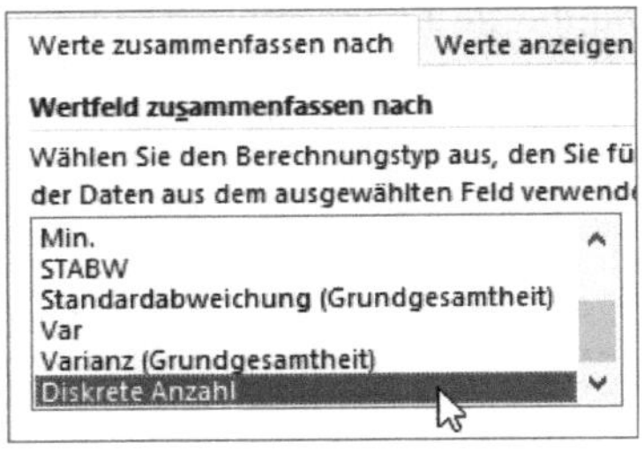

Ändern Sie die Beschriftung für das Feld auf *Anzahl Bestellungen.*

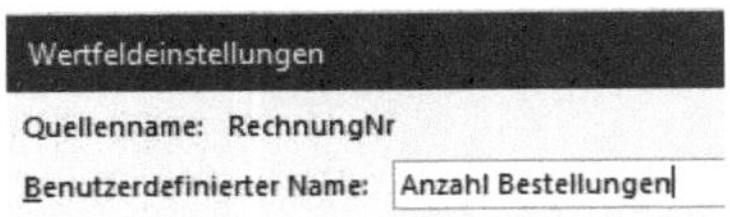

Jetzt zeigt die PivotTable das gewünschte Ergebnis, nämlich die Anzahl Bestellungen pro Kunde.

Zeilenbeschriftungen	Anzahl Bestellungen
K-01	3
K-02	3
K-03	2
K-04	1
K-05	8

5.8.3 Explizite Measures

Ein explizites Measure ist eine Berechnung im Berechnungsbereich einer Power Pivot-Tabelle. Diese Measures müssen manuell erstellt werden, sie haben nichts mit den Aggregatfunktionen im Wertebereich einer PivotTable zu tun. Deshalb bieten sie auch wesentlich mehr Möglichkeiten für die Kalkulation.

Explizite Measures werden im Berechnungsbereich des Power Pivot-Fensters erstellt und verwaltet. Wenn dieser Bereich nicht sichtbar ist, schalten Sie ihn per Klick auf das gleichnamige Symbol unter *Start/Ansicht* ein. Hier die Syntax:

```
Measurename: =Formel
```

Regeln für Measures-Namen und -Formeln

- Measurenamen können Leerzeichen enthalten, Leerzeichen vor oder nach dem Namen (führende oder folgende) sind aber nicht erlaubt.
- Die Namen müssen eindeutig sein, sie dürfen im Datenmodell nicht zweimal vorkommen.
- Measurenamen dürfen nicht gleichlautend mit Spaltennamen sein.

Diese Sonderzeichen sind in Measurebezeichnungen nicht erlaubt:

```
. , ; ' :/\ * | ? & % $ ! + = ( ) [ ] { } < >
```

- Der Name kann in eckige Klammern verpackt werden, wenn er Leerzeichen enthält:

```
[Nebenkosten lfd. Jahr]
```

- Tabellennamen können Leerzeichen enthalten, müssen in diesem Fall aber in der Measure-Formel zwischen zwei Apostrophe gestellt werden:

```
[UmsatzSumme]:=SUM('Verkauf aktuell'[Umsatz])
```

TIPP: Achten Sie auf den richtigen Apostroph: In Codes, die aus Webseiten oder von fremdsprachigen Anwendungen kopiert werden, wird oft ein anderes Zeichen verwendet, z. B. " oder ' (Akzent).

Ganz sicher gehen Sie mit dem ASCII-Code: Halten Sie die **Alt**-Taste gedrückt und geben Sie auf der Zehnertastatur den Code 039 ein: **Alt+039**.

- Spaltennamen in der Formel werden in eckigen Klammern angegeben und müssen den Tabellennamen enthalten, wenn die Spalte in mehreren Tabellen vorkommt:

```
[Umsatz total]:=SUM(Verkauf01[Umsatz]) + Verkauf02[Umsatz])
```

Measures können andere Measures als Teil des Formelausdrucks verwenden:

```
UmsatzSumme:=SUMX(Umsatz2018;Umsatz2018[Bestellmenge]*Umsatz2018[Preis])
Umsatz Plan:=[UmsatzSumme]*1,2
```

Sie können das Measure einfach in eine freie Zelle schreiben. Legen Sie eine Berechnung über das AutoSumme-Symbol an, wird das Measure in der berechneten Spalte abgelegt. Sie können die Measures aber frei positionieren, ein Measure muss nicht in der Spalte stehen, die damit berechnet wird.

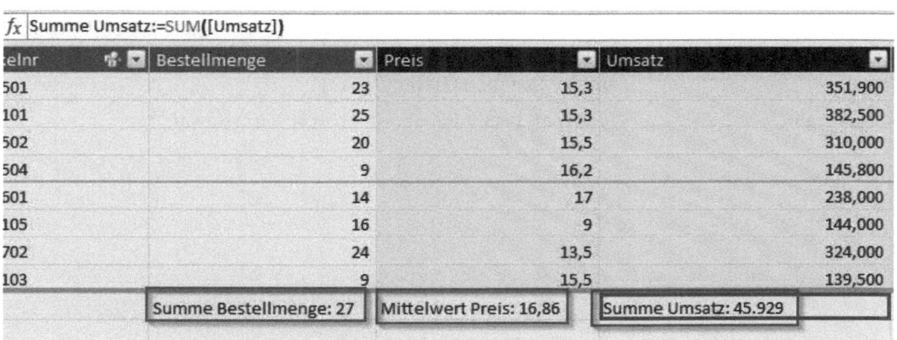

fx Summe Umsatz:=SUM([Umsatz])

elnr	Bestellmenge	Preis	Umsatz
501	23	15,3	351,900
101	25	15,3	382,500
502	20	15,5	310,000
504	9	16,2	145,800
501	14	17	238,000
105	16	9	144,000
702	24	13,5	324,000
103	9	15,5	139,500
	Summe Bestellmenge: 27	Mittelwert Preis: 16,86	Summe Umsatz: 45.929

Bild 5.25 Explizite Measures

Um ein Measure zu verschieben, markieren Sie es, wählen im Kontextmenü der rechten Maustaste *Ausschneiden* oder drücken **Strg+X**, markieren eine andere Zelle im Berechnungsbereich und drücken **Strg+V** oder Sie wählen *Einfügen* im Kontextmenü.

Im Kontextmenü finden Sie auch den Befehl *Kopieren*. Kopieren Sie damit ein Measure, setzen Sie den Zellzeiger in eine andere Zelle im Berechnungsbereich und wählen Sie *Einfügen*. Der Name des Measures wird *Kopie von ...* lauten, zwei Measures dürfen nicht denselben Namen haben.

Um ein Measure zu benennen oder umzubenennen, ändern Sie den Namen in der Bearbeitungsleiste:

Alt:

```
Summe Umsatz: =SUM([Umsatz])
```

Neu:

```
UmsatzSumme:=SUM([Umsatz])
```

Mit *Löschen* im Kontextmenü oder mit der **Entf**-Taste wird ein Measure aus dem Datenmodell gelöscht. Bestätigen Sie die Sicherheitsabfrage mit *Aus Modell löschen*. Markieren Sie mehrere Measures mit dem Mauszeiger, um diese zu löschen.

Explizite Measures per Symbol

Für die Standardfunktionen bietet das Menüband des Power Pivot-Fensters ein Symbol an. Setzen Sie den Zellzeiger in die Spalte, die Sie im Measure berechnen wollen, und klicken Sie auf die gewünschte Funktion. Das Measure wird eingefügt. Falls bereits ein Measure mit der Funktion existiert oder ein Measure markiert ist, wird eine Zelle tiefer ein weiteres angelegt. Hier die Formeln für die Spalten *[Umsatz]* und *[Monat]*:

Funktion	Formel
AutoSumme (Summe)	`Summe Umsatz:=SUM([Umsatz])`
Durchschnitt	`Mittelwert Umsatz:=AVERAGE([Umsatz])`
Max	`Maximum Umsatz:=MAX([Umsatz])`
Min	`Minimum Umsatz:=MIN([Umsatz])`
Anzahl	`Anzahl Monat:=COUNTA([Monat])`
Diskrete Anzahl	`Distinct Count Monat:=DISTINCTCOUNT([Monat])`

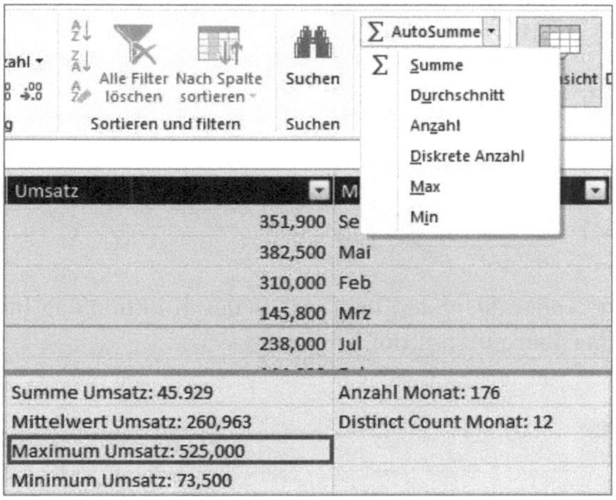

Bild 5.26
Measures im Berechnungsbereich, erzeugt mit Auto-Funktionen

Measures im Excel-Fenster erstellen

Um ein neues Measure in das Datenmodell einzubauen, müssen Sie nicht in das Power Pivot-Fenster wechseln. Legen Sie es direkt im Excel-Fenster an. Hier am Beispiel eines Measures *UmsatzSumme*, das über die DAX-Funktion SUMX() die Summe aus dem Produkt *Menge x Preis* berechnet:

Wählen Sie *Power Pivot/Berechnungen/Measures /Neues Measure.*

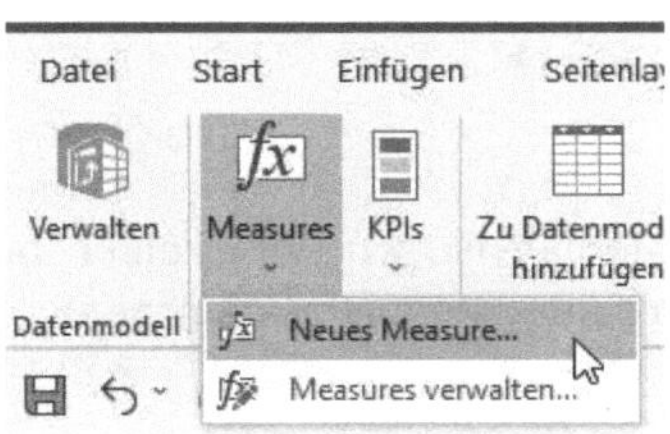

Geben Sie die Tabelle an, für die das Measure erstellt wird. Klicken Sie auf den Listenpfeil und holen Sie den Tabellennamen aus der Liste.

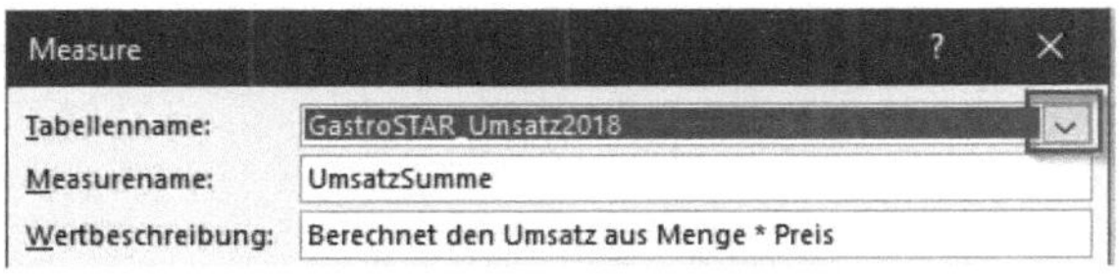

Tragen Sie die Formel in das Formelfeld ein. Ein Klick auf das *fx*-Symbol öffnet die DAX-Funktionsliste. Suchen Sie die passende Kategorie.

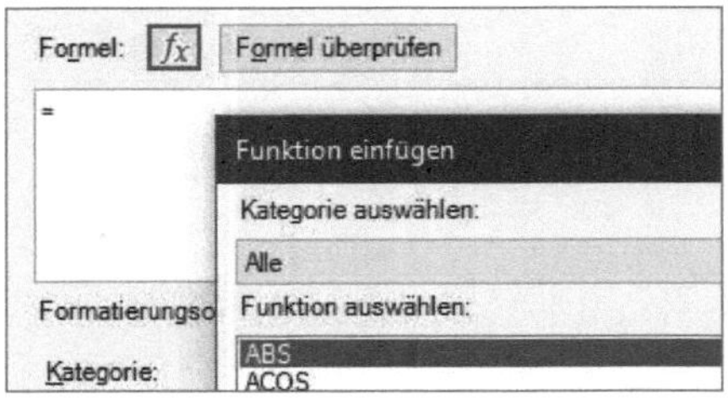

Klicken Sie in die Liste und geben Sie den oder die ersten Buchstaben der Funktion ein. Im unteren Bereich wird ein Hilfetext zur markierten Funktion angezeigt.

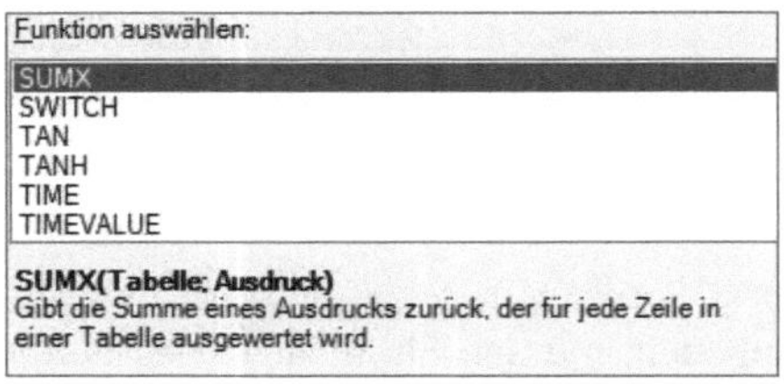

Tragen Sie die Funktion mit allen Argumenten ein (hier SUMX() mit den Argumenten *Tabelle* und *Ausdruck*.

Klicken Sie auf *Formel überprüfen*. Wenn die Funktion fehlerhaft ist, wird der Fehler im Funktionsfeld markiert und das Fehlerfeld meldet den Fehler (hier: doppeltes *Zeichen).

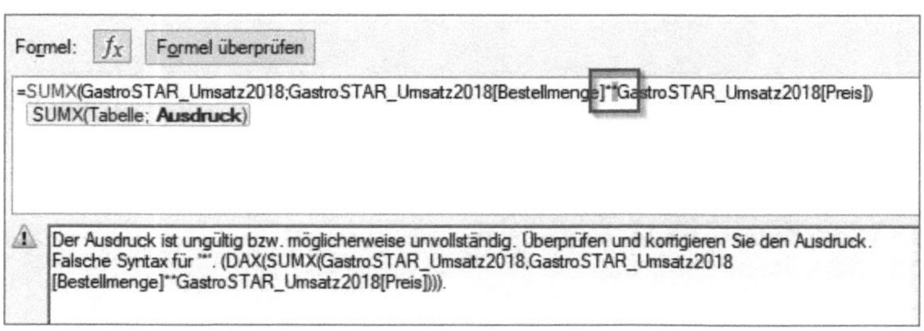

Findet die Fehlerprüfung keinen Fehler, wird der Text *Keine Fehler in Formel* angezeigt.

Ändern Sie in den Formatierungsoptionen noch das Zahlenformat. Geben Sie die Kategorie an und wählen Sie das passende Format. Wählen Sie für numerische Werte die Anzahl angezeigter Dezimalzahlen und bestimmen Sie, ob das Tausendertrennzeichen angezeigt wird.

Das Format hat auf die Berechnung des Measures keinen Einfluss.

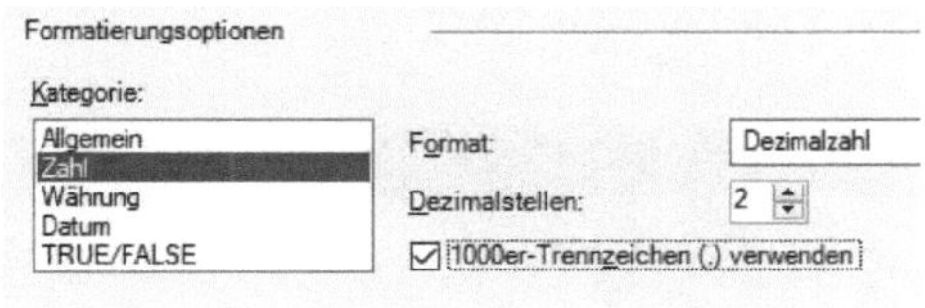

Mit *Measures verwalten* unter *Power Pivot/Berechnungen* können Sie alle Measures im Datenmodell auflisten, Measures bearbeiten, neue Measures erstellen und Measures löschen.

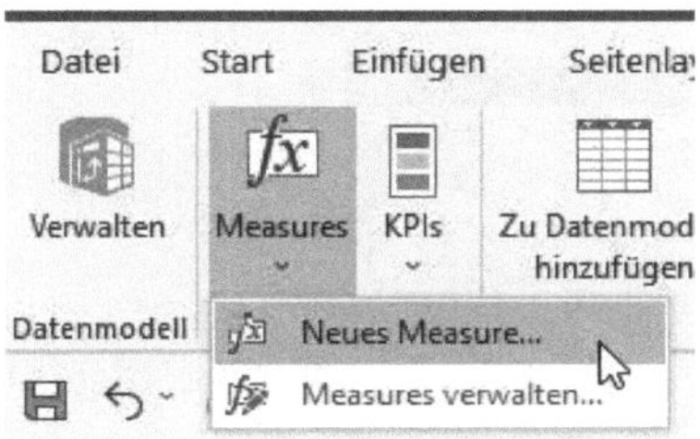

Markieren Sie ein Measure und klicken Sie auf *Bearbeiten*, um die Formel und das Format anzuzeigen.

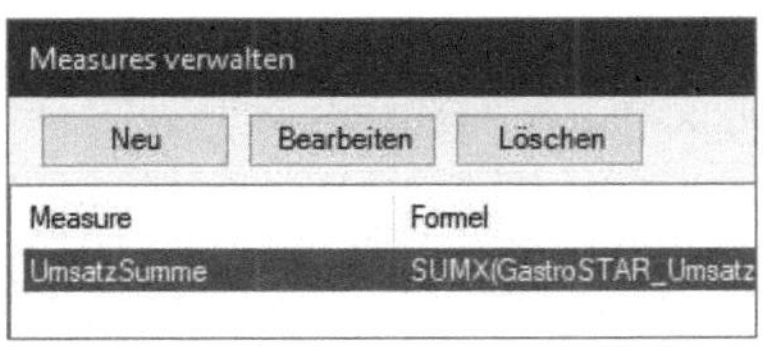

Das neue Measure erscheint in der Feldliste der PivotTable unter der Tabelle, für die es erstellt wurde. Explizite Measures sind mit einem *fx*-Symbol gekennzeichnet.

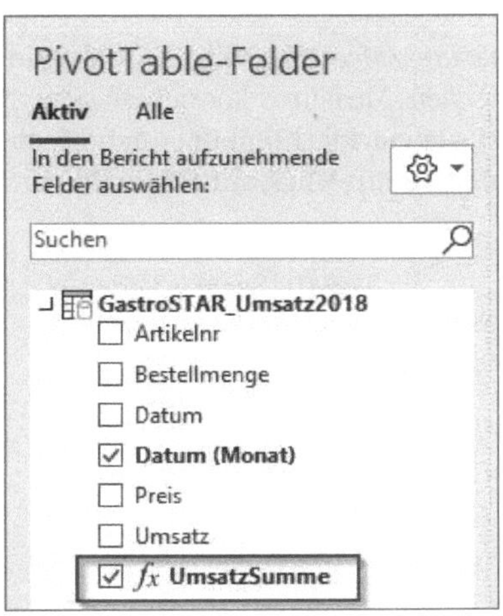

Im Power Pivot-Fenster finden Sie das Measure im Berechnungsbereich. Markieren Sie es, sehen Sie die Formel in der Bearbeitungsleiste, und in dieser können Sie die Formel auch bearbeiten.

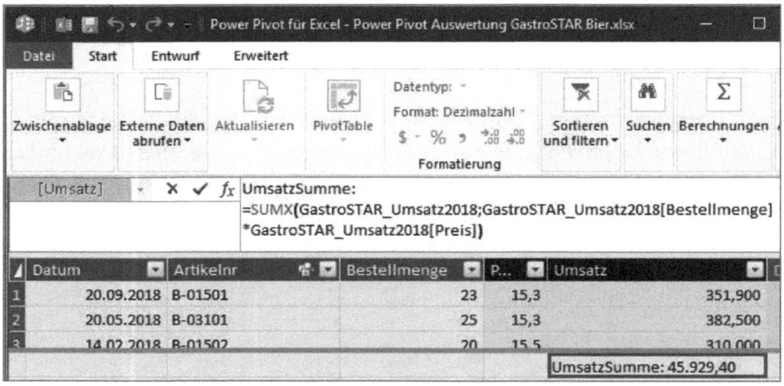

Measures in der PivotTable

Die Feldliste der PivotTable bietet ebenfalls die Möglichkeit, Measures zu erstellen und zu verwalten. Klicken Sie mit der rechten Maustaste auf den Namen der Tabelle, für die das Measure erstellt wird, und wählen Sie *Measure hinzufügen*. Um ein Measure zu bearbeiten, klicken Sie es ebenfalls mit der rechten Maustaste an und wählen *Measure bearbeiten*.

HINWEIS: Berechnete Felder und berechnete Elemente gibt es in PivotTables, die mit dem Datenmodell zusammenarbeiten, nicht mehr. Die Befehle unter *PivotTableTools/Analysieren/Berechnungen/Felder, Elemente und Gruppen* sind deshalb ausgegraut. Die Funktion berechneter Felder und Elemente übernehmen die expliziten Measures. ■

Measures löschen

Um ein Measure zu löschen, wählen Sie *Power Pivot/Measures/Measures verwalten*. Markieren Sie das Measure in der Liste und klicken Sie auf *Löschen*. Measures können aber auch überall, wo sie angezeigt werden, mit der rechten Maustaste markiert und über den Löschbefehl gelöscht werden. Bestätigen Sie die Sicherheitsabfrage mit Klick auf *OK*, dann wird das Measure gelöscht.

HINWEIS: Achten Sie darauf, dass explizite Measures, die aus der PivotTable gelöscht werden, automatisch auch aus dem Datenmodell entfernt werden. ■

■ 5.9 Time-Intelligence und KPIs

Key Performance Indicators (KPIs) repräsentieren die visuelle Berechnung einer Leistung. Üben Sie das Erstellen von KPIs an diesem Beispiel: Die Excel-Arbeitsmappe *App-Nutzerdaten.xlsx* enthält zwei Tabellenblätter:

- *Session List* listet die Session-Nummer mit User ID, Login-Datum und -zeit und die Nutzungszeit in Sekunden.
- *User List* enthält eine Liste mit User IDs und User-Kategorien.

Session ID	User ID	Login Date	Login Time	Usage time (seconds)
2153fc8d-417d-4d33-977e-526e96938594	3523	01.01.2016	06:29:57	331
c8f217a7-e85e-4eed-a41e-3177945dd736	9022	01.01.2016	06:49:10	325
38793d43-7eef-4275-aa2f-8cd36e0619be	8213	01.01.2016	07:08:24	122
47dacc1c-e081-4084-9204-067e2d51dd78	2077	01.01.2016	07:27:37	164
45aa3e71-8a57-4b94-82eb-ddc64d87a31b	3164	01.01.2016	07:46:51	358
8e52e9d2-93f7-4c90-b444-6a0f02b07702	3165	01.01.2016	08:06:05	151
6bce8892-bd66-4cc3-9e2e-c93a857ba1ef	3385	01.01.2016	08:25:18	
2fce239a-97ec-4353-a2b9-c4aa78f30e9f	5799	01.01.2016	08:44:32	
98bfc4f8-0ef2-4de4-a59c-b743a6a1d352	7551	01.01.2016	09:03:46	
c80c8df7-fbe7-40f8-92ee-dd5cc4b3ae6a	4581	01.01.2016	09:22:59	
5a5702c5-8fb9-4db4-8c8f-30e94237372f	8635	01.01.2016	09:42:13	
beb47b79-ece6-4cef-bd38-8827ef5c56db	4586	01.01.2016	10:01:26	
0ab69bbc-1d92-4bdf-bd48-1d306fa71a97	5170	01.01.2016	10:20:40	

User ID	User Category
1111	D
1112	C
1113	B
1114	B
1115	C
1116	D
1117	B
1118	E

Bild 5.27 Daten von App-Nutzern mit Loginzeiten

Öffnen Sie die Arbeitsmappe und fügen Sie die beiden Tabellen dem Datenmodell hinzu.

Um DAX-Time-Intelligence-Funktionen zu verwenden, benötigen Sie eine Kalendertabelle. Sie muss eine lückenlose Liste aller zu vergleichenden Datumsangaben enthalten.

Datum
01.01.2016
02.01.2016
03.01.2016
04.01.2016
05.01.2016
06.01.2016
07.01.2016

Erstellen Sie eine Excel-Tabelle mit den Daten vom 01.01.2016 bis zum 31.12.2017.

Ändern Sie den Namen der Tabelle in „Kalender“.

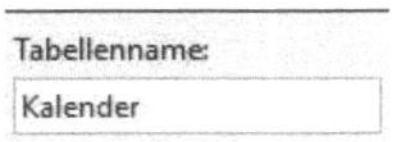

Fügen Sie die Kalender-Tabelle zum Datenmodell hinzu.

Wechseln Sie zum Register *Entwurf* im Power Pivot-Fenster und klicken Sie auf *Als Datumstabelle markieren.*

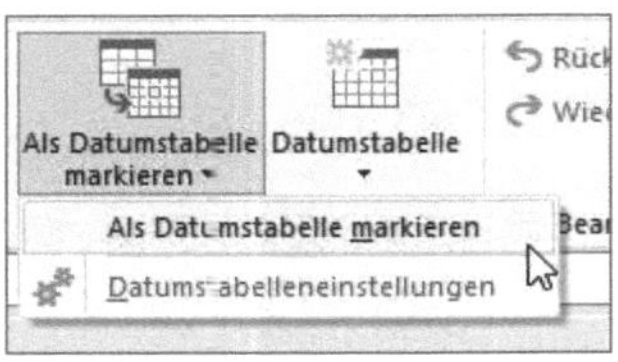

Stellen Sie in der Diagrammansicht die Beziehungen her:

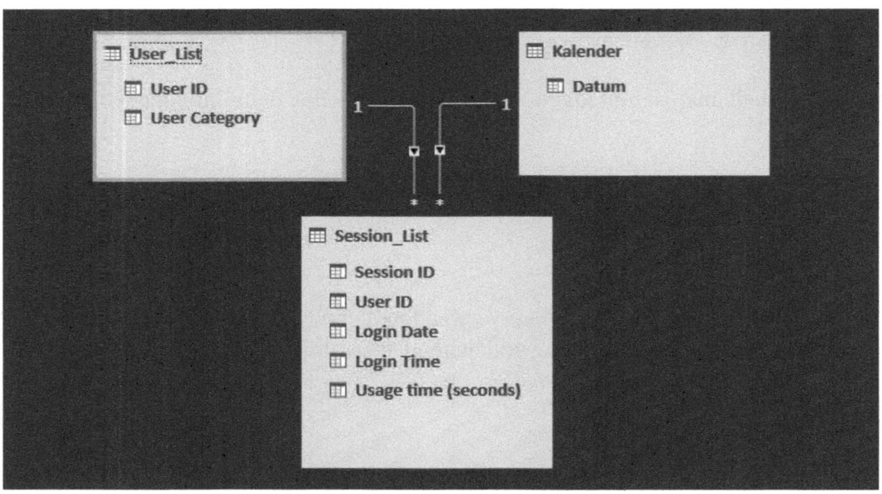


```
User ID – User ID
Datum – Login Date
```

Fügen Sie der Tabelle *Session List* folgendes Measure hinzu:

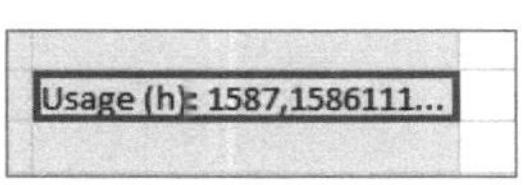

```
Usage (h) := SUM(Session_List[Usage time (seconds)])/3600
```

Damit wird die Summe der Nutzungsdauer in Stunden ermittelt.

Erstellen Sie zusätzlich folgendes Measure:

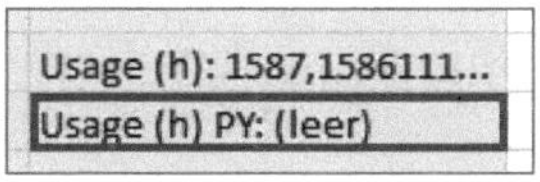


```
Usage (h) PY := CALCULATE([Usage (h)] ; SAMEPERIODLASTYEAR(Kalender[Datum]))
```

Dieses Measure gibt die Summe der Nutzungsdauer im jeweiligen Kontext im Vorjahr an.

Ändern Sie in beiden Measures die Anzahl der Dezimalstellen. Weisen Sie über *Start/Formatierung* jeweils eine Nachkommastelle aus.

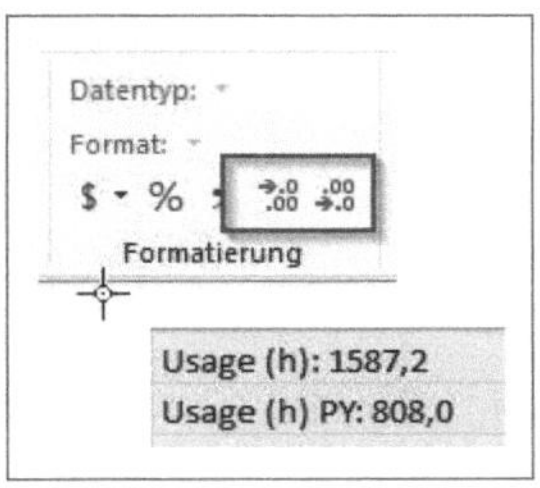

Erstellen Sie eine neue Pivot-Tabelle und verwenden Sie das Datenmodell als Datenquelle.

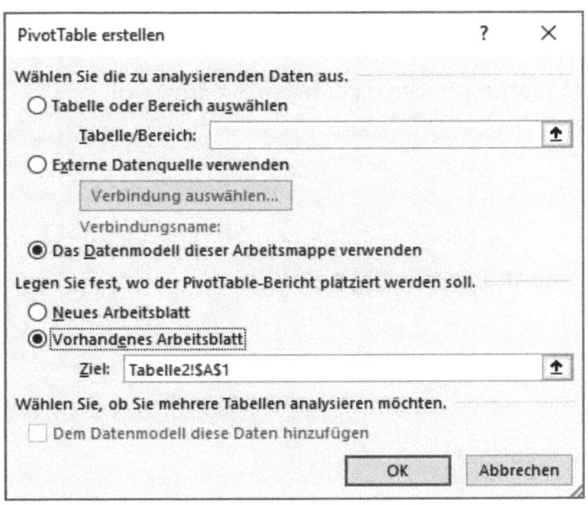

Ziehen Sie das Feld *User Category* in den Spaltenbereich und die beiden Measures *Usage (h) PY* und *Usage (h)* in den Wertebereich.

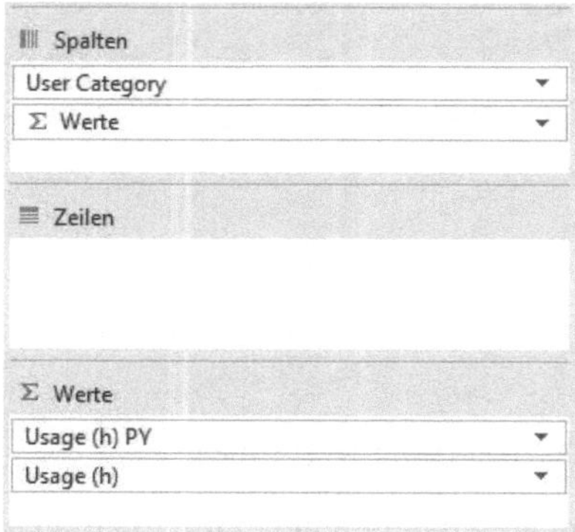

Ziehen Sie das Datum aus dem Kalender in den Zeilenbereich.

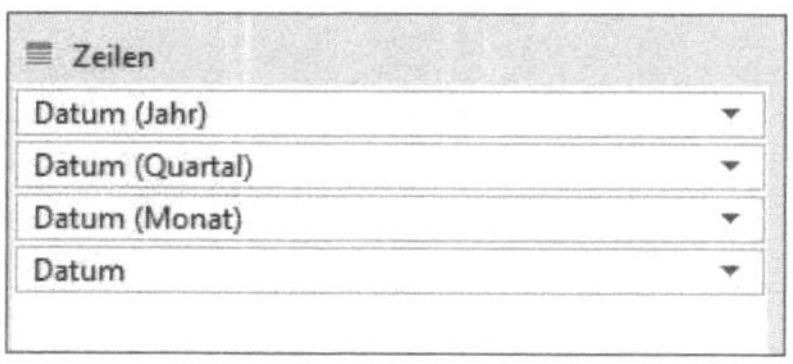

Lassen Sie nur die Gruppierungen *Jahr* und *Monat* im Zeilenbereich.

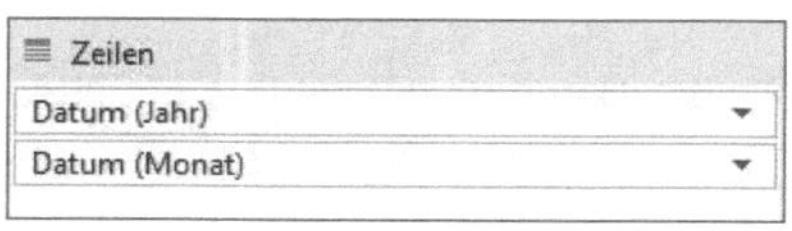

Wechseln Sie zum Power Pivot-Fenster und markieren Sie das Measure *Usage (h)*.

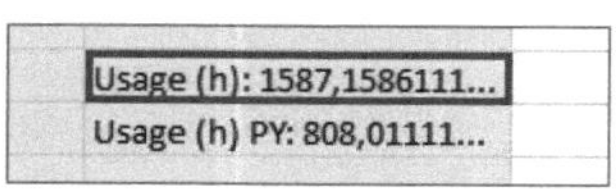

Klicken Sie im Start-Register im Bereich *Berechnungen* auf *KPI erstellen*.

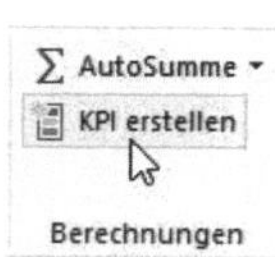

Nun können Sie entweder einen absoluten Wert als Messgröße definieren oder ein anderes Measure als Vergleich verwenden.

Wählen Sie das Measure *Usage (h) PY* aus.

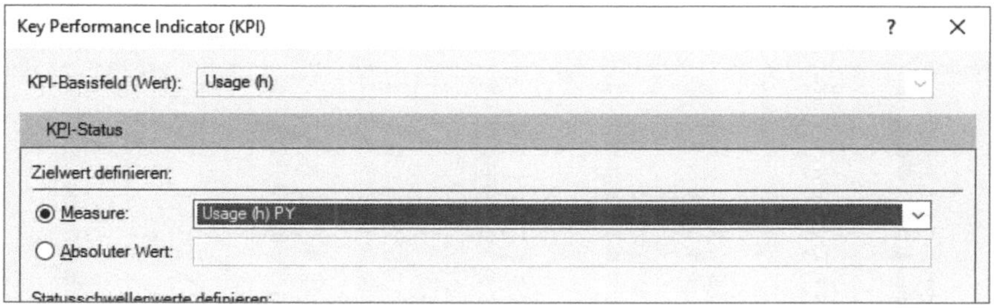

Stellen Sie die Schwellenwerte 95 % und 105 % ein.

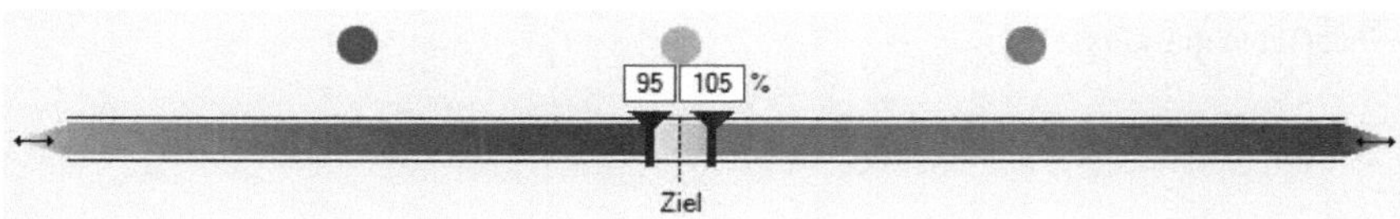

Die gewählte Symbolart ist die erste Ampel.

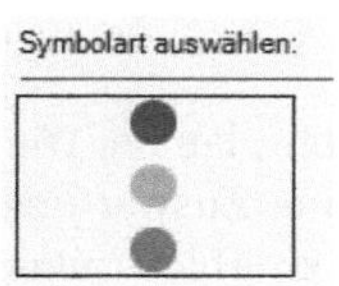

Bestätigen Sie mit *OK*.

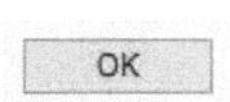

In der Pivot-Tabelle finden Sie zu dem Measure nun zwei weitere Felder: *Ziel* und *Status*.

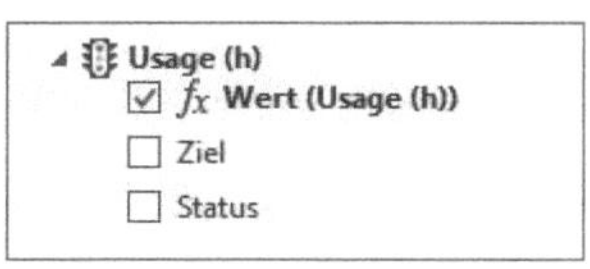

Fügen Sie „Status“ in den Wertebereich ein und ändern Sie den Namen in „Impr.“

Die Pivot-Tabelle zeigt den Vergleich mit dem Vorjahr damit auch unter Verwendung der Symbole an.

	A	B	C	D	E	F	G	H	I	J	K	L	M	N	O	P	Q
1		A			B			C			D			E			F
2		Usage (h)	Usage (h) PY	Impr.	Usage (h)	Usage (h) PY	Impr.	Usage (h)	Usage (h) PY	Impr.	Usage (h)	Usage (h) PY	Impr.	Usage (h)	Usage (h) PY	Impr.	Usage (h)
3	⊞2016	53,1			130,4			155,1			133,1			147,6			112,0
4	⊟2017																
5	Jan	4,9	5,5		11,0	10,5		15,7	13,6		10,8	11,0		13,1	14,0		11,1
6	Feb	3,5	3,9		7,2	9,8		11,4	12,8		9,6	11,0		11,5	10,0		7,1
7	Mrz	4,4	3,2		10,9	10,9		11,7	12,2		12,1	10,1		11,8	11,3		7,6
8	Apr	3,7	4,7		10,7	8,6		14,4	11,6		10,7	9,5		14,1	11,2		8,5
9	Mai	4,7	3,8		9,3	14,4		12,6	13,8		11,4	11,9		11,4	13,2		9,7
10	Jun	3,7	5,3		9,3	9,4		12,8	13,6		10,1	11,3		10,9	14,2		9,3
11	Jul	4,7	4,2		10,7	11,5		12,8	13,4		11,5	12,4		14,4	11,3		10,4
12	Aug	3,8	3,7		9,0	11,5		12,9	13,5		9,6	11,5		11,4	13,1		7,3
13	Sep	2,8	3,8		10,2	10,1		13,7	13,3		9,2	13,0		9,8	11,6		8,1
14	Okt	3,6	5,1		9,4	9,5		11,5	14,0		8,2	9,6		10,7	12,3		8,0
15	Nov	4,2	4,2		12,0	12,5		16,1	10,7		10,3	11,4		13,4	12,2		9,2
16	Dez	4,5	5,7		10,1	11,8		12,8	12,5		11,9	10,4		11,1	13,2		10,3
17	Gesamtergebnis	101,6	53,1		250,1	130,4		313,6	155,1		258,4	133,1		291,3	147,6		218,7

Bild 5.28 PivotTable mit KPIs

5.10 PivotTable in Cube-Funktionen umwandeln

BI-Auswertungen aus dem Datenmodell müssen nicht immer über PivotTables laufen. Wer nur einige aggregierte Werte wie Gesamtsummen oder Mittelwerte in seine Auswertung einbinden möchte, muss nicht unbedingt eine PivotTable dafür anlegen. Excel bietet über die Cube-Funktionen die Möglichkeit, direkt auf das Datenmodell zuzugreifen.

5.10.1 Cube-Funktionen-Übersicht

CUBEKPIELEMENT()

Syntax: `CUBEKPIELEMENT (Verbindung; kpi_Name;kpi_Eigenschaft; Beschriftung)`

Liefert Name, Eigenschaft und Measure eines Key Performance Indicators (KPI) und zeigt den Namen und die Eigenschaft in der Zelle an.

CUBEELEMENT()

Syntax: `CUBEELEMENT(Verbindung; Element_Ausdruck;Beschriftung)`

Prüft, ob das mit Hilfe von `Element_Ausdruck` angegebene Element im Cube vorhanden ist. Wenn ja, wird das Element ausgegeben.

CUBEELEMENTEIGENSCHAFT()

Syntax: `CUBEELEMENTEIGENSCHAFT(Verbindung;Element_Ausdruck; Eigenschaft)`

Liefert den Wert einer Eigenschaft des über `Element_Ausdruck` angegebenen Elements im Cube. Damit wird geprüft, ob ein entsprechender Elementname im Cube vorhanden ist. Wenn ja, wird die für dieses Element angegebene Eigenschaft zurückgegeben. Das Argument `Eigenschaft` enthält den Namen der Eigenschaft oder einen Zellbezug, der diesen Namen enthält.

CUBERANGELEMENT()

Syntax: `CUBERANGELEMENT (Verbindung; Satzausdruck;Rang; Beschriftung)`

Gibt das mit dem Wert für `Rang` angegebene Element in einer Menge zurück. Wird verwendet, um mindestens ein Element in einer Menge zurückzugeben, die meist durch die Funktion CUBEMENGE() definiert ist oder durch einen Bezug auf eine Zelle, die eine solche Funktion enthält.

CUBEMENGE()

Syntax: `CUBEMENGE (Verbindung; Menge_Ausdruck; Beschriftung; Sortierreihenfolge; Sortieren_nach)`

Sendet einen Mengenausdruck an den Cube, der die entsprechenden Daten berechnet und an Excel liefert. Mit `Beschriftung` kann eine andere Beschriftung gewählt werden als die im Cube vorhandene. Außerdem können eine Sortierreihenfolge und ein Sortierfeld benannt werden.

CUBEMENGENANZAHL()

Syntax: `CUBEMENGENANZAHL (Satz)`

Liefert die Anzahl der Elemente in einer Menge, die durch das Argument `Satz` bestimmt ist. Dieses Element besteht aus einer CUBEMENGE()-Funktion oder einem Zellbezug auf eine solche Funktion.

CUBEWERT()

Syntax: `CUBEWERT(Verbindung; Element_Ausdruck1;Element_Ausdruck2...)`

Liefert den Gesamtwert der mit den Elementausdrücken angegebenen Elemente.

5.10.2 Beispiel: Firmenumsätze

In diesem Beispiel holen wir Kundendaten und Umsätze in das Datenmodell, verknüpfen diese und stellen die Daten für eine Auswertung zur Verfügung. Mit einem Formularelement lässt sich die Auswertung flexibel gestalten.

Schalten Sie um auf Power Pivot und holen Sie eine externe Datei in das Datenmodell. Wählen Sie *Aus anderen Quellen.*

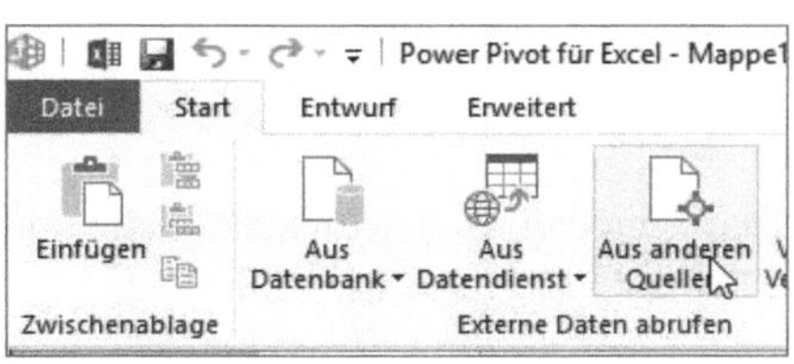

Verwenden Sie den Textdatei-Treiber *Excel-Datei.*

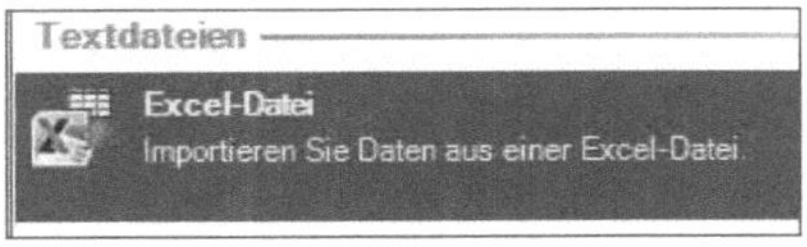

Importieren Sie die Datei *Kunden und Branchen.xlsx*. Sie enthält zwei Tabellenblätter. Achten Sie darauf, dass die Option *Erste Zeile als Spaltenüberschriften verwenden* markiert ist.

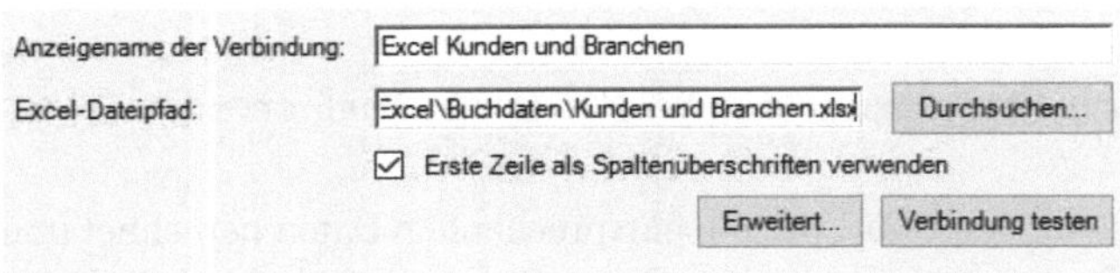

Markieren Sie die beiden Tabellenblätter, …

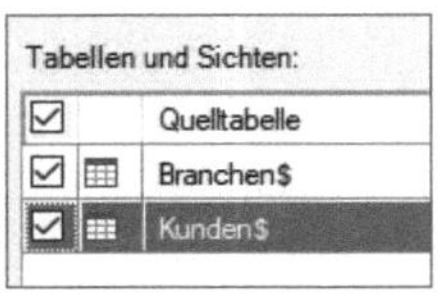

… und importieren Sie die Daten per Klick auf *Importieren*. Nach erfolgreichem Import sehen Sie die Anzahl der übertragenen Zeilen.

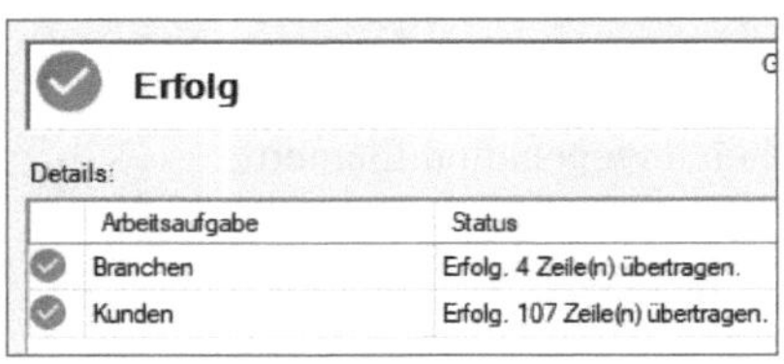

Holen Sie eine weitere Datei in das Datenmodell: *UmsatzKunden.xlsx*.

	Datum	Kundenr	Umsatz
1	20.09.2018	K-34	32681
2	20.05.2018	K-35	49888
3	14.02.2018	K-36	31835
4	21.03.2018	K-37	42070
5	04.07.2018	K-38	25098

Verknüpfen Sie die Tabellen im Datenmodell:

Ziehen Sie eine Verknüpfungslinie zwischen dem Feld *Kundennr* in der Umsatztabelle und dem Feld *Kundennr* in der Tabelle *Kunden*.

Ziehen Sie eine weitere Linie zwischen *Kunden[Branche]* und *Branchen[Branche]*.

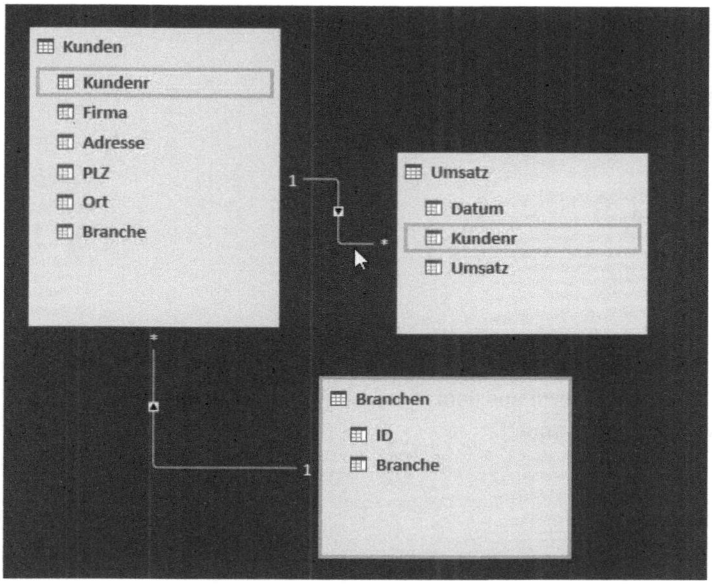

Erstellen Sie eine PivotTable aus dem Datenmodell. Das Symbol finden Sie im Start-Menü.

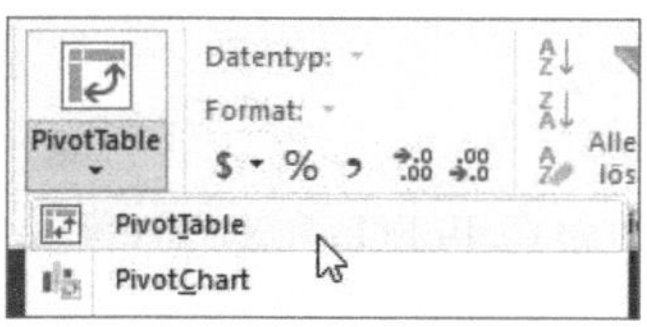

Ziehen Sie das Feld *Firma* aus der Tabelle *Kunden* in den Zeilenbereich und summieren Sie die Umsätze aus der Umsatztabelle.

Wählen Sie in den PivotTable-Tools *Analysieren/Berechnungen/OLAP-Tools/In Formeln konvertieren*.

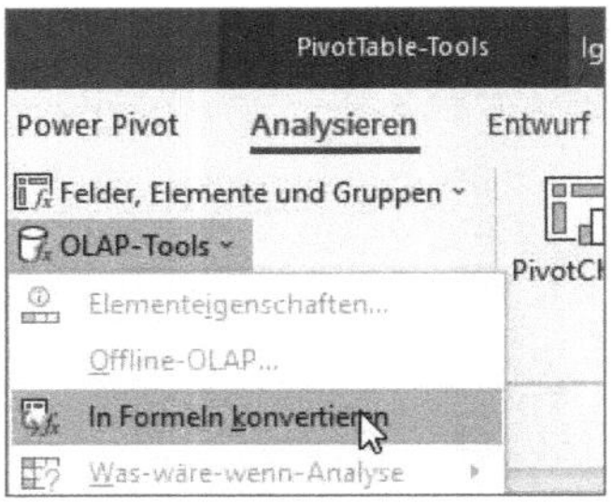

Die PivotTable wird aufgelöst, die Werte aus dem Wertebereich werden in Formeln mit der Cube-Funktion CUBEWERT() umgewandelt.

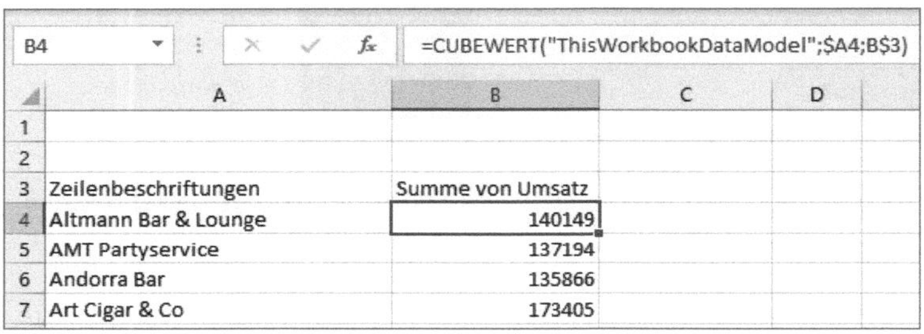

Für die Elemente der Zeilenbeschriftung wird die Cube-Funktion CUBEELEMENT() verwendet.

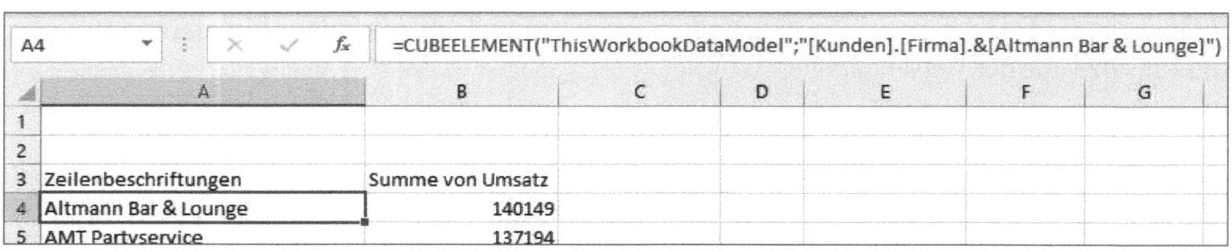

Legen Sie in einem separaten Tabellenblatt eine Liste mit Firmennamen an und weisen Sie dieser Liste über *Formeln/Definierte Namen – Namen definieren* den Bereichsnamen *Firmen* zu.

Legen Sie ein weiteres Tabellenblatt an. Markieren Sie die Zelle C4 und wählen Sie *Daten/Datentools/Datenüberprüfun*. Schalten Sie unter *Einstellungen/Zulassen* auf *Liste* und geben Sie unter *Quelle:* „=Firmen“ ein.

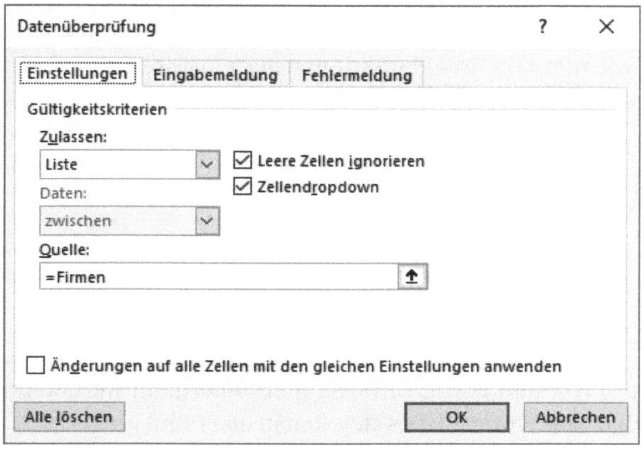

Jetzt können Sie über den Pfeil am rechten Zellenrand eine Auswahlliste mit den Firmennamen öffnen. Tragen Sie noch die Beschriftung ein:

```
Zelle C3:
Wählen Sie eine Firma:
```

Mit dieser Formel suchen Sie in D4 die Umsatzsumme für die gewählte Firma im Datenmodell-Cube:

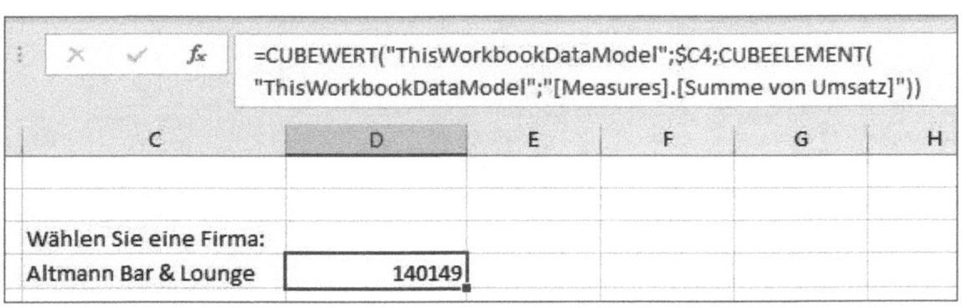


```
=CUBEWERT("ThisWorkbookDataModel";$C4;CUBEELEMENT("ThisWorkbookDataModel";"[Measures].
[Summe von Umsatz]"))
```

5.11 Einführung in DAX

Für Berechnungen innerhalb von Power Pivot-Tabellen steht mit DAX (Data Analysis Expressions) eine neue Formelsprache zur Verfügung. DAX-Funktionen arbeiten mit Werten, Texten, Operatoren und können wie normale Excel-Funktionen auch andere Funktionen schachteln. Im Unterschied zur Excel-Funktion benutzt eine DAX-Funktion aber keine Bezüge wie $A$1:A$20, sondern arbeitet ausschließlich mit Tabellennamen und Spaltenbezeichnungen. Auch die Aggregation von Spaltenwerten ist möglich, eine Funktion, die bisher nur in den Datenbanksprachen verfügbar war.

5.11.1 Was ist DAX?

DAX ist die Formelsprache von Power Pivot und Power BI Desktop. Die Formeln werden im Power Pivot-Fenster oder in der Applikation Power BI Desktop konstruiert und eingesetzt.

> **HINWEIS:** In Excel können Sie übrigens auch DAX-Funktionen für Measures verwenden. Dazu fügen Sie in einer PivotTable oder in einem PivotChart ein Measure hinzu und formulieren dieses per DAX aus.

DAX ist die Abkürzung von Data Analysis Expressions, einfach übersetzt als „Formeln (Ausdrücke) für die Datenanalyse“. DAX ist keine Programmiersprache, sondern eine Formelsprache. DAX enthält wie Excel selbst eine große Anzahl von Funktionen. Im Gegensatz zur (einfacheren) Excel-Formelsprache gibt es aber auch die Möglichkeit, Konstanten und Variablen zu verwenden. Und DAX arbeitet auf zwei Ebenen:

- In der Spalte berechnet die Formel mit den Werten aus anderen Spalten und ermittelt damit das Zeilenergebnis.
- Im Berechnungsbereich arbeitet die Formel mit Zusammenfassungen von Spalten (z. B. Summen oder Mittelwerte) und berechnet damit einen einzelnen Wert, der sich auf die gesamte Tabelle bezieht.

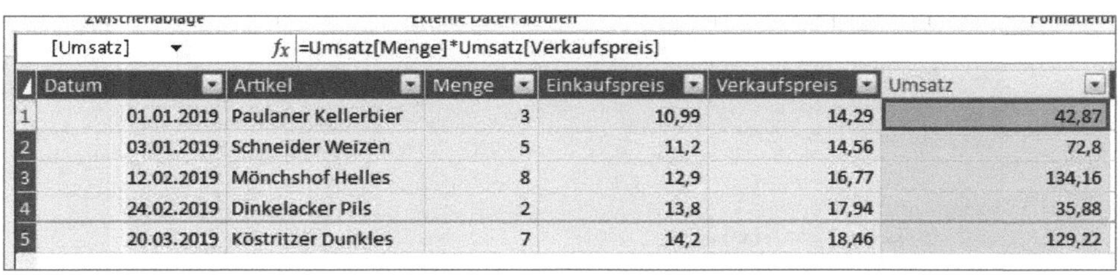

Bild 5.29 DAX-Formel im Spaltenbereich

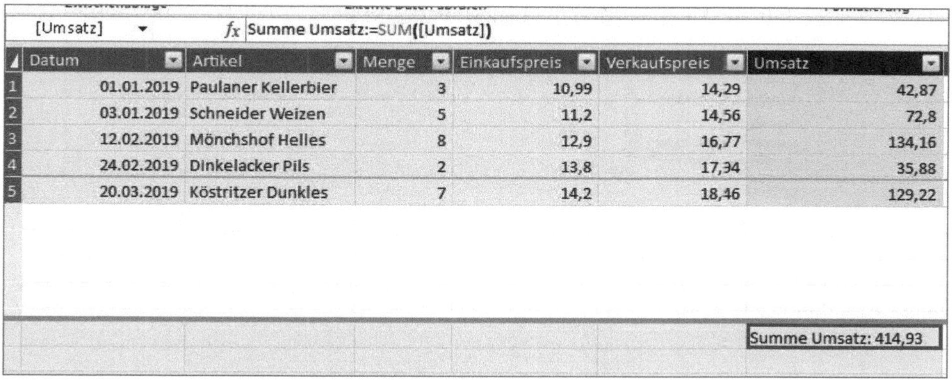

[Umsatz] fx Summe Umsatz:=SUM([Umsatz])

	Datum	Artikel	Menge	Einkaufspreis	Verkaufspreis	Umsatz
1	01.01.2019	Paulaner Kellerbier	3	10,99	14,29	42,87
2	03.01.2019	Schneider Weizen	5	11,2	14,56	72,8
3	12.02.2019	Mönchshof Helles	8	12,9	16,77	134,16
4	24.02.2019	Dinkelacker Pils	2	13,8	17,34	35,88
5	20.03.2019	Köstritzer Dunkles	7	14,2	18,46	129,22

Summe Umsatz: 414,93

Bild 5.30 DAX-Formel im Berechnungsbereich

Die Unterschiede zwischen DAX und der Excel-Formelsammlung sind groß. DAX-Formeln und Funktionen können nicht zusammen mit Excel-Formeln (und Excel-Funktionen) verwendet werden. DAX spricht Englisch, die Funktionsargumente verwenden das Semikolon als Trennzeichen.

5.11.2 DAX-Funktionen erstellen

Die einfachste Möglichkeit, eine DAX-Funktion zu erstellen: Schreiben Sie die Funktion in die Zelle, wenn Sie sie kennen. Suchen Sie eine passende Funktion, sollten Sie es mit dem oder den Anfangsbuchstaben probieren (z. B. „=mon“ für „=MONTH“). Der Assistent schlägt alle Funktionen vor, die mit diesen Buchstaben beginnen.

Setzen Sie den Zellzeiger in die Zelle, in der Sie die Funktion erstellen wollen.

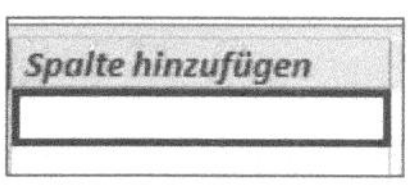

Schreiben Sie ein Gleichheitszeichen.

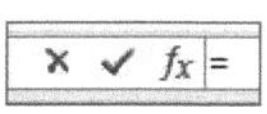

Geben Sie die ersten Buchstaben ein. Die Liste zeigt immer alle Funktionen an, die der Suche entsprechen.

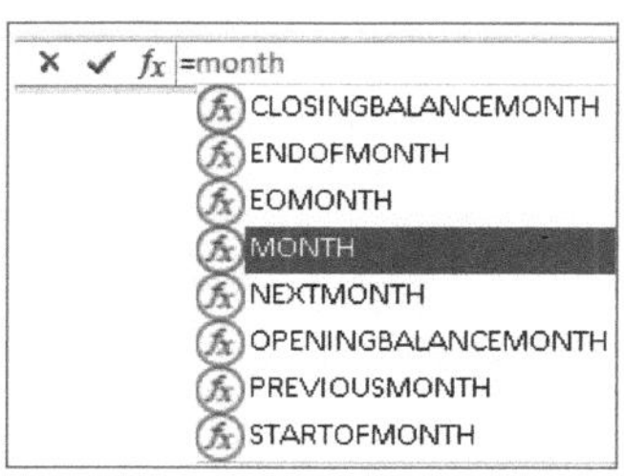

Markieren Sie mit den Cursortasten die passende Funktion, …

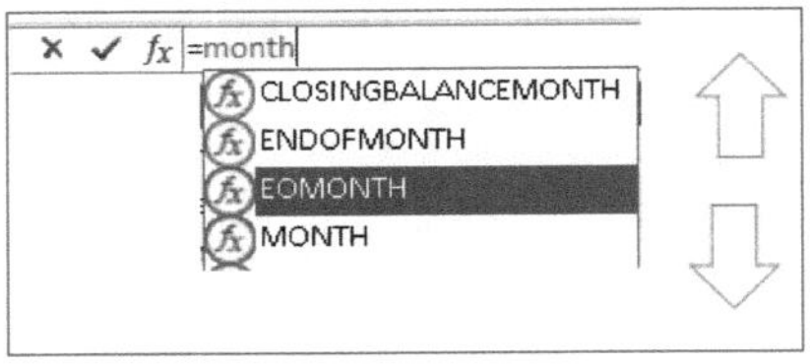

… und drücken Sie die Tab-Taste (nicht Eingabe!), um die Funktion in die Bearbeitungsleiste zu holen.

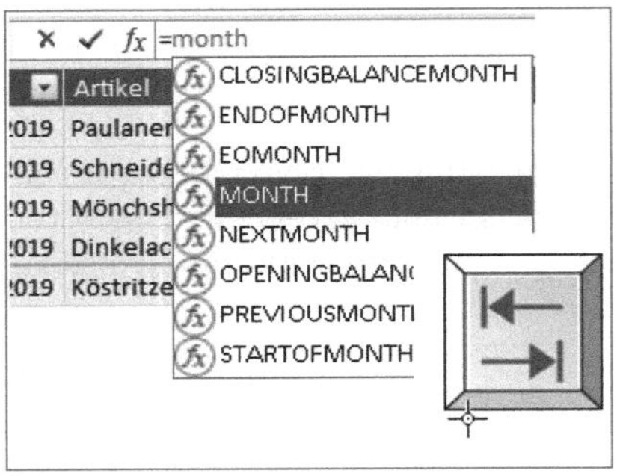

Schreiben Sie die öffnende Funktionsklammer. In der Funktionshilfe werden die Argumente angezeigt (in Klammern = optional).

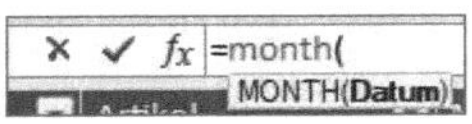

Tragen Sie die Argumente ein oder holen Sie diese per Klick auf das Zeilenelement aus einer Spalte.

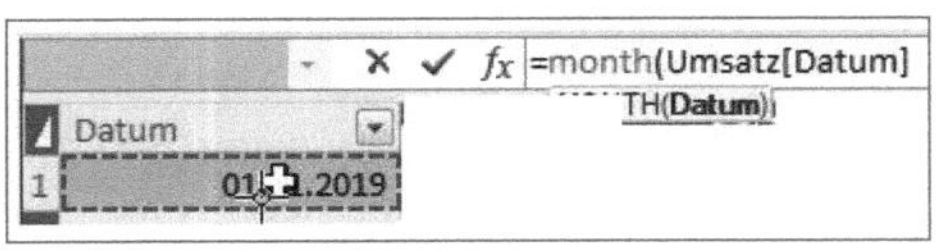

Schreiben Sie ein Semikolon (;) für das nächste Argument.

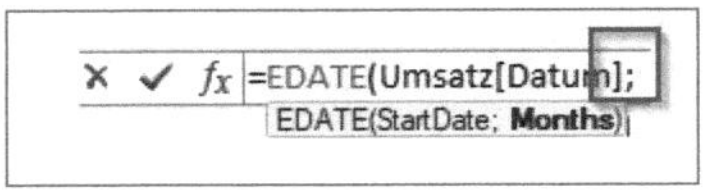

Schreiben Sie eine schließende Klammer, wenn die Funktion vollständig ist.

Achten Sie auf diese Hilfestellung: Klammernpaare, die zusammengehören, werden fett gedruckt, wenn der Cursor verschoben wird.

Und noch eine Hilfestellung: Falsche Argumente oder Argumente, die zu einem Funktionsfehler führen, werden rot unterkringelt.

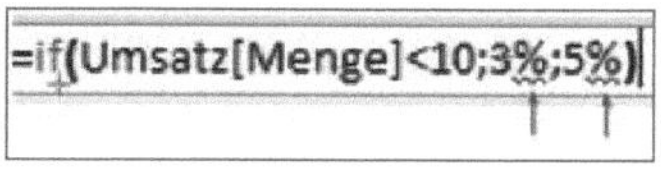

Schließen Sie die Funktion per Klick auf das Häkchen ab oder drücken Sie einfach die Eingabetaste.

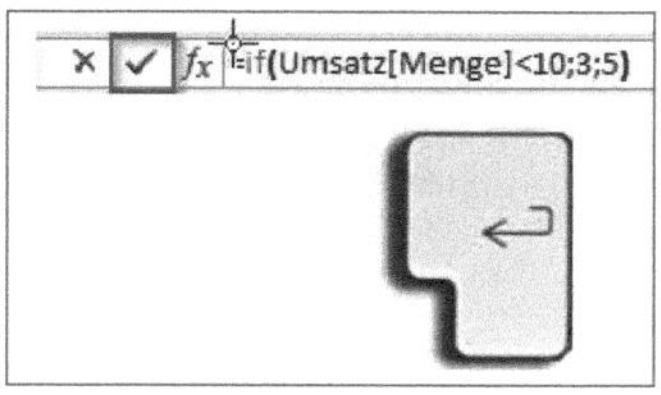

Um die Funktion abzubrechen, klicken Sie auf das Kreuzsymbol oder drücken die ESC-Taste.

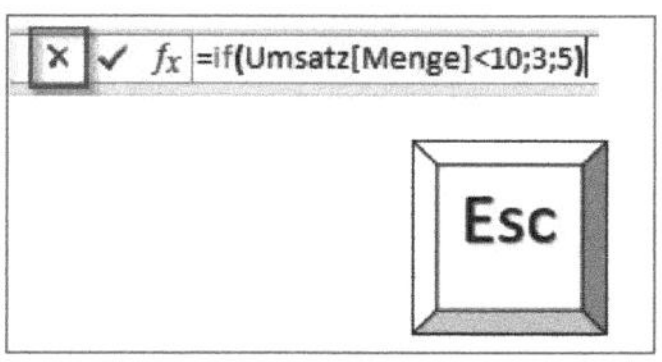

Vergessen Sie nicht, die Spalte mit der neuen Funktion gleich umzubenennen.

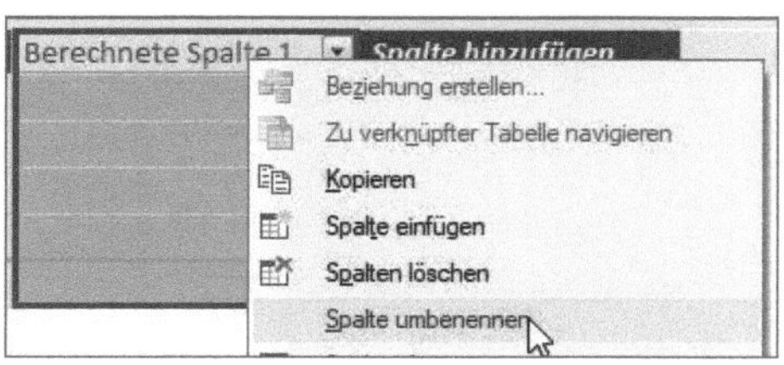

Funktionen erstellen mit dem Funktions-Assistenten

Es gibt einen Funktions-Assistenten, der ist aber leider nicht so hilfreich ist wie sein Pendant in Excel. Er liefert zwar eine Übersicht über alle Funktionen und unterteilt diese auch in Kategorien, unterstützt den Benutzer aber nicht mit einem Dialog, in dem die Argumente angefordert werden. Auch die Hilfe zur Funktion beschränkt sich auf eine kurze Anzeige, weiterführende Links zu einer Hilfeseite fehlen.

Setzen Sie den Zellzeiger in die Zelle, in der Sie eine DAX-Funktion schreiben wollen.

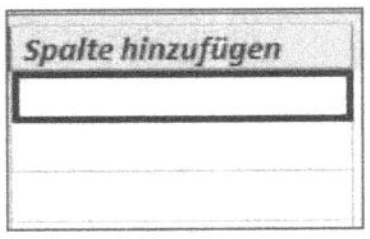

Schalten Sie im Power Pivot-Fenster um auf das Entwurf-Menü.

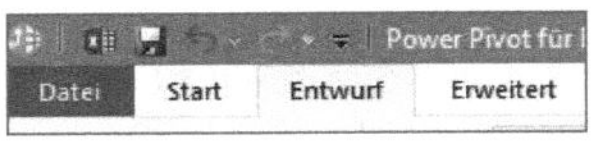

Klicken Sie auf *Funktion einfügen*, um den Assistenten zu starten.

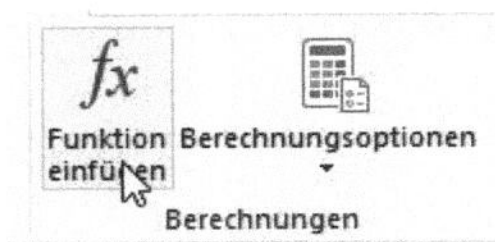

Alternativ dazu können Sie auch auf das Symbol in der Bearbeitungsleiste klicken.

Der Assistent startet und präsentiert eine Funktionsliste mit alphabetisch aufsteigend sortierten Funktionen. Nach dem Start werden alle Kategorien angezeigt. Klicken Sie auf den Pfeil rechts an der Kategorienliste, …

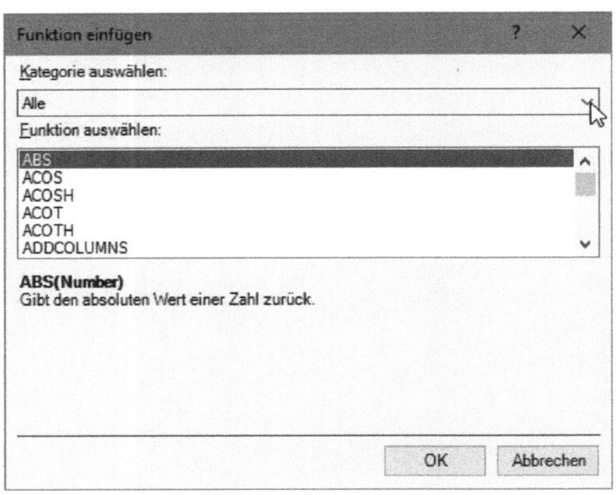

… und wählen Sie eine passende Kategorie.

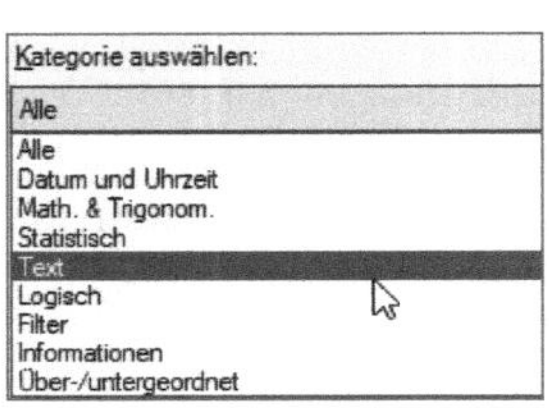

Jetzt werden die Funktionen dieser Kategorie angezeigt. Für ein vollständige Liste wählen Sie *Alle*.

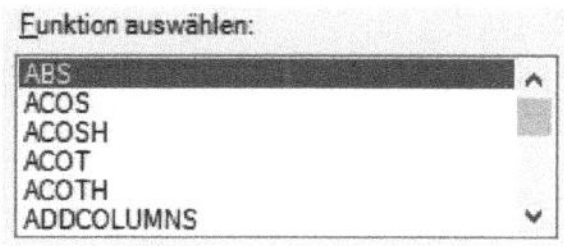

Wenn eine Funktion markiert ist, können Sie schnell zu einer anderen Funktionsgruppe springen. Tippen Sie einfach den ersten Buchstaben der Funktion ein, die Sie suchen.

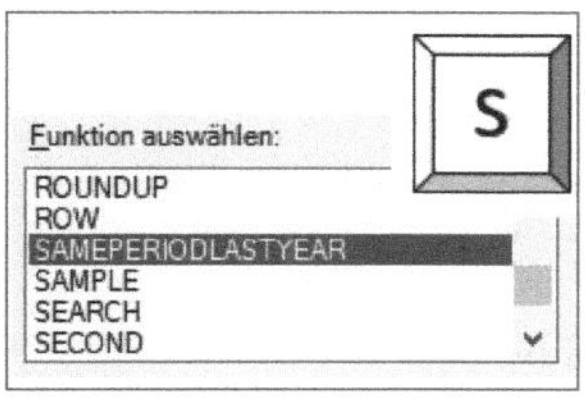

Unterhalb der Funktionsliste sehen Sie einen kurzen Hilfetext zur gewählten Funktion.

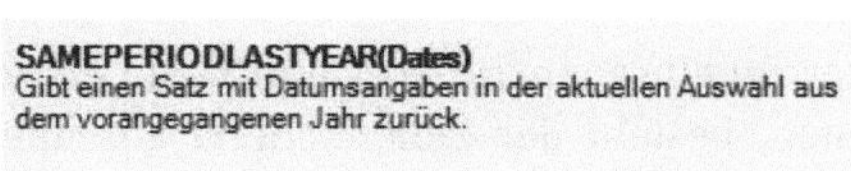

In der Funktionsklammer stehen Platzhalter für die Argumente, die diese Funktion zur Berechnung benötigt. Argumente in Klammern sind optional, alle anderen müssen besetzt sein.

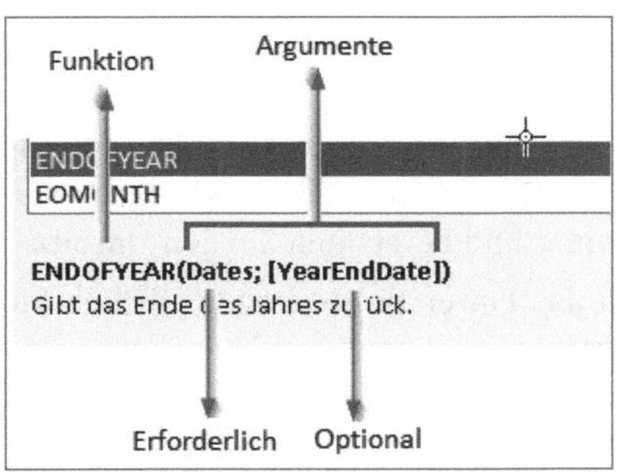

Bestätigen Sie mit *OK*, um die Funktion in die Zelle zu holen oder brechen Sie mit *Abbrechen* ab.

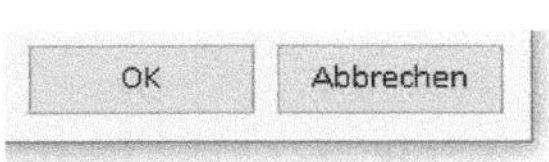

Die Funktion wird eingefügt, die Bearbeitungsleiste bleibt offen. Sie können die Argumente direkt eintragen oder per Klick aus anderen Spalten holen.

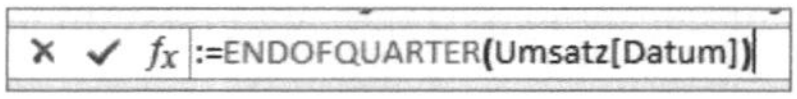

Bestätigen Sie mit dem Häkchen, wird die Funktion geschrieben, ...

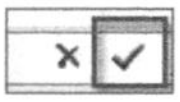

... mit dem Kreuzsymbol wird die Funktionserstellung abgebrochen und die Bearbeitungsleiste hat den ursprünglichen Inhalt.

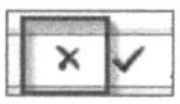

5.11.3 DAX-Funktionen im Kontext

Zu den wichtigsten DAX-Konzepten zählt der Kontext. Er ermöglicht die Durchführung der Analyse. Es gibt den Zeilenkontext, den Abfragekontext und den Filterkontext.

Zeilenkontext

Funktionen im Zeilenkontext werden den Zeilen der Tabelle zugeordnet. Wenn Sie in einer Power Pivot-Tabelle eine berechnete Spalte erstellen, besteht der Zeilenkontext aus den Werten jeder einzelnen Zeile und den Werten aus den Spalten, die mit der aktuellen Zeile verknüpft sind. Abweichend davon gibt es auch Funktion wie EARLIER() und EARLIEST(), die die den aktuellen Zeilenwert abrufen und ihn für die gesamte Tabelle verwenden.

Sie können mit einer DAX-Formel alle Werte aus allen Spalten einer Zeile ansprechen, nicht aber die Werte aus der Zeile davor oder danach. Mit dem Einsatz der Funktion RELATED() können Sie auch Werte aus einer anderen Tabelle mit einbeziehen, vorausgesetzt, zwischen den beiden Tabellen besteht eine Beziehung.

Hier ein Übungsbeispiel: Laden Sie die Stammdaten der Artikel unseres Getränkekonzerns aus der Access-Datenbank *GastroSTAR.accdb* und die Absätze aus einer CSV-Datei. Verknüpfen Sie die beiden Tabellen über die Artikelnummer und berechnen Sie den Umsatz.

Legen Sie eine neue Mappe an und wechseln Sie in das Power Pivot-Fenster. Wählen Sie *Start/Externe Daten abrufen/Aus Datenbank/Aus Access.*

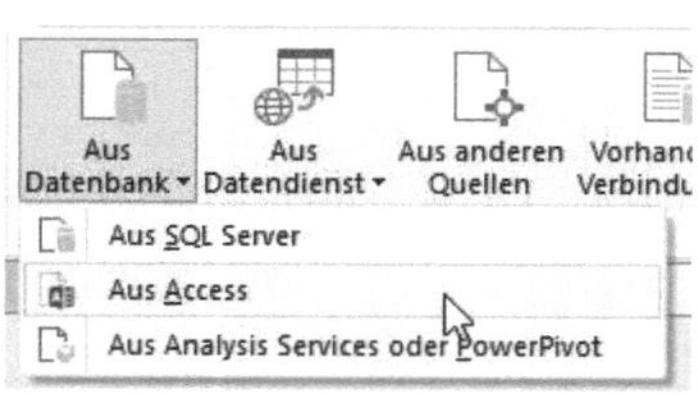

Holen Sie die Datenbank *GastroSTAR.accdb* aus den Beispieldaten zum Buch.

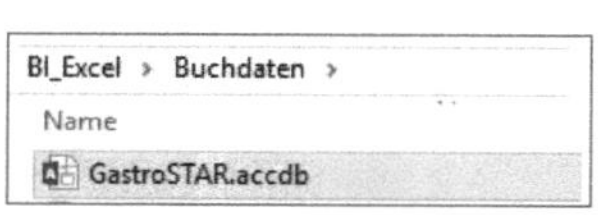

Importieren Sie die Abfrage *qry_SortimentPreise*. Sie enthält die Spalten *ArtikelNr, Kategorie* und *Preis* aus den vier Sortimentstabellen.

Importieren Sie über *Start/Externe Daten abrufen/Aus anderen Quellen* eine CSV-Datei.

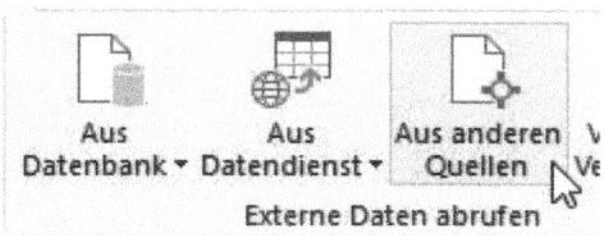

Wählen Sie die Textdatei *Absatz2018.csv*. Das Trennzeichen ist ein Semikolon, die erste Zeile bildet die Spaltenüberschriften.

Wechseln Sie in die Diagrammansicht und verknüpfen Sie die *Artikelnr*-Felder der beiden Tabellen.

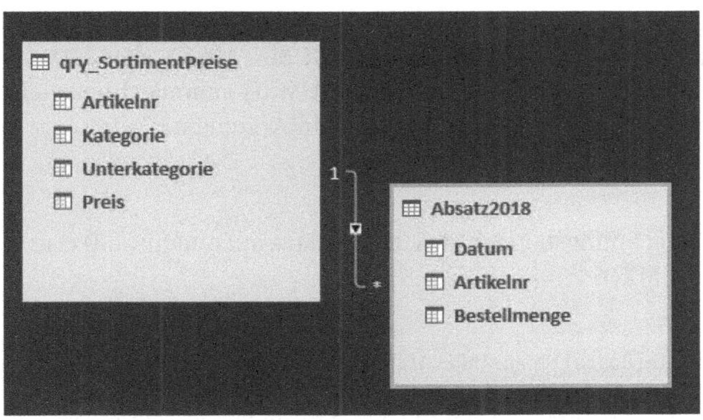

Schalten Sie um auf die Datenansicht und markieren Sie die Absatztabelle.

Schreiben Sie in einer neuen Spalte die erste DAX-Formel mit Bezug im Zeilenkontext. Berechnen Sie den Monatsnamen aus dem Datum:

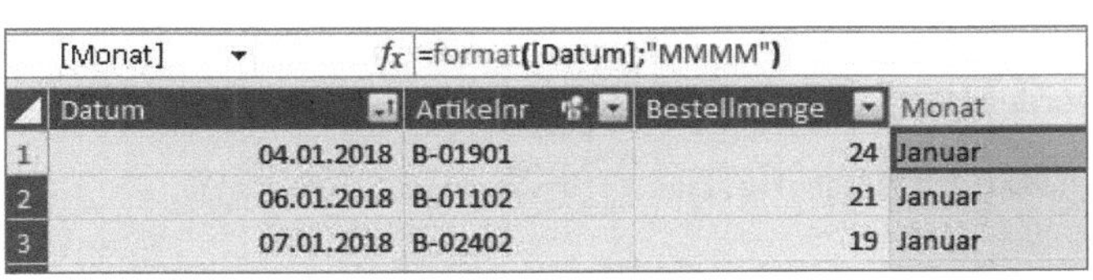

```
=FORMAT([Datum];"MMMM")
```

Nennen Sie die Spalte „Monat“.

Berechnen Sie in der nächsten Spalte mit dem Feldnamen *Umsatz* den Umsatz aus dem Produkt der Bestellmenge und dem Artikelpreis. Holen Sie diesen mit RELATED() aus der Tabelle *qry_SortimentPreise.*

fx =[Bestellmenge]*RELATED(qry_SortimentPreise[Preis])

	Bestellmenge	Monat	Umsatz
	24	Januar	420
	21	Januar	346,5
	19	Januar	313,5
	6	Januar	96
	25	Januar	475

```
=[Bestellmenge]*RELATED(qry_SortimentPreise[Preis])
```

Die Tabellennamen müssen für die Felder nur angegeben werden, wenn sie sich nicht im Zeilenkontext befinden, was nur bei der verknüpften Tabelle der Fall ist. Die Felder *Datum* und *Bestellmenge* können Sie wahlweise mit oder ohne Angabe der Tabelle schreiben:

```
[Datum] oder Absatz2018[Datum]
[Bestellmenge] oder Absatz2018[Bestellmenge]
```

Formeln im Zeilenkontext können auch geschachtelt werden. In der Praxis kommen dafür sogenannte Iteratoren zum Einsatz. Das sind Funktionen wie SUMX, MAXX oder MINX – das X kennzeichnet diese Funktionskategorie. Die Funktion SUMX() summiert beispielsweise alle Zeilen der Tabelle im Argument1 mit dem Ausdruck in Argument2:

```
=SUMX(Tabelle;Ausdruck)
```

Schreiben Sie ein Measure im Berechnungsbereich, das die Umsätze aufsummiert. Das geht wahlweise mit SUM() oder mit SUMX():

```
UmsatzSumme:=SUM([Umsatz])
UmsatzSumme:=SUMX(Tabelle;Tabelle[Bestellmenge]*RELATED(Tabelle2[Preis])
```

Verwenden Sie die Funktion im Zeilenkontext, erstellt SUMX() für jede Zeile einen eigenen Zeilenkontext, wertet in diesem den Ausdruck aus und summiert ihn am Ende. Das Ergebnis wird zum Beispiel in dieser Formel verwendet, um den Prozentanteil des Umsatzes einer Zeile am Gesamtumsatz zu berechnen:

```
=Tabelle[Umsatz]/SUMX(Tabelle;Tabelle[Bestellmenge]*RELATED(Tabelle2[Preis])
```

Einfacher wäre hier natürlich, den Umsatz durch die Umsatzsumme zu dividieren, aber SUMX() bietet mehr Möglichkeiten, besonders in Kombination mit FILTER(). Hier ein Beispiel, in dem alle Umsätze, die größer als 100 sind, ins Verhältnis zum Gesamtumsatz aller Zeilen größer 100 gesetzt werden:

```
=IF([Umsatz]>100;[Umsatz]/SUMX(FILTER(Tabelle;Tabelle[Umsatz]>100);[Umsatz]))
```

Abfragekontext

Der Abfragekontext verweist auf die Daten, die mit dem Ablegen eines impliziten Measures in der PivotTable erzeugt werden. Wird in der PivotTable ein Wertefeld mit einer Aggregatfunktion angelegt, vergleicht die Power Pivot-Engine alle Spaltenüberschriften, Datenschnitte und Filter, um den Kontext zu ermitteln.

Legen Sie zum Beispiel im Power Pivot-Fenster eine berechnete Spalte mit dieser Formel an:

```
=SUM(Tabelle[Umsatz])
```

Das Ergebnis wird in jeder Zeile dasselbe sein, da der Abfragekontext dem gesamten Datenbestand (Dataset) der Tabelle entspricht. Generieren Sie die Umsatzsumme aber in einem Wertefeld der PivotTable, wird sie das Ergebnis im Abfragekontext, d. h. unter Berücksichtigung aller Filter kalkulieren.

Die Diagrammansicht zeigt die Verbindung zwischen *qry_SortimentPreise* (aus der Datenbank *GastroSTART.accdb*) und der Absatzliste *Absatz2018.csv* an. Die *Artikelnr* bildet das verbindende Feld.

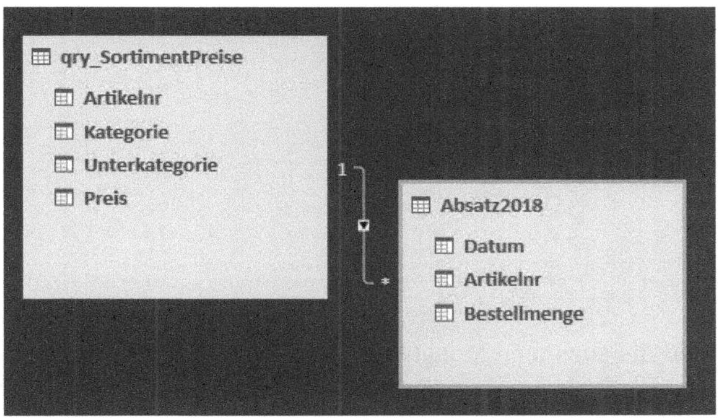

Die Umsatzspalte wird über diese Formel berechnet:

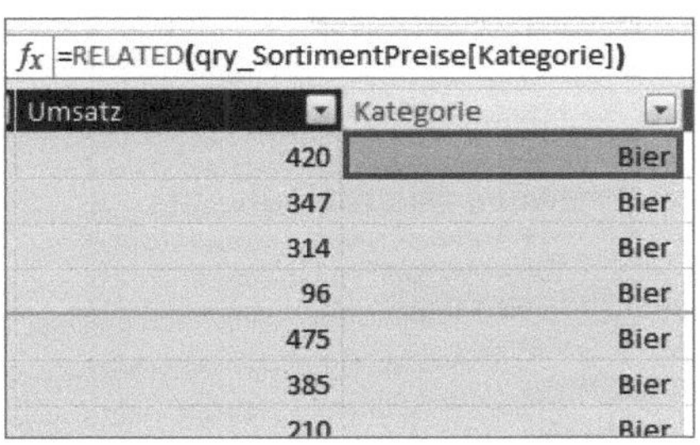

fx =RELATED(qry_SortimentPreise[Kategorie])

Umsatz	Kategorie
420	Bier
347	Bier
314	Bier
96	Bier
475	Bier
385	Bier
210	Bier

```
=[Bestellmenge]*RELATED(qry_SortimentPreise[Preis])
```

Die Spalte *Monat* wird so berechnet:

```
=FORMAT([Datum];"MMMM")
```

Die Absatztabelle bekommt noch eine berechnete Spalte mit der DAX-Funktion RELATED(), die auf das Kategoriefeld verweist. Wählen Sie *PivotTable/PivotTable*. Bestätigen Sie die erste Option *Neues Arbeitsblatt*, um die PivotTable in einem neuen Blatt anzulegen.

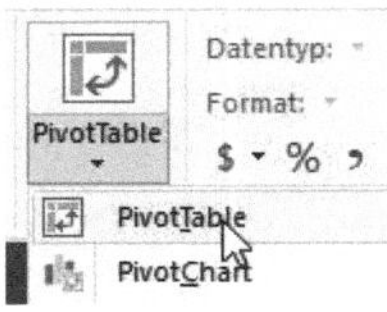

Ziehen Sie das Feld *Umsatz* in den Wertebereich, um die Umsatzsumme in einem impliziten Measure zu berechnen. Der Zeilenbereich erhält das Feld *Monat*.

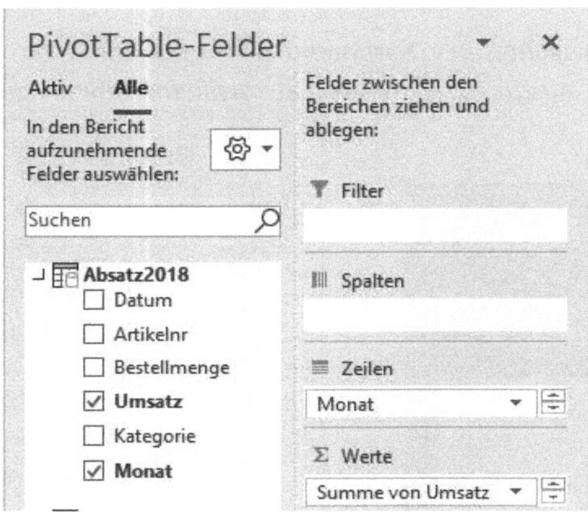

Das Ergebnis zeigt die Umsätze für die einzelnen Monate an.

Zeilenbeschriftungen	Summe von Umsatz
Januar	3.826
Februar	2.459
März	3.531
April	3.665
Mai	3.506
Juni	3.854

Fügen Sie über *PivotTable-Tools/Analysieren/Filtern* einen neuen Datenschnitt ein.

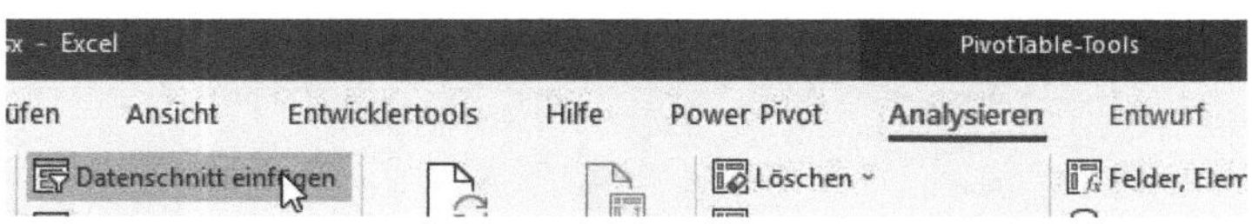

Kreuzen Sie das Feld *Kategorie* an und bestätigen Sie mit *OK*.

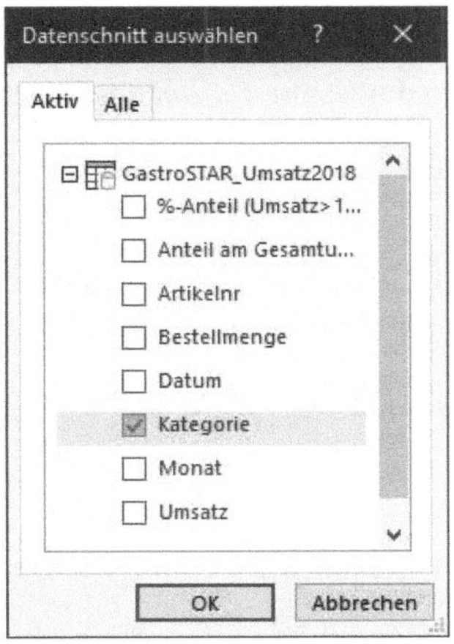

Jetzt wird die Umsatzsumme im Abfragekontext zur Kategorie angezeigt.

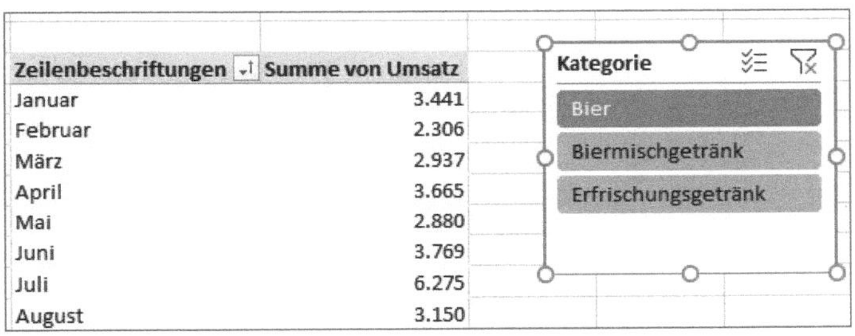

Filterkontext

Im Unterschied zum Abfragekontext liefert der Filterkontext eine von der Gesamtmenge abweichende Datenmenge. Dazu werden berechnete Spalten mit Formeln generiert, in denen DAX-Filterfunktionen zum Einsatz kommen. Wird der Filter in einem expliziten Measure hinterlegt, d. h. in einer Formel, die im Berechnungsbereich einer Power Pivot-Tabelle untergebracht ist, wird er aktiv, wenn das Measure in einer berechneten Spalte oder im Wertebereich der PivotTable eingesetzt wird. Hier wird zum Beispiel mit der Kombination von SUMX() und FILTER() die Umsatzsumme im ersten Quartal berechnet:

```
UmsatzQ1:=SUMX(FILTER(Absatz2018;Month([Datum])<=3);[Umsatz])
```

In berechneten Spalten machen solche Formeln Probleme, da sie sich bereits auf andere Spalten beziehen (Fehler: Zirkelbezüge). Unproblematisch sind Berechnungen mit `if`. Hier werden 5% vom Umsatz berechnet, wenn dieser größer als 400 ist, sonst 3%:

```
=if(Absatz2018[Umsatz]>300;[Umsatz]*0,05;[Umsatz]*0,03)
```

Effektiver sind natürlich die Filterfunktionen, und hier bietet DAX eine große Auswahl. Hier einige Beispiele:

Ein Monatsumsatz (hier Januar):

```
UmsatzJanuar:=SUMX(FILTER(Absatz2018;Absatz2018[Monat]="Januar");[Umsatz])
```

Die Umsatzsumme mit einem Filter, der alle Filter außer dem in der Spalte *Datum* ignoriert:

```
UmsatzSumme (alle außer Datumsfilter):=CALCULATE(SUM(Absatz2018[Umsatz]);ALLEXCEPT(Abs
atz2018;Absatz2018[Monat]))
```

Mit ALL() wird der Filter abgeschaltet. Die Umsatzsumme wird über alle Zeilen ermittelt, unabhängig von Filtern, die in der Power Pivot-Tabelle oder in der PivotTable gesetzt sind:

```
UmsatzSumme ohne Filter:=SUMX(all(Absatz2018);Absatz2018[Umsatz])
```

5.11.4 Die wichtigsten DAX-Funktionen

Alle Funktionen aus dem Angebot des DAX-Funktions-Assistenten zu kennen, wäre ambitioniert, aber wie bei Excel auch sollten Sie als DAX-Anwender einen Grundstamm an Funktionen kennen und beherrschen. Die Syntax der Funktion sowie eine knappe Beschreibung finden Sie im Funktions-Assistenten, aufrufbar über das *fx*-Symbol in der Bearbeitungsleiste.

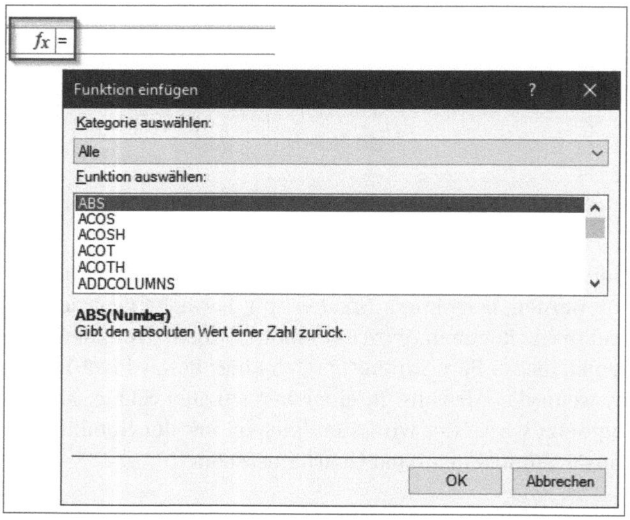

Bild 5.31 Der DAX-Funktions-Assistent

Hier eine Übersicht über wichtige DAX-Funktionen aus den verschiedenen Kategorien.

Tabelle 5.2 Aggregatfunktionen

Funktion	Beschreibung
=SUM()	Summiert die numerischen Werte in einer Spalte oder in einem angegebenen Ausdruck.
=AVERAGE()	Ermittelt das arithmetische Mittel aller Zahlen in einer Spalte.
=AVERAGEA()	Ermittelt das arithmetische Mittel aller Zahlen in einer Spalte, bezieht auch nicht numerische Werte mit ein.
=MIN(), =MAX()	Gibt den Minimal- bzw. Maximalwert einer Spalte aus.
=MINA(), =MAX()	Gibt den Minimal- bzw. Maximalwert einer Spalte aus; logische Werte und nichtnumerische Werte werden mit einbezogen.
=SUMX()	Gibt die Summe eines Ausdrucks zurück, der für jede Zeile in der Tabelle ausgewertet wird.

Tabelle 5.3 Zählfunktionen

Funktion	Beschreibung
=COUNT()	Zählt numerische Werte in der Spalte.
=COUNTA()	Zählt die Anzahl aller Einträge in der Spalte.
=COUNTBLANK()	Zählt die Anzahl leerer Zellen in einer Spalte.
=COUNTROWS()	Ermittelt die Anzahl von Zeilen einer Tabelle.
=DISTINCTCOUNT()	Zählt die Anzahl unterschiedlicher Werte in einer Spalte *(Diskrete Anzahl).*

Tabelle 5.4 Logische Funktionen

Funktion	Beschreibung
=AND()	Gibt TRUE zurück, wenn alle Argumente TRUE sind, sonst FALSE.
=OR()	Gibt TRUE zurück, wenn eines der Argumente TRUE ist, sonst FALSE.
=IF()	Überprüft die Bedingung im ersten Argument und gibt den Wert oder Ausdruck aus dem zweiten Argument wieder, wenn dieser TRUE ist, sonst den Wert oder Ausdruck aus dem dritten Argument.
=IFERROR()	Gibt den Wert oder Ausdruck aus dem zweiten Argument zurück, wenn der Ausdruck oder Wert im ersten Argument FALSE ist, sonst den Wert oder Ausdruck aus dem ersten Argument.
=SWITCH()	Gibt je nach Ergebnis des Ausdrucks im ersten Argument eines der nachfolgenden Argumente zurück. Diese werden jeweils als Paar angegeben (Ergebnis;Resultat).

Tabelle 5.5 Textfunktionen

Funktion	Beschreibung
=CONCATENATE()	Verbindet zwei Zeichenfolgen zu einer Zeichenfolge. Das Resultat lässt sich auch mit &-Zeichen erzielen: `=Zeichenfolge1 & Zeichenfolge2`
=EXACT()	Prüft, ob zwei Zeichenfolgen übereinstimmen und gibt TRUE oder FALSE zurück.
=REPLACE()	Ersetzt einen Teil einer Zeichenfolge durch eine andere Zeichenfolge.
=SEARCH()	Gibt die Startposition einer Zeichenfolge in einer anderen Zeichenfolge wieder. Im Unterschied zu =FIND() wird nicht zwischen Groß- und Kleinschreibung unterschieden.
=UPPER(), =LOWER()	Wandelt eine Zeichenfolge in Großbuchstaben bzw. Kleinbuchstaben um.
=FIXED()	Rundet eine Zahl auf die angegebene Anzahl Dezimalstellen und gibt das Ergebnis als Text wieder. Mit dem letzten Argument wird bestimmt, ob die Kommastellen ausgegeben werden.

Tabelle 5.6 Datum und Zeit

Funktion	Beschreibung
=DATE()	Gibt das aktuelle Datum im datetime-Format zurück.
=DATEDIFF()	Ermittelt die Differenz zwischen zwei Datumswerten in einem Intervall (Tage, Stunden, Monate, Jahre u. a.).
=DATEVALUE()	Konvertiert eine Zeichenfolge in ein Datum im datetime-Format.
=DATESBETWEEN()	Berechnet die Datumswerte zwischen zwei angegeben Datumsgrenzen.
=ENDOFMONTH()	Gibt das Ende des Monats zurück.
=HOUR()	Gibt die aktuelle Stunde der Uhrzeit aus.
=NOW()	Gibt die aktuelle Uhrzeit aus.
=EOMONTH()	Gibt das Datum des letzten Tages des Monats zurück.
=TOTALYTD()	Ermittelt den YTD-Wert aus den angegebenen Argumenten.
=WEEKDAY()	Ermittelt den Wochentag eines Datums.

Die DAX-Funktionen aus der Kategorie Datum und Zeit geben einen DateTime-Datentyp zurück, keine serielle Zahl.

Tabelle 5.7 Informationsfunktionen

Funktion	Beschreibung
=CONTAINS()	Gibt TRUE zurück, wenn mindestens eine Zeile zu finden ist, in der für jede Spalte Werte angegeben wurden.
=HASONEBLANK()	Gibt TRUE zurück, wenn die Spalte nur einen Wert enthält.
=ISEMPTY()	Gibt TRUE zurück, wenn die Tabelle oder der Ausdruck leer ist.

Funktion	Beschreibung
=ISERROR()	Gibt TRUE zurück, wenn der Ausdruck falsch oder fehlerhaft ist.
=ISNUMBER()	Gibt TRUE zurück, wenn der Ausdruck oder der Wert numerisch ist, sonst FALSE.
=ISTEXT()	Gibt TRUE zurück, wenn der Ausdruck als Text erkennbar ist.
=USERNAME()	Gibt den Domänen- und Benutzernamen der aktuellen Verbindung zurück.

5.11.5 Hilfe zu DAX-Funktionen

Die DAX-Funktionen werden für Excel-Power-User in Zukunft ebenso wichtig sein wie die Excel-Funktionsbibliothek. Umso wertvoller sind nützliche Hilfen und Übersichtslisten, möglichst mit Aufteilung in Kategorien und praktischen Beispielen.

Die MSDN-Funktionsreferenz

Suchen Sie mit Google nach „DAX Funktionsreferenz", erhalten Sie den Link auf die offizielle Hilfeseite des Microsoft Developer-Netzwerks. Leider sind die Beschreibungen in den einzelnen Kategorien in Englisch.

Bild 5.32 Die DAX-Funktionsreferenz

Das DAX Cheat Sheet

Eine bessere und nützlichere Übersicht über alle DAX-Kategorien und DAX-Funktionen liefert das DAX Cheat Sheet. Diese Webseite basiert auf Power BI. Die Kategorien sind Seiten eines Power BI-Berichts, die Funktionslisten werden über Datenschnitte realisiert. Klicken

Sie auf die gewünschte Kategorie und markieren Sie eine Funktion oder – mit gedrückter **STRG**-Taste – mehrere Funktionen im Datenschnitt auf der linken Seite.

Suchen Sie mit Google nach „DAX Cheat Sheet“ für die Power BI-Seite:

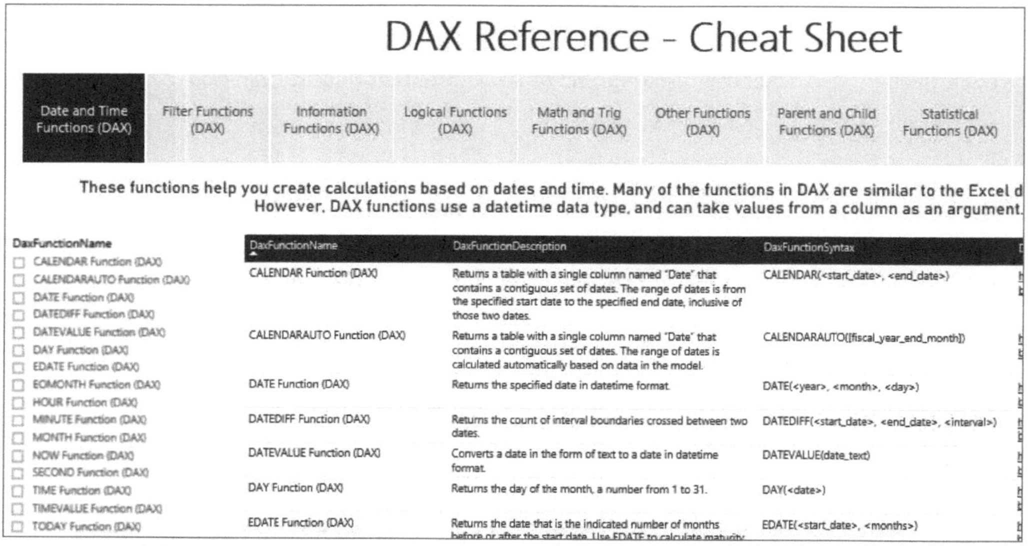

Bild 5.33 Das DAX Cheat Sheet

■ 5.12 Praxisbeispiel: Vorjahresvergleich

Üben Sie mit diesem Beispiel den Einsatz von DAX-Funktionen und Measures in Power Pivot als Basis für Pivot-Analysen und Visualisierungen mit Pivot Charts.

Alternativ dazu lässt sich das Datenmodell anschließend schnell und sicher in das Daten-Modul von Power BI transferieren. Diagramme mit dynamischen Filtern werden über Visuals generiert.

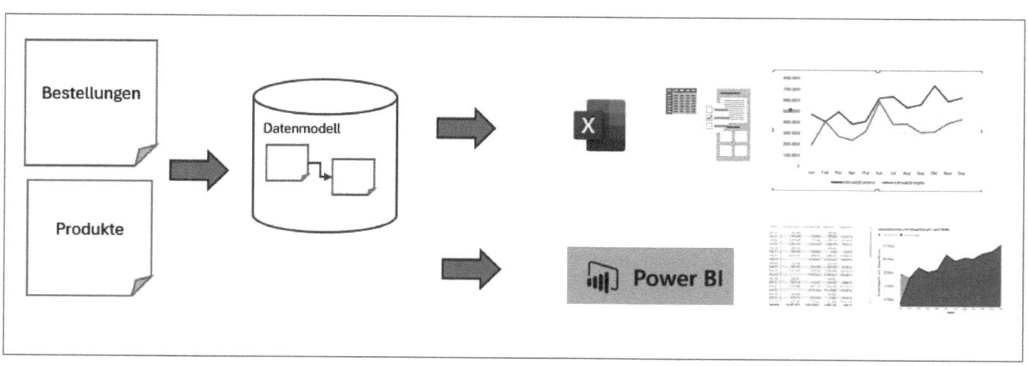

Bild 5.34 Von der Liste zur Visualisierung über Power Pivot und Power BI

5.12.1 Die Datenquelle

In der Arbeitsmappe *BestellungenSport_ab2000.xlsx* stehen zwei Tabellenblätter mit Listen zur Auswertung:

- Bestellungen: ca. 60 000 Datensätze mit ProduktID, Bestelldatum über mehrere Jahre und Menge.
- Produkte: Produktpreisliste mit Warengruppe, Kategorie, Stückpreis und Stückkosten.

Legen Sie eine neue Arbeitsmappe an und holen Sie die Daten aus beiden Listen über Power Pivot in das Datenmodell.

- Schalten Sie um auf das Menü *Power Pivot*, klicken Sie auf *Verwalten*.
- Wählen Sie *Start/Externe Daten abrufen/Aus anderen Quellen/Excel-Datei.*
- Suchen Sie die Excel-Datei *BestellungenSport_ab2000.xlsx*, kreuzen Sie die Option *Erste Zeile als Spaltenüberschrift verwenden* an.
- Markieren Sie die Tabellen *Bestellungen$* und *Produkte$* und klicken Sie auf *Fertig stellen.* Schließen Sie den Import-Assistenten.
- Formatieren Sie die Spalte Bestelldatum mit dem Standarddatumsformat (ohne Zeit).

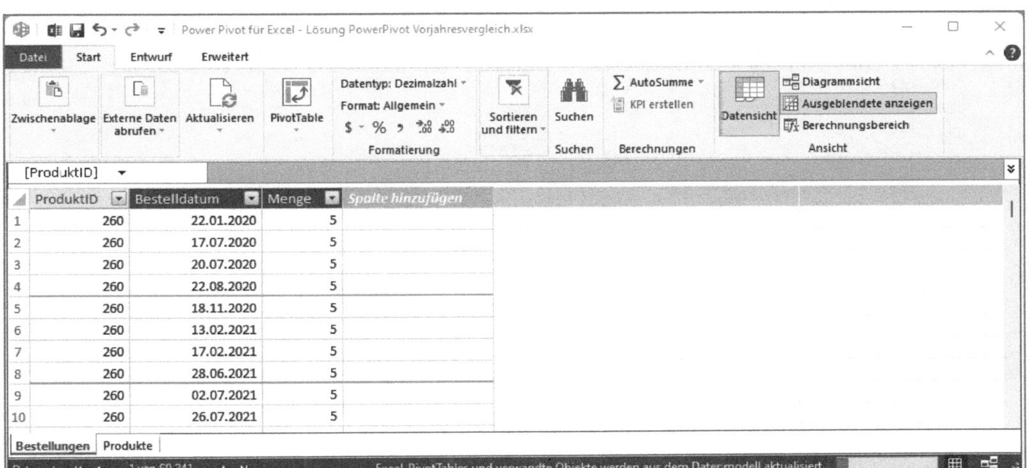

Bild 5.35 Zwei Tabellen aus der Arbeitsmappe im Datenmodell

5.12.2 Die Datumstabelle

Für die Berechnung der Differenzen zwischen aktuellen und Vorjahreswerten brauchen Sie eine Datumstabelle, die den Zeitraum über alle Jahre in den Quelldaten abdeckt. Legen Sie diese direkt in Power Pivot an:

- Wählen Sie *Entwurf/Kalender/Datumstabelle/Neu.*
- Die Tabelle *Kalender* wird angelegt, formatieren Sie das Datum in Standardformat.
- Fügen Sie eine weitere Spalte für die Kalenderwoche hinzu:
- Name: KW
- Funktion: =WEEKNUM([Date];21)

> **HINWEIS:** Mit dem Parameter 21 berechnet die DAX-Funktion die Kalenderwoche nach ISO-Norm 8601 (KW 1 ist die erste Woche mit vier Kalendertagen).

In der Spalte „MMM-JJJJ" berechnet eine DAX-Funktion die Kombination aus Monatsname und Jahreszahl. Ändern Sie die Funktion und die Spaltenüberschrift nach eigenen Wünschen ab:

=FORMAT([Date];"MMM YY")

Wenn Sie diese Spalte in der Pivot-Auswertung verwenden, wird Excel die Datumswerte alphabetisch aufsteigend sortieren. Um auch diese Textdatumswerte richtig verwenden zu können, sortieren Sie die Spalte nach der Monatsnummer:

- Wählen Sie *Start/Sortieren und Filtern/Nach Spalte sortieren.*
- Geben Sie die Spalte *Monatsnummer* als Sortierspalte an.

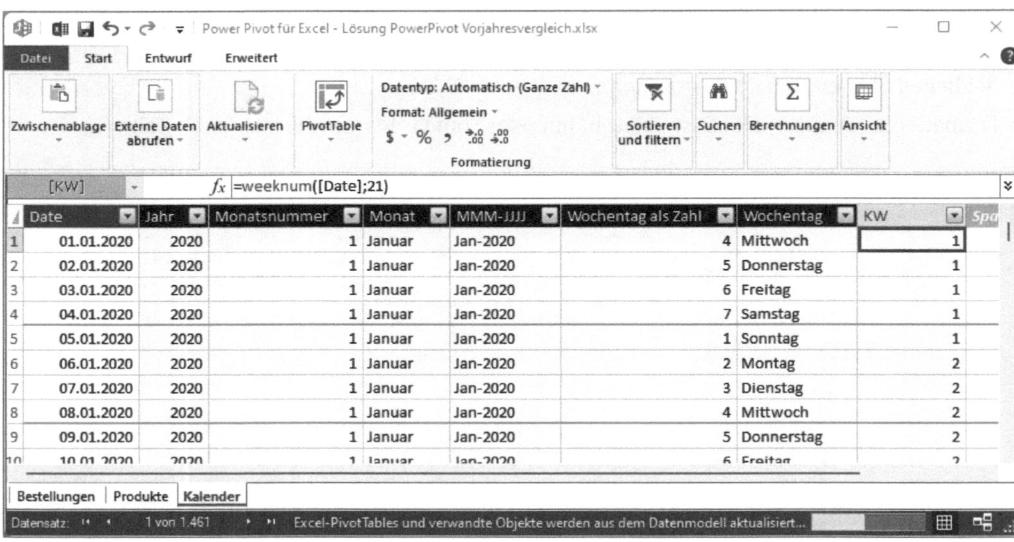

Bild 5.36 Ein Kalender mit KW-Berechnung als Datumstabelle in Power Pivot.

5.12.3 Relationen

Für die Beziehungen zwischen den Tabellen im Datenmodell schalten Sie um auf die Diagrammansicht. Ziehen Sie mit gedrückter Maustaste eine Linie zwischen zwei Feldern:

Bestellungen | ProduktID ->Produkte | ProduktID

Bestellungen | Bestelldatum ->_ Kalender | Date

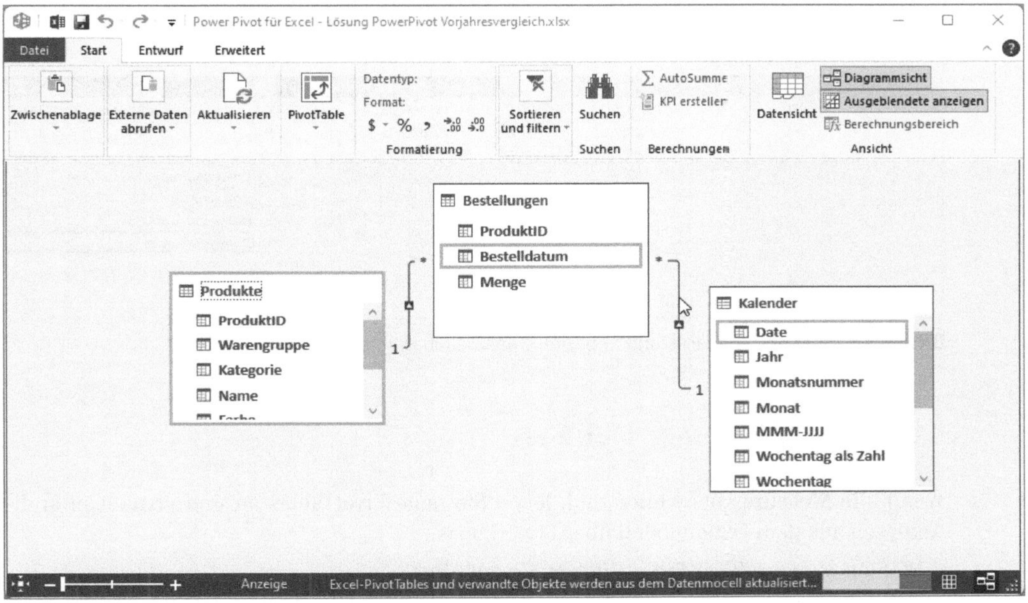

Bild 5.37 Die Beziehungen im Datenmodell

5.12.4 DAX-Measures

Legen Sie die für die Analyse benötigten DAX-Funktionen an, berechnen Sie Umsätze, Kosten und Differenzen. Umsätze und Kosten können Sie in neuen Spalten berechnen, implizite Measures im Berechnungsbereich berechnen immer die Gesamtsummen:

- Schalten Sie um auf die Tabelle *Bestellungen*, legen Sie zwei neue Spalten an:

  Name: Umsatz

  Funktion: =Bestellungen[Menge]*related(Produkte[Stückpreis])

  Name: Kosten

  Funktion: =Bestellungen[Menge]*RELATED(Produkte[Stückkosten])

- Schalten Sie unter *Start/Ansicht* den Berechnungsbereich ein. Berechnen Sie die Gesamtumsätze, die Vorjahresumsätze und die Differenz (absolut und prozentual).

  UmsatzSumme:=sum(Bestellungen[Umsatz])

  UmsatzVorjahr:=CALCULATE(sum(Bestellungen[Umsatz]);SAMEPERIODLASTYEAR (Kalender[Date]))

Differenz:=[UmsatzSumme]-[UmsatzVorjahr]

Differenz%:=DIVIDE([Differenz];[UmsatzVorjahr];"-")

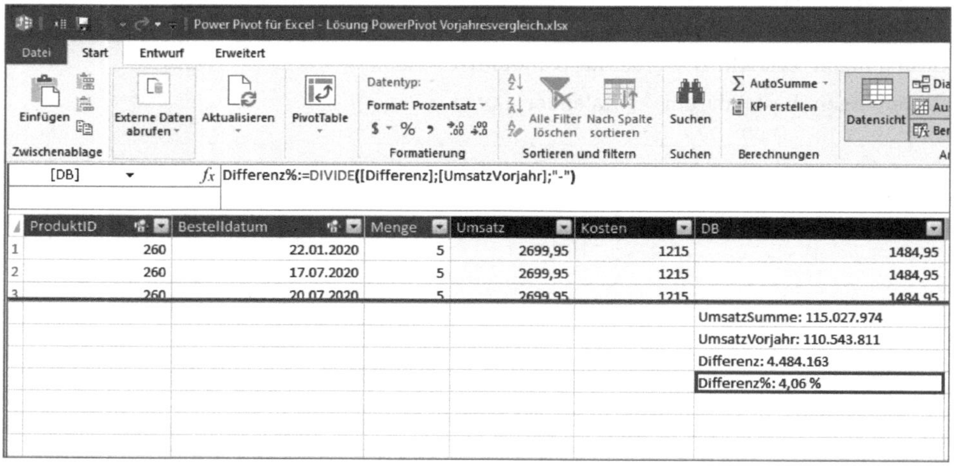

Bild 5.38 Spalten-Measures und implizite Measures in der Tabelle Bestellungen

5.12.5 PivotTable und PivotChart

Wenn alle Measures berechnet sind, legen Sie neue PivotTables an und visualisieren die Analysen aus dem Datenmodell über PivotCharts.

- Wählen Sie *Start/PivotTable*. Klicken Sie auf *Neu*.
- Ziehen Sie die Felder in der Feldliste in die passenden Bereiche:
  - Zeilen: MMM JJ
  - Werte: UmsatzSumme, UmsatzVorjahr, Differenz, Differenz%

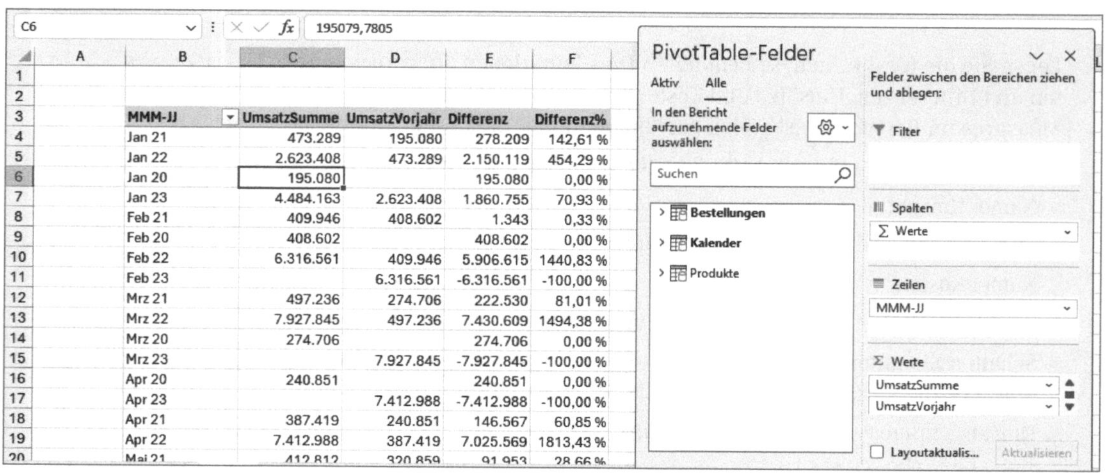

Bild 5.39 Auswertung des Datenmodells über PivotTables

Im PivotChart visualisieren Sie die Analysen mithilfe von Säulen-, Balken- oder Liniendiagrammen. Verwenden Sie Datenschnitte, um Perioden wie z. B. Jahre oder KWs herauszufiltern.

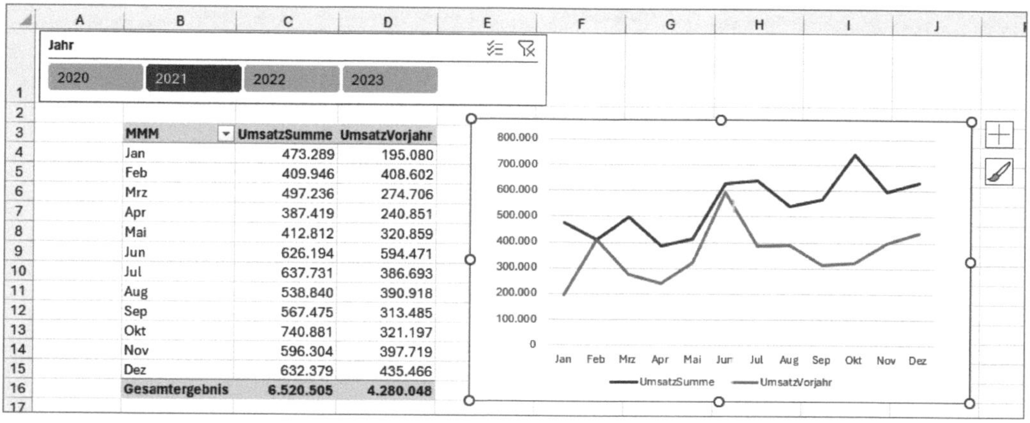

Bild 5.40 PivotCharts und Datenschnitte

5.12.6 Visualisieren mit Power BI

Power BI bietet für die Visualisierung von Daten bessere Werkzeuge. Importieren Sie die Arbeitsmappe in Power BI Desktop oder verwenden Sie sie als Datenquelle für die Power BI-App (siehe Kapitel 8).

- Starten Sie Power BI Desktop.
- Wählen Sie *Datei/Importieren.*
- Markieren Sie die Option *Power Query, Power Pivot, Power View.*

Die importierten Daten (Tabellen, Measures) finden Sie im Daten-Modul und als Datenquellen für Visuals im Berichte-Modul.

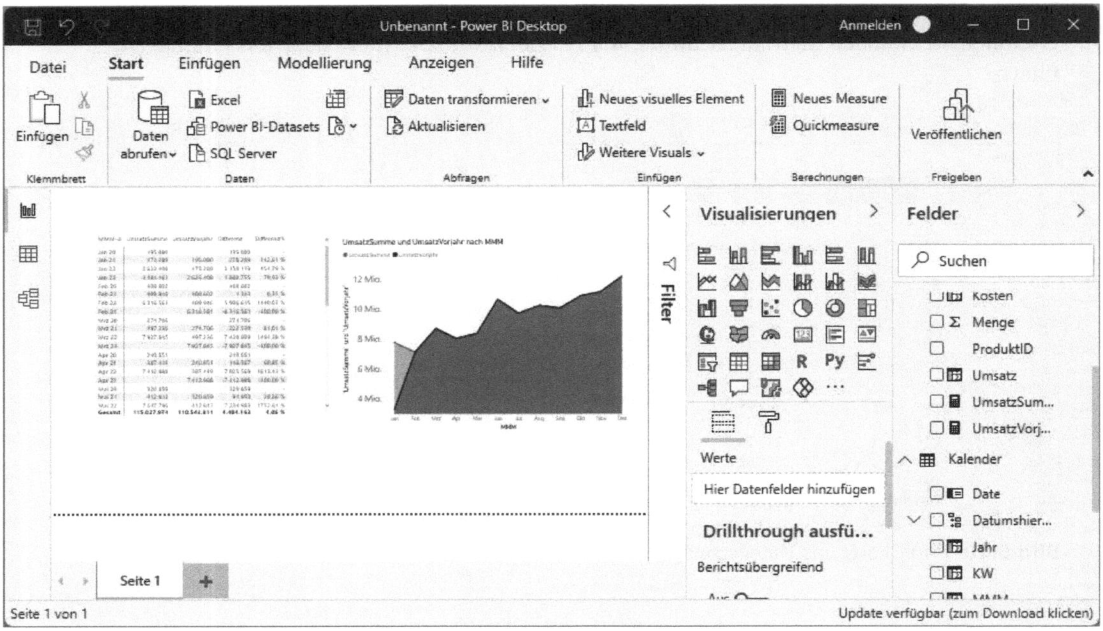

Bild 5.41 Datemmodell visualisieren mit Power BI-Visuals

6 Karten und 3D-Karten

Daten in Bezug zu geografischen Koordinaten zu bringen war lange Zeit ein mühsames Unterfangen. Microsoft hat mehrere Versuche unternommen, Excel mit einem passenden Tool auszustatten, das weltweite Zuordnungen von Ortsdaten ermöglicht. Nach einigen Add-ins und Zusatzprogrammen (Maps) bietet Excel jetzt gleich zwei Werkzeuge, die das Auswerten geografischer Daten und deren Visualisierung ermöglichen.

6.1 Kartendiagramme

Neben den Standard-Diagrammtypen wie Säulen, Balken, Linien oder Kreis bietet die *Diagramme*-Gruppe im Menüband auch ein Symbol zum Einbetten von Karten in das Tabellenblatt. Voraussetzung für den Einsatz ist eine Datenmenge, die lediglich einen Bezug zu Orten bzw. Regionen auf der Weltkarte haben. Das können etwa Postleitzahlen oder die Namen von Staaten, Bundesländern oder Landkreisen sein.

Zurzeit gibt es nur ein Kartendiagramm namens „Flächenkartogramm". Damit werden bestimmte Bereiche auf einer Karte farblich hervorgehoben. Je nach Art Ihrer Datenbasis können Sie zwischen einer Farbabstufung oder eindeutig unterscheidbaren Farben wählen.

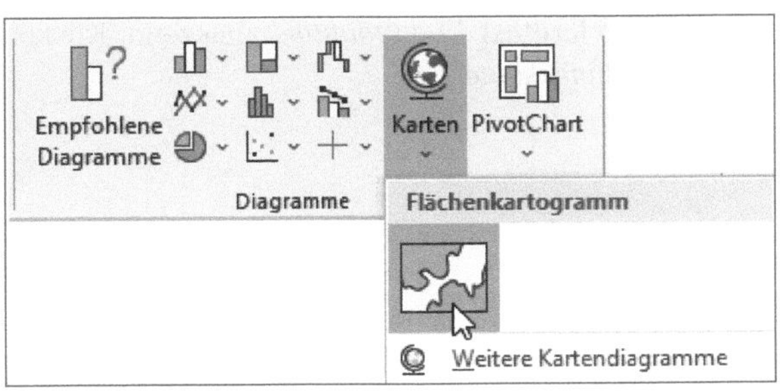

Bild 6.1
Der Diagrammtyp „Karten"

Beispiel: Einwohner pro Bundesland

In diesem Beispiel visualisieren Sie über eine Karte das Verhältnis der Einwohnerzahlen in den deutschen Bundesländern. Öffnen Sie aus den Buchdaten die Beispieldatei *Bundesländer.xlsx*. Das Tabellenblatt *Einwohner* enthält eine Liste der 16 deutschen Bundesländer und ihrer Einwohnerzahlen.

	A	B
1	**Bundesland**	**Einwohner**
2	Baden-Württemberg	11.280.000
3	Bayern	13.369.000
4	Berlin	3.755.000
5	Brandenburg	2.573.000
6	Bremen	685.000
7	Hansestadt Hamburg	1.892.000
8	Hessen	6.391.000
9	Mecklenburg-Vorpommern	1.628.000
10	Niedersachsen	8.140.900
11	Nordrhein-Westfalen	18.139.000
12	Rheinland-Pfalz	4.159.000
13	Saarland	993.000
14	Sachsen	4.086.000
15	Sachsen-Anhalt	2.187.000
16	Schleswig-Holstein	2.953.000
17	Thüringen	2.127.000

Bild 6.2
Einwohner pro Bundesland

Markieren Sie eine Zelle in der Liste und wählen Sie auf dem Menüband *Einfügen/Diagramme/Karten/Flächenkartogramm.*

Stellen Sie sicher, dass Ihr Computer eine Verbindung zum Internet hat. Die Kartendaten werden online abgerufen, deshalb könnte es ein paar Sekunden dauern, bis das Diagramm angezeigt wird. Der Kartendienst sollte automatisch erkennen, dass es sich bei der Liste um deutsche Bundesländer handelt. Daher wird eine Karte von Deutschland angezeigt, in der die Bundesländer farblich markiert sind. Je mehr Einwohner ein Bundesland hat, umso dunkler ist die Farbe.

Am oberen Rand des Diagramms wird der Standardtext *Diagrammtitel* angezeigt. Klicken Sie darauf und ändern Sie ihn in *Einwohner je Bundesland.*

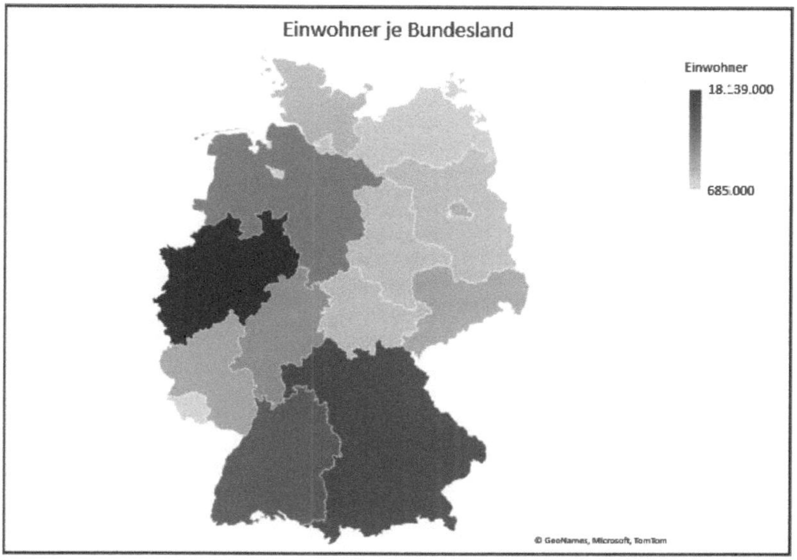

Bild 6.3 Neue Karte: Einwohner pro Bundesland

In diesem Fall wird die Anzahl der Einwohner durch ein Farbverlauf-Spektrum angezeigt. Je mehr Einwohner in einem Bundesland leben, umso dunkler erscheint es. Eine eindeutige Zuordnung der Einwohneranzahl ist über die Farbschattierungen allerdings nicht möglich. Um die exakte Zahl zu erfahren, halten Sie den Mauszeiger kurz über ein Bundesland. Daraufhin erscheint der Name des Bundeslands und der zugehörige Wert.

Oft ist es aber hilfreich, sofort zu erkennen, welche Werte durch welche Farbe repräsentiert werden. Dies macht besonders Sinn, wenn es eine überschaubare Anzahl an möglichen Werten gibt.

Bundesländer mit Kategorie-Einfärbung

Wechseln Sie in der Beispieldatei auf das zweite Tabellenblatt *Ministerpräsidenten*. Hier sind neben den Einwohnerzahlen auch die Ministerpräsidenten der jeweiligen Bundesländer aufgeführt (Stand: September 2023). Aktivieren Sie den Bereich A2:E18 und wählen Sie *Einfügen/Karten/Flächenkartogramm*.

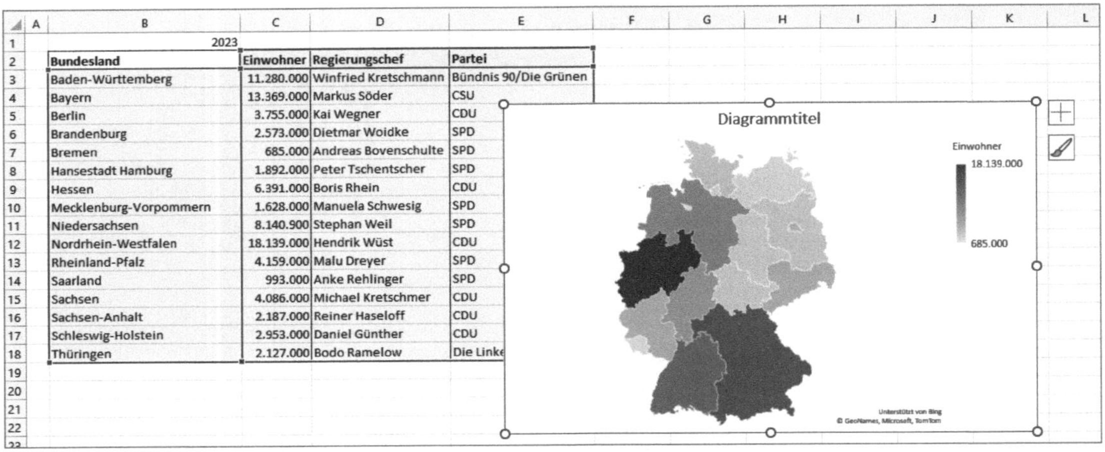

Bundesland	Einwohner	Regierungschef	Partei
Baden-Württemberg	11.280.000	Winfried Kretschmann	Bündnis 90/Die Grünen
Bayern	13.369.000	Markus Söder	CSU
Berlin	3.755.000	Kai Wegner	CDU
Brandenburg	2.573.000	Dietmar Woidke	SPD
Bremen	685.000	Andreas Bovenschulte	SPD
Hansestadt Hamburg	1.892.000	Peter Tschentscher	SPD
Hessen	6.391.000	Boris Rhein	CDU
Mecklenburg-Vorpommern	1.628.000	Manuela Schwesig	SPD
Niedersachsen	8.140.900	Stephan Weil	SPD
Nordrhein-Westfalen	18.139.000	Hendrik Wüst	CDU
Rheinland-Pfalz	4.159.000	Malu Dreyer	SPD
Saarland	993.000	Anke Rehlinger	SPD
Sachsen	4.086.000	Michael Kretschmer	CDU
Sachsen-Anhalt	2.187.000	Reiner Haseloff	CDU
Schleswig-Holstein	2.953.000	Daniel Günther	CDU
Thüringen	2.127.000	Bodo Ramelow	Die Linke

Bild 6.4 Bundesländer und Ministerpräsidenten

Da die Datenbasis mehrere Spalten enthält, müssen Sie festlegen, welche Bereiche im Diagramm dargestellt werden sollen.

1. Markieren Sie hierzu das Diagramm und klicken Sie auf *Diagrammtools/Entwurf/Daten auswählen.*
2. Die Liste „Horizontale Achsenbeschriftungen (Rubrik)" auf der rechten Seite des Dialogfensters muss immer Orte bzw. Regionen enthalten. Hier sollte die Liste der Bundesländer bereits erkannt worden sein.
3. Auf der linken Seite unter *Legendeneinträge (Reihen)* müssen Sie die Werte auswählen, die durch die Farbmarkierung dargestellt werden sollen. In diesem Beispiel wollen wir nur die Partei der jeweiligen Ministerpräsidenten anzeigen. Entfernen Sie also die Einträge *Einwohner* und *Regierungschef.*
4. Markieren Sie den Eintrag *Partei* und klicken Sie auf *Bearbeiten.* Stellen Sie sicher, dass als Reihenname die Zelle E2 mit dem Spaltentitel und als Reihenwerte der Bereich aller Parteinamen (E3:E18) eingestellt ist.
5. Aktivieren Sie die Option *Farbe nach sekundären Kategorienamen.* Dies bewirkt, dass verschiedene Farben für die einzelnen Werte angezeigt werden. Klicken Sie zweimal auf *OK,* um die Aktion abzuschließen.

Anstelle eines Farbspektrums werden nun verschiedene Farben für jeden Wert verwendet. Leider gibt es keine vordefinierte Farbpalette mit den Farben der deutschen Parteien. Sie können die einzelnen Farben aber individuell anpassen. Klicken Sie hierzu zunächst auf die Legende des Diagramms und dann auf ein einzelnes Element der Legende. Klicken Sie nun mit der rechten Maustaste nochmals auf das gleiche Legenden-Element und Sie haben die Möglichkeit, die Farbe individuell anzupassen.

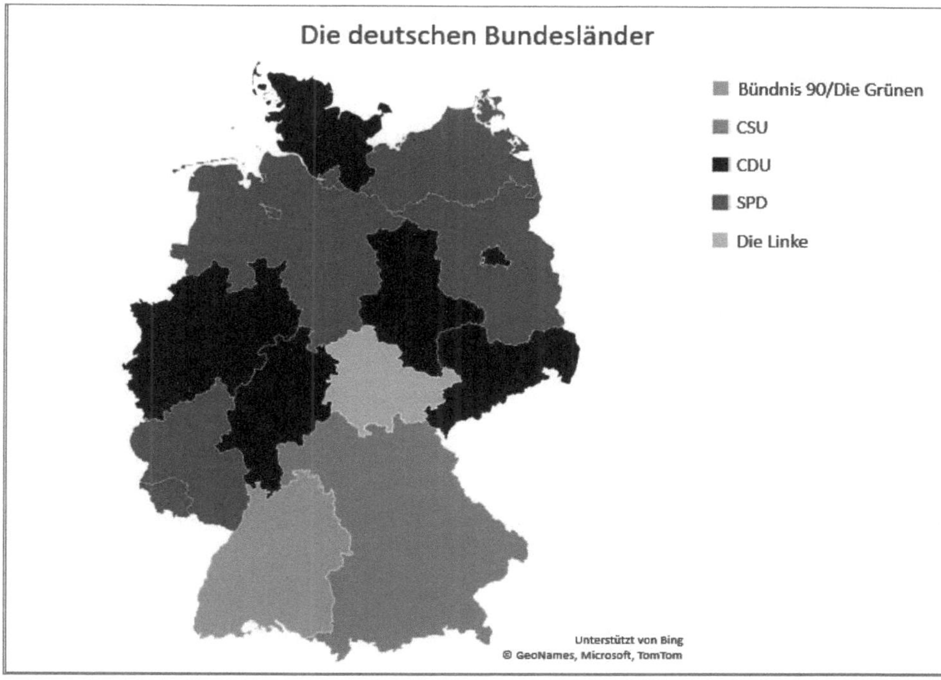

Bild 6.5 Die deutsche Parteienlandschaft als Kartendiagramm

HINWEIS: Das Flächenkartogramm markiert keine Punkte auf der Karte, sondern Bereiche. Ihre Ortsdaten müssen daher immer auf eine klar abgegrenzte Region wie z. B. ein Land oder einen Postleitzahlen-Bereich verweisen. Koordinaten oder Adressen können mit diesem Diagramm nicht visualisiert werden.

6.2 3D-Karten

Hier eine Übung, um die Funktionsweise des Befehls *3D-Karten* zu beschreiben.

Öffnen Sie die Beispieldatei *Großstädte_Deutschland.xlsx* und klicken Sie auf eine beliebige Zelle in der Tabelle.

	A	B	C	D
1	Stadt	Datum	Einwohner	
2	Berlin	01.01.1950	3336026	
3	Berlin	01.01.1960	3274016	
4	Berlin	01.01.1970	3208719	
5	Berlin	01.01.1980	3048759	
6	Berlin	01.01.1990	3433695	
7	Berlin	01.01.2000	3382169	
8	Berlin	01.01.2010	3460725	

Wechseln Sie auf das Register *Einfügen* und klicken Sie auf *3D-Karte*.

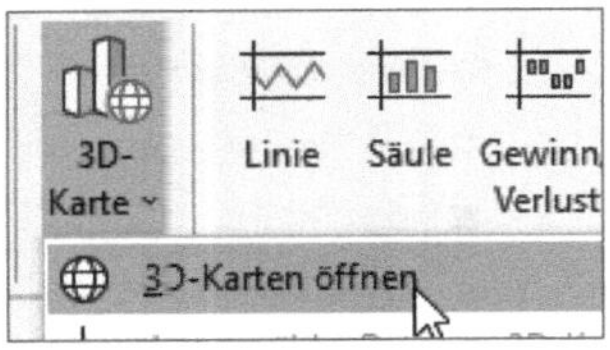

Wenn nötig, aktivieren Sie das nötige Add-in.

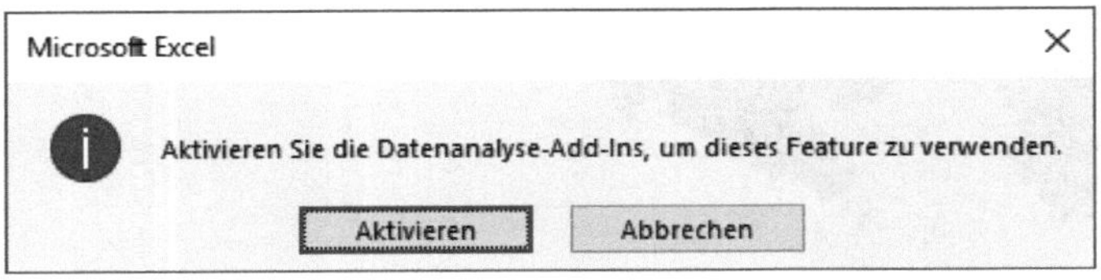

Klicken Sie im Bereich *Ort* auf *Feld hinzufügen* und wählen Sie das Feld *Stadt*.

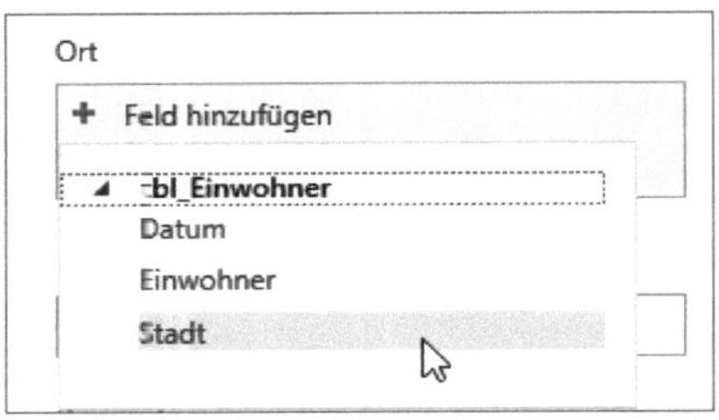

Wählen Sie im zugehörigen Dropdown *Stadt*.

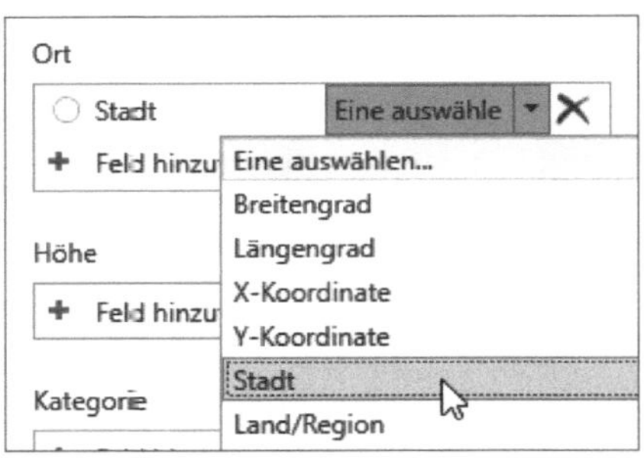

Wählen Sie für den Bereich *Höhe* das Feld *Einwohner*. Die Funktion *Summe* wird für die Aggregation vorgeschlagen.

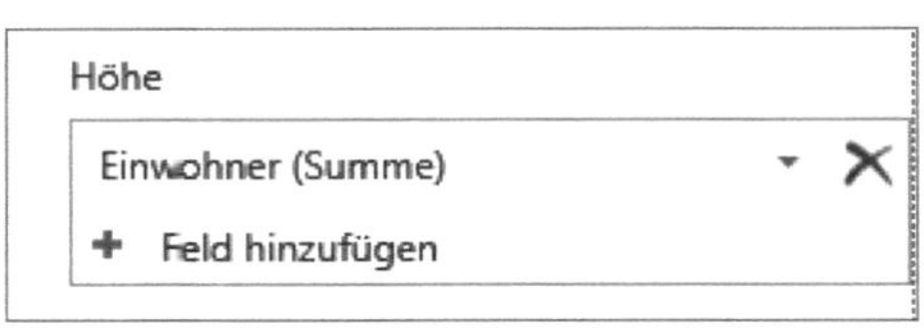

Wählen Sie für den Bereich *Zeit* das Feld *Datum*.

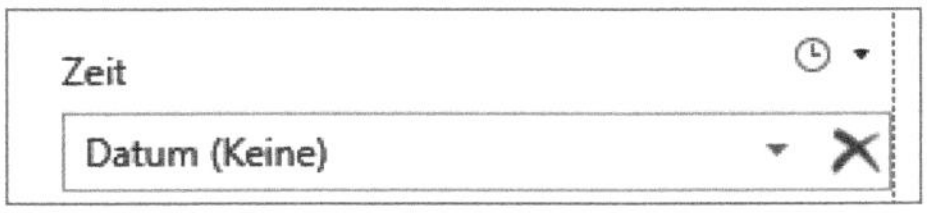

Mit Hilfe der Steuerelemente im Kartenbereich können Sie die Karte kippen, drehen und zoomen. Mit der Maus können Sie die Karte auch verschieben.

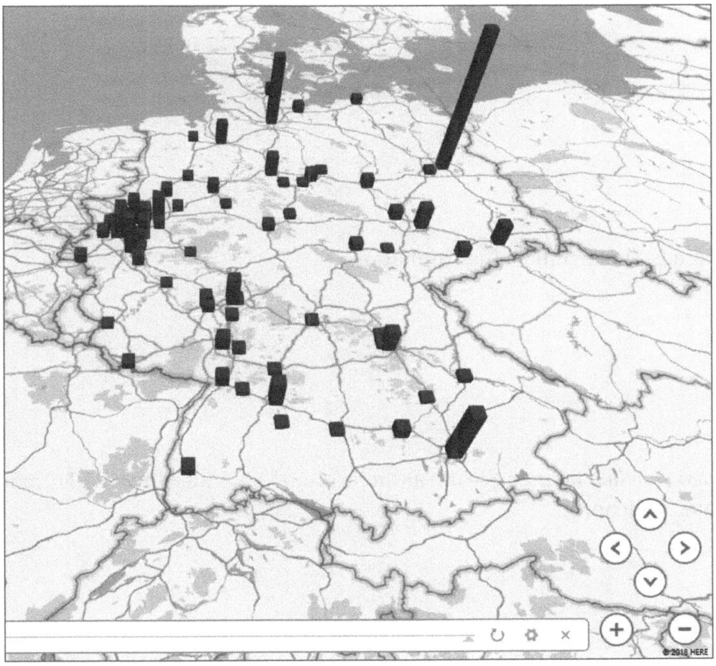

Wechseln Sie die Visualisierung, zeigen Sie die Daten wahlweise als Säulen oder Wärmebild an.

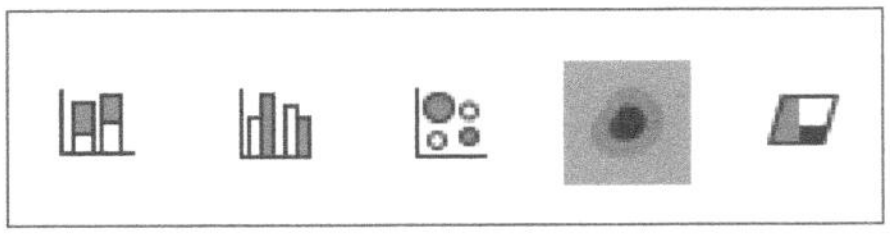

Über die Schichtoptionen lässt sich die Darstellung der Balken ändern.

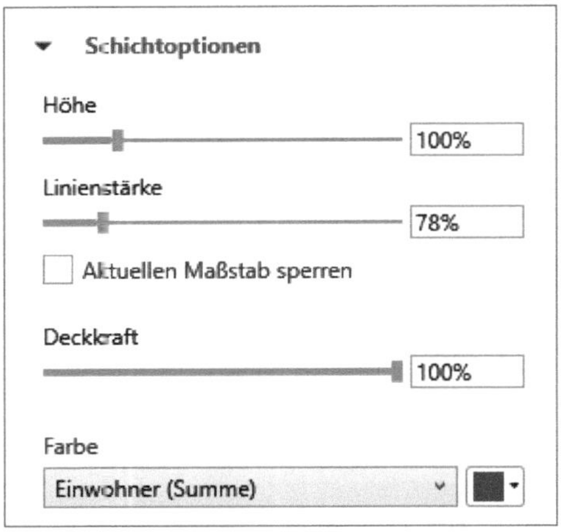

Starten Sie per Klick auf das Startsymbol eine Animation.

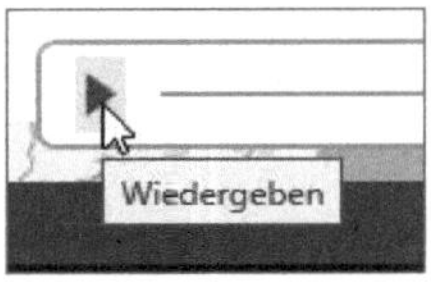

Mit der Schaltfläche *Video erstellen* können Sie die aktuelle „Tour“ als Video im MP4-Format aufzeichnen und als Datei speichern.

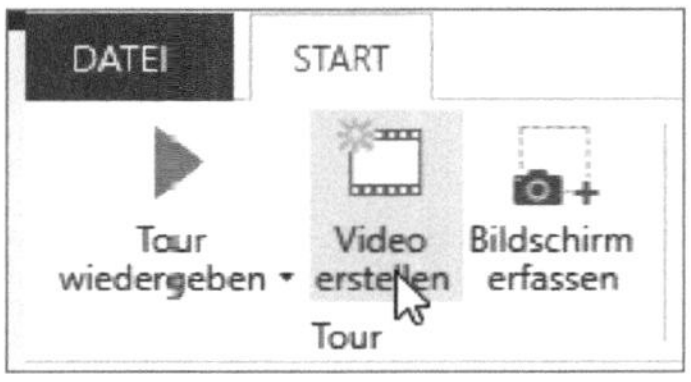

7 BI-Analysen mit PivotTables und PivotCharts

Die PivotTable ist als Analysewerkzeug ein unverzichtbarer Bestandteil der BI-Tools von Excel. Sie übernimmt die Daten aus dem Datenmodell, die mit Power Query und Power Pivot aufbereitet und nachkalkuliert wurden und erstellt aggregierte Kreuztabellen. Damit können die Daten in verschiedenen Blickwinkeln betrachtet und grafisch dargestellt werden. Die Komponenten Zeile, Spalte, Wertebereich und Filter lassen sich variabel mit Daten füllen und vielfältig kombinieren.

Zeilenfelder

Spaltenfelder

Zeilensummen

		Werte	PLZ-Gebiet						
		Umsatz			Kosten			Gesamt: Umsatz	Gesamt: Kosten
Warengruppe	Kategorie	7000	8000	9000	7000	8000	9000		
Bekleidung	Handschuhe	10.789	67.763	170	6.255	39.007	64	78.722	45.326
	Mützen	10.336	36.635	2.411	6.287	20.788	1.492	49.382	28.567
	Shorts	22.621	57.449	150	13.500	33.051	56	80.220	46.607
	Socken	20.545	49.446	4.233	12.485	28.300	2.509	74.224	43.294
	Trägerhosen	8.290	26.424	30	4.445	15.141	11	34.743	19.598
	Trikots	20.937	74.545	110	11.926	42.128	41	95.593	54.094
	Unterwäsche	2.651	36.259		1.518	20.271		38.910	21.789
	Westen	11.541	37.547	61	6.854	21.849	23	49.148	28.725
Fahrräder	Mountainbikes	64.649	264.167	508	38.603	153.062	190	329.324	191.855
	Rennräder	68.746	284.396	2.865	40.246	163.989	1.721	356.007	205.955
	Trekkingräder	46.453	129.026	2.580	27.118	74.287	1.418	178.059	102.823
Zubehör	Beleuchtung	37.739	85.727	327	22.041	49.440	133	123.793	71.614
	Fahrradständer	15.706	33.193	24	9.286	19.301	9	48.923	28.596
	Fahrradtaschen	14.873	34.012	2.295	8.891	19.564	1.252	51.180	29.707
	Fahrradträger	6.354	20.743	70	3.791	11.388	26	27.167	15.205
	Flaschen und Halter	16.248	83.081	41	9.068	47.764	30	99.370	56.862
	Helme	17.402	95.574		10.239	53.669		112.976	63.908
	Luftpumpen	10.612	63.239	10	5.870	35.990	4	73.861	41.864
	Reifen und Schläuche	124.610	390.619	4.227	72.046	224.158	2.282	519.455	298.486
	Reinigungsmittel	7.864	38.580	2.295	4.465	22.031	1.252	48.739	27.748
	Schlösser	6.122	29.835	3.578	3.520	16.440	2.171	39.536	22.132
	Schutzbleche	6.154	27.993	10	3.717	16.227	4	34.157	19.947
	Trinkrucksäcke	10.067	31.044	60	6.052	17.479	22	41.171	23.553
Gesamtergebnis		**561.307**	**1.997.298**	**26.054**	**328.222**	**1.145.325**	**14.710**	**2.584.659**	**1.488.256**

Spaltensummen

Bild 7.1 Das PivotTable-Layout

Das Layout der PivotTable lässt sich optisch ansprechend gestalten, und für PivotTables stehen Formatvorlagen zur Auswahl, die Ihre Zahlen lesbarer machen und mit Farbakzenten versehen.

Der Filterbereich der PivotTable hat mit der Office-Version 2010 eine starke Verbesserung erhalten. An Stelle des unhandlichen Datenfilters können PivotTables mit Datenschnitten versehen werden. Im Datenschnitt sind die Werte einzelner Spalten in Kästchenform gelistet und können per Mausklick gefiltert werden. Datenschnitte lassen sich natürlich mit mehreren PivotTables kombinieren und bieten reichlich Gelegenheit, PivotTable-Analysen in dynamische Dashboards zu verwandeln.

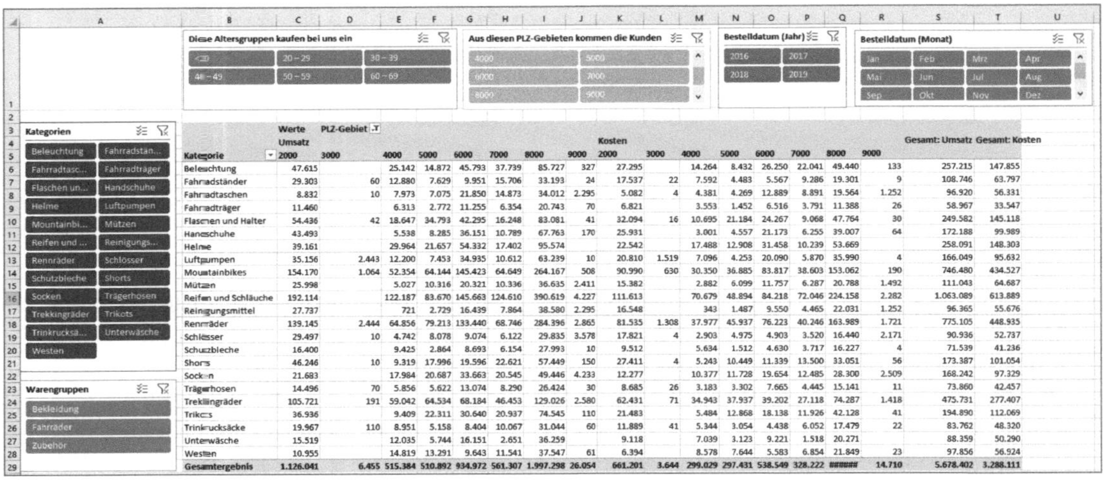

Bild 7.2 PivotTable mit Datenschnitten

Die PivotTable ist die Basis des PivotCharts. Ein PivotChart ist im Grunde nichts anderes als die grafische Umsetzung einer PivotTable. Sie können in Ihren Auswertungen PivotTables und PivotCharts kombiniert einsetzen und so Daten aus dem Datenmodell wahlweise in Tabellenform (Zahlen) als auch in Form von Diagrammen präsentieren.

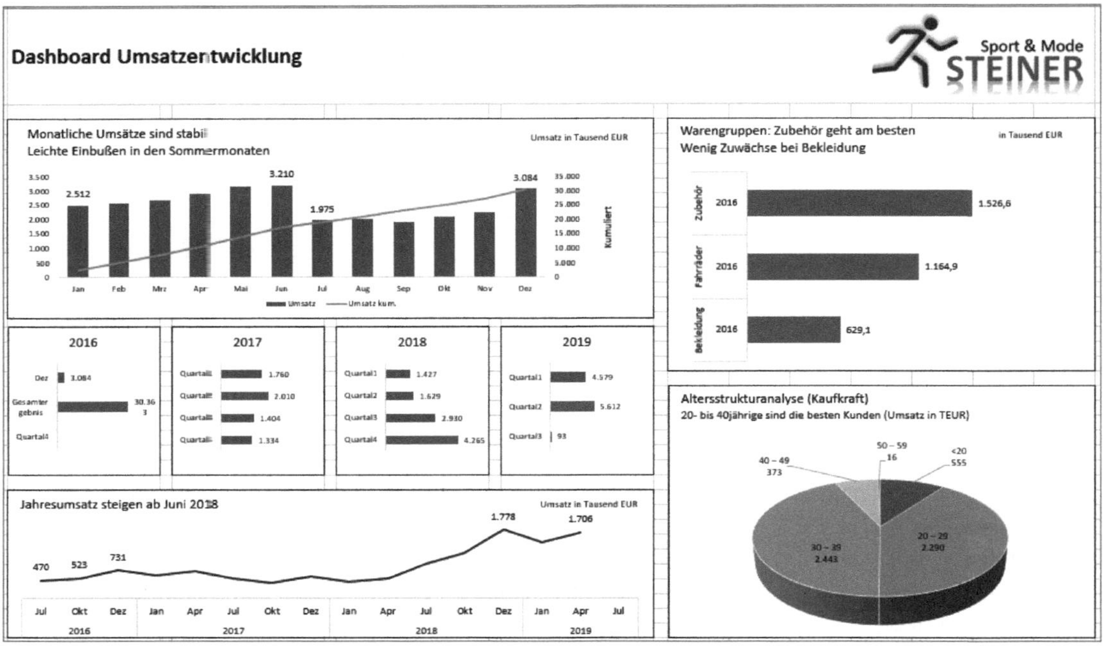

Bild 7.3 Ein Dashboard mit PivotCharts

Mit etwas Geschick und guten Kenntnissen über Formatierung und Gestaltung von Diagrammen lässt sich ein informatives Dashboard mit wichtigen Kennzahlen erstellen, die Datenbasis aufbereitet mit Power Pivot, analysiert mit PivotTables und visualisiert mit PivotCharts.

7.1 Das Pivot-Prinzip

„pivoter" heißt auf Französisch *Drehen*, und daraus entwickelte sich die PivotTable.

- Der *Pivot* ist der Dreh- und Angelpunkt auf den Karren, die militärische Geschütze ziehen (Lafetten).
- Im Duden steht als Erklärung: *Schwenkzapfen an Drehkränen.*
- An der Börse sind *Pivot-Points* Anhaltspunkte für die Schwankungsbreite des Markts.

Die PivotTable ist die Weiterentwicklung der Kreuztabelle, die bis zur Excel-Version 4.0 Programmbestandteil war. Im Datenbank-System Access gibt es einen Abfragetyp *Kreuztabelle*, der die Daten aus der Datenbank in Zeilen und Spalten anordnet und im Kreuzungspunkt die Werte einträgt.

7.1.1 Von der Filtersumme zur PivotTable

Mit der PivotTable werden Daten in einer anderen Form präsentiert, ohne dass die Ausgangsbasis verändert wird. Die PivotTable fasst Daten zusammen, verliert diese Daten zwar damit, bietet aber gleichzeitig einen komprimierten, aggregierten Blick auf das Datenmaterial. Im Prinzip automatisiert die PivotTable das manuelle Filtern von Listen und liefert gleichzeitig noch die Auswertung dafür:

Die Datenbasis ist eine Liste mit drei Spalten. Um die Summe der Werte aus der zweiten Spalte für die einzelnen Produkte aus Spalte 1 zu ermitteln, wäre ein Filter nötig.

	A	B	C
1	**Produktsegment**	**Auftragsvolumen**	**Status**
2	Wertpapiere	160.000	erteilt
3	Immobilien	68.000	Anfrage
4	Versicherungen	90.000	erteilt
5	Wertpapiere	50.000	Anfrage
6	Versicherungen	65.000	erteilt
7	Immobilien	32.000	erteilt
8	Versicherungen	137.000	erteilt
9	Wertpapiere	91.000	Anfrage
10	Versicherungen	143.000	erteilt

Schalten Sie den Filter ein und filtern Sie die erste Spalte nach dem ersten Produkt, …

… bietet die Liste nur Datensätze mit diesem Produkt an, und die zweite Spalte könnte summiert werden.

	A	B
1	**Produktsegment**	**Auftragsvolumen**
3	Immobilien	68.000
7	Immobilien	32.000
11		Σ 100.000

Das Gleiche gilt für das nächste Produkt. Auch hier müsste die Summe der gefilterten Daten manuell ermittelt werden.

	A	B
1	**Produktsegment**	**Auftragsvolumen**
4	Versicherungen	90.000
6	Versicherungen	65.000
8	Versicherungen	137.000
10	Versicherungen	143.000
12		Σ 435.000

Die PivotTable aggregiert die Produkte im Zeilenbereich und den Status im Spaltenbereich und liefert im Kreuzungspunkt die aggregierten Werte (Summen). Gleichzeitig werden die Gesamtsummen für Zeilen und Spalten gezogen.

Summe	**Anfrage**	**erteilt**	**Gesamtergebnis**
Immobilien	68.000	32.000	100.000
Versicherungen		435.000	435.000
Wertpapiere	141.000	160.000	301.000
Gesamtergebnis	**209.000**	**627.000**	**836.000**

Ein alternatives Layout, hier sind beide Auswertungsspalten im Zeilenbereich untergebracht. Zusätzlich zur Summe werden die Datensätze auch noch gezählt.

	Anzahl	Summe
⊟Immobilien	**2**	**100.000**
Anfrage	1	68.000
erteilt	1	32.000
⊟Versicherungen	**4**	**435.000**
erteilt	4	435.000
⊟Wertpapiere	**3**	**301.000**
Anfrage	2	141.000
erteilt	1	160.000
Gesamtergebnis	**9**	**836.000**

Noch mehr Komfort bietet die PivotTable mit Zwischenergebnissen für die zweite Gruppe im Zeilenbereich.

	Summe
⊟Immobilien	
Anfrage	68.000
erteilt	32.000
Immobilien Ergebnis	**100.000**
⊟Versicherungen	
erteilt	435.000
Versicherungen Ergebnis	**435.000**
⊟Wertpapiere	
Anfrage	141.000
erteilt	160.000
Wertpapiere Ergebnis	**301.000**
Gesamtergebnis	**836.000**

Mit einem Datenschnitt wird ein „Feld“ zum Filter umfunktioniert.

	Anzahl	Summe
Immobilien	2	100.000
Versicherungen	4	435.000
Wertpapiere	3	301.000
Gesamtergebnis	**9**	**836.000**

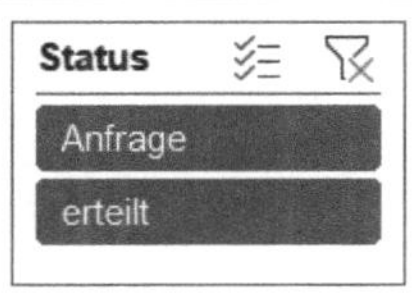

Jedes Feld kann wahlweise Zeilen-, Spalten- oder Filterelement sein.

	Anzahl	Summe
Anfrage	3	209.000
erteilt	6	627.000
Gesamtergebnis	**9**	**836.000**

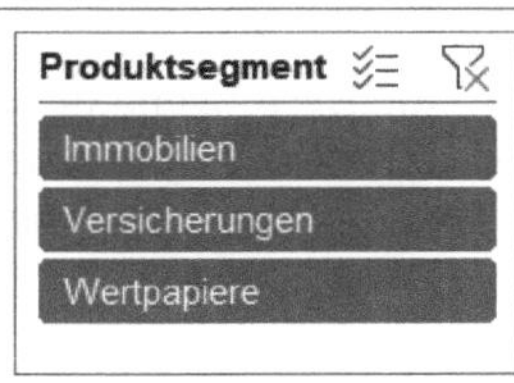

7.1.2 Voraussetzungen

Nicht alles, was in digitaler Form als Daten vorliegt, lässt sich mit PivotTables und PivotCharts auswerten. Ausgewertet werden können nur Daten, die in Listenform vorliegen. Wer seine Daten gerne auf kleine Blöcke verteilt und Daten mit Farben und Rahmen klassifiziert wird mit Pivot-Auswertungen Probleme haben.

Die Datenbasis für die PivotTable ist eine Liste oder eine (intelligente) Tabelle.

HINWEIS: Den Begriff „Intelligente Tabelle“ liest man häufig, er ist nicht offiziell und bezeichnet nichts anderes als die Tabelle. „Tabelle“ hat sich als Bezeichnung für das Tabellenblatt jahrelang etabliert, und um Verwechslungen auszuschließen, verwenden viele Spezialisten den Begriff „Intelligente Tabelle“.

In der Praxis sollten Sie der Tabelle den Vorzug vor der Liste geben. Mit der Tabelle werden einige „alte Zöpfe“ abgeschnitten, die besonders im Umgang mit großen Datenmengen erhebliche Probleme mit sich bringen:

Ein großes Problem der Liste ist der absolute Zellbezug. Wird eine PivotTable auf Basis einer Liste erstellt, hat die Datenquelle einen absoluten Bezug (z. B. \$A\$1:\$C\$20). Dieser Bezug wird nicht angepasst, wenn sich die Liste in der Länge oder Breite ändert. Tabellen arbeiten nicht mehr mit Bezügen.

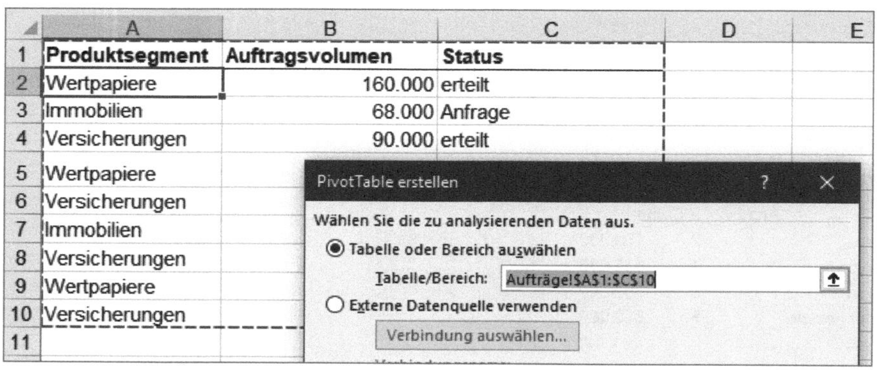

Bild 7.4 Problem: Absolute Zellbezüge als Datenquellen

Wird eine PivotTable auf Basis einer Tabelle erstellt, enthält die Datenquelle nur den Tabellennamen. Tabellen sind dynamisch. Auswertungen, die sich auf die Tabelle beziehen, verwenden immer den Tabellennamen, und der passt sich automatisch an, wenn neue Zeilen oder Spalten hinzukommen oder wenn Zeilen/Spalten gelöscht werden.

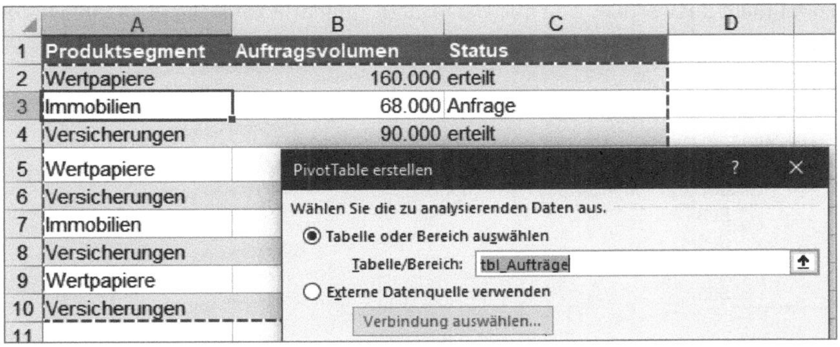

Bild 7.5 Besser als Datenquelle: Tabellennamen

Tabellen sind für die Aufbereitung der Daten wesentlich komfortabler als Listen: Formeln in Tabellenspalten (interne strukturierte Verweise) werden automatisch auf die gesamte Tabelle kopiert, auch bei Änderungen. Formeln, die sich außerhalb der Tabelle befinden (externe strukturierte Verweise), beziehen sich immer auf die gesamte Tabelle. An Stelle von absoluten Listenbezügen ($A$1:$C$20) verwenden die Formeln die Spaltenbezeichnungen der Liste oder den Listennamen selbst.

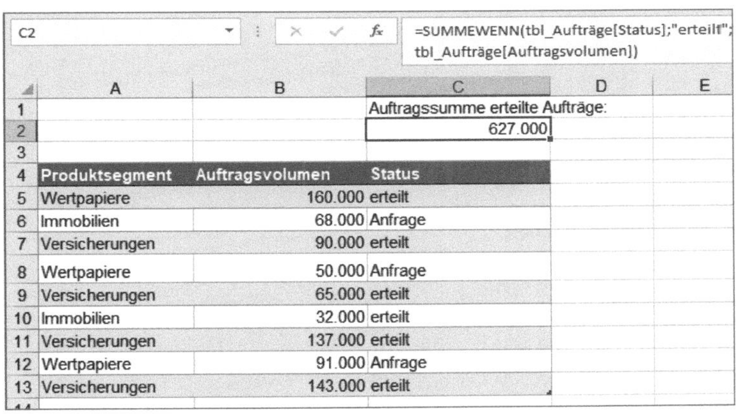

Bild 7.6 Externer strukturierter Verweis

7.1.3 Auswertbare Daten

Auch wenn Ihre Daten bereits in Listen- oder Tabellenform vorliegen, kann es vorkommen, dass die Pivot-Auswertung scheitert. Die Daten müssen nämlich nicht nur technisch, sondern auch inhaltlich für Auswertungen geeignet sein.

Filtern Sie eine Liste oder Tabelle einfach mal, um sie auf Pivot-Tauglichkeit zu überprüfen. Finden Sie Filterkriterien, d. h. Zellinhalte, die mehrfach in einer Spalte vorkommen (idealerweise in mehreren Spalten), dann sind die Daten auswertbar.

Diese Daten sind nicht auswertbar, weil alle Datensätze eindeutig sind. Die PivotTable kann nichts aggregieren.

	A	B
1	Monat	Betrag
2	Januar	200
3	Februar	300
4	März	500
5	April	800
6	Mai	300
7	Juni	600

Hier sind die Daten in der Datumsspalte nicht eindeutig. Eine Ausgabensumme nach Tagen, Monaten oder Jahren wäre nicht ermittelbar, weil die PivotTable die Daten nicht gruppieren würde.

	A	B
1	Datum	Ausgaben
2	01.02.2019	1200
3	02.02. - keine Einträge	
4	03.02.2019	300
5	04.02.2019	50
6	Überweisung	-30
7	05.02.2019	120

Diese Liste enthält Teilergebnisse. Beim Versuch, eine PivotTable zu erstellen, erscheint ein Hinweis, dass die Daten nicht pivotierbar sind. Entfernen Sie die Teilergebnisse über *Daten/Gliederung/Teilergebnis/Alle entfernen.*

Produktsegment	Auftragsvolumen
Immobilien	68.000
Immobilien	32.000
Immobilien Ergebnis	100.000
Versicherungen	90.000
Versicherungen	65.000
Versicherungen	137.000
Versicherungen	143.000
Versicherungen Ergebnis	435.000
Wertpapiere	160.000
Wertpapiere	50.000
Wertpapiere	91.000
Wertpapiere Ergebnis	301.000
Gesamtergebnis	836.000

7.2 Datenquellen für PivotTables

Wie schon erwähnt, ist die Tabelle die bessere Datenquelle für PivotTables und PivotCharts als die Liste. Auch wenn die Liste langsam, aber stetig von der Tabelle verdrängt wird, gibt es noch zahlreiche Anwendungsfälle, in denen die Liste als Datenbasis für PivotTables und PivotCharts fungiert.

Daten aus externen Verbindungen stellt Excel automatisch in Form von Tabellen zur Verfügung, und das gilt sowohl für die „ältere" ODBC-Verbindung über MS Query als auch für Abfragen aus Power Query, Datenmodell-Abfragen aus Power Pivot und Webabfragen. Das setzt natürlich voraus, dass die Daten in auswertbarer Form vorliegen Eine Abfrage, mit MS Query, Power Query oder Power Pivot erstellt, ist immer eine Verknüpfung auf die Originaldaten, d.h. Sie dürfen die Basisdaten niemals löschen, auch nicht verschieben oder umbenennen.

7.2.1 Listen

„Liste" ist ein technischer Begriff. Er bezeichnet eine geschlossene Datenmenge, die nach oben vom Spaltenkopf oder einer Leerziele und nach unten von der ersten Leerzeile sowie nach links von den Zeilennummern oder einer Leerspalte und rechts von der ersten Leerspalte begrenzt ist.

TIPP: Hier ein einfacher Trick, um eine Liste zu identifizieren und zu überprüfen: Setzen Sie den Zellzeiger in die Liste und drücken Sie **STRG+*** (auf der Zehnertastatur) bzw. **Strg+Umschalt++**. Damit wird der „current region", der Listenbereich, markiert. Drücken Sie **Umschalt+Tab**, um die letzte markierte Zelle anzusteuern.

Listen müssen aber einige Grundvoraussetzungen erfüllen, um eine sichere Analysebasis zu bilden:

- Listen dürfen keine Zusammenfassungen, Zwischenergebnisse oder Gesamtsummen enthalten.
- Listen beginnen immer mit einer Kopfzeile, in der die Beschreibung der einzelnen Felder (Spalten) steht.
- Spaltenüberschriften (Feldnamen) sind einzeilig und enthalten keine speziellen Sonderzeichen. Leerzeichen sind erlaubt, sollten aber möglichst vermieden werden. Feldnamen sind eindeutig, jede Spalte ist individuell zu beschriften.
- Die Daten der Spalten sind eindeutig, d.h. vom gleichen Datentyp. Eine Datumsspalte enthält nur Datumswerte, eine Zahlenspalte darf bis zum Ende der Liste weder Texte noch andere nicht numerische Inhalte aufweisen.

	A	B	C	D	E	F	G
1	Kundenr	Firma	Adresse	PLZ	Ort		Branche
2	K-01	Parkallee Company GmbH	Sielweg 5	80241	München		Gastro
3	K-02	mundART Künstlerwerk	Tellstrasse 19	80366	München		Handel
4	K-03	Bier Frieder Brauereiladen	Bürgerstraße 3	80037	München		Restaurant
5	K-04	Lebermann Weine & Getränke AG	Binzstrasse 23	56048	Staufberg		Einkaufsmarkt
6	K-05	Getränke- und Weinhandel	Gertrudstrasse 68	56141	Bremingen		
7	K-34	Pizzeria Boccia	Dorfplatz 6	56121	Deitersberg		
8	K-35	Restaurant Alpenrose	Seetalstrasse 43	80056	München	Listen	
9	K-36	Restaurant Bänziger	Laurenzigasse 89	57034	Seeberg		
10	K-37	Restaurant Solberger	Unterdorfstrasse 4	80451	München		
11	K-38	Restaurant Chez Rose	Rathausgasse 13	80038	München		
12	K-39	Restaurant Drei Könige	Hardtturmstrassse 169	56202	Bremingen		
13	K-40	Restaurant Eisenmann	Wohlerstrasse 19	80476	München		
14	K-41	Restaurant Freiberg	Dorfstrasse 22	56121	Deitersberg		
15							
16							
17	K-42	Restaurant Hardhof	Rechengasse 2	80043	München	keine Liste	
18	K-43	Restaurant Hardy's	In der Südstadt 6	56205	Bremingen		
19	K-44	Restaurant Hirschen	Badenerstrasse 219	56001	Leutburg		

Bild 7.7 Voraussetzung für PivotTables sind auswertbare Listen

Dynamische Bereichsnamen an Stelle von $-Bezügen

Einen großen und wichtigen Schritt machen Sie, wenn Sie die Liste mit einem Bereichsnamen versehen. Ein Bereichsname als Datenbasis der PivotTable ist viel einfacher und bequemer als ein absoluter Bezug. Ändern Sie den Bereichsnamen, wenn sich die Daten ändern, und alle PivotTables, die auf Ihrer Liste basieren, stimmen wieder. Arbeiten Sie mit $-Bezügen als Datenquellen, müssen Sie alle PivotTables einzeln überprüfen.

Noch besser: Machen Sie Ihre Liste dynamisch, wenn Sie nicht sicherstellen können, dass der Bereichsname immer alle Zeilen und Spalten der Liste einschließt:

- Aktivieren Sie den Namens-Manager unter *Formeln/Definierte Namen*.
- Klicken Sie auf *Neu*. Geben Sie den Namen *rng_Datenbank* ein und schreiben Sie unter *Bezieht sich auf* diese Formel:

```
=BEREICH.VERSCHIEBEN($A$1;0;0;ANZAHL2($A:$A);ANZAHL2($1$1))
```

- Klicken Sie auf *OK*, um den Namen anzulegen.

Die Datenbank wird damit automatisch aus der Anzahl der Einträge in Spalte A und Zeile 1 berechnet. Drücken Sie **F5** und geben Sie *rng_Datenbank* ein, um das zu überprüfen. Der berechnete Name wird leider nicht im Namensfeld links oben angeboten. Stellen Sie sicher, dass in Spalte A und Zeile 1 keine weiteren Einträge stehen, sonst funktioniert der Trick nicht. Wenn Sie anschließend eine PivotTable produzieren, wird die Datenbank zwar nicht als Bereich angeboten, Sie können aber **F3** drücken und den dynamischen Bereichsnamen abholen.

7.2.2 Tabellen manuell erstellen

Intelligente Tabellen werden entweder vom Anwender manuell angelegt oder programmtechnisch erzeugt. Im Business Intelligence werden die Daten fast ausschließlich aus externen Datenquellen (Data Warehouses, Datenbanken, Web etc.) bezogen, aber das ist nicht zwingend. Das Datenmodell lässt sich jederzeit mit zusätzlichen Datenbeständen „füttern" und damit funktionell erweitern. In der Praxis stehen häufig Planungsdaten, Vorjahreswerte oder archivierte Umsatz-/Absatzdaten zur Verfügung, die das Datenmodell anreichern und weitere Auswertungen ermöglichen. Diese Daten sollten aber als Tabellen vorliegen.

So wird aus einer Liste eine Tabelle:

Markieren Sie die Liste. Der Zellzeiger in einer Zelle genügt, drücken Sie **Strg+***, um sicherzugehen, dass alle Daten erfasst werden.

	A	B	C
1	Kundenr	Firma	Adresse
2	K-01	Parkallee Company GmbH	Sielweg 5
3	K-02	mundART Künstlerwerk	Tellstrasse 19
4	K-03	Bier Frieder Brauereiladen	Bürgerstraße 3
5	K-04	Lebermann Weine & Getränke AG	Binzstrasse 23
6	K-05	Getränke- und Weinhandel	Gertrudstrasse 68
7	K-34	Pizzeria Boccia	Dorfplatz 6

Wählen Sie *Einfügen/Tabellen/Tabelle* oder drücken Sie **Strg+T**.

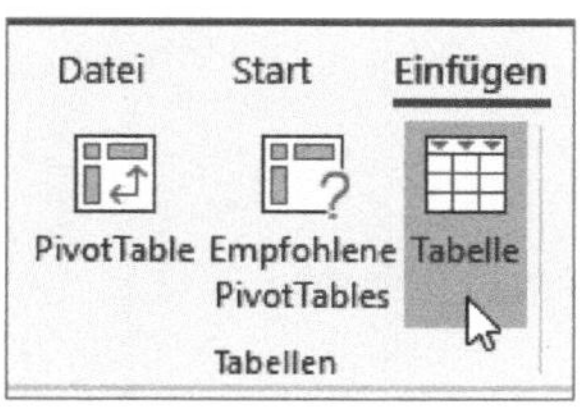

Bestätigen Sie den Listenbereich oder markieren Sie ihn im Hintergrund mit dem Mauszeiger neu.

Kreuzen Sie die Option *Tabelle hat Überschriften* an. Diese Option ist zwingend für die Umwandlung in eine Pivot-fähige Tabelle.

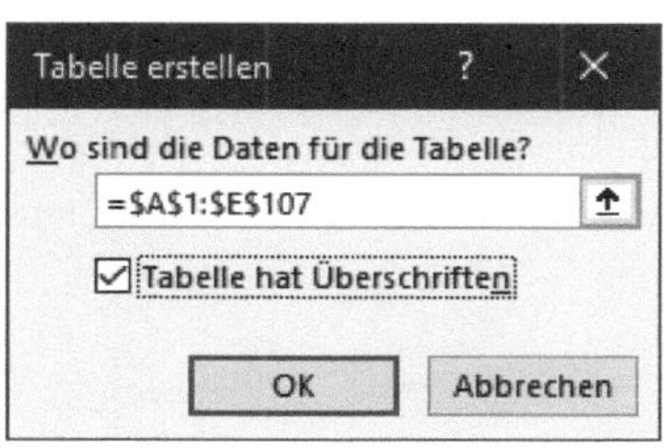

Die Liste wird in eine Tabelle konvertiert, das Standard-Tabellenformat wird zugewiesen.

	A	B	C
1	Kundenr	Firma	Adresse
2	K-01	Parkallee Company GmbH	Sielweg 5
3	K-02	mundART Künstlerwerk	Tellstrasse 19
4	K-03	Bier Frieder Brauereiladen	Bürgerstraße 3
5	K-04	Lebermann Weine & Getränke AG	Binzstrasse 23
6	K-05	Getränke- und Weinhandel	Gertrudstrasse 68
7	K-34	Pizzeria Boccia	Dorfplatz 6
8	K-35	Restaurant Alpenrose	Seetalstrasse 43

In den Tabellenformatvorlagen finden Sie viele Farbkombinationen. Achten Sie aber auf „dezente“ Farben, denken Sie an den Druck!

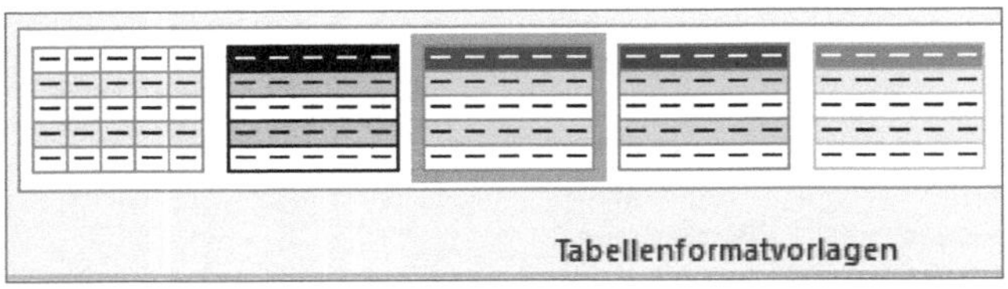

Mit dem Zellzeiger in der Tabelle enthält das Menüband eine neue Registergruppe *Tabellentools*. Klicken Sie auf das Register *Entwurf*.

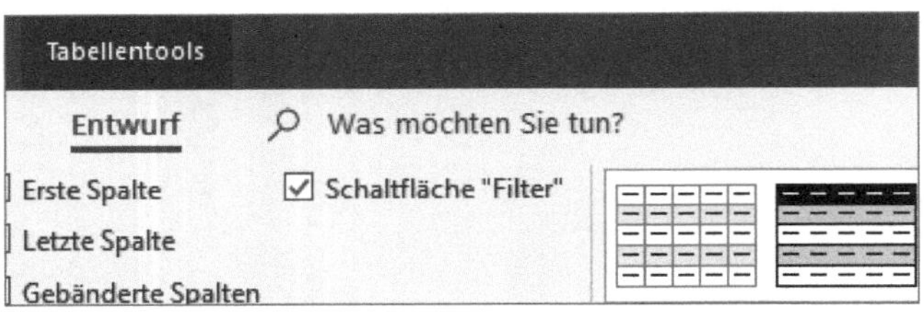

Der Name der Tabelle steht unter *Eigenschaften*. Markieren Sie ihn und tragen Sie einen neuen Namen ein.

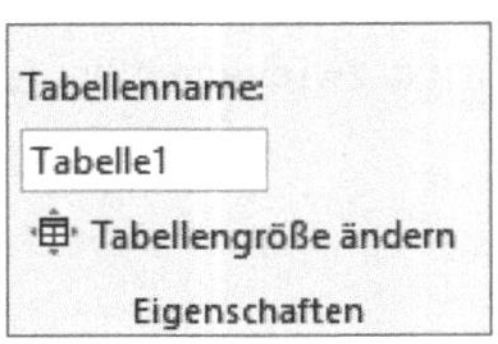

Geben Sie Tabellennamen immer mit dem Präfix „tbl“ ein. Damit lassen sich diese von „normalen“ Bereichsnamen unterscheiden.

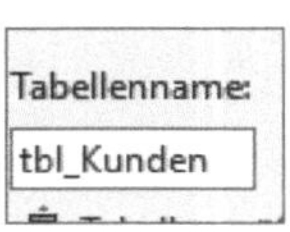

Achten Sie darauf, dass der Name der Tabelle zwar im Namens-Manager (*Formeln/Definierte Namen*) gelistet wird, hier aber nicht geändert oder gelöscht werden kann.

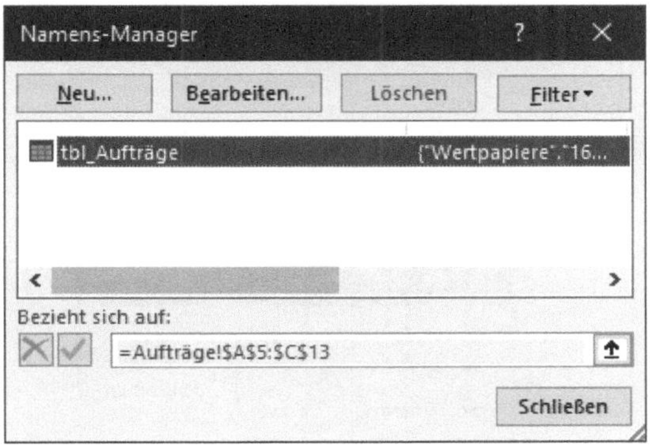

7.2.3 MS Query

Holen Sie externe Daten mit MS Query, brauchen Sie einen passenden ODBC-Treiber für die Quelle. Wählen Sie *Daten abrufen und transformieren/Daten abrufen/Aus anderen Quellen/Aus Microsoft Query*. In älteren Excel-Versionen steht MS Query noch in einer eigenen Gruppe *Externe Daten abrufen* zur Auswahl.

Die Standard-Treiber für dBASE, Access und Excel stehen bereit, Treiber für SQL Server, MySQL oder andere Quellen können aus dem Internet bezogen werden. Der Excel-Treiber für die älteren Versionen (XLS) hat die Bezeichnung *Excel*, der neuere Treiber heißt *Excel Files**. Für ODBC-Verbindungen mit Excel muss die Liste einen Bereichsnamen haben. Alternativ dazu schalten Sie im MS Query-Assistenten bei der Frage nach der Datenquelle unter *Optionen* die Systemtabellen hinzu, dann kann der Assistent die Tabellenblätter (mit $ gekennzeichnet) als Datenquellen benutzen.

Das Abfrageergebnis kann im letzten Schritt als Tabelle oder als PivotTable/PivotChart importiert werden.

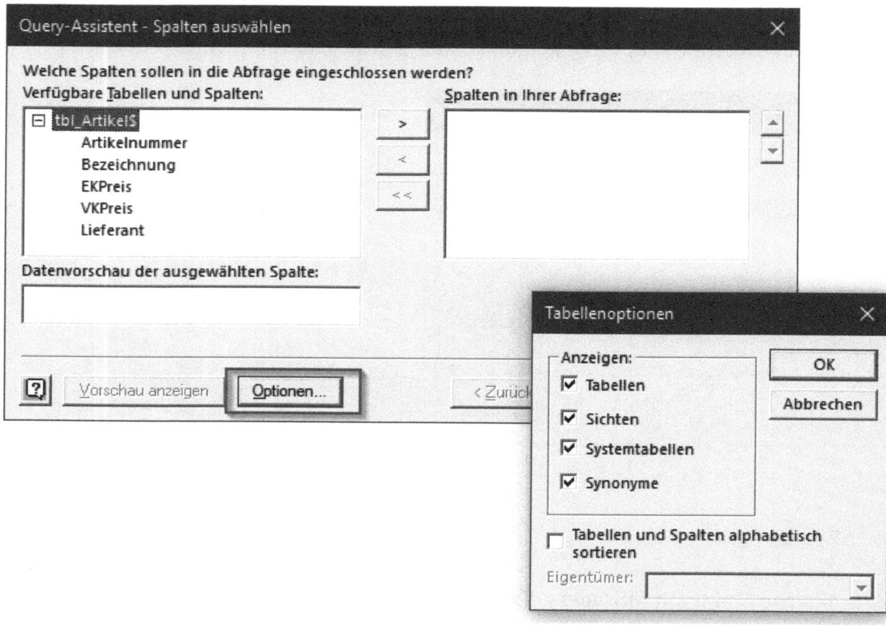

Bild 7.8 ODBC-Daten importieren

7.2.4 Power Query

Mit Power Query wandeln Sie die Daten in jedem Fall in eine Tabelle um, bevor die Verbindung in das Tabellenblatt integriert wird. Setzen Sie den Zellzeiger in eine Liste und wählen Sie *Daten/Daten abrufen und transformieren/Daten abrufen/Aus Tabelle/Bereich*, müssen Sie die Liste in eine Tabelle umwandeln. Bestätigen Sie die Abfrage und stellen Sie sicher, dass die Überschriften erkannt werden. Excel wandelt die Liste in eine Tabelle um und übergibt sie an den Power Query-Editor. Tabellen werden sofort an den Power Query-Editor übergeben.

Das Abfrageergebnis wird anschließend in eine neue Tabelle geschrieben, wenn Sie in der letzten Frage die Option angekreuzt haben. Mit *Nur Verbindung erstellen* wird keine Tabelle generiert. Wählen Sie anschließend unter *Abfragen und Verbindungen* den Befehl *Laden in…*, können Sie den Status der Verbindung nachträglich ändern und die Tabelle zur Verbindung erklären oder eine Verbindung zur Tabelle machen.

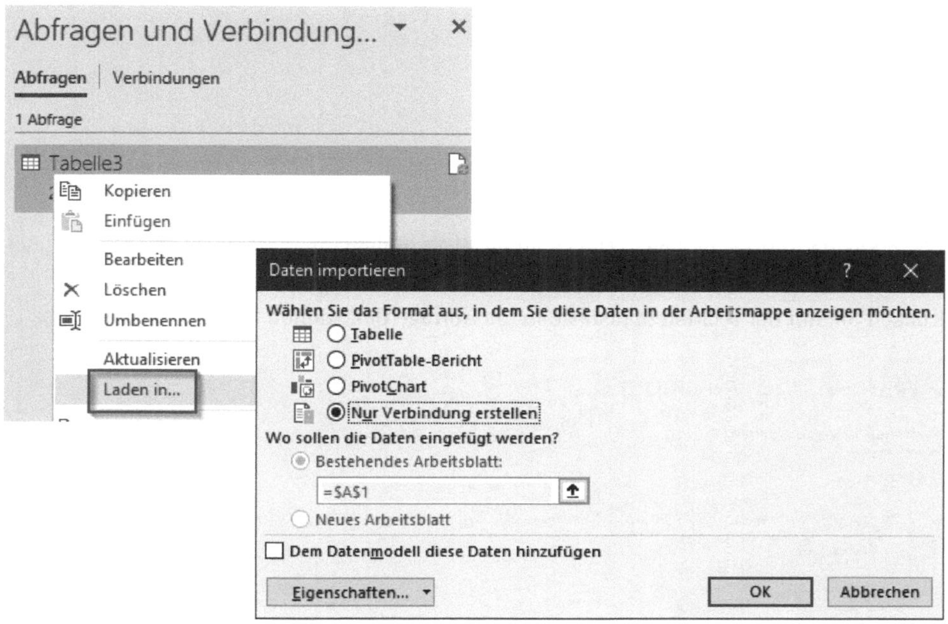

Bild 7.9 Nur Verbindung mit Power Query-Abfrage herstellen

Wird die Tabelle in eine Verbindung umgewandelt, erscheint eine Sicherheitswarnung. Bestätigen Sie diese mit Klick auf *Löschen*, wird nur die Tabelle entfernt, nicht das Tabellenblatt. Die Verbindung bleibt bestehen, Sie können sie jederzeit wieder in eine Tabelle umdeklarieren.

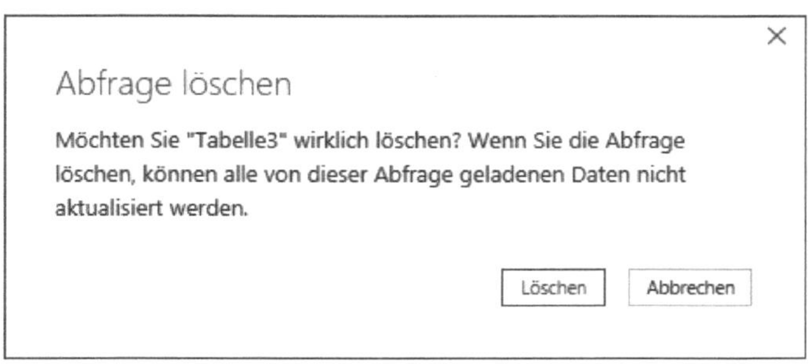

Bild 7.10 Abfrage löschen

Wenn Sie nicht mehr wissen, welche Tabelle die Daten an eine Abfrage geliefert hatte, gehen Sie so vor:

Schalten Sie auf dem Register *Daten* unter *Abfragen und Verbindungen* die gleichnamige Option ein.

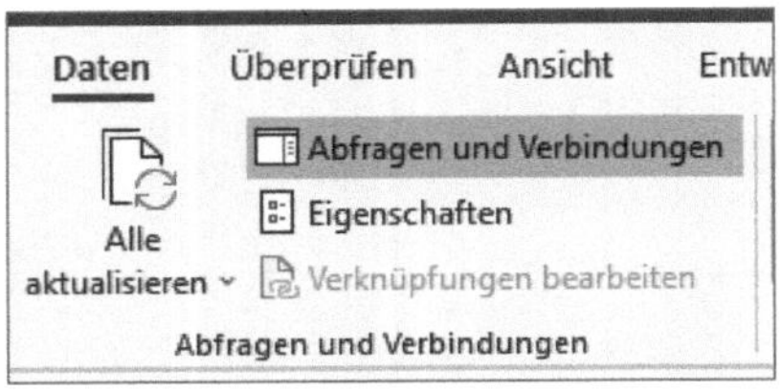

Wenn Sie die Abfrage im Power Query-Editor nicht umbenannt hatten, sehen Sie den Tabellennamen als Abfragebezeichnung.

Klicken Sie mit der rechten Maustaste in die Abfrage und wählen Sie *Eigenschaften*.

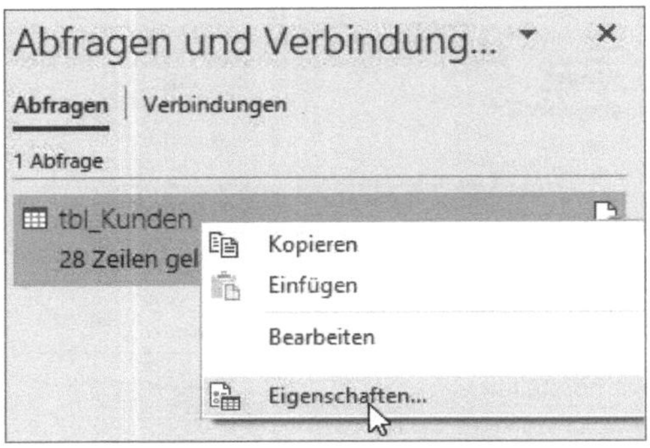

Unter dem Register *Definition* sehen Sie die Verbindungszeichenfolge, hier finden Sie auch den Tabellennamen der Quelle.

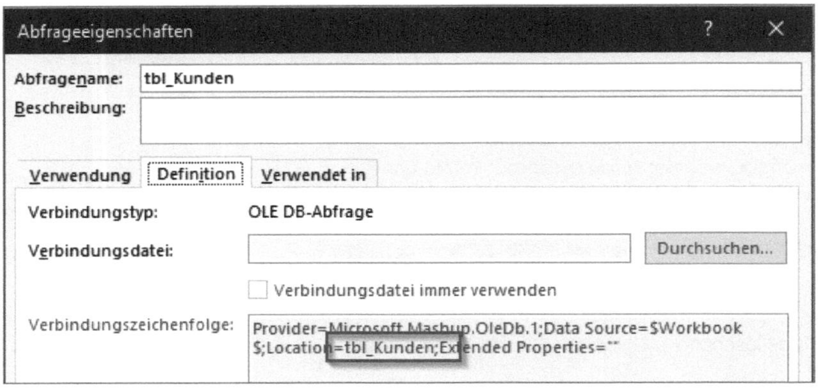

Unter *Verwendet in* können Sie noch ablesen, woher die Abfrage ihre Daten bezieht.

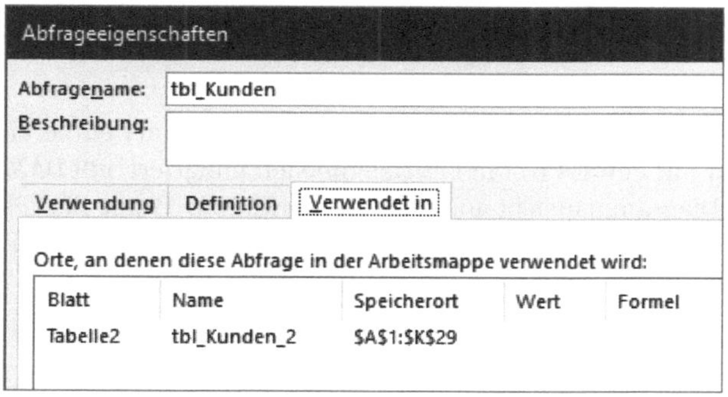

7.2.5 Power Pivot

Power Pivot braucht ebenso wie Power Query eine Tabelle für die Integration der Daten in das Datenmodell. Setzen Sie den Zellzeiger in eine Liste und wählen Sie *Power Pivot/Tabellen/Zu Datenmodell hinzufügen*. Bestätigen Sie die Abfrage *Tabelle erstellen* und stellen Sie sicher, dass die Überschriften erkannt werden. Excel wandelt die Liste in eine Tabelle um und übergibt sie an den Power Pivot. Tabellen werden sofort ohne Rückfrage Power Pivot übergeben.

Im Unterschied zu Power Query liefert Power Pivot keine Tabellen mehr zurück, sondern PivotTables oder PivotCharts.

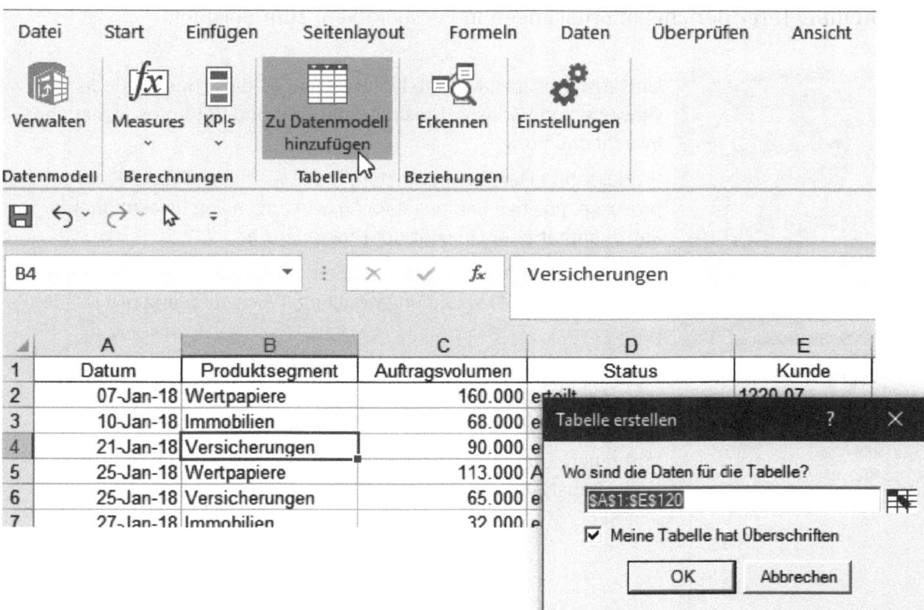

Bild 7.11 Daten dem Datenmodell hinzufügen

7.3 PivotTable-Berichte erstellen

Die Datenbasis ist vorbereitet, Sie haben die beteiligten Tabellen mit Power Query aufbereitet, kombiniert und verknüpft oder mit Power Pivot in das Datenmodell integriert, mit DAX-Measures versehen und in der Diagrammansicht miteinander verknüpft. Wenn Sie als nächsten Schritt Auswertungen mit PivotTables und PivotCharts planen, stellen Sie sicher, dass alle Daten verfügbar sind und keine Probleme mit der Aktualisierung bestehen.

7.3.1 Berichte planen

In jeder Kommunikation gibt es einen Sender und einen Empfänger. In der Geschäftswelt und speziell im Berichtswesen ist der Sender meist der Sachbearbeiter, der Controller oder die Assistenz, die den Bericht erstellt, und der oder die Empfänger kann aus Führungskreisen stammen (Chef, Abteilungsleiter) oder aus einer Personengruppe bestehen (Projektteam, Besprechungsgruppe, Krisenstab u. a.). Bevor Sie eine PivotTable erstellen, sollten Sie also wissen, was der oder die Empfängergruppe von Ihnen wissen will. Erst dann können Sie die Entscheidung über Zeilen-/Spaltenfelder, Gruppierungen und Filter treffen.

Orientieren Sie sich bei der Vorbereitung der Berichte an der Balanced Scorecard. Dieses Modell der Boston Consulting Group ist richtungsweisend für die Erstellung von Kennzahlen. Das Prinzip, ein Modell mit vier Dimensionen oder Perspektiven aufzustellen, lässt sich auch in vereinfachter Form für die Planung von PivotTables anwenden. Beginnen Sie mit der Aufteilung Ihrer Berichtsanforderungen in Perspektiven, zum Beispiel:

Finanzperspektive	Umsätze, Absätze, Kosten, laufend (Year-to-date) oder periodisch, Gewinne und Verluste, Umsatzrentabilität und Return on Investment, Investitionen u. a.
Produktperspektive	Produkt- und Herstellungskosten, Materialeinsatz, Produktionsprozesse, positive und negative Auswirkungen von Investitionen auf Quantität oder Qualität der Produkte u. a.
Kundenperspektive	Kundenbindung, Kundenzufriedenheit, Wirksamkeit von Marketingmaßnahmen zur Neukundengewinnung, Wertschöpfung pro Kunde u. a.
Mitarbeiterperspektive	Mitarbeiterentwicklung, Sicherheit am Arbeitsplatz, Kapazitätsplanung, Fluktuation, Altersstrukturanalyse, Human Capital Index, Krankheitsquoten, Skill-Management, Weiterbildung u. a.
Prozessperspektive	Verbrauch, Durchlaufzeit, Auslastung, ökologische Kennzahlen, Umweltanalysen, Prozesskosten u. a.

7.3.2 PivotTables positionieren

Die nächste Überlegung sollte der Positionierung der PivotTables gelten.

Im Datenmodell müssen Sie sich keine Gedanken darüber machen, wie Daten und Auswertungen kombiniert werden. Alle Tabellen des Datenmodells befinden sich im Power Pivot-Fenster, die Arbeitsmappe enthält ausschließlich PivotTables und PivotCharts. Um diese anzulegen, wählen Sie im Power Pivot-Fenster *Start/PivotTable* oder aktivieren das Tabellenblatt und wählen *Einfügen/Tabelle/PivotTable*. Die Option *Das Datenmodell dieser Arbeitsmappe verwenden* ist bereits aktiv, setzen Sie die PivotTable in den markierten Bereich oder in ein neues Tabellenblatt.

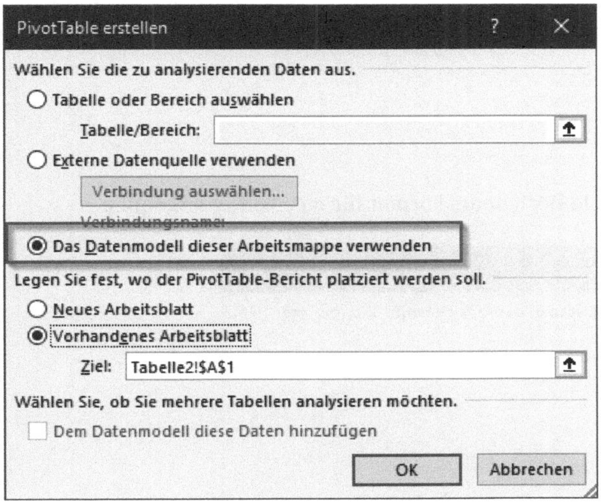

Bild 7.12 Eine neue PivotTable aus dem Datenmodell

Mit Power Query-Abfragen sieht das anders aus: Die Abfrageergebnisse landen in der Regel als Tabellen in der Arbeitsmappe, und aus diesen Tabellen entstehen die PivotTables und PivotCharts. Dabei sollten Sie einige Grundregeln beachten:

- Tabellen als Abfrageergebnisse sollten niemals im selben Tabellenblatt mit PivotTables untergebracht werden. Die Gefahr, dass sich beide Elemente mit der Aktualisierung überlappen und damit die Auswertung unbrauchbar machen, ist zu groß.
- Laden Sie nur Tabellen in die Arbeitsmappe, die Sie für die Auswertung brauchen. Abfragen, die für Verbindungen oder Kombinationen mit anderen Abfragen verwendet werden oder Funktionen enthalten, müssen nicht geladen werden. Klicken Sie mit der rechten Maustaste in die Abfrage und wählen Sie *Laden in*. Bestimmen Sie, dass die Abfrage nur als Verbindung geladen wird.
- Als Datenquelle für eine PivotTable können Sie direkt auf eine Verbindung zurückgreifen. Die Tabelle muss nicht als Verbindungergebnis aus dem Power Query-Editor in die Mappe geholt werden.

Wählen Sie im Power Query-Editor *Start/Schließen & Laden in …*

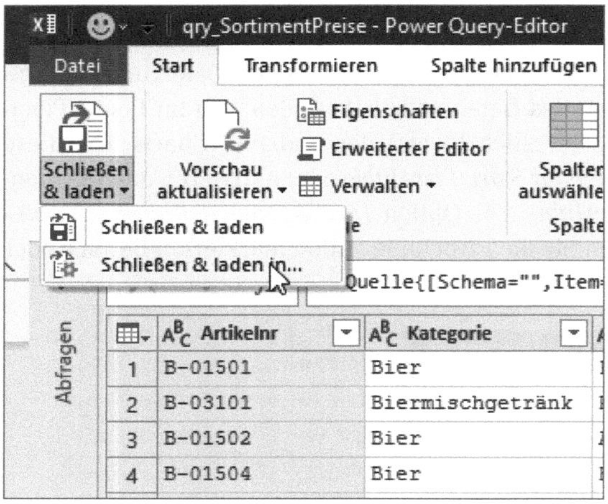

Bestimmen Sie gleich den PivotTable-Bericht als Format für das Abfrageergebnis.

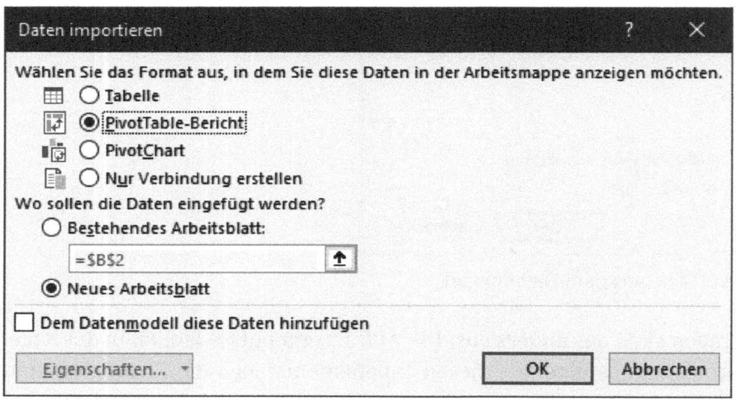

Um eine bestehende Verbindung zu ändern, klicken Sie mit der rechten Maustaste in die Abfrage im Abfragefenster und wählen *Laden in …*

Schalten Sie um auf den PivotTable-Bericht, löschen Sie die Tabelle und anschließend das Tabellenblatt.

Die Datenquelle der PivotTable enthält jetzt nur noch die Verbindung. Wählen Sie *PivotTable-Tools/Daten/Datenquelle ändern.*

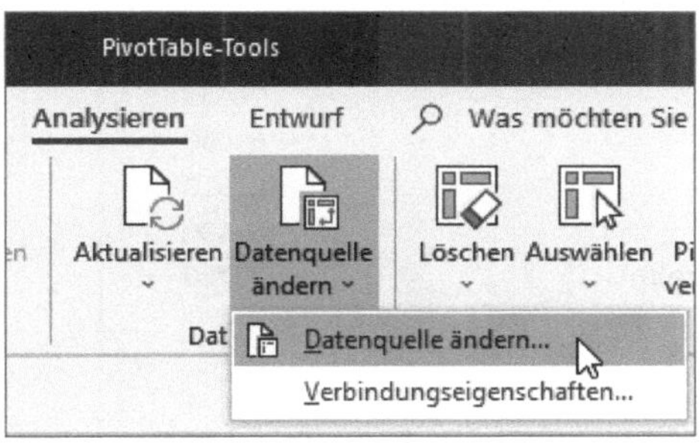

Hier können Sie nur die Verbindung überprüfen. Die Datenquelle ändern Sie direkt im Power Query-Editor.

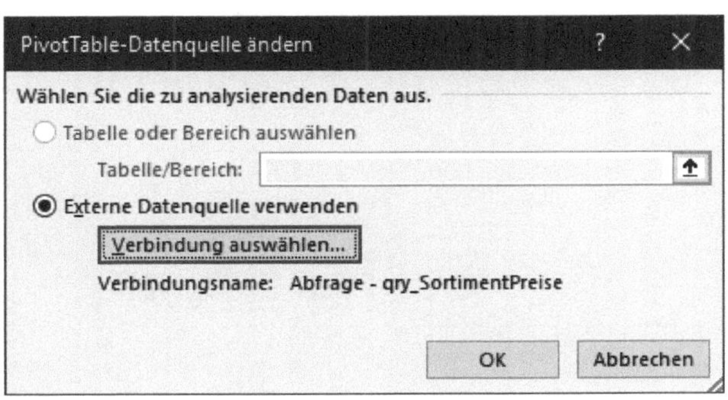

7.4 Das Berichtslayout

Als PivotTable-Layout wird die Konstellation von Feldern in den Bereichen *Zeile, Spalte, Werte* und *Filter* sowie die Einstellungen für die Anzeige und die Teilergebnisse bezeichnet. Unter *PivotTable-Tools/Tools/Empfohlene PivotTables* finden Sie einige Vorschläge für PivotTable-Layouts mit Summen- und Anzahl-Auswertung.

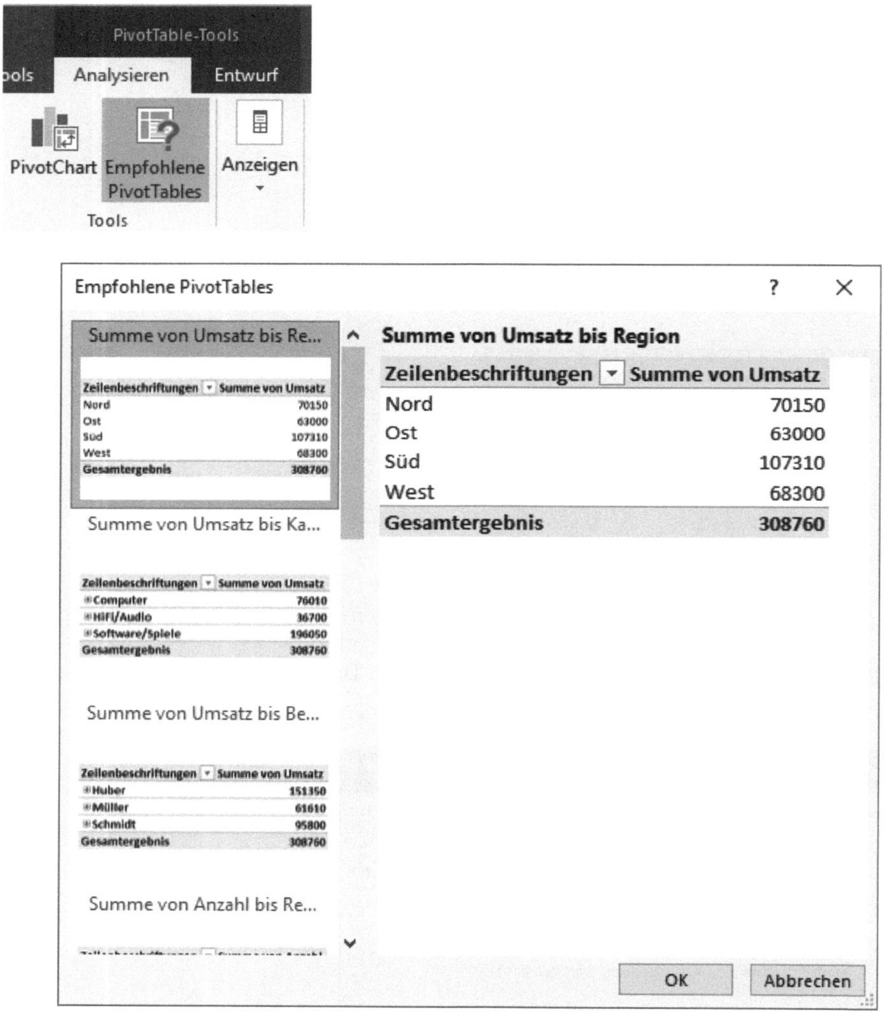

Bild 7.13 Empfohlene PivotTables

7.4.1 Die Feldliste

Die Feldliste wird aktiv, wenn der Zellzeiger in der PivotTable steht. Blenden Sie sie über das Kontextmenü der rechten Maustaste oder mit *PivotTable-Tools/Analysieren/Einblenden/Feldliste* ein oder aus.

Die Feldliste ist unterteilt in Felder und Bereiche. Sie bietet die Spaltenüberschriften der Tabelle als Feldnamen an, die Bereiche enthalten später die Felder oder Auswertungen für den PivotTable-Bericht.

Ziehen Sie das Fenster mit gedrückter Maustaste und dem Zellzeiger in der Titelzeile nach innen, wenn Sie es näher am PivotTable-Bereich haben wollen. Mit dem Mauszeiger in der Titelzeile können Sie das Fenster auch neu platzieren. Um die Feldliste wieder an den rechten Rand zurückzuführen, klicken Sie doppelt auf die Titelzeile.

Das Symbol rechts oben bietet fünf Anzeigevarianten für Felder und Bereiche. Bei komplexen PivotTable-Layouts, die sehr viele Felder in einzelnen Bereichen enthalten, lässt sich ein passenderes Format einstellen.

Die Bereiche heißen *Filter*, *Zeilen*, *Spalten* und *Werte*. Das Feldlistenmenü bietet zusätzlich die Möglichkeit, die Felder von A bis Z oder nach Reihenfolge der Datenquelle zu sortieren.

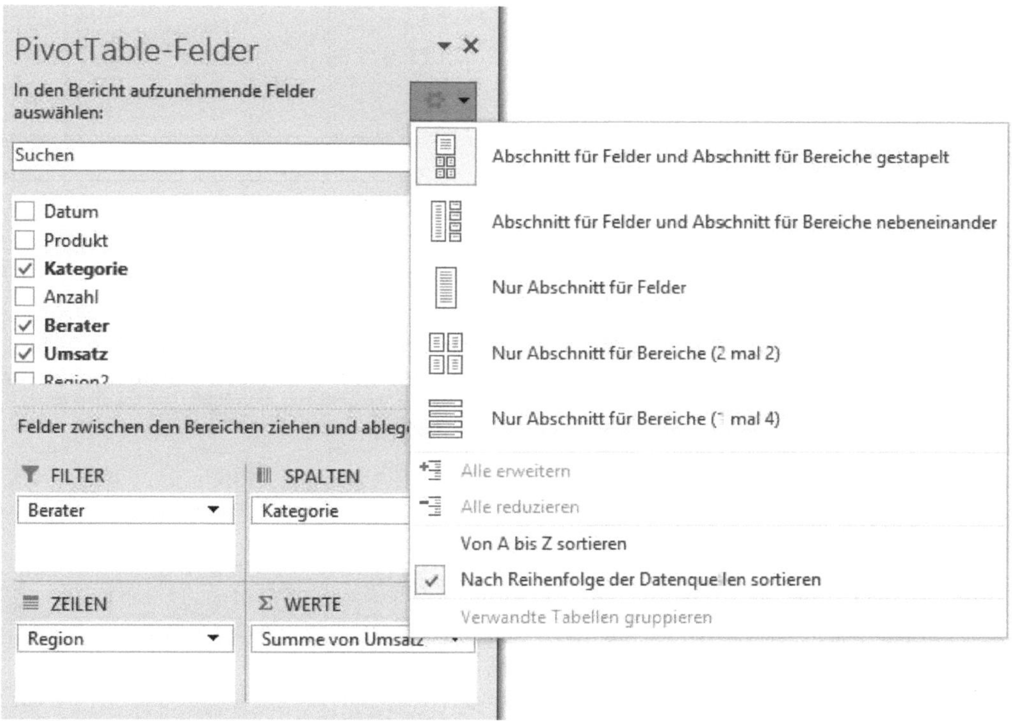

Bild 7.14 Die Feldliste, hier im Tabellenblatt mit Anzeigevarianten

7.4.2 Layouts und Formate

Die Entwurfseinstellungen für das PivotTable-Layout sind von der Konstellation der Felder in der Feldliste abhängig. Üben Sie mit den Daten aus *Auswertung BestellungenSport.xlsx*:

Ziehen Sie das Feld *Kategorie* aus dem Datenmodell in den Zeilenbereich und die Measures *Kosten* und *Umsatz* in den Wertebereich.

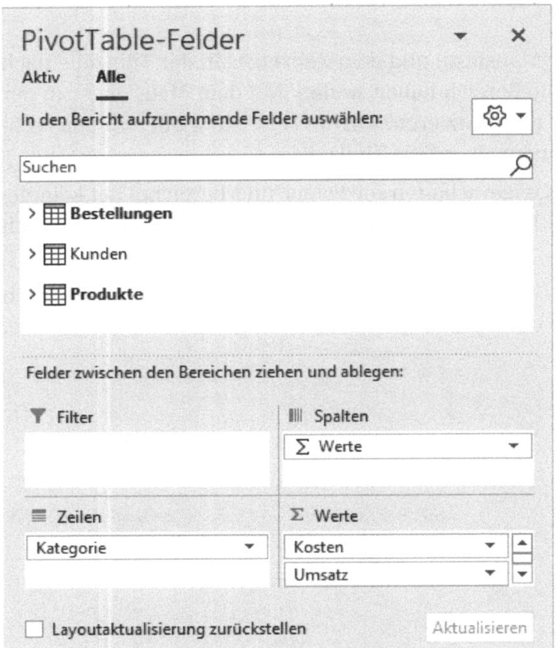

Das Ergebnis: Eine eindimensionale PivotTable mit einem Zeilenfeld und zwei Wertefeldern. Hier lässt sich wenig am Layout ändern, die Spaltenergebnisse werden automatisch in die letzte Zeile eingetragen.

Kategorie	Kosten	Umsatz
Beleuchtung	900.869	1.538.832
Fahrradständer	323.050	552.288
Fahrradtaschen	293.239	498.391
Fahrradträger	293.616	502.594
Flaschen und Halter	835.341	1.429.752
Handschuhe	566.779	967.729
Helme	820.284	1.413.112
Luftpumpen	528.759	907.740
Mountainbikes	2.167.550	3.708.965

Ziehen Sie ein weiteres Feld *Bestelldatum (Jahr)* in den Zeilenbereich, erhalten Sie eine zweidimensionale PivotTable mit dem zweiten Feld als Untergruppe des ersten Feldes.

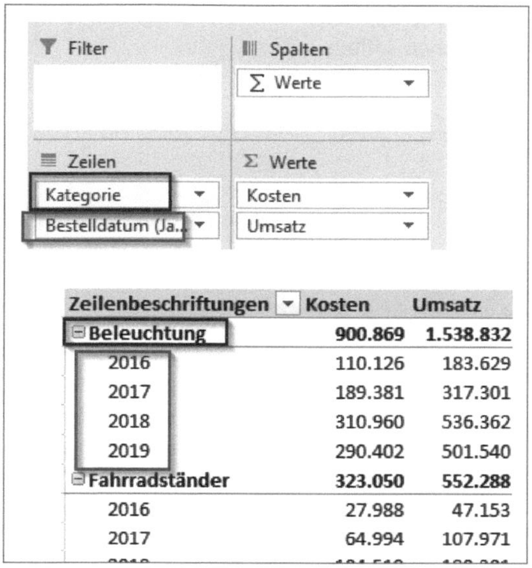

Schalten Sie um auf *PivotTable-Tools/Entwurf*.

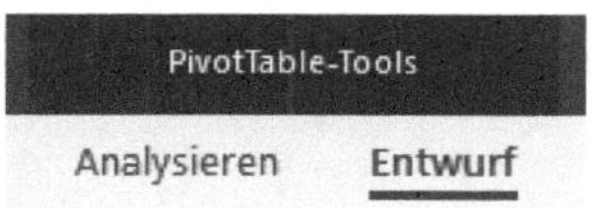

Jetzt können Sie im Berichtslayout verschiedene Layouts ausprobieren, zum Beispiel das Gliederungs- oder Tabellenformat, das die Daten aus dem zweiten Feld in einer eigenen Spalte präsentiert.

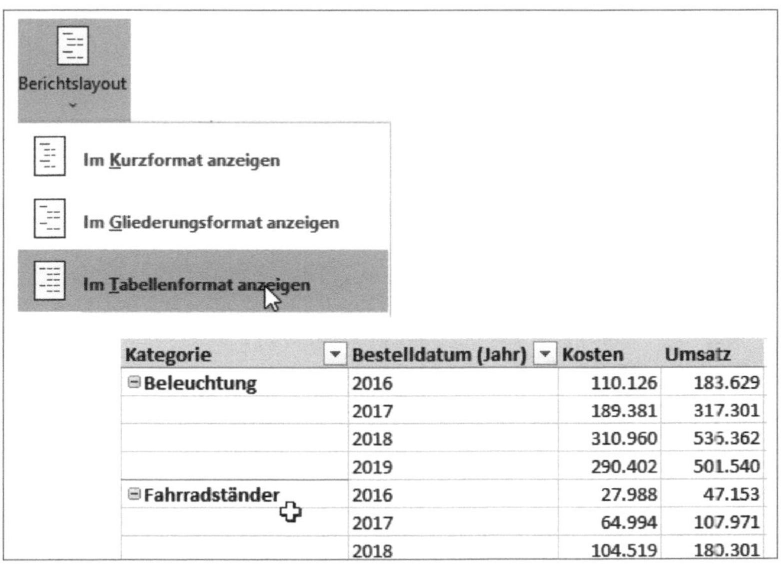

Jetzt lassen sich auch Teilergebnisse für die untergruppierten Felder einschalten. Bestimmen Sie, ob diese über oder unter der Gruppe stehen sollten.

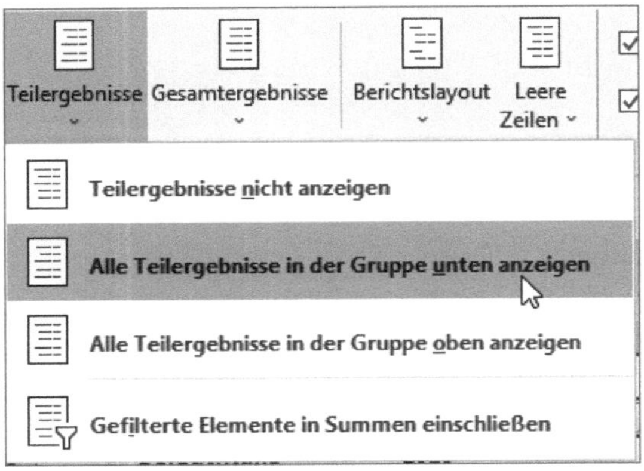

Die Teilergebnisse summieren die untergruppierten Felder.

Kategorie	Bestelldatum (Jahr)	Kosten	Umsatz
⊟ **Beleuchtung**	2016	110.126	183.629
	2017	189.381	317.301
	2018	310.960	536.362
	2019	290.402	501.540
Beleuchtung Ergebnis		**900.869**	**1.538.832**
⊟ **Fahrradständer**	2016	27.988	47.153
	2017	64.994	107.971

Gesamtergebnisse für Zeilen erhalten Sie nur, wenn Sie ein Feld – hier *Bestelldatum (Jahr)* – im Spaltenbereich unterbringen.

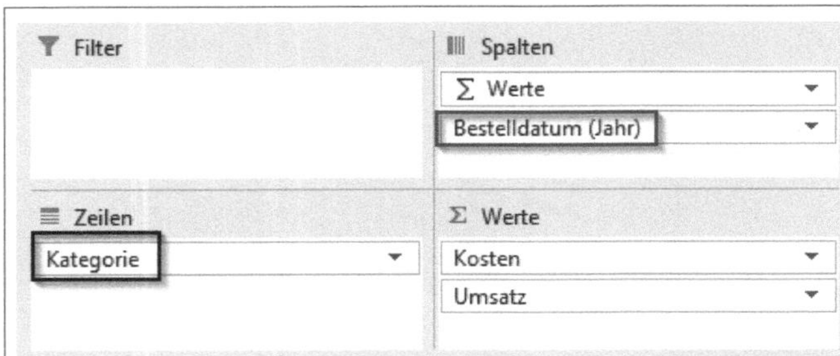

	Werte		
	Kosten	Bestelldatum (Jahr)	
Kategorie	**2016**	**2017**	**201**
Beleuchtung	110.126	189.381	
Fahrradständer	27.988	64.994	
Fahrradtaschen	23.919	61.820	
Fahrradträger	36.912	54.284	
Flaschen und Halter	103.486	188.824	

Aktivieren Sie die Gesamtergebnisse für Zeilen und Spalten.

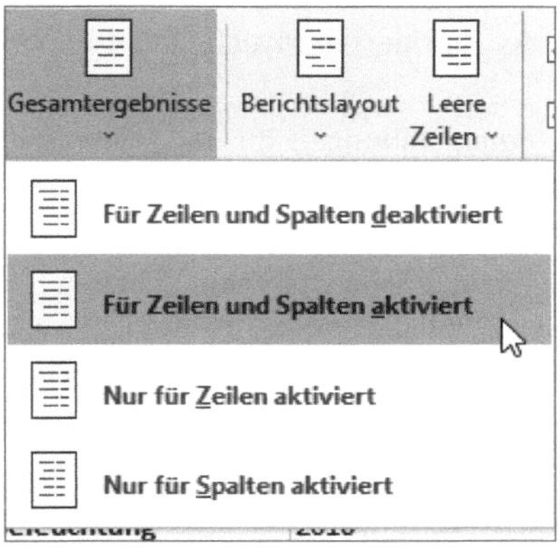

Leerzeilen lockern das Layout ein wenig auf. Ziehen Sie Leerzeilen nach jedem Element ein.

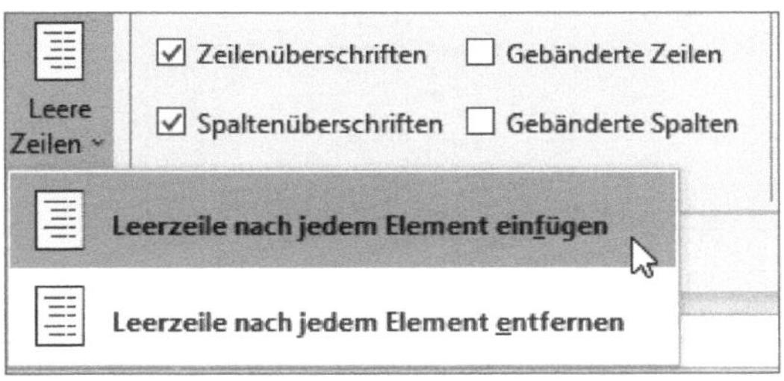

Die PivotTable-Formate bringen noch etwas Farbe ins Spiel. Verwenden Sie diese Formatierungen aber sparsam.

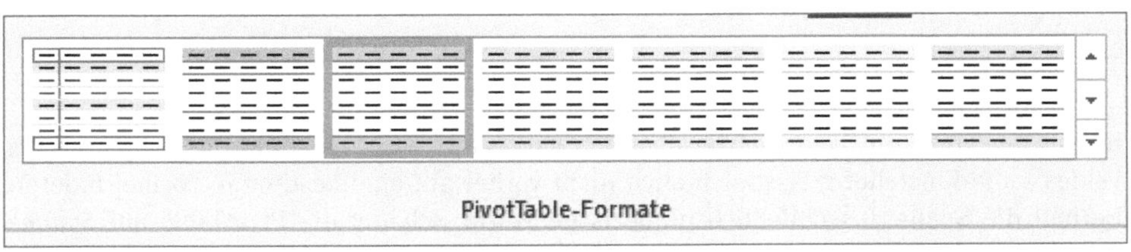

7.4.3 Layout als Standard speichern

In den älteren Excel-Versionen war es nicht möglich, Layouteinstellungen zu sichern und für weitere PivotTable-Entwürfe bereitzustellen. Jede PivotTable musste neu formatiert werden. Ab Version 2019 hat Excel ein Einsehen und bietet eine Speicherung der Layouteinstellungen an. Zusätzlich stehen noch Optionen für den Datenimport bereit.

1. Setzen Sie den Zellzeiger in die bearbeitete PivotTable und wählen Sie *Datei/Optionen*.
2. In der Kategorie *Daten* finden Sie unter Datenoptionen eine Option *Änderungen am Standardlayout von PivotTables vornehmen*. Klicken Sie auf *Standardlayout bearbeiten*.

3. Die aktive Zelle wird angeboten. Falls der Zellzeiger nicht in einer PivotTable steht, klicken Sie auf den Pfeil und markieren im Hintergrund eine Zelle in der PivotTable.
4. Klicken Sie auf *Importieren*, um die Einstellungen der markierten PivotTable zu importieren.
5. Über die Drop-down-Elemente können Sie die Layouteinstellungen für Teilergebnisse, Gesamtergebnisse, Berichtslayout und leere Zeilen noch einzeln nachbessern oder ändern. Bestimmen Sie das Tabellenlayout als Standard für neue PivotTables.
6. Die Schaltfläche *PivotTable-Optionen* führt zu den gleichnamigen Optionen. Schalten Sie hier die automatische Spaltenbreitenanpassung bei Aktualisierungen aus und legen Sie Summen & Filter, Anzeige- und Druckoptionen für alle weiteren PivotTables fest. Schalten Sie unter *Daten* die *Aktualisierung beim Öffnen der Datei* ein.

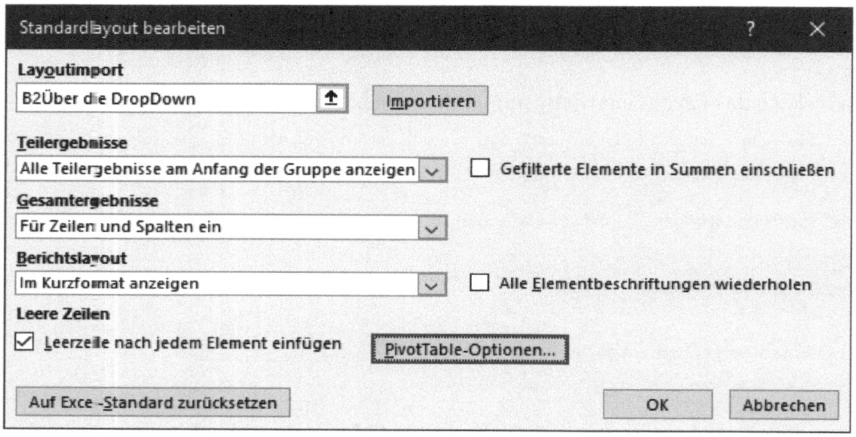

Bild 7.15 Halten Sie die Layouteinstellungen für PivotTables als Standard fest

7.4.4 Wertfeldeinstellungen

In welcher Form ein Feld im Wertebereich aggregiert wird, bestimmt der Datentyp des Feldes – die Einstellung lässt sich auch nicht vorher auf eine bestimmte Formel fixieren. Enthält die Spalte ausschließlich numerische Werte, schaltet die PivotTable auf *Summe*. Findet sich aber nur ein einziger Text, eine Überschrift oder eine Leerzeile in der Spalte, wird das Ergebnis zunächst gezählt, das PivotTable-Layout wählt *Anzahl* als Formel. Sie können natürlich diese Einstellung ändern, auch wenn Ihre Spalte gemischt Text und Zahl enthält. Klicken Sie mit der linken Maustaste auf den Eintrag im Wertebereich oder mit der rechten Maustaste in den Wertebereich der PivotTable und wählen Sie *Wertfeldeinstellungen*. Schalten Sie um auf die Funktion *Summe* und bestätigen Sie mit *OK*.

Datumswerte werden übrigens auch nicht automatisch summiert, obwohl sie numerisch sind. Ein Feld mit numerischen Einträgen summiert die PivotTable automatisch, wenn es im Wertebereich untergebracht wird. In den Wertfeldeinstellungen bestimmen Sie, welche Berechnungsfunktionen für die Wertefelder verwendet werden.

Hier eine Liste der Berechnungsfunktionen für Wertefelder:

Tabelle 7.1 Zusammenfassungsoptionen für Wertfelder

Funktion	Berechnung
Summe	Summiert alle Einträge der Spalte.
Anzahl	Zählt, wie viele Einträge in der Spalte vorhanden sind.
Mittelwert	Errechnet das arithmetische Mittel aus allen Einträgen der Spalte.
Maximum/Minimum	Gibt den größten/kleinsten Wert aus, der in der Spalte vorhanden ist.
Produkt	Das Produkt der Werte in der Spalte.
Anzahl Zahlen	Ermittelt die Anzahl der Felder, die Zahlenwerte enthalten.
Standardabweichung	Schätzung der Standardabweichung einer Population, wahlweise mit den Daten als Stichprobe oder als Grundgesamtheit.
Varianz	Schätzung der Varianz einer Population, wahlweise mit den Daten als Stichprobe oder als Grundgesamtheit.

Auf der zweiten Registerkarte stellen die Wertfeldeinstellungen weitere Varianten für die Anzeige von Wertefeldern zur Auswahl. Sie können die Daten mit anderen Datenmengen vergleichen und beispielsweise die Umsatzzahlen als prozentuale Anteile am Gesamtumsatz anzeigen oder die Differenz zwischen Zeilen- und Spaltendaten ziehen. Hier eine Übersicht:

Tabelle 7.2 Anzeigeoptionen für Wertefelder

Funktion	Anzeige
Keine Berechnung	Die Werte werden nicht weiter berechnet, Funktionen wie Summe oder Mittelwert bleiben erhalten.
% des Gesamtergebnisses	Zeigt den prozentualen Anteil an der Gesamtsumme des Wertfelds.
% des Spaltengesamtergebnisses	Zeigt den Wert als Prozentsatz der Summe der gesamten Spalte.
% des Zeilengesamtergebnisses	Zeigt den Wert als Prozentsatz der Summe der gesamten Zeile.
% von ...	Zeigt den prozentualen Anteil des Werts an einem anderen Wert. Für diesen werden das Basisfeld und das Basiselement abgefragt.
% des übergeordneten Zeilenergebnisses	Zeigt den Anteil des Zeilenwerts an der Gesamtsumme der Zeile in der Vorgängerspalte.
% des übergeordneten Spaltenergebnisses	Zeigt den prozentualen Anteil des Werts in der Vorgängerspalte am Gesamtergebnis.
% des übergeordneten Ergebnisses	Zeigt den Prozentanteil des Feldwerts am Gesamtergebnis der Vorgängerspalte.
Differenz von	Zeigt alle Daten als Differenz zwischen einem angegebenen Feld und einem Feldelement an.
% Differenz von	Zeigt alle Daten mit derselben Methode wie *Differenz von* an, mit dem Unterschied, dass die Differenz als Prozentsatz der Basisdaten dargestellt wird.

(Fortsetzung nächste Seite)

Tabelle 7.2 Anzeigeoptionen für Wertefelder *(Fortsetzung)*

Funktion	Anzeige
Laufende Summe in ...	Stellt die Daten des Felds für aufeinanderfolgende Elemente als gleitendes Ergebnis dar.
% laufende Summe in ...	Stellt die Daten des Felds für aufeinanderfolgende Elemente als Prozentsatz des gleitenden Ergebnisses dar.
Rangfolge nach Größe (aufsteigend/absteigend)	Zeigt die Rangfolge des Werts in Bezug auf alle Werte eines Felds an. Das Feld wird per Dialog abgefragt.
Index	Zeigt die Daten nach diesem Algorithmus an: `((Wert in Zelle) x (Gesamtergebnis))/ ((Zeilengesamtergebnis) x (Spaltengesamtergebnis))`

7.4.5 Zahlenformate

Zahlenformate sollten grundsätzlich über die Wertfeldeinstellungen und nicht als Zeilen- oder Spaltenformate zugewiesen werden. Um Zahlenfelder einer PivotTable in anderen Formaten, zum Beispiel mit Nachkommastellen oder Währungszeichen, auszustatten, schalten Sie das Kontextmenü ein:

1. Klicken Sie mit der rechten Maustaste auf die erste Zahl eines Wertfelds. Wählen Sie *Wertfeldeinstellungen/Zahlenformat* oder klicken Sie direkt auf *Zahlenformat*.
2. Stellen Sie das gewünschte Zahlenformat mit Nachkommastellen, Währungszeichen und Tausenderpunkten ein. Alternativ dazu können Sie auch die Wertfeldeinstellungen eines Felds öffnen und links unten auf die Schaltfläche *Zahlenformat* klicken.

7.4.6 Bedingte Formatierung

Die Möglichkeit, mit bedingten Formaten Zellfarben, Schrifteffekte oder Muster anzulegen, gibt es auch für PivotTables. Markieren Sie den gesamten Bereich in der PivotTable und wählen Sie *Start/Formatvorlagen/Bedingte Formatierung*. Holen Sie eines der vordefinierten Formate oder erstellen Sie Regeln für die Bedingungsformatierung.

Nach dem Einfügen eines Bedingungsformats erhalten Sie eine Optionsschaltfläche am rechten unteren Rand, wählen Sie hier gezielt den Bereich für das Format.

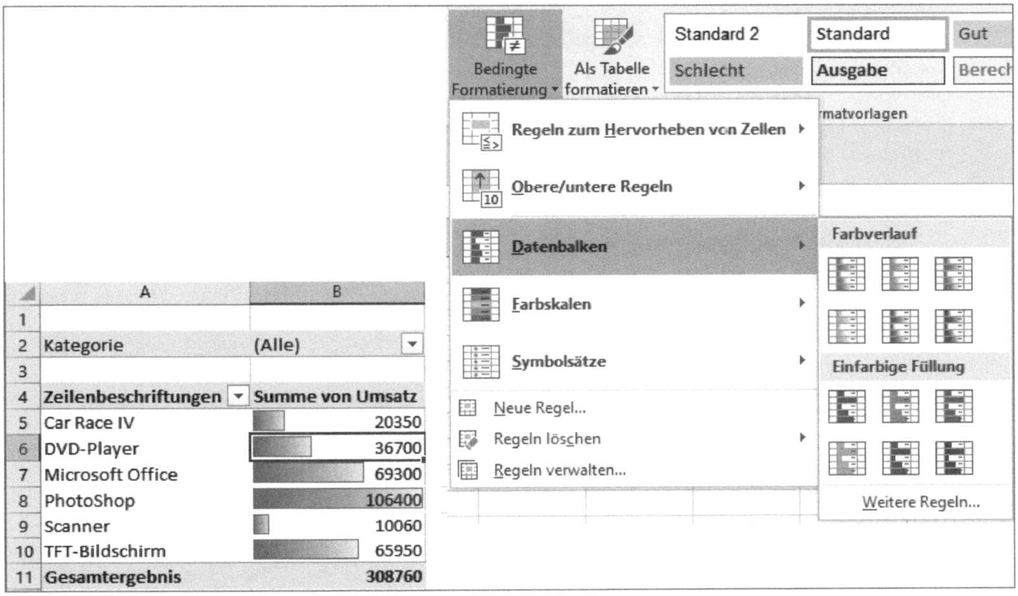

Bild 7.16 Bedingungsformat für die PivotTable

7.4.7 PivotTables aktualisieren

Die PivotTable ist zwar mit der Datenquelle verbunden, sie aktualisiert sich aber nicht automatisch, wenn sich die zugrunde liegenden Daten ändern. Das wäre in der Praxis auch nicht sinnvoll, denn mit jeder Aktion wäre eine Neuberechnung erforderlich, und das kann bei großen Datenmengen und bei Serververbindungen an ERP-Systeme oder Datenbanken dauern.

Stellen Sie aber auf jeden Fall sicher, dass die PivotTable beim Öffnen der Datei aktualisiert wird. Aktivieren Sie dazu die *PivotTable-Optionen*, am besten über das Kontextmenü der rechten Maustaste, und kreuzen Sie unter *Daten* die Option *Aktualisieren beim Öffnen der Datei* an.

In den Excel-Optionen (Datei-Menü) finden Sie unter *Daten* die Möglichkeit, die PivotTable-Einstellungen zu sichern. Schalten Sie auch hier die Option zur Aktualisierung beim Öffnen der Datei ein, dann hat sie für alle neuen PivotTables automatisch die richtige Einstellung.

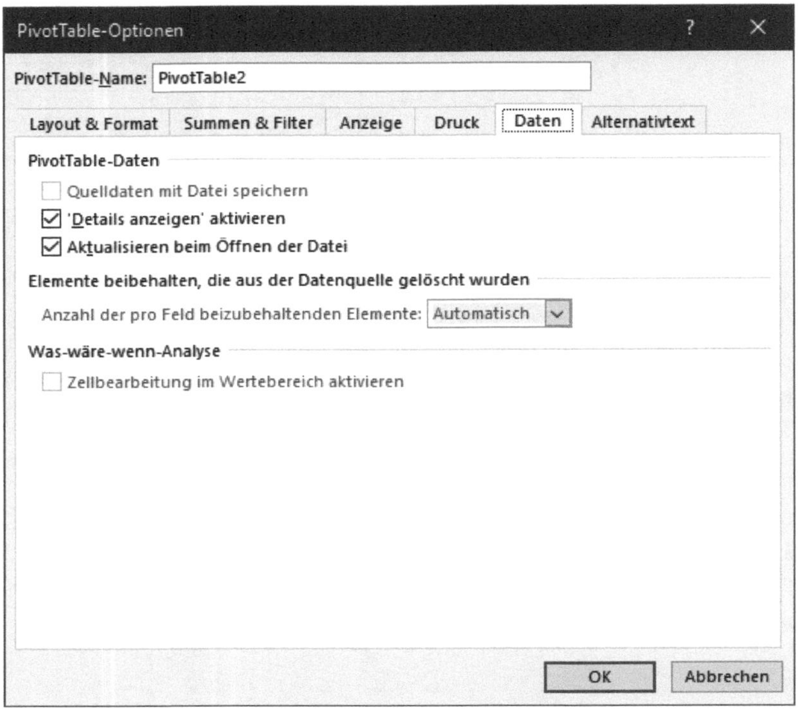

Bild 7.17 PivotTables immer beim Öffnen der Datei aktualisieren

So aktualisieren Sie Ihre PivotTables manuell über die Registerkarte *Optionen*.

1. Setzen Sie den Zellzeiger in den Bereich der PivotTable und wählen Sie in der Gruppe *Daten* den Befehl *Aktualisieren*. Ein Klick auf das Symbol aktualisiert die aktuelle PivotTable.
2. Klicken Sie auf den Pfeil am Symbol, können Sie mit *Alle aktualisieren* alle PivotTables in der aktiven Mappe aktualisieren. *Status aktualisieren* zeigt den Status bei laufenden Verbindungen zu externen Datenquellen neu an.
3. Wählen Sie *Aktualisierung abbrechen*, wenn Sie die laufende Aktualisierung beenden wollen. Das ist zum Beispiel nötig, wenn die PivotTable versucht, Daten von einem Server zu holen, der nicht bereit ist oder keine Daten liefert.

Für Kennzahlencockpits und Dashboards empfiehlt es sich, die Aktualisierung beim Wechsel auf das Tabellenblatt anzustoßen. Dazu brauchen Sie aber ein VBA-Makro, und die Mappe muss anschließend im XLSM-Format als Makro-Arbeitsmappe gespeichert werden.

1. Wählen Sie in den Entwicklertools *Code/Makro aufzeichnen*.
2. Geben Sie dem neuen Makro den Namen *PivotTablesAktuell*, wählen Sie unter *Makro speichern in* die Option *Persönliche Makroarbeitsmappe*.
3. Führen Sie den Befehl aus, der alle PivotTables aktualisiert: *PivotTable-Tools/Daten/Alle aktualisieren*.

4. Schließen Sie mit *Entwicklertools/Code/Aufzeichnung beenden* die Makroaufzeichnung und schalten Sie um auf *Visual Basic*. Im Visual Basic-Editor sollte der Projekt-Explorer am linken Fensterrand sichtbar sein. Falls dies nicht der Fall ist, können Sie ihn über das Ansicht-Menü einblenden. Er zeigt alle aktiven Arbeitsmappen mit ihren Tabellen und Makros an. Makros befinden sich entweder in Modul-Ordnern oder Mappen oder Tabellenblättern. Das neue Makro finden Sie im Modul 1 der aktiven Arbeitsmappe:

```
Sub PivotTablesAktuell()
 ' PivotTablesAktuell Makro
 ActiveWorkbook.RefreshAll
End Sub
```

5. Klicken Sie unter *Microsoft Excel-Objekte* doppelt auf den Namen des Tabellenblatts mit PivotTables und PivotCharts und schreiben Sie dieses Makro:

```
Private Sub Worksheet_Activate()
 Call PivotTablesAktuell
 MsgBox "Alle PivotTables aktualisiert", vbInformation
End Sub
```

6. Speichern Sie die Mappe im Format *Excel-Makroarbeitsmappe* mit der Endung *.xslm* ab. Testen Sie das Makro, indem Sie auf das Tabellenblatt mit den PivotTables und PivotCharts wechseln.

Jetzt werden alle PivotTables im Tabellenblatt aktualisiert, sobald auf dieses gewechselt wird, und das Makro schließt mit einer entsprechenden Meldung ab.

Bild 7.18
Meldung nach Aktualisierung aller PivotTables

Die Meldung können Sie nach erfolgreichen Testläufen wieder aus dem Makro löschen. Setzen Sie einfach einen Apostroph (Kommentarzeichen) vor die Zeile, die mit *MsgBox* beginnt. Das Makro *Worksheet_Activate()* ist ein Ereignismakro, es greift das Ereignis des Wechselns auf und führt das Makro aus. Wenn Sie mehrere Tabellenblätter mit PivotTables haben, kopieren Sie das Makro einfach in die Arbeitsmappenobjekte.

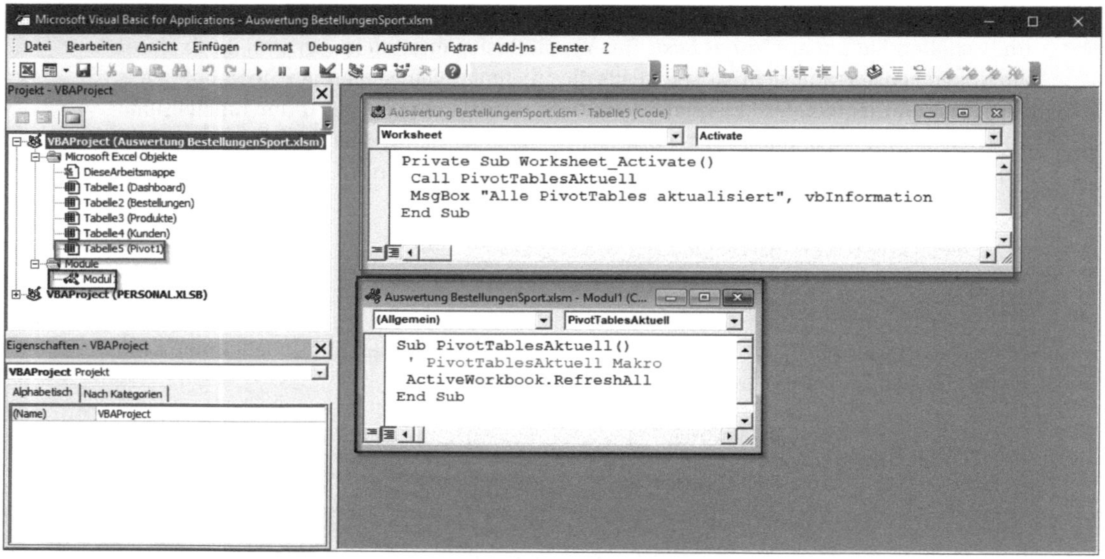

Bild 7.19 Zwei Makros automatisieren die Aktualisierung der PivotTables

7.4.8 Datenquelle ändern

Haben Sie sich entschieden, das Datenmodell, eine Tabelle oder eine Power Query-Abfrage als Basis für die PivotTable zu verwenden, sollte eine Änderung der Datenquelle nicht erforderlich sein, denn neue Datensätze werden automatisch in die Tabelle eingefügt, auch wenn sie in die letzte Zeile geschrieben werden. Auch neue Spalten werden mit der Aktualisierung der PivotTable automatisch erkannt und in die Feldliste mit aufgenommen. Basiert die PivotTable aber auf einem „normalen" Bereich, muss die Datenquelle häufig angepasst werden.

1. Setzen Sie den Zellzeiger in die PivotTable, schalten Sie um auf *PivotTable-Tools/Analysieren*.
2. Klicken Sie in der Gruppe *Daten* auf *Datenquelle ändern*. Geben Sie die neue Datenquelle an oder wählen Sie mit dem Mauszeiger den Bereich für die PivotTable aus.
3. Bestätigen Sie mit Klick auf *OK* und die PivotTable wird auf dem neuen Bereich gebildet.

7.4.9 PivotTable verschieben und löschen

PivotTable-Berichte lassen sich mit den Standardwerkzeugen wie *Ausschneiden*, *Kopieren* oder *Einfügen* durchaus verschieben und duplizieren. Voraussetzung ist aber eine exakte Markierung aller Elemente und das ist bei großen Tabellen nicht so einfach. Mit diesem Befehl geht es leichter – verschieben Sie eine PivotTable einfach über die PivotTable-Tools:

1. Klicken Sie in den *PivotTable-Tools* unter *Analysieren* auf *Aktionen/PivotTable verschieben*. Geben Sie *Neues Arbeitsblatt* an, um ein neues Tabellenblatt zu erzeugen und die PivotTable in dieses Blatt zu verschieben. Die Tabelle wird ab der Zelle A3 eingefügt.

2. Unter *Vorhandenes Arbeitsblatt* können Sie eine Zielzelle für die PivotTable angeben. Klicken Sie in das Eingabefeld und markieren Sie die Zelle (die auch in einem anderen Tabellenblatt stehen kann).

Zum Löschen einer PivotTable dürfen Sie auch wieder zu den Standardwerkzeugen greifen. Markieren Sie die Tabelle und wählen Sie *Start/Zellen/Löschen* oder drücken Sie einfach die **Entf**-Taste. Sicherer und bei großen PivotTables komfortabler ist der Befehl aus den PivotTable-Tools:

1. Klicken Sie unter *PivotTable-Tools/Analysieren* auf *Aktionen/Löschen.*
2. Wählen Sie *Alles löschen*, um die ganze PivotTable zu löschen, oder *Filter löschen*, um nur die Filter zu löschen.

7.4.10 Drilldown (Details anzeigen)

Wie setzt sich eine Zahl im Datenbereich zusammen, welche Datensätze liefern die Einzelwerte für die Summe? Bevor Sie diese Frage durch Zurückblättern auf die Datenbasis beantworten, lernen Sie den Drilldown kennen: Klicken Sie doppelt auf einen summierten oder anderweitig zusammengefassten Wert im Datenbereich.

Ein neues Tabellenblatt mit einer Tabelle wird erstellt, sie enthält die Kopfzeile der Tabelle, aus der die Daten stammen, und darunter alle Datensätze, die für die Zahl aus dem Datenbereich ihre Werte geliefert hatten.

1	Berater	(Alle)			
2					
3	**Summe von Umsatz**	**Spaltenbeschriftungen**			
4	**Zeilenbeschriftungen**	**Computer**	**HiFi/Audio**	**Software/Spiele**	**Gesamtergebnis**
5	Car Race IV			20350	20350
6	DVD-Player		36700		36700
7	Microsoft Office			69300	69300
8	PhotoShop			106400	106400
9	Scanner	10060			10060
10	TFT-Bildschirm	65950			65950
11	**Gesamtergebnis**	**76010**	**36700**	**196050**	**308760**

	A	B	C	D	E	F	G
1	Region	Datum	Produkt	Kategorie	Anzahl	Berater	Umsatz
2	Nord	30.07.2016	Car Race IV	Software/Spiele	31	Müller	7750
3	Süd	25.07.2016	Car Race IV	Software/Spiele	63	Müller	12600
4	Nord	12.06.2016	DVD-Player	HiFi/Audio	55	Huber	11000
5	Ost	01.07.2016	DVD-Player	HiFi/Audio	66	Schmidt	16500
6	West	01.08.2016	DVD-Player	HiFi/Audio	46	Huber	9200
7	Nord	16.08.2016	Microsoft Office	Software/Spiele	46	Schmidt	41400
8	West	25.08.2016	Microsoft Office	Software/Spiele	31	Schmidt	27900
9	Ost	16.06.2016	PhotoShop	Software/Spiele	55	Huber	44000
10	Süd	14.06.2016	PhotoShop	Software/Spiele	78	Huber	62400
11	Ost	25.06.2016	Scanner	Computer	50	Müller	2500
12	Süd	21.07.2016	Scanner	Computer	63	Müller	7560
13	Nord	01.06.2016	TFT-Bildschirm	Computer	25	Schmidt	10000
14	Süd	15.07.2016	TFT-Bildschirm	Computer	55	Huber	24750
15	West	12.08.2016	TFT-Bildschirm	Computer	78	Müller	31200

Bild 7.20 Der Drilldown liefert die Detaildaten.

TIPP: Der Drilldown funktioniert nur, wenn in den PivotTable-Optionen unter *Daten* die Option *„Details anzeigen" aktivieren* aktiviert ist. Unter *Datei/Optionen/Daten* können Sie die Einstellung für alle neuen PivotTables sichern.

7.5 Datenschnitte

Eine der wichtigsten Komponenten der PivotTable- und PivotChart-Analyse ist der Datenschnitt. Er ersetzt den Filterbereich in der Feldliste. Das Problem, das damit beseitigt wird: Filtern Sie eine PivotTable über den Berichtsfilter nach mehreren Elementen, sehen Sie zwar das Ergebnis, im Tabellenblatt lässt sich aber nirgends ablesen, nach welchen Elementen gefiltert wurde.

7.5.1 Ein neuer Datenschnitt

Das Symbol für Datenschnitte finden Sie auf der ersten Registerkarte der PivotTable-Tools. Setzen Sie dazu den Zellzeiger in eine beliebige Zelle der PivotTable.

1. Wählen Sie unter *PivotTable-Tools/Analysieren/Filtern* das Symbol *Datenschnitt einfügen*. Kreuzen Sie alle Felder an, für die Sie Datenschnitte brauchen, und klicken Sie auf *OK*. Ein Datenschnitt wird als zusätzliches Objekt eingefügt, positionieren Sie es mit gedrückter Maustaste und ändern Sie die Größe, indem Sie das Objekt an den Kanten oder Eckpunkten ziehen.
2. Markieren Sie einzelne Kategorien per Klick auf den Eintrag. Mit gedrückter Umschalttaste können Sie mehrere zusammenhängende Elemente markieren. Drücken Sie die **Strg**-Taste und markieren Sie einzelne, nicht zusammenhängende Elemente im Datenschnitt. Alternativ dazu können Sie auch auf das Symbol *Mehrfachauswahl* rechts oben im Datenschnitt klicken. Damit markieren Sie mehrere Elemente ohne die **Strg**-Taste.
3. Um den Filter wieder aufzulösen, klicken Sie die einzelnen Elemente erneut an. Um alle Elemente gleichzeitig aus dem Filter zu entfernen, klicken Sie auf das Symbol *Filter löschen* rechts oben in der Ecke.

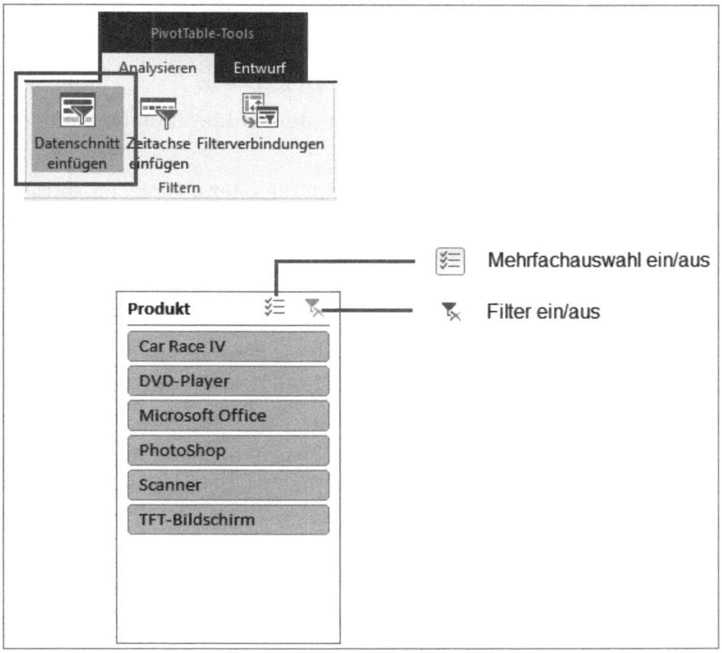

Bild 7.21 Ein Datenschnitt mit Mehrfachauswahl

7.5.2 Datenschnitt formatieren

Für markierte Datenschnitte öffnet das Menüband eine neue Registergruppe *Datenschnitt-Tools*. Hier können Sie dem Datenschnitt eine Farbe zuweisen und die Anzahl der Spalten ändern Unter *Datenschnitttools/Optionen/Datenschnitt* finden Sie die Datenschnitteinstellungen. Ändern Sie die Beschriftungen und stellen Sie sicher, dass Elemente ohne Daten nicht angezeigt werden.

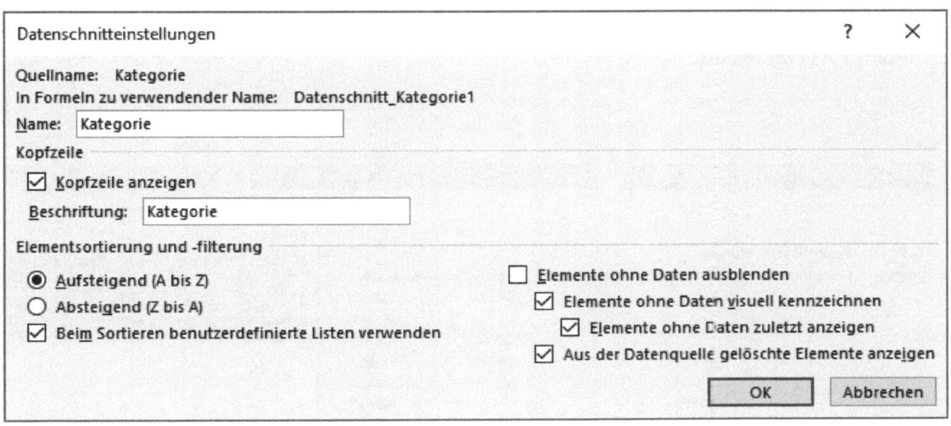

Bild 7.22 Datenschnitteinstellungen

Der *Quellname* ist die Bezeichnung des PivotTable-Felds. Wenn Sie diesen in Formeln verwenden wollen, nutzen Sie den angezeigten Namen.

Unter *Name* wird der Name des Datenschnitts zur Änderung angeboten.

Schalten Sie mit *Kopfzeile anzeigen* die Überschrift ein oder aus und bestimmen Sie unter *Beschriftung* den Inhalt der Überschrift.

In der *Elementsortierung und -filterung* wird der Datenschnitt auf- oder absteigend sortiert. Wenn Sie benutzerdefinierte Listen verwenden, werden die unter *Datei/Optionen* eingerichteten Listen zur Sortierung herangezogen.

Elemente ohne Daten visuell kennzeichnen: Damit bekommt ein Element, für das die PivotTable keine Auswertungsdaten finden konnte, eine eigene, von den anderen gewählten oder nicht gewählten Elementen abweichende Formatierung. In der Datenschnitt-Formatvorlage sind für Elemente ohne Daten Formatvorlagen vorgesehen. Entfernen Sie die Option, lässt sich nicht unterscheiden, ob für ein Element Daten vorhanden sind oder nicht.

Elemente ohne Daten anzeigen: Mit der Auswahl der übergeordneten Optionen können Sie bestimmen, dass Elemente, für die keine Daten in der PivotTable stehen, am unteren Rand des Datenschnitts angeboten werden.

Aus der Datenquelle gelöschte Elemente anzeigen: Die PivotTable merkt sich die in der Datenquelle gelöschten Einträge und auch der Datenschnitt bietet weiterhin Inhalte an, die längst aus den Daten entfernt wurden. Deaktivieren Sie diese Option, sehen Sie nur Einträge im Datenschnitt, für die es auch Daten in der Datenquelle gibt.

7.5.3 Datenschnittverbindungen

Jeder Datenschnitt hat zunächst Verbindung zu einer einzelnen PivotTable. Um einen Datenschnitt zur Filterung mehrerer PivotTables nutzen zu können, verbinden Sie ihn mit diesen:

1. Wählen Sie für den markierten Datenschnitt *Datenschnitttools/Optionen/Berichtsverbindungen*. Kreuzen Sie die PivotTables und PivotCharts an, die von den Aktionen in diesem Datenschnitt betroffen sind.
2. Um einen Datenschnitt mit zusätzlichen Filtern aus weiteren PivotTables zu verbinden, wählen Sie *Filterverbindungen* in der Gruppe *Filtern*. Kreuzen Sie die Filter der angebotenen PivotTables an.

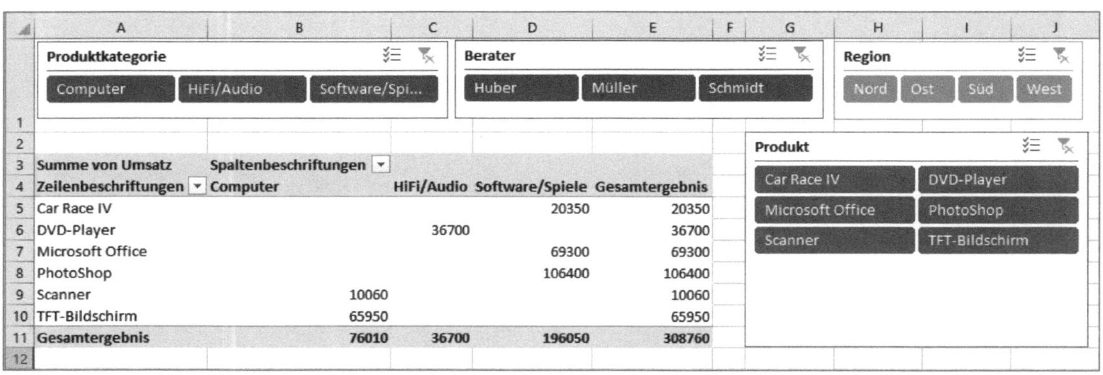

Bild 7.23 Eine PivotTable mit mehrspaltigen Datenschnitten

7.5.3.1 Datenschnitt auf externe Verbindung erstellen

Daten aus externen Datenquellen wie Access- oder SQL Server-Datenbanken, OLAP-Cubes oder vom SharePoint-Server integriert Excel über eine externe Datenverbindung. ODBC (Open Database Connectivity) ist der Schlüssel zu diesen Verbindungen, in der Windows-Systemsteuerung stehen die ODBC-Treiber zur Auswahl. Wenn Sie einen Datenschnitt auf eine externe Verbindung erstellen wollen, gehen Sie so vor:

1. Wählen Sie *Einfügen/Filter/Datenschnitt*. Markieren Sie die eingerichtete Verbindung zum Server oder erstellen Sie eine neue Verbindung.
2. Klicken Sie unter *Felder auswählen* auf die Felder der Verbindung, für die Sie einen Datenschnitt erstellen wollen.

7.6 Die Zeitachse

Mit der Zeitachse werden Datumsfelder nach frei wählbaren Zeiträumen gefiltert.

7.6.1 Eine neue Zeitachse

1. Erstellen Sie eine PivotTable mit dem Feld *Datum* im Zeilenbereich und dem Feld *Umsatz* im Wertebereich.
2. Fügen Sie mit *Zeitachse einfügen* aus der Gruppe *Filtern* der *PivotTable-Tools* eine neue Zeitachse ein. Kreuzen Sie das Feld *Datum* an. Über die Zeitachsentools können Sie die Zeitachse formatieren. Wählen Sie eine Formatvorlage und passen Sie die Größe der Elemente und des Fensters an.
3. In der Gruppe *Anzeigen* schalten Sie einzelne Elemente der Zeitachse ein oder aus. Mit *Berichtsverbindungen* lassen sich Zeitachsen mit mehreren PivotTables verknüpfen.

7.6.2 Zeitachse bedienen

Standardmäßig zeigt die Zeitachse den Datenbereich des PivotTable-Felds in Monaten an. Schalten Sie mit dem Element *Zeitebene* auf einen anderen Zeitraum (Jahre, Quartale, Tage).

1. Klicken Sie auf einen Monatsabschnitt, wird dieser zum Filter der Zeitachse.
2. Ziehen Sie das markierte Monatsfeld an den Rändern, um den Zeitraum zu erweitern oder zu reduzieren. Alternativ dazu können Sie auch die Umschalttaste drücken und die benachbarten Monatsfelder anklicken. Um den in der Zeitachse eingestellten Filter wieder zu löschen, klicken Sie auf das Filtersymbol rechts oben im Zeitachsenfenster.

Bild 7.24 Eine Zeitachse für das Datumsfeld

7.7 Berechnete Felder

In der Praxis enthalten die Datenquellen für PivotTables selten alle Felder, die benötigt werden. Zusätzliche Berechnungen wie Boni für Kunden oder Mitarbeiter, Aufschläge und Zuschläge bei Aufträgen und Bestellungen oder Abzüge bei Rechnungen lassen sich aus den vorliegenden Daten errechnen oder durch Kombination mit zusätzlichen Daten ermitteln (Beispiel: Zuschlagstabellen).

Entscheidend für die Auswertung der Daten ist die Frage, wann und wo die Berechnung zusätzlicher Felder stattfindet. Hier gibt es mehrere Möglichkeiten:

7.7.1 Berechnete Felder und Elemente in der PivotTable

Das ist mittlerweile die schlechteste aller Lösungen. Berechnungen lassen sich zwar als zusätzliche Felder im PivotTable-Layout integrieren, die Auswahl an Kontrollstrukturen ist aber beschränkt, Funktionen, Vergleiche oder Verweise lassen sich gar nicht nutzen. Basiert die PivotTable auf dem Datenmodell, lässt die PivotTable keine berechneten Felder und Elemente mehr zu, hier muss auf M-Funktionen oder DAX-Funktionen zurückgegriffen werden.

Berechnete Felder können Feldnamen, mathematische Operatoren und Funktionen aus dem Excel-Angebot enthalten. Das Angebot ist aber sehr beschränkt, erlaubt sind nur Funktionen, die keine wechselnden Argumente haben. Auch Matrixfunktionen, Zellbezüge oder Bereichsnamen funktionieren nicht. Beschränken Sie sich deshalb in berechneten Feldern auf reine Arithmetik.

Im Beispiel liegt eine Liste mit Verkäuferumsätzen im ersten Quartal vor. Weisen Sie den Umsätzen in der PivotTable über ein berechnetes Feld jeweils 25 % Provision zu und berechnen Sie mit berechneten Elementen die Quartalssummen.

Aktivieren Sie *Umsatz Verkäufer.xlsx*. Die Liste enthält die Namen, die Monate des ersten Quartals und die Umsatzzahlen.

	A	B	C
1	Name	Monat	Umsatz
2	Hugo Tüchtig	Jan	2.300
3	Hugo Tüchtig	Feb	3.200
4	Hugo Tüchtig	Mrz	4.100
5	Ernst Fleißig	Jan	5.000
6	Ernst Fleißig	Feb	5.500
7	Ernst Fleißig	Mrz	6.500
8	Berta Emsig	Jan	2.000
9	Berta Emsig	Feb	3.000
10	Berta Emsig	Mrz	4.000

Wählen Sie *Einfügen/Tabellen/PivotTable*.

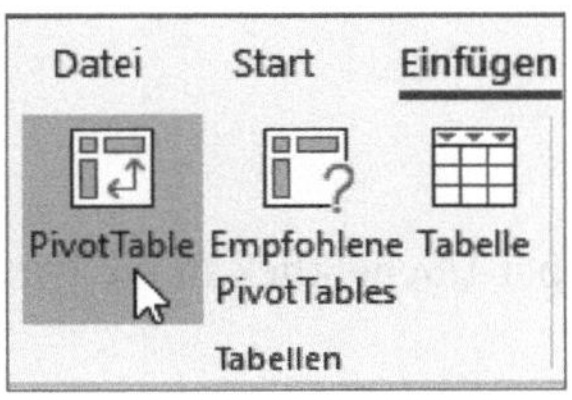

Legen Sie eine PivotTable mit der Liste als Basis an und ziehen Sie die Felder im Layout in die passenden Bereiche:

Zeilenbereich: Name

Spaltenbereich: Monate

Wertebereich: Umsatz

Das Ergebnis: Die PivotTable präsentiert die Umsatzsummen für Verkäufer und Monat.

H	I	J	K	L
Summe von Umsatz	Spaltenbeschriftungen			
Zeilenbeschriftungen	Jan	Feb	Mrz	Gesamtergebnis
Berta Emsig	2000	3000	4000	9000
Ernst Fleißig	5000	5500	6500	17000
Hugo Tüchtig	2300	3200	4100	9600
Gesamtergebnis	**9300**	**11700**	**14600**	**35600**

Wählen Sie *PivotTable-Tool/Analysieren/Berechnungen/Felder, Elemente und Gruppen/ Berechnetes Feld.*

Legen Sie ein berechnetes Feld an. Das Umsatzfeld können Sie per Doppelklick in die Formel holen:

```
Name: Provision
Formel: =Umsatz*1,25
```

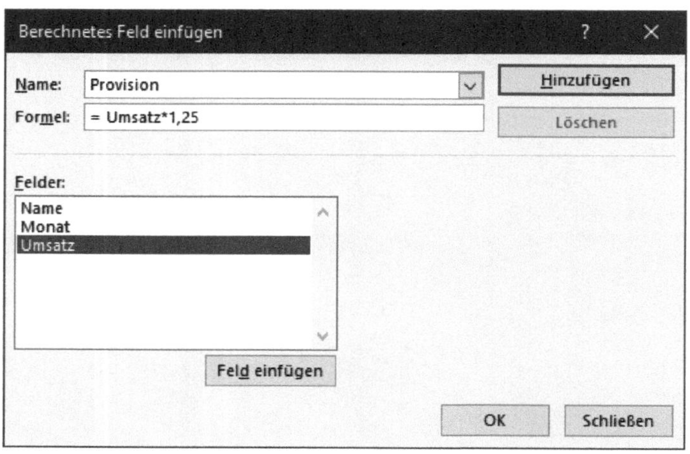

Setzen Sie den Zellzeiger in einen der Monatsnamen im Spaltenbereich und wählen Sie *PivotTable-Tool/Analysieren/Berechnungen/Felder, Elemente und Gruppen/Berechnetes Element.*

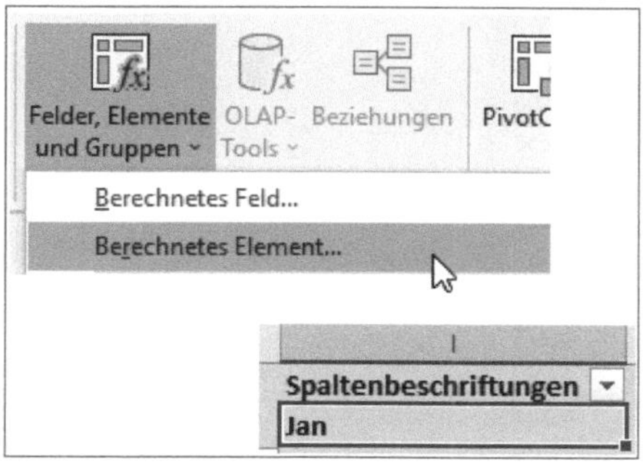

Erstellen Sie ein berechnetes Element. Die beteiligten Feldelemente (hier die Feldnamen des Feldes Monat) holen Sie per Doppelklick in die Formel.

```
Name: Quartal 1
Formel: = Jan+Feb+Mar
```

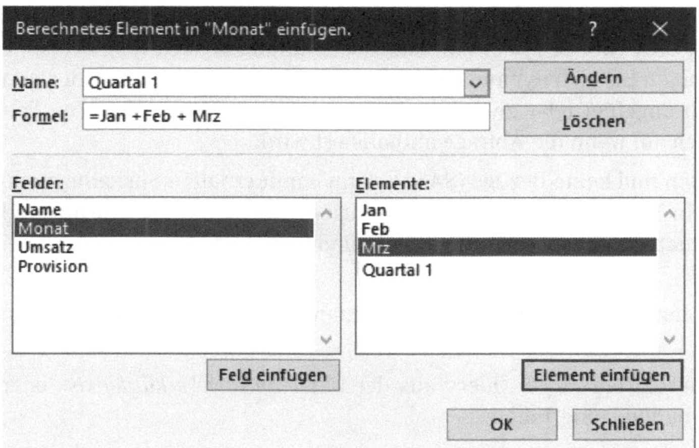

Das Ergebnis ist eine PivotTable mit einem zusätzlichen Feld für die Provision und einem neuen Element für das Feld *Monat.* Ziehen Sie die Felder *Name* und *Monat* in den Zeilenbereich, sehen Sie dieses Ergebnis. Die Aggregatfunktion für berechnete Felder ist immer SUMME.

Zeilenbeschriftungen	Summe von Umsatz	Summe von Provision
⊟ Berta Emsig	**18.000**	**22.500**
Jan	2.000	2.500
Feb	3.000	3.750
Mrz	4.000	5.000
Quartal 1	9.000	11.250
⊟ Ernst Fleißig	**34.000**	**42.500**
Jan	5.000	6.250
Feb	5.500	6.875
Mrz	6.500	8.125
Quartal 1	17.000	21.250
⊟ Hugo Tüchtig	**19.200**	**24.000**
Jan	2.300	2.875
Feb	3.200	4.000
Mrz	4.100	5.125
Quartal 1	9.600	12.000
Gesamtergebnis	**71.200**	**89.000**

7.7.2 Berechnete Felder mit strukturierten Verweisen

Da berechnete Felder und Elemente sehr begrenzt in ihren Fähigkeiten sind, sollten Sie auf andere, neuere Techniken zurückgreifen. Wer sich gut auskennt mit Excel-Funktionen und wenig Zeit oder Lust hat, DAX oder M zu lernen, kann Berechnungen auch in der Tabelle durchführen. Die Daten holen Sie sich dynamisch mit Power Query, zusätzliche Felder und Elemente werden einfach angefügt oder zwischen die Abfragespalten eingefügt. Die Formeln passen sich natürlich an, wenn die Abfrage aktualisiert wird.

Verwenden Sie keine Listen und keine Bezüge ($A$1), denn damit erhalten Sie keine dynamischen Auswertungen. In Tabellen kommen nur strukturierte Verweise zum Einsatz, und die Formeln gelten automatisch für die gesamte Spalte und werden in dieser auch dynamisch verwaltet.

Hier unser Beispiel mit den Umsatzzahlen mit zusätzlichen Berechnungen über strukturierte Verweise:

Holen Sie die Liste am besten per Power Query aus der Datei *Umsatz Verkäufer.xlsx* oder erstellen Sie mit **Strg+T** manuell eine Tabelle.

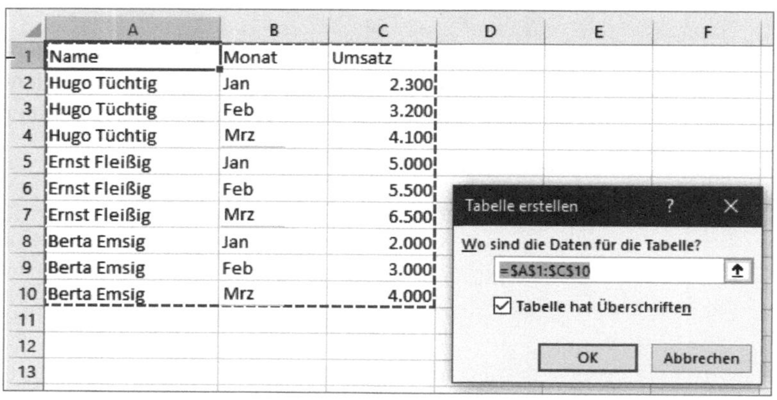

Legen Sie eine neue Spalte *Provision* an. Achten Sie darauf, dass die Spalte direkt neben der letzten Spalte steht, damit sie in die Tabelle integriert wird.

	A	B	C	D
1	Name	Monat	Umsatz	Provision
2	Hugo Tüchtig	Jan	2.300	
3	Hugo Tüchtig	Feb	3.200	
4	Hugo Tüchtig	Mrz	4.100	
5	Ernst Fleißig	Jan	5.000	
6	Ernst Fleißig	Feb	5.500	
7	Ernst Fleißig	Mrz	6.500	
8	Berta Emsig	Jan	2.000	
9	Berta Emsig	Feb	3.000	
10	Berta Emsig	Mrz	4.000	

Schreiben Sie die Formel, die eine Provision von 25 % (zuzüglich) berechnet. Für den strukturierten Verweis klicken Sie einfach auf die erste Zelle in der Spalte *Umsatz*.

```
=[@Umsatz]*1,25
```

=[@Umsatz]*1,25

C	D	E
Umsatz	Provision	
2.300	=[@Umsatz]*1,25	

Die Formel wird automatisch über die gesamte Länge der Tabelle kopiert. Sie wird auch selbstständig kopiert, wenn neue Zeilen hinzukommen und bei entfernten Zeilen gelöscht.

=[@Umsatz]*1,25

C	D	E
Umsatz	Provision	
2.300	2.875	
3.200	4.000	
4.100	5.125	
5.000	6.250	
5.500	6.875	
6.500	8.125	
2.000	2.500	
3.000	3.750	
4.000	5.000	

Für weitere Berechnungen verwenden Sie Funktionen von Excel. Hier wird das Quartal etwas aufwendig berechnet, weil der Monat nur in Textform zur Verfügung steht.

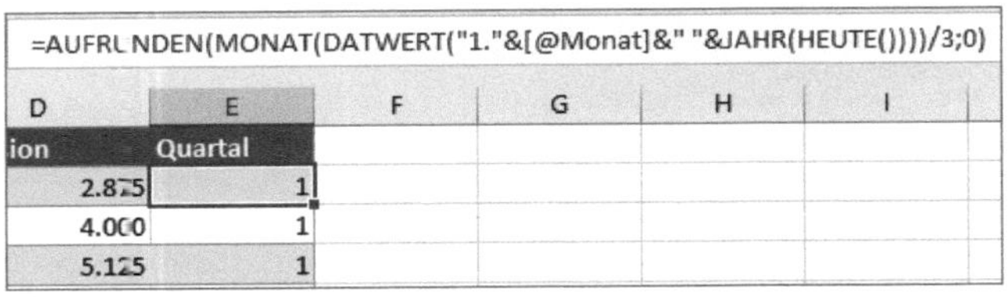

Legen Sie mit *Einfügen/Tabelle/PivotTable* eine PivotTable mit der Tabelle als Basis an.

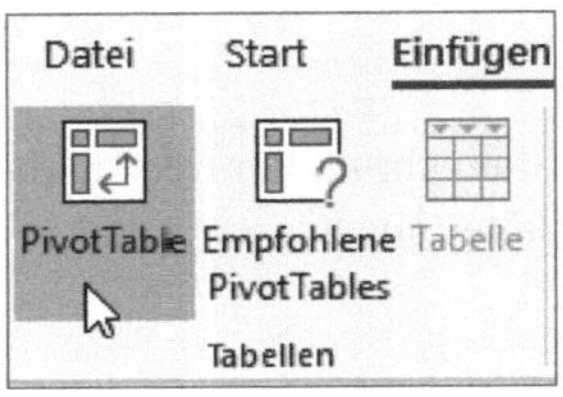

Ziehen Sie in der Feldliste die Felder an die passende Position:

Zeilenbereich: Name

Wertebereich: Summe von Umsatz und Summe von Provision

Die Quartalssumme lässt sich hier nicht gleichzeitig auswerten.

Fügen Sie mit *PivotTable-Tools/Analysieren/Filtern/Datenschnitt einfügen* einen Datenschnitt ein. Kreuzen Sie das Feld *Quartal* an.

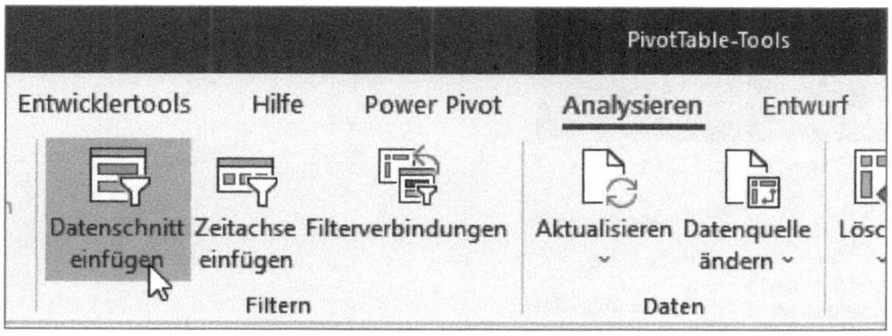

Jetzt lässt sich die PivotTable über den Datenschnitt nach Quartalen filtern.

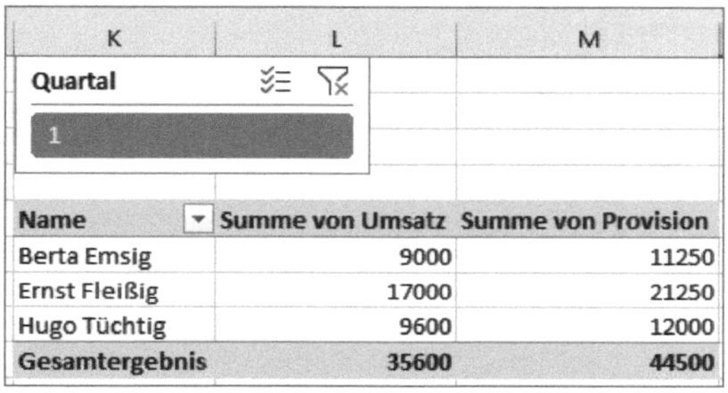

7.7.3 Berechnete Felder mit Power Query

Die bessere Alternative zu berechneten Feldern in der PivotTable und zu strukturierten Verweisen ist das Anlegen benutzerdefinierter Spalten in Power Query. Die Berechnung erfolgt über die Formelsprache M, hier stehen ebenfalls alle benötigten Werkzeuge einer Programmiersprache zur Auswahl.

Unsere Beispielliste holen Sie am besten per Power Query aus der Datei *Umsatz Verkäufer.xlsx*. Alternativ dazu können Sie die Liste auch in eine Tabelle umwandeln und mit Power Query bearbeiten.

Starten Sie mit *Daten abrufen und transformieren/Aus Tabelle/Bereich* eine Power Query-Abfrage auf die Tabelle.

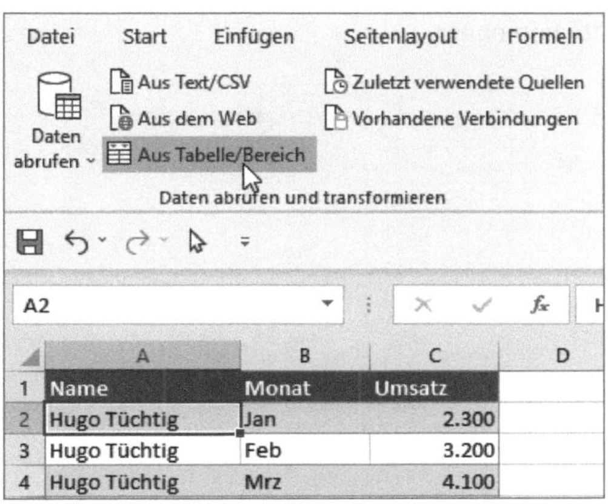

Legen Sie eine benutzerdefinierte Spalte an.

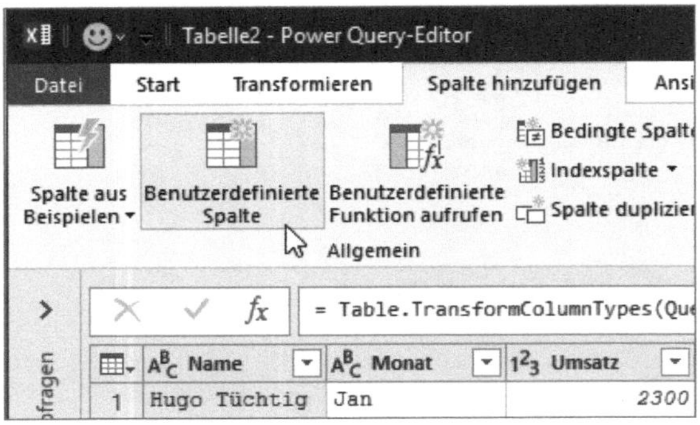

Geben Sie den Namen und die Formel ein.

```
Name: Provision
Formel: =[Umsatz]*1,25
```

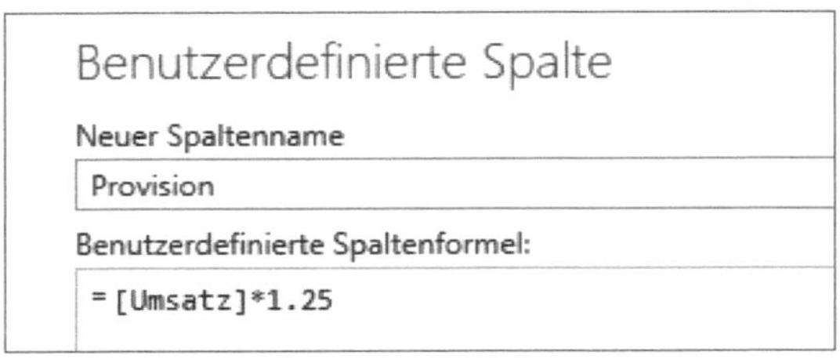

Die beteiligte Spalte können Sie per Doppelklick auf den Feldnamen aus der Liste holen.

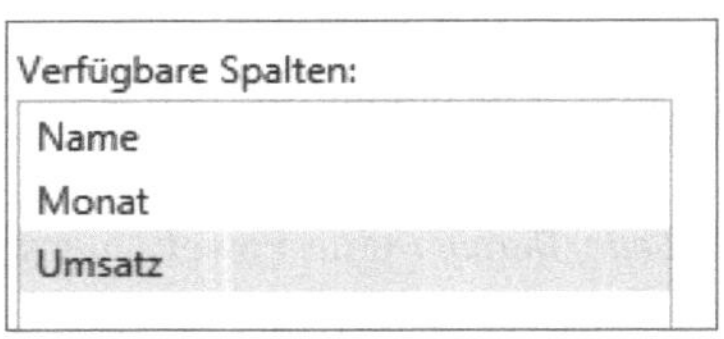

Die Provisionen werden in einer neuen Spalte berechnet.

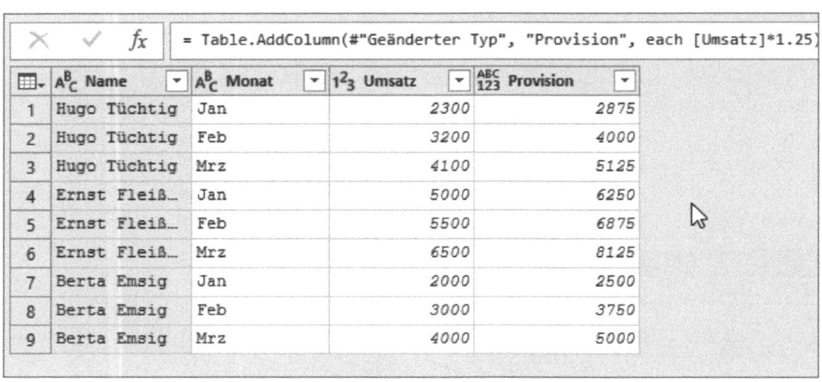

= Table.AddColumn(#"Geänderter Typ", "Provision", each [Umsatz]*1.25)

	Name	Monat	Umsatz	Provision
1	Hugo Tüchtig	Jan	2300	2875
2	Hugo Tüchtig	Feb	3200	4000
3	Hugo Tüchtig	Mrz	4100	5125
4	Ernst Fleiß...	Jan	5000	6250
5	Ernst Fleiß...	Feb	5500	6875
6	Ernst Fleiß...	Mrz	6500	8125
7	Berta Emsig	Jan	2000	2500
8	Berta Emsig	Feb	3000	3750
9	Berta Emsig	Mrz	4000	5000

Benennen Sie die Abfrage um, geben Sie ihr den Namen *Umsätze*.

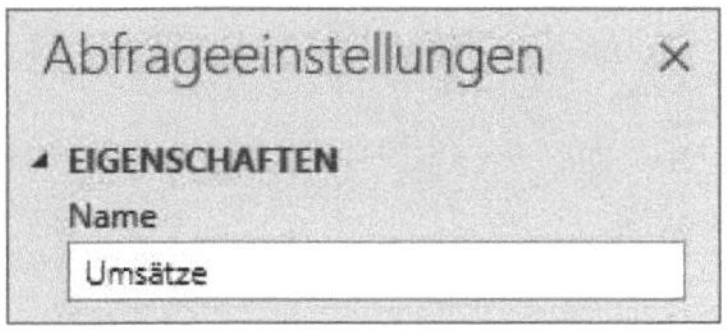

Fügen Sie über *Neue Abfrage/Neue Quelle* eine neue Abfrage ein.

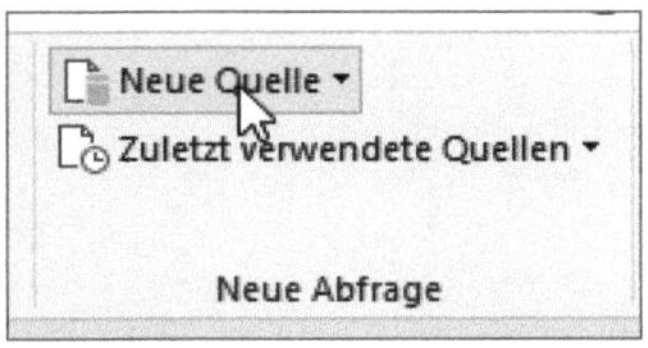

Wählen Sie *Andere Quellen/Leere Abfrage*.

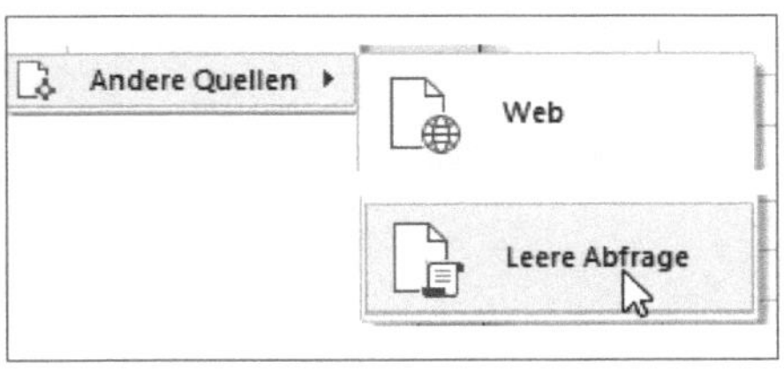

Schreiben Sie diese Formel, um eine neue Tabelle zu generieren:

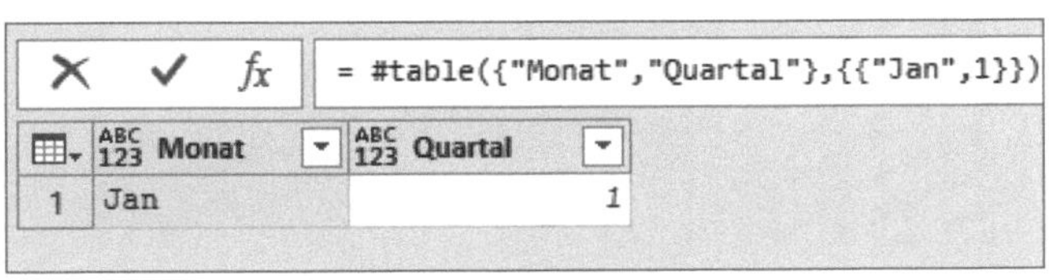


```
= #table(
  {"Monat","Quartal"},
  {
  {"Jan",1}
  })
```

So sieht die gesamte Tabelle aus, komplett mit M erzeugt:

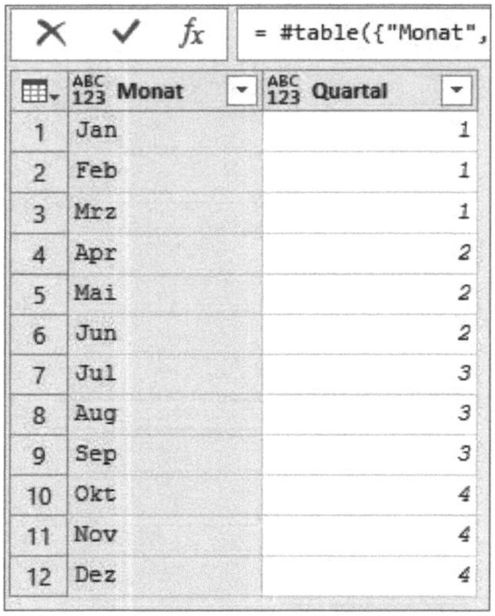


```
= #table({"Monat","Quartal"},
  {
  {"Jan",1},{"Feb",1},{"Mrz",1},
  {"Apr",2},{"Mai",2},{"Jun",2},
  {"Jul",3},{"Aug",3},{"Sep",3},
  {"Okt",4},{"Nov",4},{"Dez",4}
  })
```

Ändern Sie die Datentypen der beiden Spalten:

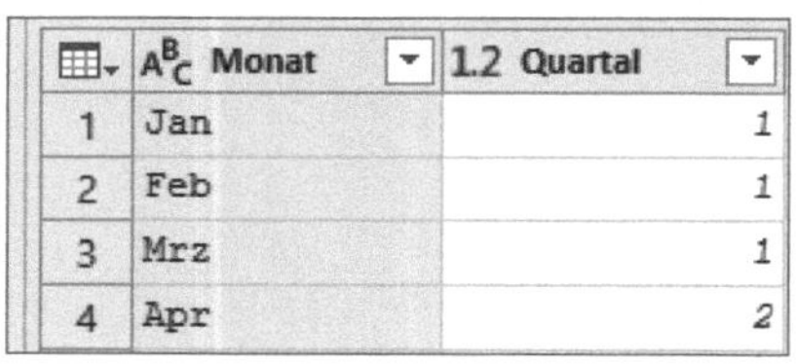


```
Monat=text
Quartal=number
```

Geben Sie der neuen Abfrage einen Namen, nennen Sie sie *MonateQuartale*.

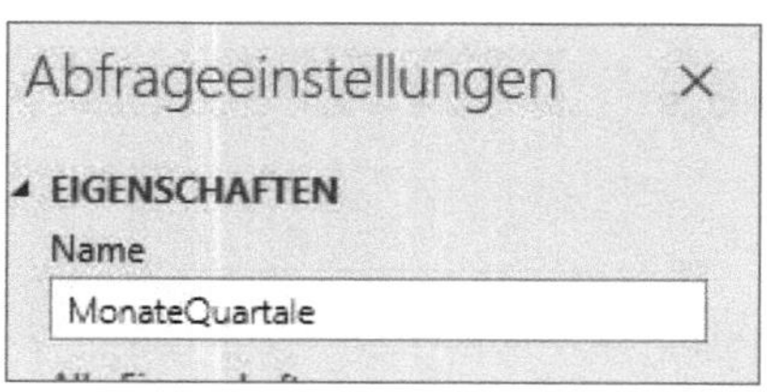

Mit *Kombinieren/Abfragen zusammenführen* erstellen Sie eine Beziehung zwischen den beiden Abfragen.

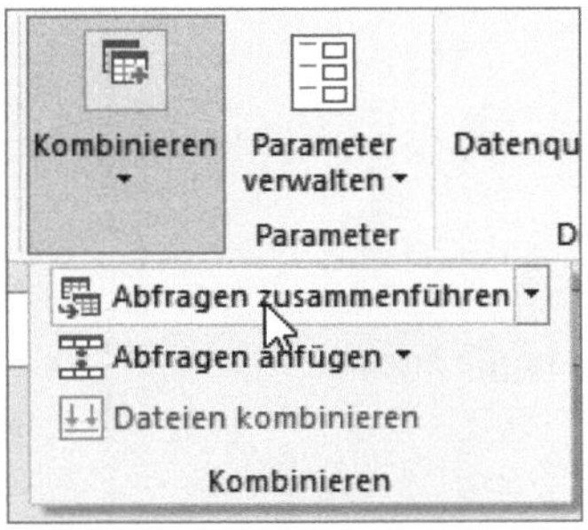

Markieren Sie in beiden Abfragen das Feld *Umsatz* und bestätigen Sie die Beziehungsart *Inner Join*.

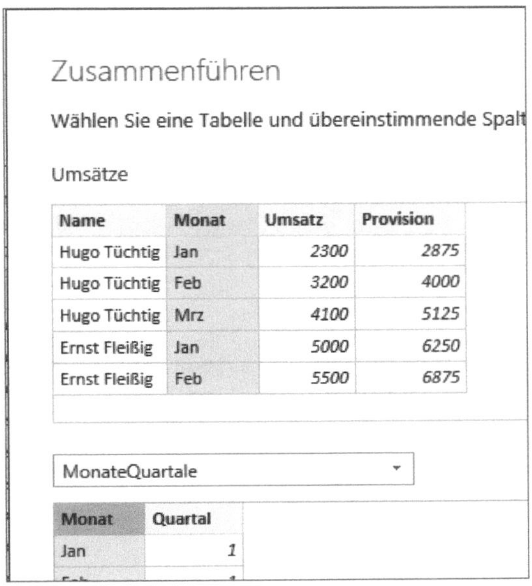

Ein Klick auf das Doppelpfeilsymbol erweitert die Spalte. Wählen Sie nur das Feld *Quartal*.

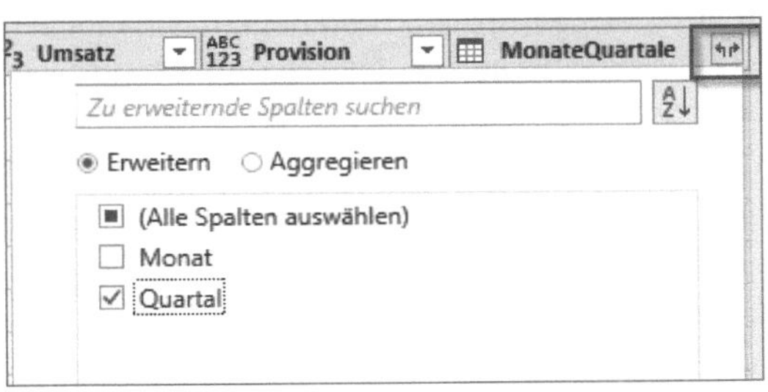

Geben Sie der neuen Spalte noch den Namen *Quartal* und den Datentyp *Dezimalzahl.*

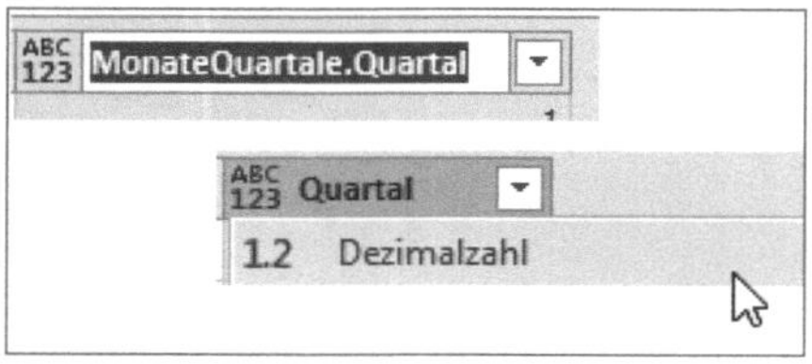

Mit *Schließen & Laden* holen Sie die beiden Abfragen in die Mappe zurück.

Das Ergebnis der Power Query-Abfrage wird präsentiert. Erstellen Sie eine PivotTable mit den Namen im Zeilenbereich und der Summe der Umsätze und Provisionen im Wertebereich. Das Quartal können Sie wieder als Datenschnitt zum Filtern bereitstellen.

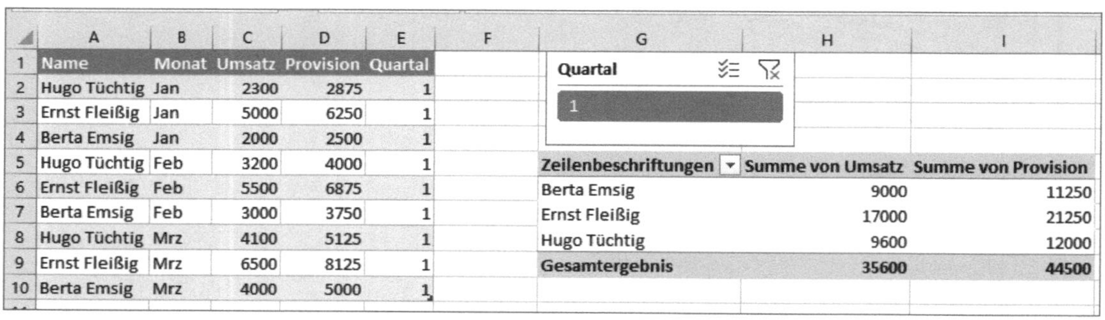

	A	B	C	D	E
1	Name	Monat	Umsatz	Provision	Quartal
2	Hugo Tüchtig	Jan	2300	2875	1
3	Ernst Fleißig	Jan	5000	6250	1
4	Berta Emsig	Jan	2000	2500	1
5	Hugo Tüchtig	Feb	3200	4000	1
6	Ernst Fleißig	Feb	5500	6875	1
7	Berta Emsig	Feb	3000	3750	1
8	Hugo Tüchtig	Mrz	4100	5125	1
9	Ernst Fleißig	Mrz	6500	8125	1
10	Berta Emsig	Mrz	4000	5000	1

Quartal: 1

Zeilenbeschriftungen	Summe von Umsatz	Summe von Provision
Berta Emsig	9000	11250
Ernst Fleißig	17000	21250
Hugo Tüchtig	9600	12000
Gesamtergebnis	35600	44500

7.7.4 Berechnete Felder mit DAX in Power Pivot

Im Datenmodell werden Berechnungen in zusätzlichen Spalten hinterlegt, dazu kommen Formeln und DAX-Funktionen zum Einsatz. Arithmetische und logische Ausdrücke, Verweise und Relationen, Kontrollstrukturen und Schleifen stehen zur Verfügung. Alle Berechnungen und Beziehungen führen Sie im Power Pivot-Fenster durch.

Starten Sie im Register *Power Pivot* mit Klick auf *Datenmodell/Verwalten.*

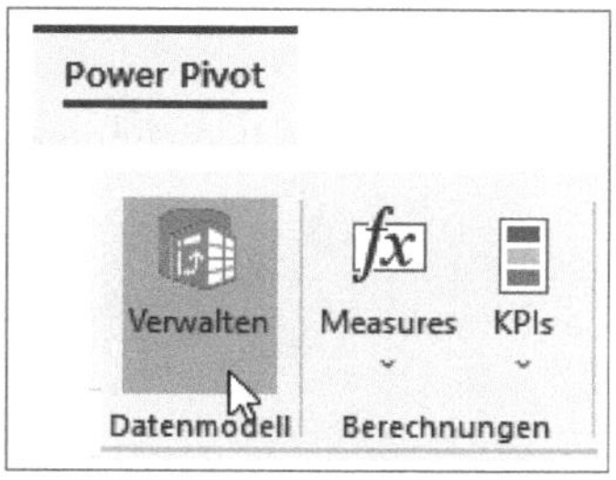

Wählen Sie *Externe Daten abrufen/Aus anderen Quellen/Excel-Datei.*

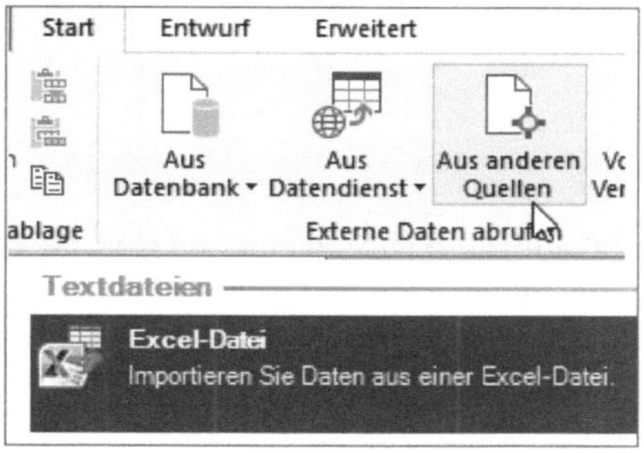

Geben Sie der neuen Tabelle den Registernamen *Umsatz.*

Holen Sie die Liste aus der Datei und fügen Sie sie als Tabelle ein. Markieren Sie die nächste freie Spalte und wählen Sie im Kontextmenü der rechten Maustaste *Spalte umbenennen.*

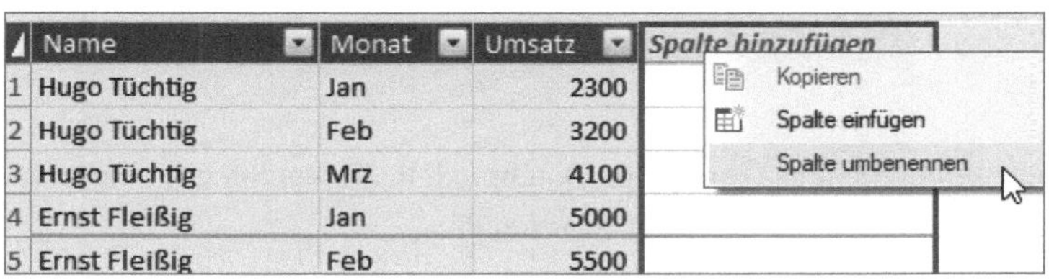

Tragen Sie diese DAX-Formel zur Berechnung der Provision ein:

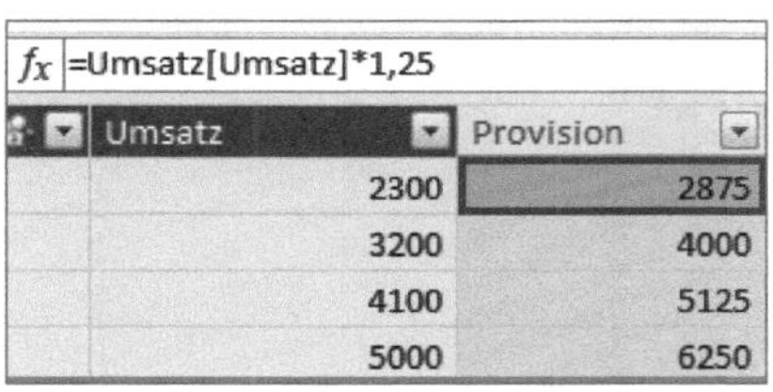

```
=Umsatz[Umsatz]*1,25
```

Die Umsatzsumme und die Provisionssumme berechnen Sie als Measure im Berechnungsbereich. Schreiben Sie diese Formeln:

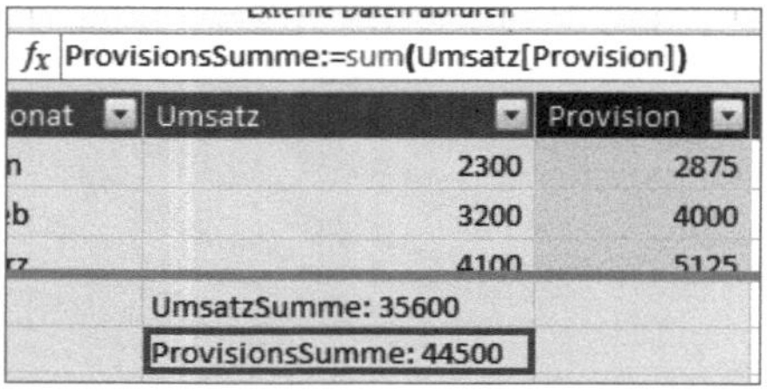


```
UmsatzSumme:=SUM(Umsatz[Umsatz]
ProvisionsSumme:=SUM(Umsatz[Provision])
```

Für die Quartalsermittlung legen Sie in Excel eine Tabelle mit den Monaten und Quartalen an. Holen Sie diese als *tbl_QuartaleMonate* ins Datenmodell von Power Pivot.

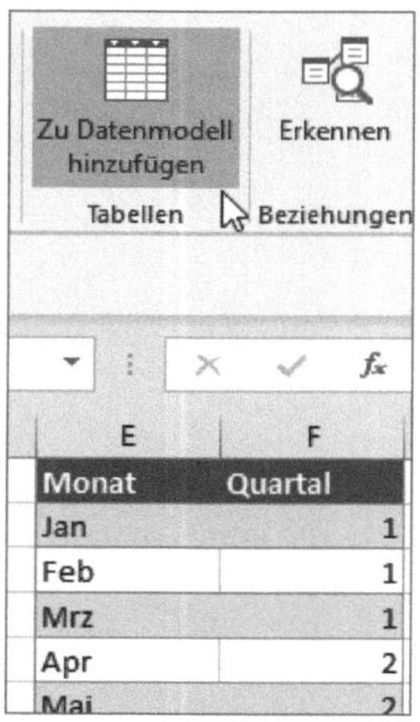

In der Diagrammansicht sehen Sie alle Tabellen im Datenmodell. Ziehen Sie eine Verknüpfungslinie von *Umsatz[Monat]* zu *tbl_MonateQuartale[Monat]*.

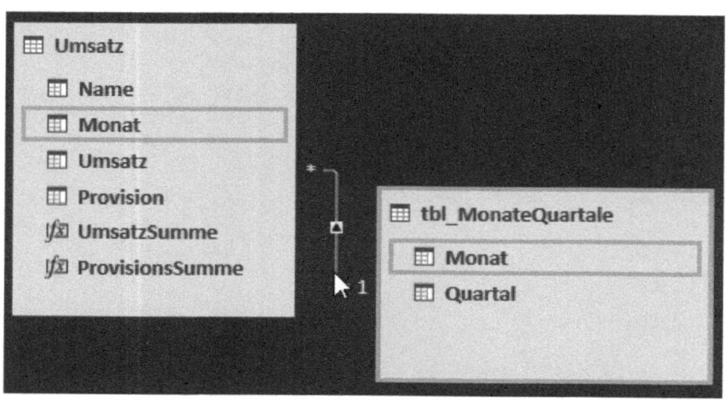

Mit der DAX-Funktion RELATED() erstellen Sie eine Verknüpfung auf das Feld *Quartal* in der Umsatztabelle. Nennen Sie die Spalte *Quartal*.

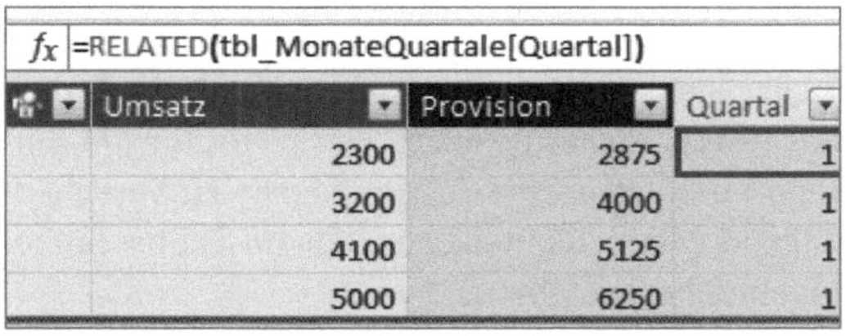


```
=RELATED(tbl_MonateQuartale[Quartal])
```

Legen Sie mit Klick auf *PivotTable* eine neue PivotTable aus dem Datenmodell an.

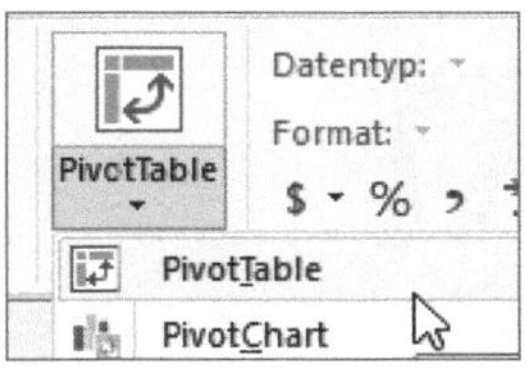

Ziehen Sie das Feld *Name* in den Zeilenbereich und die beiden Measures *UmsatzSumme* und *ProvisionsSumme* in den Wertebereich. Das Feld *Quartal* wird wieder für einen Datenschnitt verwendet.

7.8 Gruppieren

Gruppierungen sind ein wichtiges Element in der PivotTable-Analyse. Je mehr Einzelelemente die Datenquelle enthält, desto wichtiger ist es, diese nach auswertbaren Kriterien zu gruppieren. Die PivotTable sollte aber in der Praxis nicht das letzte Werkzeug für die Entscheidung sein, eine Datenmenge mit einem auswertbaren Gruppenbegriff zu versehen. Power Query und Power Pivot bieten genügend Möglichkeiten, zusätzliche Felder einzubinden oder Verknüpfungen auf Referenztabellen herzustellen.

Für Datumswerte ist die Gruppierung ebenfalls zweite Wahl, wenn das Datenmodell im Einsatz ist. Hier sollten Sie eine Kalendertabelle anlegen und mit den Auswertungsdaten verbinden (siehe Abschnitt 5.5.1).

Die Gruppierungswerkzeuge finden Sie auf der ersten Registerkarte der PivotTable-Tools unter *Gruppieren*.

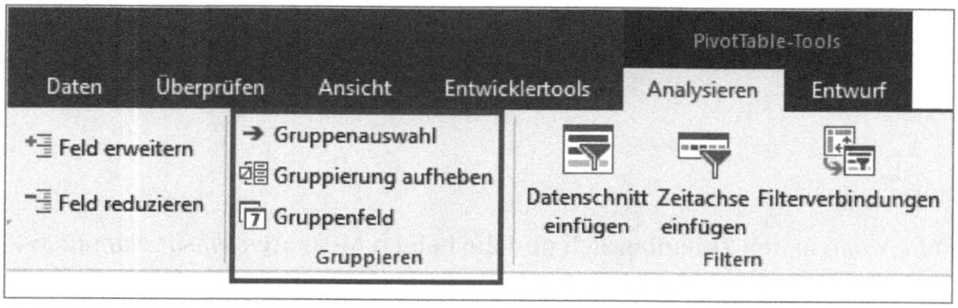

Bild 7.25 Gruppierung in den PivotTable-Tools

HINWEIS: Gruppieren können Sie auch über das Kontextmenü der rechten Maustaste. Markieren Sie einfach das erste Element des Felds, das Sie gruppieren wollen.

7.8.1 Textfeld gruppieren

Üben Sie mit der Datei *Verkauf Deutschland.xlsx* aus den Buchdaten. Sie enthält Umsatzzahlen zu den deutschen Bundesländern. Gruppieren Sie diese nach Verkaufsgebieten.

Setzen Sie den Zellzeiger in die Tabelle und erstellen Sie eine PivotTable.

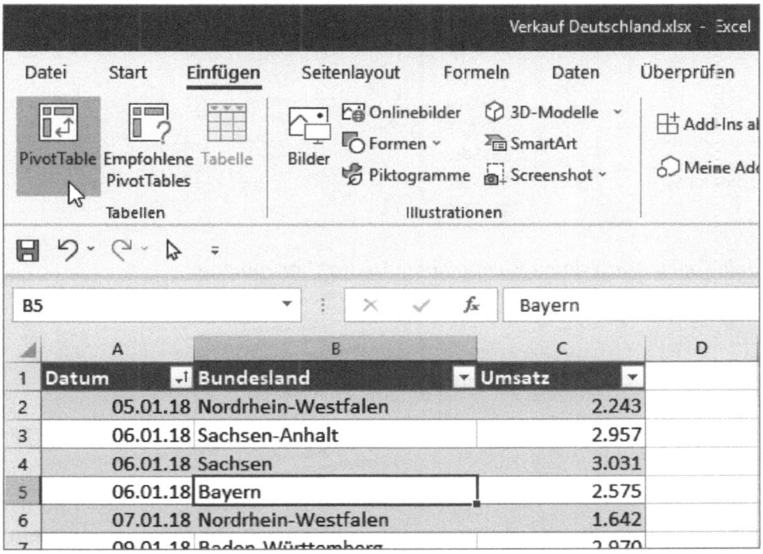

Wählen Sie *Neues Arbeitsblatt* als Position der PivotTable. Die Tabelle wird als Datenquelle vorgeschlagen.

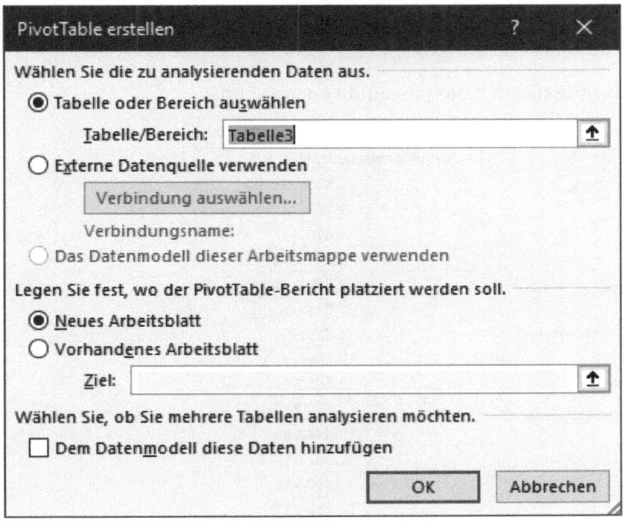

Ziehen Sie das Feld *Bundesland* in den Zeilenbereich und summieren Sie das Feld *Umsatz*. Markieren Sie die südlichen Bundesländer *Baden-Württemberg*, *Bayern* und (mit **Strg**-Taste) *Hessen*.

	Bundesland	Summe von Umsatz
3	Bundesland	Summe von Umsatz
4	Baden-Württemberg	1905151
5	Bayern	1760565
6	Berlin	1866298
7	Brandenburg	1083058
8	Bremen	961182
9	Hamburg	490739
10	Hessen	1675432
11	Mecklenburg-Vorpommern	1863366
12	Niedersachsen	1368219

Wählen Sie *PivotTable-Tools/Analysieren/Gruppieren/Auswahl gruppieren.*

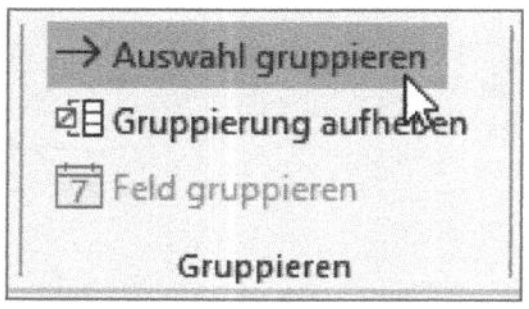

Die Gruppe wird erstellt, geben Sie der neuen Spalte den Namen *Vertriebsgebiet* und nennen Sie die neue Gruppe *Süd*. Für die neue Gruppe werden automatisch die Teilergebnisse eingeschaltet.

3	Vertriebsgebiet	Bundesland	Summe von Umsatz
4	⊟Süd	Baden-Württemberg	1905151
5		Bayern	1760565
6		Hessen	1675432

Legen Sie auch für die übrigen Bundesländer die passende Gruppe an.

3	Vertriebsgebiet	Bundesland	Summe von Umsatz
4	⊟Süd	Baden-Württemberg	1.905.151
5		Bayern	1.760.565
6		Hessen	1.675.432
7	**Süd Ergebnis**		**5.341.148**
8	⊟Ost	Berlin	1.866.298
9		Brandenburg	1.083.058
10		Mecklenburg-Vorpommern	1.863.366
11		Sachsen	2.109.523
12		Sachsen-Anhalt	2.601.583
13		Thüringen	890.218
14	**Ost Ergebnis**		**10.414.046**
15	⊟Nord	Bremen	961.182
16		Hamburg	490.739
17		Niedersachsen	1.368.219
18		Schleswig-Holstein	2.205.881
19	**Nord Ergebnis**		**5.026.021**
20	⊟Mitte	Rheinland-Pfalz	2.614.491
21		Saarland	1.213.874
22		Nordrhein-Westfalen	994.698
23	**Mitte Ergebnis**		**4.823.063**
24	**Gesamtergebnis**		**25.604.278**

Bild 7.26 Alle Bundesländer sind in Vertriebsgebiete unterteilt.

Ein Doppelklick auf einen Gruppennamen blendet alle Mitglieder aus, mit einem weiteren Doppelklick werden diese wieder sichtbar gemacht.

Um eine Gruppierung aufzuheben, markieren Sie das gruppierte Element mit der rechten Maustaste und wählen *Gruppierung aufheben*. Die Gruppierung wird damit entfernt, die gruppierten Elemente bleiben der PivotTable aber erhalten. Weisen Sie die Gruppe erneut zu, sind sie automatisch wieder da.

7.8.2 Wertefeld gruppieren

Wertefelder gruppieren Sie, um Wertegruppen zu ermitteln. Im vorliegenden Beispiel könnten Sie beispielsweise eine Analyse der Umsätze nach Umsatzgrößen anlegen.

1. Ziehen Sie in einer neuen PivotTable das Umsatzfeld in den Zeilenbereich.
2. Markieren Sie den ersten Umsatz und gruppieren Sie ihn mit *PivotTable-Tools/Analysieren/Gruppieren/Auswahl gruppieren.*
3. Geben Sie die Zahlengrenzen an oder übernehmen Sie die Standardwerte (kleinster und größter Umsatz).
4. Geben Sie unter *Nach:* eine Gruppierung an, zum Beispiel 50 000. Bestätigen Sie mit *OK*, und die Werte werden gruppiert. Ziehen Sie das Umsatz-Feld zusätzlich noch in den Wertebereich, können Sie feststellen, wie viel Umsatz in den einzelnen Gruppen angefallen ist.

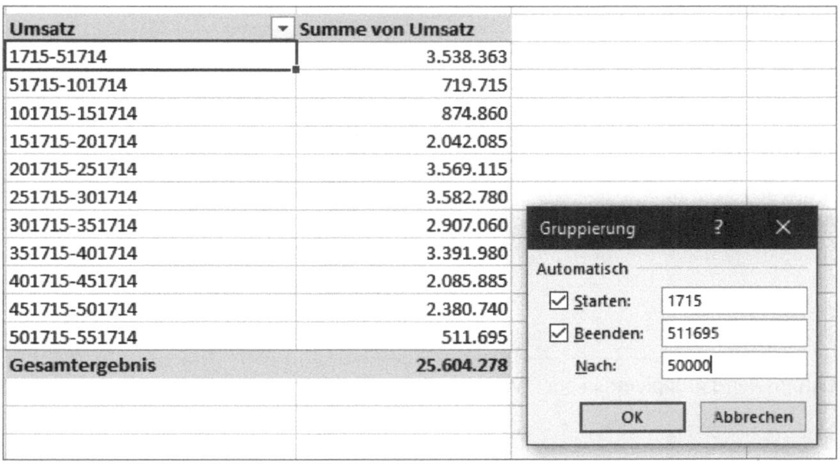

Bild 7.27 Wertefelder gruppieren

7.8.3 Datumsfelder gruppieren

Datumsfelder werden ab Excel 2013 automatisch gruppiert, wenn sie im Zeilen- oder Spaltenbereich der PivotTable untergebracht werden. Diesen Automatismus können Sie in den Excel-Optionen abschalten:

Wählen Sie *Datei/Optionen/Daten*. Kreuzen Sie diese Option an:

Automatische Gruppierung von Datum/Uhrzeit-Spalten in PivotTables deaktivieren

Wenn das Datenmodell keine Datumstabelle enthält, gruppieren Sie Datumswerte in der PivotTable. In unserem Beispiel bekommt die nächste PivotTable eine Auswertung der Umsatzsummen nach Jahr, Monat und Quartal:

1. Ziehen Sie das Datumsfeld in den Zeilenbereich und das Feld *Umsatz* in den Wertebereich.
2. Wenn die automatische Gruppierung aktiv wird, wählen Sie im Kontextmenü der rechten Maustaste *Gruppierung aufheben*.
3. Wählen Sie im Kontextmenü *Gruppieren*. Markieren Sie die Gruppierungsebenen *Monat*, *Quartal* und *Jahr* und bestätigen Sie mit *OK*. Das Feld *Datum* können Sie anschließend in *Monate* umbenennen.

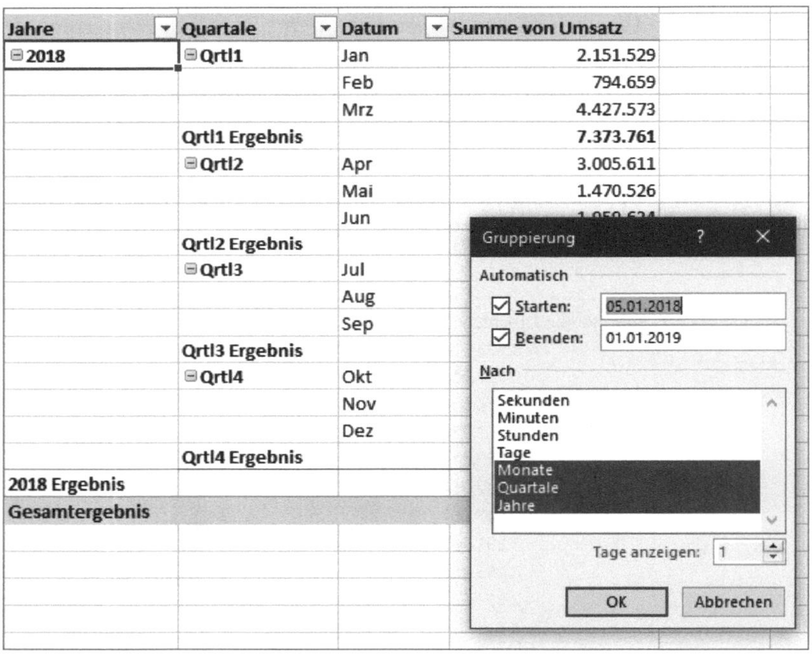

Bild 7.28 Datumswerte gruppieren in der PivotTable

HINWEIS: Ist das Datumsfeld der Datenquelle einmal gruppiert, gilt die Gruppierung für alle PivotTables. Abhilfe schaffen Sie, indem Sie die Datenquelle einfach mit einem weiteren Bereichsnamen versehen und die nächste PivotTable auf Basis dieses Namens erstellen. Alternativ dazu wandeln Sie eine PivotTable in Cube-Funktionen um. Diese sind nämlich unabhängig von allen anderen Auswertungen (siehe Kapitel 5.10.1).

7.9 PivotCharts

Business Intelligence umfasst die Sammlung, Auswertung und Darstellung von Daten. Entscheiden Sie sich für Excel als Standard-Werkzeug für die ersten beiden Teile des Prozesses, haben Sie mehrere Möglichkeiten für den dritten Teil der Methode, für die Darstellung oder Visualisierung:

- Daten werden mit Power Query geladen und aufbereitet und als dynamische Abfragen in Tabellenform bereitgestellt. Diese bilden die Basis für Diagramme, erstellt mit den Diagrammwerkzeugen.
- Power Query-Abfragen werden mit PivotTables aggregiert, und aus diesen entstehen PivotCharts.
- Power Pivot ist das Werkzeug für die Datenaufbereitung. Diese Daten lassen sich nur in Form von PivotCharts visualisieren.
- Eine weitere und sicher die interessanteste Variante ist die Visualisierung über Power BI. Das setzt aber voraus, dass das Cloud-Werkzeug integrierter Bestandteil im BI-Konzept ist mit allen Vor- und Nachteilen, finanziell und aufwandsbezogen (siehe Kapitel 8).

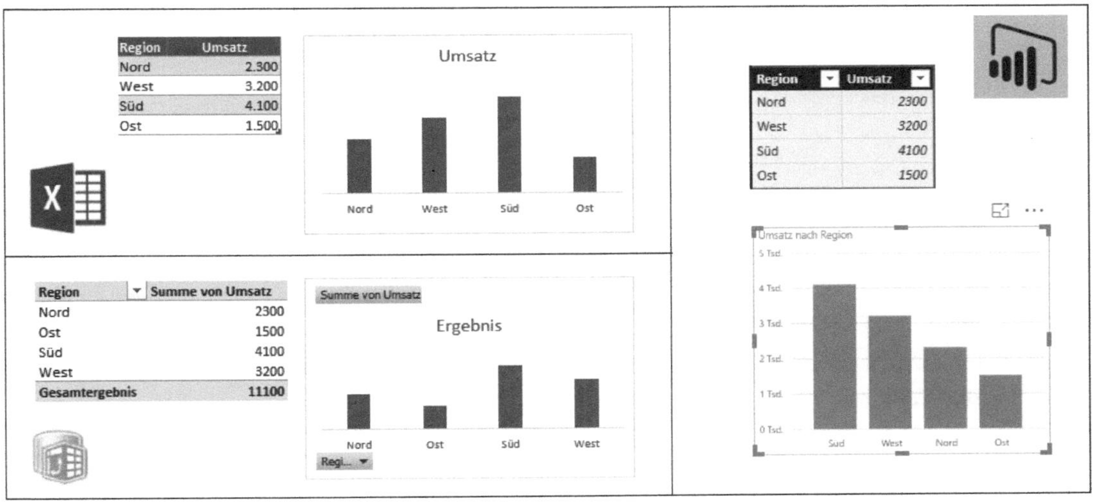

Bild 7.29 Visualisierung im BI-Konzept

Entscheiden Sie sich für PivotCharts als Visualisierungstool für Ihre Daten, sollten Sie gute Kenntnisse im Diagrammdesign mitbringen. Für Excel-Diagramme – und das sind PivotCharts – bietet Excel mehr als 50 Diagrammtypen und Dutzende Formatierungsoptionen. Die Kunst besteht aber nicht darin, alles auszureizen, was im Angebot ist, sondern sich auf die wesentlichen Elemente zu beschränken. Die Aussagekraft der Visualisierung steht im Vordergrund.

7.9.1 Das Prinzip

Im Prinzip ist das PivotChart eine grafische PivotTable. Jede Änderung am Datenbestand und am Layout wird sofort auf die Visualisierung umgesetzt. Ein abgewandeltes Zeilen/Spalten-Layout zeigt das PivotChart sofort an, im Gegensatz zum „normalen" Diagramm, das nur das Grundlayout aus Achsenbereich und Datenreihen wiedergeben kann.

Das PivotChart unterscheidet sich nur durch die Feldschaltflächen von den normalen Diagrammen. Diese Schaltflächen stehen für die Achsen und die Legende bereit, sodass der Anwender direkt im Chart die Daten filtern kann.

Legen Sie direkt aus dem Datenmodell von Power Pivot ein PivotChart an. Die Übungsdatei *Power Pivot GastroSTAR Umsatz2018.xlsx* und *Preisliste.xlsx* finden Sie in den Buchdaten. Das Datenmodell enthält eine Umsatztabelle, über die Artikelnummer verknüpft mit der Preisliste. Die Spaltenumsätze sind mit einer DAX-Formel berechnet:

```
=Umsatz[Bestellmenge]*RELATED(Preisliste[Preis])
```

Die Umsatzsumme berechnet sich aus einem Measure:

```
UmsatzSumme:=SUM(Umsatz[Umsatz])
```

Öffnen Sie die Mappe und wechseln Sie in das Power Pivot-Fenster.

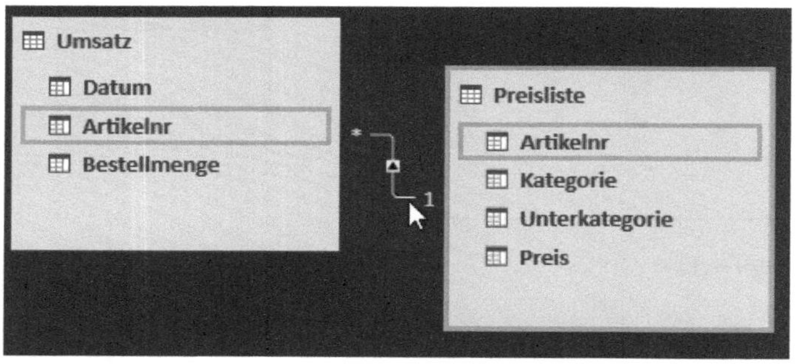

Bild 7.30 Zwei Tabellen im Datenmodell

Legen Sie im Power Pivot-Fenster ein neues PivotChart an.

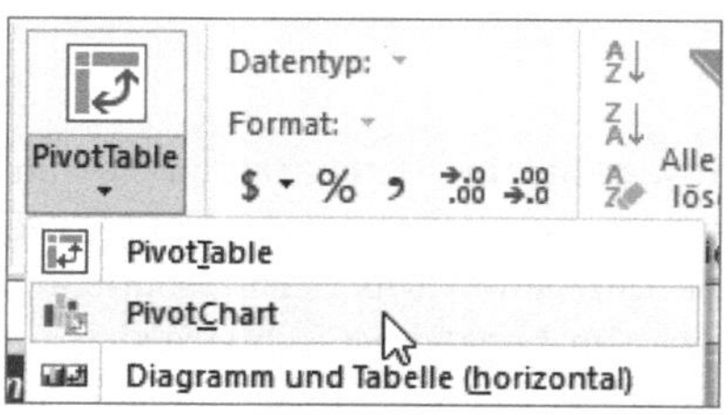

Wählen Sie die Option *Neues Arbeitsblatt.*

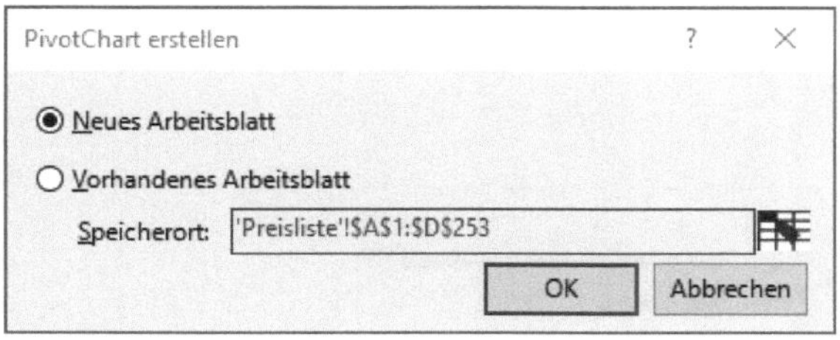

Das PivotChart wird angelegt, die Feldliste bietet die Bereiche *Filter*, *Legende*, *Achse* und *Werte* an.

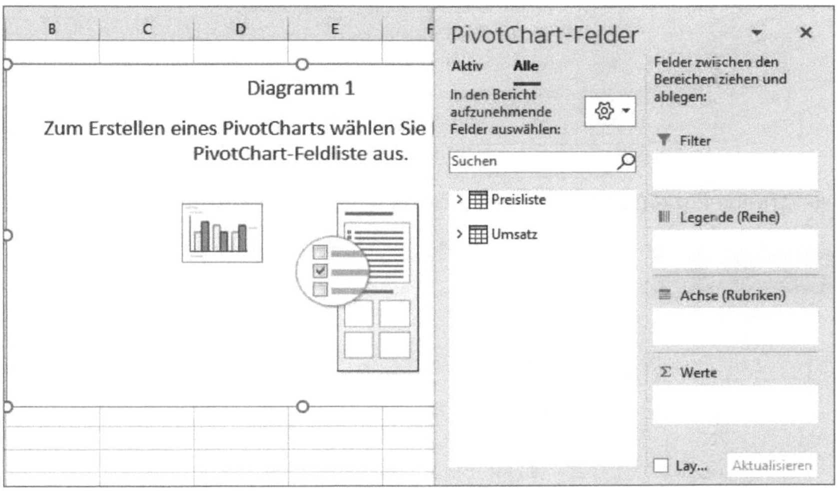

Ziehen Sie die Felder aus dem Datenmodell in die passenden Bereiche.

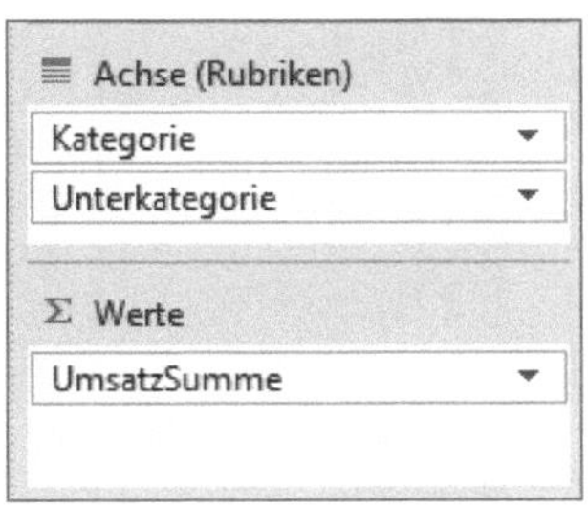

Das PivotChart bietet Filterschaltflächen für alle Felder an. Damit können die Werte direkt im Chart gefiltert werden.

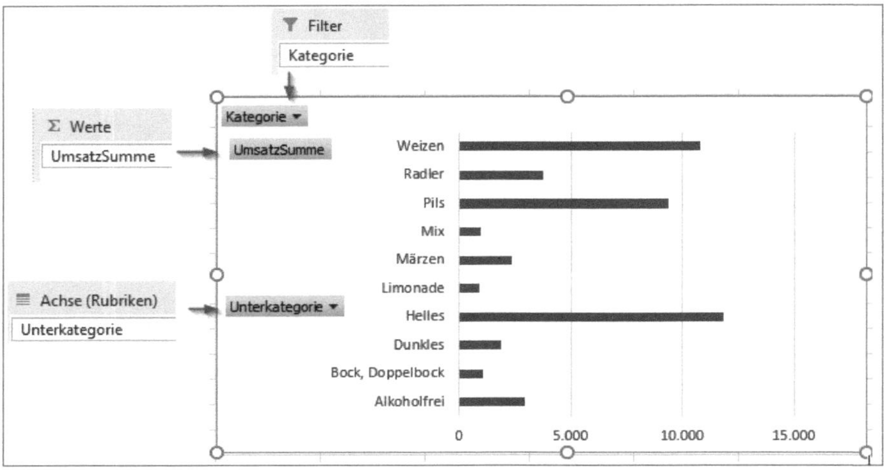

In der Registergruppe *PivotChart-Tools* finden Sie drei Reiter mit Formatierungsoptionen.

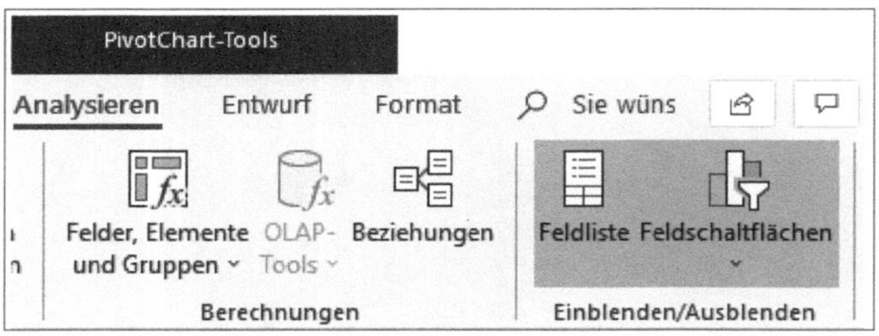

Ändern Sie bei Bedarf den Diagrammtyp und verwenden Sie eine der vordefinierten Diagrammformatvorlagen.

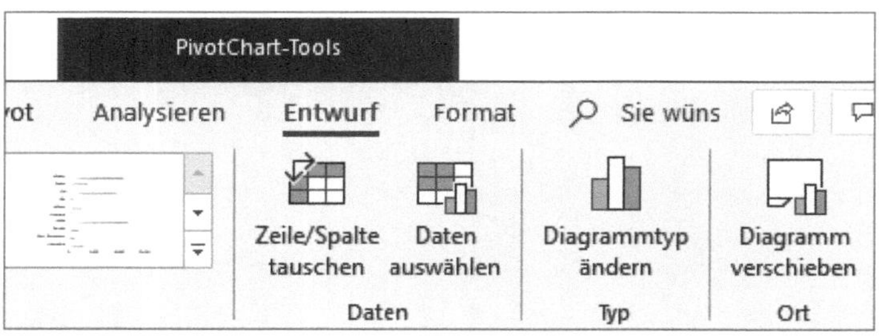

Diagrammelemente und Formatoptionen finden Sie auch unter den beiden Symbolen am rechten oberen Diagrammrand.

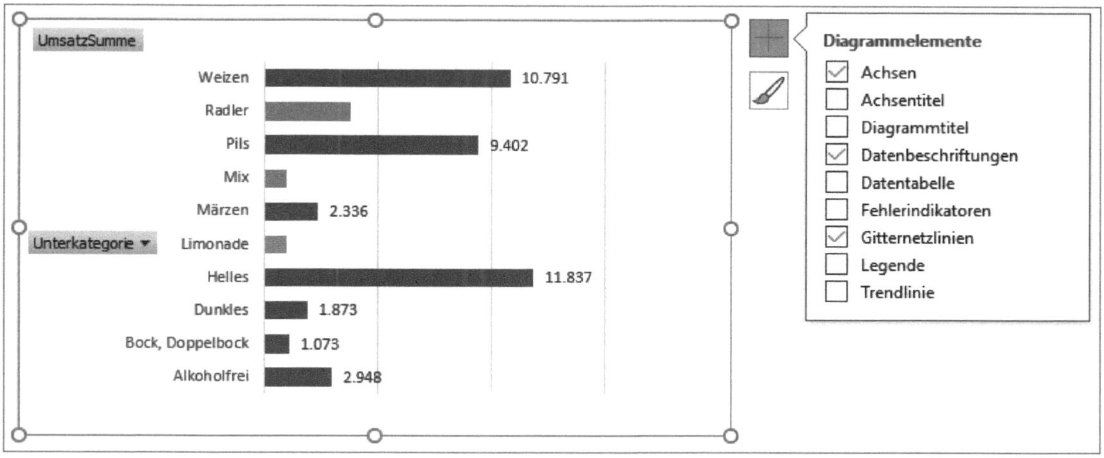

7.9.2 Diagrammtypen

Das Angebot an Diagrammtypen für PivotCharts ist beschränkt. Viele Typen, besonders die mit Excel 2016 neu eingeführten, lassen sich nicht auf PivotCharts anwenden. So finden Sie heraus, was erlaubt ist:

1. Markieren Sie das Chart-Element und wählen Sie *PivotChart-Tools/Entwurf/Diagrammtyp ändern*.
2. Markieren Sie einen Diagrammtyp. Lässt sich dieser nicht verwenden, ist das *OK*-Feld ausgegraut.

TIPP: Wenn Sie unbedingt einen Diagrammtyp brauchen, der nicht für Pivot-Charts vorgesehen ist, wandeln Sie die PivotTable in Cube-Funktionen um und verwenden diese als Basis für ein Diagramm. ■

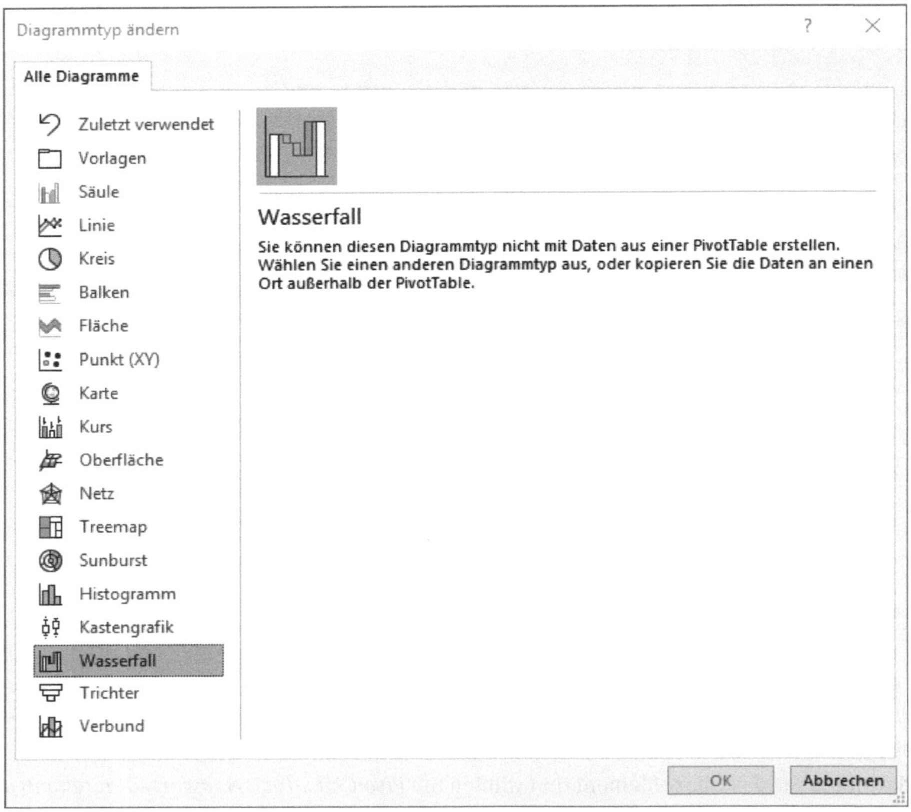

Bild 7.31 Beschränktes Angebot an Diagrammtypen für PivotCharts

7.9.3 Beispiel: Altersstrukturanalyse

Ein Beispiel aus der Praxis: Die Altersstrukturanalyse ist ein unverzichtbares Werkzeug im Personalmanagement. Sie zeigt auf, wie viele Mitarbeiter den einzelnen Altersgruppen zuzuordnen sind und wird hauptsächlich für die Kapazitätsplanung eingesetzt. Für die Visualisierung verwenden Sie ein Tornado-Chart – ein Diagrammtyp, der zwei Datenreihen auf der vertikalen Achse aufträgt und dabei negative und positive Reihen gegenüberstellt. In unserem Beispiel werten wir die Altersstruktur einer Personaldatenbank aus und visualisieren die Anzahl männlicher und weiblicher Mitarbeiter pro Altersgruppe.

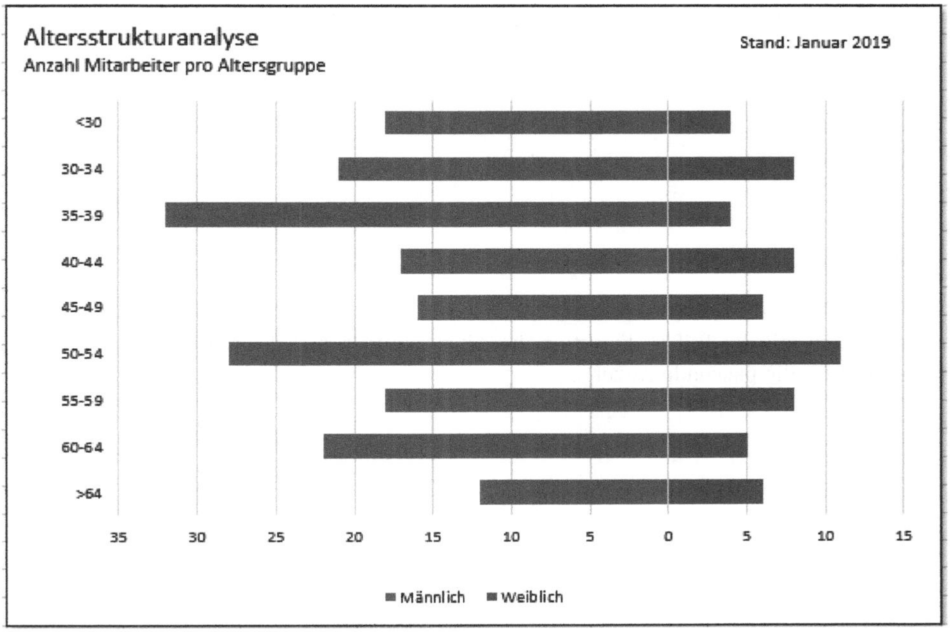

Bild 7.32 Altersstrukturanalyse mit Tornado-Chart

Die Beispieldatei *Personaldatenbank.xlsx* enthält eine große Liste mit Personaldaten von Personalnummer bis Teilzeitschlüssel.

1. Legen Sie eine neue Mappe an und starten Sie eine Power Query-Abfrage auf die Datei.
2. Löschen Sie alle Spalten bis auf die Spalten *Geburtstag*, *Geschlecht* und *OrgEinheit*. Weisen Sie der Spalte *Geburtstag* den Datentyp *Datum* zu und laden Sie die Abfrage in ein neues Tabellenblatt.
3. Geben Sie der Tabelle den Tabellennamen *tbl_Pers*.
4. Bereiten Sie die Tabelle anschließend für die PivotChart-Auswertung auf, berechnen Sie das Alter und die Altersgruppe pro Mitarbeiter.

Berechnen Sie mit der Funktion DATEDIF() in einer neuen Spalte *Alter* das Alter der Mitarbeiter:

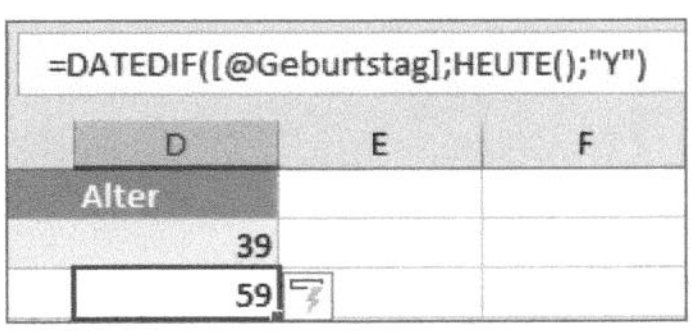


```
=DATEDIF([@Geburtstag];HEUTE();"Y")
```

Berechnen Sie in einer neuen Spalte **Altersgruppe** die Altersgruppe der unter 30-jährigen:

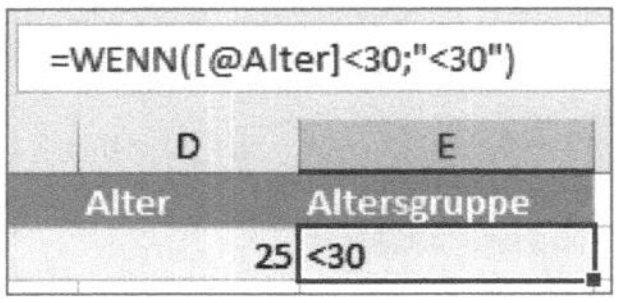


```
=WENN([@Alter]<30;"<30")
```

Erweitern Sie die Formel, berechnen Sie auch die Altersgruppe der über 64-jährigen und ermitteln Sie mit der REST()-Funktion die Altersgruppen dazwischen. Eine Textverknüpfung sorgt für die passende Anzeige:

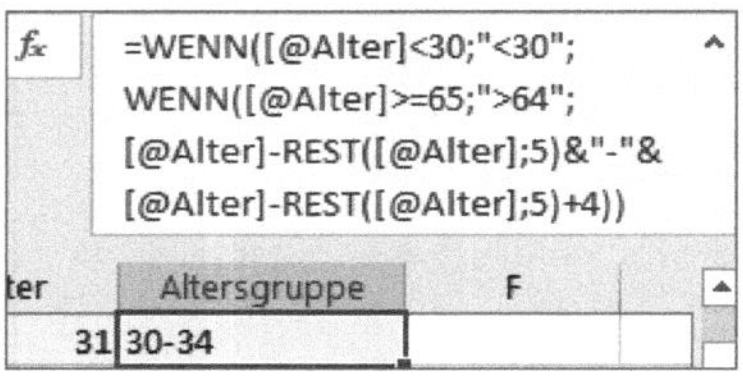


```
=WENN([@Alter]<30;"<30";
WENN([@Alter]>=65;">64";
[@Alter]-REST([@Alter];5)
&"-"&
[@Alter]-REST([@Alter];5)+4))
```

Für den speziellen Diagrammtyp brauchen wir negative und positive Werte. Berechnen Sie diese aus dem Inhalt der Spalte *Geschlecht*.

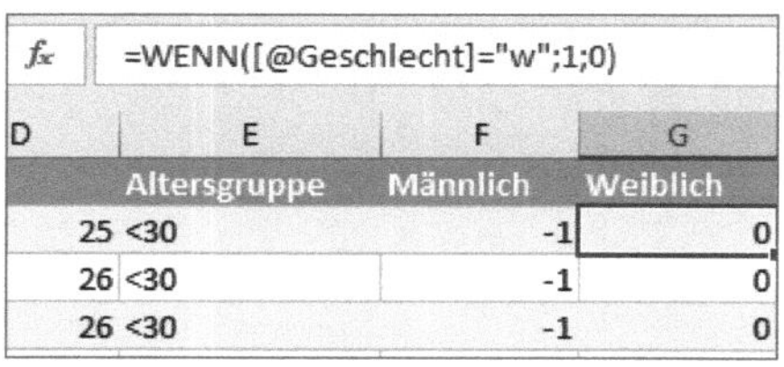


```
Männlich:
=WENN([@Geschlecht]="m";-1;0)
Weiblich:
=WENN([@Geschlecht]="w";1;0)
```

Die Daten sind vorbereitet, visualisieren Sie die Tabelle jetzt mit einem PivotChart. Da die Datenbasis noch nicht perfekt passt, legen Sie zunächst eine PivotTable an.

TIPP: PivotCharts generieren Sie wie „normale" Diagramme mit den Werkzeugen, die Sie über *Einfügen/Diagramme* erreichen. Wenn der Zellzeiger in einer PivotTable steht, wird das Diagramm automatisch zum PivotChart. ■

Wählen Sie *Einfügen/Tabellen/PivotTable*. Geben Sie das Ziel an, wählen Sie ein neues Arbeitsblatt oder einen Bereich neben der Tabelle.

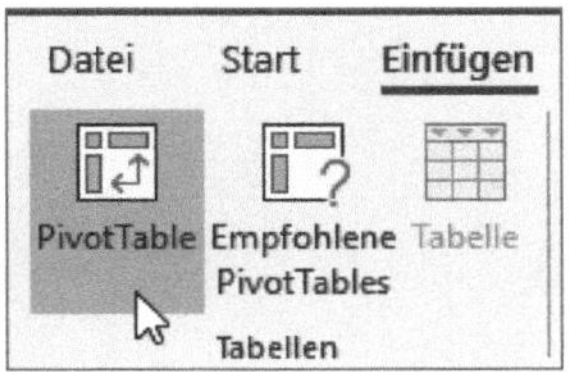

Ziehen Sie in der Feldliste das Feld *Altersgruppe* in den Zeilenbereich und die beiden Felder *Männlich* und *Weiblich* in den Wertebereich.

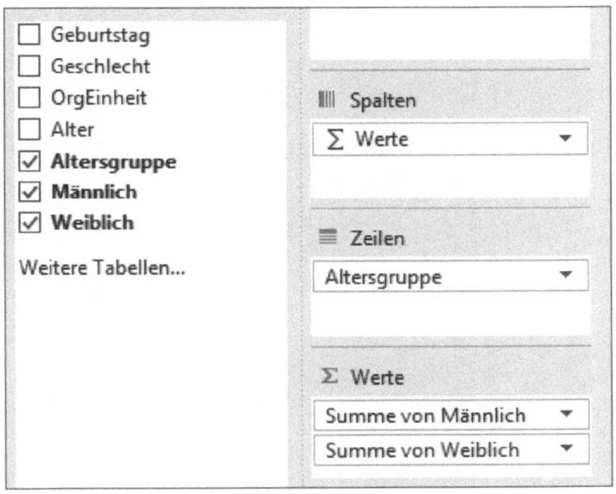

Ändern Sie die Beschriftung der beiden Wertespalten, schreiben Sie *Männlich* und *Weiblich*, gefolgt von einem Leerzeichen, da der Feldname nicht akzeptiert wird.

Altersgruppe	Männlich	Weiblich
<30	-18	4
>64	-12	6
30-34	-21	8
35-39	-32	4
40-44	-17	8
45-49	-16	6
50-54	-28	11
55-59	-18	8
60-64	-22	5
Gesamtergebnis	**-184**	**60**

Markieren Sie die Zeile mit der Altersgruppe *>64*. Ziehen Sie diese am unteren Rand und setzen Sie sie vor dem Gesamtergebnis ab.

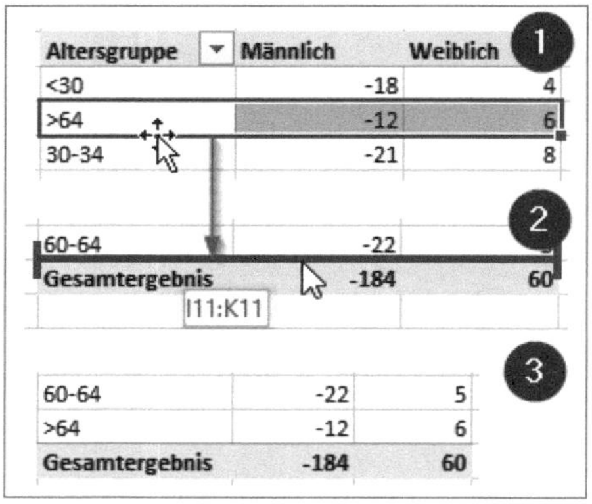

Legen Sie mit dem Zellzeiger in der Tabelle unter *Einfügen/Diagramme* ein 2D-Balkendiagramm an. Verwenden Sie den ersten Typ *Gruppierte Balken*.

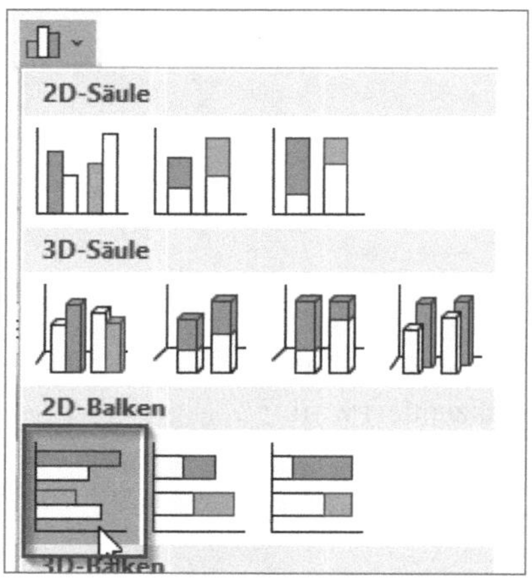

Mit dem PivotChart erhalten Sie eine neue Registergruppe *PivotChart-Tools* mit den Registern *Analysieren*, *Entwurf* und *Format*.

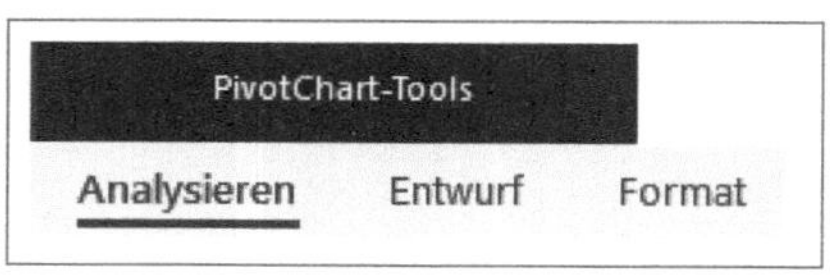

Diagrammelemente wie Achsen oder Titel schalten Sie über das Plussymbol am rechten oberen Rand ein und aus.

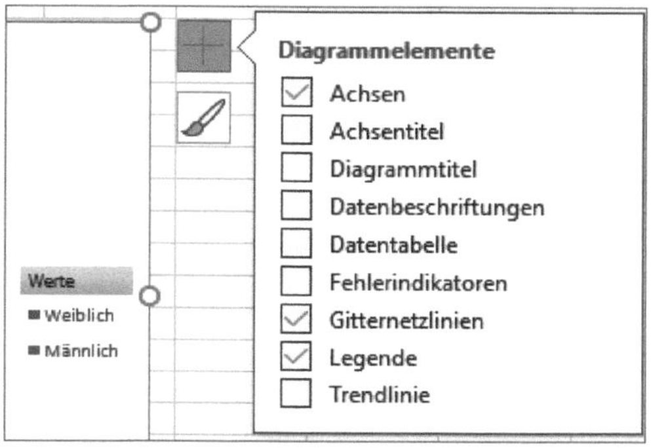

Optimalen Komfort bietet das Kontextmenü. Klicken Sie das zu formatierende Element mit der rechten Maustaste an und wählen Sie den passenden Befehl im Kontextmenü. Hier blenden Sie gleich alle Feldschaltflächen aus.

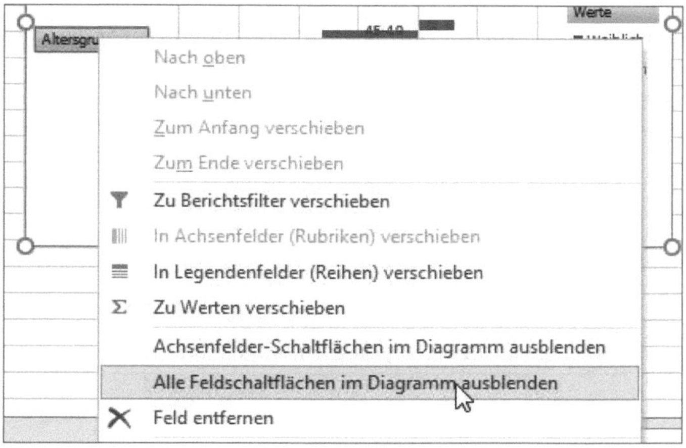

Das Ergebnis ist noch nicht optimal, das PivotChart zeigt aber schon die Grundstruktur mit den beiden Datenreihen links und rechts von der vertikalen Rubrikenachse.

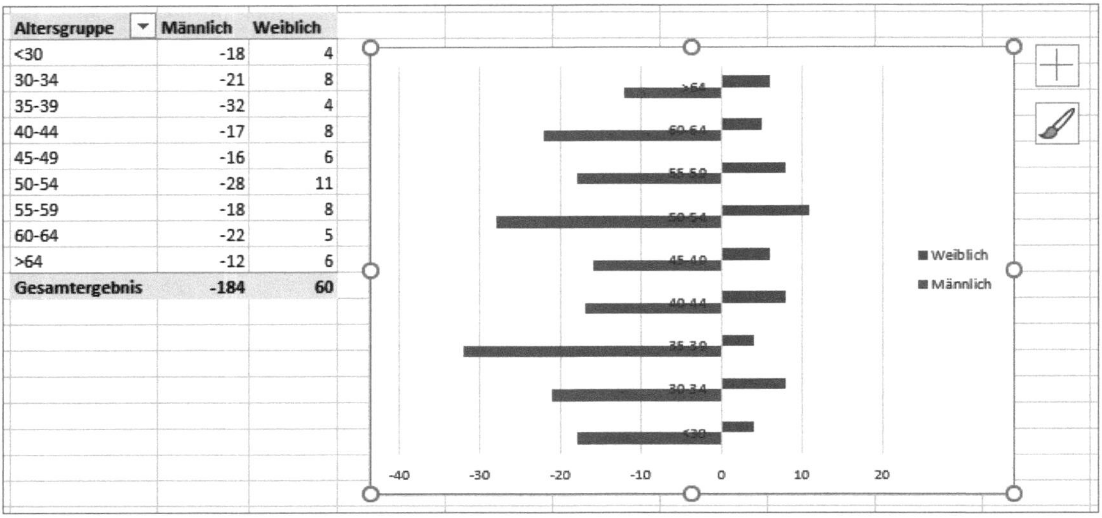

Bild 7.33 Ein neues PivotChart auf Basis der PivotTable

Für die Formatierungen brauchen Sie das Format-Dialogfeld. Es präsentiert immer die Optionen des markierten Elements. Markieren Sie zum Beispiel die Achse und wählen Sie im Kontextmenü *Achse formatieren,* erhalten Sie die Achsenoptionen. Hier eine Liste der benötigten Formatierungen für unser PivotChart:

Diagrammelement	Formatierung
Vertikale Achse	Beschriftungen: Beschriftungsposition Niedrig Achsenoptionen: Kategorien in umgekehrter Reihenfolge Achsenoptionen: Horizontale Achse schneidet bei größter Rubrik
Datenreihen	Reihenoptionen: Reihenachsenüberlappung 100 % Reihenoptionen: Abstandsbreite ca. 90 %
Diagrammtitel	1. Zeile: Altersstrukturanalyse Zeilenumbruch mit **Alt+Eingabe** 2. Zeile: Anzahl Mitarbeiter pro Altersgruppe 2. Zeile markieren und Schriftgrad 10 Punkt zuweisen Element nach links an den Diagrammrand verschieben
Legende	Legendenposition: Unten
Achsenbeschriftung	Nur horizontale Achse, schreiben Sie diesen Text und positionieren Sie das Element links oben:< Stand: <Monat Jahr>

Damit die horizontale Achse keine negativen Zahlen anzeigt, öffnen sie mit einem Rechtsklick auf die Spalte *Männlich* die *Wertfeldeinstellungen,* wählen *Zahlenformat* und geben dieses benutzerdefinierte Zahlenformat ein, mit dem das Minuszeichen von den Negativwerten entfernt wird:

```
0;0
```

Ziehen Sie noch unter *PivotTable-Tools/Analysieren/Filter* einen Datenschnitt für das Feld *OrgEinheit* ein und weisen Sie diesem über *Datenschnitttools/Optionen* die Ausrichtung *5 Spalten* zu. Damit ist das PivotChart mit Abteilungsfilter perfekt. Positionieren Sie alle Elemente mit gedrückter **Alt**-Taste auf dem Gitternetz.

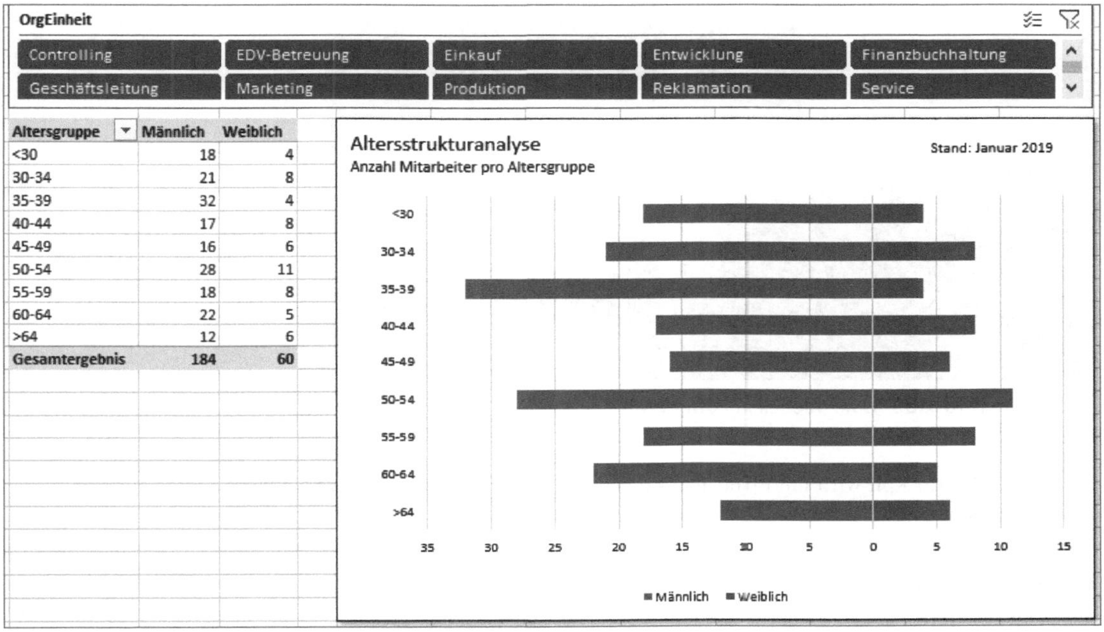

Bild 7.34 Ein Tornado-Chart mit Abteilungsfilter

7.9.4 Kennzahlencockpits mit PivotCharts

Die Kombination aus PivotTable, PivotChart und Datenschnitt bildet die Basis für Kennzahlencockpits. Ein Cockpit ist die Sammlung von Visualisierungen für Unternehmenskennzahlen. Ziel des Cockpits ist es, Führungskräften Informationen zur Verfügung zu stellen, die sie zur Entscheidungsunterstützung für die Steuerung des Unternehmens brauchen. Ursprünglich waren Kennzahlencockpits nur für Controller vorgesehen, in der Praxis lässt sich die Technik für unterschiedlichste Bereiche (Projektmanagement, Marketing, Personal u a.) anwenden.

Das Cockpit enthält Informationen über eine bestimmte Perspektive (Kunden, Produkte, Finance, Projekte), allgemeine Cockpits können aber auch Informationen aus verschiedenen Unternehmensbereichen sammeln. Die Zusammenstellung der Kennzahlen erfolgt in Absprache mit dem Berichtsempfänger.

Hier ein Beispiel: Die Datei *Kennzahlencockpit Sport.xlsx* enthält PivotCharts für einen Sportartikelhersteller mit Informationen über Umsätze, Produkte und Kunden. Die Datenbasis ist ein Datenmodell mit den Tabellen *Bestellungen, Produkte* und *Kunden*. Die Tabellen werden in das Power Pivot-Fenster geladen und mit DAX-Measures aufbereitet.

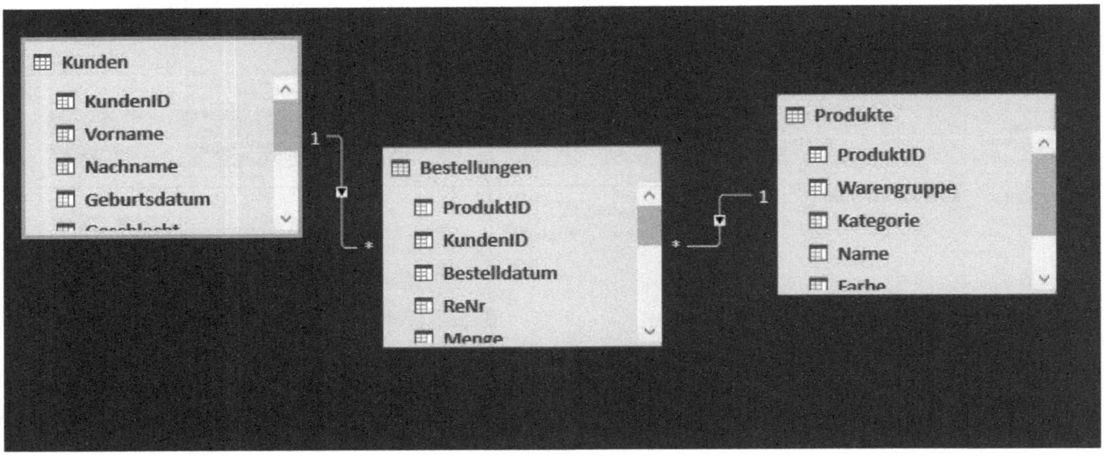

Bild 7.35 Datenmodell in Power Pivot

Das Cockpit wird mit PivotCharts aus dem Datenmodell bestückt. Zusätzliche Informationen können aus weiteren Tabellen und PivotTables geholt werden.

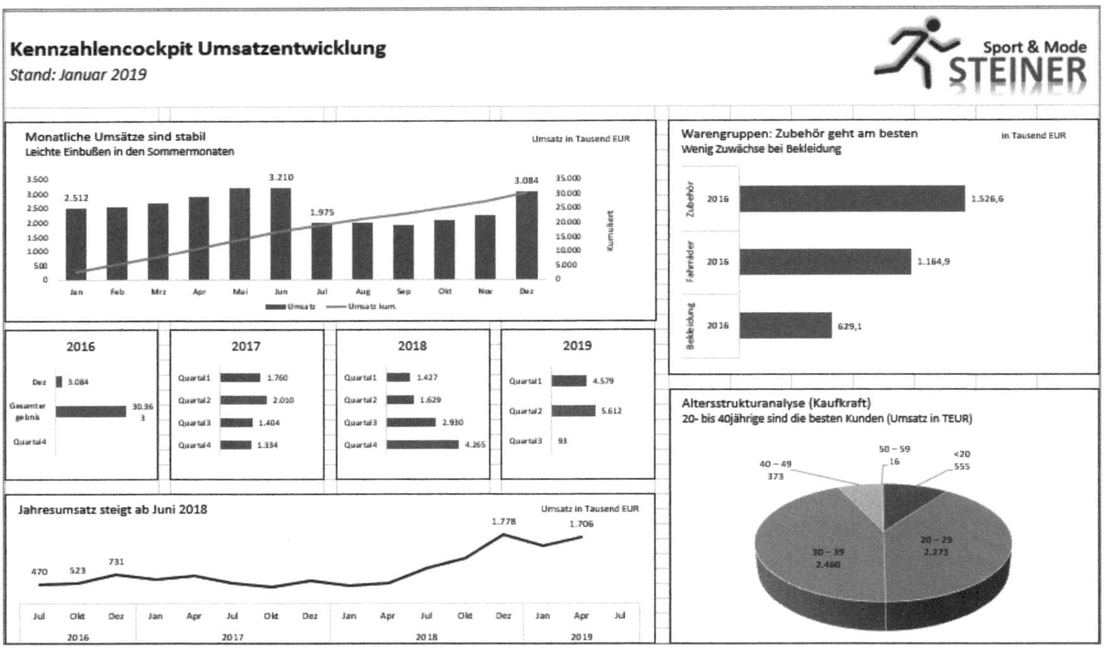

Bild 7.36 Ein Dashboard aus PivotCharts

Wichtige Gestaltungsregeln für Kennzahlencockpits

- Es werden nur Informationen angeboten, die auch benötigt werden.
- Die Informationen sind richtig, aktuell und so gestaltet, dass sie mit wenig Zeitaufwand zu entschlüsseln sind.
- Die Gestaltung ist frei von überflüssigen Elementen und einheitlich in der Verwendung von Farben, Symbolen und Diagrammelementen.

Die International Business Communication Standards (IBCS) entstammen aus der SUCCESS-Idee von Prof. Dr. Rolf Hichert. SUCCESS definiert die Gestaltungsregeln für Berichte, IBCS ist ein weltweit gültiger Standard für Geschäftskommunikation.

www.ibcs.com

Bild 7.37 Alles zum Thema Geschäftskommunikation bei IBCS

Vorbereitung

Im Datenmodell berechnen Sie alles, was im Cockpit benötigt wird, also alle Summen, Mittelwerte, gezählte Werte als explizite Measures. Formatieren Sie die Measures und die Tabellen bereits in Power Pivot, dann müssen diese nicht umständlich im Wertebereich der PivotTable formatiert werden.

Bauen Sie anschließend in einem Excel-Tabellenblatt eine Matrix für die PivotCharts auf. Die Bereiche bereiten Sie mit Zellverbund vor. Achten Sie auf das Drucklayout, richten Sie die Matrix gleich so ein, dass sie auf einem Blatt gedruckt werden kann (One-page-only-Prinzip).

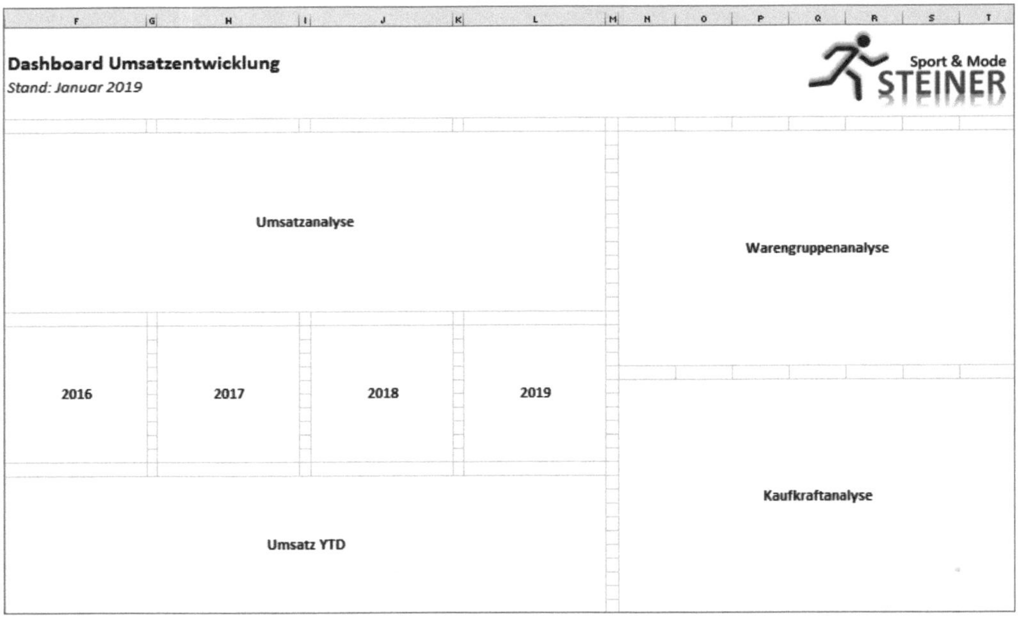

Bild 7.38 Die Basismatrix

1. Legen Sie eine erste PivotTable an (hier mit Umsatz und Umsatz kumuliert). Generieren Sie aus dieser das PivotChart (hier als Verbunddiagramm mit Sekundärachse). Zur Positionierung auf den Matrixfeldern drücken Sie die **Alt**-Taste und ziehen die weißen Eckpunkte des Diagramms auf die vorbereiteten Felder.
2. Entfernen Sie die Legende und setzen Sie die Datenbeschriftung auf die Balken. Lassen Sie in der Datenbeschriftung nur Eckdaten (erster Wert, höchster Wert, letzter Wert) anzeigen.
3. Die Überschrift enthält eine eindeutige Aussage über den Inhalt und wenn möglich eine Botschaft. Alle Werte müssen erklärt sein (Umsatz in TEUR).

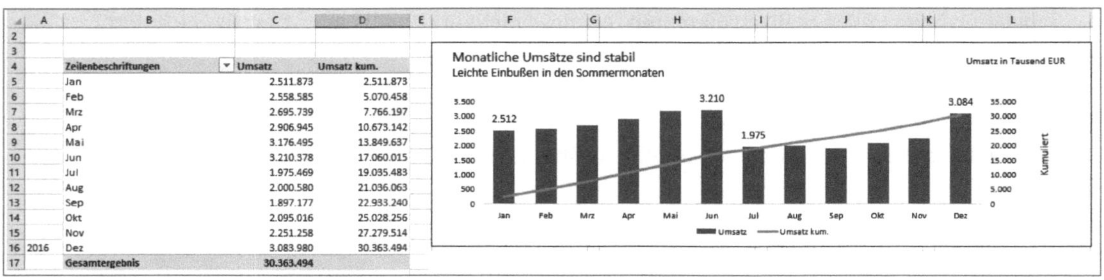

Sammeln Sie so viele Informationen wie möglich, erstellen Sie kleine Diagramme (hier Balken) und kennzeichnen Sie den signifikanten Wert (Maximalwert). Das Liniendiagramm bekommt wieder Datenbeschriftungen auf die Eckpunkte.

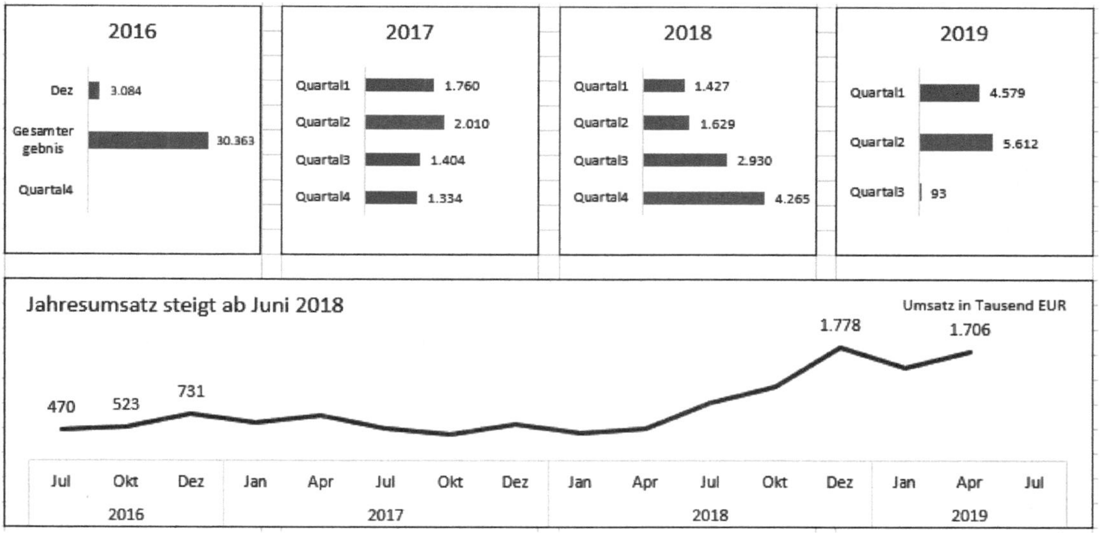

In mehrzeiligen Titeln hat die zweite Zeile immer einen kleineren Schriftgrad. Beschriftungen sollten lesbar ausgezeichnet sein, Mindestgröße ist 10 Punkt.

Ziehen Sie Datenschnitte für einzelne PivotTables ein, stellen Sie unter *Datenschnitttools/ Optionen/Berichtsverbindungen* sicher, dass der Datenschnitt alle vorgesehenen PivotTables filtert. Die Überschrift passen Sie in den Datenschnitteinstellungen an, weisen Sie den Datenschnitten Formatvorlagen zu.

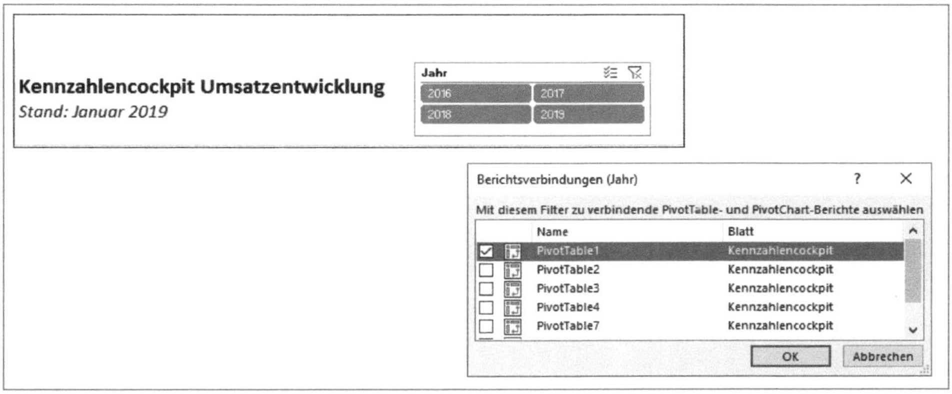

Bild 7.39 Datenschnitt und Berichtsverbindungen

Für den Ausdruck markieren Sie die Matrix und weisen ihr über *Seitenlayout/Seite einrichten* den Druckbereich zu. Skalieren Sie die Druckausgabe, sodass das Blatt auf eine Seite passt.

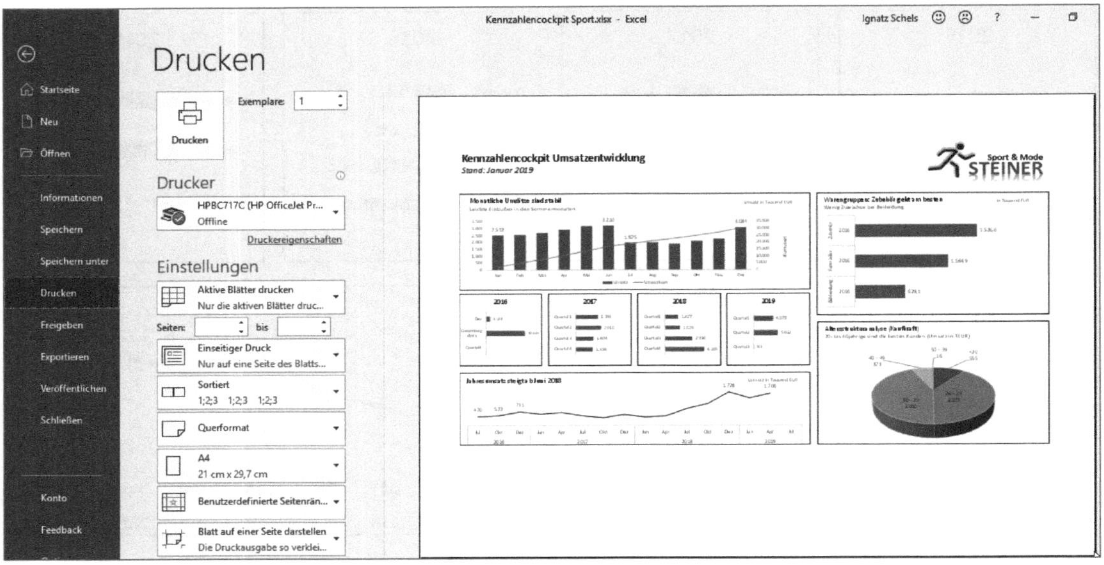

Bild 7.40 One page only – alles auf einer Seite

8 Power BI

Business Intelligence auf Basis von Microsoft-Produkten ist ohne Power BI nicht denkbar. Power BI ist keine Software, sondern ein Konzept. Die offizielle Erklärung lautet:

> *Power BI ist ein Cloud-basierter Service, der die Möglichkeit bietet, Daten aus unterschiedlichen Quellen zu analysieren, zu visualisieren und für gemeinsame Nutzung im Web und auf verschiedenen Geräten zur Verfügung zu stellen.*

Zum Power BI-Konzept gehören diese Komponenten:

Power BI Desktop: Eine kostenlose Windows-App. Download über die Microsoft-Website, automatische monatliche Updates. Mit Power Query und Power Pivot. Berichte werden in Dateiform gespeichert oder für gemeinsame Nutzung in den Power BI-Services veröffentlicht.

Power BI Services: Cloud-basierte Webdienste, erfordern das Anlegen eines Kontos, in der Basisversion kostenlos, für erweiterte Features wie Dashboards kostenpflichtig, Kostenmodelle vom Single-User bis Unternehmenskonten sind im Angebot.

Power BI Mobile: Zugriff auf Berichte und Dashboards, Apps für Smartphones (IOS, Android) sind verfügbar.

Power BI Gateways: Verbindung mit einer Vielzahl von Datenquellen, nur in den kostenpflichtigen Services verfügbar

Power BI Report Server: Lokale, cloudfreie Berichtsanwendung mit Brücken zu den Cloud-Diensten.

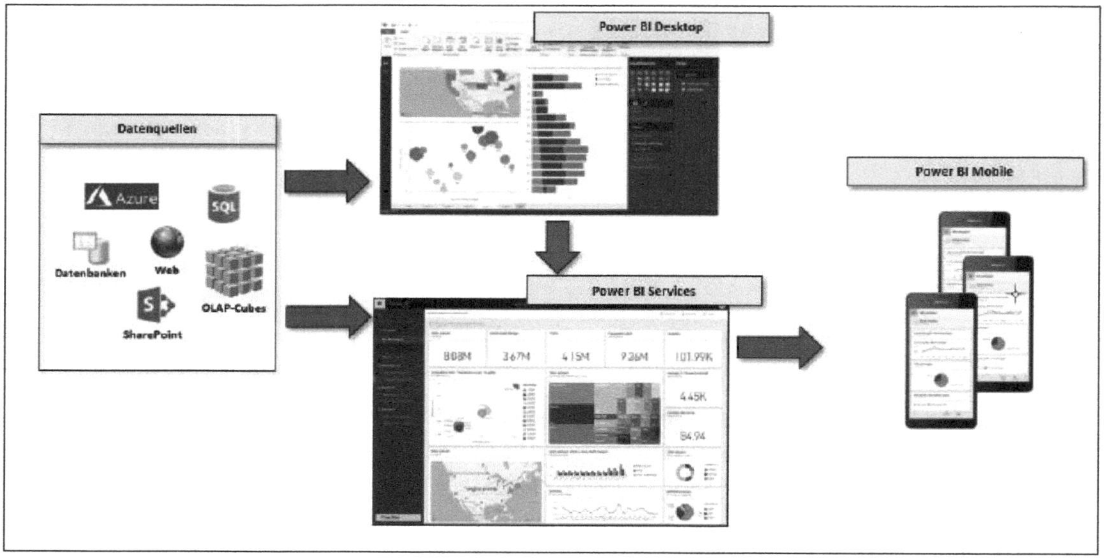

8.1 Das Prinzip

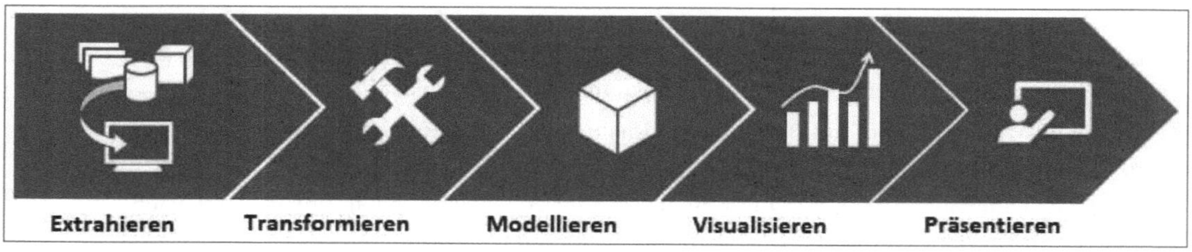

Bild 8.1 Das Power BI-Prinzip

Extrahieren: Sie haben unbehandelte Daten aus unterschiedlichen Datenquellen oder Sie haben ihre Daten mit Excel aufbereitet, mit Power Query transformiert und/oder Datenmodelle mit Power Pivot erstellt. Ihre Daten befinden sich auf Serververzeichnissen, im Benutzerverzeichnis oder auf lokalen Datenträgern. Importieren Sie die Daten nach *Power BI Desktop.* Die App bietet Schnittstellen zu (fast) allen derzeit verfügbaren Datenquellen von Datenbanken, Excel-Mappen über Webinhalte bis hin zu ERP-Systemen wie SalesForce oder SAP HANA.

Transformieren: Modellieren Sie Ihre Daten in Power BI Desktop mit Power Query-Abfragen, verknüpfen oder kombinieren Sie Abfragen in Power Query.

Modellieren: Erstellen Sie ein Datenmodell mit Power Pivot und verknüpfen Sie Tabellen über IDs. Zusätzliche Berechnungen und KPIs erstellen Sie mit DAX-Funktionen als Measures.

Visualisieren: Schalten Sie auf die Visualisierungsebene und zeichnen Sie auf Basis Ihres Datenmodells Säulen-, Balken-, Linien- und Kreisdiagramme, Maps und Landkarten. Fügen Sie Tabellen ein, holen Sie Bildelemente (Logo) in den Bericht. Speichern Sie Ihre Berichte in Form von PBIX-Dateien.

Präsentieren: Veröffentlichen Sie Ihre mit Power BI Desktop erstellten Berichte in den Power BI Services. Dazu müssen Sie ein Konto anlegen oder vom Administrator anlegen lassen. Private Konten mit eingeschränktem Funktionsumfang sind kostenlos, für Cloud-Dienste gibt es Kostenmodelle. Der Power BI Berichtsserver bietet die Möglichkeit, die Berichte ohne Cloud zur Verfügung zu stellen. Für die Verwaltung der Power BI Services benutzen Sie einen Web-Browser (Internet Explorer, Chrome, Opera etc.).

Hier greift also wieder das ETL-Prinzip (Extraktion, Tranformation, Laden):

- Der Datenimport (Extraktion) erfolgt über Power BI Desktop.
- Aufbereitet (Transformation) werden die Daten mit Power Query und Power Pivot. Diese beiden Werkzeuge sind integriert in Power BI Desktop und im Funktionsumfang weitgehend identisch mit ihren Pendants in Excel. Dazu kommt die Visualisierung in Berichten mit Hilfe von Visuals - Zeichenwerkzeuge für Diagramme aller Art, auch Tabellen, Datenschnitte u. a.
- Geladen werden die Berichte in die Power BI Services. Eine Datenhaltung der Berichte in PBX-Dateien oder ein Transfer nach PowerPoint ist auch möglich.

8.2 Power BI und Excel

Für den Excel-Anwender ist Power BI keine Alternative, sondern eine Komponente – vielleicht die wichtigste - im Business Intelligence-Verbund. Die Windows-App *Power BI Desktop* wird parallel zu Excel gestartet und bietet Schnittstellen zu vielen Datenquellen, u. a. natürlich zu Excel-Mappen und CSV-Dateien. Umgekehrt bietet Excel auch die Möglichkeit, ganze Arbeitsmappen oder ausgewählte Elemente in den Power BI Server hochzuladen und an Dashboards anzuheften.

Power BI integriert Excel-Daten durch den Import von Arbeitsmappen oder CSV-Dateien als Datenquellen in sein Datenmodell.

Excel-Arbeitsmappen können in die Power BI Cloud hochgeladen und exportiert werden. Die Kombination mit OneDrive ist hier besonders nützlich – Excel-Daten, die in OneDrive gespeichert sind, lassen sich in Power BI mit der Online-Version von Excel bearbeiten. Excel-Daten können in Power BI aktualisiert oder zur Bearbeitung nach Excel transferiert werden.

Power BI stellt für Excel-Anwender ein Tool mit der Bezeichnung „In Excel Updates analysieren“ bereit. Damit wird Power Bi zur Datenquelle für Power Query in Excel. Datasets aller Art lassen sich in Excel mit PivotTables und PivotCharts analysieren. (Der frühere Dienst Power BI Publisher wurde eingestellt).

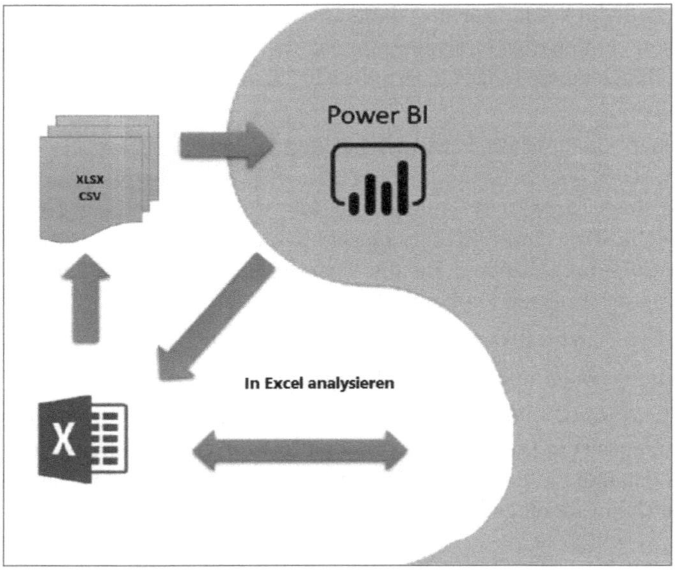

Bild 8.2 Excel und Power BI – ein ideales Paar

8.3 Power BI Desktop

Power BI Desktop ist eine von Microsoft kostenlos zur Verfügung gestellte App. Sie steht unter dieser Webadresse zum Download bereit:

https://powerbi.microsoft.com/de-de/desktop/

Die App wird monatlich aktualisiert, der Anwender wird beim Start informiert, wenn ein neues Update bereitsteht, und die neue Version wird mit wenigen Klicks aus dem Web geholt und installiert. Anschließend finden Sie ein Symbol für den Start auf dem Desktop oder im Windows-Startmenü.

Starten Sie das Programm und sehen Sie sich den Splash-Screen mit Links zu neuen Informationen und Blogs an.

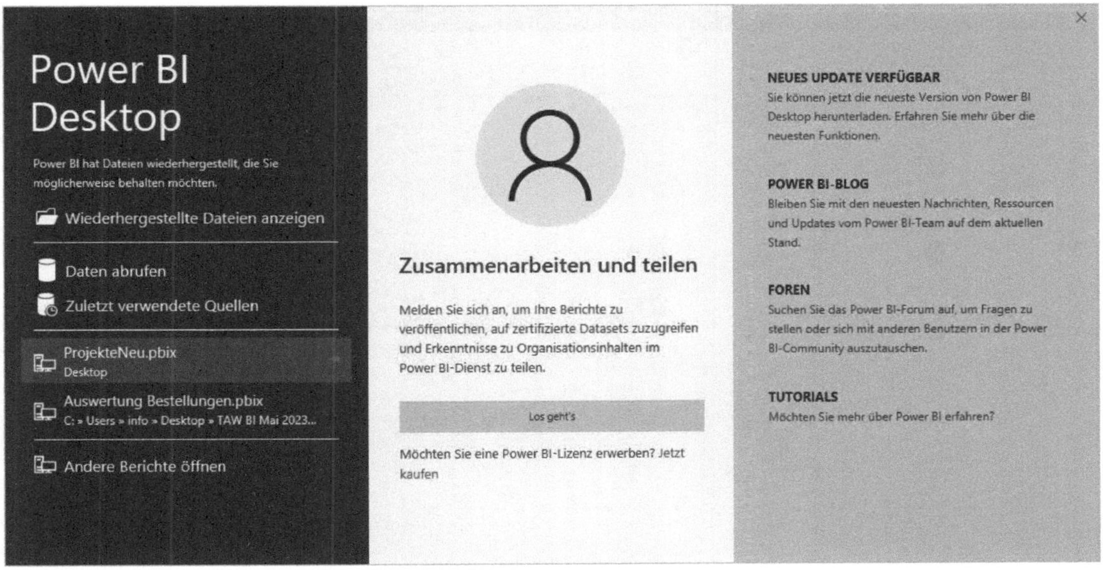

Bild 8.3 Power BI Desktop startet mit einem Splash-Screen

Öffnen Sie einen der zuletzt erstellten Berichte oder wählen Sie *Daten laden*, um einen neuen Bericht zu beginnen. Sie können auch weitere gespeicherte Dateien öffnen.

Unter *Datei/Optionen und Einstellungen* können Sie allgemeine Einstellungen vornehmen. Stellen Sie unter *Regionale Einstellungen* die gewünschte Sprache ein. Beginnen Sie dann mit Ihrem Bericht.

8.3.1 Komponenten und Ansichten

Nach dem Start präsentiert sich Power BI Desktop in der Berichtsansicht. Menüband und Symbolleiste für den Schnellzugriff sind aus der Office-Welt bekannt, die Visualisierungen und die Feldliste am rechten Rand können über die Pfeilsymbole ein- und ausgeblendet werden. Hier die Komponenten von Power BI Desktop:

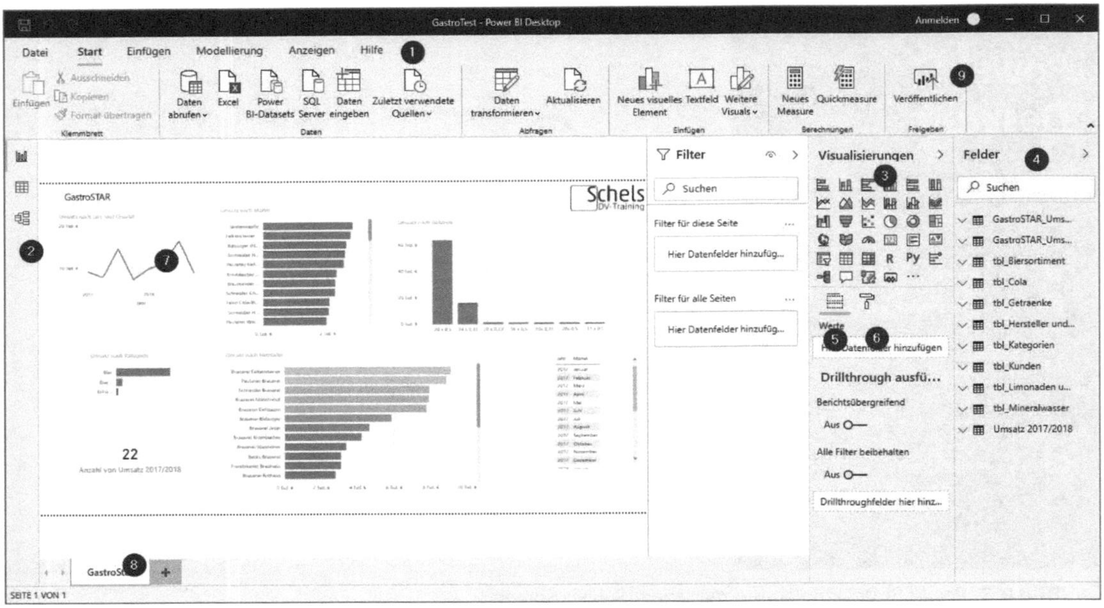

Im Menüband (1) finden Sie die Symbole für die einzelnen Werkzeuge. Mit den Symbolen am linken Rand (2) schalten Sie auf die Ebene *Bericht, Daten* oder *Beziehungen* um. Die Visualisierungswerkzeuge (3) brauchen Sie, um zusammen mit der Feldliste (4) Visualisierungen (7) in den Bericht zu zeichnen. In der Feldauswahl (5) legen Sie fest, welche Felder die Achsen oder die Legende bilden, in der Formatierung (6) formatieren Sie alle Elemente vom Titel bis zur Achse. Am unteren Rand verwalten Sie die Seiten (8) und legen neue Berichtsseiten an. Mit dem Symbol am rechten Rand des Menübands (9) veröffentlichen Sie den Bericht in den Power BI Services.

Über die Symbole am linken Rand steuern Sie die Ansicht im Power BI Desktop-Fenster:

Bericht 	Zeigt die Visualisierungen mit Diagrammen, Tabellen und Datenschnitten an.
Daten 	Zeigt die importierten Datenquellen und Abfragen an.
Beziehungen 	Zeigt die Beziehungen zwischen den Tabellen im Datenmodell an.

8.3.2 Daten importieren

Power BI Desktop bietet von allen BI-Werkzeugen das reichhaltigste Angebot an Import-Formaten. Wählen Sie *Start/Daten/Daten abrufen.* Schalten Sie um auf die passende Kategorie oder suchen Sie unter *Weitere.* Von der Excel/CSV-Datei über Datenbankformate und Azure bis hin zu Online-Diensten ist alles verfügbar, was Daten enthalten kann. Klicken Sie auf den unteren Teil des Symbols, erhalten Sie eine Liste der zuletzt verwendeten Importformate.

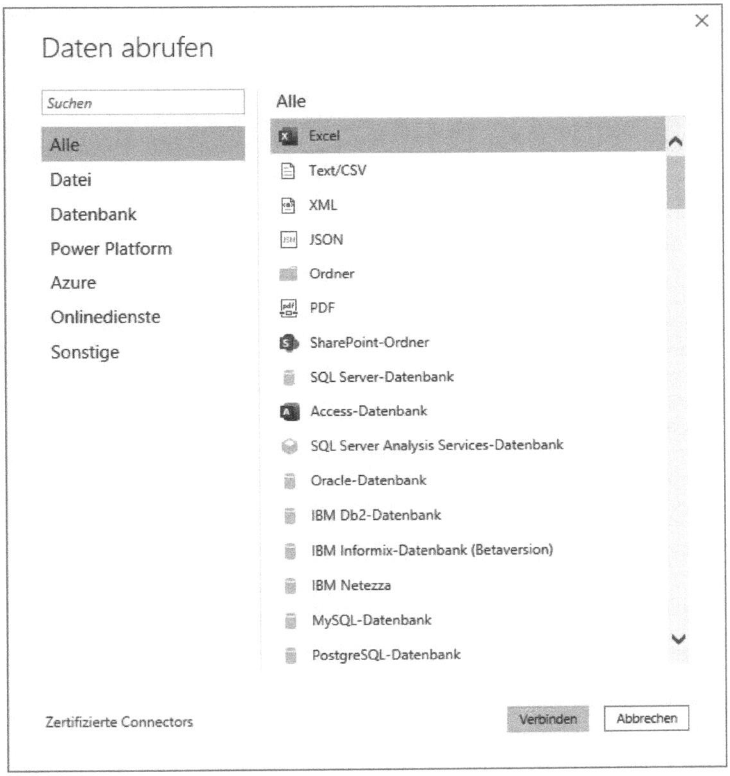

Bild 8.4 Dateien importieren nach Power BI Desktop

8.3.3 Daten modellieren mit Power Query

Für die Modellierung der Daten steht Ihnen ein Datenimport mit zahlreichen Quellformaten zur Verfügung. Außerdem können die Daten mit Power Query modelliert und kombiniert werden, und die Arbeiten am Datenmodell (Beziehungen, Measures, KPIs) erledigen Sie mit Power Pivot.

Hier ein Beispiel für die Visualisierung von Unternehmensdaten mit Power BI und Excel-Basisdaten. Diese Dateien finden Sie in der Liste der Buchdaten:

PBI-Biersortiment.xlsx

Die Artikelstammdatei mit Artikelnummer, Marke, Kategorie, Hersteller, Gebinde und Preis.

	Artikeln	Marke	Kategorie	Hersteller	Gebind	Prei
2	B-01501	Eichbaum Export	Bier	Brauerei Eichbaum	20 x 0,5	15,30
3	B-03101	Original Radler	Biermischgetränk	Brauerei Eichbaum	20 x 0,5	15,30
4	B-01502	Ureich / alkoholfrei	Bier	Brauerei Eichbaum	24 x 0,33	15,50
5	B-01504	Ureich/Leichter Typ	Bier	Brauerei Eichbaum	20 x 0,5	16,20
6	B-02601	Franziskaner Weizen dunkel	Bier	Franziskaner Brauhaus	20 x 0,5	17,00
7	B-02105	Germania Pils	Bier	Brauerei Mönchshof	20 x 0,5	9,00
8	B-02702	Karamalz	Bier	Paulaner Brauerei	20 x 0,5	13,50
9	B-03103	Braumeister Limo Zitrone etc.	Erfrischungsgetränk	Brauerei Eichbaum	20x 0.5	15,50
10	B-03102	Braumeister Limo Zitrone etc.	Erfrischungsgetränk	Brauerei Eichbaum	24 x 0,33	16,50
11	B-02301	Schmucker Kellerbier	Bier	Brauerei Schmucker	20x 0,33	13,50

PBI_Verkauf2020.CSV

Eine CSV-Textdatei mit den Verkaufsdaten im 1. Halbjahr 2020 mit den Feldern Datum, KDNR, BestellNr, Artikel und Menge.

	Datum	KDNR	BestellNr	Artikel	Menge
2	01.01.2020	BR_7-440	BNR-5-22176	B-01601	4
3	01.01.2020	BR_7-440	BNR-5-57038	B-01601	3
4	01.01.2020	BR_7-440	BNR-7-76095	B-01601	4
5	01.01.2020	BR_7-440	BNR-8-82282	B-01601	4
6	01.01.2020	BR_7-470	BNR-8-45013	B-01601	5
7	01.01.2020	BR_7-470	BNR-5-16052	B-01601	6
8	01.01.2020	BR_7-470	BNR-5-34022	B-01601	8

PBI_Kunden.XLSX

Die Kundendatei mit zwei Tabellen, *Haendler* und *BarsRestaurants*.

	KDNR	Kunde
2	HA_3-1	Dachstock
3	HA_4-2	Art Cigar & Co
4	HA_5-3	Fläschehals
5	HA_5-4	Art Cigar & Co
6	HA_5-5	Halle 11A

Haendler | BarsRestaurants

GastroSTAR_Logo.jpg

Das Logo des Unternehmens, ein Getränkegroßhandel.

GastroSTAR
Getränkegroßhandel

Für die Aufbereitung der Daten steht Ihnen in Power BI Desktop sowohl Power Query als auch Power Pivot zur Verfügung. Bereiten Sie Ihre Daten für die Visualisierung vor:

1. Starten Sie Power BI Desktop und legen Sie mit *Datei/Neu* eine neue PBIX-Datei an. Speichern Sie diese unter der Bezeichnung GastroSTAR2020.PBIX.
2. Schalten Sie auf die Datensicht um und wählen Sie *Start/Daten/Daten abrufen.* Holen Sie mit dem Dateityp Excel die Datei PBI_Biersortiment.xlsx in den aktuellen Bericht. Wählen Sie die Tabelle *tbl_BierSortiment* als Quelle und klicken Sie auf *Daten transformieren.*
3. Stellen Sie sicher, dass die Datentypen richtig eingelesen werden, und wählen Sie *Start/Schließen und übernehmen.*
4. Holen Sie mit *Start/Daten/Daten* abrufen die CSV-Datei *PBI_Verkauf2020.CSV* und transformieren Sie mit *Daten transformieren.* Ändern Sie den Datentyp der ersten Spalte um auf *Datum* und den Datentyp des Felds *Menge* auf Dezimal. Schließen und übernehmen Sie auch diese Datei.
5. Wählen Sie die Datei *PBI_Kunden.xlsx* für die nächste Abfrage. Kreuzen Sie die Elemente *tbl_Haendler* und *tbl_BarsRestaurants* an und transfomieren Sie die Abfrage. Wählen Sie *Start/Kombinieren/Abfragen anfügen/Abfragen als neu anfügen.* Fügen Sie die beiden Tabellen zu einer neuen Abfrage *Kunden* zusammen, ändern Sie dazu den Namen der Abfrage. Schließen und laden Sie die Abfrage mit drei Tabellen.

Damit stehen die Abfrage-Ergebnisse zur Auswahl. Unter *Start/Externe Daten abrufen/ Abfrage bearbeiten* aktivieren Sie Power Query erneut, um Änderungen in den Abfragen vorzunehmen.

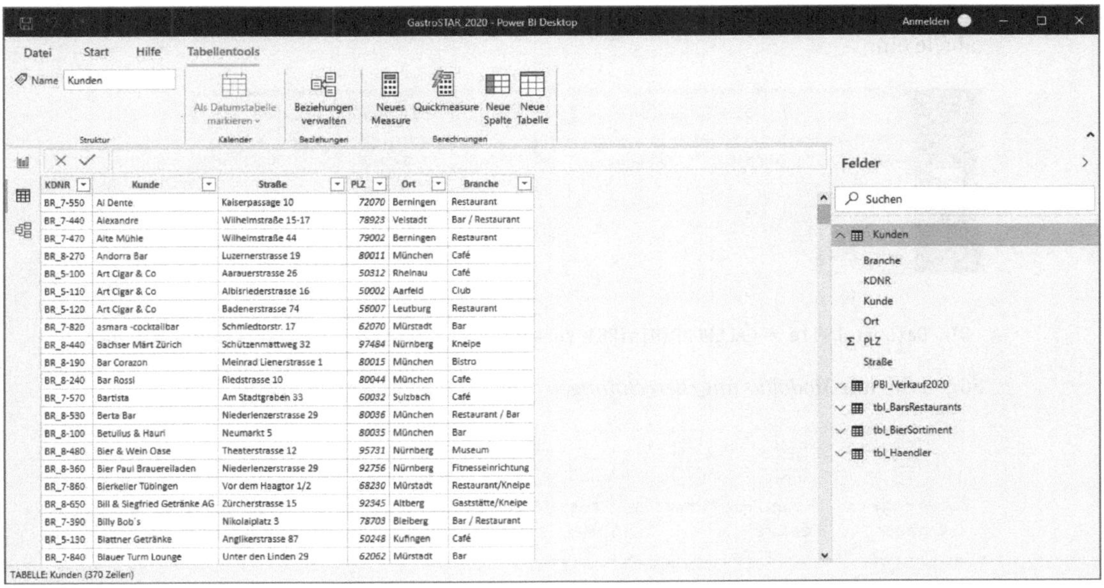

Bild 8.5 Power Query in Power BI Desktop

8.3.4 Eine Datumstabelle mit DAX

Datumstabellen sind in allen Berichten nützlich, weil sie zusätzliche Informationen über Bestell- und Kaufdaten liefern, die aus den Quelldaten nicht hervorgehen. Legen Sie in Ihrem Power BI-Datenmodell eine Datumstabelle mit DAX-Funktionen an.

Schalten Sie um auf *Berichte* und wählen Sie *Modellierung/Berechnungen/Neue Tabelle.* Bestätigen Sie die Meldung zur Dezimalstellenbehandlung. Nennen Sie die neue Tabelle *Datumstabelle.*

> **HINWEIS:** Wenn Sie die regionalen Einstellungen benutzen, arbeiten Sie in DAX-Formeln mit Semikolon (;): Mit der Standardeinstellung benutzen Sie das Komma als Argumentrennzeichen.

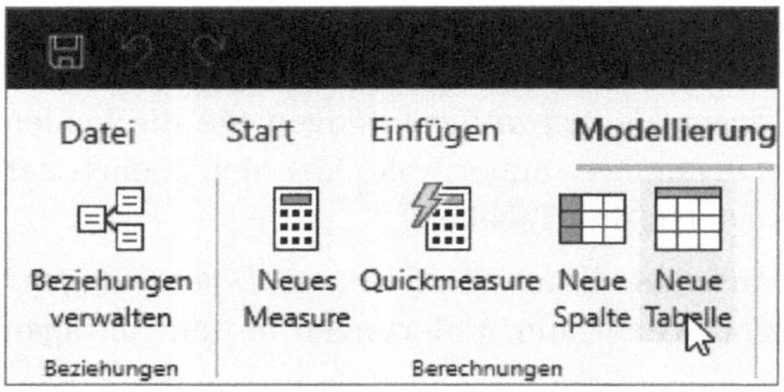

Tragen Sie die erste Formel für ein Datum mit den Datumsgrenzen aus der Verkaufsdatentabelle ein:

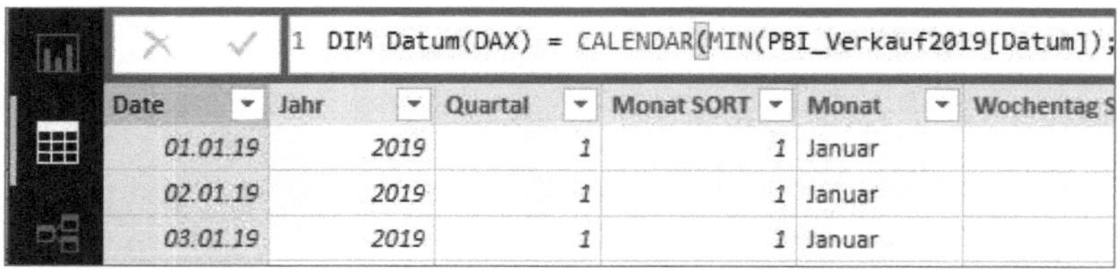


```
DIM Datumstabelle = CALENDAR(MIN(PBI_Verkauf2020[Datum]),max(PBI_Verkauf2020[Datum]))
```

Fügen Sie mit *Modellierung/Berechnungen/Neue Spalte* eine neue Spalte ein.

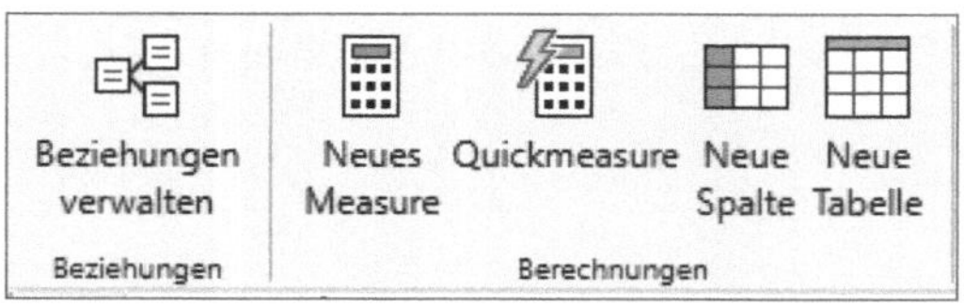

Formulieren Sie den DAX-Ausdruck für das Jahr:

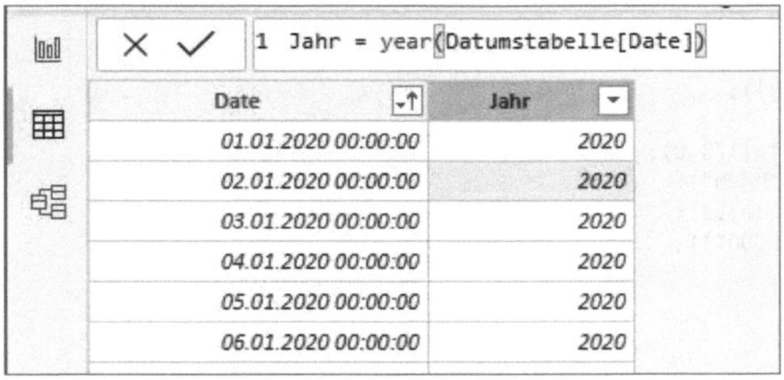


```
Jahr = Year('Datumstabelle'[Date])
```

Fügen Sie weitere Spalten für das Quartal, den Monatsnamen und die Monatssortierung ein:

```
Quartal = Roundup(Month(Datumstabelle[Date])/3,0)
Monat = Format(Datumstabelle[Date],"MMMM")
Monat SORT = Month(Datumstabelle[Date])
```

Den Wochentag erstellen Sie als Zahl mit der richtigen Sortierung (Montag =1, Sonntag = 7) und als Text:

```
Wochentag SORT = Weekday(Datumstabelle[Date],2)
Wochentag = Format(Datumstabelle[Date],"DDDD")
```

Die Feldliste zeigt die berechneten Felder an.

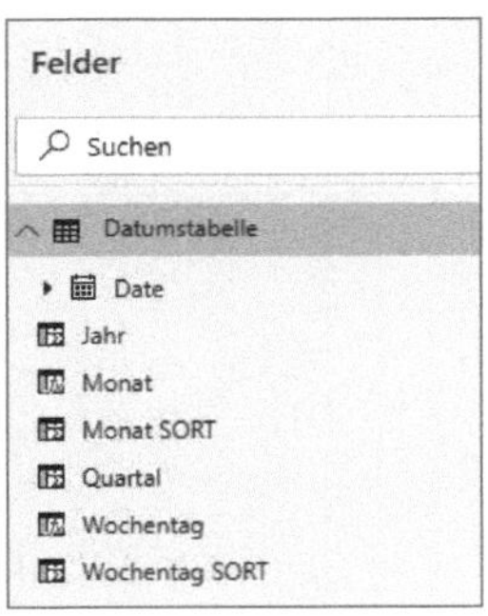

Die Anweisungen für neue Spalten können Sie auch in einer einzigen Formel zusammenfassen:

```
DIM Datum(DAX ADDCOLUMNS) = ADDCOLUMNS(CALENDAR(MIN('PBI_Verkauf2020'[Datum]),
   max('PBI_Verkauf2020'[Datum]));
   "Jahr";YEAR([Date]);
   "Quartal";ROUNDUP(MONTH([Date])/3,0);
   "Monat SORT";FORMAT([Date],"MMMM");
   "Wochentag SORT";WEEKDAY([Date],3);
   "Wochentag";FORMAT([Date],"DDDD"))
```

8.3.5 Beziehungen und Measures mit Power Pivot

Für die Beziehungen zwischen den Tabellen im Datenmodell von Power BI Desktop steht Power Pivot zur Verfügung. Ziehen Sie die passenden 1:n-Verbindungen ein und berechnen Sie mit Measures, was die Datenquellen nicht hergeben:

1. Schalten Sie um auf die Ansicht *Beziehungen.* Ziehen Sie Beziehungslinien zwischen den Feldern Date (*Datumstabelle*) und Datum (*PBI_Verkauf2020*), zwischen den KDNR-Feldern in *PBI_Verkauf2020* und *Kunden* und zwischen *ArtikelNr (tbl_BierSortiment)* und *Artikel (PBI_Verkauf2020).*Auf der Registerkarte *Start* finden Sie unter *Beziehungen* eine Gesamtübersicht.
2. Die beiden Tabellen *tbl_BarsRestaurants* und *tbl_Haendler* sind in der Tabelle *Kunden* verbunden, wählen Sie im Kontextmenü der rechten Maustaste *In Berichtsaussicht ausblenden.*

Schalten Sie um auf die Datenansicht und suchen Sie die Tabelle *PBI_Verkauf2020.* Legen Sie unter *Modellierung/Berechnungen* eine neue Spalte an. Nennen Sie die Spalte *Umsatz* und berechnen Sie den Umsatz aus Menge * Preis. Der Preis wird über die DAX-Funktion RELATED aus der Preisliste geholt:

```
Umsatz = PBI_Verkauf2020[Menge]*RELATED(tbl_BierSortiment[Preis])
```

Wählen Sie *Start/Berechnungen/Quickmeasure/Durchschnitt pro Kategorie.* Ziehen Sie das Feld *Monat* unter *Kategorie* und *Summe von Umsatz* unter *Basiswert.* Das neue Measure ist anschließend in der Feldliste zu finden.

```
Ø-Umsatz pro Monat = AVERAGEX(
      KEEPFILTERS(VALUES('Datumstabelle'[Monat])),
      CALCULATE(SUM('PBI_Verkauf2020'[Umsatz]))
```

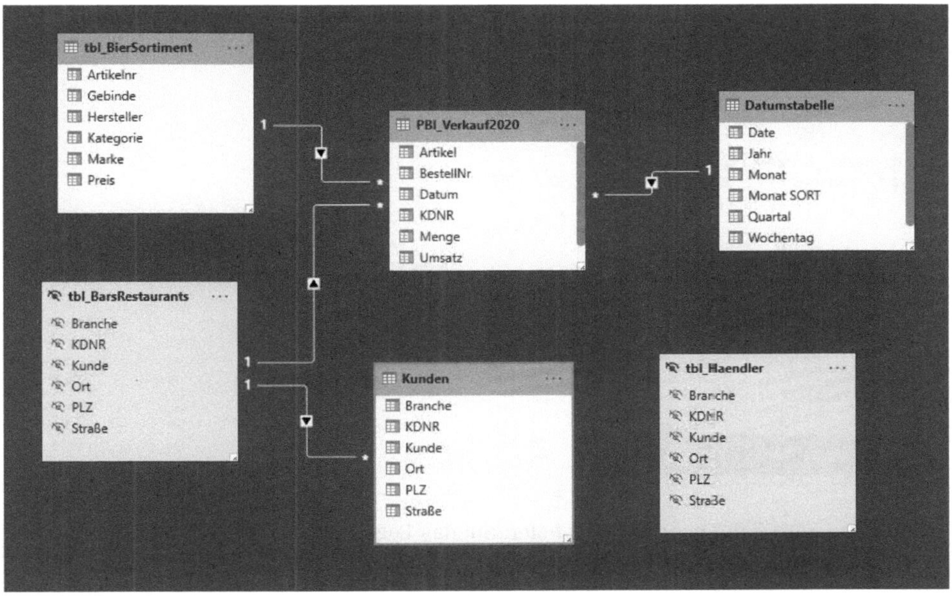

Bild 8.6 Die Beziehungen im Datenmodell

8.3.6 Visualisierungen

Starten Sie, wenn alle Abfragen fertig sind und das Datenmodell bereitsteht, mit der Komposition der Visualisierungen im Bereich *Bericht.* Um eine Visualisierung anzulegen, können Sie entweder das Symbol in der Visualisierungsliste anklicken und dann die Felder aus der Feldliste bestimmen oder ein Feld aus der Feldliste in den Berichtsbereich ziehen und dann die Visualisierungsart wählen. Die Art der Visualisierung bestimmt das Angebot im darunter liegenden Bereich. Neben Feldern kann der Bericht auch Textelemente, Bilder und Datenschnitte enthalten.

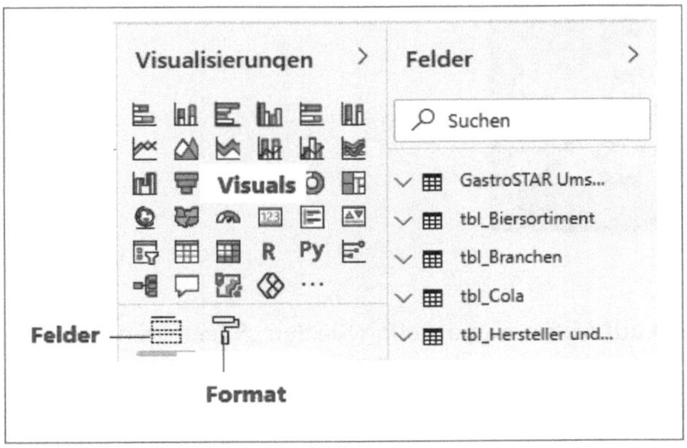

Wechseln Sie in die Ansicht *Bericht* und starten Sie über *Start/Einfügen* mit einem Textfeld, das als Überschrift links oben platziert wird.

Formatieren Sie den markierten Text über die Symbolleiste, weisen Sie Schrift, Schriftgrad und Ausrichtung.

Wählen Sie *Start/Einfügen/Bild* und holen Sie das Logo aus einer JPG-Datei. Zur Auswahl stehen alle gängigen Grafikformate.

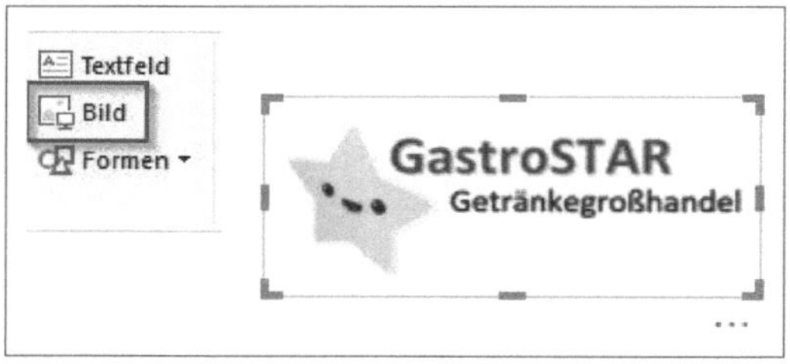

Ziehen Sie als nächstes Element einen Datenschnitt ein. Ziehen Sie das Feld Jahr aus der Datumstabelle in den Bereich *Feld*.

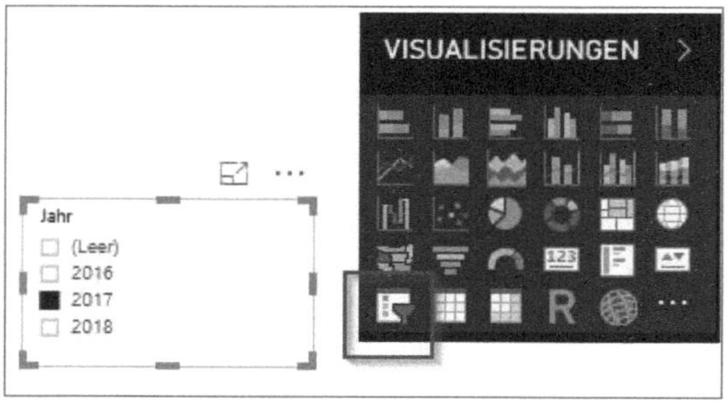

Schalten Sie rechts oben am Element auf *Liste* um und stellen Sie den „Slicer" in der Formatierung horizontal. Geben Sie ihm unter *Gesamt* die Textgröße 14.

Die Datumstabelle sollte mit den Monatsnamen als Sortierkriterium aufsteigend nach Datum sortiert sein.

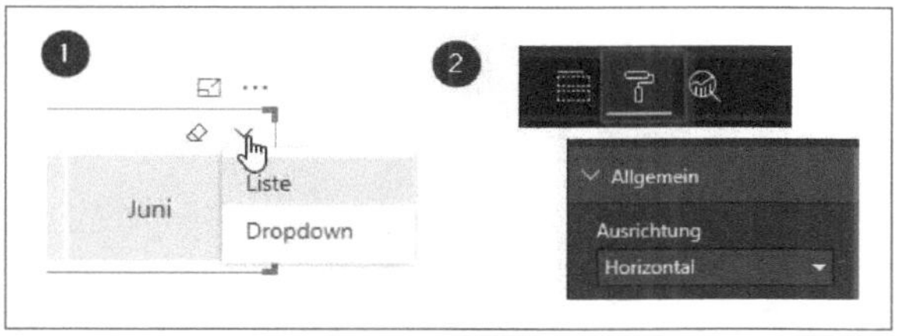

Für die nächsten Elemente verwenden Sie die Visualisierung *Karte*, ziehen Sie das Umsatzfeld und das Measure *Durchschnittsumsatz* ein.

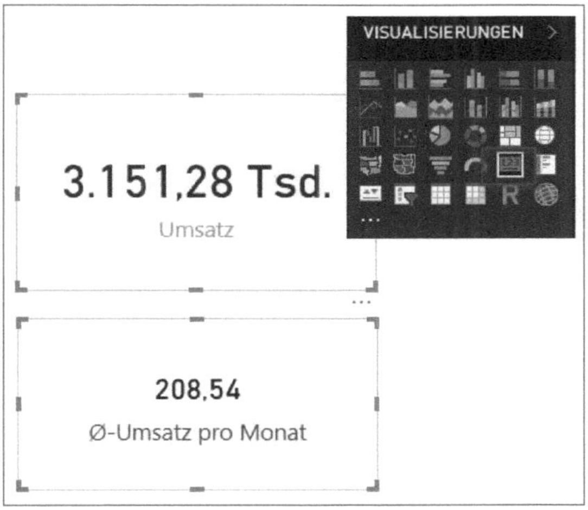

Die Umsätze pro Monat visualisieren Sie in einem Säulendiagramm:

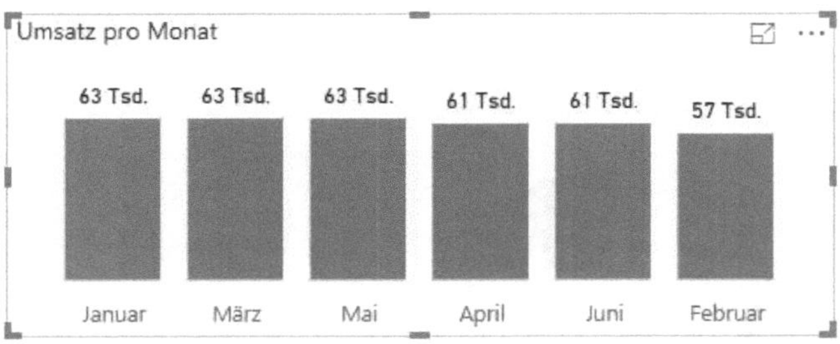


```
Achse: Monat
Wert: Umsatz
Überschrift:
Titel/Titeltext, Schriftfarbe und Schriftgrad
Datenbeschriftung: Ein
Y-Achse: Aus
```

Das Visualisierungswerkzeug *Zuordnung* liefert eine Kartenansicht. Analysiert werden die Postleitzahlen.

```
Formatierung:
Blasengröße (in %)
Kartenstile (Dunkel, Hell, Straße mit Anzeige Ländernamen)
Titel: Titeltext Verkaufsgebiete
Schrift und Schriftgröße
Kartensteuerelemente: AutoZoom ausschalten
```

Zeichnen Sie ein Ringdiagramm und fügen Sie die Felder *Hersteller* (Legende) und *Umsatz* (Werte) ein. Die Datenbeschriftung lässt sich auf Herstellername und Prozentsatz umstellen.

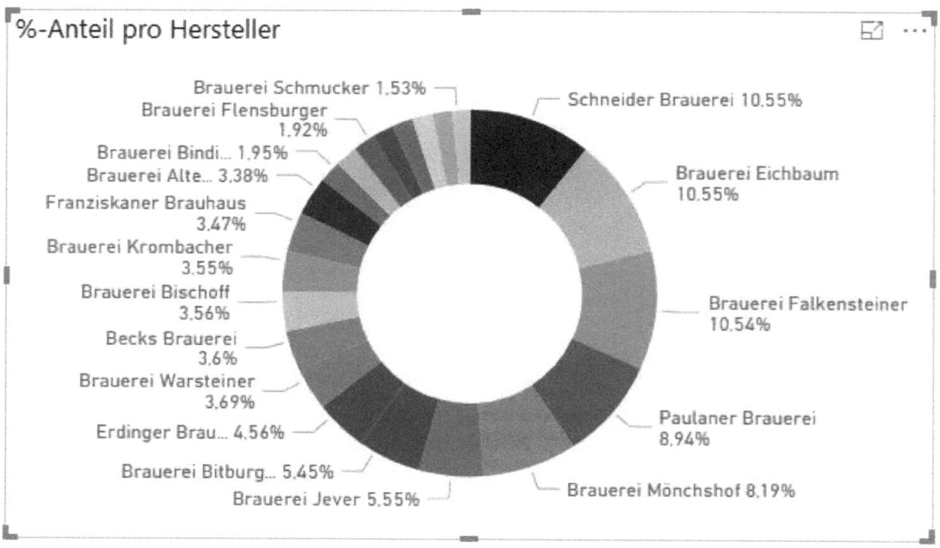

Mit einem *Treemap* visualisieren Sie die Umsatzanteile der einzelnen Branchen. Setzen Sie einen Top 10-Filter.

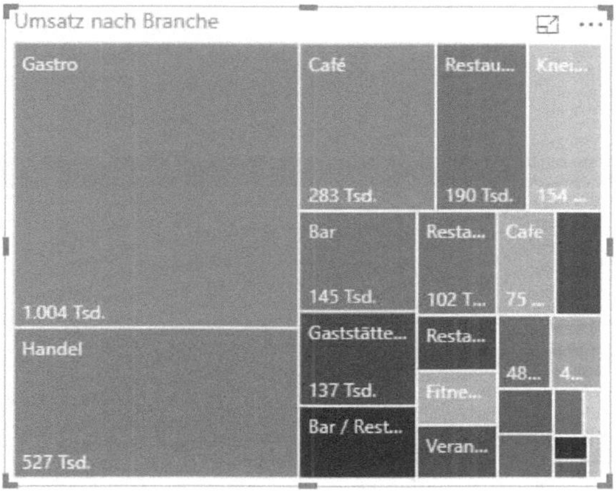

Das Trichterdiagramm verdeutlicht ebenfalls Mengenverhältnisse, hier zwischen den Kategorien.

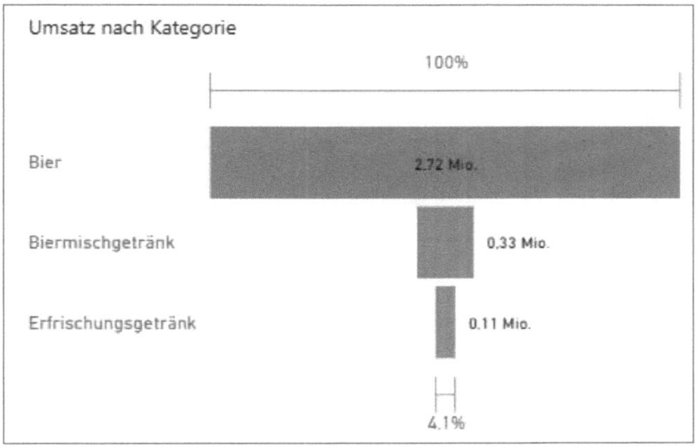

Speichern Sie Ihren Bericht als PBIX-Datei.

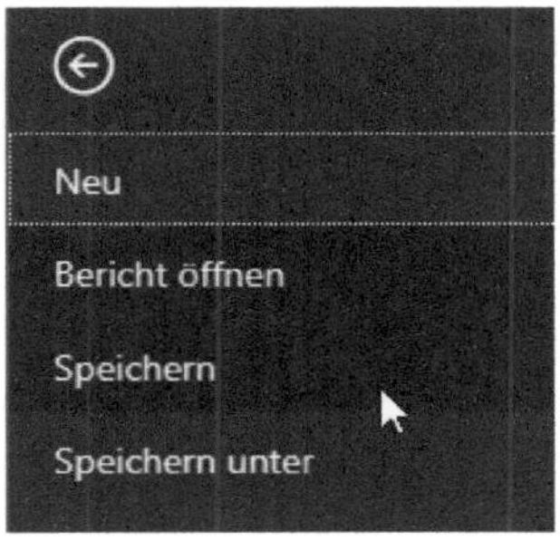

Mit *Datei/In PDF exportieren* legen Sie eine PDF-Datei mit den Seiten Ihres Power BI-Berichtes an.

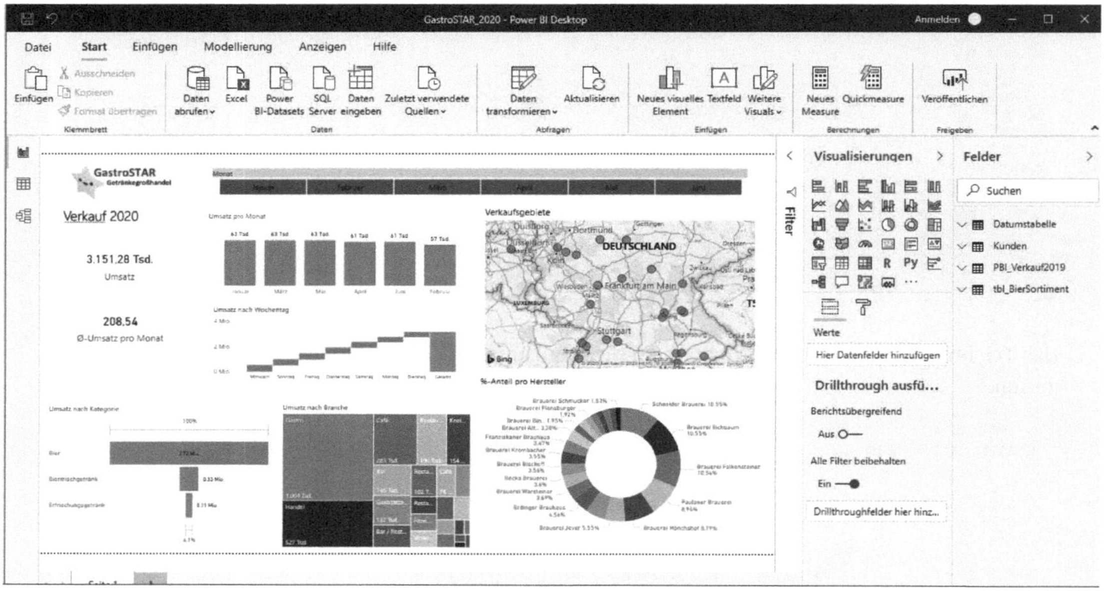

Bild 8.7 Ein Umsatzbericht mit Power BI Desktop

8.3.7 Interaktive Filter

Unterscheiden Sie zwischen den Filtertechniken im Power BI-Bericht:

- Im Formatierungsbereich finden Sie Filter, die den Elementen fest zugewiesen werden. Sie können einzelne Datensätze hinzufügen oder entfernen, Top 10-Filter setzen oder nach logischen Kriterien (kleiner, größer) filtern.
- Der Ad-Hoc-Filter wird per Klick auf ein Visual gesetzt. Er filtert nicht nur dieses, sondern auch alle weiteren Visuals im Bericht. Halten Sie die **Strg**-Taste gedrückt, können Sie weitere Elemente in den Filter mit einbeziehen. Ein Klick auf einen gefilterten Teil (ohne **Strg**) hebt den Filter wieder auf.

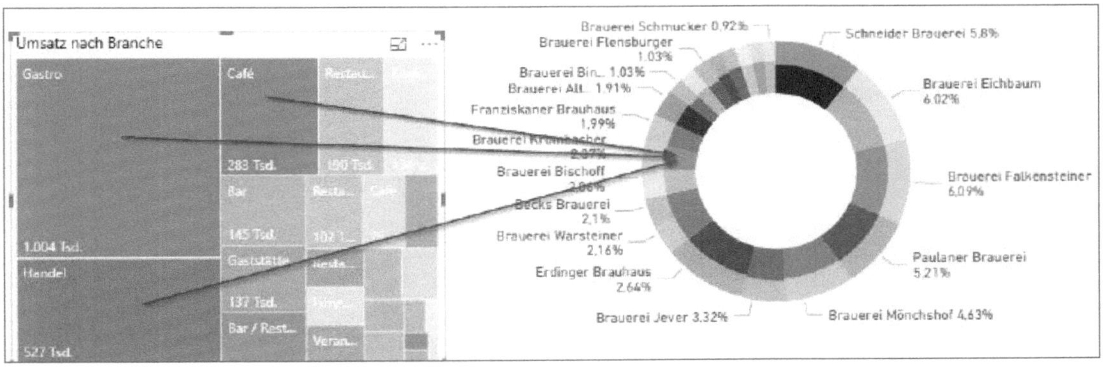

Bild 8.8 Ad-Hoc-Filter im Power BI-Bericht

8.4 Mit Power BI Services in der Cloud

Mit Power BI Desktop erstellen Sie Berichte, mehrseitig und auf Basis von Quelldaten, die Sie aus allen möglichen Datenformaten importieren. Um die Berichte in Form von Dashboards für andere Anwender zugänglich zu machen, brauchen Sie einen Platz in der Cloud, ein Power BI-Konto. Die Basisversion ist kostenlos, mehr Komfort bietet ein kostenpflichtiges Konto. Die Pro-Version kann als Teil des Office-Paketes mit dem passenden Office 365-Paket hinzugebucht werden.

Informieren Sie sich auf den Microsoft-Seiten über Preise und Modelle für Einzel- und Unternehmenskunden.

8.4.1 Bericht veröffentlichen

Wenn der Bericht in Power BI Desktop angelegt ist, speichern Sie ihn noch einmal und klicken dann auf das Symbol *Start/Veröffentlichen* (auch im Datei-Menü).

Geben Sie den Arbeitsbereich an, in dem der Bericht veröffentlicht wird und klicken Sie auf *Auswählen*.

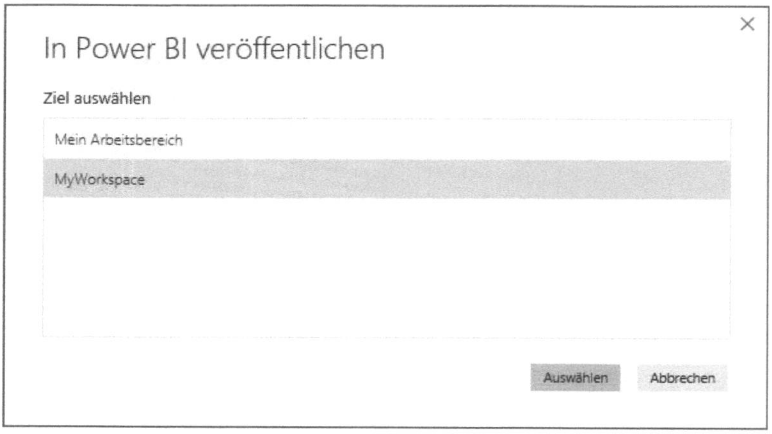

Der Bericht wird in der Cloud veröffentlicht, Power BI startet im Browser-Fenster. Sie können Arbeitsbereiche anlegen, …

… und Berichte aller Art darin speichern. Heften Sie einen Bericht an ein Dashboard an, …

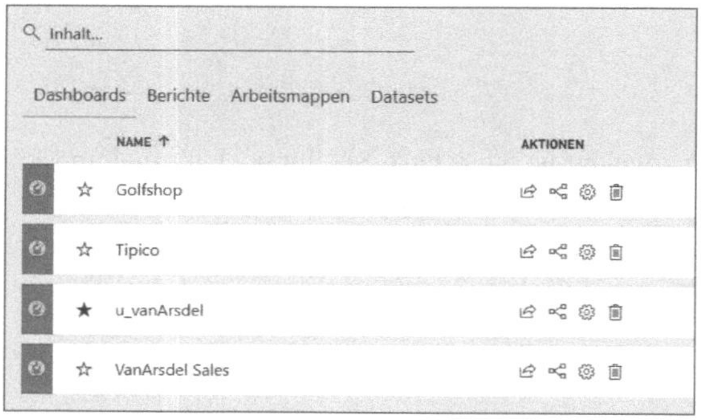

… steht dieser allen Benutzern zur Verfügung, die entsprechende Rechte haben.

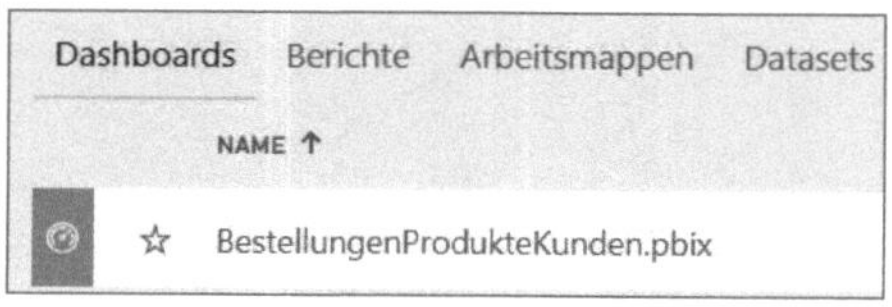

Gestalten Sie auch die Telefonansicht, damit Berichte und Dashboards auf Tablets und Smartphones lesbar sind.

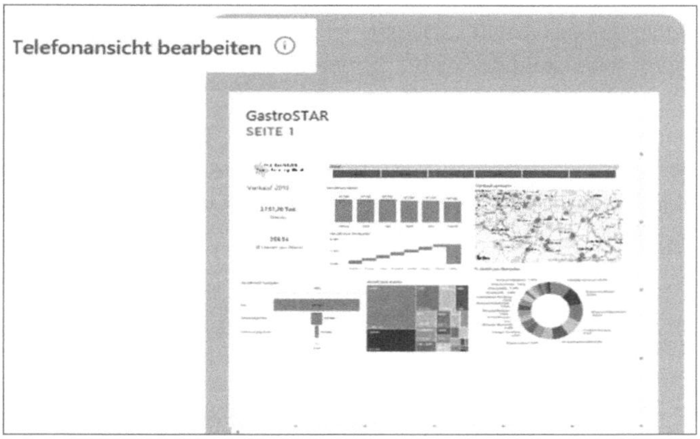

Die passende App finden Sie im Apple Store oder bei Google (Android).

■ 8.5 Von Excel zu Power BI

Die Veröffentlichung von Daten in der Power BI-Cloud lässt sich wahlweise mit Power BI Desktop oder sogar mit Excel durchführen. Das sind die Voraussetzungen dafür:

- Die Excel-Arbeitsmappe muss bei eigenständigen Excel-Versionen in *OneDrive for Business* oder SharePointOnline gespeichert sein. Mit Office 365 können auch lokale Dateien veröffentlicht werden. Um diese zu aktualisieren, muss die Datei erneu hochgeladen werden.
- Für die Anmeldung bei OneDrive und in der Power BI-Cloud muss dasselbe Konto verwendet werden. Für die Bearbeitung der Daten in Power BI brauchen Sie eine kostenpflichtige Pro-Version.

- Leere Arbeitsmappen lassen sich nicht veröffentlichen, die Mappe darf auch nicht kennwortgeschützt oder verschlüsselt sein. Mappen, die in Office 365 Enterprise mit Information Protection Managament geschützt sind, werden ebenfalls nicht unterstützt.
- Die Mappe kann im XSLX- oder XLSM-Format vorliegen. In Excel muss die Authentifizierung über das Konto aktiv sein, sonst steht der Befehl *Veröffentlichen* nicht im Datei-Menü zur Verfügung.
- Datenmodelle können vollständig nach Power BI exportiert werden, Beziehungen, Measures, KPIs und Hierarchien werden unterstützt. Verknüpfungen zu externen Daten werden unterstützt und mit der Aktualisierung von Visualisierungen in Dashboards und Berichten automatisch aktualisiert.

8.5.1 Excel-Datenmodell importieren

Mit der Import-Funktion für Excel können komplette Datenmodelle aus Arbeitsmappen nach Power BI Desktop importiert werden. Damit haben Sie die Möglichkeit, die Funktionalität von Excel auszuschöpfen und alle Elemente für die Berichtserstellung in das BI-Tool zu holen:

- Power Query-Abfragen
- DAX-Measures

Legen Sie eine Excel-Arbeitsmappe mit Power-Query-Abfragen und einem Datenmodell mit DAX-Measures an. Speichern und schließen Sie die Mappe.

Starten Sie Power BI Desktop, speichern Sie das aktuelle Projekt. Der Import wird ein neues Projekt anlegen.

Wählen Sie *Daten/Importieren.*

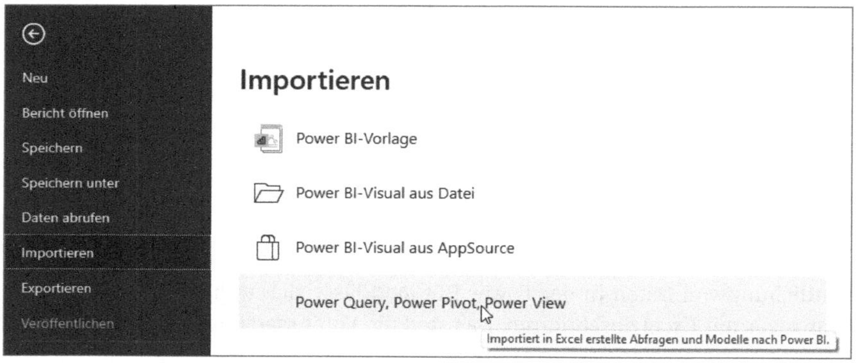

Bestätigen Sie die Meldungen und starten Sie den Import. Alle Power-Query-Abfragen und das Datenmodell werden importiert. In der abschließenden Meldung sehen Sie, welche Elemente importiert wurden.

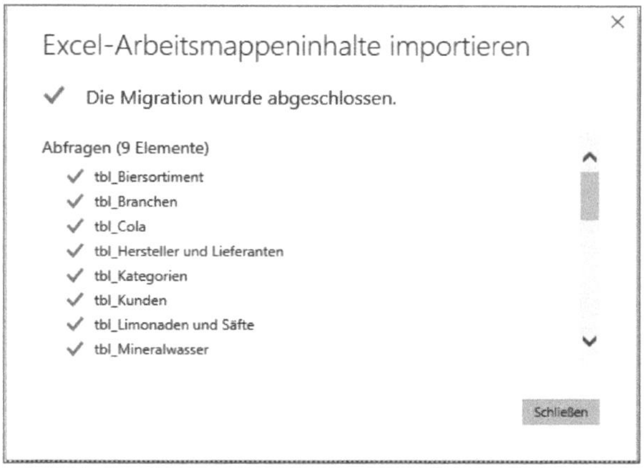

Die Tabellen des Power-Pivot-Datenmodells finden Sie anschließend im Modul *Bericht*, unter *Modell* sehen Sie die Beziehungen. Die Power-Query-Abfragen können Sie unter *Start/Abfragen/Daten transformieren* einsehen und bearbeiten.

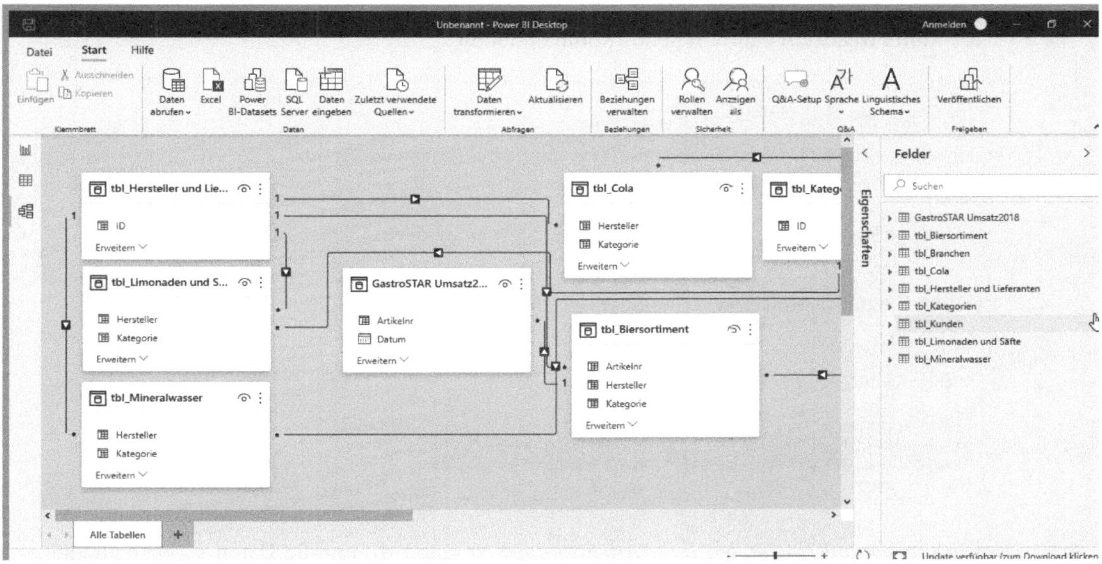

8.5.2 Excel-Arbeitsmappe veröffentlichen

Sie können Ihre Excel-Daten wahlweise hochladen oder exportieren. Wenn Sie eine Mappe hochladen, wird kein Dataset erstellt, die Mappe wird in der Liste der Berichte angezeigt. Verwenden Sie diese Methode, um Daten, Diagramme, PivotTables und PivotCharts zu exportieren.

Hier ein Beispiel: Laden Sie die Arbeitsmappe *Kennzahlencockpit Sport.xlsx.* Sie enthält ein Datenmodell sowie mehrere PivotTables und PivotCharts.

Speichern Sie Ihre Arbeitsmappe miT *Datei/Speichern unter* im OneDrive-Ordner ab, wenn Sie die Daten in Power BI bearbeiten wollen.

Wählen Sie *Datei/Veröffentlichen.*

Wenn Sie bereits ein Power BI-Konto haben, wird dieses angezeigt. Sie können auf ein anderes Konto wechseln oder ein neues Konto erstellen.

Geben Sie an, in welchem Arbeitsbereich der neue Bericht veröffentlicht werden soll.

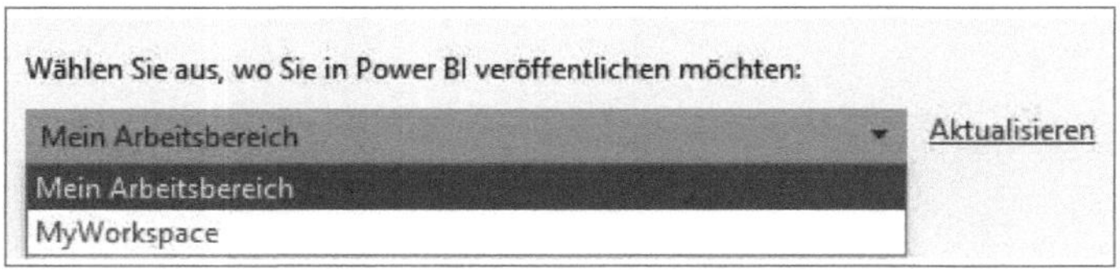

Klicken Sie auf *Hochladen Ihrer Arbeitsmappe zu Power BI,* um die Daten so hochzuladen, wie sie auch in Excel Online angezeigt werden.

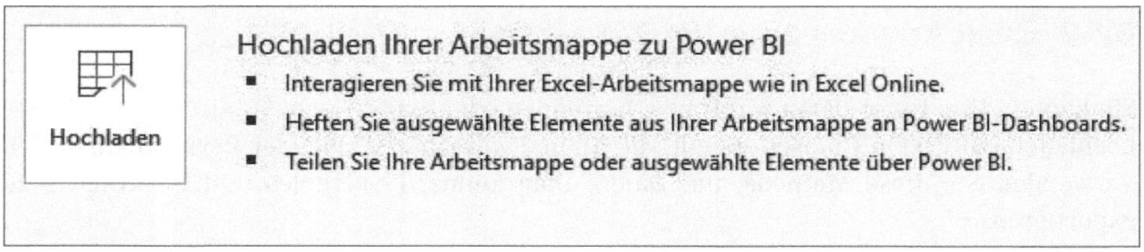

In der Statusleiste sehen Sie den Fortschritt des Ladevorgangs.

Nach Abschluss der Veröffentlichung erhalten Sie eine Meldung, Sie können gleich mit dem Browser zu Power BI wechseln.

Schalten Sie auf Ihren Arbeitsbereich um und sehen Sie sich unter *Arbeitsmappen* die veröffentlichten Daten an.

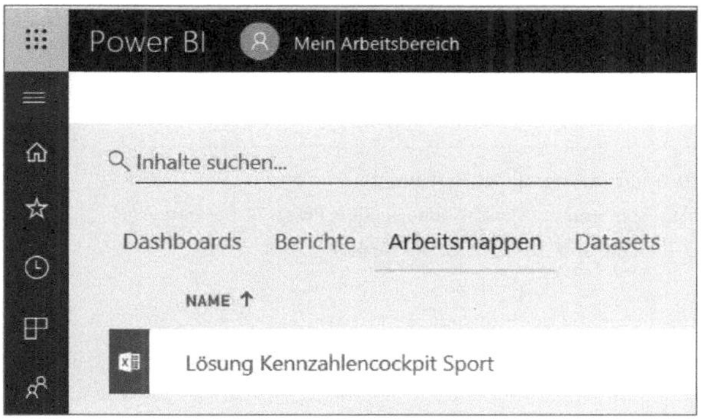

Die Daten werden angezeigt, Sie können Ihre PivotCharts mit Datenschnitten filtern.

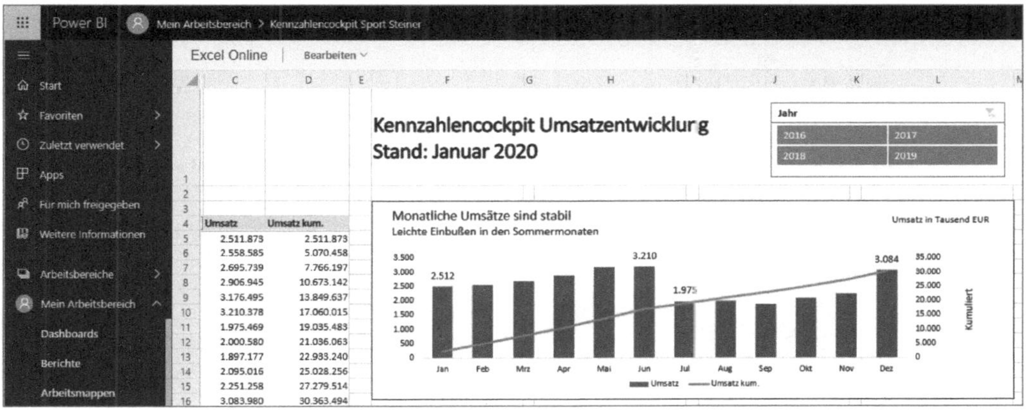

Wählen Sie *Bearbeiten/In Excel bearbeiten*, um die Mappe wieder in Excel zu bearbeiten. In *Excel Online bearbeiten* aktiviert Excel Online zur Bearbeitung (mit eingeschränkten Funktionen).

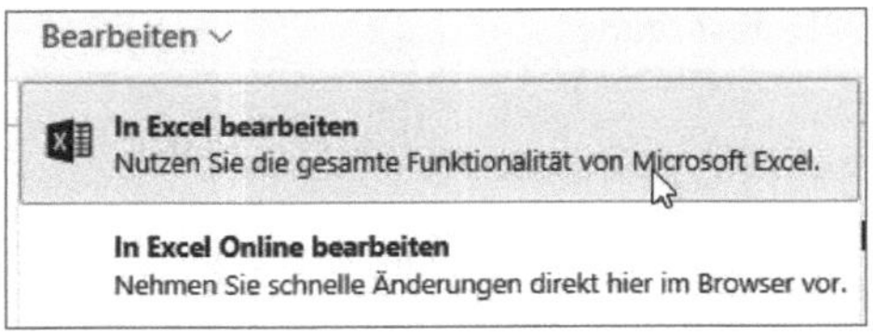

8.5.3 Excel-Daten exportieren

Wenn Sie eine Mappe exportieren, werden alle Daten aus Tabellen und Datenmodellen in ein neues Dataset in Power BI exportiert. Aus diesem erstellen Sie (ohne Power BI Desktop) mit Visualisierungen und Feldliste einen mehrseitigen Bericht. Verwenden Sie diese Methode, wenn Sie in Excel mit Power Query und Power Pivot gearbeitet hatten.

Speichern Sie Ihre Arbeitsmappe in OneDrive oder lokal und wählen Sie *Datei/Veröffentlichen/Exportieren*. Wählen Sie einen Arbeitsbereich, falls mehrere angelegt sind.

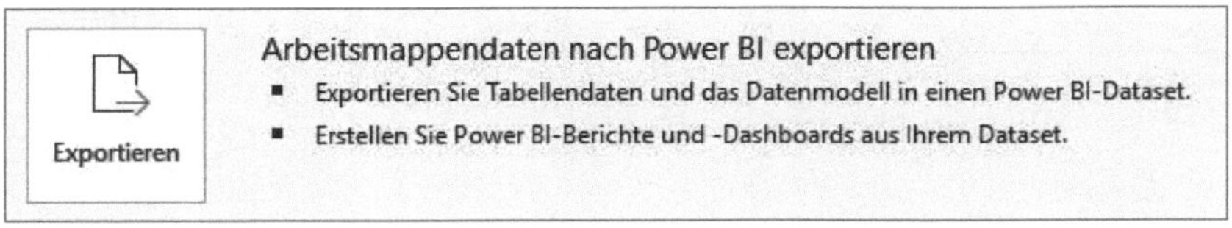

In der Statusleiste wird der Fortschritt angezeigt, …

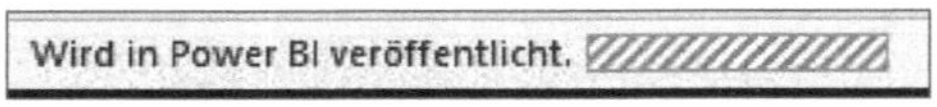

… und nach Abschluss der Veröffentlichung können Sie zu Power BI wechseln.

Die exportierte Arbeitsmappe steht im Arbeitsbereich unter Datasets zur Auswahl. Klicken Sie auf den Eintrag, um einen Bericht zu gestalten.

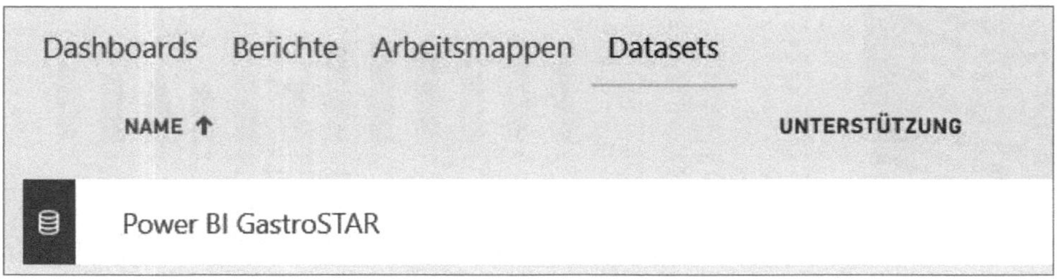

Speichern Sie den Bericht anschließend über *Datei/Speichern.*

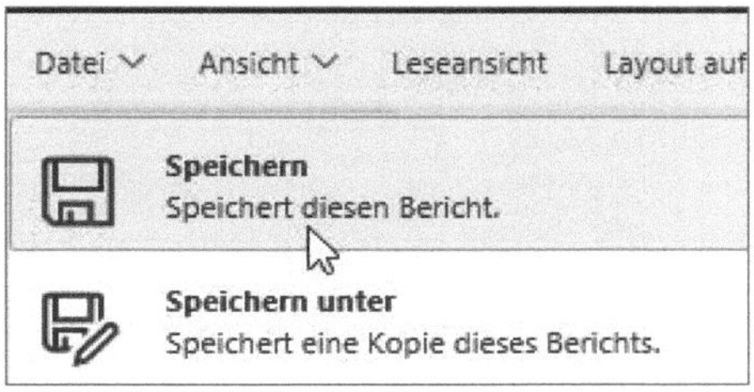

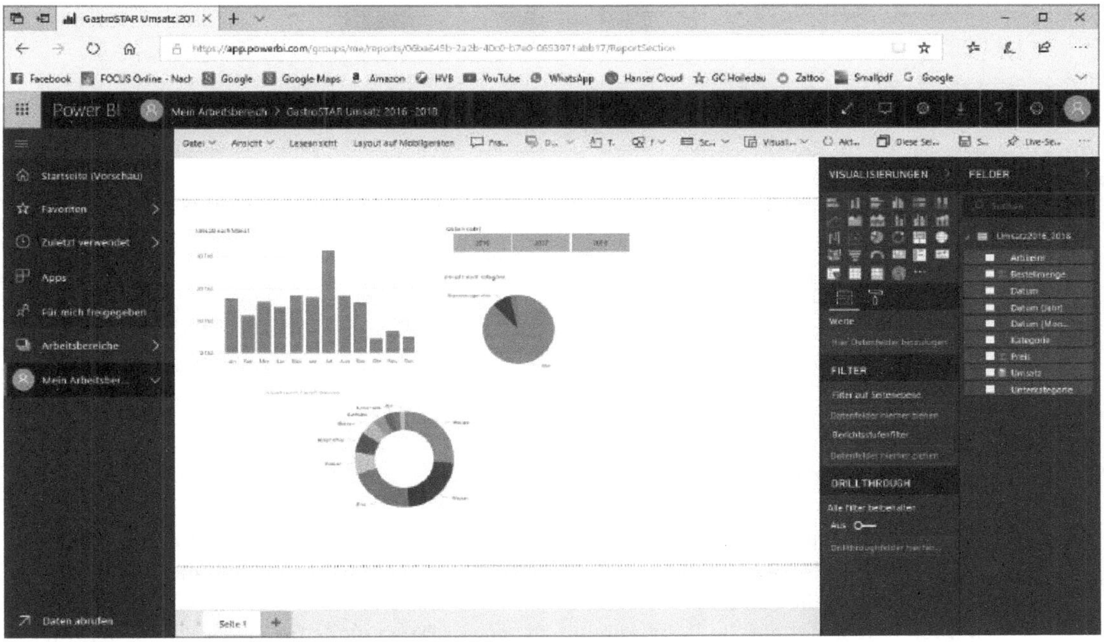

Bild 8.9 Bericht aus Excel-Daten gestalten in Power BI

8.5.4 Excel-Daten mit Power BI laden

Power BI bietet natürlich auch die Möglichkeit, Daten aus Excel-Dateien zu analysieren.

1. Starten Sie den Power BI-Dienst im Browser und klicken Sie auf Daten abrufen (links unten).
2. Wählen Sie *Neuen Inhalt erstellen/Dateien/Abrufen.*
3. Holen Sie eine lokal gespeicherte Datei oder eine Datei aus der OneDrive-Cloud. Erlaubt sind alle Excel-Formate, importiert werden aber nur Tabellen.
4. Entscheiden Sie, ob Sie die Datei als Verbindung importieren oder nach Power BI hochladen.

Die Daten werden in einen neuen Dataset importiert, Sie können damit gleich einen Bericht gestalten. Planen Sie in der Dataset-Liste die Aktualisierungen, wenn die Daten im Datenmodell stehen.

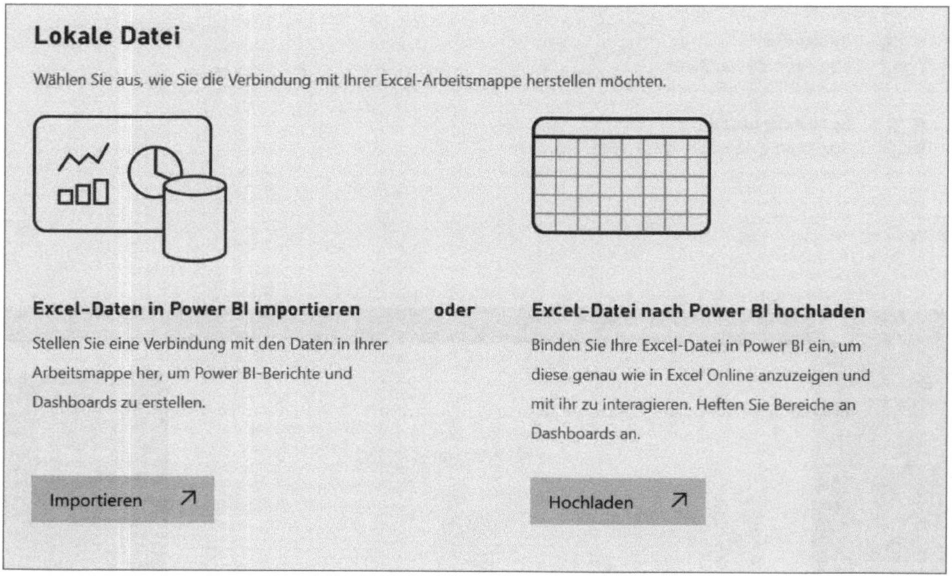

Bild 8.10 Excel-Daten nach Power BI importieren oder hochladen

8.5.5 Power BI in Excel analysieren

Bis zum Monatsupdate April 2020 stand in Power BI noch ein Download für *Power BI Publisher* bereit. Dieses Excel-Add-in, das im August 2016 eingeführt wurde, hat Microsoft eingestellt. Ein offizielles Statement dazu gibt es nicht, aber alle Links und Suchanfragen dazu werden umgeleitet auf die Beschreibung der neuen Datenquelle für Power Query. Wie Sie diese Datenquelle bereitstellen lesen Sie in Kapitel 4:

1. Öffnen Sie den Power BI-Dienst *app.powerbi.com*.
2. Suchen Sie das Download-Symbol und laden Sie In Excel Updates analysieren. Führen Sie den Download gleich aus. Geladen wird der OLE Provider-Dienst für Analysis Services (SQL-Server).

Um Daten aus Power BI in Excel zu verarbeiten, wählen Sie *Daten/Daten abrufen und Transformieren/Daten abrufen/Aus dem Power BI-Datensatz.*

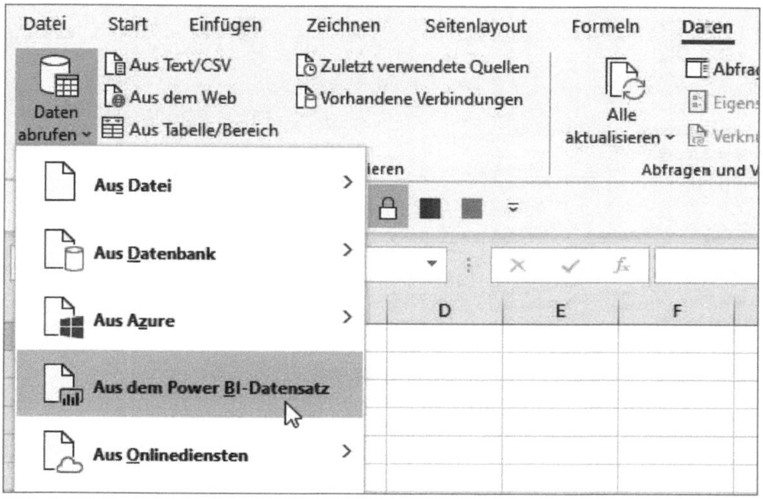

Im Arbeitsbereich am rechten Bildschirmrand stehen alle Datasets aus Power BI zur Auswahl. Wählen Sie einen Dataset, ...

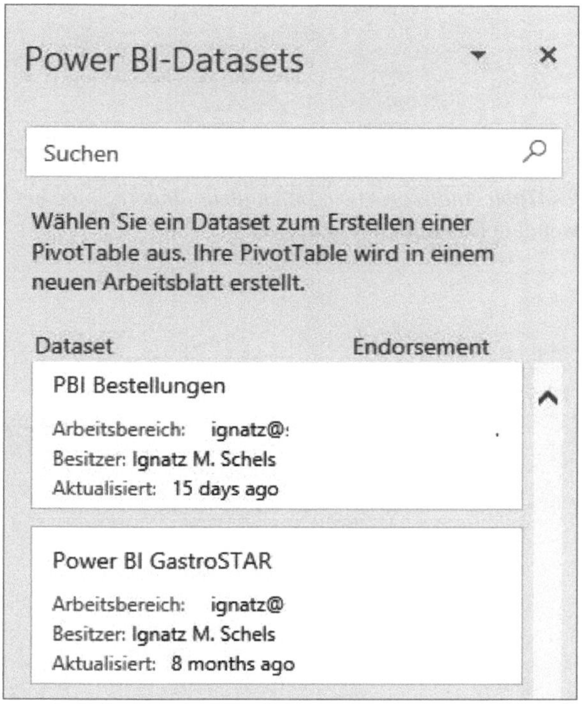

... und die Daten werden gleich für den Entwurf einer neuen PivotTable bereitgestellt. Ziehen Sie die passenden Felder in den Zeilenbereich und verwenden Sie die Measures oder die Summenfelder für die Auswertung im Wertebereich.

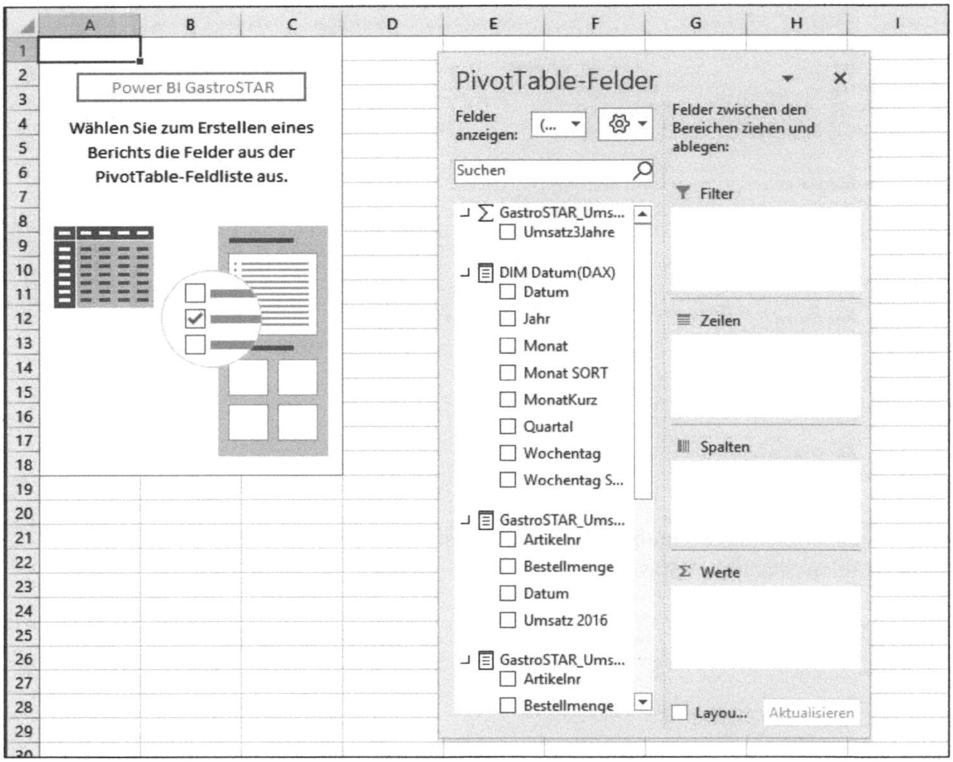

Die Datenquelle finden Sie unter *PivotTable-Analyse/Daten/Datenquelle ändern*, hier können Sie auch auf andere bereits verwendete Datenquellen umschalten.

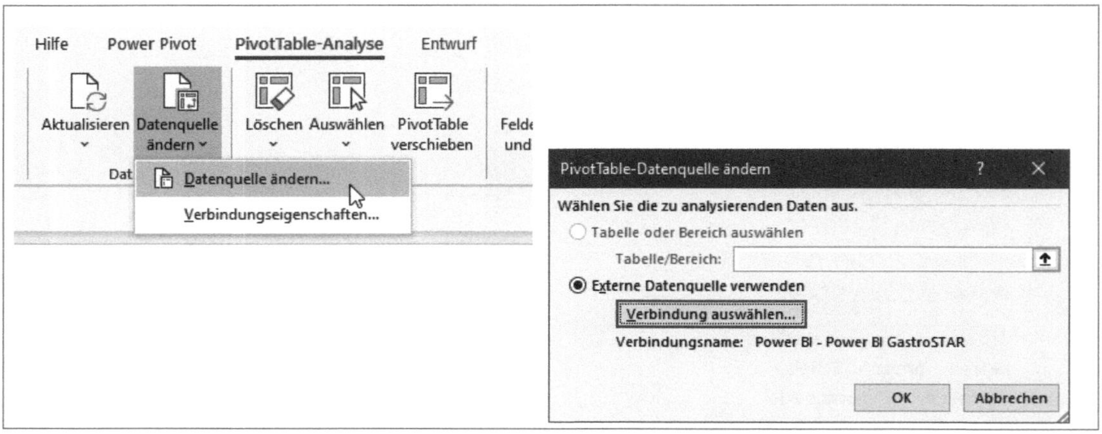

Schalten Sie im Daten-Menü *Abfragen und Verbindungen* ein und sehen Sie sich die Eigenschaften der Abfrage an. Unter *Definition* finden Sie die Verbindung zum Power BI-Dienst. Klicken Sie auf *Verbindungsdatei exportieren*, um die Verbindung als ODC-Datei zu sichern.

So lässt sie sich schnell wieder aufspüren oder an Mitarbeiter verteilen, die diese Verbindung ebenfalls nutzen wollen.

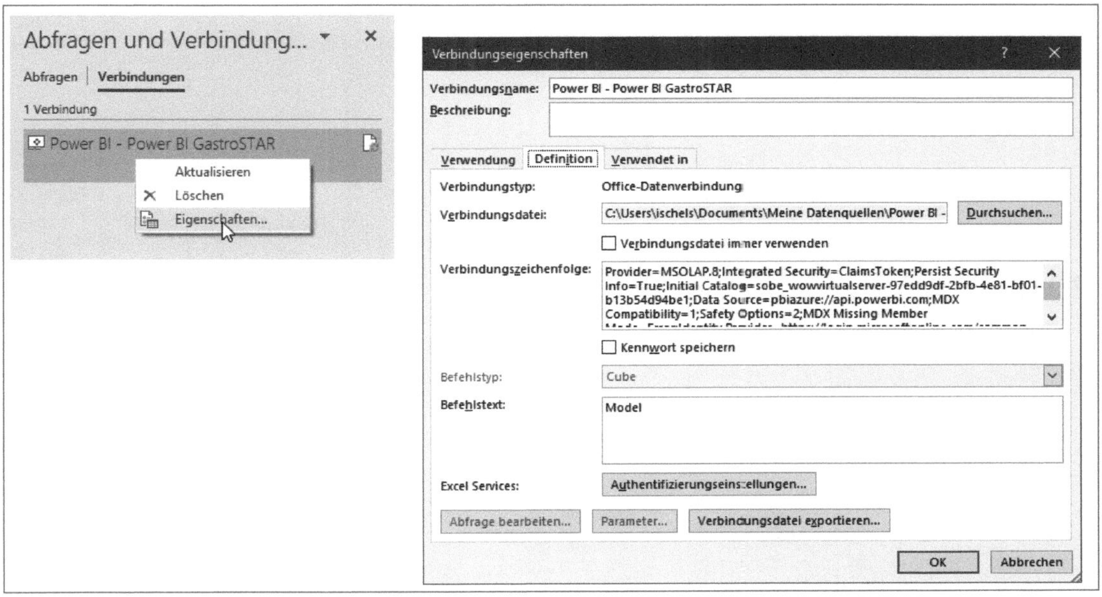

9 Dynamische Arrays

Selbstständig und unabhängig Daten importieren, analysieren und in Reports zu visualisieren, das geht mit Excel, wie in den acht Kapiteln bis hier zu beweisen war. Maßgeblich sind die BI-Tools Power Query und Power Pivot. Power Query realisiert das ETL-Konzept (Extract, Transfer, Load), Power Pivot ist eine nützliche Alternative zu Datenbankmanagementsystemen und bietet die Möglichkeit, Datenmengen zu analysieren, die das Fassungsvermögen von Excel-Tabellenblättern sprengen würden.

Der Einsatz der BI-Tools macht zahlreiche Formelkonstrukte und Funktionsschachtelungen überflüssig, weil diese in der Regel nicht den Komfort dynamischer Abfragen bieten. SVERWEIS() und XVERWEIS() lassen sich häufig durch Abfragekombinationen ersetzen, Funktionen wie SUMMENPRODUKT(), SUMMEWENN, ZÄHLENWENN und sogar das geniale BEREICH.VERSCHIEBEN() bleiben im Depot, wenn Abfragen im Spiel sind.

Microsoft hat aber ungeachtet der Ausrichtung auf BI-Funktionalität in jeder neuen Version seit 2007 das Angebot an Funktionen erweitert und mit der Einführung der dynamischen Arrays (September 2018) sogar eine neue Art der Kalkulation erfunden. Dynamische Arrays können in der Praxis mit Abfrageergebnissen kombiniert werden oder häufig sogar anstelle von Anfragen zum Einsatz kommen und damit so manches Power Query-Skript überflüssig machen.

HINWEIS: Für dynamische Arrays ist Excel in der Office-Version Microsoft 365 erforderlich.

9.1 Das Prinzip

Ein dynamischer Array ist ein Datenbereich, der aus der Ergebnismenge einer Rechenformel entsteht, wenn diese mehrdimensional ist. Ein simpler Bezug produziert bereits einen dynamischen Array:

```
=A2:A7
```

... liefert die ersten sechs Zeilen der Liste in Spalte A nach der Überschrift

```
=A2:B7
```

… liefert einen Array mit sechs Zeilen und zwei Spalten

Die Formel wird nicht wie in Tabellen nach unten kopiert, die belegten Zellen werden nur markiert. Das nennt man „überlaufen“.

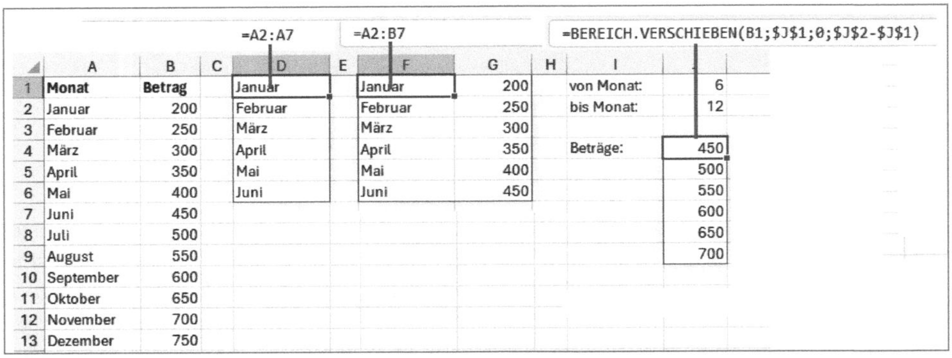

Bild 9.1 Dynamische Arrays aus Bezügen und Formeln entstehen in einer einzelnen Zelle

9.1.1 #Überlauf!

Der für den Überlauf benötigte Bereich muss vollständig leer sein. Wird er durch eine nicht leere Zelle blockiert, gibt die Array-Formel den Fehlercode #ÜBERLAUF! aus.

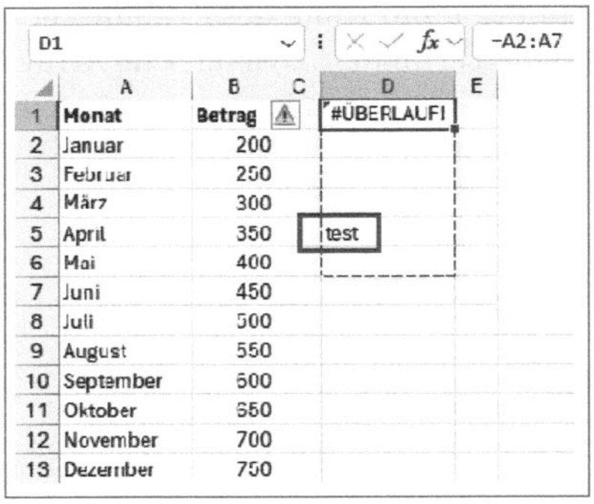

Bild 9.2
Überlauffehler: Der Bereich für den dynamischen Array ist nicht leer.

9.1.2 Implizierte Schnittmenge

In früheren Versionen wurde nur das Ergebnis oder die erste Zelle abgebildet, wenn das Ergebnis einer Berechnung zu einem Array führte. Matrixformeln, die mit der Tastenkombination **Strg+Umschalt+Eingabe** generiert wurden, lieferten das komplette Matrixergebnis. Um das Rechenergebnis zu kennzeichnen, verwendet Excel den impliziten Schnittmengenoperator @. Das Zeichen lässt sich in der Regel entfernen, damit entsteht ein dynamischer Array.

9.1.3 #-Operator

Der Vorteil eines dynamischen Arrays ergibt sich in erster Linie aus seiner Dynamik: Der Arraybereich ändert seine Größe abhängig vom Ergebnis. Dieser Bereich lässt sich aber nicht mit herkömmlichen statischen Bezügen ($A$1:$B$7) abgreifen, für die Aufgabe kommt der #-Operator zum Einsatz. Berechnen Sie einfach die Anfangszeile des dynamischen Arrays mit einem #:

```
=SUMME(D1#)
```

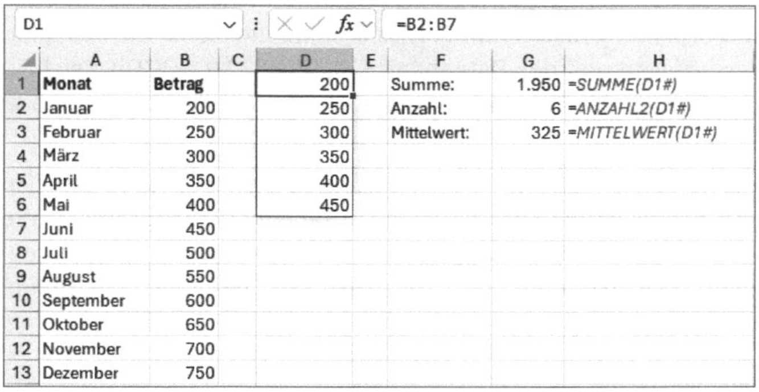

D1 =B2:B7

	A	B	C	D	E	F	G	H
1	**Monat**	**Betrag**		200		Summe:	1.950	=SUMME(D1#)
2	Januar	200		250		Anzahl:	6	=ANZAHL2(D1#)
3	Februar	250		300		Mittelwert:	325	=MITTELWERT(D1#)
4	März	300		350				
5	April	350		400				
6	Mai	400		450				
7	Juni	450						
8	Juli	500						
9	August	550						
10	September	600						
11	Oktober	650						
12	November	700						
13	Dezember	750						

Bild 9.3 Der #-Operator repräsentiert den dynamischen Array.

■ 9.2 Dynamische Array-Funktionen

Mit dem Einsatz von Funktionen für dynamische Arrays bekommt diese Technik die Kompetenz, Business Intelligence-Analysen mit Power Query zu unterstützen oder gar zu ersetzen. Einzeln für sich sind diese Funktionen bereits nützlich, noch mehr Erfolg lässt sich mit gezielten Kombinationen erzielen.

Diese Funktionen liefern dynamische Arrays:

Funktion	Funktion
=EINDEUTIG()	=SPALTENWAHL()
=SORTIEREN()	=FILTERN()
=SORTIERENNACH()	=HSTAPELN()
=VSTAPELN()	=ZUFALLSMATRIX()
=EINZELW()	=ZEILENUMBRUCH()
=SPALTENUMBRUCH()	=ÜBERNEHMEN()
=WEGLASSEN()	=ZUZEILE()
=ZUSPALTE()	=ERWEITERN()

9.2.1 EINDEUTIG()

Um aus einer Liste oder Tabelle alle eindeutigen Spaltenwerte herauszufiltern, gibt es mehrere Verfahren:

- händisch über *Daten/Datentools/Duplikate entfernen*
- über eine PivotTable mit der Spalte im Zeilenbereich des Pivot-Layouts
- mit einer Power Query-Abfrage, gruppiert nach der Spalte mit den Mehrfachwerten
- mit einem dynamischen Array über die Funktion EINDEUTIG()

Von allen Verfahren ist die Array-Funktion die beste, weil sie am wenigsten Aufwand erfordert. Als Lieferant für Datenüberprüfungslisten und Formularelemente ist sie unschlagbar. Ein Beispiel: Die Tabelle *Biersortiment* aus der Datenbank GASTROSTAR.ACCDB listet 56 Produkte verschiedener Hersteller. Finden Sie heraus, wie viele Brauereien ihre Produkte anbieten.

Erstellen Sie eine Power Query-Abfrage auf die Datenbank. Holen Sie die Tabelle *tbl_Biersortiment* mit Verknüpfung auf *Hersteller und Lieferanten* in ein Tabellenblatt. Tragen Sie die Funktion in eine freie Zelle neben die Tabelle ein. Berechnen Sie in der Spalte daneben die Anzahl Produkte pro Hersteller, verwenden Sie hier den #-Operator, damit sich das Ergebnis dynamisch an die Größe des dynamischen Arrays anpasst:

```
=EINDEUTIG(tbl_Biersortiment[Hersteller])
=ZÄHLENWENN(tbl_Biersortiment[Hersteller];G2#)
```

	A	B	C	D	E	F	G	H
1	Artikelnr	Marke	Preis	Hersteller	Kategorie		Hersteller:	Anzahl Produkte
2	B-01501	Eichbaum Export	15,3	Brauerei Eichbaum	Bier		Brauerei Eichbaum	7
3	B-03101	Original Radler	15,3	Brauerei Eichbaum	Biermischgetränk		Franziskaner Brauhaus	2
4	B-01502	Ureich / alkoholfrei	15,5	Brauerei Eichbaum	Bier		Brauerei Mönchshof	5
5	B-01504	Ureich/Leichter Typ	16,2	Brauerei Eichbaum	Bier		Paulaner Brauerei	5
6	B-02601	Franziskaner Weizen dunkel	17	Franziskaner Brauhaus	Bier		Brauerei Schmucker	1
7	B-02105	Germania Pils	9	Brauerei Mönchshof	Bier		Brauerei Bischoff	2
8	B-02702	Karamalz	13,5	Paulaner Brauerei	Bier		Brauerei Falkensteiner	6
9	B-03103	Braumeister Limo Zitrone etc.	15,5	Brauerei Eichbaum	Erfrischungsgetränk		Brauerei Altenmünster	2
10	B-03102	Braumeister Limo Zitrone etc.	16,5	Brauerei Eichbaum	Erfrischungsgetränk		Brauerei Bitburger	3
11	B-02301	Schmucker Kellerbier	13,5	Brauerei Schmucker	Bier		Brauerei Pfungstädter	1
12	B-01302	Bischoff Export	17	Brauerei Bischoff	Bier		Brauerei Warsteiner	2
13	B-03201	Radler	10,5	Brauerei Falkensteiner	Biermischgetränk		Brauerei Rothaus	1
14	B-01301	Bischoff Premium	16,5	Brauerei Bischoff	Bier		Becks Brauerei	2

Bild 9.4 EINDEUTIG() liefert eine eindeutige Liste.

9.2.2 SORTIEREN()

Das Ergebnis der Array-Funktion SORTIEREN() ist im Unterschied zur manuellen Sortierung (Daten-Menü oder *Start/Bearbeiten*) ein dynamischer Array, der die sortierten Daten wiedergibt.

```
=SORTIEREN(Bereich;[Spalte];[Sortierreihenfolge];[nach Spalte])
```

Im Argument *Bereich* wird eine Liste, Tabelle oder ein benannter Bereich sein. Das Ergebnis ist der aufsteigend sortierte Bereich in einem dynamischen Array. Mit -1 im letzten Argument erhalten Sie einen absteigend sortierten Bereich. Das Argument *Bereich* muss angegeben sein, die beiden anderen Argumente sind optional. Geben Sie diese nicht an, wird der Bereich nach der ersten Spalte aufsteigend sortiert. Das letzte Argument bietet die Möglichkeit, den Bereich nach Zeilen (Standard, WAHR) oder nach Spalten (FALSCH) zu sortieren. Geben Sie bei mehrspaltigen Bereichen die zu sortierende Spalte an.

Die Funktion übernimmt nur die Daten der Tabelle, nicht die Kopfzeile. Um in unserem Beispiel eine sortierte Verknüpfung auf das Abfrageergebnis zu bekommen, verlinken Sie zunächst die Kopfzeile und dann die Daten, in diesem Fall nach der letzten Spalte sortiert:

```
G1: =tbl_Biersortiment[#Kopfzeilen]
G2: =SORTIEREN(tbl_Biersortiment;SPALTEN(tbl_Biersortiment);1)
```

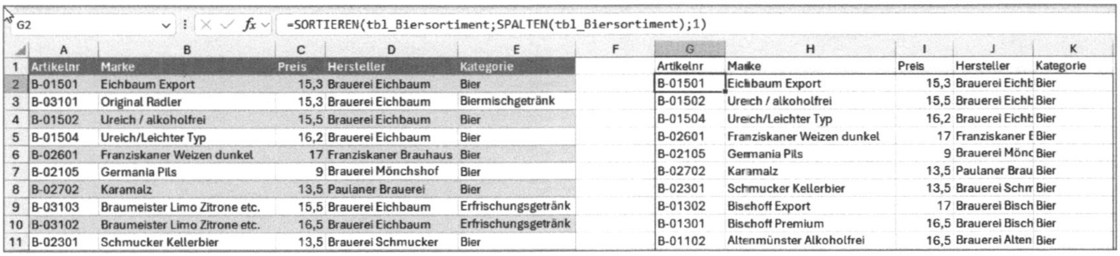

G2 =SORTIEREN(tbl_Biersortiment;SPALTEN(tbl_Biersortiment);1)

	A	B	C	D	E	F	G	H	I	J	K
1	Artikelnr	Marke	Preis	Hersteller	Kategorie		Artikelnr	Marke	Preis	Hersteller	Kategorie
2	B-01501	Eichbaum Export	15,3	Brauerei Eichbaum	Bier		B-01501	Eichbaum Export	15,3	Brauerei Eichb	Bier
3	B-03101	Original Radler	15,3	Brauerei Eichbaum	Biermischgetränk		B-01502	Ureich / alkoholfrei	15,5	Brauerei Eichb	Bier
4	B-01502	Ureich / alkoholfrei	15,5	Brauerei Eichbaum	Bier		B-01504	Ureich/Leichter Typ	16,2	Brauerei Eichb	Bier
5	B-01504	Ureich/Leichter Typ	16,2	Brauerei Eichbaum	Bier		B-02601	Franziskaner Weizen dunkel	17	Franziskaner E	Bier
6	B-02601	Franziskaner Weizen dunkel	17	Franziskaner Brauhaus	Bier		B-02105	Germania Pils	9	Brauerei Mönc	Bier
7	B-02105	Germania Pils	9	Brauerei Mönchshof	Bier		B-02702	Karamalz	13,5	Paulaner Brau	Bier
8	B-02702	Karamalz	13,5	Paulaner Brauerei	Bier		B-02301	Schmucker Kellerbier	13,5	Brauerei Schm	Bier
9	B-03103	Braumeister Limo Zitrone etc.	15,5	Brauerei Eichbaum	Erfrischungsgetränk		B-01302	Bischoff Export	17	Brauerei Bisch	Bier
10	B-03102	Braumeister Limo Zitrone etc.	16,5	Brauerei Eichbaum	Erfrischungsgetränk		B-01301	Bischoff Premium	16,5	Brauerei Bisch	Bier
11	B-02301	Schmucker Kellerbier	13,5	Brauerei Schmucker	Bier		B-01102	Altenmünster Alkoholfrei	16,5	Brauerei Alten	Bier

Bild 9.5 Sortierte Liste mit Kopfzeile

Mit SORTIERENNACH() lässt sich die Tabelle nach mehreren Kriterien sortieren. Im ersten Argument wird der zu sortierende Array angegeben, dann folgt eine Reihe von Argumentpaaren, jeweils bestehend aus Sortierspalte und Sortierfolge (1 = aufsteigend, -1 = absteigend):

```
=SORTIERENNACH(Array;Sortierspalte1;Sortierfolge1;Sortierspalte2;Sportierfolge2 ...)
```

Damit erhalten Sie im Beispiel einen nach Produkten sortierten Array, der alle Herstellerdaten noch einmal absteigend nach Kategorie sortiert:

```
=SORTIERENNACH(tbl_Biersortiment;tbl_Biersortiment[Hersteller];1;tbl_
Biersortiment[Kategorie];-1)
```

9.2.3 FILTER()

Die Funktion FILTER() liefert einen dynamischen Array mit der gefilterten Teilmenge einer Liste oder Tabelle:

```
=FILTER(Bereich;Bedingung;[wenn leer])
```

So filtern Sie die Tabelle nach einer Kategorie:

```
=FILTER(tbl_Biersortiment;tbl_Biersortiment[Kategorie]="Bier";"")
```

Kombinieren Sie SORTIEREN() und FILTER(), übergeben Sie den gefilterten Bereich als Sortierbereich:

```
G1: =tbl_Biersortiment[#Kopfzeilen]
=SORTIEREN(FILTER(tbl_Biersortiment;tbl_Biersortiment[Kategorie]="Bier";"");4;1)
```

Die Kombination EINDEUTIG() und FILTERN() bietet sich an beim Einsatz von Datenüberprüfungslisten und Formularelementen. Legen Sie eine eindeutige Herstellerliste an, übergeben Sie diese mit dem #-Operator an die Datenüberprüfung *(Daten/Datentools)*.

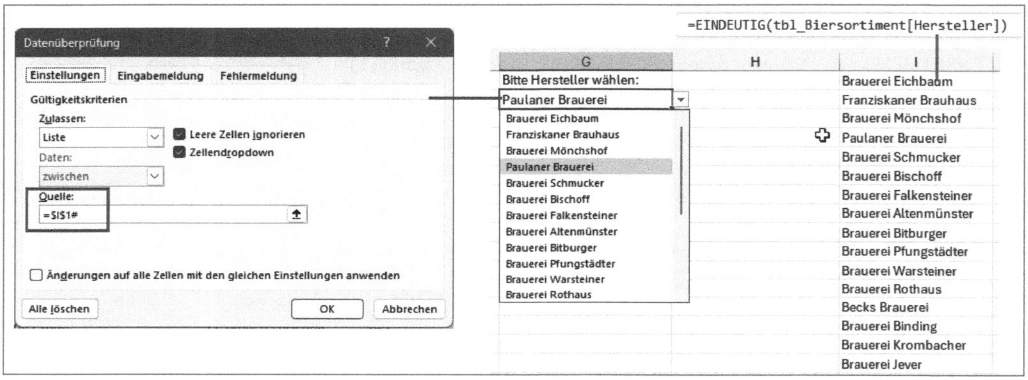

Bild 9.6 Datenüberprüfungsliste mit eindeutigen Tabellenwerten

Filtern Sie die Tabellenspalte nach dem gewählten Eintrag:

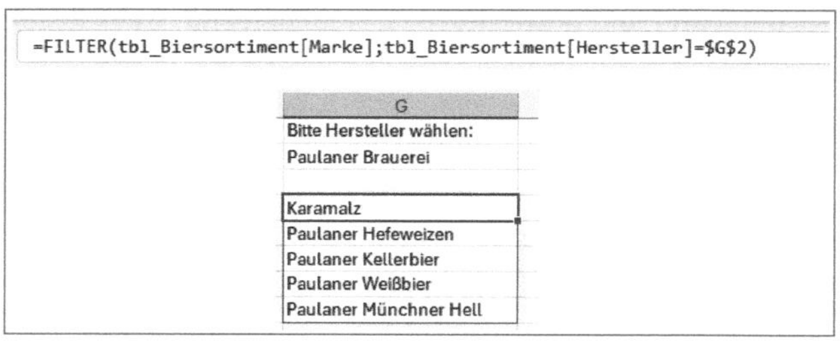

Bild 9.7 Filterergebnis aus der Datenüberprüfungsliste

9.2.4 SPALTENWAHL()

Mit dieser Funktion bestimmen Sie die Anzahl der angezeigten Spalten einer Liste oder Tabelle. Geben Sie den Array oder den Filter/Sortierausdruck für den Array an, und tragen Sie die Spaltennummern ein. Die erste Spalte ist Pflicht, alle weiteren sind optional. Geben Sie den Wert negativ ein, wird von der letzten Spalte an gezählt.

```
=SPALTENWAHL(Array;Spalte1;[Spalte2]...[Spalten])
```

Hier eine gefilterte, sortierte und auf einzelne Spalten reduzierte Verknüpfung auf die Power Query-Abfrage:

```
=SPALTENWAHL(tbl_Biersortiment[#Kopfzeilen];2;4)
=SPALTENWAHL(SORTIEREN(FILTER(tbl_Biersortiment;tbl_Biersortiment[Kategorie]="Bi
er";"");4;1);2;-2)
```

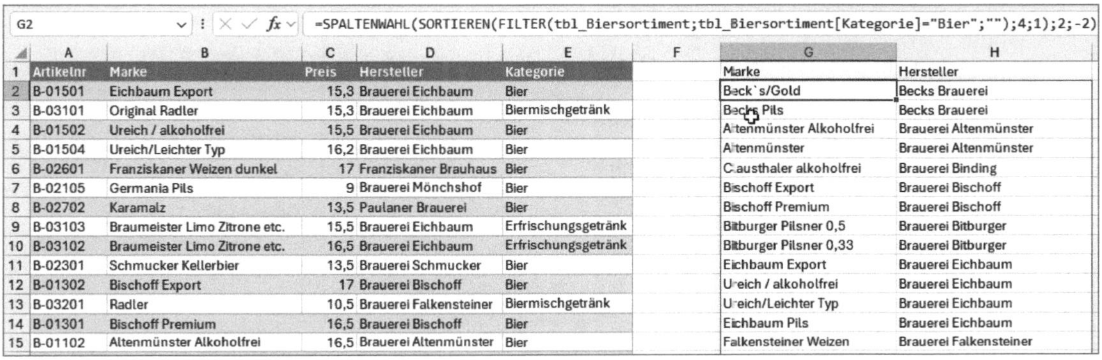

G2 =SPALTENWAHL(SORTIEREN(FILTER(tbl_Biersortiment;tbl_Biersortiment[Kategorie]="Bier";"");4;1);2;-2)

	A	B	C	D	E	F	G	H
1	Artikelnr	Marke	Preis	Hersteller	Kategorie		Marke	Hersteller
2	B-01501	Eichbaum Export	15,3	Brauerei Eichbaum	Bier		Beck`s/Gold	Becks Brauerei
3	B-03101	Original Radler	15,3	Brauerei Eichbaum	Biermischgetränk		Becks Pils	Becks Brauerei
4	B-01502	Ureich / alkoholfrei	15,5	Brauerei Eichbaum	Bier		Altenmünster Alkoholfrei	Brauerei Altenmünster
5	B-01504	Ureich/Leichter Typ	16,2	Brauerei Eichbaum	Bier		Altenmünster	Brauerei Altenmünster
6	B-02601	Franziskaner Weizen dunkel	17	Franziskaner Brauhaus	Bier		Clausthaler alkoholfrei	Brauerei Binding
7	B-02105	Germania Pils	9	Brauerei Mönchshof	Bier		Bischoff Export	Brauerei Bischoff
8	B-02702	Karamalz	13,5	Paulaner Brauerei	Bier		Bischoff Premium	Brauerei Bischoff
9	B-03103	Braumeister Limo Zitrone etc.	15,5	Brauerei Eichbaum	Erfrischungsgetränk		Bitburger Pilsner 0,5	Brauerei Bitburger
10	B-03102	Braumeister Limo Zitrone etc.	16,5	Brauerei Eichbaum	Erfrischungsgetränk		Bitburger Pilsner 0,33	Brauerei Bitburger
11	B-02301	Schmucker Kellerbier	13,5	Brauerei Schmucker	Bier		Eichbaum Export	Brauerei Eichbaum
12	B-01302	Bischoff Export	17	Brauerei Bischoff	Bier		Ureich / alkoholfrei	Brauerei Eichbaum
13	B-03201	Radler	10,5	Brauerei Falkensteiner	Biermischgetränk		Ureich/Leichter Typ	Brauerei Eichbaum
14	B-01301	Bischoff Premium	16,5	Brauerei Bischoff	Bier		Eichbaum Pils	Brauerei Eichbaum
15	B-01102	Altenmünster Alkoholfrei	16,5	Brauerei Altenmünster	Bier		Falkensteiner Weizen	Brauerei Falkensteiner

Bild 9.8 Dynamische Array-Funktionen geschachtelt

9.2.5 SEQUENZ()

Ein Funktions-Allrounder, der in Kombination mit anderen Funktionen interessante Lösungsansätze bietet, ist SEQUENZ():

```
=SEQUENZ(Zeilen;[Spalten];[Start];[Schritt])
```

Mit der Anzahl Zeilen im ersten und der Spaltenzahl im zweiten Parameter entsteht ein zweidimensionaler Array.

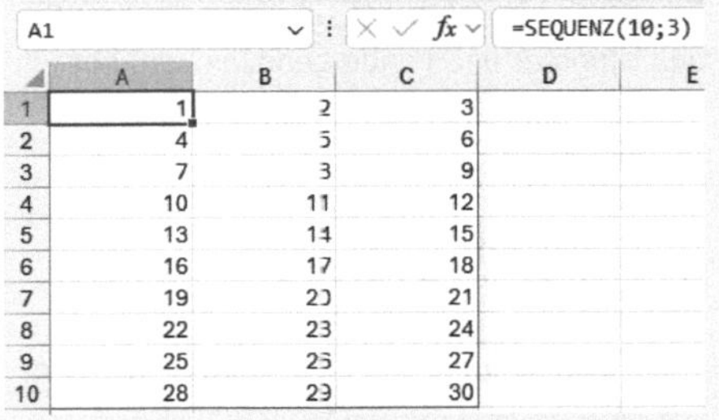

A1 =SEQUENZ(10;3)

	A	B	C	D	E
1	1	2	3		
2	4	5	6		
3	7	8	9		
4	10	11	12		
5	13	14	15		
6	16	17	18		
7	19	20	21		
8	22	23	24		
9	25	26	27		
10	28	29	30		

Eine Datumsreihe über das gesamte Kalenderjahr erzeugen Sie mit dieser Formel:

```
SEQUENZ(365;1;DATUM(2024;1;1);1)
```

So wird ein Terminkalender mit zwei Formeln aufgebaut:

Die Formel in der ersten Spalte liefert mit einer Kombination aus WENN(), TAG() und SEQUENZ() den Monatsnamen an jedem Monatsersten.

In der zweiten Spalte entsteht eine Datumreihe über das gesamte Jahr:

```
=SEQUENZ(365;1;DATUM(2024;1;1);1)
```

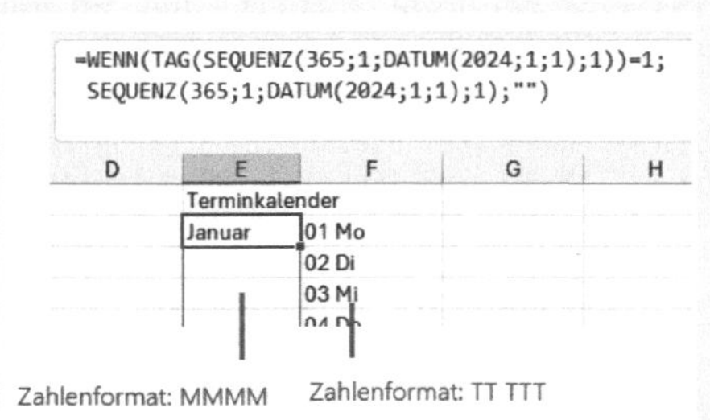

Für die Formatierung der Wochenendtage bekommt die Spalte zwei bedingte Formatierungsregeln mit der Funktion WOCHENTAG() :

```
=UND(F5<>"";WOCHENTAG(F5)=7)
=UND(F5<>"";WOCHENTAG(F5)=1)
```

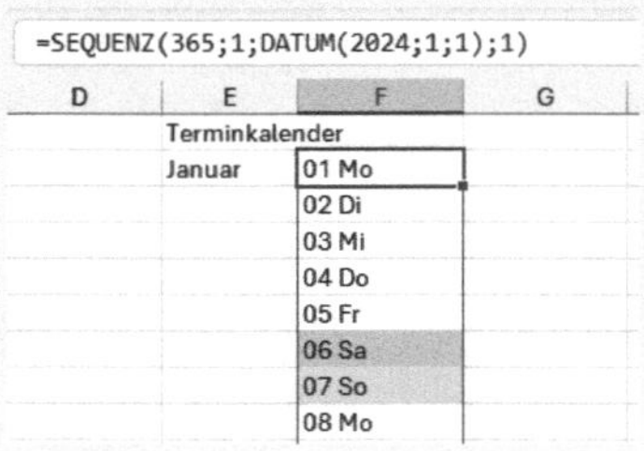

9.2.6 TEXTVOR(), TEXTNACH(), TEXTTEILEN()

Power Query bescherte dem Excel-Anwender nicht nur dynamische Abfragen, sondern auch einige nützliche Transformationstechniken. Das Auftrennen von Textspalten gehört dazu, Trennzeichen können einmalig oder mehrfach gesucht werden, und Spalte lassen sich nach unterschiedlichen Kriterien aufteilen. Die Textfunktionen aus der Kategorie dynamische Arrays bieten teilweise gleichwertige Alternativen. Hier ein Beispiel:

Die Mitarbeiternummer setzt sich zusammen aus Nummer und Länderkennzeichen. Mit TEXTVOR() wird alles vor dem Trennzeichen übernommen.

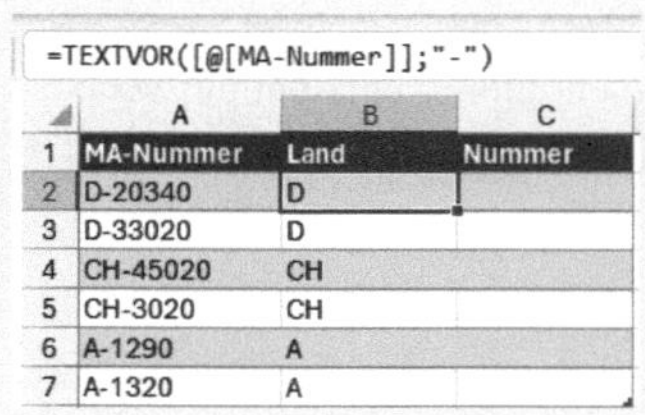

TEXTNACH() sucht den Text nach dem Trennzeichen.

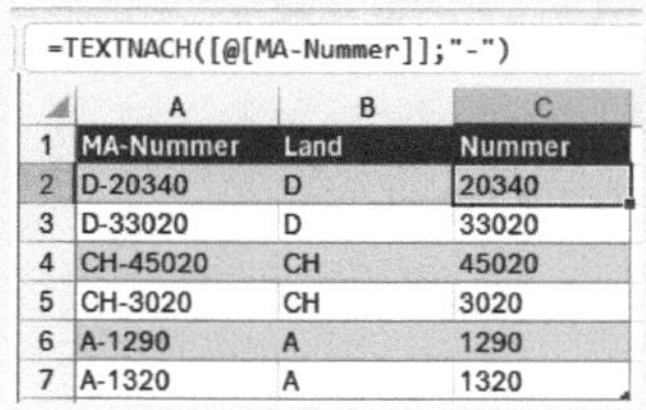

Mit TEXTTEILEN() wird der Text in Spalten aufgeteilt. Zur Teilung wird das Trennzeichen gesucht (nur in Listen, nicht in Tabellen).

```
=TEXTTEILEN(A10;"-")
```

	A	B	C
10	D-20340	D	20340
11	D-33020	D	33020
12	CH-45020	CH	45020
13	CH-3020	CH	3020
14	A-1290	A	1290
15	A-1320	A	1320

9.2.7 Alternative zur PivotTable

PivotTables sind ohne Zweifel nützliche Analyse-Werkzeuge, haben aber auch Nachteile: Als halbdynamische Elemente müssen sie händisch aktualisiert werden. Mit der Option *Aktualisieren beim Öffnen der Datei* wird die PivotTable zumindest beim Aktivieren der Mappe aktualisiert, Intervall-Aktualisierung ist ebenfalls möglich. Das Pivot-Layout ist wenig beweglich und oft hinderlich, wenn die Daten als Datenquelle für Diagramme aufbereitet werden.

Dynamische Arrays werden sofort berechnet und bieten nicht selten den gleichen Komfort wie die PivotTable. Hier ein Beispiel:

Die Tabelle *tbl_Umsatz* enthält drei Spalten mit Land, Produkt und Umsatz.

	A	B	C
1	Land	Produkt	Umsatz
2	Deutschland	Golf	23.000
3	Schweiz	Golf	34.000
4	Österreich	Golf	41.000
5	Deutschland	Tennis	15.000
6	Schweiz	Tennis	21.000
7	Österreich	Tennis	22.000
8	Deutschland	Fussball	19.000
9	Schweiz	Fussball	8.000
10	Österreich	Fussball	23.000

Für die Aggregation wird spaltenweise ein eindeutiger Array auf die Länder erstellt.

```
=EINDEUTIG(tbl_Umsatz[_and])
```

F	G	H
Deutschland		
Schweiz		
Österreich		

Mit ZUZEILE() und EINDEUTIG() entsteht die horizontale Beschriftung aus den Produktnamen.

```
=ZUZEILE(EINDEUTIG(tbl_Umsatz[Produkt]))
```

D	E	F	G	H
		Golf	Tennis	Fussball
	Deutschland			
	Schweiz			
	Österreich			

SUMMEWENNS() summiert die Umsätze unter Verwendung der beiden Arrays als Kriterien.

```
=SUMMEWENNS(tbl_Umsatz[Umsatz];
tbl_Umsatz[Produkt];F1#;
```

D	E	F	G	H
		Golf	Tennis	Fussball
	Deutschland	23.000	15.000	19.000
	Schweiz	34.000	21.000	8.000
	Österreich	41.000	22.000	23.000

9.2.8 Stapeln

Mit Power Query lässt sich eine Aufgabe lösen, für die Excel seit Anbeginn kein Werkzeug hat: Daten aus unterschiedlichen Listen oder Tabellen zu einer auswertbaren Menge zusammenzufassen, das war vor BI nur mit Copy & Paste oder per VBA-Makro (SQL UNION) lösbar. Power Query bietet die Kombination mehrerer Abfrageergebnisse als Transformation an, die M-Funktion *Text.Combine* fasst dazu beliebig viele Abfrageergebnisse zusammen:

```
=Text.Combine({"Jan";"Feb";"Mrz"})
```

Mit den neuen Arrayfunktionen lässt sich die Aufgabe jetzt auch kalkulatorisch lösen:

- HSTAPELN() stapelt die Inhalte von Listen oder Tabellen horizontal nebeneinander.
- VSTAPELN() stapelt die Inhalte von Listen oder Tabellen vertikal untereinander.

Sehen wir uns die Funktion VSTAPELN() an, sie wird sicher häufiger zum Einsatz kommen als die horizontale Variante.

Als Argument wird der Funktion einfach eine Liste von Bezügen übergeben. Bei der Arbeit mit Listen wird einfach die erste Liste mit Kopfzeile angegeben.

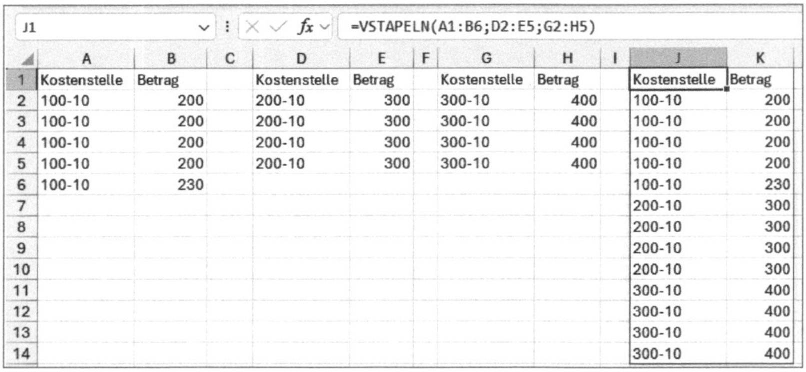

	A	B	C	D	E	F	G	H	I	J	K
1	Kostenstelle	Betrag		Kostenstelle	Betrag		Kostenstelle	Betrag		Kostenstelle	Betrag
2	100-10	200		200-10	300		300-10	400		100-10	200
3	100-10	200		200-10	300		300-10	400		100-10	200
4	100-10	200		200-10	300		300-10	400		100-10	200
5	100-10	200		200-10	300		300-10	400		100-10	200
6	100-10	230								100-10	230
7										200-10	300
8										200-10	300
9										200-10	300
10										200-10	300
11										300-10	400
12										300-10	400
13										300-10	400
14										300-10	400

Bild 9.9 Bereiche stapeln mit VSTAPELN()

Das Ergebnis ist zwar ein dynamischer Array, Größenänderungen in den einzelnen Listen durch Hinzufügen oder Löschen von Datensätzen werden aber nicht erkannt. Sind die Daten auf mehrere Tabellenblätter verteilt, kommt ein 3D-Bezug zum Einsatz:

1. Schreiben Sie:

```
=VSTAPELN(
```

2. Markieren Sie den Reiter des ersten Tabellenblattes.
3. Halten Sie die Umschalt- oder **Strg**-Taste gedrückt und markieren Sie weitere Tabellenblattreiter.
4. Markieren Sie dann den Bereich im ersten Tabellenblatt, am besten in der Größe des größten Bereichs in allen Blättern (hier Q bis Q4):

```
=VSTAPELN('Q1:Q4'!A2:B11)
```

Die Verwendung von Tabellen ist auch beim Stapeln die bessere Wahl. Geben Sie anstelle der Bezüge einfach die Tabellenspalten an. Die Überschrift wird aus der ersten Tabelle übernommen oder händisch als Matrix mit geschweiften Klammern konstruiert:

```
=tbl_100[Alle]
{"Überschrift Spalte 1"."Überschrift Spalte 2"}
```

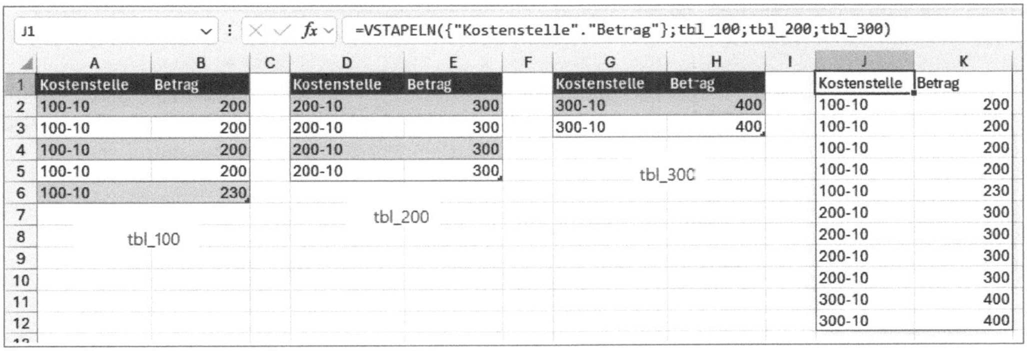

Kostenstelle	Betrag
100-10	200
100-10	200
100-10	200
100-10	200
100-10	230
200-10	300
200-10	300
200-10	300
200-10	300
300-10	400
300-10	400

Bild 9.10 Tabellen vertikal stapeln

Wenn die beteiligten Tabellen eine unterschiedliche Anzahl Spalten anbieten, wird das Ergebnis unschöne #NV-Bezugsfehler enthalten. Verwenden Sie die Funktion WENNFEHLER(), um diese zu vermeiden:

```
=WENNFEHLER(VSTAPELN({"Kostenstelle"."Betrag"."Standort"};tbl_100;tbl_200;t
bl_300);"")
```

9.3 Diagramme und dynamische Arrays

Ein Grundprinzip des Business Intelligence ist die Vorbereitung der Datenquellen für Diagramme, die in Dashboards, Cockpits oder einfach nur in Berichten (Reports) die Datenanalysen visualisieren. Wer mit Power Pivot arbeitet, sollte konsequent auf Measures zurückgreifen, denn diese Rechenkünstler aus DAX-Funktionen bieten die ideale Basis für PivotTables und PivotCharts. Das gilt auch für Power BI, hier heißt es: Je solider die Basis aus Measures, desto besser die Diagramme mittels Visuals erstellt.

Wer mit dynamischen Arrays arbeitet, muss weder den Umweg über PivotTables gehen noch Measures erstellen. Für die Verdichtung der Daten sorgt die Funktion EINDEUTIG(), ausgewertet wird mit SUMMEWENN(), ZÄHLENWENN() oder SUMMENPRODUKT(), und die Verbindung zwischen Tabelle und Diagramm stellt der #-Operator her. Damit die Chart diesen auch akzeptieren, schalten Sie Bereichsnamen dazwischen.

9.3.1 Beispiel: Umsatzanalyse Sport

Die Tabelle *tbl_Sport* in der Mappe *DCharts.xlsx* enthält Umsätze über Sportprodukte nach Datum mit Kategorie, Hersteller und Ort. Umsatzjahr, Monatsnummer und Monatsname werden per Formel oder in der Power Query-Abfrage ermittelt.

```
MonatsNr: ==MONAT([@Datum])
Monat: =TEXT([@Datum];"MMMM")
Jahr: =JAHR([@Datum])
```

Im Tabellenentwurf unter *Tools* finden Sie die Option *Datenschnitt einfügen*, holen Sie Datenschnitte für das Jahr, den Monat und die Kategorien. Über das gleichnamige Register wird der markierte Datenschnitt mit einer Formatvorlage versehen und mehrspaltig gesetzt.

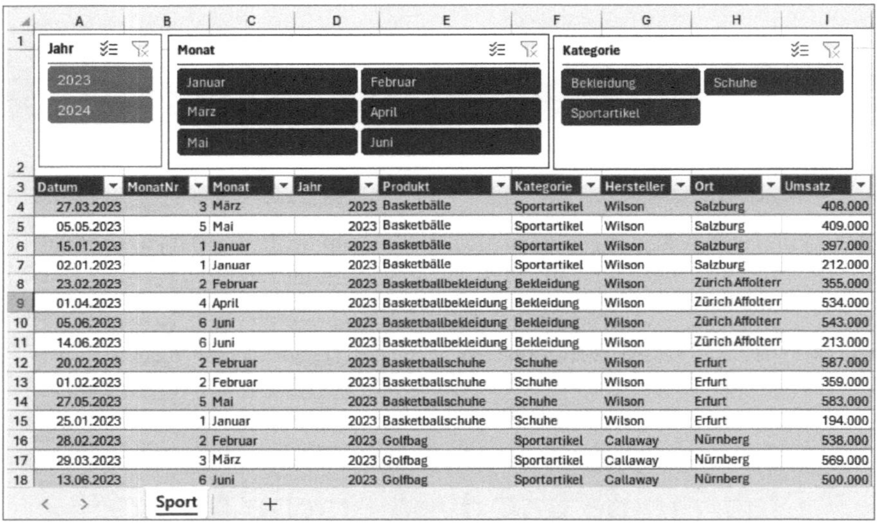

	Datum	MonatNr	Monat	Jahr	Produkt	Kategorie	Hersteller	Ort	Umsatz
4	27.03.2023	3	März	2023	Basketbälle	Sportartikel	Wilson	Salzburg	408.000
5	05.05.2023	5	Mai	2023	Basketbälle	Sportartikel	Wilson	Salzburg	409.000
6	15.01.2023	1	Januar	2023	Basketbälle	Sportartikel	Wilson	Salzburg	397.000
7	02.01.2023	1	Januar	2023	Basketbälle	Sportartikel	Wilson	Salzburg	212.000
8	23.02.2023	2	Februar	2023	Basketballbekleidung	Bekleidung	Wilson	Zürich Affolterr	355.000
9	01.04.2023	4	April	2023	Basketballbekleidung	Bekleidung	Wilson	Zürich Affolterr	534.000
10	05.06.2023	6	Juni	2023	Basketballbekleidung	Bekleidung	Wilson	Zürich Affolterr	543.000
11	14.06.2023	6	Juni	2023	Basketballbekleidung	Bekleidung	Wilson	Zürich Affolterr	213.000
12	20.02.2023	2	Februar	2023	Basketballschuhe	Schuhe	Wilson	Erfurt	587.000
13	01.02.2023	2	Februar	2023	Basketballschuhe	Schuhe	Wilson	Erfurt	359.000
14	27.05.2023	5	Mai	2023	Basketballschuhe	Schuhe	Wilson	Erfurt	583.000
15	25.01.2023	1	Januar	2023	Basketballschuhe	Schuhe	Wilson	Erfurt	194.000
16	28.02.2023	2	Februar	2023	Golfbag	Sportartikel	Callaway	Nürnberg	538.000
17	29.03.2023	3	März	2023	Golfbag	Sportartikel	Callaway	Nürnberg	569.000
18	13.06.2023	6	Juni	2023	Golfbag	Sportartikel	Callaway	Nürnberg	500.000

Bild 9.11 Tabelle tbl_Sport mit Datumsberechnungen und Datenschnitten

9.3.2 Datenquelle berechnen

Legen Sie ein neues Tabellenblatt Cockpit an, und berechnen Sie die Datenquelle für das erste Diagramm:

```
A3: =EINDEUTIG(tbl_Sport[Hersteller])
B3: =SUMMEWENN(tbl_Sport[Hersteller];A3#;tbl_Sport[Umsatz])
```

Das Diagramm mit diesen Daten als Datenquelle darf jetzt nicht die aktuellen Bezüge verwenden. Um die Dynamik zu übernehmen, bezieht sich die Datenreihenfunktion auf die #-Operatoren. Leider lässt die Funktion keinen direkten Eintrag zu:

```
=DATENREIHE(;$A$3#;$B$3#)
```

Die Lösung: Legen Sie Bereichsnamen mit #-Operatoren an und tragen Sie diese in die Datenreihe ein. Achten Sie darauf, die Bereichsnamen „lokal“ anzulegen, damit die Funktion nicht den gesamten Pfad mitspeichern muss.

Markieren Sie den berechneten Bereich und erstellen Sie mit **Alt+F1** ein Säulendiagramm.

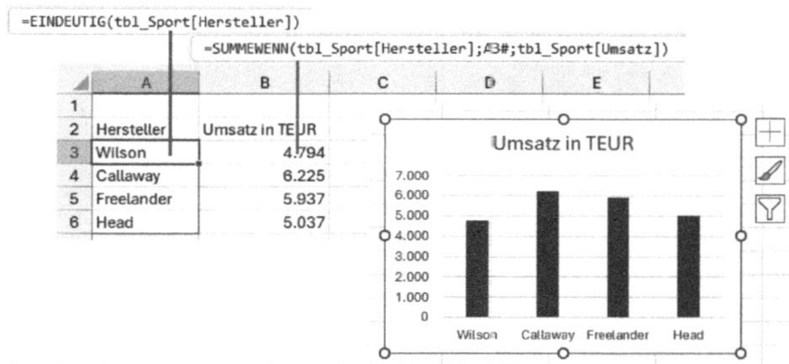

Legen Sie mit *Formeln/Definierte Namen/Namens-Manager* einen neuen Bereichsnamen *DiaHersteller_Rubrik* an. Achten Sie darauf, dass der Bereich lokal sein muss, geben Sie als Bezug den #-Operator auf die eindeutige Herstellerliste an.

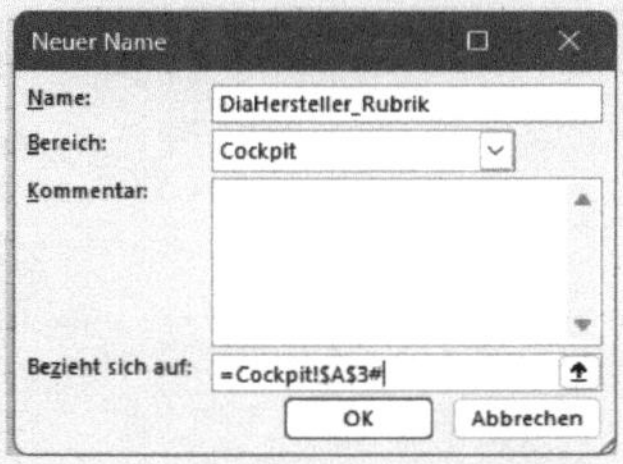

Der zweite Name *DiaHersteller_Daten*, ebenfalls auf den lokalen Bereich, bezieht sich auf die Umsätze in der zweiten Spalte, auch wieder mit #-Operator.

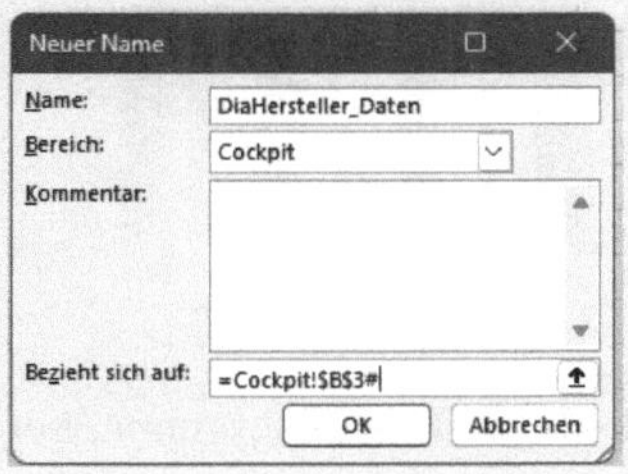

9.3.3 Diagrammdaten auswählen

Weisen Sie die lokalen Bereichsnamen dem Diagrammentwurf zu, Sie können dazu die DATENREIHE()-Funktion direkt bearbeiten oder mit dem Dialog im Diagrammentwurf arbeiten.

Markieren Sie das Diagrammobjekt und wählen Sie *Diagrammentwurf/Daten auswählen.*

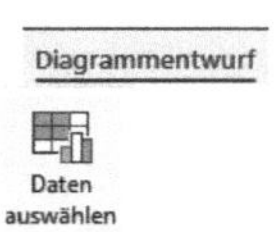

Bearbeiten Sie die Rubrik. Geben Sie den Namen des Tabellenblattes verknüpft mit dem Bereichsnamen an.

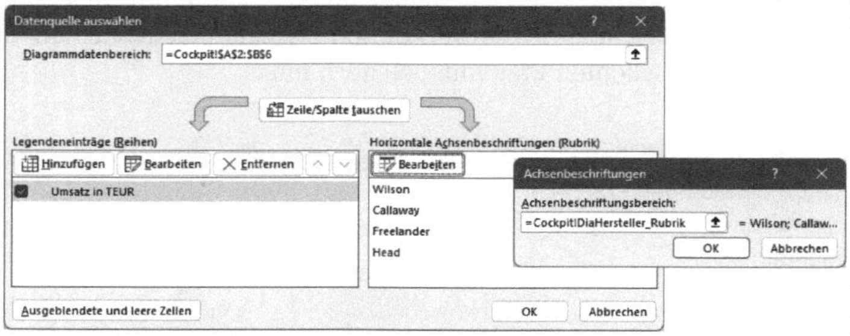

Die Datenreihe bekommt einen Reihennamen und die Reihenwerte aus dem Bereichsnamen, ebenfalls mit dem Namen des Tabellenblattes verknüpft.

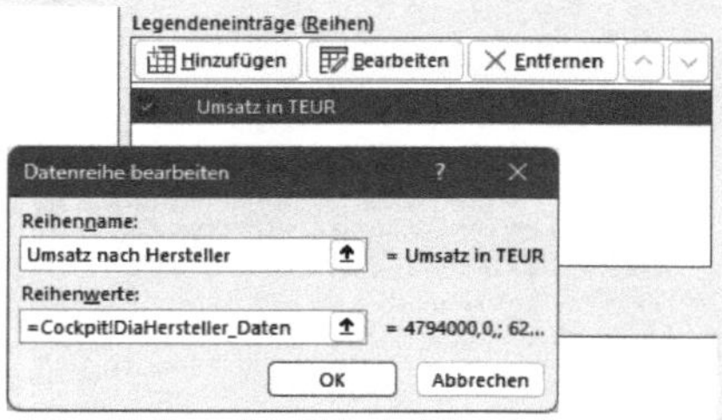

Die Funktion DATENREIHE() zeigt jetzt die Verknüpfung auf die benannten Bereiche an, und diese sind auch im Diagramm dynamisch.

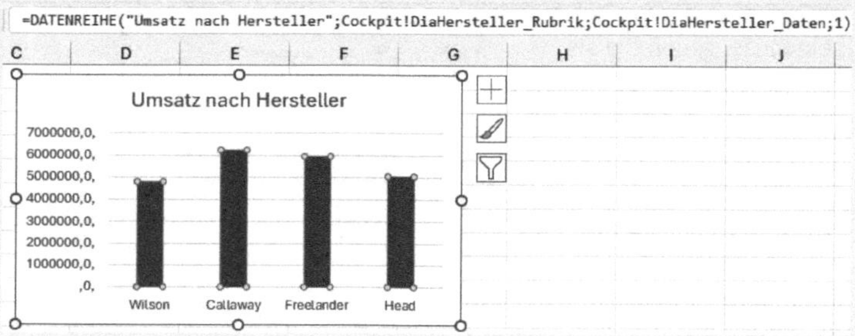

Erstellen Sie nach dieser Methode weitere Diagramme, verwenden Sie immer lokale Bereichsnamen für die #-Bezüge zu den Arrays. Damit sollte das individuelle Cockpit aus dynamischen Arrays realisierbar sein.

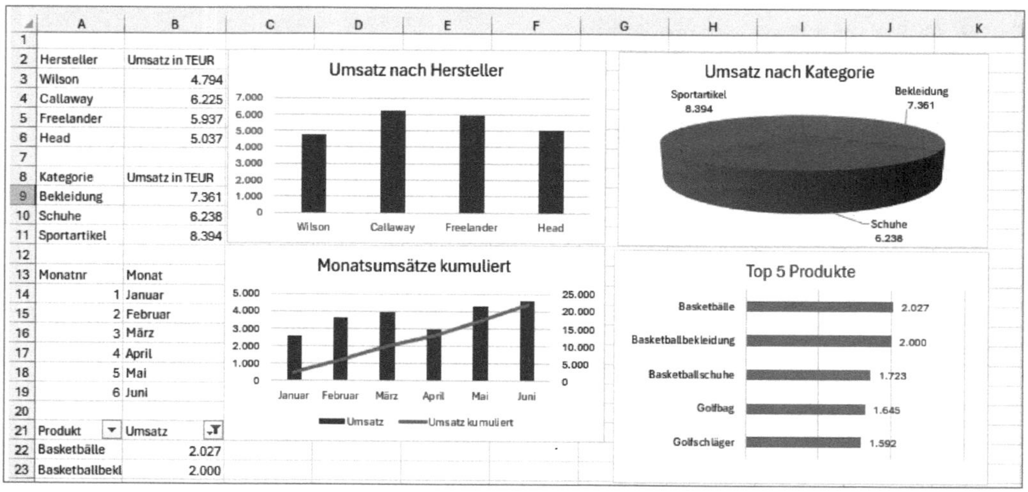

Bild 9.12 Cockpit mit Diagrammen aus dynamischen Arrays

Index